湖南桃源洞国家级自然保护区
生物多样性综合科学考察

廖文波　王　蕾　王英永　刘蔚秋　贾凤龙
沈红星　凡　强　李泰辉　杨书林　等　著

科学出版社

北　京

内 容 简 介

本书针对罗霄山脉中段西坡——湖南桃源洞国家级自然保护区的生物多样性进行了较全面的综合考察，内容包括地质地貌、气候、水文、土壤、植被、植物物种多样性（苔藓植物、蕨类植物、裸子植物、被子植物）、动物物种多样性（昆虫纲、两栖纲、爬行纲、鸟纲、哺乳纲）、大型真菌物种多样性等，并对生物区系、特有现象、孑遗种、珍稀濒危动植物等特征进行了研究；采集、鉴定了大量生物标本，调查了数十片典型植被群落，为全面评价桃源洞地区的生物资源、生态环境演变提供了第一手基础资料，也为进一步开展自然保护、管理、规划和可持续生态旅游奠定了基础。

本书可供生物学、生态学、林学、地理学等研究领域的科研人员、高等院校的师生、生物多样性和生态旅游爱好者等参考，亦可供政府与自然保护区管理部门的工作人员参考。

图书在版编目（CIP）数据

湖南桃源洞国家级自然保护区生物多样性综合科学考察/廖文波等著.
—北京：科学出版社，2018.10
ISBN 978-7-03-058810-4

Ⅰ.①湖…　Ⅱ.①廖…　Ⅲ.①自然保护区－生物多样性－科学考察－湖南　Ⅳ.① S759.992.64 ② Q16

中国版本图书馆 CIP 数据核字（2018）第 211471 号

责任编辑：王　静　王　好　高璐佳/责任校对：严　娜
责任印制：肖　兴/封面设计：金舵手世纪

科 学 出 版 社 出版
北京东黄城根北街 16 号
邮政编码：100717
http://www.sciencep.com

中国科学院印刷厂 印刷
科学出版社发行　各地新华书店经销

*

2018 年 10 月第 一 版　　开本：880×1230　A4
2018 年 10 月第一次印刷　　印张：20 1/2
字数：540 000

定价：268.00 元
（如有印装质量问题，我社负责调换）

Study on Biodiversity of the Taoyuandong National Nature Reserve in Hunan Province

Liao Wenbo   Wang Lei   Wang Yingyong   Liu Weiqiu   Jia Fenglong
Shen Hongxing   Fan Qiang   Li Taihui   Yang Shulin   *et al.*

Science Press
Beijing

《湖南桃源洞国家级自然保护区生物多样性综合科学考察》
项目组

项目组织单位 湖南桃源洞国家级自然保护区管理局

项目负责人 廖文波 王 蕾 王英永 沈红星 杨书林

各专题组负责人（组长）

自然地理：苏志尧 崔大方 金建华　　　　脊椎动物：王英永

植被地理：王 蕾 廖文波　　　　　　　　昆虫：贾凤龙

苔藓植物：刘蔚秋　　　　　　　　　　　大型真菌：李泰辉

蕨类植物：石祥刚 廖文波　　　　　　　旅游资源与管理：杨书林

种子植物：廖文波 凡 强 王 蕾　　　　桃源洞协调组：沈红星 杨书林 孟长平 曾茂生

珍稀濒危及资源植物：王 蕾

主要完成单位和主要研究人员

中山大学生命科学学院

　　凡 强 贾凤龙 王英永 金建华 廖文波 刘蔚秋 石祥刚 赵万义 叶华谷

　　阴倩怡 许可旺 陈素芳 冯会哲 黄翠莹 迟盛南 袁天天 丁巧玲 李朋远

　　施 诗 景慧娟 王晓阳 王龙远 刘 宇 杨文晟 谢委才 颜晓华 张丹丹

　　赵 健 朱晓枭 孟开开 陈艺敏

首都师范大学资源环境与旅游学院

　　王 蕾 刘忠成 张记军 刘羽霞 阿尔孜古力

华南农业大学林学院

　　苏志尧 崔大方 孟兆祥 曾曙才 徐明锋 李文斌 崔佳玉 杨亚会

广东省微生物研究所

　　李泰辉 邓旺秋 徐 江 宋宗平 王超群 张 明 黄 浩

湖南桃源洞国家级自然保护区管理局

　　沈红星 杨书林 孟长平 曾茂生 陈杨胜

其他参加考察单位和研究人员

深圳市中国科学院仙湖植物园 张 力 左 勤

广州大学生命科学学院 吴 毅

南昌大学生命科学与食品工程学院 欧阳珊

中山大学地理科学与规划学院 李 贞 胡 亮

江西井冈山国家级自然保护区管理局 张 忠 何桂强

其他参加考察或协助研究人员（中文按姓氏拼音排序）

　　陈振耀 杜静静 郭 微 黄玉梅 李 薇 李飞飞 李明婉 林剑声 刘 阳

　　刘子豪 王晓兰 杨小波 David E. Boufford〔美〕

The Project Groups of *Study on Biodiversity of the Taoyuandong National Nature Reserve in Hunan Province*

Organizing institution   Administration of Taoyuandong National Nature Reserve in Hunan Province

Principal investigators   Liao Wenbo, Wang Lei, Wang Yingyong, Shen Hongxing, Yang Shulin

Sub-group principal investigators

Natural geography: Su Zhiyao, Cui Dafang, Jin Jianhua

Vegetation geography: Wang Lei, Liao Wenbo

Bryophytes: Liu Weiqiu

Pteridophytes: Shi Xianggang, Liao Wenbo

Spermatophytes: Liao Wenbo, Fan Qiang, Wang Lei

Rare and endangered and resources plants: Wang Lei

Vertebrates: Wang Yingyong

Insects: Jia Fenglong

Macro-fungi: Li Taihui

Travel resources and management: Yang Shulin

Taoyuandong coordinators: Shen Hongxing, Yang Shulin, Meng Changping, Zeng Maosheng

Responsible institutions and investigators

School of Life Sciences, Sun Yat-sen University

Fan Qiang, Jia Fenglong, Wang Yingyong, Jin Jianhua, Liao Wenbo, Liu Weiqiu, Shi Xianggang, Zhao Wanyi, Ye Huagu, Yin Qianyi, Xu Kewang, Chen Sufang, Feng Huizhe, Huang Cuiying, Chi Shengnan, Yuan Tiantian, Ding Qiaoling, Li Pengyuan, Shi Shi, Jing Huijuan, Wang Xiaoyang, Wang Longyuan, Liu Yu, Yang Wensheng, Xie Weicai, Yan Xiaohua, Zhang Dandan, Zhao Jian, Zhu Xiaoxiao, Meng Kaikai, Chen Yimin

College of Resource Environment and Tourism, Capital Normal University

Wang Lei, Liu Zhongcheng, Zhang Jijun, Liu Yuxia, Aerziguli

College of Forestry, South China Agricultural University

Su Zhiyao, Cui Dafang, Meng Zhaoxiang, Zeng Shucai, Xu Mingfeng, Li Wenbin, Cui Jiayu, Yang Yahui

Guangdong Institute of Microbiology

Li Taihui, Deng Wangqiu, Xu Jiang, Song Zongping, Wang Chaoqun, Zhang Ming, Huang Hao

Taoyuandong National Nature Reserve in Hunan Province

Shen Hongxing, Yang Shulin, Meng Changping, Zeng Maosheng, Chen Yangsheng

Other cooperation institutions and investigators

Fairylake Botanical Garden, Shenzhen & Chinese Academy of Sciences   Zhang Li, Zuo Qin

School of Life Sciences, Guangzhou University   Wu Yi

School of Life Sciences and Food Science & Technology, Nanchang University   Ouyang Shan

School of Geographical Science and Planning, Sun Yat-sen University   Li Zhen, Hu Liang

Administration of Jinggangshan National Nature Reserve in Jiangxi Province   Zhang Zhong, He Guiqiang

Other cooperation participants (in the order of Chinese pinyin)

Chen Zhenyao, Du Jingjing, Guo Wei, Huang Yumei, Li Wei, Li Feifei, Li Mingwan, Lin Jiansheng, Liu Yang, Liu Zihao, Wang Xiaolan, Yang Xiaobo, David E. Boufford〔USA〕

前　言

　　湖南桃源洞国家级自然保护区位于湖南省东南部，炎陵县的东北隅，地处北纬 26°18′00″～26°35′30″，东经 113°56′30″～114°06′20″，总面积 23 786 hm²，其中核心区面积 8857.6 hm²。保护区地处湘赣交界，东与江西井冈山国家级自然保护区毗邻，南与湖南炎陵县下村乡相连，西与炎陵县十都镇、策源乡相接，北抵江西井冈山市，保护区主峰为酃峰，又称神农峰，海拔 2115.2 m。保护区地理位置优越，位于罗霄山脉中段核心区——西坡，拥有优越的生态环境和丰富的生物资源，保存有大量珍稀濒危保护动植物及大量中国特有物种。

　　桃源洞自然保护区筹建于 1982 年，并于 1984 年正式建立管理站。接着在 1988～1990 年开展了保护区第一次全面考察，1993 年侯碧清主编出版了《湖南酃县桃源洞自然资源综合考察报告》。鉴于该地区所保存的特殊的原生性森林生态系统，以及丰富、典型的中亚热带特征种、珍稀濒危种、中国特有种，2002 年 7 月，经国务院国办发〔2002〕34 号文批准，桃源洞保护区晋升为国家级自然保护区，次年湖南桃源洞国家级自然保护区管理局成立，先后建立了梨树洲、大院、桃源洞、田心里、九曲水、大坝里等管理站，开始了保护区全面的巡护管理和勘界。其中，1988 年在桃源洞报道的大院冷杉（资源冷杉）及银杉，堪称植物界的大熊猫，极大地提升了桃源洞自然保护区的科学内涵和在自然保护中的重要性。稍后根据国家林业局的要求，桃源洞国家级自然保护区管理局也组织了针对林业斑块及重点物种资源冷杉、银杉等的专项调查。

　　鉴于在首次考察后，桃源洞保护区各区域及其自然生态在 20 多年来均发生了较大的变化，因此根据自然保护区有关管理条例，需要开展新一轮的生物多样性考察，为功能区的调整制定新的方案。本次考察自 2012 年就已开始，2012～2014 年中山大学生命科学学院本科生前后 3 次共计 60 多人次在此开展生物学实习，采集植物标本共 2100 多号，动物标本 300 多号。2014 年，桃源洞国家级自然保护区管理局确定启动第二次生物多样性调查，一是为保护区功能区划调整提供依据，二是为进一步探索桃源洞地区的自然遗产价值服务。到目前为止，为做好桃源洞科考，2013 年，中山大学迟盛南同学在此开展硕士论文研究（"湖南桃源洞自然保护区植物多样性研究及其功能区划评价"）；2014 年，首都师范大学刘忠成同学在此开展硕士论文研究（"湖南桃源洞国家级自然保护区植被与植物区系研究"），他们从不同角度开展了桃源洞地区生物多样性研究。近 3 年来，中山大学、首都师范大学、广州大学、广东省微生物研究所、华南农业大学等机构在此进行了数十次考察，调查范围基本覆盖了保护区内的各主要区域，重点对南部的梨树洲，中部的大院、桃源洞、田心里、鸡公岩、江西坳，北部的大坝里、九曲水等区域进行标本采集和样地调查，累计采集苔藓植物标本 700 多号、维管植物标本 6000 多号、真菌标本 400 多号，调查典型植物群落样地 40 多片，面积 38 600 m²，在此基础上，编录了新的植物区系名录。经鉴定，确定维管植物 231 科 869 属 2276 种，订正了其中的 300 多种，增加桃源洞新记录种约 547 种，新种 2 种，湖南新记录种 4 种。本次调查中，在九曲水低海拔河谷发现的大面积大果马蹄荷群落、穗花杉群落、深山含笑＋粗毛核果茶群落，在中海拔发现的金缕梅群落，以及在大院至田心里发现的瘿椒树群落均为桃源洞地区的重要特征性优势群落。此外，鉴定记录苔藓植物 60 科 121 属 224 种、大型真菌 38 科 62 属 98 种，填补了从前的研究空白。

　　脊椎动物、昆虫区系考察方面，调查共记录陆生脊椎动物 350 种，隶属于 4 纲 28 目 90 科。其中，两栖纲 2 目 8 科 34 种，爬行纲 2 目 14 科 53 种，鸟纲 16 目 49 科 214 种，哺乳纲 8 目 19 科 49 种；记录昆虫 21 目 149 科 852 属 1268 种。本次动物资源考察，发表了两栖动物新种 3 种和湖南省新记录种 2 种。

　　承蒙湖南桃源洞国家级自然保护区管理局的大力支持及课题组各位成员的努力，目前野外科考已基本完成。在此，特别感谢湖南省林业厅野生动植物管理处的大力支持，感谢保护区管理局和各管理站的大力支持，感谢孟长平、曾茂生工程师 3 年来的带队和帮助。考察期间，美国哈佛大学标本馆 David E. Boufford 博士亦曾前往桃源洞开展考察。此外，除桃源洞国家级自然保护区管理局提供财政资助外，本项考察也得到了国家科技基础性工作专项"罗霄山脉地区生物多样性综合科学考察"及中山大学生物学、生态学本科实习项目的资助。其中罗霄山脉考察项目的其他参加单位，如深圳市中国科学院仙湖植物园苔藓组、湖南师范大学动物组、南昌大学鱼类组、华中师范大学脊椎动物组、上海师范大学昆虫组等亦在此开展基础调查，为本次考察提供了必要的资料。

　　本次考察的完成需要提及和感谢的人很多，篇幅有限，恕不一一列举。在此，项目组谨向各位专家、参加者、协助者等致以诚挚的谢意。本考察报告成稿仓促，不足之处敬请读者批评指正。

项目组

2017 年 10 月 16 日

目　　录

第 1 章 总 论

1.1 保护区地理位置

湖南桃源洞国家级自然保护区（简称"桃源洞保护区"）位于湖南省东南部，株洲市炎陵县的东北部。东部与江西省接壤，向南为炎陵县下村乡，向西与炎陵县十都镇、策源乡两个乡镇相接，北部抵江西省井冈山市。桃源洞保护区地处我国著名的罗霄山脉中段，为万洋山脉的重要组成部分，属于华东南山地南北走向的丘陵过渡地带。保护区位于湘、赣两省交界处，东部与江西井冈山自然保护区相连，北抵武功山，南接八面山，是湘、赣两大水系的分水岭和发源地。地理坐标北纬 26°18′00″～26°35′30″，东经 113°56′30″～114°06′20″，南北长 32.25 km，东西宽 13.50 km，总面积 23 786 hm²，其中核心区面积 8857.6 hm²。保护区占炎陵县总面积约 11.7%，是湘、赣两省交界处面积较大的一块自然保护区，其平面轮廓略形似一个侧倒的靠椅。

1.2 自然地理概况

桃源洞保护区全部位于万洋山花岗岩体的北部隆起区域，在地质构造单元上，属华南褶皱系酃汝加里东褶皱带，地层发育古老，熔岩活动强烈。炎陵县地质在早古生代仍处于地槽期，岩性主要为浅变质砂岩、砂质泥岩、炭质板岩等。早古生代晚期，受较为强烈的加里东运动影响，早古生界地层全面褶皱回返，在其隆起的边缘部分形成一系列断裂带，同时受到花岗岩活动的影响，最终形成巨大的南北向万洋山花岗岩体，占该地区的 95% 以上。桃源洞保护区内地层露出的岩性主要为沉积岩和岩浆岩类。

从地形上看，桃源洞保护区主要为山地，该地区地貌发育与整个万洋山古陆的地貌发育有着密切的联系。从早古生代晚期的加里东运动致使万洋山巨型花岗岩体形成，到中生代早期三叠纪印支运动致使海相沉积结束，万洋山古陆在这一阶段总体呈现间歇和缓抬升之势。到中生代晚期白垩纪，万洋山的整体轮廓至此已基本定型。后自第四纪以来，受喜山运动的影响，湘、赣两省边境的断裂带与隆起带之间的地势高差也逐渐拉大，万洋山主体继续抬升。又因为受到东亚季风环流影响，该地区气候温暖湿润，导致河川发育，最终形成现今的地形地貌。邓美成在 1993 年对桃源洞保护区进行的第一次综合科学考察报告中，将该地区的地貌特征归纳描述为：朝西倾斜的山窝态势；阶梯状递降的多层地形；交错镶嵌的沟壑谷地。

桃源洞保护区属中亚热带季风湿润气候区。年平均气温为 14.4℃，最冷月 1 月平均气温为 3.9℃，最热月 7 月平均气温为 23.8℃，极端最高气温 34.5℃，极端最低气温为 -9℃，年降水量为 1967.9 mm，相对湿度为 86%，无霜期为 220 天，年雾日为 170.7 天。日照少，气温低，云雾、降水多，空气湿度大，风速小，气候垂直变化大，具有典型的山地气候特征，该地区气候舒适，持续时间长，最宜避暑度假。

1.3 自然资源概况

1.3.1 植物资源

由于地理位置、自然条件适宜，桃源洞保护区植物资源丰富，种类繁多。据调查统计，该地区有苔藓植物 60 科 121 属 224 种，蕨类植物 40 科 91 属 240 种，种子植物 191 科 778 属 2036 种，其中木本植物 97 科 303 属 815 种，木本植物占种子植物总种数的 40.0%。种子植物区系中，有中国特有科 5 科，中国特有属 28 属，中国特有种 734 种，占种子植物总种数的 36.1%，隶属于 121 科 327 属。各类子遗种 138 种，隶属于 59 科 92 属。

桃源洞保护区植物区系组成具有过渡性质和残遗特点，其中数量较多、较有代表性的优势属种有 186 属 583 种，占木本植物区系的 71.5%，成为该地区森林植被的基本成分。在珍稀濒危保护植物中，有国家重点保护植物 117 种，隶属于 33 科 74 属。

桃源洞保护区内森林植被呈现一定的垂直地带性，植被由 4 个植被型组组成，包括 12 种植被型 36 个群系。资源植物中，有观赏植物 433 种，药用植物 960 种，食用菌类 62 种，有毒菌类 31 种，其资源珍贵、丰富，有利于保护区开展物种保存、驯化和开发利用。

1.3.2　动物资源

据调查统计，桃源洞保护区有陆生脊椎动物 350 种，隶属于 4 纲 28 目 90 科，其中两栖类 2 目 8 科 34 种，爬行类 2 目 14 科 53 种，鸟类 16 目 49 科 214 种，哺乳类 8 目 19 科 49 种。该地区动物多为东洋界华中区东部丘陵平原亚区动物区系的代表种，动物种的组成显示出华中区系成分的典型性，其陆生脊椎动物成分中，东洋界种占 77.4%，古北界种占 16%，广布种占 6.6%，东洋界种占绝对优势，亦有向华南动物区系过渡的特点。

同时经系统调查，桃源洞保护区有国家 I 级保护动物 3 种，国家 II 级保护动物 23 种，还有省级保护动物 70 余种。

1.3.3　旅游资源

桃源洞保护区景观资源丰富，规划为甲水、田心里、九曲水、平坑、横泥山、桃花溪六大景区，有一级景点 6 个、二级景点 12 个、三级景点 28 个。整个桃源洞群峰漫舞，谷岭交错，且多为茂密的原始森林所覆盖，远望罗霄山脉，峰峦重叠，绵延起伏，空间层次异常丰富。原始神秘的神农谷是集越野、登山、溯溪、露营、烧烤等户外游戏活动为一体的理想体育活动场所，这里能够满足人们返璞归真的渴求，更有利于身心健康，为休闲旅游、野外探险、避暑疗养的胜地。桃源洞又是老革命根据地之一，当年苏区的兵工厂、被服厂、医院和银行都设在此地区，有一系列的革命遗迹和文物供人们参观研讨。

1.3.4　水电及矿产资源

桃源洞保护区内河流总长 782 km，年平均径流深 1049.2 mm。较大的落差和充足的水源形成了丰富的水能资源。三大水系水能储量达 32 万 kW，可开发储量 24 万 kW，现已开发装机 10 万 kW，年发电量 5 亿 kW·h 以上。

主要金属矿产有钨、金、锑、稀土，非金属矿产有萤石、钾长石、高岭土、石灰石、花岗石、石英、辉绿岩等。其中离子吸附型稀土储量（金属）400 万 t，并具有含量高、配分好、易采、易冶等特点；辉绿岩储量 20 万 m³ 以上。现已开采的有钨、金、稀土、萤石、花岗石、辉绿岩等。

1.3.5　社会经济概况

桃源洞保护区的行政区域涉及株洲市炎陵县十都镇、策源乡及下村乡，保护区总面积达 237.86 km²。其中，核心区面积 88.58 km²，东部毛鸡仙银杉核心保护小区面积 9.17 km²。保护区人口密度为 6.4 人/km²，国有森林面积占比达 94%。据炎陵县政府 2004 年统计年鉴数据，炎陵县总人口 20 万人，其中农业人口 14.8 万人。下辖 6 个镇、8 个乡、1 个民族乡、1 个国有农场，村民委员会 202 个。其中该地区所涉十都镇、策源乡及下村乡共有常住人口约 2.6 万人。

2017 年，炎陵县 GDP 达 65.7 亿元，比上年增长 8.3%；人均生产总值 32 169 元。炎陵县实现了城乡居民收入增长与经济发展同步。产业结构进一步优化，三大产业结构调整为 14.0：40.8：45.2。城镇集群和功能初步形成，城镇化水平达 40% 以上。对外开放步伐不断加大，自营外贸进出口主体达 13 家，进出口总额增加到 532 亿美元，合同引资提高到 270 亿元。引进全县首个投资 100 亿元的神农谷国际文化旅游度假区项目。目前，炎陵县国家级生态乡镇达 7 个，省级生态乡镇实现全覆盖。新增绿化造林 56.2 万亩[①]，森林覆盖率达 83.55%，居全省第一。

1.4 保护区功能区划

桃源洞保护区总面积为 237.86 km²，占炎陵县土地总面积的约 11.7%。经广泛调研和充分分析，结合该地区的地形地貌、森林植被分布情况、保护对象的分布状况及自然、社会经济条件等，主要采取自然区划法，将该地区划分为核心区、缓冲区、实验区及银杉核心自然保护小区。其中核心区 88.58 km²，缓冲区 63.69 km²，实验区 76.15 km²，保护区内活立木蓄积 161.47 万 m³，森林覆盖率 98.75%。

1.4.1 核心区

核心区为东部沿山脊线从北到南，包括黄茅岭、田心里、梨树洲。核心区面积 88.58 km²，占该地区总面积的 37.2%。田心里核心区北抵分水岭及八面山哨所，东接井冈山国家级自然保护区，向南经焦石、牛角垄至田心里地带。中部以东坑瀑布地带为中心向南拓展至中牛石及江西坳，包含大院资源冷杉分布区。南部核心区统称为梨树洲核心区，自柏水界向南经梨树洲以东地带至曾子坳，平均海拔较高，分布有多个 1700 m 以上山峰。桃源洞保护区主峰神农峰（海拔 2115.2 m），位于梨树洲核心区的东北隅。

核心区是受保护的珍稀濒危及国家重点保护野生动植物物种的主要栖息地和生活环境，具有典型的代表性并保存了完整的自然生态系统。桃源洞保护区的核心区中包含有大院冷杉、南方红豆杉、黄腹角雉、藏酋猴、水鹿等国家重点保护的野生动植物集中分布区和栖息地，以及保护较完整的原始次生林生态系统。在核心区内应禁止除科学观测以外的一切人为和生产活动，其全部资源包括土地、森林、野生动植物、水等，应由保护区统一管理，其他单位和个人不得侵占。

1.4.2 缓冲区

为防止核心区受到外界的影响和干扰，有效地保护珍稀濒危动植物及生态环境，同时方便开展正常的生产经营和旅游等活动，根据生物资源、居民等实际情况，在核心区西侧设立缓冲区，呈带状，面积为 63.69 km²，占保护区总面积的 26.8%。

1.4.3 实验区

在保护区的西侧为实验区，呈带状，面积为 76.15 km²，占保护区总面积的 32.0%，是进行生态旅游、实验教学及适度利用的部分。

1.4.4 银杉核心自然保护小区

将龙渣乡地区的毛鸡仙银杉混交林集中分布区划为一个保护点进行管理，面积为 9.17 km²，占保护区总面积的 3.9%。

1.5 总 体 评 价

桃源洞保护区地处中亚热带南部亚地带到北部亚地带过渡地区，属罗霄山脉中部万洋山山体，保存

---

① 1 亩≈666.7 m²

有较完好的原始次生林及其生态系统，区系成分复杂，起源古老，是华南、华中、华东等多种区系成分的交汇和过渡地。区内海拔差异较大，有丰富的动植物资源及众多国家重点保护野生动植物，有雄伟壮观的自然景观及天然林氧吧，是专家学者开展科研、进行学术交流的重要场所，同时也是人们接受自然、历史教育及大中专院校教学的理想基地，对振兴老区经济、促进第三产业等的发展具有重要作用，对促进对外合作交流、提高保护区的知名度具有非常重要的意义。总之，桃源洞保护区的建设是一项功在当代、利在千秋，具有巨大的生态、社会、经济效益的事业。

第 2 章 自然地理环境

2.1 地质概况

2.1.1 区域构造环境

炎陵县在大地构造上属华南褶皱系的鄱汝加里东褶皱带部分。早古生代仍为地槽区，连续接受自震旦系至部分乡下志留统的沉积。其岩性主要为浅变质砂岩、砂质泥岩、炭质板岩和硅质岩等，厚度大于800 m，总的基底构造层组合比较简单。晚古生代沉积中泥盆统与下石炭统的砂岩、砾岩和灰岩，两者呈整合接触，但与下伏早古生界地层呈不整合接触。县内沉积盖层不甚发育，仅见于县西部，基本属地台型沉积，县东半部几乎全为火成岩所覆盖。

炎陵县位于湘桂稳定区和沿海活动区之间的赣粤过渡区中西缘。早古生代晚期的志留纪时，受强烈的加里东构造运动的影响，早古生界地层全面褶皱回返，并形成了一系列北东向断裂（尤其在隆起的边缘部位），从而结束了地槽的发展史。与此同时，较大规模的花岗岩活动亦联翩而来，于是形成了万洋山花岗岩体。今所涉桃源洞保护区，即全部处在这一花岗岩隆起区北段的西北部位。

2.1.2 万洋山岩体

万洋山纵贯炎陵县东部与江西井冈山市、遂川县交界之地。它为一巨大的南北向花岗岩基，侵入最新地层为奥陶系，在保护区的楠木坝、田心里、帼子窝沟及东北角毗邻大井等地的溪河深切处，均发现早古生界地层有浅变质现象；而在岩体西南部大姑山、仙人灶一带接触的中泥盆统跳马涧组底部岩石均无蚀变现象，并且其中常含花岗质碎屑物；可见该岩体当属早古生代晚期无疑。又据区测结果，该岩体中露出与大岩基岩性相似的中细粒黑云母花岗岩，亦可认为它为多时期或同期多阶段的复式岩体。

岩石特征：万洋山岩体在湖南炎陵县出露面积为 726 km²，而桃源洞保护区居于其内，仅占其 10.6% 左右。主要岩性为黑云母二长花岗岩；最主要的岩相多为粗中粒或中粒似斑状结构，斑晶以钾长石变晶为主。矿物成分的平均含量：石英占 32.7%、钾长石占 29%、斜长石占 30%、黑云母 7%，以及少量白云母、角闪石。由上可知，岩石中石英含量最高，钾长石与斜长石近等量，黑云母含量较正常。总的是以黑云母型花岗岩和二长花岗岩为主，花岗闪长岩次之。

岩石化学：据分析，万洋山岩体岩石化学的平均含量（氧化物含量）是：SiO_2 占 70.91%、TiO_2 占 0.453%、Al_2O_3 占 13.72%、Fe_2O_3 占 0.5523%、FeO 占 3.58%、MnO 占 0.0556%、MgO 占 0.973%、CaO 占 2.2466%、Na_2O 占 5.59%、K_2O 占 3.98%、P_2O_5 占 0.048%、灼失 0.153%，总量为 99.2615%。总体来看，该岩体极近似酸性岩成分。

微量元素：该岩体微量元素（含量在 1% 以下的元素）平均含量（单位为 ppm[①]）如下。

1）铁族元素　V（钒）3000、Cr（铬）80、Mn（锰）25、Ni（镍）10。

2）稀有分散元素　Yb（镱）20、Zr（锆）100、Y（钇）50、Li（锂）200、Ba（钡）50、Ga（镓）90。

3）成矿元素　Mo（钼）10、Cu（铜）20、Pb（铅）70、Zn（锌）50。

4）其他　Ag（银）10、B（硼）40。

---

① 　1 ppm＝$1×10^{-6}$

2.2   地貌的形成及特征

桃源洞保护区现代地貌虽是一定时空范畴，内、外营力作用于岩石圈的外在表现；但就地质发展史及大地构造特点来看，虽然该地区地槽发展阶段延续较长，地台阶段开始较迟，但岩浆活动强烈；且一旦岩体出露，地表结构基本上就呈正向发展趋势。因此，该地区的地貌发育与整个万洋山古陆的形成发展历程互为表里，有着悠久的历史渊源。

伴随早古生代晚期加里东运动的岩浆活动，在湘东南形成了巨型的万洋山花岗岩基。随后，地壳处于一个相对稳定的发展阶段；然而以振荡性为特征的运动在本地区仍有一定程度的反映，其间地壳稍有下降。表现为万洋山岩体与中泥盆统跳马涧组以至上泥盆统余田桥组碎屑岩呈沉积接触，且跳马涧组底部常含花岗质碎屑物，当时的构造及地貌反差较小。从早石炭世延及早二叠世，湘东南构造发展进入和缓期，地壳仍以大面积升降运动为主，遂在平缓的构造凹陷中，接受了陆源碎屑及碳酸盐岩沉积；而此期作为构造隆起的万洋山古陆与凹陷区相对照，已较为突出于海湾及潟湖之滨。进入中生代，全境受到发生于三叠纪的印支褶皱运动影响，基本结束了海相沉积的历史；此期万洋山古陆仍相继和缓抬升。到侏罗纪时期，开始引发以板块运动为特征的早期燕山运动，是继印支运动以来更为强烈的一次运动；资兴—炎陵县大断裂，以及与其平行呈北北东向的几组断裂带，斜贯万洋山岩体，岩浆活动亦沿袭复活的断裂入侵，使之形成复式岩体，随着古陆抬升，整个万洋山山体轮廓至此基本塑造定型。白垩纪至新生代古近纪，地壳运动又处于相对稳定阶段，整个万洋山山体转为干热，地表遭受风化剥蚀；万洋山残坡积层发育，亦成为陆源碎屑输送之地，故山体有所蚀低。从第三纪末至第四纪以来，受喜山运动的波及，湘赣边境呈差别升降，燕山期所形成的断裂凹陷与隆起带之间，逐渐拉大地势高差。此期万洋山亦伴随着间歇式抬升之势，复因东亚季风环流影响，气候渐温暖湿润，导致河川发育，具有较大水力坡度沿岩体节理裂隙的侵蚀切割，加上块体运动的交互作用，从而塑造出现今山体的面貌。总之，万洋山是肇基和承继于早期花岗岩侵入体所形成的古陆态势，历经沧桑演进，至中生代基本成型，经新生代以来的地貌回春期，遂成今日地势高峻磅礴、岭谷交错起伏的特有形态组合。

2.3   气　　候

桃源洞保护区属于中亚热带季风湿润气候区，受东亚季风环流影响，气候温暖湿润，夏季高温，降水丰富，日照时间较短且多雾，冬季温和湿润。该地区地形复杂，小气候类型多样，气候垂直变化较大，具有典型的山地气候特征。年平均气温为 14.4℃，1 月平均气温为 3.9℃，7 月平均气温为 23.8℃，极端最高气温为 34.5℃，极端最低气温为 -9.3℃，年降水量为 1967.9 mm，相对湿度为 86%，无霜期 220 天，年雾日 170.7 天（表 2.1）（贺良光等，2002）。

表 2.1　炎陵县不同地区（不同海拔）的气温变化情况

地名	海拔 /m	年平均温度 /℃	≥10℃年积温 /℃	年日照时数 /h	年太阳辐射总量 /kcal[①]	年降水天数	年降水量 /mm	无霜期 /天
县城	224	17.3	5281.3	1532.8	104.93	184	1496.7	286
坂溪	330	16.7	5030.4	1327.0	97.46	159	1731.9	284
泥湖	530	15.7	4697.9	1282.7	95.97	158	1779.6	271
青石	770	14.5	4294.9	1150.0	91.27	190	2014.2	250
马鞍山	1000	13.9	3917.3	1105.8	89.72	142	2108.0	220
大院	1350	12.1	3234.1	1017.0	86.83	170	2292.4	195
差值	1126	5.2	2047.2	515.8	18.10	48	795.7	91

① 1 kcal=4186.8 J

2.4 水 文

罗霄山脉是湘赣两大水系的分水岭和发源地,东面江西地区属赣江水系,西面属湘江水系;桃源洞保护区属洣水上游,区内沟谷为沔水源头、河漠水源头之一,由南向北汇入洣水。区内桃花溪、太平溪、镜花溪、孟华溪等沟谷为沔水的侵蚀基点,各溪流呈放射状汇入万阳河,注入沔水,沔水长 56 km,流域面积 508 km²。红水江、梨树洲、上洞、梁桥等沟谷为河漠水侵蚀基点之一,各溪流呈放射状汇集,注入河漠水,河漠水长 86.6 km,流域面积 912 km²(贺良光等,2002)。

河水流经陡峭的山崖,从半空跌落,形成形态各异的瀑布,飞珠溅玉,蔚为壮观。桃源洞保护区内有大小瀑布千余处。其中珠帘瀑布(高 48 m)、东坑瀑布(高 215 m)已成为旅游景点。监测结果表明,桃源洞水质达到国家一级标准,地表水水质为优。但水中的氨氮含量由 1993 年的 0.022 mg/L 增至 2008年的 0.233 mg/L,水质有下降迹象。

2.5 土 壤

2.5.1 土壤形成特点

桃源洞保护区的土壤类型属中亚热带常绿阔叶林红、黄壤带。该地区成土母岩主要为泥质页岩、花岗岩、石英岩类等风化物,其次为第四纪红土等。桃源洞保护区的山地土壤类型有山地黄红壤、山地暗黄壤、山地黄棕壤及山地草甸土,还存在小部分山地沼泽土等,如表 2.2 所示。土壤是历史风化形成的自然体,受母岩性质和生物作用影响较大,同时气候、地形、年龄对其也有一定影响。土壤类型的多样性主要是自然因素多样化组合造成的,是随着生物气候的变化而发生变化的,有规律地排成垂直的地带谱。

表 2.2 桃源洞森林土壤分类系统表

土类	亚类	土类	亚类
山地草甸土	山地草甸土	山地黄壤	山地暗黄壤
山地黄棕壤	山地黄棕壤	红壤	山地黄红壤

在垂直分布层面,桃源洞保护区的垂直海拔差可达 1000 m 以上,不同海拔的土壤受到不同的水热条件作用,呈现出明显的随海拔变化梯度分布的规律。将森林土壤垂直分布划分为:海拔 550~650 m 为山地黄红壤,650~1200 m 为山地暗黄壤,1200~1700 m 为山地黄棕壤,1700~1841 m 为山地草甸土。在阐述主要土壤类型之前,先论述与生物气候条件关系密切的土壤形成过程及一些主要特点。

(1)活跃的土体化学过程

桃源洞保护区成土母岩主要为花岗岩,占全区的 99%。风化后长石类变为高岭土,石英变为砂粒。在该地区的气候条件下,风化作用强,在土中矿质元素的聚积和淋溶强烈。从表 2.3 土体化学组成可以看出,该地区淋溶作用强烈,特别是山地黄棕壤,从腐殖质层到淀积层,铝、铁、钛聚积,钙、镁、硅减少。根据专家对中亚热带地区土壤的成土富集系数的研究,一般认为花岗岩上发育的红壤较丰富;并且铁、铝、钛表现为聚积,钙、硅表现为淋失。

表 2.3 桃源洞土体的化学组成

母岩土类	地点	层次	深度 /cm	占灼烧后的土重 /%							
				SiO_2	Al_2O_3	Fe_2O_3	TiO_2	MnO	CaO	MgO	P_2O_5
花岗岩山地黄棕壤	桃源洞中牛石	A_1	2~20	58.96	29.24	5.28	0.518	0.114	0.016	1.227	0.174
		A	20~79	54.22	31.59	5.83	0.597	0.322	0.011	0.855	0.113
		B	>79	52.85	33.78	6.94	0.632	0.176	0.011	0.792	0.109

母岩土类	地点	层次	深度 /cm	占灼烧后的土重 /%							
				SiO$_2$	Al$_2$O$_3$	Fe$_2$O$_3$	TiO$_2$	MnO	CaO	MgO	P$_2$O$_5$
花岗岩红壤	桃源洞大门外	A	0~26	58.05	27.23	6.89	0.856	0.159	0.199	0.762	0.037
		B	26~62	55.73	29.89	7.10	0.921	0.130	0.060	0.350	0.036
		C	62~90	56.83	29.57	6.54	0.779	0.083	0.088	1.021	0.033

（2）生物物质循环过程

植被（以自然森林植被为主）是自然综合体形成、发展最活跃的因素。桃源洞保护区属亚热带季风气候，冬温夏凉，雨量充沛，有利于动植物的繁衍。组成该地区的地带性植被——亚热带常绿阔叶林和常绿针阔叶、落叶阔叶混交林，构建了森林植被的垂直地带性分布。海拔 1400 m 以下的山地为天然次生林带，是该地区的主要植被类型，主要树种有甜槠、青冈栎、亮叶水青冈、杉木、马尾松、湘楠、毛竹等；海拔 1400~1800 m 为常绿针阔叶、落叶阔叶混交林带，主要树种有资源冷杉、南方铁杉、多脉青冈、猴头杜鹃等；冬茅草丛分布在海拔 1700~1841 m 的坡地，它是山地草甸土的主要植被，伴生种有云锦杜鹃、圆锥绣球、芒萁、蜈蚣草。随着植物的生长，枯枝落叶又归还土地。热带雨林的凋落物每年为 770 kg/ 亩，热带次生林亦达 680 kg/ 亩。桃源洞保护区属亚热带季风气候，野外调查研究表明，地表半腐解的枯枝落叶凋落物层一般厚度是 2~6 cm，有的可达 10 cm，初步估测枯枝落叶凋落物亦可达 4500 kg/ 亩左右。据 10 个剖面统计，在常绿阔叶林和常绿针阔混交林覆盖下的土壤有机质含量，表层平均为 12.04%，其中最高可达 27.66%。例如，在江西坳海拔最高处为山地草甸土，草根盘结，风力强，湿度大，不利于土壤有机质积累，有机质仅为 6.36%~6.90%。

中山地貌对桃源洞保护区腐殖化过程的影响很大。土壤有机质的来源是生物死亡残体及其生活过程中的分泌物、排泄物，其中最重要的是高等植物的枯枝、落叶、茎干、根系、花果等残体。有机残体进入土壤或落在土壤表面之后，矿质化和腐殖化过程同时进行。而矿质化和腐殖化过程的快慢，则取决于植物的种类、水分、空气、温度等综合条件的影响。

常绿阔叶林和常绿针阔混交林是桃源洞保护区主要植被类型。在海拔 1000 m 以上，集中分布着杉木林、南方铁杉林、马尾松林，由于针叶树种富含的纤维素、半纤维素分解较慢，还含有分解更慢的木质素，加之山高雨水多，空气湿度大，温度低，矿质化过程缓慢。

凡是在海拔较高、积水条件较好的针叶林或以针叶林为主的混交林中，表土结构为粒状，有机质含量高达 21.02%~27.66%，全氮含量为 0.892%~1.125%，阳离子交换量高，为 35.40%~50.30%，土壤吸湿水含量高，为 14.10%~18.62%，灼失量高，为 45.55%~48.12%，土壤水分影响到通气状况，从而减缓有机质的矿质化速度。总之，在针叶林和以针叶林为主的混交林下的土壤，有机质的转化是腐殖化过程大于矿质化过程，而且在腐殖质含量高的土壤上生长的杉木长势喜人。据调查（桃源洞 10 号剖面），在南方铁杉林中，华润楠、江南越桔、杜鹃、毛竹较丰富，群落外貌青翠浓绿、枝条平展、树干挺拔，南方铁杉频度为 60%，树高 17~26 m，胸径 20~40 cm，枝下高 10 m，林相和土壤结构及相关的理化分析数据都同样说明，这种森林类型其土壤结构好，腐殖质含量高，阳离子交换量大，树木生长所需的无机养料供给充足，保肥能力强。

（3）黄化过程

亚热带地区山地土壤中，不仅进行着与水热条件相联系的活跃的土体化学过程，以及常绿阔叶林和常绿针阔混交林影响下旺盛的生物物质循环过程，而且进行着黄化过程。桃源洞保护区的黄化过程与其特有的峰峦起伏、溪谷密布的中山地貌和丘状中山山原地貌有着紧密的联系。中山山原地貌是在近代新构造运动中大面积上升的地区，由于内营力长期作用，形成边缘切割深、坡度陡、上部平缓的台面，这些平缓地带是尚未遭到破坏的古夷平面，具有远看似山、近看为丘的特有自然形态。黄化过程随着海拔的增高而逐渐加强。在海拔较高的地区，黄化过程主要发生于杂草繁生、积水条件较好的地方。一般水化的同时也进行着水解作用。在黄化作用的影响下，由高海拔至低海拔，土体呈现黑色、暗黄棕、淡黄棕、暗灰棕、灰黄棕等色泽。据研究，黄化过程与土壤结合水含量和水解系数有关。从表 2.4

中可以看出，山地黄棕壤结合水含量最高，为 9.53%～21.16%，表明山地黄棕壤黄化过程最为明显，山地暗黄壤结合水次之（9.29%～20.46%），山地草甸土又次之（9.56%～10.86%），而以山地黄红壤为最低（8.34%～9.38%）。从表 2.5 可知，山地黄棕壤水解系数最高，为 10.53%～33.27%，山地暗黄壤次之（4.91%～24.38%），山地草甸土又次之（5.20%～10.41%），而以山地黄红壤最低（3.48%～6.58%）。综上所述，从土壤结合水和水解系数来看，除山地草甸土因草根盘结、风劲强大，导致结合水和水解系数较低外，其余土类的结合水和水解系数随海拔升高都明显增加，体现了本区森林土壤垂直分布的独特条件。

表 2.4　不同土壤类型结合水比较

土壤类型（海拔）	剖面号	采样深度 /cm	灼失量 /%	有机质 /%	结合水 /%
山地黄红壤（650 m）	18	0～52	11.88	2.56	9.32
		52～65	12.22	2.84	9.38
		65～106	9.25	0.91	8.34
山地暗黄壤（1000 m）	14	6～11	48.12	27.66	20.46
		11～32	17.74	8.38	9.36
		32～78	11.00	1.71	9.29
山地黄棕壤（1425 m）	10	2～14	45.55	24.39	21.16
		14～44	21.85	8.24	13.61
		44～81	12.01	2.48	9.53
山地草甸土（1800 m）	6	5～16	20.01	10.45	9.56
		16～34	14.43	3.57	10.86
		34～82	12.04	2.04	10.00

表 2.5　不同土壤类型水解系数的比较

土壤类型（海拔）	剖面号	采样深度 /cm	层次	水解性酸（1）/（ml/100 g）	交换性酸（2）/（ml/100 g）	水解系数 /%[（1）-（2）]
山地黄红壤（550 m）	18	0～52	A_1A	10.90	5.21	5.69
		52～65	A	11.76	5.18	6.58
		65～106	B	7.67	4.19	3.48
山地暗黄壤（1000 m）	14	6～11	A_1	31.89	7.51	24.38
		11～32	A	17.50	8.51	8.99
		32～78	B	10.28	5.37	4.91
山地黄棕壤（1425 m）	10	2～14	A_1	44.60	1.33	33.27
		14～44	A	18.53	0.50	18.03
		44～81	B	10.87	0.34	10.53
山地草甸土（1800 m）	6	5～16	A_1	20.82	10.41	10.41
		16～34	A	13.32	6.78	6.54
		34～82	B	10.40	5.20	5.20

　　上述三个过程是桃源洞山地土壤形成中的主要过程，在它们的相互作用和错综复杂的影响下，形成了桃源洞保护区森林土壤的丰富资源。

2.5.2　主要土壤类型

（1）山地黄红壤

　　山地黄红壤主要分布于 550～650 m 的低山，地势起伏较大，成土母岩为花岗岩，由于地处红壤和黄壤的过渡地带，气候较湿润，土壤普遍受到水化，但因仍有干湿季节之分，水化不及黄壤强，反映在土壤剖面上呈橙色。目前，森林植被多为常绿阔叶林和马尾松、杉木林等。在这种生物气候条件下，土壤矿物质风化较强，含有较多的水云母。在桃源洞场部大门之外，北偏东海拔 600 m 处所观察到的土壤剖面（桃 10 号）成土母岩是花岗岩，植被为杉木 - 檵木 - 芒萁草丛，林地类型为杉木人工林，林下灌木以檵木为主，草本地被物为芒萁。剖面位于中山底部，坡度 20°，其剖面形态如下：① 0～26 cm 土壤层，灰黄棕色重壤土，粒状结构，紧实，稍润，根系中等，腐殖质较少，pH 为 4.5；② 26～62 cm 土壤层，黄橙色重壤土，粒状结构，紧实，稍润，根系中等，腐殖质极少，pH 为 4.8；③ 62～90 cm 土壤层，淡黄橙色中壤土，粒状结构，紧实，稍润，根系少量，pH 为 4.95。

全剖面的砂粒（＞0.05 mm）含量较多，而粉砂粒（0.001～0.05 mm）含量在 40% 以上。砂粒由表层向下呈逐渐减少的趋势，全剖面变化明显。而黏粒（＜0.001 mm）的含量低，在 28% 以下，且 C 层最低。这可能与剖面坡度小有关。

山地黄红壤土体部分的化学组成有下列特点：①土体中氧化铝、氧化铁和氧化钛由表土层向淀积层增高，表明向下淋溶现象明显且强烈；②钙、镁、钾、锰等氧化物遭受淋失，特别是 CaO 受到了强烈的淋失，以致含量甚低。

山地黄红壤还具有下列特点：①剖面上呈黄棕色，下部为淡黄橙色，表土有机质含量较高，呈黄棕色，反映了在中亚热带季风的影响及有机酸的作用下，母岩风化较强，原生矿物分解；②有机质含量较高，表土为 6.08%，由表土向下显著降低，体现了森林土壤的特点；③交换量不等，每 100 g 土为 8.20～17.23 mg 当量，但表土为 17.23 mg 当量，由表土向下逐渐降低；④土壤溶液呈弱酸性反应，pH 为 4.8～5.6，酸度主要是由交换性铝所决定，酸度由表土向下逐渐降低；⑤土壤呈高度不饱和状态，表土盐基饱和度为 7.20%，向下分别为 13.85%、22.5%，表明盐基饱和度由上向下逐渐增高。

根据全剖面质地相差不大，pH 随深度加深而增高，交换量较低，土壤盐基呈高度不饱和状态，交换性铝含量高等，从而可以认为在亚热带高温、干湿季节比较明显的情况下，脱硅富铝化过程仍较强烈。

（2）山地暗黄壤

山地暗黄壤分布于海拔 650～1200 m 山地，地势较高，地形复杂，山峰尖峭，岩石裸露，岭谷相间，流水切割深。因其是在温暖湿润的气候下形成的，故山地暗黄壤带气温显然要比山地黄棕壤带高，又比山地黄红壤带低，具有冬无严寒、夏无酷暑的特点，更重要的是具有云雾多、日照少、湿度大、干湿季节欠明显的特点。自然植被类型属于湿润性常绿阔叶林、常绿阔叶混交林，优势树种有甜槠、钩锥、红栲、木荷、石栎、青冈栎、山槐、黄檀、华榛、伯乐树等，这些植被为暗黄壤的形成提供了良好的条件。在这种生物气候的条件下，土壤的形成发育既有脱硅富铝化过程，又有黄化过程，还有一定程度的腐殖化过程。从土壤形态来看，除有机质的表层外，多呈灰黄棕或淡黄棕，富含交换性铝，盐基高度不饱和，呈酸性反应，黏粒有下移现象，土体中夹有较多的坡积石块，具有明显的山地土壤的特点。

桃源洞海拔 1200 m 处山地暗黄壤剖面（桃 12 号）形态如下：① 0～5 cm，为未分解及半分解的枯枝落叶层；② 5～9 cm，暗灰棕色中壤土，粒状结构，松，润，根系与腐殖质多，土体中夹有 25% 的坡积石块，pH 为 4.48；③ 9～45 cm，灰黄棕色中壤土，粒状结构，稍润，有大量根系，土体中有 30% 的坡积石块，pH 为 6.0；④ 45～78 cm，淡黄棕色中壤土，粒状结构，紧实，润，根系少量，土体中坡积石块达 60%，有根腐烂呈黑色、疏松现象，pH 为 5.45。

从野外调查看，该剖面大于 1 mm 的石砾含量较高，可能是坡积的结果。大于 0.05 mm 的砂粒含量高。黄茅草剖面的砂粉含量只是表土较低，但表土以下高达 45.09%，0.001～0.05 mm 的粉砂粒含量较低，为 29.91%～36.17%，而＜0.001 mm 的黏粒含量低，且低于 25.39%，但表土高于心土、底土，这与砂粒含量正好以相反的形式在土层中出现，且仍与坡积有关。

在成土过程中，三氧化物累积现象明显，且由表土向下逐渐增高，在酸性淋溶过程中，下移现象较为显著，而 SiO_2 则相对淋失，向下逐渐减少。钙钾盐基淋失，特别是 CaO 甚为明显。而土体中 CaO 的含量甚低，但表土高于心土，这种表聚现象是植物累积养分的结果，表土以下有下移的趋势，因此，淋失现象还是非常强烈的。以上足以说明山地暗黄壤具有明显的脱硅富铝化作用。

山地暗黄壤还具有下列特点：①土体均呈淡黄棕或黄棕色，这与 Fe_2O_3 的水化作用有关，也体现了黄化过程的特点。②有机质含量高，表土为 10.86%～27.66%，这说明随着海拔的增高和气候条件的变化，生物循环的速度减缓。在常绿针阔混交林下的山地暗黄壤，表土有机质含量高，且表土向下逐渐降低，一般 B 层低于表层 17～26 倍，这体现了以针叶树为主的植被和环境条件累积有机质的特点。③交换量高，表土每 100 g 可达 23.95～35.40 mg 当量，向下明显降低，这与有机质含量在土体中的分布特点是一致的。但盐基表土高于心土，这体现了生物累积养分的特点，也说明了有机质分解后释放的盐基被土壤胶体吸收。④土壤呈酸性或弱酸性反应，pH 为 4.50～5.80，而由表土向下逐渐增高，黄茅草剖面表土层 A_1 低于淋溶层 A，而淋溶层 A 又高于 B、C 层，这种酸度可能与母岩有关。⑤交换性铝含量高，表土每 100 g 土为 7.27～10.46 mg，自上而下逐渐降低，土壤盐基呈高度不饱和状态。

（3）山地黄棕壤

山地黄棕壤是亚热带土壤垂直带谱的基本组成之一。保护区的山地黄棕壤主要分布在海拔 1200～1700 m。

山地黄棕壤区域的气候是以雨量多、湿度大、气压低、云雾环绕、无霜期短为特征。据大院气候哨所（海拔 1350 m）1958～1981 年 24 年的资料统计，年平均气温为 12.1℃，海拔每升高 100 m 气温下降 0.46℃，日照时数为 1017.3 h，太阳能量辐射为 86.63 kcal/（cm^2·年），年降水量为 2292.4 mm，年降水天数为 170 天，无霜期为 195 天，干燥度为 0.38（干燥度指数为 0.49，属于很湿型）。这种气候条件，加之不同的植被类型，为山地黄棕壤的形成创造了有利的条件。

山地黄棕壤分布区海拔较高，坡度一般较陡，大都在 30°以上，植被组成以常绿针阔叶与落叶阔叶混交林为主，主要树种有银木荷、甜槠、南方铁杉、资源冷杉、亮叶水青冈、铁尊枫香等。

桃源洞海拔 1425 m 处山地黄棕壤的剖面（桃 10 号）形态如下：① 0～2 cm，为未分解的枯枝落叶凋落物层；② 2～20 cm，暗红棕中壤土，粒状结构，松，润，根系中等，腐殖质多，pH 为 4.83；③ 20～79 cm，暗灰棕重壤土，粒状至碎块状结构，紧，润，根系少量，腐殖质较多，pH 为 4.87；④ 79 cm 以下，淡黄棕重壤土，粒状结构，紧实，润，根系无（有腐烂的竹根），腐殖质少，pH 为 5.17。

0.05～1 mm 的砂粒含量土层上部显著高于中部，这可能与坡积的影响有关，0.01～0.05 mm 的粉砂粒含量较高，在 39%以上，而<0.001 mm 的黏粒，从上至下明显增多，这说明了淋溶作用是较强的。

山地黄棕壤土体中氧化铝的含量为 29.24%～34.78%，氧化铁的含量为 5.28%～6.14%，由表土向下逐渐增高，表明山地黄棕壤酸性淋溶作用随深度增大而降低。氧化钙的含量最低，表土仅有 0.016%。这些现象表明在土体中仍有富铝化作用的特征。

山地黄棕壤还具有下列特点：①全剖面颜色变化较大，表层有机质含量高而色暗，为暗红棕色，由表层而下呈暗灰棕、淡黄棕色，这与三氧化物水化作用有关。②有机质含量高，表土为 24.39%，表明山地上部低温、湿润多雨，从而使森林凋落物在地表累积，微生物活动减弱，分解速度缓慢，而有机质积累。土壤有机质不仅含量高，而且在 79 cm 以下仍含有 2.48%，这与植被生长茂盛、生物累积多、人为活动少、气温较低有着极大的关系。③土壤溶液呈酸性反应，表土 pH 为 4.83，向下 pH 逐渐增高，出现了中山上部的土壤，下层淋溶作用有减弱的特点。④交换性铝含量低，表土每 100 g 土为 1.01 mg 当量，由表土向下逐渐降低，交换性铝在剖面中含量较低，说明黄棕壤的富铝化和酸性淋溶程度要比黄壤轻。⑤交换量高，表土每 100 g 为 50.3 mg 当量，由表土向下逐渐降低，这与有机质含量在土层中的多寡有着密切的关系。⑥交换性盐基总量较高，表土每 100 g 有 5.70 mg 当量，这与表层含水量较多（为 14.10%）和嫌气条件下有机质矿质化过程较弱紧密相关，盐基含量由表层向下逐渐降低，这体现了森林植被累积养分的特点。土壤胶体呈高度不饱和状态，从表土向下逐渐降低，其原因是在针叶林下的土壤酸度高而导致盐基高度不饱和。

（4）山地草甸土

山地草甸土是在亚热带山顶草本植被作用下形成发育的，是亚热带中山山顶的一个土类，它垂直分布于山地黄棕壤之上，主要分布于江西坳中山顶部 1700～1841 m 的山地。草本植被主要有冬茅草、芒萁等，伴有圆锥绣球灌丛和云锦杜鹃，偶尔可见马尾松等树种。一般草丛繁茂，群落外貌绿色，随风飘扬，波状起伏，总盖度 95%，山地草甸土在草本植物的影响下，表土形成草根多的生草层，腐殖质含量较高，粒状结构好，山地黄棕壤演变为山地生草黄棕壤。

以江西坳山顶海拔 1800 m 处所观察到的剖面（桃 6 号）为例，坡度 28°，成土母岩为花岗岩，其剖面形态如下：① 0～5 cm，为未分解的草丛和凋落物层；② 5～16 cm，黑色重壤土，粒状结构，散，润，根系中等，腐殖质多，pH 为 4.60；③ 16～34 cm，暗黄棕色重壤土，紧，润，根系少量，腐殖质较多，pH 为 5.34；④ 34～82 cm，淡黄棕色重壤土，粒状结构，紧，润，根系无，腐殖质较少，pH 为 5.88；⑤ 82 cm 以下，淡黄棕色重壤土，粒状结构，坚硬，石砾含量 30%，稍润，pH 为 5.83。

山地草甸土从表层到下层均含＞0.05 mm 的砂粒，且有所增加，粗粉砂、中粉砂从上至下也明显增加，体现了土壤剖面淀积黏化作用弱。山地草甸土土体中的氧化铝含量从表层到淀积层逐渐增高，氧化铁从表层到淀积层增强不明显，而二氧化硅含量渐减，氧化钙、氧化镁淋失较强，总之，在土体中富铝化过程比山地黄棕壤弱。

山地草甸土具有下列特点：①全剖面质地均一，从上而下均为重壤土。②有机质含量较高，表土达10.45%，由表土向下逐渐降低，表明了草本植物累积有机质的特点。③土壤呈酸性至弱酸性反应，pH 为4.60～5.89，向下渐增。④交换性铝的含量高，每 100 g 表土有 9.44 mg 当量，向下逐渐降低，体现了风力强、云雾弥漫、雨水多的中山山顶地段的特性，草本植物生长较旺。但除生草层外，富铝化作用不如暗黄壤强烈。⑤交换量较高，表土每 100 g 达 25.23 mg 当量，向下渐减，盐基饱和度高于山地黄棕壤；但总体上还是低，表土只有 21.18%，土壤仍呈不饱和状态，表明淋溶过程次于山地黄棕壤。⑥交换性盐基总量较高，表土每 100 g 为 4.41 mg 当量，但交换性盐基表聚现象相当明显，向下渐减，表土高于底土5.44 倍，这与草本植物累积的矿质元素多有关。

2.5.3 土壤理化性质

本次调查取样在罗霄山脉中段桃源洞保护区的不同植物与植被类型中，取样点处于植物调查组所设样地，其中大多为中高海拔山地的典型植物群落，坡面主朝向为东向和南向，平均坡度为 32°，土壤剖面分布于上、中、下等不同坡位，可挖取的土壤剖面深度达 1.2 m 以上，表层凋落物层厚度平均为 6.7 cm（表 2.6）。

表 2.6　土壤剖面调查信息

地点	优势树种	纬度（N），经度（E）	海拔/m	坡向	坡位	坡度/(°)	凋落物层/cm	剖面深度/m
和平坳	资源冷杉、毛竹、鹿角杜鹃	26°24′26.5″,114°01′49.26″	1495	东偏北 35°	中	32	7.5	1.2
江西坳 -1	云锦杜鹃、鹿角杜鹃	26°25′40″,114°04′15″	1690	东偏南 45°	上	24	2.7	1.2
江西坳 -2	杉木、鹿角杜鹃	26°25′36″,114°03′33″	1654	南偏西 5°	下	30	5	1.2
鸡麻杰	资源冷杉、鹿角杜鹃、毛竹	26°26′26″,114°04′04″	1544	南偏东 20°	中	47	10	1.2
神龙飞瀑	福建柏、多脉青冈	26°28′13″,114°03′45″	1294	南偏东 30°	中上	35	6.5	1.2
东坑	箬竹、鹿角杜鹃	26°28′16″,114°03′28″	989	南偏西 35°	中下	23	5	1.2
圆地下	多脉青冈、鹿角杜鹃、马银花	26°19′43″,114°00′02″	1640	北偏东 10°	中上	37	12	1.2
中洲	南方铁杉、猴头杜鹃	26°20′54″,113°59′12″	1325	北偏东 10°	下	25	7	1.2
神农谷	钩锥、毛竹、多脉青冈	26°28′59.115″,114°01′31.159″	741	东偏南 30°	中下	40	4	1.2
九曲水 -1	穗花杉、石笔木	26°33′40.434″,114°04′35.647″	842	南偏东 30°	中	39	3.5	1.2
九曲水 -2	红楠、石笔木	26°33′43.723″,114°04′35.262″	669	南偏东 25°	下	31	5	1.2
九曲水 -3	大果马蹄荷	26°33′50.541″,114°04′34.658″	776	西偏南 40°	下	31	7	1.2
九曲水 -4	毛竹、马尾松	26°33′54.936″,114°04′27.737″	829	南偏东 10°	中下	22	0.5	0.5
九曲水 -5	鸭公树、少叶黄杞	26°33′39.212″,114°04′41.223″	789	北偏西 15°	下	20	6	0.5

调查时，把土壤剖面分为 4 层：一层为 1～25 cm；二层为 25～50 cm；三层为 50～75 cm；四层为 75～100 cm。土壤层薄的山体，分为两层：一层（1～25 cm）；二层（25～50 cm）。每个剖面从 1 m 处由下而上分别进行环刀取样、小铝盒取土和封口袋取土。封口袋中的混合土样重约 1 kg，需要在每层剖面中均匀获取，将土样混合并去除植物根系和石块后带回实验室。用小铝盒、环刀中的土样进行物理性质实验，混合土样进行化学性质实验。另外，用 MAGELLAN 基准定位仪测定样地的经纬度、海拔等信息，用地质罗盘仪（DQL-5）测定样地的坡度、坡向等信息。

剖面的土壤质地类型主要为沙壤土和轻壤土，成土母岩以花岗岩为主，母岩层所在深度大于 1 m，一些植物群落土壤腐殖质丰富，如资源冷杉 Abies beshanzuensis var. ziyuanensis 和福建柏 Fokienia hodginsii 植物群落；其中资源冷杉林表土层发育有大量蛴螬；还有一些植物群落土壤腐殖质层很厚，如分布于海拔 1654 m 的杉木 Cunninghamia lanceolata 和杜鹃花科植物混交林。

另外，根据植被类型对桃源洞保护区取样的土壤剖面进行编号，并分析其理化性质，结果如表 2.7～表 2.9 所示。

表 2.7　桃源洞调查样地基本信息（2013～2014 年）

剖面编号	海拔 /m	主要植被	凋落物厚度 /cm	坡向	坡度 /（°）
TYD-1	1495	资源冷杉＋毛竹＋鹿角杜鹃	7.5	东北	32
TYD-2	1690	云锦杜鹃＋鹿角杜鹃	2.7	东南	24
TYD-3	1654	杉木＋鹿角杜鹃	5	西南	30
TYD-4	1544	资源冷杉＋鹿角杜鹃＋毛竹	10	东南	47
TYD-5	1294	福建柏＋多脉青冈	6.5	东南	35
TYD-6	989	箬竹＋鹿角杜鹃	5	西南	23
TYD-7	1640	多脉青冈＋鹿角杜鹃＋马银花	12	东北	37
TYD-8	1325	南方铁杉＋猴头杜鹃	7	西北	25
TYD-9	741	钩锥＋毛竹	4	西北	40
TYD-10	842	穗花杉＋石笔木	3.5	西北	39
TYD-11	669	红楠＋石笔木＋红背锥	4	西北	31
TYD-12	776	大果马蹄荷	7	东北	31
TYD-13	829	人工毛竹林＋马尾松	0.5	西北	22
TYD-14	789	鸭公树＋香果树＋少叶黄杞	6	东南	20

表 2.8　桃源洞调查样地土壤样品物理性质（2013～2014 年）

剖面编号	土层 /cm	自然含水量 /（g/kg）	容重 /（g/cm³）	毛管持水量 /（g/kg）	总孔隙度 /%	毛管孔隙度 /%	非毛管孔隙度 /%
TYD-1	0～25	1094.47	0.64	1157.35	75.92	73.43	2.49
	25～50	770.81	0.74	880.43	72.22	64.64	7.58
	50～75	646.66	0.95	664.33	64.12	63.16	0.96
	75～100	435.74	1.24	480.78	53.24	59.2	0.69
TYD-2	0～25	755.11	0.77	840.47	70.97	64.5	6.47
	25～50	791.04	0.78	833.78	70.68	64.76	5.92
	50～75	654.68	0.98	670.68	63.19	65.35	2.16
	75～100	507.36	1.14	517.59	56.81	59.18	1.36
TYD-3	0～25	701.3	0.74	843.6	71.89	62.84	9.05
	25～50	641.22	0.79	740.96	70.03	58.83	11.2
	50～75	608.44	0.84	673.37	68.43	56.28	12.15
	75～100	504.55	1.1	515.53	58.42	56.8	1.63

续表

剖面编号	土层/cm	自然含水量 /(g/kg)	容重 /(g/cm³)	毛管持水量 /(g/kg)	总孔隙度 /%	毛管孔隙度 /%	非毛管孔隙度 /%
TYD-4	0～25	565.55	0.66	821.01	75.14	54.01	21.12
	25～50	522.94	0.83	677.89	68.68	55.6	13.08
	50～75	440.19	1	496.06	62.44	49.08	13.36
	75～100	265.86	1.29	314.1	51.41	39.31	12.1
TYD-5	0～25	723.54	0.55	1021.01	79.25	55.47	23.78
	25～50	397.39	0.89	586.61	66.48	52.04	14.44
	50～75	434.91	0.95	585.77	64.1	55.7	8.4
	75～100	301.9	1.19	410.58	55.06	47.81	7.25
TYD-6	0～25	335.43	0.97	465.64	63.58	44.75	18.83
	25～50	305.17	1.29	334.27	51.36	43.06	8.31
	50～75	425.31	0.98	516.21	63.05	50.54	12.51
	75～100	372.6	1.18	400	55.37	47.29	8.08
TYD-7	0～25	1022.33	0.49	1289.44	81.44	62.75	18.69
	25～50	705.96	0.78	848.29	70.66	63.92	6.73
	50～75	514.66	1.04	544.83	60.93	56.21	4.72
	75～100	353.17	1.25	389.68	52.94	46.2	6.75
TYD-8	0～25	653.47	0.68	850.25	74.3	57.79	16.51
	25～50	659.54	0.74	830.33	71.98	61.42	10.56
	50～75	630.58	0.89	693.18	66.45	60.92	5.52
	75～100	475.11	0.94	602.46	64.52	55.97	8.55
TYD-9	0～25	322.09	0.94	481.52	64.38	45.45	18.93
	25～50	338.43	0.93	558.18	64.88	51.95	12.94
	50～75	190.53	1.15	368.81	56.59	42.43	14.16
	75～100	138.59	1.2	296.31	54.68	35.58	19.1
TYD-10	0～25	238.32	1.08	389.21	59.39	41.89	17.5
	25～50	236.9	1.11	351.07	57.93	39.14	18.78
	50～75	191.37	1.02	373.04	61.35	38.21	23.13
	75～100	178.98	1.3	282.33	51.04	36.63	14.41
TYD-11	0～25	499.96	0.69	718.22	73.86	49.76	24.1
	25～50	310.61	0.81	513.18	69.54	41.42	28.12
	50～75	209.81	1.13	347.8	57.39	39.27	18.12
	75～100	131.41	1.22	242.27	53.91	29.59	24.33
TYD-12	0～25	1099.03	0.35	1751.79	86.86	61	25.86
	25～50	591.36	0.67	930.7	74.88	61.96	12.92
	50～75	289.37	0.94	495.32	64.4	46.73	17.67
	75～100	386.9	0.9	627.91	66.13	56.35	9.78
TYD-13	0～25	284.9	1.04	456.17	60.67	47.54	13.13
	25～50	377.87	0.89	615.71	66.46	54.73	11.73
TYD-14	0～25	350	0.95	559.68	64.31	52.93	11.38
	25～50	483.19	0.88	648.21	66.77	57.08	9.69

注：TYD13、TYD14 的土壤剖面 50 cm 以下为岩石

表 2.9 桃源洞调查样地土壤样品化学性质（2013～2014 年）

编号	土层 /cm	pH	有机碳 / (g/kg)	全氮 / (g/kg)	全磷 / (g/kg)	全钾 / (g/kg)	碱解氮 / (mg/kg)	有效磷 / (mg/kg)	速效钾 / (mg/kg)
TYD-1	0～25	4.69	47.51	2.64	0.62	20.99	196.23	0.8	48.33
	25～50	4.89	24.11	1.72	0.59	23.59	129.23	0.61	26.35
	50～75	4.89	16.79	1.17	0.56	25.61	87.35	1.09	14.78
	75～100	5.12	5.84	0.56	0.54	31.07	37.69	0.61	13.18
TYD-2	0～25	4.58	39.74	2.51	0.55	12.67	146.58	0.61	59.42
	25～50	4.69	33.73	2.23	0.57	13.15	111.88	0.23	52.21
	50～75	5.01	15.23	1.26	0.39	17.23	85.55	0.23	34.6
	75～100	5.03	9.13	0.94	0.34	19.03	54.44	0.42	22.04
TYD-3	0～25	4.39	50.95	3.4	0.64	16.59	256.06	0.61	56.38
	25～50	4.6	21.87	1.8	0.56	17.63	160.34	0.13	23.26
	50～75	4.82	15	1.38	0.46	18.86	104.1	0.7	18.54
	75～100	4.91	10.2	1.03	0.41	18.94	64.01	0.23	19.52
TYD-4	0～25	4.77	66.94	3.02	0.74	28.82	204.01	1.37	44.17
	25～50	4.94	43.06	1.92	0.76	31.18	146.58	1.56	24.22
	50～75	5	37.24	1.89	0.77	33.51	145.38	1.66	21.27
	75～100	4.98	16.43	0.65	0.97	36.09	58.03	1.95	4.9
TYD-5	0～25	4.8	53.66	2.83	0.59	27.18	223.15	1.09	62.72
	25～50	4.91	23.02	1.48	0.52	30.7	109.48	0.9	24.4
	50～75	4.99	17.03	1.22	0.48	31.5	96.32	0.99	21.22
	75～100	4.96	12.49	0.79	0.48	37.32	70	0.8	16.53
TYD-6	0～25	4.57	29.33	2.41	0.64	30.41	196.23	2.9	49.54
	25～50	4.9	16.39	1.2	0.59	33.05	105.29	1.47	23.01
	50～75	5.03	10.52	0.98	0.49	31.18	73.59	1.09	23.99
	75～100	5.1	7.21	0.67	0.41	32.05	47.86	0.23	31.49
TYD-7	0～25	4.4	107.79	5.54	0.56	23.26	327.25	0.8	111.96
	25～50	4.57	76.28	3.39	0.57	28.92	279.99	0.99	60.84
	50～75	4.74	37.97	1.31	0.53	29.2	162.73	0.9	34.47
	75～100	4.85	34.21	1.77	0.52	33.8	135.81	0.99	33.19
TYD-8	0～25	4.56	60.34	3.09	0.54	26.75	239.9	1.28	67.26
	25～50	4.77	46.45	2.08	0.55	29.77	178.28	0.8	28.87
	50～75	4.93	29.63	1.5	0.49	28.35	123.84	0.61	20.56
	75～100	4.96	24.07	1.29	0.46	28.62	119.65	0.7	24.87
TYD-9	0～25	4.57	34.04	2.03	0.43	29.63	162.73	2.2	70.66
	25～50	4.68	21.93	1.49	0.44	29.54	131.62	1.83	27.96
	50～75	4.79	8.02	0.74	0.36	28.85	62.22	1.64	19.38
	75～100	4.93	3.32	0.31	0.31	33.32	29.91	13.32	13.3
TYD-10	0～25	4.13	77.82	5.19	0.74	11.87	396.05	5.03	123.9
	25～50	4.15	34.89	2.41	0.6	13.37	256.06	1.64	59.04
	50～75	4.36	21.61	1.37	0.63	14.17	151.96	1.07	51.7
	75～100	4.58	10.83	0.84	0.63	18.47	65.21	0.51	24.87

续表

编号	土层 /cm	pH	有机碳 / (g/kg)	全氮 / (g/kg)	全磷 / (g/kg)	全钾 / (g/kg)	碱解氮 / (mg/kg)	有效磷 / (mg/kg)	速效钾 / (mg/kg)
TYD-11	0~25	4.46	55.67	3.34	0.66	10.8	304.52	1.45	105.03
	25~50	4.41	39.08	2.58	0.67	10.79	239.31	1.64	66.89
	50~75	4.57	21.12	1.3	0.56	12.61	131.62	1.83	30.51
	75~100	4.59	12	0.76	0.58	12.51	74.19	0.69	27.47
TYD-12	0~25	4.71	84.26	3.96	0.22	5.34	255.46	1.26	46.17
	25~50	4.76	22.81	1.55	0.49	5.59	122.05	1.64	13.33
	50~75	4.83	12.24	0.91	0.46	6.71	65.81	0.32	10.04
	75~100	4.84	7.39	0.54	0.46	7.35	61.02	0.13	10.94
TYD-13	0~25	4.76	21.09	1.43	0.41	8.2	114.27	1.26	23.92
	25~50	4.88	16.59	1.19	0.35	7.94	88.54	1.64	15.87
TYD-14	0~25	4.12	68.41	3.78	0.49	11.42	208.2	0.51	89.92
	25~50	4.61	21.12	1.1	0.42	11.82	89.74	0.69	11.78

注：TYD13、TYD14 的土壤剖面 50 cm 以下为岩石

2.5.4 土壤资源合理开发

桃源洞保护区自然条件优越，雨量充沛，热量丰富，有利于物质循环和累积，在矿质化作用旺盛的林分里，有机质分解释放出养分以满足植物生长的需要；在有机质的累积多于分解的林分里，土壤的有机质增加，地表覆盖层加厚，为农林生产提供了极为有利的森林土壤资源，也为避暑疗养提供了仙境般的去处。

桃源洞保护区土壤资源的开发利用，应坚持以林为主、多种经营、综合利用、全面发展的原则。为了合理利用土地资源，充分发挥山地优势，使该地区的土壤资源得到重视并被开发利用，提出如下建议。

（1）针阔混交林用材林区

该地区的主要土壤类型为红壤类，包括山地黄红壤与山地暗黄壤，分布于海拔 550～1200 m，成土母岩为花岗岩，土层较深厚，层次较完善，土壤肥力较高，从表土计算 5 个剖面平均值，有机质为 12.5%，全氮为 0.27%，全磷为 0.7%，全钾为 2.4%，土壤质地多为重壤土、中壤土，pH 为 5.5 左右，现有植被种类多，生长较好，盖度大于 90%。主要树种有杉木、马尾松、楠竹、钩锥、甜槠、青冈栎、南方红豆杉等。

由于该地区气候温和，雨量充沛，自然植被茂密，土壤自然肥力中等偏上，因此该地区为用材林生产的重要基地。对林木生长的适应性较强，选择的造林树种有杉木、马尾松、楠竹、木荷、棕树、樟、甜槠、南方红豆杉、大叶青冈、栓皮栎、资源冷杉等。

（2）常绿针阔混交林、药材、水土保持林区

该地区土壤为山地黄棕壤和山地草甸土。分布于海拔 1200 m 以上的山地。其中位于海拔 1700 m 以上的山地草甸土应划为药材、水土保持林区。

海拔 1200～1700 m 的山坡地土壤，发育于花岗岩坡积和残积母岩，土层较深厚，土壤自然肥力高，以三个剖面的表土平均值计算，有机质 13.90%，全氮 0.4%，全磷 0.79%，全钾 3.81%，但因为气候温凉，日照短，冰冻风雪期长，影响了林木的生长，所以此地宜发展耐寒抗风的高山树种，如南方铁杉、资源冷杉、桂南木莲、鹅耳枥、亮叶水青冈等。

（3）避暑疗养胜地

桃源洞保护区管理局场部周围有各类大小岩石，虽岩性单一，但极具意境，是良好的避暑疗养胜地。

场部周围海拔约 600 m，交通方便，环境优良，站在楠木坝桥上，俯视桥下，就可以饱览清澈透底的潺潺流水景观；抬头仰望，树木苍翠欲滴，树形挺拔；再沿溪漫步 100 m，还有飞溅的珠帘瀑布，并有形似观瀑妙龄女子的天然岩石。游览此地更觉进入了仙境，犹如仙女为伴。如果再栽些观赏树木和花草，鸟语花香，实为疗养避暑、旅游观光之胜地。

第3章 植被与植物群落特征

3.1 植被分类系统

桃源洞保护区山峦重叠，总体来看属中海拔山地，海拔在 1000 m 以上的山峰有 103 座，其中最高峰郦峰（神农峰）海拔 2115.2 m。整体山系呈现东南—西北走向，其间发育多条河网及瀑布，由于河流的切割作用常形成深邃的河谷，在山体垂直高度的落差影响下，形成较为封闭的河谷环境，导致了一系列的小气候变化，同时由于水热、土壤、岩石、腐殖质丰富程度等差异产生各种各样的生境变化，生态因子的多变性导致植物群落分布的分异，并产生了较明显的植被垂直带谱及群落替代现象。

桃源洞保护区内海拔 800 m 以下山地水热条件较好，保存着极具代表性的沟谷季雨林，如九曲水地区的大果马蹄荷 - 樟叶泡花树林，黑龙潭的红楠 - 亮叶械林；海拔 800～1400 m 地带内分布有多种群落类型，如梨树洲南方铁杉群落、鸡公岩青冈 - 甜槠群落、洪水江台湾松 - 木荷混交林、镜花溪雷公鹅耳枥群落、田心里瘿椒树群落等；海拔 1400 m 以上的区域物种多样性相对较低，群落分层现象不明显，尤其是林下层草本发育较为贫乏，常为交让木、鹿角杜鹃 - 华东山柳、云锦杜鹃 - 白檀 - 杜鹃、红果树 - 猫儿刺、台湾松、井冈寒竹等群落，在大坝里鸡公岩地区零星分布有金缕梅及紫茎群落，整体来看桃源洞保护区植被垂直带谱较丰富（表 3.1）。

表 3.1　桃源洞保护区植被垂直分布情况

海拔 /m	典型群落优势种群的地带性分布	
	潮湿	干燥
≤600	钩锥、枫杨、樟、木荷、南方红豆杉、青冈、苦槠、蕈树、杜茎山、尖连蕊茶	油茶、山槐、黄檀、石栎、山胡椒、檵木、马尾松、江南越桔、山矾、毛竹、枫香、华柃
600～800	厚叶厚皮香、花榈木、杉木、细叶青冈、红楠、日本杜英、猴欢喜、少花桂、黄瑞木、大果马蹄荷	青榨械、杉木、甜槠、银木荷、苦栎木、小叶白辛树、雷公鹅耳枥、毛竹、青钱柳、山桐子、海通、映山红
800～1000	宁冈青冈、红翅械、尾叶冬青、短柄青冈、南方红豆杉、水青冈、闽楠、耳叶杜鹃、银雀树、黑壳楠	缺萼枫香、赤杨叶、光皮桦、野漆树、樗叶花椒、五裂械、毛竹、背绒杜鹃
1000～1400	深山含笑、金叶含笑、树参、亮叶青冈、桂南木莲	福建柏、南方铁杉、山柳、短柄枹栎、台湾松、华榛、毛竹、鹿角杜鹃
1400～1600	交让木、猴头杜鹃、多脉青冈	齿缘吊钟花、箭竹、资源冷杉
≥1600	圆锥绣球、云锦杜鹃、尖连蕊茶	白檀、广东杜鹃、井冈寒竹、波叶红果树、猫儿刺、台湾松、金缕梅

根据《中国植被》（中国植被编辑委员会，1980），桃源洞保护区植被区划地位为："Ⅳ亚热带常绿阔叶林区域，Ⅳ_A 东部湿润常绿阔叶林区域，Ⅳ_{Aii} 中亚热带常绿阔叶林地带，Ⅳ_{Aiia} 中亚热带常绿阔叶林北部亚地带，Ⅳ_{Aiia-4} 湘赣丘陵——栽培植被、青冈、栲类林区"。

侯碧清（1993）主编出版的《湖南郴县桃源洞自然资源综合考察报告》中，描述了桃源洞 7 个植被型、17 个主要群丛，未给出详细的植被分类系统。本次对桃源洞保护区开展了较全面的实地考察，调查样地 20 多片，并据此进一步分析了典型植被群落的外貌、组成、结构及其演替动态。

根据《中国植被》的分类系统，本次仍然采用植被型组（vegetation type group）、植被型（vegetation type）、群系（formation）三级分类单位进行分类。植被型组：凡建群种生活型相近，且群落的形态外貌相似的植物群落联合为植被型组，如针叶林、阔叶林等。植被型：在植被型组内，建群种生活型相同或相近，对水热条件需求及生态关系一致的植物群落联合为植被型，如暖性针叶林、温性针阔混交林等。

群系：是植被分类系统的中级单位。凡建群种或共建种相同的植物群落联合为群系，如马尾松群系、杉木群系、甜槠群系等。结果表明，桃源洞保护区的植被类型可划分为 4 个植被型组，即阔叶林、针叶林（含针阔叶混交林）、灌丛和灌草丛、草甸；12 个植被型，即常绿阔叶林、常绿落叶阔叶混交林、落叶阔叶林、竹林、暖性针叶林、温性针阔叶混交林、温性针叶林、寒温性针叶林、常绿阔叶灌丛、落叶阔叶灌丛、灌草丛、草甸；共 36 个群系，见表 3.2。

表 3.2　桃源洞保护区植被分类系统

植被型组	植被型	群系
阔叶林	I. 常绿阔叶林	1. 大果马蹄荷林 Ass. *Exbucklandia tonkinensis*
		2. 粗毛核果茶林 Ass. *Tutcheria hirta*
		3. 钩锥林 Ass. *Castanopsis tibetana*
		4. 罗浮锥林 Ass. *Castanopsis faberi*
		5. 红椆林 Ass. *Castanopsis fargesii*
		6. 薄叶润楠林 Ass. *Machilus leptophylla*
		7. 红楠林 Ass. *Machilus thunbergii*
		8. 甜槠林 Ass. *Castanopsis eyrei*
		9. 交让木林 Ass. *Daphniphyllum macropodum*
		10. 耳叶杜鹃＋云锦杜鹃林 Ass. *Rhododendron auriculatum*＋*Rhododendron fortunei*
		11. 猴头杜鹃＋波叶红果树林 Ass. *Rhododendron simiarum*＋*stranvaesia davidiana* var. *undulata*
	II. 常绿落叶阔叶混交林	12. 银钟花林 Ass. *Halesia macgregorii*
		13. 雷公鹅耳枥＋宁冈青冈林 Ass. *Carpinus viminea*＋*Cyclobalanopsis ningangensis*
		14. 华榛林 Ass. *Corylus chinensis*
		15. 鹿角杜鹃＋映山红林 Ass. *Rhododendron latoucheae*＋*Rhododendron simsii*
	III. 落叶阔叶林	16. 青钱柳林 Ass. *Cyclocarya paliurus*
		17. 瘿椒树林 Ass. *Tapiscia sinensis*
		18. 赤杨叶林 Ass. *Alniphyllum fortunei*
		19. 金缕梅＋满山红林 Ass. *Hamamelis mollis*＋*Rhododendron mariesii*
	IV. 竹林	20. 毛竹林 Ass. *Phyllostachys edulis*
		21. 井冈寒竹林 Ass. *Gelidocalamus stellatus*
		22. 阔叶箬竹林 Ass. *Indocalamus latifolius*
针叶林	V. 暖性针叶林	23. 穗花杉林 Ass. *Amentotaxus argotaenia*
		24. 福建柏林 Ass. *Fokienia hodginsii*
		25. 银杉林 Ass. *Cathaya argyrophylla*
		26. 马尾松林 Ass. *Pinus massoniana*
		27. 杉木林 Ass. *Cunninghamia lanceolata*
	VI. 温性针阔叶混交林	28. 南方铁杉林 Ass. *Tsuga chinensis*
	VII. 温性针叶林	29. 台湾松林 Ass. *Pinus taiwanensis*
	VIII. 寒温性针叶林	30. 资源冷杉林 Ass. *Abies beshanzuensis* var. *ziyuanensis*
灌丛和灌草丛	IX. 常绿阔叶灌丛	31. 背绒杜鹃灌丛 Ass. *Rhododendron hypoblematosum*
	X. 落叶阔叶灌丛	32. 圆锥绣球灌丛 Ass. *Hydrangea paniculata*
	XI. 灌草丛	33. 五节芒灌草丛 Ass. *Miscanthus floridulus*
		34. 玉山针蔺灌草丛 Ass. *Trichophorum subcapitatum*
		35. 芒萁灌草丛 Ass. *Dicranopteris dichotoma*
草甸	XII. 草甸	36. 金发藓草甸 Ass. *Polytrichum commune*

3.2　主要植被类型及其特征

3.2.1　常绿阔叶林

常绿阔叶林是桃源洞保护区主要的森林类型，可以划分为 11 个群系，是以集中分布在中低山沟谷的金缕梅科、壳斗科、樟科、山茶科等为代表的群落，主要有马蹄荷属、石笔木属、锥属、石柯属、润楠属林，还有分布在中山山坡或近山顶较低矮的红果树属、杜鹃属矮林、灌木林、灌丛。

（1）大果马蹄荷林

本次野外调查中首次发现大果马蹄荷在桃源洞保护区内的分布，群落见于九曲水沟谷地区，并设置样地 2000 m² 进行调查，海拔 760 m，土壤为山地黄壤，地表枯枝落叶层较厚，可达 7 cm。群落整体外貌浓绿色，整体郁闭度较高，属密林。

乔木层树种丰富，冠层较不平整，根据高度可以分为两个亚层：第一亚层平均高度为 20 m，大果马蹄荷在本层个体数为 23 株，最大胸径达 73 cm，其他植物有南酸枣、深山含笑、米心水青冈，个体数不多；第二亚层的主要高度集中在 7~12 m，除大果马蹄荷等幼树外，林下还分布有美丽马醉木、江南越桔、鼠刺、罗浮柿、美叶柯等植物。灌木层发达，盖度为 45%~60%，但植物种类较少，主要包括鹿角杜鹃、野茶树、硃砂根等；林下草本层较丰富，有中华里白、芒萁、扇叶铁线蕨、针毛蕨、过路惊、熊巴掌、过路黄等。

（2）粗毛核果茶林

所调查粗毛核果茶群落位于九曲水河谷山坡，设置样地 1600 m²，海拔 765 m，土壤为山地黄壤，土质疏松，地表多花岗岩裸露。群落整体外貌淡绿色，郁闭度中等，属疏林。

乔木层无明显分层，平均高度为 10 m，树种丰富，以粗毛核果茶、美丽新木姜子、黄丹木姜子、深山含笑、猴头杜鹃为主，伴生树种主要有亮叶槭、杨梅叶蚊母树、美叶柯、尖萼厚皮香、茜树、星毛鸭脚木等；灌木层不发达，高度约为 3 m，盖度为 30%，主要为格药柃、江南越桔；草本层稀疏，平均高度为 0.6 m，有少花柏拉木、百两金、狗脊蕨、菝葜、爬藤榕、薹草等植物。

（3）钩锥林

桃源洞保护区分布较少，主要见于低海拔的沟谷溪边或路边。林内地表多被岩石覆盖，土壤为山地黄壤。群落整体外貌呈墨绿色，林冠波状起伏，总郁闭度很高，属密林。

乔木层高度多集中在 15 m 以上，最高的为日本杜英，高度为 28 m，以钩锥、青冈为优势种，群落中还有红楠、薄叶润楠、虎皮楠、银木荷、亮叶槭等常绿乔木，也混有落叶树种，如青榨槭、赤杨叶等；灌木层组成种类不多，高度约 2 m，以杜茎山和柃属植物为主，其次为粗叶木、南天竹等；草本层不发达，常见的有虎杖、广东薹草、瓦韦、吊石苣苔、虎耳草、铁角蕨属、鳞毛蕨属植物。此群落中还有伴生的藤本植物，如石南藤、络石、黑老虎、野木瓜、华中五味子等。

（4）罗浮锥林

桃源洞保护区罗浮锥林在田心里、楠木坝附近的低海拔山地多有分布，罗浮锥为次生林中的优势树种，常作为建群种。群落主要土壤成分为山地黄壤。群落整体外貌为绿色，间杂有黄褐色斑块，树冠参差不齐，总郁闭度较高，为密林。

乔木层分层明显，冠层为 20~25 m，以优势种罗浮锥为主，也分布有少量的缺萼枫香、赤杨叶等落叶乔木；第二亚层平均高度为 15 m，主要有细叶青冈、虎皮楠、薄叶润楠、甜槠、蚊母树、大果卫矛等常绿乔木；灌木层发育较好，平均高度为 2 m，优势种为杜茎山，另外还分布有阔叶箬竹、南天竹、狗骨柴、细枝柃、峨眉鼠刺等；草本层不发达，狗脊蕨数量较多，此外还零星分布有沿阶草、尾花细辛、薹草、紫麻等。层间植物较为丰富，常见种类有石南藤、鸡血藤、瓜馥木、菝葜、香花崖豆藤、流苏子等。

（5）红栲林

桃源洞保护区红栲林见于老庵里附近低海拔的山地，土壤为山地黄壤。群落整体外貌深绿色，林冠参差不齐，总郁闭度很高，可达到 0.90，属密林。

该群系是较为稳定的天然次生林。乔木层可分为两层，第一亚层高度 20～30 m，以红栲为建群种，数量占绝对优势；第二亚层高度 12～18 m，有细叶青冈、甜槠、榕叶冬青、木荷、蚊母树、少叶黄杞、日本杜英等植物；灌木层中种类较少，高度为 3～4 m，种类有红楠、鼠刺、厚皮香、狗骨柴、映山红等；草本层较稀疏，以蕨类植物为主，有狗脊蕨、光脚金星蕨、鳞毛蕨、里白等。

（6）薄叶润楠林

桃源洞保护区薄叶润楠林见于狮子岩地区海拔较低的山谷中，生境较为潮湿，土壤为花岗岩发育的山地黄壤，表面为腐殖土。群落整体外貌呈浓绿色，林冠参差，总体郁闭度较高，为 0.75～0.85，属密林。

乔木层冠层平整，高度为 18～27 m，以薄叶润楠为建群种，数量占优势，其他树种有豺皮樟、红楠、青冈、杨梅叶蚊母树等常绿树种，以及五裂槭、赤杨叶等落叶树种；灌木层较稀疏，有平均高度为 4 m 的细枝柃、尖连蕊茶、黄丹木姜子，以及高度约 1.6 m 的阔叶箬竹；草本层稀疏，平均高度为 0.2～0.4 m，有庐山瓦韦、石韦、虎耳草、半蒴苣苔、鳞毛蕨等；群落外围有南蛇藤、紫花络石、藤黄檀等。

（7）红楠林

桃源洞保护区红楠林多有分布，常见于楠木坝、茶园坳、镜花溪等地海拔 1000 m 以下的山坡或山谷地段。群落整体外貌为深绿色，郁闭度较高，为 0.75～0.85，属密林。

乔木层中树种较多，红楠作为建群种，发育良好，数量略占优势，从高度上看，第一亚层高度为 18～22 m，有红楠、水青冈、杉木、银木荷；第二亚层高度为 12～18 m，主要有黑壳楠、厚叶冬青、交让木、甜槠、尾叶冬青等，散生有香港四照花、江南越桔、薄叶润楠；灌木层优势种多，高度平均为 3 m，主要有细齿叶柃、杜茎山、海金子、峨眉鼠刺、狗骨柴、算盘子等；草本层以蕨类植物为主，狗脊蕨为优势种，此外有阔叶麦冬、鳞毛蕨、金星蕨等。

（8）甜槠林

桃源洞保护区甜槠林分布范围较为广泛，多见于田心里、九曲水、老庵里及景区内，群落类型也较多样，但都可构成较为典型的常绿阔叶林植被型。土壤为干燥的山地黄壤或黄棕壤，表面有枯枝落叶层。群落整体外貌呈浓绿色，林冠波状起伏，整体郁闭度较高，属密林。

乔木层树种丰富，冠层平整，高度为 17～21 m，以甜槠、银木荷为优势种，其他常绿树种有细叶青冈、青冈、交让木、红楠、尾叶冬青、褐毛杜英等，群落伴生落叶树种有赤杨叶、罗浮柿、水青冈、枳椇等，部分区域也伴生有毛竹和杉木等；灌木层平均高度为 3.5 m，盖度约为 30%，多为格药柃、杜鹃类、光叶山矾、吊钟花等；草本层一般较为丰富，以蕨类为主，常见有芒萁、华东瘤足蕨、狗脊蕨、卷柏、中华薹草等。

（9）交让木林

此类群落主要分布于较高海拔地区，以酃峰和九曲水地区海拔 1300 m 左右的群落最为典型，土壤为山地黄壤，生境较为干燥，群落郁闭度较低，林冠整齐，乔灌木分层明显，林下空旷。

该群系乔木平均高度为 12 m，以交让木占据绝对优势，常以纯林存在，平均胸径可达 16 cm，部分地区有台湾松混生；灌木层稀疏，盖度约为 10%，包括马银花、满山红、豪猪刺、灯笼树等；草本层零散，有牯岭藜芦、灯台兔儿风等植物。

（10）耳叶杜鹃＋云锦杜鹃 - 圆锥绣球群系

该群系主要分布在缓冲区及实验区内，灌丛郁闭度较高，可达到 0.75～0.85。在上竹子溜海拔 1208 m 的 800 m² 样地内，耳叶杜鹃个体数为 205 株，平均高度 4.5 m，平均胸径 6.4 cm；云锦杜鹃个体数为 157 株，平均高度 4.8 m，平均胸径 5.6 cm；伴生种有鹿角杜鹃、背绒杜鹃、华东山柳、格药柃、南烛、山橿、香冬青、小果珍珠花，部分区域混生有台湾松，其高度可达 10 m 以上；灌木层以圆锥绣球为优势种，高度约为 2.8 m，还有三叶海棠等；草本层植物较少，主要有芒、蹄盖蕨、蕨、金星蕨等。

（11）猴头杜鹃＋波叶红果树 - 井冈寒竹群系

波叶红果树在保护区内的高海拔山地多有分布，尤其是光线充足的河谷地带。调查样方位于大院中洲附近，面积 800 m²，海拔 1452 m，坡向东南，坡南 60°，土壤为山地黄棕壤，土质较湿润。群落外貌整体较整齐，分层现象不明显，呈深红色，间有绿色。

样地中猴头杜鹃和波叶红果树占优势，猴头杜鹃有 134 株，平均高度 4.3 m，平均胸径 4.1 cm；波叶红果树有 68 株，平均高度 3.1 m，平均胸径 3.8 cm，伴生植物有交让木、黄山木兰、吊钟花、马银花、吴茱萸五加、鹿角杜鹃、南烛等，个别高度可达 8 m；灌木层有成片分布的井冈寒竹，盖度达 60%，高度约 1 m；草本层物种较单一，只零星分布有芒萁等蕨类。

3.2.2 常绿落叶阔叶混交林

桃源洞保护区落叶阔叶混交林多分布于海拔在 1000 m 以上的山坡，分布面积大，是主要的中山森林植被，是壳斗科、樟科等与银钟花、鹅耳枥属、华榛等的混交林；山顶处分布有杜鹃的常绿落叶混交林。

（1）银钟花＋枫香 - 甜槠 - 水丝梨群落

位于神农飞瀑下游景区内海拔 1090 m 处的游道与河流之间的山坡上，坡向朝南，坡度平缓，土壤为山地黄壤。样地设置 1600 m²，群落郁闭度较低，光线透射。群落分析见表 3.3。

表 3.3 银钟花＋枫香 - 甜槠 - 水丝梨群落分析表（群系编号：3.1）

样方面积：1600 m²　　　种类：80 种 /1600 m²　　　海拔：1090 m　　　地点：神农飞瀑下游　　　样方编号：S11

乔灌层	平均高度 /m	平均胸径 /cm	株数	RD/%	RP/%	RF/%	重要值＋灌层
银钟花 Halesia macgregorii	16	12	48	10.34	10.91	10.08	10.44
甜槠 Castanopsis eyrei	3	6	40	14.87	9.57	4.62	9.68
枫香 Liquidambar formosana	15	32	25	16.16	5.98	5.64	9.26
猴欢喜 Sloanea sinensis	14	27	36	4.95	8.61	6.67	6.74
水丝梨 Sycopsis sinensis	3	6	14	3.99	6.35	9.59	6.64＋1.16
红楠 Machilus thunbergii	12	23	19	8.18	4.55	6.15	6.29
岭南槭 Acer tutcheri	9	45	19	5.66	4.55	5.13	5.11
鹿角杜鹃 Rhododendron latoucheae	3	13	30	1.25	7.18	4.10	4.18＋1.34
缺萼枫香 Liquidambar acalycina	18	56	12	8.11	2.87	1.54	4.17
吴茱萸五加 Acanthopanax evodiaefolius	3	13	9	2.85	2.15	3.59	2.87＋0.72
赤杨叶 Alniphyllum fortunei	12	49	9	1.98	2.15	3.59	2.58
越桔 Vaccinium vitis-idaea	5	6	13	1.05	3.11	3.08	2.41
桃叶石楠 Photinia prunifolia	4	6	11	0.98	2.63	3.08	2.23＋0.37
罗浮锥 Castanopsis faberi	7	34	9	1.82	2.15	2.56	2.18
多脉青冈 Cyclobalanopsis multinervis	16	29	7	1.81	1.67	2.56	2.02
金叶含笑 Michelia foveolata	5	26	2	4.44	0.48	1.03	1.98
青榨槭 Acer davidii	15	37	10	0.85	2.39	0.51	1.25
小叶青冈 Cyclobalanopsis myrsinifolia	10	56	2	1.98	0.48	1.03	1.16
马银花 Rhododendron ovatum	4	13	4	0.53	0.96	1.54	1.01＋0.66
油茶 Camellia oleifera	4	7	4	0.06	0.96	1.54	0.85
毛红椿 Toona ciliata var. pubescens	18	34	3	0.72	0.72	1.03	0.82
细枝柃 Eurya loquaiana	3	12	3	0.13	0.72	1.54	0.80＋0.55
格药柃 Eurya muricata	4	13	5	0.16	1.20	1.03	0.79
日本杜英 Elaeocarpus japonicus	17	33	2	1.04	0.48	0.51	0.68
腺叶桂樱 Laurocerasus phaeosticta	9	10.5	3	0.06	0.72	1.03	0.60
尖叶四照花 Dendrobenthamia angustata	3	47	3	0.44	0.72	0.51	0.56
薄叶青冈 Cyclobalanopsis kontumensis	12	90	1	0.92	0.24	0.51	0.56
刨花润楠 Machilus pauhoi	16	45	2	0.46	0.48	0.51	0.48
深山含笑 Michelia maudiae	12	28	2	0.26	0.48	0.51	0.42

续表

乔灌层	平均高度/m	平均胸径/cm	株数	RD/%	RP/%	RF/%	重要值+灌层
显脉新木姜子 Neolitsea phanerophlebia	5	55	1	0.34	0.24	0.51	0.36
水青冈 Fagus longipetiolata	12	54.5	1	0.34	0.24	0.51	0.36
绒毛润楠 Machilus velutina	15	52	1	0.31	0.24	0.51	0.35+0.54
羊舌树 Symplocos glauca	4	9	2	0.02	0.48	0.51	0.34
米碎花 Eurya chinensis	3	31	1	0.11	0.24	0.51	0.29
少花桂 Cinnamomum pauciflorum	8	25	1	0.07	0.24	0.51	0.27+0.24
杉木 Cunninghamia lanceolata	20	16	1	0.03	0.24	0.51	0.26
矩叶鼠刺 Itea oblonga	3	13	1	0.02	0.24	0.51	0.26
大果卫矛 Euonymus myrianthus	6	12	1	0.02	0.24	0.51	0.26
榕叶冬青 Ilex ficoidea	4	9	1	0.01	0.24	0.51	0.25
尖连蕊茶 Camellia cuspidata	4	8	1	0.01	0.24	0.51	0.25

草本层 [样方面积（2 m×2 m）×16个]	高度/m	盖度/%	频度/%	RH/%	RC/%	RF/%	重要值
络石 Trachelospermum jasminoides	0.5	30	5	7.45	11.33	6.73	8.50
江南星蕨 Microsorum fortunei	0.3	13	10	1.38	6.01	12.54	6.64
十字薹草 Carex cruciata	0.4	5	10	8.87	3.92	3.98	5.59
箬竹 Indocalamus tessellatus	1.5	50	10	2.96	6.99	1.53	3.83
虎刺 Damnacanthus indicus	0.5	2	10	1.97	2.38	4.28	2.88
阔叶箬竹 Indocalamus latifolius	1.1	9	70	5.13	1.96	1.53	2.87
铁角蕨 Asplenium trichomanes	0.2	6	4	0.79	5.04	2.75	2.86
江西堇菜 Viola kiangsiensis	0.05	4	8	0.49	1.96	3.36	1.94
吊石苣苔 Lysionotus pauciflorus	0.2	5	8	1.18	1.96	2.45	1.86
书带蕨 Vittaria flexuosa	0.3	7	20	1.38	1.68	2.14	1.73
斜方复叶耳蕨 Arachniodes rhomboidea	0.3	5	10	1.58	1.54	1.53	1.55
紫金牛 Ardisia japonica	0.3	10	9	1.18	2.52	0.92	1.54
瓦韦 Lepisorus thunbergianus	0.4	20	5	0.79	2.80	0.61	1.40
庐山石韦 Pyrrosia sheareri	0.2	10	5	0.99	2.10	0.92	1.34
狗脊蕨 Woodwardia japonica	0.5	5	10	1.38	1.12	0.92	1.14
红丝线 Lycianthes biflora	0.4	5	10	0.79	0.70	1.22	0.90
落新妇 Astilbe chinensis	0.4	2	14	0.79	0.28	1.22	0.76
虾脊兰 Calanthe discolor	0.2	6	10	0.39	0.84	0.92	0.72
桃叶珊瑚 Aucuba chinensis	0.5	6	3	0.99	0.84	0.31	0.71
唐松草 Thalictrum aquilegifolium var. sibiricum	0.6	1	21	1.18	0.14	0.31	0.54
藜芦 Veratrum nigrum	0.3	5	20	0.59	0.70	0.31	0.53
爬藤榕 Ficus sarmentosa var. impressa	0.2	6	5	0.39	0.84	0.31	0.51
蔓赤车 Pellionia scabra	0.4	3	20	0.79	0.42	0.31	0.50
木通 Akebia quinata	0.12	2	12	0.24	0.28	0.31	0.27

注：RD 表示相对密度，RP 表示相对显著度，RF 表示相对频度，RH 表示相对高度，RC 表示相对盖度，下同

　　乔木层分层明显，第一亚层以银钟花、枫香为优势种，高度可达 20～22 m，伴生树种有罗浮锥、岭南锻、水青冈、刨花润楠等；第二亚层高度为 15～18 m，主要有甜槠、红楠、深山含笑、赤杨叶、猴欢喜、水丝梨、多脉青冈、青榨械等。灌木层不发达，盖度约为 20%，主要为鹿角杜鹃、桃叶石楠、羊舌树等。草本层种类较丰富，平均高度为 0.5 m，有瓦韦、落新妇、吊石苣苔、铁角蕨、斜方复叶耳蕨、江

南星蕨、江西堇菜、络石、蔓赤车等。

群落内物种丰富，但因该群落位于景区游览道旁，人类活动频繁，应予以重点关注，避免该群落遭到干扰和破坏。

（2）雷公鹅耳枥＋宁冈青冈＋银木荷群落

雷公鹅耳枥＋宁冈青冈＋银木荷群落分布于帼子窝附近中海拔山地，地表岩石裸露，岩质为花岗岩，土壤成分主要为山地黄棕壤。因为包含数量较多的落叶树种，群落外貌特征和林冠形态随季节发生变化，林下空旷，群落总体郁闭度较高，为 0.70～0.80，为密林。

乔木层根据高度可以分为两个亚层，其优势种为雷公鹅耳枥、银木荷及宁冈青冈，高度为 20～25 m，属第一亚层；此外还分布有漆树、鹿角杜鹃、红楠、甜槠、光皮桦、油茶、厚叶红淡比等树种，高度主要集中于 15～20 m，属于第二亚层。灌木层较稀疏，多为乔木层树种小苗。草本层不发达，多为狗脊蕨，还分布有鳞毛蕨、细辛、薹草等。林下较为空旷。

（3）银木荷群落

银木荷群落在桃源洞保护区多有分布，常与落叶树种及针叶树种伴生。样地位于洪水江地区海拔 1479 m 的山坡上，土壤成分为山地黄棕壤，群落整体外貌呈深绿色，并随季节发生变化，总体郁闭度高，为 0.80，属密林。

乔木层以银木荷和台湾松、杉木为优势种，高度可达 25～30 m，其他常见树种还包括尖连蕊茶、羊舌树、鹿角杜鹃、交让木、吴茱萸五加等，高度集中在 18～22 m。灌木层中的植物多为乔木层中银木荷、鹿角杜鹃、交让木、吴茱萸五加等植物的小苗，同时也分布有尖萼毛柃、细枝柃、格药柃等柃属灌木。草本层较为稀疏，零星分布有莎草、五岭龙胆、铺地蜈蚣、瘤足蕨、光里白及部分禾本科小草。野外调查过程中发现乔木层中台湾松明显处于退化状态，所记录的台湾松中有部分已经死亡。

（4）华榛＋杉木 - 灯台树＋细叶青冈群落

华榛＋杉木 - 灯台树＋细叶青冈群落主要见于帼子窝海拔 1100 m 的山地，所设样地 2000 m²，分为 20 个样方，土壤成分为花岗岩发育而成的山地黄棕壤，土壤疏松湿润。群落整体外貌呈浓绿色，林冠参差，总体郁闭度较大，为 0.75，属密林。群落分析见表 3.4。

表 3.4　华榛＋杉木 - 灯台树＋细叶青冈群落分析表（群系编号：3.2）

样方面积：2000 m²　　　种类：97 种 /2000 m²　　　海拔：1100 m　　　地点：帼子窝　　　样方编号：S06

乔灌层	平均高度 /m	平均胸径 /cm	株数	RD/%	RP/%	RF/%	重要值＋灌层
华榛 Corylus chinensis	3	12	35	67.29	19.44	12.37	33.03
杉木 Cunninghamia lanceolata	15	76	24	19.79	13.33	10.31	14.48
灯台树 Bothrocaryum controversum	9	26	4	4.82	2.22	4.12	3.72
华润楠 Machilus chinensis	16	41	6	0.97	3.33	3.09	2.46＋2.44
细叶青冈 Cyclobalanopsis gracilis	10	33	1	0.36	0.56	1.03	0.65
尖叶四照花 Dendrobenthamia angustata	9	28	9	0.32	5.00	6.19	3.83
小叶白辛树 Pterostyrax corymbosus	8	31	2	0.21	1.11	1.03	0.78＋1.06
多脉青冈 Cyclobalanopsis multinervis	15	34	4	0.17	2.22	2.06	1.49
水丝梨 Sycopsis sinensis	3	8	7	0.17	3.89	2.06	2.04＋1.69
黄丹木姜子 Litsea elongata	5	12	8	0.16	4.44	5.15	3.25
窄基红褐柃 Eurya rubiginosa var. attenuata	4	13	4	0.10	2.22	2.06	1.46＋1.54
油茶 Camellia oleifera	5	14	12	0.09	6.67	7.22	4.65＋3.28
格药柃 Eurya muricata	6	14	4	0.03	2.22	4.12	2.12
鹿角杜鹃 Rhododendron latoucheae	4	10	1	0.02	0.56	1.03	0.54
深山含笑 Michelia maudiae	8	24	2	0.02	1.11	1.03	0.72
细枝柃 Eurya loquaiana	6	11	1	0.02	0.56	1.03	0.53

续表

乔灌层	平均高度/m	平均胸径/cm	株数	RD/%	RP/%	RF/%	重要值+灌层
缺萼枫香 *Liquidambar acalycina*	14	30	1	0.01	0.56	1.03	0.53+0.47
黑毛四照花 *Dendrobenthamia melanotricha*	6	16	1	0.01	0.56	1.03	0.53
红褐柃 *Eurya rubiginosa*	8	12	3	0.01	1.67	2.06	1.25
马银花 *Rhododendron ovatum*	8	12	4	0.01	2.22	1.03	1.09
大果卫矛 *Euonymus myrianthus*	6	9	1	0.01	0.56	1.03	0.53+0.24
多花泡花树 *Meliosma myriantha*	6	25	2	0.01	1.11	1.03	0.72
中国旌节花 *Stachyurus chinensis*	3	7	4	0.0040	2.22	2.06	1.43
雷公鹅耳枥 *Carpinus viminea*	6	18	1	0.0029	0.56	1.03	0.53
草本层［样方面积（2 m×2 m）×20 个］	高度/m	盖度/%	频度/%	RH/%	RC/%	RF/%	重要值
冷水花 *Pilea notata*	0.5	2	25	7.91	23.79	16.32	16.01
中华蛇根草 *Ophiorrhiza chinensis*	0.9	10	31.25	4.75	20.93	9.79	11.82
日本金腰 *Chrysosplenium japonicum*	0.15	10	18.75	8.63	3.74	17.80	10.06
庐山楼梯草 *Elatostema stewardii*	1	4	18.75	1.70	21.15	3.01	8.62
贯众 *Cyrtomium fortunei*	1	30	25	5.76	3.74	1.19	3.56
金线草 *Antenoron filiforme*	0.35	21	37.5	1.01	6.61	2.08	3.23
变豆菜 *Sanicula chinensis*	0.25	5	12.5	1.29	5.51	2.67	3.16
华南金粟兰 *Chloranthus sessilifolius* var. *austro-sinensis*	0.7	30	43.75	5.76	2.42	1.19	3.12
降龙草 *Hemiboea subcapitata*	0.4	6	12.5	1.44	4.63	2.97	3.01
虎耳草 *Saxifraga stolonifera*	0.05	25	18.75	4.32	1.10	0.89	2.10
黑足鳞毛蕨 *Dryopteris fuscipes*	0.35	14	25	1.01	1.10	2.08	1.40
黄泡 *Rubus pectinellus*	0.2	17	25	2.88	0.66	0.59	1.38
接骨草 *Sambucus chinensis*	0.3	20	18.75	1.44	0.66	0.30	0.80
络石 *Trachelospermum jasminoides*	0.1	15	31.25	1.44	0.44	0.30	0.73
栝楼 *Trichosanthes kirilowii*	0.5	10	50	1.44	0.22	0.30	0.65

　　群落中乔木层树种以华榛、杉木及细叶青冈为优势树种，冠层较为平整，根据高度可分为三个亚层：第一亚层高 20～40 m，除优势种华榛、杉木外，伴生树种有红柴枝、小叶白辛树、灯台树等；第二亚层的物种主要有华润楠及少量的华榛，高度主要集中在 15～19 m；第三亚层高度为 2～10 m，主要的植物包括尖叶四照花、黄丹木姜子及多脉青冈。灌木层发育良好，物种较丰富，以格药柃、细枝柃为优势种，还分布有马银花、尖叶四照花等。草本层除部分上层树种的小苗之外，还常见有庐山楼梯草、日本金腰、冷水花、中华蛇根草、贯众、黑足鳞毛蕨、变豆菜、虎耳草、络石、金线草等。

　　群落地处深山之中，受人类活动较小，植物种类丰富，生境良好，有利于本群落的保存和保护。

（5）云锦杜鹃＋小溪洞杜鹃群落

　　小溪洞杜鹃产于江西西部，模式标本采自井冈山小溪洞地区（朱晓艳和陈月华，2005；康用权等，2010）。小溪洞杜鹃是本次桃源洞植物资源野外调查的重要发现，在海拔 810 m 的上竹子溜—江西坳地区多有分布。云锦杜鹃＋小溪洞杜鹃群落外貌为浓绿色，林冠整齐，群落土壤成分主要为山地黄壤，土壤肥沃、土质良好。群落整体郁闭度较高，属密林。群落分析见表 3.5。

表 3.5　云锦杜鹃＋小溪洞杜鹃群落分析表（群系编号：3.3）

样方面积：800 m² 种类：67 种 /800 m² 海拔：810 m 地点：上竹子溜 样方编号：S17

乔灌层	平均高度 /m	平均胸径 /cm	株数	RD/%	RP/%	RF/%	重要值＋灌层
云锦杜鹃 Rhododendron fortunei	4.04	4.68	500	37.03	49.93	31.63	39.53
小溪洞杜鹃 Rhododendron xiaoxidongense	3.86	2.09	407	22.16	15.67	25.74	21.19
圆锥绣球 Hydrangea paniculata	3.66	2.72	115	7.77	3.49	7.27	6.18
格药柃 Eurya muricata	3.70	2.55	81	4.53	3.56	5.12	4.40
台湾松 Pinus taiwanensis	4.64	9.17	18	1.55	4.47	1.14	2.39
南烛 Vaccinium bracteatum	3.43	1.86	32	1.13	1.03	2.02	1.39
交让木 Daphniphyllum macropodum	6.18	12.31	6	0.79	2.82	0.38	1.33
背绒杜鹃 Rhododendron hypoblematosum	2.58	1.07	28	1.10	0.40	1.77	1.09
美丽马醉木 Pieris formosa	4.86	5.30	7	0.36	0.99	0.44	0.60
红果树 Stranvaesia davidiana	5.75	8.92	4	0.36	1.16	0.25	0.59
湖北海棠 Malus hupehensis	3.92	2.42	10	0.47	0.38	0.63	0.49
山橿 Lindera reflexa	2.73	1.33	6	0.55	0.04	0.38	0.32
马尾松 Pinus massoniana	3.67	7.64	3	0.22	0.47	0.19	0.29
扁枝越桔 Vaccinium japonicum var. sinicum	2.00	0.57	9	0.20	0.06	0.57	0.28
越桔 Vaccinium vitis-idaea	2.50	1.21	5	0.33	0.05	0.32	0.23
乌药 Lindera aggregata	2.36	0.50	7	0.17	0.05	0.44	0.22
细枝柃 Eurya loquaiana	4.33	5.04	3	0.24	0.19	0.19	0.22
粉叶柿 Diospyros glaucifolia	4.90	2.15	4	0.31	0.08	0.25	0.22
光叶石楠 Photinia glabra	2.83	2.97	3	0.27	0.07	0.19	0.18
井冈山杜鹃 Rhododendron jinggangshanicum	2.70	3.24	3	0.22	0.10	0.19	0.17
映山红 Rhododendron simsii	1.85	0.88	4	0.16	0.03	0.25	0.15
鼠刺 Itea chinensis	4.10	4.94	2	0.18	0.12	0.13	0.14
桃叶石楠 Photinia prunifolia	3.25	1.51	2	0.17	0.01	0.13	0.10
山胡椒 Lindera glauca	1.60	1.59	1	0.18	0.01	0.06	0.08
合轴荚蒾 Viburnum sympodiale	2.30	0.96	2	0.06	0.02	0.13	0.07
毛叶木姜子 Litsea mollis	5.00	4.46	1	0.09	0.06	0.06	0.07
吴茱萸五加 Acanthopanax evodiaefolius	4.00	3.50	1	0.09	0.03	0.06	0.06
青榨槭 Acer davidii	3.00	2.71	1	0.09	0.02	0.06	0.06
草本层［样方面积（2 m×2 m）×8 个］	高度 /m	盖度 /%	频度 /%	RH/%	RC/%	RF/%	重要值
藤石松 Lycopodiastrum casuarinoides	0.38	16.00	75.00	16.00	32.41	12.82	20.41
滇白珠 Gaultheria leucocarpa var. crenulata	0.49	0.56	25.00	5.33	1.14	5.44	3.97
垂穗石松 Palhinhaea cernua	0.23	2.50	12.50	2.67	5.06	0.56	2.76
常绿荚蒾 Viburnum sempervirens	1.10	0.38	6.25	1.33	0.76	0.87	0.99
狗脊蕨 Woodwardia japonica	0.80	0.13	6.25	1.33	0.25	1.27	0.95
五岭龙胆 Gentiana davidii	0.10	0.13	6.25	1.33	0.25	0.16	0.58
光里白 Hicriopteris laevissima	0.03	0.06	6.25	1.33	0.13	0.07	0.51

　　乔木层树种较为丰富，以小溪洞杜鹃和云锦杜鹃占绝对优势，高度一般为 8～12 m，伴生树种有云锦杜鹃、小溪洞杜鹃、台湾松、湖北海棠、山橿、山胡椒，高度多为 10～15 m；另外还有交让木、光叶石楠、鼠刺、吴茱萸五加等，高度多为 18～24 m。灌木层较不发达，但种类丰富，已发现的物种包括圆锥绣球、扁枝越桔、格药柃、乌药、细枝柃、映山红等，并以圆锥绣球数量略占优势。草本层植物物种有狗脊蕨、光里白、藤石松等。

　　所在生境良好，有利于小溪洞杜鹃群落的发展和保存。此外自梨树洲去酃峰的途中，在海拔 1700～1900 m 的高海拔地带发现了大片云锦杜鹃群落。

（6）赤杨叶＋枫香 - 红楠 - 金缕梅＋鹿角杜鹃群落

赤杨叶＋枫香 - 红楠 - 金缕梅＋鹿角杜鹃群落位于九曲水山顶飞瀑脑附近，海拔可达1500 m。考察中所调查的样地处于山脊线上，整体上群落的生境较为干旱，树高一般不超过10 m，林冠整齐，分层不明显，群落中的金缕梅为丛生状，小枝常从树丛底部生出。群落中伴生假地枫皮、小叶青冈、青钱柳、薄叶润楠、小叶白辛树等。乔木层有赤杨叶、枫香、湘楠分布，但多生长状况不良，明显处于退化状态。草本层植被稀少，仅分布有少量蔓赤车、大叶冷水花、麦冬、黄金凤。群落分析见表3.6。

表 3.6　赤杨叶＋枫香 - 红楠 - 金缕梅＋鹿角杜鹃群落分析表（群系编号：3.4）

样方面积：1600 m² 　　　种类：92 种 /1600 m² 　　　海拔：1500 m 　　　地点：九曲水山顶 　　　样方编号：S09

乔灌层	平均高度 /m	平均胸径 /cm	株数	RD/%	RP/%	RF/%	重要值＋灌层
金缕梅 *Hamamelis mollis*	4	7	63	4.77	18.26	11.11	11.38＋2.14
赤杨叶 *Alniphyllum fortunei*	15	39	25	17.53	7.25	5.56	10.11
枫香 *Liquidambar formosana*	12	14	10	20.97	2.90	5.56	9.81＋1.89
湘楠 *Phoebe hunanensis*	8	8	54	8.45	15.65	3.70	9.27
青冈 *Cyclobalanopsis glauca*	18	11	31	6.71	8.99	3.70	6.47
假地枫皮 *Illicium jiadifengpi*	5	10	24	3.06	6.96	5.56	5.19
红楠 *Machilus thunbergii*	8	11.5	18	4.58	5.22	5.56	5.12
中华槭 *Acer sinense*	18	8	15	6.85	4.35	3.70	4.97＋0.96
美叶柯 *Lithocarpus calophyllus*	8	14	13	3.56	3.77	5.56	4.30
小叶青冈 *Cyclobalanopsis myrsinifolia*	16	11	7	5.52	2.03	1.85	3.13＋0.34
青钱柳 *Cyclocarya paliurus*	15	36	5	5.50	1.45	1.85	2.94
深山含笑 *Michelia maudiae*	10	9	9	1.66	2.61	3.70	2.66
尖连蕊茶 *Camellia cuspidata*	4	6	7	0.15	2.03	5.56	2.58＋0.85
华润楠 *Machilus chinensis*	14	11	4	0.29	1.16	5.56	2.34
岭南槭 *Acer tutcheri*	10	17	4	3.83	1.16	1.85	2.28
薄叶润楠 *Machilus leptophylla*	10	8	6	0.82	1.74	3.70	2.09
硬叶柯 *Lithocarpus crassifolius*	8	11	7	0.29	2.03	3.70	2.01
湖北算盘子 *Glochidion wilsonii*	4	14	5	0.46	1.45	3.70	1.87＋0.67
小叶白辛树 *Pterostyrax corymbosus*	5	45	5	2.22	1.45	1.85	1.84
青灰叶下珠 *Phyllanthus glaucus*	2	7.5	3	0.03	0.87	3.70	1.53
尖叶四照花 *Dendrobenthamia angustata*	6	13.5	5	0.79	1.45	1.85	1.36＋1.22
缺萼枫香 *Liquidambar acalycina*	10	36	3	1.22	0.87	1.85	1.31
大果马蹄荷 *Exbucklandia tonkinensis*	11	17	5	0.45	1.45	1.85	1.25
刚竹 *Phyllostachys sulphurea* cv. 'Viridis'	8	6.5	5	0.06	1.45	1.85	1.12
野木瓜 *Stauntonia chinensis*	6	7.5	4	0.16	1.16	1.85	1.056＋0.15
南紫薇 *Lagerstroemia subcostata*	12	10	4	0.04	1.16	1.85	1.02
山橿 *Lindera reflexa*	4	6.5	4	0.04	1.16	1.85	1.02

草本层［样方面积（2 m×2 m）×16 个］	高度 /m	盖度 /%	频度 /%	RH/%	RC/%	RF/%	重要值
蔓赤车 *Pellionia scabra*	2.1	0.79	12.5	14.38	19.64	16.67	16.90
绵毛金腰 *Chrysosplenium lanuginosum*	0.6	0.1	31.25	4.11	3.75	26.19	11.35
冷水花 *Pilea notata*	0.8	0.97	18.75	5.48	16.40	7.14	9.67
大叶冷水花 *Pilea martinii*	2	0.09	12.5	13.70	3.38	11.90	9.66
光叶绞股蓝 *Gynostemma laxum*	1.6	0.22	25	10.96	8.26	4.76	7.99
大平鳞毛蕨 *Dryopteris bodinieri*	1.3	0.06	6.25	8.90	2.25	7.14	6.10

续表

草本层［样方面积（2 m×2 m）×16 个］	高度 /m	盖度 /%	频度 /%	RH/%	RC/%	RF/%	重要值
粗叶悬钩子 Rubus alceaefolius	1.3	0.11	12.5	8.90	4.13	4.76	5.93
山莓 Rubus corchorifolius	0.5	0.15	18.75	3.42	5.63	4.76	4.61
泡花树 Meliosma cuneifolia	1.5	0.03	25	10.27	1.13	2.38	4.59
蜡莲绣球 Hydrangea strigosa	1.2	0.03	12.5	8.22	1.13	2.38	3.91
华东瘤足蕨 Plagiogyria japonica	0.4	0.05	12.5	2.74	1.88	2.38	2.33
麦冬 Ophiopogon japonicus	0.4	0.03	25	2.74	1.13	2.38	2.08
华重楼 Paris polyphylla var. chinensis	0.4	0.01	6.25	2.74	0.38	2.38	1.83
大叶金腰 Chrysosplenium macrophyllum	0.4	0.01	25	2.74	0.38	2.38	1.83
黄金凤 Impatiens siculifer	0.1	0.015	25	0.68	0.56	2.38	1.21

总体来看，这一群落处于稳定状态，由于所处海拔较高，受人类活动干扰极少，金缕梅植株可自然开花结实，同时多见小苗，自然更替状态良好。

（7）鹿角杜鹃＋映山红群落

鹿角杜鹃＋映山红群落在高海拔地区多有分布，考察中发现江西坳、鄱峰主峰地区分布有大片鹿角杜鹃群落，其群落分层不明显，透视度高，该群落乔木层高度大多不超过 7 m，主要树种鹿角杜鹃、映山红、背绒杜鹃等的分枝现象均十分明显。伴生树种有格药柃、多脉青冈、羊舌树、马银花、石木姜子等，草本层不发达。此类型群落在山顶分布广泛。群落分析见表 3.7。

表 3.7　鹿角杜鹃＋映山红群落分析表（群系编号：3.5）

样方面积：800 m²　　　　种类：104 种 /800 m²　　　　海拔：1050 m　　　　地点：江西坳　　　　样方编号：S05

乔灌层	平均高度 /m	平均胸径 /cm	株数	RD/%	RP/%	RF/%	重要值＋灌层
鹿角杜鹃 Rhododendron latoucheae	3.96	3.07	435	22.72	27.96	12.86	21.18
甜槠 Castanopsis eyrei	7.37	9.77	55	8.08	3.53	30.38	14.00
银木荷 Schima argentea	8.00	11.87	32	13.10	2.06	18.06	11.07
吴茱萸五加 Acanthopanax evodiaefolius	4.46	3.00	182	7.86	11.70	5.81	8.46
马银花 Rhododendron ovatum	4.21	2.91	166	6.86	10.67	4.34	7.29
台湾松 Pinus taiwanensis	5.22	8.28	20	4.51	1.29	6.17	3.99
背绒杜鹃 Rhododendron hypoblematosum	2.96	2.17	113	1.11	7.26	1.41	3.26
格药柃 Eurya muricata	2.76	1.34	51	2.02	3.28	0.41	1.90
多脉青冈 Cyclobalanopsis multinervis	7.21	6.94	15	2.07	0.96	2.58	1.87
榕叶冬青 Ilex ficoidea	3.55	2.92	25	1.19	1.61	0.69	1.16
羊舌树 Symplocos glauca	3.20	2.42	21	0.89	1.35	0.39	0.88
交让木 Daphniphyllum macropodum	5.52	4.87	10	1.12	0.64	0.73	0.83
显脉新木姜子 Neolitsea phanerophlebia	4.60	3.88	8	1.08	0.51	0.50	0.70
南烛 Vaccinium bracteatum	4.04	2.50	13	0.43	0.84	0.23	0.50
光叶石楠 Photinia glabra	3.41	2.55	8	0.68	0.51	0.24	0.48
桃叶石楠 Photinia prunifolia	3.30	2.65	6	0.75	0.39	0.15	0.43
杨桐 Adinandra millettii	3.75	4.70	2	0.84	0.13	0.11	0.36
石灰花楸 Sorbus folgneri	7.13	5.89	4	0.40	0.26	0.35	0.34
扁枝越桔 Vaccinium japonicum var. sinicum	1.61	0.84	8	0.37	0.51	0.04	0.31
红楠 Machilus thunbergii	2.76	1.64	7	0.35	0.45	0.09	0.30

乔灌层	平均高度 /m	平均胸径 /cm	株数	RD/%	RP/%	RF/%	重要值＋灌层
毛竹 *Phyllostachys edulis*	7.07	2.96	7	0.21	0.45	0.16	0.27
红凉伞 *Ardisia crenata* var. *bicolor*	0.40	0.38	10	0.16	0.64	0.00	0.27
厚叶红淡比 *Cleyera pachyphylla*	0.81	0.60	8	0.21	0.51	0.01	0.25
深山含笑 *Michelia maudiae*	7.13	4.54	4	0.21	0.26	0.21	0.22
青榨槭 *Acer davidii*	7.00	5.73	1	0.47	0.06	0.08	0.21
缺萼枫香 *Liquidambar acalycina*	12.00	5.73	1	0.31	0.06	0.08	0.15
尖连蕊茶 *Camellia cuspidata*	3.50	3.50	4	0.05	0.26	0.12	0.14
山杜英 *Elaeocarpus sylvestris*	6.00	3.40	3	0.10	0.19	0.09	0.13
云锦杜鹃 *Rhododendron fortunei*	3.00	4.78	1	0.26	0.06	0.06	0.13
南方铁杉 *Tsuga chinensis*	3.50	6.69	1	0.12	0.06	0.11	0.10
黄丹木姜子 *Litsea elongata*	3.25	1.75	2	0.10	0.13	0.02	0.08
天目紫茎 *Stewartia gemmata*	8.00	5.73	1	0.05	0.06	0.08	0.07
双蝴蝶 *Tripterospermum chinense*	0.30	0.32	2		0.13		0.06
檫木 *Sassafras tzumu*	8.00	4.78	1	0.05	0.06	0.06	0.06
厚叶山矾 *Symplocos crassilimba*	5.00	4.46	1	0.05	0.06	0.05	0.06
变叶树参 *Dendropanax proteus*	3.00	2.23	1	0.05	0.06	0.01	0.04
中华杜英 *Elaeocarpus chinensis*	4.50	2.87	1	0.04	0.06	0.02	0.04
福建柏 *Fokienia hodginsii*	1.50	1.59	1	0.05	0.06	0.01	0.04
红果树 *Stranvaesia davidiana*	2.50	1.59	1	0.05	0.06	0.01	0.04
石木姜子 *Litsea elongata* var. *faberi*	1.60	1.59	1	0.05	0.06	0.01	0.04
野木瓜 *Stauntonia chinensis*	2.00	0.96	1	0.05	0.06	0.00	0.04
三叶木通 *Akebia trifoliata*	0.15	0.32	1	0.05	0.06	0.00	0.04
树参 *Dendropanax dentiger*	0.40	0.32	1	0.05	0.06	0.00	0.04
茵芋 *Skimmia reevesiana*	0.50	0.32	1	0.05	0.06	0.00	0.04
草本层［样方面积（2 m×2 m）×8 个］	高度 /m	盖度 /%	频度 /%	RH/%	RC/%	RF/%	重要值
垂穗石松 *Palhinhaea cernua*	0.60	43.125	37.5	12.83	10.97	6.12	9.97
芒萁 *Dicranopteris pedata*	0.60	25	18.75	7.62	6.36	3.06	5.68
春兰 *Cymbidium goeringii*	3.33	3.75	18.75	4.01	0.95	3.06	2.67
薯蓣 *Dioscorea opposita*	0.60	25	6.25	0.40	6.36	1.02	2.59
紫金牛 *Ardisia japonica*	0.44	7.8125	18.75	2.34	1.99	3.06	2.46
滇白珠 *Gaultheria leucocarpa* var. *crenulata*	0.60	5.625	18.75	2.41	1.43	3.06	2.30
光里白 *Hicriopteris laevissima*	0.60	12.5	6.25	1.20	3.18	1.02	1.80
石松 *Lycopodium japonicum*	0.30	7.5	12.5	0.80	1.91	2.04	1.58
土茯苓 *Smilax glabra*	0.60	1.875	6.25	0.40	0.48	1.02	0.63
映山红 *Rhododendron simsii*	1.00	6.25	6.25	0.67	0.16	1.02	0.62
鼠刺 *Itea chinensis*	0.60	1.25	6.25	0.40	0.32	1.02	0.58
粗叶木 *Lasianthus chinensis*	0.30	1.25	6.25	0.20	0.32	1.02	0.51

3.2.3　落叶阔叶林

（1）青钱柳林

　　青钱柳林主要见于大枧坑海拔 720 m 的山地，属次生性落叶阔叶林。土壤成分主要为花岗岩发育转化的山地黄壤，土质疏松湿润。群落整体外貌呈浅绿色，林冠参差，郁闭度较高，为 0.75，属密林。

该群落乔木层组成较为单一，青钱柳为优势树种，属第一亚层，高度为 22~27 m，伴生树种中的粉叶柿、小叶白辛树、枳椇、野漆树、朴树、湘楠、紫弹树、野樱桃、灯台树、毛红椿等属第二亚层，高度为 16~20 m，海金子、山胡椒属第三亚层，高度为 3~7 m；群落中以落叶树种占绝对优势，此外还有部分常绿阔叶树种和针叶树种如薄叶润楠、香港四照花、三尖杉和杉木等。灌木层种类也较为单一，以阔叶箬竹占绝对优势，零星分布有山胡椒等。草本层不发达，常见有薹草及部分蕨类植物。层外植物有冠盖藤、藤黄檀等。

（2）赤杨叶林

赤杨叶林在桃源洞保护区分布较为广泛，九曲水、楠木坝及大坝里等地区均有分布，常作为建群种或其他优势树种群落的伴生树种。赤杨叶林多分布于山谷溪流两岸阳光充足地段，有时也零星分布于常绿阔叶林的林窗间。调查样地位于楠木坝海拔 800 m 的谷地，土壤系花岗岩发育的山地黄壤。群落外貌呈绿色，林相稀疏，参差不齐。

该群落乔木层冠层平整，组成较为单一，以赤杨叶为建群种，常见的伴生树种为红柴枝、红楠、豺皮樟、叶萼山矾、山槐、黄檀、细叶青冈、多脉青冈、薄叶润楠、中华石楠等，以落叶树种占优势，部分为常绿阔叶树种，高度一般为 18~20 m。灌木层组成也较为单一，除乔木层树种的小苗外，以南天竹、四角柃为优势种，还常见有黄牛奶树、雀梅藤、矩叶鼠刺、油茶、红茴香等，高度一般为 3~7 m。草本层较为发达，分布有淡竹叶、翠云草、鳞毛蕨、盾蕨、广东薹草、寒莓及部分禾本科杂草等植物。层外植物不多，有紫花络石、华中五味子等。

（3）中华槭＋瘿椒树 - 灯台树＋细叶青冈群落

该群落主要分布于田心里地区海拔 1200 m 左右的山坡，坡度可达 60°。该群落乔木层的整体高度可达 8~25 m，明显可分为两个亚层，第一亚层以瘿椒树、海通及中华槭占据绝对优势，高度为 16~25 m；第二亚层的高度为 8~14 m，主要植物包括泡花树、南方红豆杉、海通及薄叶润楠的幼苗。灌木层以黄丹木姜子、格药柃、蜡瓣花及瘿椒树小苗为主，尤其以黄丹木姜子最占优势。此外该群落水热条件良好，林下层草本植物发达，包括蔓赤车、露珠草、牛膝、大叶金腰等，此外有大量蕨类植物，如黑足鳞毛蕨、凤丫蕨等。群落分析见表 3.8。

表 3.8　中华槭＋瘿椒树 - 灯台树＋细叶青冈群落分析表（群系编号：3.6）

样方面积：1600 m²　　　种类：112 种 /1600 m²　　　海拔：1200 m　　　地点：田心里　　　样方编号：S19

乔灌层	平均高度 /m	平均胸径 /cm	株数	RD/%	RP/%	RF/%	重要值＋灌层
中华槭 *Acer sinense*	18	96	33	22.31	10.75	8.82	13.96
瘿椒树 *Tapiscia sinensis*	16	34	25	16.07	8.14	11.76	11.99
薄叶润楠 *Machilus leptophylla*	17	23	23	6.93	7.49	8.82	7.75
南方红豆杉 *Taxus wallichiana* var. *mairei*	20	21	3	6.80	0.98	2.21	3.33
海通 *Clerodendrum mandarinorum*	6	11	12	6.35	3.91	5.15	5.14＋1.54
灯台树 *Bothrocaryum controversum*	8	12	16	4.31	5.21	7.35	5.63
蓝果树 *Nyssa sinensis*	17	69	2	3.15	0.65	1.47	1.76
粉叶柿 *Diospyros glaucifolia*	6	28	2	2.76	0.65	1.47	1.63＋1.96
细叶青冈 *Cyclobalanopsis gracilis*	9	36	4	2.17	1.30	1.47	1.65
黄丹木姜子 *Litsea elongata*	4	22	14	2.16	4.56	5.88	4.20＋1.32
格药柃 *Eurya muricata*	4	15	22	1.86	7.17	8.82	5.95
小叶青冈 *Cyclobalanopsis myrsinifolia*	9	15	4	1.06	1.30	2.94	1.77
尖连蕊茶 *Camellia cuspidata*	4	11	22	0.78	7.17	6.62	4.86＋1.22
华润楠 *Machilus chinensis*	14	40	11	0.41	3.58	2.94	2.31
腺蜡瓣花 *Corylopsis glandulifera*	5	9.5	8	0.32	2.61	2.21	1.71

续表

乔灌层	平均高度 /m	平均胸径 /cm	株数	RD/%	RP/%	RF/%	重要值+灌层
细枝柃 Eurya loquaiana	4	18	4	0.27	1.30	0.74	0.77
红楠 Machilus thunbergii	5	27	3	0.26	0.98	1.47	0.90+1.32
泡花树 Meliosma cuneifolia	7	24	2	0.22	0.65	0.74	0.54
多脉青冈 Cyclobalanopsis multinervis	7	12	3	0.17	0.98	1.47	0.87
毛狗骨柴 Diplospora fruticosa	5	23	2	0.11	0.65	0.74	0.50
榕叶冬青 Ilex ficoidea	4	20	2	0.08	0.65	1.47	0.73+1.22
蜡瓣花 Corylopsis sinensis	7	15	9	0.07	2.93	0.74	1.25
湖北海棠 Malus hupehensis	9	12	2	0.02	0.65	0.74	0.47

草本层［样方面积（2 m×2 m）×16 个］	高度 /m	盖度 /%	频度 /%	RH/%	RC/%	RF/%	重要值
蔓赤车 Pellionia scabra	1.05	25	31.25	6.18	10.05	8.13	8.12
黑足鳞毛蕨 Dryopteris fuscipes	1.00	9	18.75	9.18	7.88	11.54	6.47
凤丫蕨 Coniogramme japonica	0.26	4	25	5.00	12.81	3.85	5.55
牛膝 Achyranthes bidentata	1.90	13	25	11.18	7.09	4.62	3.90
金星蕨 Parathelypteris glanduligera	0.55	30	12.5	3.24	5.91	1.54	2.48
寒莓 Rubus buergeri	0.60	9	25	5.88	1.77	3.08	1.62
葛麻姆 Pueraria lobata var. montana	0.31	5	25	3.53	1.77	3.08	1.62
金线草 Antenoron filiforme	1.20	13	18.75	1.76	3.94	0.77	1.57
露珠草 Circaea cordata	0.80	12	37.5	4.71	0.79	2.31	1.03
奇蒿 Artemisia anomala	0.03	4	25	0.15	0.79	1.54	0.78
七叶一枝花 Paris polyphylla	0.80	3	31.25	4.71	0.59	1.54	0.71
大叶金腰 Chrysosplenium macrophyllum	1.70	50	25	4.41	0.59	1.54	0.71
斜方复叶耳蕨 Arachniodes rhomboidea	0.85	45	31.25	1.82	0.49	1.54	0.68
楼梯草 Elatostema involucratum	0.15	15	18.75	0.88	0.20	0.77	0.32

调查中发现，群落林下层分布有大片阔叶箬竹，目前阔叶箬竹均已死亡，其死亡无疑为其他的木本植物小苗提供了大量的生态位空间，可以预见该群落在之后的演替进程中，瘿椒树群体将经历一个扩大的历程。

3.2.4 竹林

（1）毛竹林

毛竹林作为桃源洞保护区分布最广泛的植被类型，常见于保护区各地，特别是缓冲区和实验区，主要分布于海拔 1500 m 以下的山地，是保护区内最具优势的植被类型，也是最主要的经济林，多为人工育林。保护区内多数毛竹林组分单一，只有在核心区的山地中常见与针阔叶树种混交的林分。样地位于海拔 800 m 的楠木坝山间谷地中，土壤成分为山地黄壤。

该群落乔木层根据高度可以分为两个亚层：第一亚层树种主要以毛竹占绝对优势，伴生树种有毛八角枫、青冈、多脉青冈、杉木、钩锥等，高度集中在 14～20 m；第二亚层主要植物包括山苍子、少花桂、厚叶红淡比等，高度为 3～12 m。灌木层较不发达，除毛竹及上层树种的小苗外，还零星分布有四角柃。草本层常见有淡竹叶、翠云草和薹草等。

　　由于经济利益的驱使，保护区内的毛竹林面积仍然在逐步增大，尤其是在核心区边缘部分竹林与针阔叶树种混交的植被地带，当地居民常私自清除其他树种，致使许多植被和植物物种遭到破坏。

　　（2）井冈寒竹林

　　井冈寒竹林主要分布于接近鄬峰的高海拔地区，海拔为 1950～2100 m，井冈寒竹以纯林的形式出现，植株高度为 2.4 m 左右，自然更替状态良好。林下常伴生金草、香青、三叶委陵菜、鼠曲草等草本植物。

　　井冈寒竹林外缘较开阔的地带曾受到过较为严重的人类活动影响，木本植物稀少，仅零星分布波叶红果树、猫儿刺及豪猪刺，草本层则以禾本科草本占据绝对优势。

　　（3）阔叶箬竹林

　　在中低海拔地区，阔叶箬竹常与杉木伴生，在林下占据绝对优势，高度一般为 1.5～2.5 m，群落郁闭度高，生境较为潮湿，土壤为腐殖土；在较高海拔或近山顶处，阔叶箬竹常形成纯竹林，高度为 2～3 m，常见的伴生种有宽叶金粟兰、草珊瑚、深绿卷柏、蜡莲绣球等耐阴性植物。

3.2.5　针叶林

　　桃源洞保护区针叶林包括暖性、温性、寒温性等针叶或针阔混交林，针叶树种在本区多为零星分布，在其适宜生境中则形成集中的小种群分布，成为典型的群落类型，如穗花杉群落、资源冷杉群落、银杉群落、福建柏群落，在下一节将做详细的群落分析。这里描述以马尾松、杉木、台湾松等为优势种的群落概况。

　　（1）马尾松林

　　马尾松林是中国东南部湿润亚热带地区分布最广泛的针叶林类型。桃源洞保护区分布的马尾松群落位于中国东南部湿润亚热带地区典型的中亚热带。主要分布在香菇棚、茶园坳、上坝、鸡公岩、石井下、梨树洲等海拔为 700～850 m 的山脊。保护区内低山针叶林多以马尾松林和杉木林为主，常见成片的杉木林及与其他阔叶树种混交的马尾松林，两种群落应该都为人工育林所得，自然生长的马尾松林较为少见。马尾松混交群落中常见的伴生树种为枫香、青冈、山槐、红楠等阔叶树种，高度一般为 15～18 m；灌木层植物种类丰富，多见多脉青冈、格药柃、细枝柃、吴茱萸五加、山胡椒、毛冬青、长叶冻绿等；草本层的盖度为 30%～80%，主要由狗脊蕨、翠云草、里白、芒萁及禾本科、莎草科等植物组成。

　　牛石坪附近山地分布有马尾松与杜鹃的混交林。植被郁闭度较高，为 0.65～0.80，林冠参差，随季节变化。乔木层中马尾松数量无明显优势，考察中发现马尾松群落中的马尾松大树枯死现象较为明显，呈现出针叶树的退化现象。乔木层高度为 20～26 m，除建群种马尾松外，还有木荷、青冈等；灌木层以杜鹃属植物占优势，盖度达 55%，还有鹿角杜鹃、马银花等。

　　（2）穗花杉林

　　桃源洞保护区穗花杉多为零星分布（郭微等，2013），但新的野外调查中在九曲水地区沟谷地带发现成片的穗花杉群落，面积达 4000 m²。穗花杉群落分布于河边，两侧为较高山坡，坡度达 50°，土壤构成主要为山地黄壤，表面为碎石覆盖，林下空旷，群落整体外貌呈深绿色，郁闭度高，属密林。乔木层树种单一，以穗花杉为优势种，伴生树种常见有杨梅叶蚊母树，群落边缘还零星分布有南酸枣、茜树及台湾冬青，群落冠层较为平整。灌木层不发达，除乔木层树种小苗外，主要为杜茎山等。草本层稀疏，以山姜、深圆齿堇菜、狗脊蕨、贯众为主。此外林中还分布有大型藤本植物野木瓜及羽叶蛇葡萄，多生长于林中郁闭度较低的区域。

　　如此大面积的穗花杉群落在本地区较为罕见。在调查中发现，该穗花杉林有人为破坏痕迹，穗花杉的小树被连根拔起丢弃在河边，应加强对这一穗花杉群落的保护力度。

　　（3）福建柏-甜槠＋鹿角杜鹃群落

　　福建柏-甜槠＋鹿角杜鹃群落主要分布于桃源洞保护区海拔 1000 m 以上的山地，多以分散状态存在于常绿阔叶林中，较少以优势种存在。调查样地位于神农飞瀑瀑布口附近的山坡，面积 1600 m²。土壤成分为山地黄棕壤。群落分析见表 3.9。

表 3.9 福建柏 - 甜槠＋鹿角杜鹃群落分析表（群系编号：3.7）

样方面积：1600 m²　　　　种类：72 种/1600 m²　　　海拔：1000 m　　　　地点：神农飞瀑瀑布口　样方编号：S23

乔灌层	平均高度 /m	平均胸径 /cm	株数	RD/%	RP/%	RF/%	重要值＋灌层
福建柏 Fokienia hodginsii	17	83	74	20.16	6.56	8.45	11.73＋2.56
甜槠 Castanopsis eyrei	6	8.5	18	12.75	3.47	4.23	6.82＋1.97
南烛 Vaccinium bracteatum	2	5	59	1.25	11.39	5.63	6.09
鹿角杜鹃 Rhododendron latoucheae	4	6	122	2.26	3.55	9.86	5.28＋1.12
猴头杜鹃 Rhododendron simiarum	5	13	45	1.42	8.69	4.93	5.01＋0.77
吴茱萸五加 Acanthopanax evodiaefolius	5	5	30	2.84	5.79	4.93	4.52
矩叶鼠刺 Itea oblonga	6	6	33	0.13	6.37	6.34	4.28
多脉青冈 Cyclobalanopsis multinervis	12	8	15	5.92	2.90	2.82	3.88
尖连蕊茶 Camellia cuspidata	4	11	33	0.40	6.37	3.52	3.43＋0.97
银木荷 Schima argentea	14	21	5	5.92	0.97	2.82	3.23
厚叶红淡比 Cleyera pachyphylla	5	7	21	1.47	4.05	2.82	2.78
猴欢喜 Sloanea sinensis	10	8	13	2.85	2.51	2.82	2.72
粉叶柿 Diospyros glaucifolia	6	8	5	4.58	0.97	2.11	2.55＋0.43
小叶青冈 Cyclobalanopsis myrsinifolia	4	33.5	6	0.62	1.16	3.52	1.77
显脉新木姜子 Neolitsea phanerophlebia	6	16	6	0.02	1.16	3.52	1.57
红楠 Machilus thunbergii	12	63	2	2.78	0.39	1.41	1.52
石灰花楸 Sorbus folgneri	10	48	5	1.47	0.97	2.11	1.52＋0.66
榕叶冬青 Ilex ficoidea	4	11	3	2.36	0.58	1.41	1.45
台湾松 Pinus taiwanensis	18	67.5	2	2.52	0.39	1.41	1.44
鼠刺 Itea chinensis	6	10	10	0.08	1.93	2.11	1.37
缺萼枫香 Liquidambar acalycina	15	64	3	1.66	0.58	1.41	1.22
梾木 Swida macrophylla	16	89	1	2.49	0.19	0.70	1.13＋0.97
背绒杜鹃 Rhododendron hypoblematosum	4	5	5	0.01	0.97	2.11	1.03
桃叶石楠 Photinia prunifolia	4	6	4	0.04	0.77	2.11	0.98
枫香 Liquidambar formosana	13	70	1	1.93	0.19	0.70	0.94
黄丹木姜子 Litsea elongata	3	5	4	0.16	0.77	1.41	0.78
少花桂 Cinnamomum pauciflorum	8	6	3	0.01	0.58	0.70	0.43＋0.56
新木姜子 Neolitsea aurata	5	6	3	0.01	0.58	0.70	0.43
腺叶山矾 Symplocos adenophylla	3	19	2	0.03	0.39	0.70	0.37
光叶石楠 Photinia glabra	6	8	2	0.00	0.39	0.70	0.36
越桔 Vaccinium vitis-idaea	4	25	1	0.03	0.19	0.70	0.31
大果卫矛 Euonymus myrianthus	4	17.5	1	0.01	0.19	0.70	0.30
石木姜子 Litsea elongata var. faberi	3	13	1	0.0042	0.19	0.70	0.30
细枝柃 Eurya loquaiana	3	7.5	1	0.0008	0.19	0.70	0.30
羊舌树 Symplocos glauca	4	6	4	0.0004	0.19	0.70	0.30
冬青 Ilex chinensis	3	6	3	0.0004	0.19	0.70	0.30
草本层〔样方面积（2 m×2 m）×16 个〕	高度 /m	盖度 /%	频度 /%	RH/%	RC/%	RF/%	重要值
箭竹 Fargesia spathacea	4.8	1.76	43.75	8.29	15.44	13.23	12.32
瘤足蕨 Plagiogyria adnata	2.73	1.55	31.25	4.71	13.60	12.33	10.21
里白 Hicriopteris glauca	1	0.09	25	1.73	0.79	0.67	1.06

草本层［样方面积（2 m×2 m）×16 个］	高度 /m	盖度 /%	频度 /%	RH/%	RC/%	RF/%	重要值
木通 *Akebia quinata*	1	0.09	31.25	1.73	0.79	0.90	1.14
土茯苓 *Smilax glabra*	0.8	0.2	25	1.38	1.75	0.45	1.19
紫金牛 *Ardisia japonica*	0.8	0.47	12.5	1.38	4.12	0.90	2.13
光里白 *Hicriopteris laevissima*	0.5	0.05	43.75	0.86	0.44	0.22	0.51
柳叶绣球 *Hydrangea stenophylla*	0.5	0.02	25	0.86	0.18	0.45	0.50
石韦 *Pyrrosia lingua*	0.4	0.05	37.5	0.69	0.44	0.22	0.45
双蝴蝶 *Tripterospermum chinense*	0.4	0.02	43.75	0.69	0.18	0.67	0.51
黄牛奶树 *Symplocos laurina*	0.3	0.05	12.5	0.52	0.44	0.90	0.62
密花山矾 *Symplocos congesta*	0.3	0.02	25	0.52	0.18	0.22	0.31
大平鳞毛蕨 *Dryopteris bodinieri*	0.2	0.1	31.25	0.35	0.88	0.22	0.48
箬竹 *Indocalamus tessellatus*	0.2	0.4	25	0.35	3.51	6.73	3.53
茵芋 *Skimmia reevesiana*	0.2	0.02	31.25	0.35	0.18	0.22	0.25
九管血 *Ardisia brevicaulis*	0.15	0.02	25	0.26	0.18	0.22	0.22
毛果珍珠茅 *Scleria herbecarpa*	0.12	0.3	31.25	0.21	2.63	5.16	2.67
罗伞树 *Ardisia quinquegona*	0.08	0.01	25	0.14	0.09	0.22	0.15
线蕨 *Colysis elliptica*	0.08	0.01	12.5	0.14	0.09	0.22	0.15

该群落乔木层以福建柏、甜槠为建群种，冠层较不平整，可分为两个亚层，其中福建柏、小叶青冈、多脉青冈、猴欢喜、甜槠、银木荷、石灰花楸等属于第一亚层，高度为 14～20 m，其他的植物均属于第二亚层，高度为 7～12 m；其中样方内鹿角杜鹃、猴头杜鹃的数量较多，而伴生树种主要有显脉新木姜子、冬青、吴茱萸五加、厚叶红淡比、光叶石楠等。灌木层较不发达，主要以矩叶鼠刺、桃叶石楠、南烛数量占优势，还分布有尖连蕊茶、细枝柃、羊舌树、新木姜子、鼠刺、吴茱萸五加等，此外灌木层中福建柏小苗也较多。草本层不发达，分布有里白、瘤足蕨、线蕨、石韦和一些禾本科草本等。

该群落所处海拔较高，受人为活动影响较弱，且由于光照及水热条件良好，群落中生有大量福建柏小苗，表明群落保存状态良好，具有较高的保护和科学研究价值。

（4）杉木＋台湾松 - 圆锥绣球＋鹿角杜鹃群落

杉木林分布与马尾松林大致相同，同属暖性针叶林，可与常绿阔叶林及马尾松等形成次生针阔混交林。天然林杉木单优群落较为少见，多为混交林。在桃源洞保护区分布广泛，但群落面积不大，常见于老庵里、牛石坪、江西坳等地，样地位于江西坳海拔 1662 m 的山坡上，面积 1600 m²，坡向西南。整体群落外貌呈灰绿色，林冠整齐。土壤成分主要为山地黄棕壤。群落分析见表 3.10。

表 3.10　杉木＋台湾松 - 圆锥绣球＋鹿角杜鹃群落分析表（群系编号：3.8）

样方面积：1600 m²　　　　种类：107 种 /1600 m²　　　海拔：1662 m　　　　地点：江西坳　　　样方编号：S27

乔灌层	平均高度 /m	平均胸径 / cm	株数	RD/%	RP/%	RF/%	重要值＋灌层
杉木 *Cunninghamia lanceolata*	15	53	390	37.28	21.18	51.61	36.69
圆锥绣球 *Hydrangea paniculata*	3	8	247	11.82	19.74	51.61	27.73
台湾松 *Pinus taiwanensis*	22	47	17	14.09	11.36	38.71	21.39
鹿角杜鹃 *Rhododendron latoucheae*	3	4	137	11.88	10.95	38.71	20.51
背绒杜鹃 *Rhododendron hypoblematosum*	3	5	121	0.74	9.67	45.16	18.52
格药柃 *Eurya muricata*	4	3	119	1.35	9.51	38.71	16.52
湖北海棠 *Malus hupehensis*	4	5.5	33	0.43	2.64	22.58	8.55

续表

乔灌层	平均高度 /m	平均胸径 /cm	株数	RD/%	RP/%	RF/%	重要值+灌层
交让木 Daphniphyllum macropodum	5	45	18	0.18	1.44	22.58	8.07
云锦杜鹃 Rhododendron fortunei	4	6.5	10	0.27	0.80	22.58	7.88
榕叶冬青 Ilex ficoidea	3	6	8	2.32	0.64	16.13	6.36
南烛 Vaccinium bracteatum	2	6	17	0.12	1.36	16.13	5.87
马银花 Rhododendron ovatum	4	6	9	0.12	0.72	16.13	5.65
桃叶石楠 Photinia prunifolia	4	5.5	6	0.03	0.48	6.45	2.32
光叶石楠 Photinia glabra	4	8	4	0.03	0.32	3.23	1.19
马尾松 Pinus massoniana	14	65	1	0.13	0.08	3.23	1.15
山橿 Lindera reflexa	6	4	2	0.03	0.16	3.23	1.14
细枝柃 Eurya loquaiana	4	6	2	0.01	0.16	3.23	1.13
合轴荚蒾 Viburnum sympodiale	3	6	2	0.01	0.16	3.23	1.13
扁枝越桔 Vaccinium japonicum var. sinicum	3	6	2	0.01	0.16	3.23	1.13
木犀 Osmanthus fragrans	2	25	1	0.07	0.08	3.23	1.12
青榨槭 Acer davidii	9	39	1	0.04	0.08	3.23	1.12
雷公鹅耳枥 Carpinus viminea	4	14	1	0.02	0.08	3.23	1.11
常绿荚蒾 Viburnum sempervirens	3	6	1	0.02	0.08	3.23	1.11
鼠李 Rhamnus davurica	4	12	1	0.02	0.08	3.23	1.11
豺皮樟 Litsea rotundifolia var. oblongifolia	4	9	1	0.01	0.08	3.23	1.10
井冈山杜鹃 Rhododendron jinggangshanicum	2	5	1	0.0028	0.08	3.23	1.10

草本层［样方面积（2 m×2 m）×16 个］	高度 /m	盖度 /%	频度 /%	RH/%	RC/%	RF/%	重要值
毛果珍珠茅 Scleria herbecarpa	1.85	16	6	6.26	9.38	3.90	6.52
狗脊蕨 Woodwardia japonica	0.65	23	18	12.36	1.69	11.69	8.58
双蝴蝶 Tripterospermum chinense	0.22	5	2	6.77	0.31	1.30	2.79
石木姜子 Litsea elongata var. faberi	1.25	8	3	4.23	6.92	1.95	4.37
十字薹草 Carex cruciata	1.65	25	14	5.59	12.62	9.09	9.10

该群落乔木层成分较为单一，乔木层的郁闭度为 0.7～0.8，以杉木占绝对优势，伴生树种为鹿角杜鹃、台湾松、木犀、背绒杜鹃、交让木、井冈山杜鹃等，高度一般为 18～24 m；灌木层不发达，高度为 1～3 m，盖度为 45%～55%，除杉木及其他乔木小苗外，常见有格药柃、背绒杜鹃、圆锥绣球及马银花等；草本层不发达，多为薹草和一些禾本科杂草，林下较为空旷。

（5）台湾松 - 银木荷 - 鹿角杜鹃群落

桃源洞保护区台湾松多零星分布，常与其他阔叶树种或针叶树种伴生，如鹿角杜鹃、银木荷、马尾松、杉木等。成片存在常见于洪水江海拔较高的山顶地带，日照充足，较为干燥。样地位于洪水江海拔 1440 m 处，共有两片，总面积 3200 m²。土壤构成为山地黄棕壤，地表土质较为干燥。台湾松 - 银木荷 - 鹿角杜鹃群落整体外貌为深绿色，随季节变化，林冠参差，郁闭度中等，林下较为空旷，仍属于针阔混交林植被型。群落分析见表 3.11。

该群落中乔木层以银木荷和鹿角杜鹃数量占优势，台湾松数量并无明显优势，可以看出该群落正发生演替，最终将发展为银木荷 - 鹿角杜鹃群落，从高度上看，除了建群种银木荷及台湾松外，伴生树种包括杉木、红楠、甜槠等，高度可达 15～25 m，属第一亚层；另外，群落中还包括吴茱萸五加、交让木、背绒杜鹃、马银花、羊舌树等，高度为 3～10 m，属第二亚层。灌木层较不发达，常见的有合轴荚蒾、椤木石楠、短尾越桔、檫木及上层树种小苗。草本层种类较多，如光里白、铺地蜈蚣、滇白珠、斑叶兰、南烛、土茯苓、华东瘤足蕨、五岭龙胆及一些禾本科草本。

林下台湾松小苗数量较少，发育欠良好，群落正处于演替过程。

表 3.11　台湾松 - 银木荷 - 鹿角杜鹃群落分析表（群系编号：3.9）

样方面积：3200 m²　　　种类：177 种 /3200 m²　　　海拔：1440 m　　　地点：洪水江　　　样方编号：S22

乔灌层	平均高度 /m	平均胸径 /cm	株数	RD/%	RP/%	RF/%	重要值＋灌层
银木荷 Schima argentea	9	14	257	49.23	17.05	13.33	26.54
鹿角杜鹃 Rhododendron latoucheae	5	11	501	7.91	33.24	8.33	16.51＋1.96
台湾松 Pinus taiwanensis	21	47	168	20.53	4.51	15.83	13.63
马银花 Rhododendron ovatum	5	11	235	0.13	15.59	2.34	6.02＋1.78
甜槠 Castanopsis eyrei	4	7	23	9.38	1.53	5.83	5.58
吴茱萸五加 Acanthopanax evodiaefolius	5	5.5	90	1.90	5.97	8.33	5.40
背绒杜鹃 Rhododendron hypoblematosum	3	8	29	0.26	1.92	6.67	2.95＋2.22
短尾越桔 Vaccinium carlesii	4	6.5	36	0.32	2.39	4.17	2.29
交让木 Daphniphyllum macropodum	8	8	26	0.24	1.73	4.17	2.04
格药柃 Eurya muricata	6	6	18	0.12	1.19	4.17	1.83
羊舌树 Symplocos glauca	4	5	9	0.11	0.60	3.33	1.35
杉木 Cunninghamia lanceolata	14	8	7	0.23	0.46	3.33	1.34
红楠 Machilus thunbergii	9	9.5	8	0.20	0.53	2.50	1.08
多脉青冈 Cyclobalanopsis multinervis	7	7.5	6	0.14	0.40	2.50	1.01＋0.45
细枝柃 Eurya loquaiana	3	5	14	0.03	0.93	1.67	0.87
矩叶鼠刺 Itea oblonga	5	9	5	0.02	0.33	1.67	0.67
尖连蕊茶 Camellia cuspidata	5	8	3	0.01	0.20	1.67	0.62＋0.76
枫香 Liquidambar formosana	3	26	4	0.74	0.27	0.83	0.61
合轴荚蒾 Viburnum sympodiale	4	7.5	4	0.02	0.27	0.83	0.37
尾叶越桔 Vaccinium dunalianum var. urophyllum	6	8	3	0.01	0.20	0.83	0.35
椤木石楠 Photinia davidsoniae	5	12	2	0.03	0.13	0.83	0.33
檫木 Sassafras tzumu	13	7	1	0.0036	0.07	0.83	0.30
短尾杜鹃 Rhododendron brevicaudatum	3	5	1	0.0018	0.07	0.83	0.30

草本层［样方面积（2 m×2 m）×32 个］	高度 /m	盖度 /%	频度 /%	RH/%	RC/%	RF/%	重要值
黄丹木姜子 Litsea elongata	2	13	12.5	6.39	16.56	0.75	7.90
光里白 Hicriopteris laevissima	0.2	6	12.5	0.64	5.23	5.97	3.95
狗脊蕨 Woodwardia japonica	0.7	7	6.25	4.15	2.62	3.73	3.50
十字薹草 Carex cruciata	0.3	6	18.75	2.24	2.27	3.73	2.74
箭竹 Fargesia spathacea	1.3	8	25	4.15	0.70	1.49	2.11
淡竹叶 Lophatherum gracile	0.4	4	31.25	1.28	0.35	3.73	1.79
华东瘤足蕨 Plagiogyria japonica	0.15	8	50	0.48	2.09	1.49	1.35
五岭龙胆 Gentiana davidii	0.1	15	18.75	0.32	1.31	2.24	1.29
薯蓣 Dioscorea opposita	0.5	10	62.5	1.60	0.87	0.75	1.07
树参 Dendropanax dentiger	0.25	12	6.25	0.80	1.05	0.75	0.86
土茯苓 Smilax glabra	0.2	5	12.5	0.64	0.44	0.75	0.61
蛇足石杉 Huperzia serrata	0.2	2	6.25	0.64	0.17	0.75	0.52
垂穗石松 Palhinhaea cernua	0.1	5	12.5	0.32	0.44	0.75	0.50
斑叶兰 Goodyera schlechtendaliana	0.15	2	6.25	0.48	0.17	0.75	0.47

（6）南方铁杉林

南方铁杉作为桃源洞保护区重要的孑遗树种，也属于国家重点保护树种，中国特有。保护区内南方铁杉有两个主要的分布点，一个位于牛石坪地区的坪上、暗垄尾地带，属于针阔混交林；另一个位于梨树洲中洲以南及小沙湖地区，保存数量较多。样方位于梨树洲中洲水坝旁向阳的山坡上，海拔1495 m。土壤构成为山地黄棕壤，阳坡土质较为干燥。整体群落外貌呈深绿色，林冠起伏，郁闭度较高，属密林。

梨树洲中洲的南方铁杉群落乔木层以南方铁杉为建群种，伴生树种并不丰富，有鹿角杜鹃、猴头杜鹃、银木荷、矩叶鼠刺、厚叶红淡比、华东山柳、羊舌树、吴茱萸五加、交让木、多脉青冈、木姜子等。根据高度可以分为三个亚层：第一亚层高度为20～30 m，主要植物为南方铁杉，另外还分布有少量的椴树；第二亚层高度为10～20 m，主要植物为马银花、银木荷及少量的南方铁杉；第三亚层物种较为丰富，主要植物为鹿角杜鹃、马银花、厚皮香、尖连蕊茶，这4种植物分布较多，另外还有厚叶红淡比、椴树幼苗、柃木、华东山柳、吴茱萸五加及三裂叶椴等。灌木层茂密但物种单一，以某种矮生竹占绝对优势，此外还分布有格药柃、马银花等。草本层不丰富，仅零星分布有芒萁、双蝴蝶、莎草、铺地蜈蚣等。位于梨树洲的南方铁杉群落保存状态良好，个体粗大，其河流北侧山坡植株有较久的树龄，多高达20 m以上，河流南侧的群落中则分布有各种年龄段的植株，自然更替状态良好。同时应注意到南方铁杉的群落位于缓冲区内，附近由于旅游业的发展，人类活动频繁，应加大保护力度。

小沙湖地区的南方铁杉林海拔达1540 m，且多为高大成年植物，高可达25 m，冠幅可达80 m²，群落冠层不平整，可分为两层，其中第一亚层主要为南方铁杉，高度可达20～30 m；第二亚层多为映山红、马银花、猴头杜鹃、矩叶鼠刺、吴茱萸五加等，高度多集中在8～12 m。林下层草本不发达，仅有少量的蕨类，如鳞毛蕨、狗脊蕨等，此外还有一些拨葜及山胡椒。

（7）资源冷杉-凹叶厚朴林

桃源洞保护区的资源冷杉主要分布于保护区中部牛石坪、鸡麻杰、香菇棚、绵羊垄一带海拔为1200～1500 m的中山坡地，在鸡麻杰、香菇棚等地多为针阔混交林，在牛石坪有较大片的资源冷杉林。牛石坪、鸡麻杰和香菇棚等地均设有多处样地，拟在今后对区内资源冷杉群落进行长期重点监测。林内土壤成分主要为山地黄棕壤，地表有腐殖质层，林内郁闭度一般。群落分析见表3.12。

表 3.12　资源冷杉-凹叶厚朴群落分析表（群系编号：3.10）

| 样方面积：1600 m² | 种类：63 种/1600 m² | | 海拔：1280 m | | 地点：牛石坪 | | 样方编号：S04 |

乔灌层	平均高度/m	平均胸径/cm	株数	RD/%	RP/%	RF/%	重要值+灌层
毛竹 *Phyllostachys edulis*	15	33	602	46.20	56.40	42.11	48.23+1.23
资源冷杉 *Abies beshanzuensis* var. *ziyuanensis*	18	36.5	122	18.96	15.48	31.58	22.01
凹叶厚朴 *Magnolia officinalis* subsp. *biloba*	10	12	61	4.65	7.74	21.05	11.15
枫香 *Liquidambar formosana*	19	32	1	0.12	0.13	2.63	0.96
黄山木兰 *Magnolia cylindrica*	14	17	2	0.07	0.25	2.63	0.99
草本层［样方面积（2 m×2 m）×16个］	高度/m	盖度/%	频度/%	RH/%	RC/%	RF/%	重要值
尖连蕊茶 *Camellia cuspidata*	5.9	36	12.5	11.88	14.03	16.34	14.08
凤仙花 *Impatiens balsamina*	1.61	30	18.75	5.97	5.30	7.84	6.37
蔓生莠竹 *Microstegium vagans*	0.77	42	18.75	2.86	11.13	3.27	5.75
多花黄精 *Polygonatum cyrtonema*	1.87	25	25	6.93	4.42	3.59	4.98
堇菜 *Viola verecunda*	0.3	23	12.5	1.11	4.06	8.17	4.45
杉木 *Cunninghamia lanceolata*	1.22	23	25	4.52	4.06	3.59	4.06
天名精 *Carpesium abrotanoides*	0.8	22	12.5	2.97	7.24	0.65	3.62
一把伞南星 *Arisaema erubescens*	1.4	7	18.75	5.19	1.24	1.31	2.58
头花蓼 *Polygonum capitatum*	0.12	20	12.5	0.44	3.53	2.61	2.20
小连翘 *Hypericum erectum*	0.95	3	18.75	3.52	0.53	2.29	2.11
肥肉草 *Fordiophyton fordii*	0.51	9	18.75	1.89	1.59	2.61	2.03
老鹳草 *Geranium wilfordii*	0.68	3	12.5	2.52	0.53	0.98	1.34

草本层［样方面积（2 m×2 m）×16 个］	高度 /m	盖度 /%	频度 /%	RH/%	RC/%	RF/%	重要值
吴茱萸五加 Acanthopanax evodiaefolius	0.25	5	18.75	0.93	0.88	0.33	0.71
日本薯蓣 Dioscorea japonica	0.03	4	18.75	0.11	0.71	0.98	0.60
三尖杉 Cephalotaxus fortunei	0.25	1	12.5	0.93	0.18	0.33	0.48
斑叶兰 Goodyera schlechtendaliana	0.03	1	18.75	0.11	0.18	0.98	0.42
双蝴蝶 Tripterospermum chinense	0.03	1	18.75	0.11	0.18	0.65	0.31

　　牛石坪样地的资源冷杉 - 凹叶厚朴群落乔木层以资源冷杉为建群种，资源冷杉数量占优势，其伴生种有枫香、毛竹、黄山木兰等。位于鸡麻杰、香菇棚样地的资源冷杉群落的植被型多属于针阔混交林，乔木层的常见阔叶树种有鹿角杜鹃、多脉青冈、石灰花楸、华东山柳等，林内还长有数量较大的毛竹。根据高度可以分为三个亚层：第一亚层高度在 15 m 以上，除建群种资源冷杉外，还包括石灰花楸、马尾松及枫香等；第二亚层的高度为 10～15 m，主要的物种包括鹿角杜鹃、华东山柳及少数的资源冷杉；第三亚层的高度主要在 10 m 以下，主要的植物包括荚蒾、鹿角杜鹃、鼠刺、枪木、吴茱萸五加等。灌木层较不发达，常见圆锥绣球、细枝柃、蔓胡颓子、南烛等。草本层分布有肥肉草、薹草、双蝴蝶及一些禾本科植物。

　　位于香菇棚附近的冷杉群落近年来受到附近居民生产生活的影响，种群数量正在减少，生态环境也逐渐变得恶劣，这一区域的资源冷杉必须得到有效的管理和保护，使其群落可以保存并逐步恢复。

3.2.6　灌丛和灌草丛

（1）圆锥绣球灌丛

　　圆锥绣球是桃源洞保护区的常见灌木树种，成片的灌丛常分布于保护区道路两边，调查群落位于海拔 1630 m 的大院大弯里山地中，为近山脊山谷，地势平缓，土壤为花岗岩发育而成的山地黄棕壤。圆锥绣球群落整体外貌较整齐，郁闭度较高，为 0.85。圆锥绣球数量占绝对优势，群落中伴生植物有广东杜鹃、云锦杜鹃、白檀、绿叶甘橿、粉花绣线菊等，高度一般为 4 m 左右，另外群落中常有寄生性植物锈毛钝果寄生出现。草本层物种单一，多为莎草、薹草及一些禾本科草本等。

（2）猴头杜鹃＋波叶红果树灌丛

　　波叶红果树在桃源洞保护区的高海拔山地多有分布，尤其是光线充足的河谷地带。调查样方位于大院中洲附近，南方铁杉群落以东，河流以北，海拔 1452 m，坡向东南，坡度 60°，土壤成分为山地黄棕壤，土质较湿润。群落分析见表 3.13。

表 3.13　猴头杜鹃＋波叶红果树群落分析表（群系编号：3.11）

样方面积：800 m²　　　　种类：57 种 /800 m²　　　海拔：1452 m　　　　地点：大院中洲　　　　样方编号：S08

乔灌层	平均高度 /m	平均胸径 /cm	株数	RD/%	RP/%	RF/%	重要值＋灌层
猴头杜鹃 Rhododendron simiarum	2.68	3.28	134	34.54	31.07	46.09	37.23
波叶红果树 Stranvaesia davidiana	3.14	3.26	68	17.53	28.95	19.10	21.86
南烛 Vaccinium bracteatum	2.71	2.33	48	12.37	10.47	6.19	9.68
吊钟花 Enkianthus quinqueflorus	3.13	2.43	43	11.08	6.72	6.71	8.17
吴茱萸五加 Acanthopanax evodiaefolius	4.48	3.68	25	6.44	6.56	8.93	7.31
鹿角杜鹃 Rhododendron latoucheae	2.51	2.25	23	5.93	4.71	2.70	5.20
台湾松 Pinus taiwanensis	7.00	6.97	11	2.85	2.79	3.89	2.43
交让木 Daphniphyllum macropodum	3.35	5.57	4	1.03	2.02	2.77	1.94

乔灌层	平均高度 /m	平均胸径 /cm	株数	RD/%	RP/%	RF/%	重要值+灌层
背绒杜鹃 Rhododendron hypoblematosum	2.36	1.59	9	2.32	2.02	0.52	1.62
三花冬青 Ilex triflora	1.80	1.46	5	1.29	1.34	0.26	0.97
银木荷 Schima argentea	4.60	6.13	2	0.52	0.67	1.70	0.96
圆锥绣球 Hydrangea paniculata	1.40	1.27	5	1.29	0.34	0.18	0.60
马银花 Rhododendron ovatum	2.00	1.59	4	1.03	0.34	0.22	0.53
油茶 Camellia oleifera	3.00	2.71	2	0.52	0.67	0.32	0.50
凹叶冬青 Ilex championii	1.50	1.59	2	0.52	0.67	0.11	0.43
草本层［样方面积（2 m×2 m）×8 个］	高度 /m	盖度 /%	频度 /%	RH/%	RC/%	RF/%	重要值
吊钟花 Enkianthus quinqueflorus	0.60	1.00	25	0.74	1.19	7.69	3.21
猴头杜鹃 Rhododendron simiarum	0.63	4.75	75	7.02	5.66	23.08	11.92
井冈寒竹 Gelidocalamus stellatus	0.90	68.00	100	76.98	80.95	30.77	62.90
大平鳞毛蕨 Dryopteris bodinieri	0.50	0.50	25	0.62	0.60	7.69	2.97
鹿角杜鹃 Rhododendron latoucheae	0.25	1.50	25	0.31	1.79	7.69	3.26
芒萁 Dicranopteris dichotoma	0.70	6.25	25	13.78	7.44	7.69	9.64
三花冬青 Ilex triflora	0.45	0.25	25	0.28	0.30	7.69	2.76
银木荷 Schima argentea	0.15	1.75	25	0.28	2.08	7.69	3.35

猴头杜鹃＋波叶红果树群落外貌整体较整齐，分层现象不明显，呈深红色，间有绿色。波叶红果树占优势，南烛和猴头杜鹃的数量也较多，伴生植物还有交让木、吊钟花、马银花、三花冬青、吴茱萸五加、鹿角杜鹃、台湾松小苗等，高度一般为 3～4.5 m。草本层不发达，物种较单一，只零星分布有部分蕨类。林下密布井冈寒竹。

（3）阔叶箬竹灌丛

阔叶箬竹群落郁闭度高，为 0.75，高度一般为 1.5～2.5 m，生境较为潮湿，土壤为腐殖质层，阔叶箬竹常与杉木林伴生，在林下占据绝对优势，此外阔叶箬竹灌丛中常见的伴生种有宽叶金粟兰、草珊瑚、深绿卷柏、蜡莲绣球等耐阴性植物等，高度一般含 2～3.5 m。

（4）五节芒灌草丛

五节芒灌草丛在桃源洞保护区多分布于缓冲区及实验区内，尤以村落边缘阳光充足地带最为常见。土质以黄壤为主。梨树洲及九曲水鸡公岩地区分布有大片五节芒灌草丛。

调查样方位于九曲水鸡公岩，五节芒在群落中占据绝对优势，盖度达 90%，高度为 1.5 m 左右，群落中无乔灌木植物，常伴生活血丹、灯笼石松、东南茜草等小草本植物，高度一般为 0.8～1.2 m。

（5）耳叶杜鹃＋云锦杜鹃 - 圆锥绣球灌丛

耳叶杜鹃＋云锦杜鹃 - 圆锥绣球群落主要分布在缓冲区及实验区内。群落郁闭度较高，为 0.75～0.85。群落冠层较不平整，主要可分为两个亚层：第一亚层主要为耳叶杜鹃、云锦杜鹃，高度为 4～5 m；第二亚层高度为 2～4 m，除优势种耳叶杜鹃、云锦杜鹃外，还存在数量较大的有梗越桔及小果珍珠花、圆锥绣球、城口山柳、三叶海棠及云锦杜鹃的幼苗。群落中的草本植物较少，主要为华南毛蕨、升麻、山莓、华山姜等，另外，群落中还存在肥肉草、虎杖及格药柃幼苗等。群落分析见表 3.14。

表 3.14 耳叶杜鹃＋云锦杜鹃 - 圆锥绣球群落分析表（群系编号：3.12）

样方面积：800 m²	种类：84 种 /800 m²	海拔：1208 m	地点：江西坳	样方编号：S29

乔灌层	平均高度 /m	平均胸径 /cm	株数	RD/%	RP/%	RF/%	重要值+灌层
耳叶杜鹃 Rhododendron auriculatum	4.54	6.40	205	18.08	12.90	23.97	18.32
圆锥绣球 Hydrangea paniculata	3.89	3.79	285	22.07	17.94	11.34	17.12
云锦杜鹃 Rhododendron fortunei	4.88	5.66	157	15.58	9.88	13.19	12.88

续表

乔灌层	平均高度 /m	平均胸径 / cm	株数	RD/%	RP/%	RF/%	重要值＋灌层
三叶海棠 Malus sieboldii	4.69	6.28	109	5.68	6.86	14.00	8.85
城口山柳 Clethra fargesii	3.77	3.18	95	6.94	5.98	3.01	5.31
毛竹 Phyllostachys edulis	1.20	0.96	200	0.59	12.59	0.41	4.53
有梗越桔 Vaccinium henryi var. chingii	4.98	3.18	72	3.90	4.53	1.89	3.44
吊钟花 Enkianthus quinqueflorus	3.82	4.76	37	2.62	2.33	2.37	2.44
小果珍珠花 Lyonia ovalifolia var. elliptica	4.17	3.77	36	3.04	2.27	1.60	2.30
箬竹 Indocalamus tessellatus	0.03	0.01	56	2.06	3.52	0.03	1.87
鹿角杜鹃 Rhododendron latoucheae	3.85	4.38	28	1.26	1.76	1.32	1.45
山橿 Lindera reflexa	2.34	1.37	44	1.28	2.77	0.21	1.42
小果蔷薇 Rosa cymosa	3.52	1.93	22	1.11	1.38	0.22	0.91
山胡椒 Lindera glauca	2.33	1.52	21	0.76	1.32	0.14	0.74
野海棠 Bredia hirsuta	4.25	4.01	10	0.85	0.63	0.41	0.63
马银花 Rhododendron ovatum	4.02	3.06	13	0.71	0.82	0.31	0.61
长叶冻绿 Rhamnus crenata	3.54	2.28	12	0.80	0.76	0.18	0.58
格药柃 Eurya muricata	4.94	5.44	7	0.72	0.44	0.56	0.57
南烛 Vaccinium bracteatum	3.45	2.39	18	0.24	1.13	0.26	0.54
山乌桕 Sapium discolor	2.79	1.27	14	0.65	0.88	0.07	0.53
草本层［样方面积（2 m×2 m）×8 个］	高度 /m	盖度 /%	频度 /%	RH/%	RC/%	RF/%	重要值
柳叶箬 Isachne globosa	0.28	7.45	6.25	0.94	21.45	47.06	23.15
肥肉草 Fordiophyton fordii	0.20	11.19	6.25	0.94	32.21	18.12	17.09
虎杖 Reynoutria japonica	0.68	4.06	6.25	0.94	11.70	7.01	6.55
升麻 Cimicifuga foetida	0.10	0.03	81.25	12.26	0.09	0.48	4.28
大叶冷水花 Pilea martinii	0.30	1.56	6.25	0.94	4.50	2.77	2.74
阳荷 Zingiber striolatum	0.70	1.25	6.25	0.94	3.60	3.54	2.70
华南毛蕨 Cyclosorus parasiticus	0.10	1.88	6.25	0.94	5.40	1.50	2.61
山莓 Rubus corchorifolius	0.33	0.16	25.00	3.77	0.45	1.65	1.96
安徽小檗 Berberis anhweiensis	0.50	0.13	18.75	2.83	0.36	2.53	1.91
野茉莉 Styrax japonicus	0.30	0.19	18.75	2.83	0.54	1.59	1.65
华山姜 Alpinia chinensis	0.60	0.13	6.25	0.94	0.36	2.90	1.40
小蜡 Ligustrum sinense	0.30	0.38	6.25	0.94	1.08	1.73	1.25
井冈寒竹 Gelidocalamus stellatus	0.30	0.38	6.25	0.94	1.08	1.66	1.23
紫萁 Osmunda japonica	0.25	0.31	6.25	0.94	0.90	1.32	1.06
窄基红褐柃 Eurya rubiginosa var. attenuata	0.25	0.13	6.25	0.94	0.36	1.32	0.88
深圆齿堇菜 Viola davidii	0.05	0.01	12.50	1.89	0.02	0.24	0.72
鸡矢藤 Paederia scandens	0.20	0.06	6.25	0.94	0.18	0.97	0.70
双蝴蝶 Tripterospermum chinense	0.11	0.16	6.25	0.94	0.45	0.58	0.66
石松 Lycopodium japonicum	0.08	0.06	6.25	0.94	0.18	0.68	0.60
茶荚蒾 Viburnum setigerum	0.04	0.19	6.25	0.94	0.54	0.17	0.55
肉穗草 Sarcopyramis bodinieri	0.05	0.06	6.25	0.94	0.18	0.24	0.45

（6）玉山针蔺灌草丛

玉山针蔺灌草丛常分布在桃源洞保护区较开阔的溪流河谷两侧的岩石，密集成丛成片，高度为

40～60 cm，伴生植物有滴水珠、楼梯草等。

3.3　特征性植物群落分析

3.3.1　资源冷杉群落

资源冷杉 *Abies beshanzuensis* var. *ziyuanensis* 是我国特有的国家Ⅰ级保护野生植物（向巧萍和于永福，1999），20 世纪 70 年代末发现于广西资源县和湖南城步苗族自治县交界的银竹老山及湖南新宁县和东安县交界的舜皇山，后来在湖南炎陵县大院也发现了冷杉属植物，定名为大院冷杉 *Abies dayuanensis*（刘起衔，1988），现在分类学家已将它并入资源冷杉（Farjon，2001；Li and Fu，1997）。湖南炎陵县大院分布点是资源冷杉种群数量最大的分布点，肖学菊和康华魁（1991）及张玉荣等（2004）对大院资源冷杉种群的个体数量进行了统计。刘燕华等（2011）研究了大院资源冷杉的种群结构，结果表明，大院自然分布的资源冷杉总个体数为 1707 株，其中高 1 m 以上个体数总计为 477 株。目前桃源洞的和平坳、鸡麻杰、香菇棚、中牛石保存着数量最多的野生资源冷杉种群，4 个主要分布点的种群径级结构和种群规模，鸡麻杰与和平坳均处于稳定状态，香菇棚在径级结构上比较稳定，但种群规模减小，中牛石则均处于衰退状态。

资源冷杉作为极度濒危的物种，对其种群最新动态的了解有重要意义。近期我们展开了对大院 4 个资源冷杉自然分布点的群落状况及种群结构相关内容的深入研究，目的在于为资源冷杉的有效保护提供依据。

3.3.1.1　资源冷杉群落样地调查

2013 年 8 月，对大院 4 个资源冷杉分布点（中牛石、和平坳、鸡麻杰、香菇棚）进行了实地调查，运用样方法对所在地的群落状况及资源冷杉种群数量进行研究分析。设立了 5 个样地，其中和平坳 2 个，1 个为 40 m×40 m 的样地，1 个为 40 m×60 m 的样地，在中牛石、鸡麻杰和香菇棚各为 1 个 40 m×40 m 的样地；并在各样地内选取了若干个 2 m×2 m 的草本样方；调查了样地内的群落学特征，记录了高 1 m 以上的资源冷杉个体的高度、胸径、枝下高等指标，记录了幼苗的数量，记录了草本样方内的植物种类、数量、盖度等情况。

（1）径级结构

采取立木结构代替年龄结构的方法，分析了资源冷杉种群的结构特征及动态（李先琨等，2002；蒋雪琴等，2009）。根据立木的高度和胸径具体分级如下：1 级为个体高度（H）≤100 cm；2 级为 H>100 cm 且胸径（DBH）<3 cm；3 级为 3 cm≤DBH<5 cm；4 级为 5 cm≤DBH<10 cm；5 级为 10 cm≤DBH<15 cm；6 级为 15 cm≤DBH<20 cm；7 级为 20 cm≤DBH<30 cm；8 级为 30 cm≤DBH<40 cm；9 级为 DBH≥40 cm。统计样地内各径级的存活株数。

（2）静态生命表和存活曲线

根据径级结构统计株数，对数据标准化后编制静态生命表。生命表具体内容为：x，径级；a_x，x 级内的存活个体数；a_0，具有最大数量的径级的存活个体数；l_x，x 级内的标准存活个体数，$l_x = a_x/a_0 \times 1000$；$\ln(l_x)$，$l_x$ 的自然对数；d_x，从 x 到 $x+1$ 级内的标准死亡数，$d_x = l_x - l_{x+1}$；q_x，x 级的标准死亡率，$q_x = d_x/l_x$；L_x，从 x 到 $x+1$ 级内的平均存活个体数，$L_x = (l_x + l_{x+1})/2$；T_x，从 x 到超过 x 级的存活个体总数，$T_x = \sum L_x$；e_x，进入 x 级个体的生命期望，$e_x = T_x/l_x$。存活曲线是以径级 x 为横坐标、以径级内标准存活个体数的自然对数 $\ln(l_x)$ 为纵坐标绘制而成的。

3.3.1.2　资源冷杉群落结构与特征

（1）样地群落概况

在中牛石，样地位于海拔 1256 m 的溪谷平地，北纬 26°25′55″，东经 114°02′50″，为针阔混交林，以资源冷杉、枫香为乔木层优势种，灌木层以资源冷杉幼树、毛竹、茶、凹叶厚朴为主，草本层以禾本科

Gramineae、蔓生莠竹、马兰 *Kalimeris* sp.、耳草 *Hedyotis* sp.、悬钩子 *Rubus* sp. 等种类为主。群落总盖度80%，乔木层郁闭度0.40，灌木层盖度60%～70%，草本层盖度40%～80%。群落内枯立木、枯倒树较多，地表多枯枝落叶。

在和平坳，40 m×40 m 的样地位于海拔1506 m 的小山坡，东北向坡向，坡度50°～60°，北纬26°24′28″，东经114°01′44″，为针阔混交林，以资源冷杉、杉木、马尾松、榕叶冬青、樱桃为乔木层优势种，灌木层以资源冷杉幼树、毛竹、东方古柯幼树、吴茱萸五加为主，草本以肥肉草、悬钩子、薹草、蕨类等种类为主。群落总盖度60%，乔木层郁闭度0.55，灌木层盖度50%～60%，草本层盖度30%～40%。群落内枯枝落叶多，地表坡上干燥，下坡位较潮湿。40 m×60 m 的样地位于海拔1494 m 的溪谷山坡，西南向坡向，坡度30°～40°，北纬26°26′08″，东经114°01′41″，为针阔混交林，以资源冷杉、马尾松为乔木层优势种，灌木层以资源冷杉幼树、毛竹、华东山柳、鹿角杜鹃为主，草本以草绣球、麦冬、肥肉草、求米草、毛蕨等种类为主。群落总盖度80%，乔木层郁闭度0.70，灌木层盖度70%～80%，草本层盖度40%～60%。林下较潮湿，土壤肥沃。

在鸡麻杰，样地位于海拔1520 m 的山坡溪谷边，西北向坡向，坡度60°～70°，北纬26°26′26″，东经114°04′04″，为针阔混交林，以资源冷杉、杉木、马尾松为乔木层优势种，灌木层以资源冷杉幼树、毛竹、福建青冈幼树、鹿角杜鹃、越桔为主，草本层以禾本科、青江藤、南蛇藤等种类为主。群落总盖度85%，乔木层郁闭度0.65，灌木层盖度60%～80%，草本层盖度10%～25%。群落内坡度大，资源冷杉幼树、幼苗多靠近溪谷平地一侧。

在香菇棚，样地位于海拔1451 m 的山坡，坡度30°～40°，北纬26°26′17″，东经114°03′11″，为针阔混交林，以资源冷杉、杉木、枫香为乔木层优势种，灌木层以资源冷杉幼树、毛竹、多脉青冈幼树为主，草本层以求米草等种类为主。群落总盖度55%，乔木层郁闭度0.45，灌木层盖度30%～40%，草本层盖度60%～80%。群落内多倒伏的枯树，毛竹入侵严重，四周多为毛竹。

（2）样地种群数量

在大院4个主要分布点设立的5个样地中，共有高1 m 以上的存活资源冷杉355株，其中中牛石有25株，和平坳有173株，鸡麻杰有79株，香菇棚有78株，与刘燕华等（2011）调查的中牛石45株、和平坳255株、鸡麻杰92株、香菇棚86株的结果相差不多，体现了样地的选取覆盖了其分布点的主要区域。另外，在样地外调查中包括和平坳的6株大树和香菇棚的8株大树，从样地中也发现了不少死植株，说明资源冷杉在总数量上还是在减少的。

（3）种群径级结构

大院资源冷杉4个主要分布点的种群径级结构如图3.1所示。其中香菇棚、和平坳和中牛石的1级、2级的个体数均很少，表明其2012～2013年的自然更新差，尤其是中牛石的1级、2级、3级均缺失，而且存活个体总数也极少，种群在逐渐衰退；而鸡麻杰的1级、2级个体数占总数的很大比例，表明其2012～2013年更新良好。和平坳、鸡麻杰和香菇棚的径级结构均类似稳定型金字塔，种群个体数较多，种群状态稳定。

（4）种群静态生命表和存活曲线

大院4个资源冷杉分布点的种群静态生命表见表3.15。由表3.15可知，大院资源冷杉种群结构存在波动性，在有效的死亡率中，4个分布点的种群都在1级、4级或5级和7级出现三次峰值，表明其种群在幼苗阶段、小树阶段和成年树阶段死亡率很高。幼苗阶段可能是因林下郁闭而缺少光照和草本层激烈竞争及其自身生物学特性而导致死亡率很高，小树阶段可能是因其与灌木层及乔木层的竞争而导致死亡率很高，而成年树阶段可能是临近生理年龄而出现高死亡率。死亡率出现负值的各径级表示其径级内的个体数很少，个体数缺失，出现死亡率的无效状态。生命期望 e_x 反映的是各径级个体的平均生存能力，4个种群的生命期望值均在前两次死亡率峰值径级的后一级表现出一定程度的增加，如中牛石的5级、和平坳的5级、鸡麻杰的2级及6级；香菇棚的6级保持没有减少，表明经过竞争存活下来的种群个体有很高的生存质量。

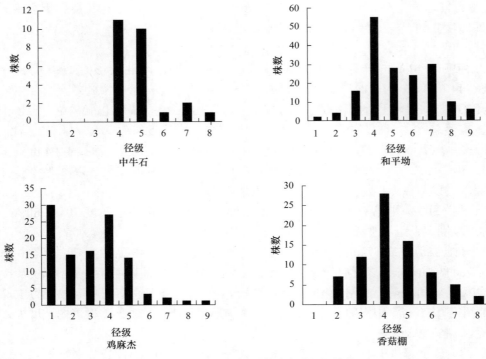

图 3.1　大院 4 个资源冷杉种群径级结构

表 3.15　大院 4 个资源冷杉种群静态生命表

种群分布点	径级	株高或胸径 /cm	a_x	l_x	$\ln(l_x)$	d_x	q_x	L_x	T_x	e_x
中牛石	1	$H \leqslant 100$	0	0	—	0	—	0	2273	—
	2	$H > 100$，$DBH < 3$	0	0	—	0	—	0	2273	—
	3	$3 \leqslant DBH < 5$	0	0	—	−1000	—	500	2273	—
	4	$5 \leqslant DBH < 10$	11	1000	6.908	91	0.091	955	1773	1.77
	5	$10 \leqslant DBH < 15$	10	909	6.812	818	0.900	500	818	0.90
	6	$15 \leqslant DBH < 20$	1	91	4.510	−91	−1.000	136	318	3.50
	7	$20 \leqslant DBH < 30$	2	182	5.203	91	0.500	136	182	1.00
	8	$30 \leqslant DBH < 40$	1	91	4.510	91	1.000	45	45	0.50
和平坳	1	$H \leqslant 100$	2	36	3.594	−36	−1.000	55	3164	87.00
	2	$H > 100$，$DBH < 3$	4	73	4.287	−218	−3.000	182	3109	42.75
	3	$3 \leqslant DBH < 5$	16	291	5.673	−709	−2.438	645	2927	10.06
	4	$5 \leqslant DBH < 10$	55	1000	6.908	491	0.491	755	2282	2.28
	5	$10 \leqslant DBH < 15$	28	509	6.233	73	0.143	473	1527	3.00
	6	$15 \leqslant DBH < 20$	24	436	6.078	−109	−0.250	491	1055	2.42
	7	$20 \leqslant DBH < 30$	30	545	6.302	364	0.667	364	564	1.03
	8	$30 \leqslant DBH < 40$	10	182	5.203	73	0.400	145	200	1.10
	9	$DBH \geqslant 40$	6	109	4.692	109	1.000	55	55	0.50

续表

种群分布点	径级	株高或胸径 /cm	a_x	l_x	$\ln(l_x)$	d_x	q_x	L_x	T_x	e_x
	1	$H \leq 100$	30	1000	6.908	500	0.500	750	3133	3.13
	2	$H > 100$，$DBH < 3$	15	500	6.215	−33	−0.067	517	2383	4.77
	3	$3 \leq DBH < 5$	16	533	6.279	−367	−0.688	717	1867	3.50
	4	$5 \leq DBH < 10$	27	900	6.802	433	0.481	683	1150	1.28
鸡麻杰	5	$10 \leq DBH < 15$	14	467	6.146	367	0.786	283	467	1.00
	6	$15 \leq DBH < 20$	3	100	4.605	33	0.333	83	183	1.83
	7	$20 \leq DBH < 30$	2	67	4.200	33	0.500	50	100	1.50
	8	$30 \leq DBH < 40$	1	33	3.507	0	0.000	33	50	1.50
	9	$DBH \geq 40$	1	33	3.507	33	1.000	17	17	0.50
	1	$H \leq 100$	0	0	—	−250	—	125	2786	—
	2	$H > 100$，$DBH < 3$	7	250	5.521	−179	−0.714	339	2661	10.64
	3	$3 \leq DBH < 5$	12	429	6.060	−571	−1.333	714	2321	5.42
香菇棚	4	$5 \leq DBH < 10$	28	1000	6.908	429	0.429	786	1607	1.61
	5	$10 \leq DBH < 15$	16	571	6.348	286	0.500	429	821	1.44
	6	$15 \leq DBH < 20$	8	286	5.655	107	0.375	232	393	1.38
	7	$20 \leq DBH < 30$	5	179	5.185	107	0.600	125	161	0.90
	8	$30 \leq DBH < 40$	2	71	4.269	71	1.000	36	36	0.50

注：H 表示株高；DBH 表示胸径；a_x 表示存活个体数；l_x 表示标准存活个体数；d_x 表示标准死亡数；q_x 表示标准死亡率；L_x 表示平均存活个体数；T_x 表示存活个体总数；e_x 表示生命期望

在绘制存活曲线时，根据个体数缺失的位置将 $\ln(l_x)$ 的无效值设置为 8.000，并用虚线表示。4 个分布点的种群存活曲线见图 3.2。由于 4 个种群总个体数均不多，少数径级的个体数很少或缺失，存活曲线的比降不大。如果以标准化最高存活量为起点（党海山等，2009），4 个种群的存活曲线均接近 Deevey C 型，且存在明显的波动性，表明 4 个种群的幼苗及高龄个体数少或幼苗的死亡率高，在中龄阶段个体受环境影响出现死亡率的陡增。

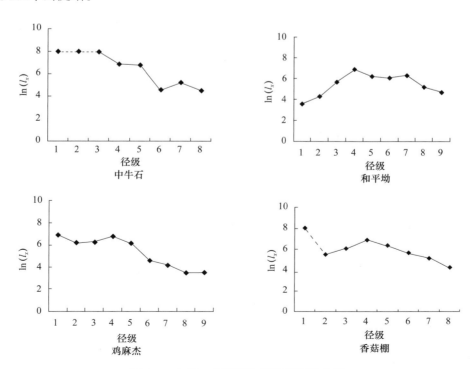

图 3.2　大院 4 个资源冷杉种群存活曲线

3.3.1.3 资源冷杉群落动态

本次调查表明，大院资源冷杉种群存活个体总数在减少，尤其是中牛石种群数量极少，种群趋于衰退状态，作者认为其主要原因是近年来资源冷杉生境受到的人为干扰在逐渐加大，此外毛竹的大量入侵也使群落生境更加恶劣化，不利于资源冷杉的正常成长。为有效地加强对资源冷杉的保护，需要自然保护区人员努力做好当地居民种植毛竹与保护资源冷杉的协调工作，加大监管力度。

从资源冷杉4个分布种群的静态生命表及存活曲线可知，和平坳、鸡麻杰、香菇棚种群当前虽处于稳定状态，但其波动性均很明显，幼苗、中龄阶段个体的死亡率很高，使得成龄阶段个体数大量减少，不利于种群的长期延续。根据样地群落状况的分析，幼苗个体死亡率高除了其生物学特性原因外，林内及草本层郁闭度大也是很重要的影响因子，幼苗缺少足够的光照条件，草本根系的繁杂也不利于幼苗成长中对养分的正常获取。中龄阶段个体死亡率高则是受林中毛竹及其他优势乔木幼树的激烈竞争的影响，在亚热带山地的环境中，资源冷杉处于偏劣势的竞争地位，伴随着很高的死亡率。因此，建议对资源冷杉分布林区进行人为干扰，疏草疏林，以提高资源冷杉的生存竞争能力，保障其种群的稳定成长。

3.3.2 南方铁杉群落

南方铁杉 *Tsuga chinensis* 是第三纪子遗植物，中国特有种。南方铁杉的分布虽广但数量少而分散，是珍稀濒危植物，被列为国家Ⅲ级重点保护野生植物，具有很高的科研价值和潜在的经济价值。南方铁杉分布于浙江、安徽南部、福建北部、武夷山、江西武功山、湖南莽山、广东北部、广西北部及云南麻栗坡等地，分布区地跨中亚热带至北亚热带。其分布的垂直高度变化较大，为海拔600～2100 m，但以海拔800～1400 m 的生长较好。

3.3.2.1 南方铁杉群落样地调查

针对桃源洞保护区的植被状态进行实地考察，发现在牛石坪（北纬26°25′53.6″，东经114°02′49.2″）和梨树洲（北纬26°20′56.38″，东经113°59′05.54″）分别保存有较丰富的南方铁杉种群，为探讨其种群生存状态，特设置两片样地进行调查，样地面积分别为1000 m^2 和1600 m^2。其中，牛石坪样地海拔1370 m，坡向东南，坡度40°，土壤为黄棕壤，郁闭度为0.65～0.70；梨树洲样地海拔1495 m，坡向向东，坡度45°，土壤为黄棕壤，郁闭度为0.95。南方铁杉种群在这两片样地中生长状况差异较大，牛石坪样地南方铁杉数量较少但多为大树，鲜有幼树；梨树洲样地南方铁杉数量较多，但小树多，大树少。此外，梨树洲南方铁杉群落的郁闭度明显高于牛石坪南方铁杉群落的郁闭度。因此，对这两个南方铁杉群落进行比较研究，将有利于了解南方铁杉种群的生存状态及其更新演替的趋势，可为南方铁杉的保护和管理提供理论依据。本研究采用相邻格子法将两个样地进一步划分成面积为10 m×10 m 的样方，每个样方内再设置1个2 m×2 m 的小样方。样方调查记录植物的种名、胸径、高度、冠幅，起测径阶>1.5 cm；小样方记录植物的种名、株数、高度和盖度。

3.3.2.2 南方铁杉群落的特征

（1）群落种类组成及地理成分分析

牛石坪南方铁杉群落共有维管植物26种，隶属于13科21属。其中，裸子植物仅南方铁杉1种，被子植物12科20属25种。种子植物中，物种数最多的科为山茶科，共5属5种；山矾科次之，为1属4种；樟科和杜鹃花科分别有3属3种和2属3种；五加科和漆树科分别为2属2种和1属2种；其余的科均为1属1种（表3.16）。梨树洲南方铁杉群落共有维管植物36种，隶属于22科30属。其中，蕨类植物3科3属4种，裸子植物3科4属4种，被子植物16科23属28种。种子植物中，物种数最多的科为山茶科和杜鹃花科，分别为4属5种和2属5种；蔷薇次之，为2属3种；樟科、壳斗科和松科皆为2属2种；其余的科均为1属1种（表3.16）。

表 3.16　桃源洞两个南方铁杉群落的种类组成

科	牛石坪（NP/NG）	梨树洲（NP/NG）	科	牛石坪（NP/NG）	梨树洲（NP/NG）
山茶科 Theaceae	5/5	5/4	交让木科 Daphniphyllaceae	0/0	1/1
樟科 Lauraceae	3/3	2/2	柿科 Ebenaceae	1/1	0/0
杜鹃花科 Ericaceae	3/2	5/2	龙胆科 Gentianaceae	0/0	1/1
蔷薇科 Rosaceae	1/1	3/2	虎耳草科 Saxifragaceae	0/0	1/1
山矾科 Symplocaceae	4/1	1/1	莎草科 Cyperaceae	0/0	1/1
壳斗科 Fagaceae	0/0	2/2	禾本科 Gramineae	1/1	0/0
松科 Pinaceae	1/1	2/2	百合科 Liliaceae	0/0	1/1
五加科 Araliaceae	2/2	1/1	兰科 Orchidaceae	0/0	1/1
漆树科 Anacardiaceae	2/2	0/0	红豆杉科 Taxaceae	0/0	1/1
槭树科 Aceraceae	1/1	0/0	杉科 Taxodiaceae	0/0	1/1
冬青科 Aquifoliaceae	1/1	0/0	铁角蕨科 Aspleniaceae	0/0	1/1
忍冬科 Caprifoliaceae	0/0	1/1	里白科 Gleicheniaceae	0/0	2/1
卫矛科 Celastraceae	0/0	1/1	石松科 Lycopodiaceae	0/0	1/1
桤叶树科 Clethraceae	1/1	1/1			

注：NP 表示物种数，NG 表示属数

　　牛石坪南方铁杉群落中种子植物共 21 属，其中热带分布区类型 10 属，占 47.62%，温带分布区类型 11 属，占 52.38%；梨树洲南方铁杉群落中种子植物共 27 属，其中热带分布区类型 11 属，占 44.00%，温带分布区类型 14 属，占 56.00%。两个南方铁杉群落的温带成分所占比例均略高，与其位于罗霄山脉西坡，受到西部和北部温带成分的影响相符合。将桃源洞两个南方铁杉群落的地理成分组成与福建光泽、浙江九龙山、贵阳高坡的南方铁杉群落进行比较，发现四者的温带成分所占比例为 52.38%～65.79%，并且均明显高于热带成分。湖南桃源洞、贵阳高坡、福建光泽、浙江九龙山这 4 个区域均属于中国亚热带常绿阔叶林区，其中湖南桃源洞、贵阳高坡位于常绿林区的南部亚地带，福建光泽、浙江九龙山位于常绿区的北部亚地带，按照地带性规律，南部亚地带的温带成分所占比例低于北部亚地带。但从数据看，贵阳高坡南方铁杉群落的温带成分所占比例却与福建光泽、浙江九龙山的基本相当，甚至略高（表 3.17），这可能与其特殊的喀斯特地貌相关。4 个南方铁杉群落的温带成分中，北温带分布、东亚及北美间断分布所占的比例较大（表 3.17）。

表 3.17　4 处南方铁杉群落种类组成的地理成分比较

地点	湖南牛石坪	湖南梨树洲	贵阳高坡	福建光泽	浙江九龙山
纬度	26°25′N	26°20′N	26°18′N	27°48′N	28°21′N
海拔 /m	1370	1495	1350～1450	1445～1625	1300～1620
分布类型			属数 / 比例		
1. 世界分布	0	2/7.41（扣除）	3/7.32（扣除）	1/3.03（扣除）	0
2. 泛热带分布	4/19.05	3/12.00	3/7.89	5/15.62	3/15.00
3. 热带亚洲和热带美洲间断分布	4/19.05	4/16.00	1/2.63	2/6.25	2/10.00
4. 旧世界热带分布	0	0	0	0	0
5. 热带亚洲至热带大洋洲分布	0	0	3/7.89	2/6.06	0
6. 热带亚洲至热带非洲分布	0	0	1/2.63	0	0
7. 热带亚洲分布	2/9.52	4/16.00	5/13.16	3/9.38	3/15.00
8. 北温带分布	4/19.05	5/20.00	13/34.21	6/18.75	5/25.00
9. 东亚及北美间断分布	4/19.05	4/16.00	6/15.79	10/31.25	4/20.00

分布类型	属数 / 比例				
10. 旧世界温带分布	0	0	2/5.26	0	0
11. 温带亚洲分布	0	1/4.00	0	0	0
12. 地中海区、西亚至中亚分布	0	0	0	0	0
13. 中亚	0	0	0	0	0
14. 东亚	2/9.52	2/8.00	3/7.89	3/9.38	1/5.00
15. 中国特有	1/4.76	2/8.00	1/2.63	1/3.12	2/10.00
热带成分（2~7）	10/47.62	11/44.00	13/34.21	12/37.50	8/40.00
温带成分（8~15）	11/52.38	14/56.00	25/65.79	20/62.50	12/60.00

（2）群落外貌与垂直结构

在群落外貌上，牛石坪南方铁杉群落和梨树洲南方铁杉群落都为常绿落叶针阔混交林，但以常绿树种占优势，亦有部分落叶树种，如漆树、檫木、青榨槭、柿、木蜡树、吴茱萸五加等，因此群落有一定的季相变化，夏季呈暗绿色，秋冬呈淡黄绿色。

根据群落的高度级频率分布（图 3.3a，b），除了草本层外，桃源洞两处的南方铁杉群落的林木层可分为 4 层，由下至上依次为灌木层、乔木下层、乔木中层和乔木上层。但由于两个群落的组成及所处的演替阶段不同，两者的分层高度稍有差异：牛石坪群落的 0~4 m 为灌木层，4~10 m 为乔木下层，10~16 m 为乔木中层，16~30 m 为乔木上层（图 3.3a）；梨树洲群落的 0~4 m 为灌木层，4~6 m 为乔木下层，6~14 m 为乔木中层，14~22 m 为乔木上层（图 3.3b）。

从乔木层和灌木层的生活型来看，桃源洞南方铁杉群落共有常绿针叶树 3 种，常绿阔叶树 29 种，落叶阔叶树 10 种。牛石坪南方铁杉群落各层的常绿树种相对多度由上到下依次为 89.74%、59.46%、84.16% 和 95.03%；杜鹃花科植物在灌木层、乔木下层和乔木中层中都为多度最高的类群，主要为马银花；山茶科在灌木层和乔木下层也有较高的多度，主要为尖连蕊茶；而南方铁杉在乔木上层占据绝对的多度优势（图 3.3c）。梨树洲群落各层常绿树的相对多度由上到下依次为 97.30%、82.29%、69.63% 和 89.10%；杜鹃花科植物在灌木层和乔木下层为多度最高的类群，主要是鹿角杜鹃和背绒杜鹃；乔木中层和乔木上层中多度最高的类群为山茶科植物，主要是银木荷；南方铁杉在各层都占有一定的比例，多度仅次于杜鹃花科或山茶科植物（图 3.3d）。

（3）群落物种多样性

由表 3.18 可知，牛石坪南方铁杉群落乔木层和草本层的 Shannon-Wiener 多样性指数、Simpson 多样性指数和 Pielou 均匀度指数均大于灌木层，草本层的 Simpson 多样性指数和 Pielou 均匀度指数略大于乔木层，而 Shannon-Wiener 指数则略低于乔木层；梨树洲南方铁杉群落的 Shannon-Wiener 多样性指数、Simpson 多样性指数和 Pielou 均匀度指数变化趋势相同，均为草本层＞乔木层＞灌木层；分别比较两个南方铁杉群落各层的三个指数，其差别不大。具体比较每个群落灌木层、乔木下层、乔木中层和乔木上层的三个指数可得：两个南方铁杉群落的 Shannon-Wiener 多样性指数和 Simpson 多样性指数均为乔木下层＞乔木中层＞灌木层＞乔木上层；牛石坪南方铁杉群落的 Pielou 均匀度指数为乔木中层＞乔木下层＞灌木层＞乔木上层；梨树洲南方铁杉群落的 Pielou 均匀度指数为乔木中层＞乔木下层＞乔木上层＞灌木层，并且乔木层的三个亚层均匀度指数变化不大，这与银木荷和南方铁杉在该群落乔木上层分布均匀且数量较多相关（表 3.18）。

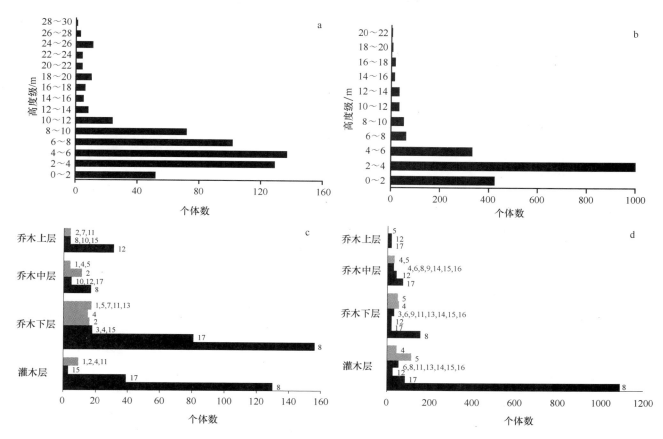

图 3.3 桃源洞南方铁杉群落高度级频率分布（a，b）及其垂直结构图（c，d）

a，c. 牛石坪南方铁杉群落；b，d. 梨树洲南方铁杉群落；c，d. 黑色填充表示常绿树，灰色填充表示落叶树；

1. 槭树科；2. 漆树科；3. 冬青科；4. 五加科；5. 桤叶树科；6. 交让木科；7. 柿科；8. 杜鹃花科；9. 壳斗科；

10. 禾本科；11. 樟科；12. 松科；13. 蔷薇科；14. 虎耳草科；15. 山矾科；16. 杉科；17. 山茶科

表 3.18 桃源洞南方铁杉群落物种多样性

群落地点 - 层次	Shannon-Wiener 多样性指数	Simpson 多样性指数	Pielou 均匀度指数
牛石坪 - 乔木层	2.2876	0.8194	0.6865
牛石坪 - 乔木上层	0.8629	0.3603	0.4434
牛石坪 - 乔木中层	1.6623	0.7173	0.7219
牛石坪 - 乔木下层	2.1115	0.7888	0.6644
牛石坪 - 灌木层	1.2484	0.5208	0.4867
牛石坪 - 草本层	2.1054	0.8601	0.9144
梨树洲 - 乔木层	2.3015	0.8581	0.6983
梨树洲 - 乔木上层	1.0629	0.5888	0.6604
梨树洲 - 乔木中层	1.8096	0.7645	0.6857
梨树洲 - 乔木下层	2.2264	0.8154	0.6833
梨树洲 - 灌木层	1.7803	0.7247	0.5343
梨树洲 - 草本层	2.7330	0.8739	0.7750

（4）群落乔、灌木种群重要值

对两地南方铁杉群落的乔、灌木种群重要值分别进行分析，结果如下。①牛石坪南方铁杉群落乔木层中的优势种群是马银花种群和南方铁杉种群，重要值分别为 24.84 和 16.31；次优势种群是尖连蕊茶种群、鹿角杜鹃种群和漆树种群，重要值都在 5 以上（表 3.19）。②牛石坪南方铁杉群落灌木层中的优势种群是马银花种群，重要值为 52.17，高于其余所有种群的重要值之和；次优势种群是尖连蕊茶种群和鹿角杜鹃种群，重要值分别为 18.08 和 6.98；南方铁杉在灌木层没有分布（表 3.20）。③梨树洲南方铁杉群落乔木层中的优势种群是银木荷种群和南方铁杉种群，重要值分别为 23.98 和 20.85；次优势种群为鹿角杜鹃种群、吴茱萸五加种群和华东山柳种群（表3.21）。④梨树洲南方铁杉群落灌木层中的优势种群是鹿角杜鹃种群和背绒杜鹃种群；次优势种群是华东山柳种群、吴茱萸五加种群、马银花种群和南方铁杉种群，其中南方铁杉种群的重要值为3.57（表3.22）。

表 3.19　牛石坪南方铁杉群落乔木种群重要值

种类	相对多度	相对频率	相对优势度	重要值
马银花 *Rhododendron ovatum*	0.3669	0.1087	0.2695	24.84
南方铁杉 *Tsuga chinensis*	0.0827	0.1087	0.2981	16.31
尖连蕊茶 *Camellia cuspidata*	0.1499	0.0761	0.0683	9.81
鹿角杜鹃 *Rhododendron latoucheae*	0.0827	0.0761	0.0452	6.80
漆树 *Toxicodendron vernicifluum*	0.0646	0.0652	0.0536	6.11
吴茱萸五加 *Gamblea ciliata* var. *evodiifolia*	0.0439	0.0652	0.0284	4.59
厚皮香 *Ternstroemia gymnanthera*	0.0439	0.0543	0.0177	3.86
银木荷 *Schima argentea*	0.0026	0.0109	0.0932	3.56
华东山柳 *Clethra barbinervis*	0.0181	0.0543	0.0089	2.71
山矾 *Symplocos sumuntia*	0.0155	0.0435	0.0154	2.48
柿 *Diospyros kaki*	0.0103	0.0326	0.0176	2.02
木蜡树 *Toxicodendron sylvestre*	0.0103	0.0326	0.0072	1.67
柃木 *Eurya japonica*	0.0155	0.0217	0.0064	1.46
山胡椒 *Lindera glauca*	0.0078	0.0326	0.0018	1.40
羊舌树 *Symplocos glauca*	0.0129	0.0217	0.0064	1.37
青榨槭 *Acer davidii*	0.0103	0.0217	0.0031	1.17
檫木 *Sassafras tzumu*	0.0052	0.0217	0.0067	1.12

注：仅列出了重要值大于 1.00 的种群

表 3.20　牛石坪南方铁杉群落灌木种群重要值

种类	相对多度	相对频率	相对优势度	重要值
马银花 *Rhododendron ovatum*	0.6630	0.2564	0.6458	52.17
尖连蕊茶 *Camellia cuspidata*	0.1381	0.2308	0.1734	18.08
鹿角杜鹃 *Rhododendron latoucheae*	0.0442	0.1282	0.0369	6.98
厚皮香 *Ternstroemia gymnanthera*	0.0387	0.0513	0.0517	4.72
山胡椒 *Lindera glauca*	0.0221	0.0769	0.0148	3.79
柃木 *Eurya japonica*	0.0221	0.0513	0.0111	2.82
厚叶红淡比 *Cleyera pachyphylla*	0.0166	0.0513	0.0111	2.63
漆树 *Toxicodendron vernicifluum*	0.0055	0.0256	0.0295	2.02
羊舌树 *Symplocos glauca*	0.0166	0.0256	0.0111	1.78
南烛 *Vaccinium bracteatum*	0.0110	0.0256	0.0055	1.41
青榨槭 *Acer davidii*	0.0110	0.0256	0.0037	1.35
吴茱萸五加 *Gamblea ciliata* var. *evodiifolia*	0.0055	0.0256	0.0037	1.16
木姜子 *Litsea pungens*	0.0055	0.0256	0.0018	1.10

注：包括所有的灌木种群

表 3.21　梨树洲南方铁杉群落乔木种群重要值

种类	相对多度	相对频率	相对优势度	重要值
银木荷 *Schima argentea*	0.1755	0.0945	0.4494	23.98
南方铁杉 *Tsuga chinensis*	0.1335	0.1260	0.3660	20.85
鹿角杜鹃 *Rhododendron latoucheae*	0.2450	0.0866	0.0334	12.17
吴茱萸五加 *Gamblea ciliata* var. *evodiifolia*	0.1389	0.1260	0.0324	9.91
华东山柳 *Clethra barbinervis*	0.1005	0.1260	0.0245	8.37
多脉青冈 *Cyclobalanopsis multinervis*	0.0311	0.0551	0.0122	3.28

续表

种类	相对多度	相对频率	相对优势度	重要值
背绒杜鹃 *Rhododendron hypoblematosum*	0.0293	0.0472	0.0030	2.65
马银花 *Rhododendron ovatum*	0.0293	0.0394	0.0024	2.37
台湾松 *Pinus morrisonicola*	0.0073	0.0315	0.0210	1.99
杉木 *Cunninghamia lanceolata*	0.0091	0.0315	0.0161	1.89
鼠刺 *Itea chinensis*	0.0146	0.0394	0.0023	1.88
羊舌树 *Symplocos glauca*	0.0091	0.0394	0.0066	1.84
厚叶红淡比 *Cleyera pachyphylla*	0.0165	0.0236	0.0138	1.80

注：仅列出了重要值大于 1.00 的种群

表 3.22　梨树洲南方铁杉群落灌木种群重要值

种类	相对多度	相对频率	相对优势度	重要值
鹿角杜鹃 *Rhododendron latoucheae*	0.3979	0.1176	0.3873	30.09
背绒杜鹃 *Rhododendron hypoblematosum*	0.3277	0.1103	0.2313	22.31
华东山柳 *Clethra barbinervis*	0.0786	0.1103	0.1099	9.96
吴茱萸五加 *Gamblea ciliata* var. *evodiifolia*	0.0295	0.0735	0.0433	4.88
马银花 *Rhododendron ovatum*	0.0323	0.0662	0.0373	4.52
南方铁杉 *Tsuga chinensis*	0.0175	0.0735	0.0161	3.57
尖萼毛柃 *Eurya acutisepala*	0.0147	0.0662	0.0091	3.00
厚叶红淡比 *Cleyera pachyphylla*	0.0175	0.0368	0.0355	2.99
油茶 *Camellia oleifera*	0.0077	0.0515	0.0108	2.33
鼠刺 *Itea chinensis*	0.0126	0.0368	0.0104	1.99
多脉青冈 *Cyclobalanopsis multinervis*	0.0063	0.0441	0.0073	1.92
羊舌树 *Symplocos glauca*	0.0035	0.0368	0.0067	1.56
格药柃 *Eurya muricata*	0.0133	0.0147	0.0145	1.42
显脉新木姜子 *Neolitsea phanerophlebia*	0.0084	0.0221	0.0104	1.36
银木荷 *Schima argentea*	0.0056	0.0221	0.0111	1.29

注：仅列出了重要值大于 1.00 的种群

（5）南方铁杉种群的年龄结构和数量动态

从牛石坪南方铁杉群落中南方铁杉种群的年龄结构图看，其为衰退型种群，幼年阶段的个体数量较少，成年个体相对丰富；种群内个体集中分布在第 6～9 龄级，并在第 7 龄级出现个体数量高峰；此外，种群在第 2 龄级、第 11 龄级和第 12 龄级出现断层，表明受到过严重的干扰，如人为砍伐、自然灾害等（图 3.4a）。从梨树洲南方铁杉群落中南方铁杉种群的年龄结构图看，其为增长型种群，个体数随龄级的增加而递减；第 10～13 龄级个体数为 0；第 6 龄级和第 7 龄级出现断层，同样表明存在干扰（图 3.4b）。

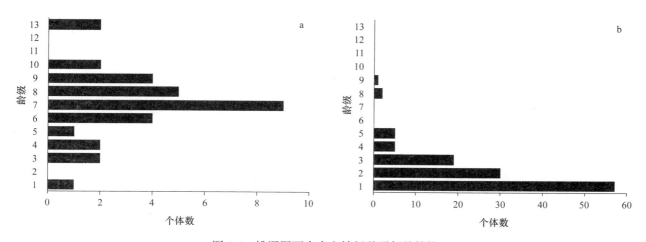

图 3.4　桃源洞两个南方铁杉种群年龄结构

a. 牛石坪南方铁杉种群年龄结构；b. 梨树洲南方铁杉种群年龄结构

梨树洲南方铁杉种群的静态生命表（表 3.23）和生存分析曲线（图 3.5）表明：①梨树洲南方铁杉种群结构存在一定的波动性；②第 3 龄级是其存活的一个关键时期，表现为其存活数量迅速下降（图 3.5a），以及死亡率和消失率达到第一个峰值（图 3.5b）；③在第 3 龄级以前，该种群的生存率、累积死亡率和危险率变化显著，生存率锐减而累积死亡率和危险率骤增（图 3.5c，d）；④到第 5 龄级以后，生存率和死亡率变化趋于平缓，但由于干扰的存在，第 5 和第 6 龄级的生存率为 0（图 3.5c）。

表 3.23　梨树洲南方铁杉种群静态生命表

龄级	胸径 /cm	组中值 /cm	a_x	l_x	$\ln（l_x）$	d_x	q_x	L_x	T_x	e_x	K_x	S_x
1	0~5	2.5	57	1000	6.908	474	0.474	763	1588	1.588	0.642	0.526
2	5~10	7.5	30	526	6.266	193	0.367	430	825	1.567	0.457	0.633
3	10~15	12.5	19	333	5.809	246	0.737	211	395	1.184	1.335	0.263
4	15~20	17.5	5	88	4.474	0	0.000	88	184	2.100	0.000	1.000
5	20~25	22.5	5	88	4.474	88	1.000	44	96	1.100	—	0.000
6	25~30	27.5	0	0	—	0		0	53			
7	30~35	32.5	0	0	—	−35		—	18	53		
8	35~40	37.5	2	35	3.558	18	0.500	26	35	1.000	0.693	0.500
9	40~45	42.5	1	18	2.865	18	1.000	9	9	0.500	—	0.000
10	45~50	47.5	0	0		0		0	0			
11	50~55	52.5	0	0		0		0	0			
12	55~60	57.5	0	0		0		0	0			
13	>60	70.0	0	0		0		0	0			

注：a_x 表示存活个体数；l_x 表示标准存活个体数；d_x 表示标准死亡数；q_x 表示标准死亡率；L_x 表示平均存活个体数；T_x 表示存活个体总数；e_x 表示生命期望；K_x 表示消失率；S_x 表示生存率

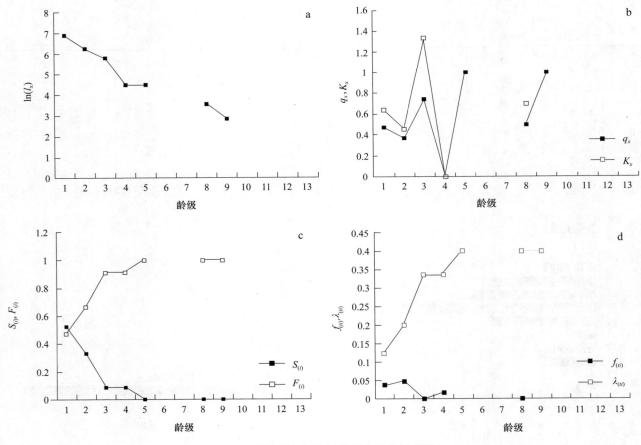

图 3.5　梨树洲南方铁杉种群生存分析曲线

a. 存活曲线；b. 死亡率（q_x）和消失率（K_x）曲线；c. 生存率［$S_{(i)}$］和累积死亡率［$F_{(i)}$］曲线；d. 死亡密度［$f_{(ti)}$］和危险率［$\lambda_{(ti)}$］曲线

总体来说，牛石坪南方铁杉种群的个体数明显少于梨树洲南方铁杉种群的个体数，前者仅有南方铁杉 32 株，后者有共有南方铁杉 98 株。根据南方铁杉木材解析资料，第 7 龄级植株树龄为 100 年左右，表明 100 年前牛石坪南方铁杉种群存在自我更新。然而，由于低龄级个体的缺乏和种群总体数量的不足，牛石坪南方铁杉种群可因为高龄级个体的生理衰老而不断死亡和低龄级个体的缺失而呈现更新困难及衰亡的趋势。梨树洲南方铁杉种群中低龄级个体数较丰富，年龄结构分布基本连续，理论上可实现自我更新。但是，根据生存分析，第 3 龄级是其存活的一个关键时期，群落的郁闭度为其限制因子，并且梨树洲南方铁杉种群还较年轻，其是否能自然更新还存在一定的挑战。此外，两个南方铁杉种群均有较严重的干扰现象，成为影响高龄级个体数量的一个重要原因。

3.3.2.3　南方铁杉群落的动态

桃源洞保护区中牛石坪南方铁杉群落共有维管植物 13 科 21 属 26 种，梨树洲南方铁杉群落共有维管植物 22 科 30 属 36 种。地理成分分析表明，温带成分明显高于热带成分，表现为温带向热带过渡的特性，也体现了该群落的亚热带山地性质。两个群落中常绿树种仍占优势，整体外貌有一定的季相变化，春夏暗绿色，秋冬淡黄绿色。群落垂直结构分层明显，两个南方铁杉群落的 Shannon-Wiener 多样性指数和 Simpson 多样性指数均为乔木下层>乔木中层>灌木层>乔木上层，Pielou 均匀度指数为乔木中层和乔木下层>乔木上层和灌木层。

牛石坪南方铁杉群落乔木层的优势种群为马银花种群和南方铁杉种群，次优势种群是尖连蕊茶种群、鹿角杜鹃种群和漆树种群；灌木层优势种群是马银花种群，次优势种为尖连蕊茶种群和鹿角杜鹃种群。其中，南方铁杉种群几乎全部的个体都分布于乔木上层，是乔木上层的压倒性的建群种。根据南方铁杉种群的年龄结构分布特征，其属于衰退型种群。南方铁杉种群不论是低龄级个体还是种群的总体数量都严重不足，难以实现自然更新。当然，该群落海拔分布较低，又位于村落近旁，受到一定的人为干扰，群落灌木层的次优势种尖连蕊茶种群、鹿角杜鹃种群广泛分布于中亚热带，海拔范围较大，从低海拔至中、高海拔均有分布，是该区域的常见种，在一段时间看来，在该群落的中下层仍然保持优势，因此南方铁杉很难在下一个周期获得优势。

梨树洲南方铁杉群落乔木层中的优势种群是银木荷种群和南方铁杉种群，次优势种群为鹿角杜鹃种群、吴茱萸五加种群和华东山柳种群；灌木层优势种群是鹿角杜鹃种群和背绒杜鹃种群，次优势种是华东山柳种群、吴茱萸五加种群、马银花种群和南方铁杉种群。南方铁杉在各层均有分布，乔木中层有 42 株、灌木层有 25 株、乔木下层有 17 株、乔木上层有 14 株。梨树洲南方铁杉种群的年龄结构分布属于增长型，低龄级个体数较丰富，年龄结构分布基本连续，从种群分布和结构看，南方铁杉种群明显处于可自我更新阶段。梨树洲南方铁杉种群明显与牛石坪种群有异；前者分布的海拔较高，近山顶，人迹罕至，原始生态环境保存良好，从单位面积中南方铁杉种群数量看，其远高于牛石坪群落。当然，这是一个特殊的生境，接近山顶岩壁，土壤类型的分化也与低海拔不同，推测这一生境可能是比较适合于南方铁杉种群的。从龄级看，南方铁杉种群在高海拔地区生长得更好。总体上，牛石坪的南方铁杉种群明显是一个衰退的残余种群。

南方铁杉作为国家 II 级重点保护野生植物，加强对其的保护具有很高的学术价值和实际意义。南方铁杉濒危的原因主要有三点：一是南方铁杉的种子休眠期较长且幼苗呈聚集生长，导致种群更新较慢和幼苗死亡率较高；二是南方铁杉为喜光树种，在其生长的各个阶段都需要充足的阳光，因此群落的郁闭度是其主要的限制因子之一；三是南方铁杉多散生于针阔混交林中，为小种群，自然灾害和人为破坏带来的伤害可能是毁灭性的。在本研究的两个南方铁杉群落中，牛石坪南方铁杉种群虽然是乔木层优势种群，但已经处于衰退阶段，随着南方铁杉成年个体的不断死亡及幼苗的缺乏，呈现更新困难和衰亡的趋势。而梨树洲南方铁杉种群目前生长旺盛，具有一定的更新率，但该群落郁闭度高，且有鹿角杜鹃等耐阴种群的竞争，自我更新存在一定的挑战。总体来说，南方铁杉种群早期的自我更新限制因子主要是郁闭度，推测牛石坪南方铁杉后期个体数量减少的主要原因是人为砍伐等干扰。因此，建议对桃源洞南方铁杉群落加强后续监测，如有必要应进行人为干扰，以降低林地郁闭度和加强群落通风。此外，还应加强保护性标识牌的使用和警示。

3.3.3 穗花杉群落

穗花杉是中国特有种，国家珍稀保护植物，具有很高的学术价值和经济价值。据相关研究报道，穗花杉多零散分布于我国的温带和亚热带地区（郭微等，2013；何飞等，2001；贺利中等，2009）。

桃源洞九曲水附近沟谷地带分布有穗花杉群落，并成片分布，面积达 4000 m²，数量丰富，实属少见。群落分布于河边，两侧为较高山坡，坡度达 50°，土壤构成主要为山地黄壤，表面为碎石覆盖，林下空旷，群落整体外貌呈深绿色，郁闭度高，属密林。在该地区设置穗花杉样地 2000 m²，划分为 20 个 10 m×10 m 方格，进行样方调查，并对群落乔木层和灌草丛的重要值进行数据分析，结果见表 3.24 和表 3.25。

表 3.24 穗花杉群落乔木层重要值分析

种名	平均高度/m	平均胸径/cm	株数	RP/%	RA/%	RF/%	IV 重要值
穗花杉 *Amentotaxus argotaenia*	4.81	7.27	402	40.34	62.62	17.24	120.19
台湾冬青 *Ilex formosana*	13.46	33.09	13	21.23	2.02	7.76	31.01
杨梅叶蚊母树 *Distylium myricoides*	7.44	9.72	52	8.69	8.10	7.76	24.54
红楠 *Machilus thunbergii*	12.91	21.02	16	10.23	2.49	5.17	17.90
青冈 *Cyclobalanopsis glauca*	9.10	12.87	16	5.37	2.49	6.03	13.89
少花桂 *Cinnamomum pauciflorum*	9.29	10.54	12	1.74	1.87	3.45	7.06
罗浮柿 *Diospyros morrisiana*	5.28	5.85	13	1.23	2.02	3.45	6.71
格药柃 *Eurya muricata*	3.60	3.77	10	0.23	1.56	4.31	6.10
马银花 *Rhododendron ovatum*	5.65	5.62	10	0.51	1.56	3.45	5.52
南酸枣 *Choerospondias axillaris*	12.23	18.70	4	1.86	0.62	2.59	5.07
显脉新木姜子 *Neolitsea phanerophlebia*	8.56	10.84	8	1.69	1.25	1.72	4.66
二列叶柃 *Eurya distichophylla*	2.22	1.65	6	0.03	0.93	3.45	4.41
深山含笑 *Michelia maudiae*	4.71	5.43	7	0.38	1.09	2.59	4.06
灯台树 *Cornus controversa*	18.00	48.70	1	2.84	0.16	0.86	3.86
茜树 *Aidia cochinchinensis*	5.62	4.95	5	0.17	0.78	2.59	3.53
粗糠柴 *Mallotus philippensis*	4.88	5.00	9	0.36	1.40	1.72	3.48
红翅槭 *Acer lucidum*	9.00	9.21	6	0.75	0.93	1.72	3.40
野木瓜 *Stauntonia chinensis*	8.13	3.62	4	0.07	0.62	2.59	3.28
美叶柯 *Lithocarpus calophyllus*	4.24	2.93	5	0.09	0.78	1.72	2.59
红淡比 *Cleyera japonica*	5.50	5.89	3	0.13	0.47	1.72	2.32
粗毛核果茶 *Tutcheria hirta*	3.17	2.60	3	0.05	0.47	1.72	2.25
吊钟花 *Enkianthus quinqueflorus*	7.60	7.45	5	0.34	0.78	0.86	1.98
三尖杉 *Cephalotaxus fortunei*	7.00	9.55	3	0.42	0.47	0.86	1.75
湘楠 *Phoebe hunanensis*	6.50	5.17	4	0.14	0.62	0.86	1.62
尖萼厚皮香 *Ternstroemia luteoflora*	8.17	6.74	3	0.20	0.47	0.86	1.53
凤凰润楠 *Machilus phoenicis*	4.33	3.66	3	0.06	0.47	0.86	1.39
美丽新木姜子 *Neolitsea pulchella*	3.00	2.76	3	0.05	0.47	0.86	1.38
钩锥 *Castanopsis tibetana*	2.60	2.55	2	0.18	0.16	0.86	1.19
黄牛奶树 *Symplocos laurina*	3.00	2.23	2	0.02	0.31	0.86	1.19
甜槠 *Castanopsis eyrei*	6.50	12.10	1	0.01	0.31	0.86	1.19
钩藤 *Uncaria rhynchophylla*	12.00	8.28	1	0.08	0.16	0.86	1.10
柳叶润楠 *Machilus salicina*	6.50	6.37	1	0.05	0.16	0.86	1.07

种名	平均高度/m	平均胸径/cm	株数	RP/%	RA/%	RF/%	IV 重要值
中华石楠 Photinia beauverdiana	8.00	4.78	1	0.03	0.16	0.86	1.05
广东蛇葡萄 Ampelopsis cantoniensis	10.00	4.45	1	0.02	0.16	0.86	1.04
野桐 Mallotus nepalensis	5.50	4.14	1	0.02	0.16	0.86	1.04
山胡椒 Lindera glauca	4.00	3.66	1	0.02	0.16	0.86	1.03
赤楠 Syzygium buxifolium	3.00	1.59	1	0.00	0.16	0.86	1.02

注：RA 表示相对多度，下同

表 3.25　穗花杉群落灌草层重要值分析

种名	平均高度/m	盖度/%	频度/%	RP/%	RA/%	RF/%	IV 重要值
穗花杉 Amentotaxus argotaenia	0.43	81.37	0.95	36.29	60.27	23.46	120.02
十字薹草 Carex cruciata	0.12	13.55	0.20	11.68	10.04	4.94	26.66
鳞毛蕨属 Dryopteris sp.	0.11	17	0.15	9.81	12.59	3.70	26.11
杜茎山 Maesa japonica	0.20	6.21	0.30	4.05	4.60	7.41	16.06
星蕨 Microsorum punctatum	0.13	3.3	0.20	7.32	2.44	4.94	14.70
莎草属 Cyperus sp.	0.20	2.45	0.10	7.63	1.81	2.47	11.92
冷水花 Pilea notata	0.09	4	0.05	6.23	2.96	1.23	10.43
常春藤 Hedera nepalensis var. sinensis	0.21	0.36	0.25	1.56	0.27	6.17	8.00
榆属 Ulmus sp.	0.50	1.3	0.10	4.05	0.96	2.47	7.48
绞股蓝 Gynostemma pentaphyllum	0.13	0.6	0.15	2.18	0.44	3.70	6.33
狗脊蕨 Woodwardia japonica	0.80	0.31	0.15	0.62	0.23	3.70	4.56
七星莲 Viola diffusa	0.07	0.65	0.05	2.02	0.48	1.23	3.74
耳蕨属 Polystichum sp.	0.06	0.68	0.10	0.62	0.50	2.47	3.60
过路黄 Lysimachia christinae	0.20	0.22	0.10	0.62	0.16	2.47	3.26
紫麻 Oreocnide frutescens	0.20	0.2	0.10	0.62	0.15	2.47	3.24
交让木 Daphniphyllum macropodum	0.90	0.15	0.10	0.31	0.11	2.47	2.89
江南星蕨 Microsorum fortunei	0.17	0.1	0.10	0.31	0.07	2.47	2.85
少花柏拉木 Blastus pauciflorus	0.32	0.75	0.05	0.78	0.56	1.23	2.57
鼠尾草 Salvia japonica	0.22	0.06	0.05	0.47	0.04	1.23	1.75
格药柃 Eurya muricata	0.36	0.35	0.05	0.16	0.26	1.23	1.65
深圆齿堇菜 Viola davidii	0.05	0.1	0.05	0.31	0.07	1.23	1.62
茜树 Aidia cochinchinensis	0.25	0.05	0.05	0.31	0.04	1.23	1.58
星毛鸭脚木 Schefflera minutistellata	0.32	0.25	0.05	0.16	0.19	1.23	1.58
粗毛核果茶 Tutcheria hirta	0.50	0.25	0.05	0.16	0.19	1.23	1.58
粗糠柴 Mallotus philippensis	0.50	0.25	0.05	0.16	0.19	1.23	1.58
豺皮樟 Litsea rotundifolia var. oblongifolia	0.60	0.115	0.05	0.16	0.09	1.23	1.48
肾蕨 Nephrolepis cordifolia	0.17	0.1	0.05	0.16	0.07	1.23	1.46
尾花细辛 Asarum caudigerum	0.10	0.06	0.05	0.16	0.04	1.23	1.43
杨梅叶蚊母树 Distylium myricoides	0.50	0.05	0.05	0.16	0.04	1.23	1.43
腺叶桂樱 Laurocerasus phaeosticta	0.35	0.03	0.05	0.16	0.02	1.23	1.41
三叶崖爬藤 Tetrastigma hemsleyanum	0.13	0.03	0.05	0.16	0.02	1.23	1.41
广东蛇葡萄 Ampelopsis cantoniensis	0.11	0.02	0.05	0.16	0.01	1.23	1.41

3.3.3.1 群落结构

穗花杉群落乔木层可分为两个亚层：第一亚层高 15～21 m，以台湾冬青、杨梅叶蚊母树和红楠为建群种，零星伴生有灯台树、南酸枣和青冈等；第二亚层高 5～15 m，物种种类较多，但穗花杉占有绝对优势，伴生种主要有少花桂、粗糠柴、红翅槭、三尖杉、湘楠、显脉新木姜子等。穗花杉群落林下较为空旷，灌木层不发达，主要以穗花杉小苗为主。草本层稀疏，以肾蕨、鳞毛蕨属、狗脊蕨、冷水花等草本植物为主。

3.3.3.2 与井冈山穗花杉群落数据对比分析

选取与桃源洞地理位置较为接近的井冈山穗花杉群落（郭微等，2013）进行比较发现：①穗花杉均分布于群落中 5～15 m 高度，即群落乔木层第二亚层；②井冈山穗花杉群落中有穗花杉 45 株，重要值为 39.07，桃源洞穗花杉群落中有穗花杉 402 株，重要值为 120.19，两者重要值在群落中均为最大，桃源洞穗花杉群落中穗花杉重要值要远大于井冈山穗花杉群落的重要值；③井冈山穗花杉群落中伴生物种主要为深山含笑、细枝柃、拟赤杨、栓叶安息香和皂荚等；桃源洞穗花杉群落中伴生物种主要为台湾冬青、杨梅叶蚊母树、红楠和青冈等。

3.3.4 瘿椒树群落

瘿椒树 Tapiscia sinensis 又名银鹊树，隶属于中国特有科——瘿椒树科 Tapisciaceae 瘿椒树属 Tapiscia Oliv.，是中国特有种、古近纪孑遗种，国家珍稀濒危保护植物（吴征镒等，2003）。瘿椒树星散分布于我国亚热带、南亚热带地区，西起四川中部，东至浙江东部，南达广西西南部，北至陕西中南部（宗世贤等，1985；陶金川等，1990）。瘿椒树生长较快、主干发达、材质轻、纹理直，是良好的木材和家具材料；并且树姿美观，花序大且香，大型羽状复叶秋后变黄，极为美观，是优良的园林绿化观赏树种（宗世贤等，1985）。

桃源洞保护区自然植被分布良好，分布有许多濒危、孑遗种，形成了大面积的孑遗植物群落，除瘿椒树群落外，还有银杉群落、资源冷杉群落、福建柏群落、南方铁杉群落、青钱柳群落和香果树群落等（侯碧清，1993），显示着桃源洞保护区在植被、区系地理学研究方面具有重要价值。

3.3.4.1 瘿椒树群落样地

研究样地位于桃源洞保护区田心里村附近，海拔 1187 m，坐标北纬 26°27′05″，东经 114°01′42″；处于山腰地带，坡度 30°～50°，下侧延伸为平缓沟谷；生境条件良好，群落分层明显，林冠层郁闭度为 0.85～0.9，林下土壤以腐殖土为主。在桃源洞田心里村瘿椒树占优势的植物群落中，设置样地 2400 m²，划分为 24 个 10 m×10 m 方格，采用单株每木记账调查法，起测径阶≥1.5 cm，高度≥1.5 m。记录样方内乔灌木的种名、胸径、高度、冠幅、株数等；再在每个方格内设置 1 个 2 m×2 m 的小样方，记录样方中草本和乔灌木幼苗，包括种名、高度、株数（丛数）和盖度等。

3.3.4.2 群落组成和结构特征

（1）群落种类组成

根据瘿椒树群落样方数据统计，该群落共有维管植物 64 科 90 属 134 种（表 3.26），其中蕨类植物 6 科 10 属 16 种，裸子植物 2 科 2 属 2 种，被子植物 56 科 78 属 116 种。群落种类组成含 4 种及以上的科有 8 科，分别为樟科（3 属 5 种）、壳斗科（1 属 5 种）、山茶科（2 属 4 种）、大戟科（2 属 4 种）、五加科（5 属 6 种）、荨麻科（4 属 7 种）、蔷薇科（2 属 4 种）、茜草科（3 属 4 种）。科属组成中，仅含 1 或 2 种的科有 49 科，占总科数的 76.56%；单种属共 70 属，占总属数的 77.78%。群落中分布有许多孑遗植物，如杉木、南方红豆杉、瘿椒树、灯台树、蓝果树、腺蜡瓣花和中国旌节花等（廖文波等，2014）。总体来看，群落的科属组成较为丰富，成分复杂，多样性较高，自然条件良好，适宜物种的生存，是一个亚热带山地的典型群落，具有古老性特征。

表 3.26　湖南桃源洞瘿椒树群落种类组成

分类等级	科数	科百分比 /%	属数	属百分比 /%	种数	种百分比 /%
蕨类植物	6	9.37	10	11.11	16	11.94
裸子植物	2	3.13	2	2.22	2	1.49
被子植物	56	87.50	78	86.67	116	86.57
合计	64	100	90	100	134	100

（2）地理成分分析

以吴征镒关于中国种子植物属的分布区类型划分原则为依据（吴征镒，1991），对桃源洞瘿椒树群落种子植物属的分布区类型进行统计（表 3.27）。从表 3.27 可以看出，桃源洞瘿椒树群落种子植物共 80 属，除 "温带亚洲分布" "地中海区、西亚至中亚分布" "中亚分布" 3 种分布区类型不存在外，其他 12 种分布区类型均有分布，可见，瘿椒树群落物种组成中，地理成分十分复杂。

表 3.27　湖南桃源洞瘿椒树群落种子植物属的分布区类型

分布区类型	属数	区系比例 /%	分布区类型	属数	区系比例 /%
1. 世界分布	5	—	9. 东亚及北美间断分布	8	10.67
2. 泛热带分布	17	22.67	10. 旧世界温带分布	3	4.00
3. 热带亚洲和热带美洲间断分布	3	4.00	11. 温带亚洲分布	0	0.00
4. 旧世界热带分布	4	5.33	12. 地中海区、西亚至中亚分布	0	0.00
5. 热带亚洲至热带大洋洲分布	2	2.67	13. 中亚分布	0	0.00
6. 热带亚洲至热带非洲分布	3	4.00	14. 东亚（东喜马拉雅—日本）	8	10.67
7. 热带亚洲分布	10	13.33	15. 中国特有	2	2.67
8. 北温带分布	15	20.00	合计（世界分布类型除外）	75	100

由表 3.27 可知，除去世界分布属，热带分布区类型属最多，包含第 2～7 项分布区类型，共有 39 属，占种子植物总属数的 52.00%；其中泛热带分布属最多，共 17 属，如山矾属 *Symplocos*、柿属 *Diospyros*、冬青属 *Ilex*、苎麻属 *Boehmeria*、紫金牛属 *Ardisia* 等，占总属数的 22.67%；其次为热带亚洲分布属，共 10 属，占总属数的 13.33%。

温带分布区类型包括第 8～15 项分布区类型，共 36 属，占总属数的 48.00%；其中以北温带分布属最多，共 15 属，如红豆杉属 *Taxus*、榛木属 *Corylus*、槭树属 *Acer*、樱属 *Cerasus*、细辛属 *Asarum* 等，占总属数的 20.00%；东亚及北美间断分布属和东亚（东喜马拉雅—日本）分布属次之，两者各有 8 属分布，所占总属数比例均为 10.67%；中国特有分布属有 2 属，分别为瘿椒树属 *Tapiscia* 和杉木属 *Cunninghamia*。

总体上，该瘿椒树群落地理成分组成中热带成分（52.00%）略高于温带成分（48.00%），表现出热带成分向亚热带山地成分和温带成分过渡的性质，表明桃源洞地区明显的亚热带山地性质（刘克旺和侯碧清，1991），以及在海拔为 1200 m 时植被类型为常绿落叶阔叶混交林的特点。

（3）群落垂直结构

桃源洞瘿椒树群落由不同生活型和生态幅的树种组成，各自占据着不同的生态位，群落内垂直结构层次比较明显，可划分为乔木层、灌木层、草本层 3 个层次。其中乔木层可划分为 3 个亚层。第一亚层高 18～25 m，以中华槭和瘿椒树为主，其他主要有南方红豆杉、蓝果树和灯台树等，该层除南方红豆杉外，基本为落叶树种；第二亚层高 10～18 m，以中华槭、瘿椒树和海通为主，其他主要有灯台树、薄叶润楠和华榛等；第三亚层高 5～10 m，植物种类比较丰富，以薄叶润楠、瘿椒树和灯台树为主，其他还有中华槭、杉木、饭甑青冈 *Cyclobalanopsis fleuryi*、黄丹木姜子等 32 种植物。

灌木层以蜡莲绣球、格药柃和尖连蕊茶为主，其余主要有细枝柃、蜡瓣花及薄叶润楠、华润楠、黄丹木姜子等乔木层植物幼树。该层植物种类丰富，并且植物株数较多，占群落中总株数的 64.29%；其中灌木占本层总株数的 82.83%，在本层中占据着绝对优势。

群落内草本层植物亦十分丰富，有大叶金腰、花葶薹草 Carex scaposa、江南星蕨、黑足鳞毛蕨、骤尖楼梯草 Elatostema cuspidatum、七叶一枝花等 75 种植物，还有中华槭、瘿椒树和蜡莲绣球等乔木层和灌木层植物小苗，体现了群落内较为丰富的物种多样性。

群落内层间植物比较发达，大型缠绕藤本主要有野木瓜、木通、象鼻藤 Dalbergia mimosoides 和南五味子 Kadsura longipedunculata 等，较粗的胸围达 11.2 cm，高度可达 20 m。这一现象体现出桃源洞瘿椒树群落水热条件良好，有一定的热带性特征。

（4）优势种群的重要值

对群落乔木层和灌木层物种的重要值进行计算，并分别列出了乔木层和灌木层中重要值大于 3.00 的物种，如表 3.28、表 3.29 所示。由表 3.28、表 3.29 可知，乔木层重要值大于 3.00 的共 17 种，其中中华槭的重要值最大，为 67.85，其次是瘿椒树，重要值为 38.86，两者的重要值远大于位于第三的薄叶润楠的重要值（18.54），显然中华槭和瘿椒树为乔木层的建群种；薄叶润楠、灯台树和海通为乔木层优势种。灌木层重要值大于 3.00 的共 21 种，其中蜡莲绣球的重要值最大，为 79.98，格药柃和尖连蕊茶次之，分别为 32.23 和 31.87，三者为灌木层的优势种。

表 3.28　湖南桃源洞瘿椒树群落乔木层主要物种的重要值

种名	株数	RP/%	RA/%	RF/%	重要值
中华槭 Acer sinense	32	39.44	17.30	11.11	67.85
瘿椒树 Tapiscia sinensis	25	14.24	13.51	11.11	38.86
薄叶润楠 Machilus leptophylla	13	5.95	7.03	5.56	18.54
灯台树 Cornus controversa	14	3.81	7.57	5.56	16.93
海通 Clerodendrum mandarinorum	10	5.60	5.41	5.56	16.56
华榛 Corylus chinensis	6	4.74	3.24	3.17	11.16
格药柃 Eurya muricata	8	1.15	4.32	3.97	9.44
南方红豆杉 Taxus wallichiana var. mairei	2	5.97	1.08	1.59	8.64
黄丹木姜子 Litsea elongata	5	1.68	2.70	3.17	7.56
细叶青冈 Cyclobalanopsis gracilis	4	1.89	2.16	2.38	6.43
尖连蕊茶 Camellia cuspidata	5	0.46	2.70	3.17	6.34
蓝果树 Nyssa sinensis	2	2.79	1.08	1.59	5.46
浙江柿 Diospyros glaucifolia	2	2.44	1.08	1.59	5.11
腺蜡瓣花 Corylopsis glandulifera	6	0.26	3.24	1.59	5.09
青榨槭 Acer davidii	1	3.47	0.54	0.79	4.80
华润楠 Machilus chinensis	3	0.26	1.62	2.38	4.27
小叶青冈 Cyclobalanopsis myrsinifolia	3	0.93	1.62	1.59	4.14

注：表中为重要值大于 3.00 的种群，共计 17 种；重要值小于 3.00 的种群共 26 种，略

表 3.29　湖南桃源洞瘿椒树群落灌木层主要物种的重要值

种名	株数	RP/%	RA/%	RF/%	重要值
蜡莲绣球 Hydrangea strigosa	117	25.41	39.53	15.04	79.98
格药柃 Eurya muricata	22	15.95	7.43	8.85	32.23
尖连蕊茶 Camellia cuspidata	34	10.65	11.49	9.73	31.87
黄丹木姜子 Litsea elongata	10	7.22	3.38	7.08	17.68
薄叶润楠 Machilus leptophylla	12	6.24	4.05	5.31	15.60
华润楠 Machilus chinensis	11	3.29	3.72	3.54	10.55
黄牛奶树 Symplocos laurina	6	3.16	2.03	2.65	7.84

续表

种名	株数	RP/%	RA/%	RF/%	重要值
蜡瓣花 *Corylopsis sinensis*	7	4.15	2.36	0.88	7.40
海通 *Clerodendrum mandarinorum*	3	2.57	1.01	1.77	5.35
五加 *Acanthopanax gracilistylus*	6	0.56	2.03	2.65	5.24
中国旌节花 *Stachyurus chinensis*	3	2.17	1.01	1.77	4.95
华桑 *Morus cathayana*	4	0.88	1.35	2.65	4.89
红楠 *Machilus thunbergii*	5	0.94	1.69	1.77	4.40
细叶青冈 *Cyclobalanopsis gracilis*	3	1.50	1.01	1.77	4.28
木莓 *Rubus swinhoei*	3	1.10	1.01	1.77	3.88
细枝柃 *Eurya loquaiana*	5	1.18	1.69	0.88	3.75
中南悬钩子 *Rubus grayanus*	2	1.12	0.68	1.77	3.57
中华槭 *Acer sinense*	2	0.80	0.68	1.77	3.25
厚叶山矾 *Symplocos crassilimba*	2	1.50	0.68	0.88	3.06
腺蜡瓣花 *Corylopsis glandulifera*	3	1.12	1.01	0.88	3.02
油茶 *Camellia oleifera*	2	0.56	0.68	1.77	3.01

注：表中为重要值大于 3.00 的种群，共计 21 种；重要值小于 3.00 的种群共 24 种，略

（5）群落频度分析

频度（frequency）表示某一种群的个体在群落中水平分布的均匀程度（王伯荪等，1996）。按 Raunkiaer 频度定律分析方法，对桃源洞瘿椒树群落进行物种频度分析，并与 Raunkiaer 标准频度级进行比较，结果如图 3.6 所示。其中 A 级频度级所占比例最大，为 83.08%；B 级占 6.15%；C 级占 3.08%；D 级占 3.08%；E 级占 4.62%。5 个频度级的大小排序为 A＞B＞C＝D＜E，同标准频度定律 A＞B＞C≥D＜E 几乎一致，表明群落具有良好的稳定性。瘿椒树群落频度级为 A 级的物种所占比例很大，说明群落中物种丰富，偶见种较多，使得 D 级、E 级比例显著减少。E 级植物是群落中的优势种和建群种，在瘿椒树群落中主要为乔木层的中华槭和瘿椒树及灌木层中的蜡莲绣球。

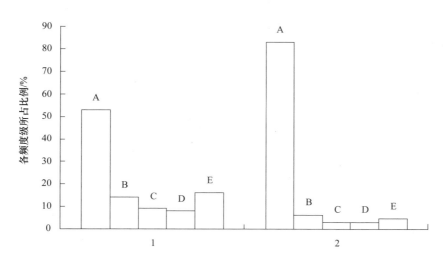

图 3.6　湖南桃源洞瘿椒树群落的频度级与 Raunkiaer 标准频度级对比分析

1. Raunkiaer 标准频度级；2. 瘿椒树群落频度级

（6）优势种群的年龄结构

种群的年龄结构主要指种群内不同年龄段的个体分布或组成状态，不仅可以反映种群动态及其发展趋势，还可在一定程度上反映种群与环境间的相互关系，说明种群在群落中的作用和地位（王伯荪等，1996）。一般来说，森林树种幼苗生存率极低，仅靠幼苗多寡难以对种群的未来做出预测，因此分析年龄

结构时一般不包括幼苗（王伯荪等，1996）。在桃源洞瘿椒树群落中，选取乔木层重要值较大的中华槭、瘿椒树、薄叶润楠、灯台树和海通 5 种优势种群进行年龄结构分析（图 3.7）。

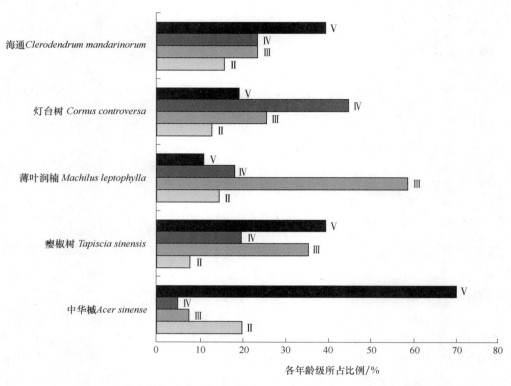

各年龄级所占比例/%

图 3.7　湖南桃源洞瘿椒树群落乔木层主要优势种年龄结构示意图

由图 3.7 可以看出，中华槭、瘿椒树、灯台树和海通的种群年龄结构均属于倒金字塔形，为衰退型种群，表明群落已处于成熟或过成熟阶段，即顶极或亚顶极阶段。

中华槭种群中，V 级立木占据绝对优势，且有一定比例的 II 级立木，III 级、IV 级立木较少，表明在以后的演替过程中，中华槭的老树虽然会逐渐衰亡，但是 III 级、IV 级个体数量会得到一定的补充。瘿椒树种群 III 级、V 级立木均较多，说明瘿椒树种群整体上呈现出一定的平衡状态，会在一段时期内保持一定的稳定性，继续占据着优势地位。灯台树和海通种群中，III 级、IV 级、V 级立木较多，处于发展的成熟阶段，均属于衰退型群落，在群落演替过程中可能会被其他种群所替代。薄叶润楠种群 III 级立木最多，其他各级立木也占据着一定的比例，为增长型种群，可能会在以后的发展演替中逐步占据优势地位。

整体上，该群落乔木层处于亚顶极状态，但由于地处沟谷地带，湿度较大，坡度较陡，灌木丰富，一定程度上影响乔木层苗木的发育。

（7）群落物种多样性

物种多样性是群落组织水平的生态学特征之一，多样性指数和均匀度指数是反映物种多样性的定量数值，对衡量群落的演替、探讨群落的最优物种结构等具有重要意义，并且可作为自然资源的保护管理和开发利用的数量指标（彭少麟和王伯荪，1983）。

由于目前尚未有专门针对瘿椒树群落的研究，因此该研究选择同纬度地区的江西中亚热带常绿阔叶林（王梅峋，1988）、南岭莽山典型常绿阔叶林（朱彪等，2004）及江西井冈山穗花杉群落（郭微等，2013）进行比较（表 3.30）。由表 3.30 可以看出，桃源洞瘿椒树群落的 Shannon-Wiener 多样性指数较接近江西井冈山穗花杉群落多样性指数，与属于中亚热带常绿阔叶林基本相符合，反映出桃源洞瘿椒树群落物种丰富，且均匀度较高，具有典型的中亚热带山地的性质。

表 3.30　湖南桃源洞瘿椒树群落与其他植物群落的生物多样性指数比较

群落参数	湖南桃源洞瘿椒树群落	江西中亚热带常绿阔叶林	南岭莽山典型常绿阔叶林	江西井冈山穗花杉群落
地理位置	北纬 26°27′05″ 东经 114°01′42″	北纬 24°29′~30°05′ 东经 113°24′~118°29′	北纬 24°52′~25°03′ 东经 112°43′~113°00′	北纬 26°27′~26°40′ 东经 113°39′~114°23′
海拔 /m	1187	1000~1200	860	500~800
年均温 /℃	14.4	16~19	13.92	14.2
年降水量 /mm	2292	1400~2100	1710~2555	1836.6
土壤类型	山地暗黄壤	山地黄壤	山地黄红壤	山地黄红壤
气候类型	中亚热带季风气候区	中亚热带季风气候区	南亚热带 - 中亚热带过渡季风气候区	中亚热带季风气候区
Simpson 多样性指数	0.92	—	0.86~0.94	0.56
Shannon-Wiener 多样性指数	3.06	2.9~4.8	2.66~3.12	3.1
Pielou 均匀度指数	0.84	—	0.65~0.79	0.82

3.3.5　大果马蹄荷群落

大果马蹄荷 *Exbucklandia tonkinensis*，隶属于金缕梅科马蹄荷属 *Exbucklandia* R.W. Brown，为大型常绿乔木，树干笔直，叶革质，基部楔形，全缘或顶端 3 浅裂，头状或总状花序，无花瓣，蒴果较大，表面有小瘤状突起。大果马蹄荷是热带及亚热带山地常绿阔叶林中重要物种，主要分布于我国海南、广东、广西、云南东南部、贵州东南部、湖南南部、江西南部、福建西南部，最东见于福建德化县，最西见于云南陇川县，最北见于贵州黄平县及罗霄山脉的井冈山、桃源洞地区，最南见于海南保亭县。越南北部也有零星分布。

3.3.5.1　大果马蹄荷群落样地设置

依据我国大果马蹄荷的分布，选择以大果马蹄荷为优势种或特征种的常绿阔叶林群落，按纬度地带性从海南岛至罗霄山脉中段横跨 7 个纬度设置 6 个样地，即：海南霸王岭国家级自然保护区（海南昌江县，简称霸王岭）、广东南岭国家级自然保护区（广东乳源瑶族自治县，简称南岭）、广东封开黑石顶省级自然保护区（广东封开县，简称黑石顶）、江西信丰县金盆山自然保护区（江西赣州市，简称金盆山）、江西井冈山国家级自然保护区（江西吉安市，简称井冈山）、湖南桃源洞国家级自然保护区（湖南株洲市，简称桃源洞），分别进行样地调查和群落分析。各样地自然地理概况见表 3.31。

表 3.31　6 个大果马蹄荷相关群落的自然地理概况

样地地点	霸王岭	黑石顶	南岭	金盆山	井冈山	桃源洞
地理位置	北纬 19°05′00.01″,东经 109°12′43.53″	北纬 23°26′37.18″,东经 111°53′06.39″	北纬 24°52′14.13″,东经 113°02′58.85″	北纬 25°13′10.88″,东经 115°13′53.61″	北纬 26°32′01.27″,东经 114°11′25.43″	北纬 26°33′50.52″,东经 114°04′35.18″
海拔 /m	1342	213	1156	571	585	761
坡度 /(°)	10~40	10~60	40~70	35~55	40~60	10~40
土壤	砖红壤	赤红壤	山地黄壤	山地黄红壤	山地黄红壤	山地黄红壤
气候类型	热带季风气候	南亚热带湿润性季风气候	中亚热带湿润性季风气候	中亚热带湿润性季风气候	中亚热带湿润性季风气候	中亚热带湿润性季风气候
年均温 /℃	23.6	19.6	19.5~20.3	19.5	14.2	12.3~14.4
年降水量 /mm	1500~2000	1744	1570~1800	1151	1890	1967

按大果马蹄荷种群大小情况，设置 1600~2400 m² 面积不等的样地，调查时划分成 10 m×10 m 的小方

格，采用单株记账调查法，起测径阶 1.5 cm，高度大于 2 m，记录乔灌木的种名、胸围、高度、冠幅，并在每个方格内设立一个 2 m×2 m 的小样地，记录小样地内林下幼苗及草本的种名、高度、株数、盖度。

3.3.5.2　大果马蹄荷群落的组成和地带性特征

（1）群落外貌与种类组成

大果马蹄荷叶型较宽，质厚，正面色浓绿，背面略显苍白或淡黄色。以大果马蹄荷占优势的群落，春夏冠层浓绿，秋冬呈淡黄绿色。

表 3.32 表明，各样地大果马蹄荷群落物种多样性较高，维管植物种数均超过 100 种。从维管植物的相对密度（样地 10 m×10 m 小方格内的平均物种数）看，桃源洞和金盆山两地分别为 6.7 和 6.4，明显比霸王岭（5.8）、井冈山（4.9）、南岭（4.8）、黑石顶（4.5）高，群落内物种较丰富。样地调查发现，金盆山群落之前受到人为干扰，次生性强，群落中有木荷、白皮唐竹等，中度干扰假说（刘艳红和赵惠勋，2000）认为在干扰发生后演替的中期，物种的丰富度达到最高，金盆山样地乔木层、草本层物种丰富度均较高。而桃源洞位于沟谷溪边，为原生林，生境多样，生态优势明显，物种相对也较丰富。

表 3.32　6 个样地基本信息概况

样地地点	霸王岭	黑石顶	南岭	金盆山	井冈山	桃源洞
群落坡位	山坡	山坡沟边	山坡	山坡沟边	陡壁山坡	沟谷溪边
样地面积 /m²	1600	2400	2400	2000	2000	2000
郁闭度 /%	40～60	80～90	40～50	30～40	80～90	60～70
群落外貌	常绿，冠层连续	淡黄绿色，冠层起伏大，不连续	常绿，冠层起伏小，连续	淡黄绿色，冠层起伏大，不连续	淡黄绿色，冠层起伏大，不连续	淡黄绿色，冠层起伏小，连续
乔木层	分层不明显，高度约 15 m	分层明显，高度多为 25～30 m，可达 35 m	分层不明显，高度约 30 m	分层不明显，高度约 25 m	分层明显，高度多为 25～30 m，可达 33 m	分层不明显，高度约 25 m
草本层	草本稀疏	沟边草本丰富	草本稀疏	草本较丰富	草本稀疏	草本稀疏
种子植物（科／属／种）	35/54/93	53/86/108	39/81/115	42/78/128	35/54/99	41/79/134
蕨类植物（科／属／种）	7/8/9	10/12/13	10/12/19	9/10/11	8/9/9	9/11/12

乔灌木层的主要优势种集中在金缕梅科、壳斗科、樟科、山茶科、杜鹃花科、山矾科等。霸王岭群落中，大果马蹄荷为特征种，上层乔木是岭南青冈、白花含笑、蚊母树，下层乔灌木为赤楠、九节、药用狗牙花等，林内攀援灌木光清香藤多见。黑石顶群落中，大果马蹄荷为建群种，占据林冠层；中低层优势乔木主要有福建青冈、显脉新木姜子、陈氏钓樟、石木姜子，下层灌木有辛木 *Sinia rhodoleuca*、钩毛紫珠 *Callicarpa peichieniana*。南岭群落中，大果马蹄荷为优势种，此外还有广东松、疏齿木荷、甜槠等，中下层为五列木、羊角杜鹃、石壁杜鹃等。金盆山群落中，大果马蹄荷为建群种，乔木优势种主要有华润楠、米槠、枝穗山矾，灌木层优势种不明显，主要有鹿角杜鹃、桃叶石楠。井冈山群落中，大果马蹄荷为建群种，占据林冠层，散见有鹿角锥，下层乔木为微毛山矾、石木姜子，灌木层以少花柏拉木和井冈寒竹占优势。桃源洞群落中，大果马蹄荷为建群种，林冠层有南酸枣、钩锥、米心水青冈，下层以美丽马醉木、吊钟花、鹿角杜鹃占优势。

草本层的优势种群总体上不够丰富，常见有黑莎草 *Gahnia tristis*、珍珠茅 *Scleria levis*、山麦冬 *Liriope spicata*、流苏子 *Coptosapelta diffusa*、草珊瑚 *Sarcandra glabra*。霸王岭有花叶开唇兰 *Anoectochilus roxburghii*、簇花球子草 *Peliosanthes teta*，黑石顶有小叶买麻藤 *Gnetum parvifolium*、华山姜 *Alpinia chinensis*，南岭有箬竹，金盆山有灰毛泡 *Rubus ireneaeus*，井冈山有细茎石斛 *Dendrobium moniliforme*，桃源洞有水晶兰 *Monotropa uniflora* 等特征种。蕨类植物在各样地常见乌毛蕨 *Blechnum orientale*、深绿卷柏 *Selaginella doederleinii*、狗脊蕨；其中霸王岭有圆裂短肠蕨 *Allantodia uraiensis*，黑石顶有黑桫椤

Alsophila podophylla、崇澍蕨 *Chieniopteris harlandii*，金盆山有华南紫萁 *Osmunda vachellii*、福建观音座莲 *Angiopteris fokiensis*，井冈山有粗齿桫椤 *Alsophila denticulata*、中华里白 *Diplopterygium chinense*，桃源洞有针毛蕨 *Macrothelypteris oligophlebia* 等特征种。

（2）群落物种组成的地理成分特点

依据吴征镒（1991）种子植物属的地理分布区类型方案，统计热带分布区类型（表中 2～7）和温带分布区类型（表中 8～15）的比例，结果见表 3.33。

表 3.33　6 个群落种子植物属的地理分布区类型比较

分布区类型	霸王岭		黑石顶		南岭		金盆山		井冈山		桃源洞	
	属数	比例/%	属数	比例/%	属数	比例/%	属数	比例/%	属数	比例/%	属数	比例/%
1. 世界分布	0	0	0	0	0	0	2	2.6	1	1.9	1	1.3
2. 泛热带分布	16	26.7	27	31.4	19	23.8	21	26.9	12	22.2	16	20.3
3. 热带亚洲和热带美洲间断分布	3	5.0	6	7.0	4	5.0	6	7.7	4	7.4	6	7.6
4. 旧世界热带分布	6	10.0	12	14.0	3	3.8	10	12.8	6	11.1	6	7.6
5. 热带亚洲至热带大洋洲分布	7	11.7	6	7.0	2	2.5	4	5.1	4	7.4	1	1.3
6. 热带亚洲至热带非洲分布	1	1.7	0	0	1	1.3	2	2.6	3	5.6	1	1.3
7. 热带亚洲分布	14	23.3	21	24.4	22	27.5	16	20.5	13	24.1	20	25.3
8. 北温带分布	6	10.0	5	5.8	12	15.0	6	7.7	3	5.6	10	12.7
9. 东亚及北美间断分布	6	10.0	3	3.5	9	11.3	4	5.1	5	9.3	10	12.7
10. 旧世界温带分布	0	0	0	0	0	0	0	0	1	1.9	0	0
11. 温带亚洲分布	0	0	0	0	0	0	0	0	0	0	0	0
12. 地中海区、西亚至中亚分布	1	1.7	0	0	0	0	0	0	0	0	0	0
13. 中亚	0	0	0	0	0	0	0	0	0	0	0	0
14. 东亚	0	0	4	4.7	7	8.8	5	6.4	0	0	6	7.6
15. 中国特有	0	0	2	2.3	1	1.3	2	2.6	2	3.7	2	2.5
热带分布总计	47	78.3	72	83.7	51	63.8	59	75.6	42	77.8	50	63.3
温带分布总计	7	21.7	14	16.3	29	36.3	17	21.8	11	20.4	28	35.4

结果表明，6 个样地中物种组成的地理成分符合纬度地带性和海拔梯度特征（表 3.33，图 3.8）。一是热带性属的比例均大于 60%，如霸王岭 78.3%、黑石顶 83.7%、南岭 63.8%、金盆山 75.6%、井冈山 77.8%、桃源洞 63.3%，说明大果马蹄荷群落的南亚热带性质较强。二是海拔梯度规律也在发挥作用，霸王岭地处热带，其热带性属占 78.3%，但因该群落海拔较高（1342 m），其温带成分比例略高而热带成分比例稍下降，甚至低于黑石顶。南岭群落海拔较高，其热带性属略下降，仅占 63.8%。桃源洞的大果马蹄荷群落热带性属也很丰富，占 63.3%，但因地理位置处于西坡，受到西部、北部寒冷气候的影响，气温较低，温带成分略强。南岭除样地海拔（1156 m）较高外，该群落主要建群种为广东松，属于山地针阔混交林，温带性成分增加。黑石顶和井冈山样地相对比霸王岭和金盆山的热带性成分比例高，是其所在地区低山沟谷林顶极群落的代表。此外，由表 3.33 可以看出，6 个样地在各分布区类型的比例上有很高的相似性，表明各地大果马蹄荷群落的区系性质相对一致。

（3）群落优势种群的重要值

重要值是群落分析的一个综合性指标，能客观、定量地揭示群落中各物种的群落地位。大果马蹄荷在各群落中均为优势种，仅在海南霸王岭优势度较低。表 3.34 是各样地优势种的重要值比较，为方便比较依次列出前 20 个优势种，在霸王岭大果马蹄荷因优势度较低，排名第 32 位，额外越位列出。

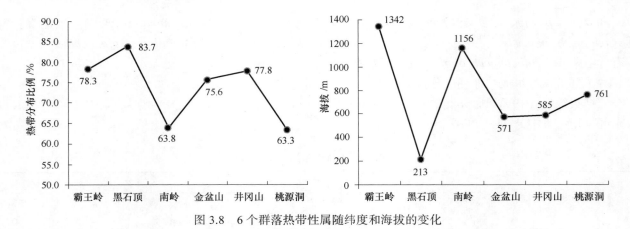

图 3.8　6 个群落热带性属随纬度和海拔的变化

表 3.34　6 个群落主要物种的重要值

重要值排名	种名	个体数	RP/%	RA/%	RF/%	重要值
（1）霸王岭：岭南青冈＋蚊母树 - 赤楠 - 九节群落						
1	赤楠 *Syzygium buxifolium*	130	13.17	6.90	3.17	23.24
2	蚊母树 *Distylium racemosum*	103	15.37	5.47	2.38	23.21
3	九节 *Psychotria rubra*	241	2.29	12.80	3.17	18.25
4	岭南青冈 *Cyclobalanopsis championii*	10	12.90	0.53	1.39	14.82
5	丛花山矾 *Symplocos poilanei*	149	3.06	7.91	3.17	14.14
6	黄杞 *Engelhardtia roxburghiana*	81	6.02	4.30	3.17	13.49
7	药用狗牙花 *Ervatamia officinalis*	134	1.37	7.12	3.17	11.66
8	光叶山矾 *Symplocos lancifolia*	82	2.79	4.35	2.97	10.11
9	厚皮香 *Ternstroemia gymnanthera*	34	4.31	1.81	2.97	9.08
10	毛棉杜鹃花 *Rhododendron moulmainense*	67	2.33	3.56	2.97	8.86
11	白花含笑 *Michelia mediocris*	37	2.83	1.96	2.38	7.17
12	大头茶 *Gordonia axillaris*	37	2.17	1.96	2.77	6.90
13	景烈樟 *Cinnamomum tsoi*	24	2.98	1.27	2.57	6.82
14	木荷 *Schima superba*	35	2.62	1.86	1.98	6.46
15	光清香藤 *Jasminum lanceolarium*	55	0.22	2.92	2.57	5.71
16	陆均松 *Dacrydium pierrei*	14	3.46	0.74	1.39	5.59
17	锈毛杜英 *Elaeocarpus howii*	37	1.04	1.96	2.57	5.58
18	双瓣木犀 *Osmanthus didymopetalus*	45	0.64	2.39	2.18	5.21
19	密花树 *Rapanea neriifolia*	18	2.04	0.96	2.18	5.18
20	线枝蒲桃 *Syzygium araiocladum*	33	1.39	1.75	1.98	5.12
32	大果马蹄荷 *Exbucklandia tonkinensis*	6	0.85	0.32	1.19	2.36
（2）黑石顶：大果马蹄荷＋福建青冈＋陈氏钓樟 - 石木姜子群落						
1	大果马蹄荷 *Exbucklandia tonkinensis*	55	62.01	7.79	4.86	74.66
2	福建青冈 *Cyclobalanopsis chungii*	59	6.6	8.36	1.14	16.1
3	显脉新木姜子 *Neolitsea phanerophlebia*	40	0.55	5.67	4.86	11.08
4	陈氏钓樟 *Lindera chunii*	45	0.73	6.37	3.14	10.25
5	短序润楠 *Machilus breviflora*	26	0.44	3.68	4.00	8.13
6	石木姜子 *Litsea elongata* var. *faberi*	18	1.06	2.55	3.71	7.33
7	少花桂 *Cinnamomum pauciflorum*	8	2.79	1.13	2.00	5.92
8	米槠 *Castanopsis carlesii*	14	1.12	1.98	2.57	5.68
9	鼠刺 *Itea chinensis*	13	0.61	1.84	1.71	4.16

续表

重要值排名	种名	个体数	RP/%	RA/%	RF/%	重要值
	（2）黑石顶：大果马蹄荷＋福建青冈＋陈氏钓樟 - 石木姜子群落					
10	锈叶新木姜子 Neolitsea cambodiana	13	0.16	1.84	2.00	4.00
11	黄丹木姜子 Litsea elongata	19	0.12	2.69	1.14	3.96
12	黄樟 Cinnamomum porrectum	7	1.53	0.99	1.43	3.95
13	木姜叶柯 Lithocarpus litseifolius	8	1.02	1.13	1.43	3.58
14	香港四照花 Cornus hongkongensis	7	1.16	0.99	1.43	3.58
15	谷木冬青 Ilex memecylifolia	7	1.17	0.99	1.14	3.31
16	紫玉盘柯 Lithocarpus uvariifolius	9	0.29	1.27	1.71	3.28
17	毛桃木莲 Manglietia kwangtungensis	7	0.55	0.99	1.71	3.26
18	马尾松 Pinus massoniana	5	1.5	0.71	0.86	3.07
19	白桂木 Artocarpus hypargyreus	8	0.74	1.13	1.14	3.02
20	黑叶锥 Castanopsis nigrescens	1	2.29	0.14	0.29	2.71
	（3）南岭：广东松＋大果马蹄荷＋五列木 - 羊角杜鹃群落					
1	五列木 Pentaphylax euryoides	302	6.09	12.04	2.95	21.09
2	广东松 Pinus kwangtungensis	37	10.28	1.48	1.71	13.46
3	罗浮锥 Castanopsis faberi	69	7.91	2.75	2.02	12.68
4	大果马蹄荷 Exbucklandia tonkinensis	108	4.29	4.31	2.49	11.08
5	羊角杜鹃 Rhododendron cavaleriei	141	1.56	5.62	2.33	9.52
6	甜槠 Castanopsis eyrei	65	4.06	2.59	1.71	8.37
7	赤杨叶 Alniphyllum fortunei	87	2.37	3.47	2.18	8.02
8	鹿角锥 Castanopsis lamontii	28	4.40	1.12	1.24	6.76
9	檵木 Loropetalum chinense	50	4.21	1.99	0.47	6.67
10	疏齿木荷 Schima remotiserrata	55	2.23	2.19	2.02	6.45
11	石壁杜鹃 Rhododendron bachii	101	0.52	4.03	1.24	5.79
12	青冈 Cyclobalanopsis glauca	50	1.96	1.99	1.71	5.67
13	蕈树 Altingia chinensis	41	2.84	1.63	1.09	5.57
14	钩锥 Castanopsis tibetana	12	3.79	0.48	0.78	5.05
15	杨桐 Adinandra millettii	39	1.26	1.56	2.18	5.00
16	黄丹木姜子 Litsea elongata	46	1.26	1.83	1.87	4.96
17	金叶含笑 Michelia foveolata	45	1.11	1.79	2.02	4.92
18	枫香 Liquidambar formosana	42	1.94	1.67	1.24	4.86
19	红栲 Castanopsis fargesii	27	2.14	1.08	1.09	4.31
20	猴欢喜 Sloanea sinensis	28	1.98	1.12	0.78	3.87
	（4）金盆山：大果马蹄荷＋华润楠 - 白皮唐竹群落					
1	大果马蹄荷 Exbucklandia tonkinensis	39	14.21	5.60	4.88	24.69
2	华润楠 Machilus chinensis	23	15.76	3.30	3.96	23.02
3	米槠 Castanopsis carlesii	59	5.52	8.46	4.57	18.55
4	白皮唐竹 Sinobambusa farinosa	74	0.99	10.62	3.05	14.65
5	南岭栲 Castanopsis fordii	40	4.25	5.74	4.27	14.26
6	木荷 Schima superba	5	10.99	0.72	0.91	12.63
7	枝穗山矾 Symplocos multipes	49	0.68	7.03	4.88	12.58
8	黄樟 Cinnamomum porrectum	16	6.79	2.30	2.44	11.53
9	喙果安息香 Styrax agrestis	19	5.53	2.73	2.74	11.00
10	肖柃 Cleyera incornuta	25	2.66	3.59	3.66	9.91
11	红栲 Castanopsis fargesii	22	2.74	3.16	3.66	9.56
12	鹿角杜鹃 Rhododendron latoucheae	22	1.47	3.16	2.74	7.37
13	桃叶石楠 Photinia prunifolia	16	1.23	2.30	2.44	5.97

重要值排名	种名	个体数	RP/%	RA/%	RF/%	重要值
	（4）金盆山：大果马蹄荷＋华润楠 - 白皮唐竹群落					
14	日本杜英 Elaeocarpus japonicus	11	2.58	1.58	1.52	5.68
15	马尾松 Pinus massoniana	1	4.99	0.14	0.30	5.44
16	罗浮柿 Diospyros morrisiana	13	0.53	1.87	2.44	4.83
17	栓叶安息香 Styrax suberifolius	5	2.70	0.72	0.61	4.02
18	冬青 Ilex chinensis	8	0.70	1.15	2.13	3.98
19	吊皮锥 Castanopsis kawakamii	6	1.22	0.86	1.52	3.60
20	大叶冬青 Ilex latifolia	9	0.06	1.29	1.83	3.18
	（5）井冈山：大果马蹄荷 - 石木姜子 - 少花柏拉木＋井冈寒竹群落					
1	大果马蹄荷 Exbucklandia tonkinensis	61	64.27	6.24	4.71	75.23
2	石木姜子 Litsea elongata var. faberi	107	1.80	10.95	4.71	17.47
3	少花柏拉木 Blastus pauciflorus	131	0.12	13.41	2.62	16.14
4	尖萼厚皮香 Ternstroemia luteoflora	70	1.15	7.16	5.24	13.55
5	鹿角锥 Castanopsis lamontii	21	7.53	2.15	2.62	12.29
6	谷木冬青 Ilex memecylifolia	42	1.20	4.30	4.45	9.94
7	深山含笑 Michelia maudiae	52	0.56	5.32	3.93	9.81
8	细枝柃 Eurya loquaiana	45	0.48	4.61	4.71	9.79
9	甜槠 Castanopsis eyrei	10	6.33	1.02	1.83	9.18
10	赤楠 Syzygium buxifolium	42	0.11	4.30	4.45	8.86
11	微毛山矾 Symplocos wikstroemiifolia	36	2.47	3.68	2.62	8.77
12	黄丹木姜子 Litsea elongata	36	1.08	3.68	3.66	8.43
13	绒毛润楠 Machilus velutina	29	0.23	2.97	3.40	6.60
14	美丽新木姜子 Neolitsea pulchella	24	0.52	2.46	3.14	6.12
15	红栲 Castanopsis fargesii	8	2.42	0.82	1.31	4.54
16	硬壳柯 Lithocarpus hancei	11	1.28	1.13	2.09	4.50
17	光叶山矾 Symplocos lancifolia	15	0.42	1.54	2.09	4.05
18	褐毛杜英 Elaeocarpus duclouxii	13	0.25	1.33	2.36	3.93
19	罗浮柿 Diospyros morrisiana	15	0.20	1.54	1.83	3.57
20	猴头杜鹃 Rhododendron simiarum	8	0.29	0.82	0.79	1.89
	（6）桃源洞：大果马蹄荷＋米心水青冈 - 美丽马醉木群落					
1	大果马蹄荷 Exbucklandia tonkinensis	85	27.76	9.65	6.01	43.41
2	美丽马醉木 Pieris formosa	125	6.39	14.19	2.70	23.28
3	米心水青冈 Fagus engleriana	7	12.57	0.79	2.10	15.47
4	吊钟花 Enkianthus quinqueflorus	76	2.77	8.63	3.60	15.00
5	鹿角杜鹃 Rhododendron latoucheae	53	4.32	6.02	3.00	13.33
6	江南越桔 Vaccinium bracteatum	28	1.31	3.18	4.20	8.69
7	钩锥 Castanopsis tibetana	11	4.64	1.25	2.70	8.60
8	罗浮柿 Diospyros morrisiana	28	1.44	3.18	3.60	8.22
9	马银花 Rhododendron ovatum	25	1.61	2.84	1.80	6.25
10	鹅耳枥 Carpinus turczaninowii	12	3.37	1.36	1.50	6.24
11	甜槠 Castanopsis eyrei	11	2.75	1.25	2.10	6.10
12	猴头杜鹃 Rhododendron simiarum	23	0.80	2.61	2.40	5.81
13	深山含笑 Michelia maudiae	19	0.58	2.16	3.00	5.74
14	赤杨叶 Alniphyllum fortunei	10	2.21	1.14	2.10	5.45
15	多脉青冈 Cyclobalanopsis multinervis	19	1.59	2.16	1.50	5.25
16	蕈树 Altingia chinensis	4	3.84	0.45	0.90	5.19
17	格药柃 Eurya muricata	28	0.41	3.18	1.50	5.09
18	鼠刺 Itea chinensis	22	0.44	2.50	2.10	5.04
19	黄丹木姜子 Litsea elongata	17	0.59	1.93	2.40	4.93
20	红楠 Machilus thunbergii	15	0.79	1.70	2.40	4.89

依据大果马蹄荷在群落的重要值水平，6 个样地可分成 2 类。第 1 类为海南样地，大果马蹄荷重要值仅为 2.36，排名 32，是群落中的乔木伴生种、特征种。该群落主要优势种为赤楠（重要值 23.24）、蚊母树（重要值 23.21），但其他优势种群较丰富，为多优势种群落。

第 2 类为其他样地，大果马蹄荷均占优势。以黑石顶、井冈山、桃源洞最为典型，其优势度、重要值远高于其他群落，是大果马蹄荷占优势的成熟群落。除大果马蹄荷外，尚有其他大乔木独秀其中，如黑石顶样地的福建青冈、显脉新木姜子、陈氏钓樟，井冈山样地的鹿角锥，桃源洞样地的米心水青冈等。

金盆山样地尽管大果马蹄荷重要值最高，为 24.69，但其他优势种的优势度亦较大，如华润楠（23.02）、米槠（18.55）、南岭栲（14.26）、木荷（12.63）、黄樟（11.53）、喙果安息香（11.00）等；该群落亦受到样地内白皮唐竹（14.65）的影响，是一个处于演替中后期的受干扰群落，乔木层物种竞争激烈。乳源样地在南岭分布海拔较高，大果马蹄荷重要值为 11.08，在各优势种中仅排名第 4，其他优势种有五列木（21.09）、广东松（13.46）、罗浮锥（12.68）、羊角杜鹃（9.52）等。

（4）群落物种多样性

表 3.35 是各群落乔灌木层物种多样性指数分析，结果表明：Simpson 多样性指数和 Shannon-Wiener 多样性指数及各自均匀度指数与大果马蹄荷的生态地理分布是相一致的。大果马蹄荷以南亚热带为主要分布中心，向北、向南优势度下降，因此各多样性指数也随之呈下降趋势，如 Simpson 多样性指数向南在霸王岭为 0.953，向北黑石顶为 0.969、桃源洞为 0.950、井冈山为 0.945；Shannon-Wiener 多样性指数，向南霸王岭为 3.453，向北黑石顶为 4.021、南岭为 4.130、桃源洞为 3.712、井冈山为 3.415。均匀度指数也有相似的变化。李意德和黄全（1986）研究海南岛山地雨林认为，样地最小取样面积不低于 2500 m²；黄康有等（2007）研究了海南岛吊罗山植物群落的多样性 Shannon-Wiener 多样性指数及均匀度，结果分别为 3.61~4.17、0.77~0.92，海南霸王岭样地由于大果马蹄荷分布群落较小，取样面积为 1600 m²，整体群落结构较简单，因此其多样性指数均比黑石顶地区的要低。南岭群落的 Shannon-Wiener 多样性指数比黑石顶的高，主要原因是南岭样地位于中海拔，水热条件优越，物种数最高（142 种），多样性指数也高；而其均匀度南岭的比黑石顶的小，原因是黑石顶群落发展较成熟，接近顶极群落。桃源洞的各指数均比井冈山的高，两者纬度相差小，主要是受群落环境异质性（如地形、降水、湿度）的影响。

从数值来看，表 3.35 中各样地 Simpson 多样性指数值及其均匀度都高于 0.94，表明其物种丰富度高，且分布较均匀。黑石顶、南岭样地的 Shannon-Wiener 多样性指数值分别为 4.021、4.130，与广东亚热带常绿阔叶林群落的 Shannon-Wiener 多样性指数为 3.56~4.84 的结论是相一致的。井冈山样地的 Shannon-Wiener 多样性指数为 3.415 且其均匀度为 0.782，较井冈山暖性穗花杉 *Amentotaxus argotaenia* 群落的 Shannon-Wiener 多样性指数 3.1 高。向东，与纬度相当（北纬 24°23′~28°19′）的福建中亚热带常绿阔叶林的 Shannon-Wiener 多样性指数为 2.53~2.93 及均匀度为 0.75~0.87 相比较，井冈山大果马蹄荷群落的多样性指数值明显高出许多。这符合多样性指数的纬度地带性规律，也说明井冈山、桃源洞的大果马蹄荷群落沟谷特征、南亚热带特征比较明显。

表 3.35　6 个群落乔灌木层物种多样性指数

样地	物种数	个体数	Simpson 多样性指数 d	d 的均匀度 E_d	Shannon-Wiener 多样性指数 H	H 的均匀度 E_h
霸王岭	86	1883	0.953	0.965	3.453	0.775
黑石顶	114	706	0.969	0.978	4.021	0.849
南岭	142	2508	0.969	0.976	4.130	0.833
金盆山	104	697	0.961	0.970	3.790	0.816
桃源洞	112	881	0.950	0.959	3.712	0.787
井冈山	79	977	0.945	0.957	3.415	0.782

（5）群落的相似性分析

各大果马蹄荷样地的调查表明，种子植物共有 78 科 197 属 471 种，根据 Sorensen 提出的群落相似性指数 Cs 的计算公式，对各样地植物属的相似性系数进行分析，半矩阵结果见表 3.36。

表 3.36　6 个群落种子植物属的相似性系数半矩阵

	金盆山	桃源洞	井冈山	黑石顶	南岭	霸王岭
金盆山	1	0.5963	0.5820	0.5444	0.4691	0.3380
桃源洞		1	0.5413	0.5126	0.4845	0.3970
井冈山			1	0.5390	0.4627	0.4035
黑石顶				1	0.4142	0.4027
南岭					1	0.3098
霸王岭						1

　　从半矩阵表中,可以按一定的定量指标划分成若干类型,本研究以 50% 为划分标准,50% 也是判断区系或群落物种组成的属是否具有相似性的标准。6 个样地群落很明显地可以划分为 2 个类型:一是沿纬度从南至北的黑石顶、金盆山、桃源洞、井冈山为一类,群落相似性系数大于 0.51,这些群落为典型的亚热带常绿阔叶林,尤以黑石顶最为典型,其热带性属比例最高(83.7%),温带性属比例最低(16.3%)(表 3.33);二是群落分布海拔较高的南岭和霸王岭划分为另一类,相似性系数为 0.31～0.48,说明纬度、海拔均会对群落物种的地理和生态属性产生影响。

　　(6)群落的种群结构分析

　　种群的大小径级结构可以反映其年龄结构,进而反映种群的动态及发展趋势。依据前文对群落重要值的分析,选取各样地中主要的乔灌木优势种进行径级结构分析,结果见图 3.9。

　　依据 6 个样地优势种群的径级结构特征,大果马蹄荷的种群结构可分为 3 个类型。

　　第 1 类是海南霸王岭,该群落优势种群中碎叶蒲桃、丛花山矾为增长型,蚊母树、黄杞为稳定型,岭南青冈为衰退型。而大果马蹄荷个体数少,仅有 6 株,在群落中不占优势,径级结构为低阶增长型。

　　第 2 类是广东南岭和黑石顶、江西金盆山、湖南桃源洞,大果马蹄荷种群均为稳定型。其中,南岭群落的五列木、甜槠、罗浮锥径级结构相似,个体数多,为稳定型,而广东松表现为衰退型,在后期的群落演替中可能被其他优势种替代。黑石顶群落的显脉新木姜子、石木姜子、陈氏钓樟、福建青冈在一定时期内为增长型或稳定型。金盆山群落中枝穗山矾、米槠为增长型,喙果安息香、华润楠为稳定型。桃源洞群落中,大果马蹄荷 V 级、VI 级数量少,而 III 级、IV 级较丰富,是一个稳定型结构;吊钟花、美丽马醉木为稳定型。

　　第 3 类为江西井冈山,大果马蹄荷 I 级和 II 级更新少,种群为衰退型。群落的大乔木如甜槠、鹿角锥也为衰退型,小乔木如尖萼厚皮香、石木姜子、微毛山矾为增长型。

　　从大果马蹄荷种群径级结构的纵向对比来看(图 3.10),从霸王岭到井冈山、桃源洞,径级结构差异性明显,各地表现出不同的种群发展动态。霸王岭样地大果马蹄荷种群数量仅为 6 株,为群落特征种,为非优势种,但有巨大的发展空间,种群处于低阶增长状态。南岭和桃源洞样地种群数量大于 80 株,III 级个体比例最大,II 级、IV 级也占较大比例,V 级、VI 级比例小,表明其中小龄树更新稳定、频繁,老龄树少,更新周期短。黑石顶、南岭、桃源洞、井冈山样地种群数量较丰富,达 55～108 株,以 IV 级、V 级或 IV 级比例最大,成熟个体相对多,其中黑石顶和井冈山的 V 级和 VI 级比例最大,老龄个体多,种群发展成熟,是一个古老的群落类型。金盆山种群数量相对较小,以 IV 级最丰富,而 II 级、III 级相对较少,I 级幼树更新较米槠差,有衰退趋势。

3.3.5.3　大果马蹄荷群落的动态

　　各样地大果马蹄荷群落主要优势种集中在金缕梅科、壳斗科、樟科、山茶科、杜鹃花科、山矾科等,种子植物属的热带成分比例较高,表现出较强的南亚热带特征。这与马蹄荷属的热带亚洲分布性质是一致的。吴强(1986)对井冈山地区另一处大果马蹄荷天然林的研究认为,该群落的植物区系成分有明显的亚热带向热带过渡的性质,雷公山姊妹岩的大果马蹄荷群落的热带性分布属达 82.61%,也都体现出这一特点。同时,受海拔、环境异质性等影响,热带成分比例随纬度升高而表现为逐渐下降,温带成分比

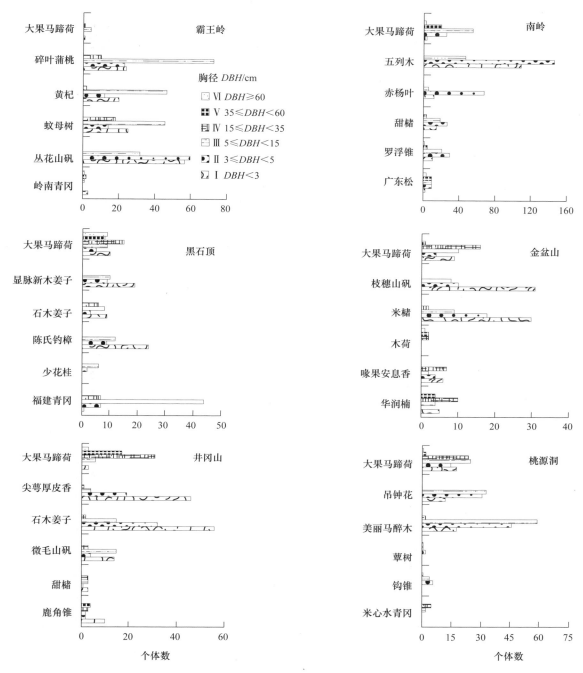

图 3.9　6 个大果马蹄荷相关群落主要优势种群的径级结构比较

例则相反。冯建孟等（2012）对云南地区群落尺度的种子植物区系过渡性研究认为，随纬度、海拔的升高，温带区系成分所占比重呈显著递增趋势。本研究中温带区系成分随海拔的升高增加明显，如南岭样地海拔比金盆山高 585 m，金盆山尽管纬度偏北约 0.35°，但南岭温带区系成分比重仍高出 14.5 个百分点。

各样地大果马蹄荷群落的物种多样性指数随纬度升高呈降低趋势，在一定纬度或海拔范围内，其受到纬度、海拔、温度、水分、土壤养分、演替梯度等方面的影响。

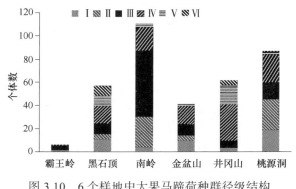

图 3.10　6 个样地中大果马蹄荷种群径级结构

黑石顶森林群落生态系统是典型的南亚热带植被类型，本研究中金盆山、井冈山、桃源洞的群落与黑石顶群落被划为同一植被类型，表现出金盆山、井冈山、桃源洞的大果马蹄荷群落有明显的南亚热带性。举例说明，在南岭山脉以北的中亚热带地区、低海拔沟谷地区仍保存或发育有典型的南亚热带森林生态系统，除大果马蹄荷群落外尚有鹿角锥＋薯树群落等。根据张宏达（1986）的意见，马蹄荷属的分化以华南地区特别是珠江两岸为分布中心，并沿着南岭地区向北分布到井冈山地区，向南分布到海南岛，向西分布至黔桂地区。本研究6个大果马蹄荷相关群落的径级结构、物种多样性组成、地理成分组成等也体现了其南亚热带性质。无疑，桃源洞、井冈山地区沟谷中出现的大果马蹄荷群落，是其地理分布的避难所。

大果马蹄荷群落的重要值及种群径级结构大小与地理分布规律表现出一致性。在海南霸王岭大果马蹄荷仅为伴生种，重要值水平低，径级结构为低阶增长型，一方面是因为本区分布有热带原始森林，是中国生物多样性最丰富的区域之一，另一方面是因为本区为大果马蹄荷向南扩散的南缘，还未形成优势群落；在广东南岭，大果马蹄荷为主要优势种，径级结构表现为稳定型；在黑石顶、金盆山、井冈山、桃源洞，大果马蹄荷为建群种，径级结构表现为稳定型或衰退型。从种群发展及演替的角度看，在金盆山、井冈山径级结构体现出一定的衰退型性质，主要是受到寒冷气候的影响；特别是在井冈山锡坪的风水林样地中，大果马蹄荷以Ⅵ级立木占优势，高龄个体濒临退化，而群落内林窗明显，为幼树更新创造条件。事实上，大果马蹄荷在黑石顶、井冈山地区已发展成为气候顶极群落，缺乏Ⅳ级、Ⅲ级、Ⅱ级等中龄级立木，但其种群有较强的自我更新机制，能不断补充更新Ⅰ级、Ⅱ级立木，应加强保护和监测，避免过多的人为干扰，以便能够得到顺行演替和恢复。

3.3.6　银杉群落

银杉群落分布于毛鸡仙银杉保护点，位于炎陵县与桂东县交界处，与八面山国家级自然保护区相连，在毛鸡仙考察时，银杉群落主要分布于保护区交界处的山谷陡壁，主要种群集中在八面山保护区界内。在其主要分布区脚盆辽设置了1600 m²的样地进行调查。

银杉是著名的孑遗种、活化石，也是国家珍稀濒危植物。开展银杉群落调查和种群生态学研究，对进一步揭示该种群的生存状况及其残遗性特征具有重要的意义。对银杉群落进行调查和研究（表3.37），结果如下。①群落中维管植物共有66种，其中蕨类4种，种子植物62种；群落种类组成中种子植物的地理成分以温带性成分（51.06%）稍高于热带性成分（48.94%），极好地说明了该区域属于热带亚热带过渡区。②群落乔木层的主要优势种群为甜槠、猴头杜鹃、银杉、南方铁杉等，其重要值依次为13.12、9.28、8.86和7.49。

表 3.37　脚盆辽银杉 - 南方铁杉 - 甜槠群落各优势种的重要值

种名	频度	株数	BA/cm²	RA/%	RF/%	RD/%	重要值 IV
甜槠 Castanopsis eyrei	13	46	20 348.78	4.76	5.06	29.55	13.12
猴头杜鹃 Rhododendron simiarum	11	149	5 594.04	15.42	4.28	8.12	9.28
银杉 Cathaya argyrophylla	11	37	12 717.30	3.83	4.28	18.47	8.86
南方铁杉 Tsuga chinensis	8	15	12 262.51	1.55	3.11	17.81	7.49
鹿角杜鹃 Rhododendron latoucheae	14	113	1 620.91	11.70	5.45	2.35	6.50
赤楠 Syzygium buxifolium	11	73	1 174.17	7.56	4.28	1.71	4.51
福建柏 Fokienia hodginsii	10	55	1 927.96	5.69	3.89	2.80	4.13
凤凰润楠 Machilus phoenicis	11	61	388.88	6.31	4.28	0.56	3.72
小果珍珠花 Lyonia ovalifolia var. elliptica	10	35	462.13	3.62	3.89	0.67	2.73
日本杜英 Elaeocarpus japonicus	11	24	717.85	2.48	4.28	1.04	2.60
辣汁树 Cinnamomum tsangii	9	37	246.23	3.83	3.50	0.36	2.56
满山红 Rhododendron mariesii	8	37	304.18	3.83	3.11	0.44	2.46

种名	频度	株数	BA/cm²	RA/%	RF/%	RD/%	重要值 IV
茶梨 *Anneslea fragrans*	7	18	1 576.55	1.86	2.72	2.29	2.29
美丽新木姜子 *Neolitsea pulchella*	8	28	320.40	2.90	3.11	0.47	2.16
吴茱萸五加 *Gamblea ciliata* var. *evodiifolia*	9	14	871.87	1.45	3.50	1.27	2.07
南岭山矾 *Symplocos confusa*	7	15	1 255.81	1.55	2.72	1.82	2.03
厚叶厚皮香 *Ternstroemia kwangtungensis*	8	24	261.33	2.48	3.11	0.38	1.99
细叶青冈 *Cyclobalanopsis gracilis*	6	14	1 295.30	1.45	2.33	1.88	1.89
银木荷 *Schima argentea*	9	9	733.15	0.93	3.50	1.06	1.83
厚叶红淡比 *Cleyera pachyphylla*	6	17	873.28	1.76	2.33	1.27	1.79
青冈 *Cyclobalanopsis glauca*	6	12	907.60	1.24	2.33	1.32	1.63
矩叶鼠刺 *Itea oblonga*	6	8	28.19	0.83	2.33	0.04	1.07

注：BA 为总胸面积；选取重要值大于 1.00 的种群，其余种省略

3.4　植被地带性特征及植被演替

3.4.1　水平地带性植被

桃源洞保护区地带性植被是中亚热带常绿阔叶林，其也是保护区分布面积最广阔的森林类型，集中分布在海拔 1000 m 以下的区域，在局部沟谷区域还分布有类似南亚热带性质的植被类型，以锥属、润楠属、马蹄荷属、蕈树属等为优势种的群落。保护区常绿阔叶林类型多样，物种丰富，群落外貌终年常绿，郁闭度高，群落高度常达 20～30 m，乔木层分层明显，常有明显的建群种，优势种多，灌木层多为乔木的更新幼苗，草本层稀疏，常集中在水分、土壤等生态条件良好的林下。

群落演替动态常表现为群落中优势种与建群种间的替代演替。例如，红栲群落中，当前以红栲为建群种，优势地位明显，其他优势种有甜槠、细叶青冈、红楠等，随着群落的发展，可能由于突发的自然原因（病虫害、冰灾等）而导致红栲的高龄树被折断或死亡，乔木中层的优势种的竞争力将显著提高，甜槠、细叶青冈逐渐发展为建群种水平而取代红栲的群落地位，群落组成发生变化，但本群落的外貌、结构等特征基本不变。

3.4.2　垂直地带性植被

桃源洞保护区海拔跨度 420～2120 m，且区内地形地貌复杂，植被垂直地带性分布明显。低海拔的为常绿阔叶林，群落中也常有落叶树种；中海拔（大致为 1000 m 以上）为针阔混交林及针叶林，如华榛林、瘿椒树林、资源冷杉林、台湾松林等；高海拔近山顶处的常绿、落叶混交矮林广布，如杜鹃花林、金缕梅灌木丛；在酃峰及江西坳部分山顶还存在中山草甸。

中山针阔混交林的演替动态较常绿阔叶林明显，在桃源洞保护区可表现为以下三种形式。

一是常绿树种与针叶树种的演替关系。例如，南方铁杉群落的分析中，牛石坪的南方铁杉种群为衰退型，群落中常绿植物占优势，其中马银花、鹿角杜鹃、尖连蕊茶的重要值排名前 5 名之内，占绝对地位，它们对南方铁杉的低龄个体及幼苗的更新有严重的阻碍作用，群落整体表现出南方铁杉针叶树种被鹿角杜鹃、多脉青冈等常绿阔叶树种演替的趋势。这也是在全球气候变暖的大环境下亚热带中山森林植被主要的演替动态趋势。

二是中山针叶树种间的演替关系。例如，马尾松与台湾松之间的演替关系、台湾松与南方铁杉之间的演替关系。这在不同的地形和小气候条件下可以发生互逆的演替动态。

三是人为条件下资源冷杉和毛竹间的演替关系。在桃源洞保护区的大院地区，毛竹林种植广泛，而本区也是资源冷杉几个最大种群（和平坳、中牛石、香菇棚、鸡麻杰）的集中分布区，人工毛竹林的发展对资源冷杉林的演替起重要作用。针对香菇棚资源冷杉种群的研究中，资源冷杉种群数量从 2004 年的

163 株减少至 2013 年的 81 株，减少了 50.3%，年龄结构为衰退型，群落中物种少，仅有少数的多脉青冈、缺萼枫香、吴茱萸五加等，毛竹占据乔木第二亚层，郁闭度高。同时也存在人为的对群落中阔叶树种、资源冷杉的直接破坏现象，资源冷杉林被毛竹林演替的趋势日渐严重。

3.4.3　隐域植被

隐域植被又称非地带性植被，主要有水生植被、沼泽植被、草甸植被等，它是受各区域非地带性生态因素影响而发育的，如地表水、石灰岩基质等，呈斑点状或条状地镶嵌到地带性植被类型中。桃源洞河流众多，溪谷发育，隐域植被多位于瀑布、水潭等地表水丰富的区域，主要是草本植被。

除在神农峰山顶、江西坳山梁等位置具有明显的草坡植被外，其他局部区域亦能见到小面积的草坡植被，形成隐域性群落。例如，在黑龙潭、神农飞瀑等陡峭潮湿的石壁上，分布有生长良好的玉山针蔺草丛；在九曲水山谷石壁上，分布有成片的紫花马铃苣苔、长瓣马铃苣苔等草丛；在龙渣乡银杉保护点，低海拔的潮湿石壁上，分布有毛莨叶报春草丛等。

第4章 植物区系

4.1 植物区系研究概况

植物区系的形成是植物界在一定的自然历史环境中发展演化和时空分化的综合反映（吴征镒等，2010），反映着一个地区植物种属间的数量关系及地理、历史联系。植物区系研究的目的就是探讨一个地区（国家或自然地理区域）所有植物类群的组成特征、分布特点和起源与演化及发展的问题（张宏达，1995）。植物区系学的研究对于分析现代植物分布格局具有重要意义，不仅可以分析群落现存自然条件的特点，对于解释植物区系的起源演化和发展规律及揭示植物系统发育关系也十分关键，同时植物区系地理的研究可为现代植物资源开发、生物多样性保护等提供科学依据。

1991年，刘克旺和侯碧清曾对桃源洞的植物区系进行研究，揭示出桃源洞区系的中亚热带性性质，认为桃源洞地区属华东区系范畴，同时发现桃源洞区系温带成分与热带成分接近持平，并以热带性属稍占优势。本次对桃源洞保护区的综合多样性考察，项目于2012年5月开始启动。2012年7月正式在野外开始调查。其间于2013年，桃源洞保护区开展功能区划调整，迟盛南针对北部大坝里、中部大院、桃源洞，南部梨树洲的植被和植物多样性差异进行了调查，认为由于桃源洞地处我国华南及华东的交界地带，区系组成受到华南、华中区系成分的渗透明显，因此整体上来看桃源洞的区系表现出明显的中亚热带过渡性特征。其间，中山大学、首都师范大学持续在桃源洞地区进行调查，全面总结了自2012年7月13日至2015年7月所采集的植物标本，共7000余号20 000余份，调查群落样地面积超过3.8万 m²。

在调查过程中还对当地向导和村民进行了采访和交流，了解桃源洞地区近年来植被变化情况，研究了保护区内资源冷杉群落的保护状况，并查阅相关文献，参考《中国植物志》《湖南植物志》《江西植物志》《乐昌植物图谱》《桃源洞综合考察报告》（侯碧清，1993）等资料。在野外采集的基础上，进行植物标本鉴定工作，完成桃源洞保护区物种多样性名录的编写。并以桃源洞植物名录为基础，综合考虑桃源洞地区植物群落特征因素，从优势科、属、种等方面对桃源洞保护区的苔藓、蕨类及种子植物区系进行了系统的分析及区系地位的探讨。

4.2 植物区系的组成

桃源洞保护区自然条件适宜，植物资源丰富，种类繁多，根据对保护区植物多样性的调查，经统计，保护区内分布高等植物共有291科990属2500种（表4.1）。其中苔藓植物60科121属224种（亚种、变种），分别占全省的73.17%、46.18%和33.33%；蕨类植物40科91属240种，分别占全省的75.47%、66.42%和36.92%；种子植物191科778属2036种，分别占全省种子植物的87.61%、58.10%和41.31%（表4.2）。

表 4.1 桃源洞保护区高等植物统计表

分类群	科数	占总科数比例 /%	属数	占总属数比例 /%	种数	占总种数比例 /%
苔藓植物	60	20.62	121	12.22	224	8.96
蕨类植物	40	13.75	91	9.19	240	9.6
裸子植物	6	2.06	12	1.21	14	0.56
被子植物	185	63.57	766	77.37	2022	80.88
总计	291	100.00	990	100.00	2500	100.00

表 4.2　桃源洞保护区与湖南省维管植物的科、属、种的比较

分类群	湖南省			桃源洞保护区					
	科	属	种	科	占比 /%	属	占比 /%	种	占比 /%
苔藓植物	82	262	672	60	73.17	121	46.18	224	33.33
蕨类植物	53	137	650	40	75.47	91	66.42	240	36.92
裸子植物	10	33	73	6	60.00	12	36.36	14	19.17
被子植物	208	1306	4856	185	88.94	766	58.86	2022	41.64
总计	353	1738	6251	291	82.44	990	56.96	2500	39.99

4.3　苔藓植物

4.3.1　科、属、种的组成

根据对桃源洞地区的考察及标本的采集鉴定，目前已鉴定苔藓植物 60 科 121 属 220 种 2 亚种 2 变种。

将苔藓植物种数≥10 种的定义为优势科，桃源洞苔藓植物优势科 6 个，含 27 属 75 种，分别占桃源洞苔藓植物总科数的 10%、总属数的 22.3% 和总种数的 33.5%。6 个优势科按优势度依次为曲尾藓科 Dicranaceae（17 种）、真藓科 Bryaceae（13 种）、提灯藓科 Mniaceae（13 种）、蔓藓科 Meteoriaceae（12 种）、锦藓科 Sematophyllaceae（10 种）和灰藓科 Hypnaceae（10 种）。

以属内所含苔藓植物种数≥5 种的属作为优势属，桃源洞苔藓植物的优势属 10 属，包括合叶苔属 Scapania（5 种）、曲柄藓属 Campylopus（6 种）、曲尾藓属 Dicranum（6 种）、白发藓属 Leucobryum（7 种）、凤尾藓属 Fissidens（5 种）、真藓属 Bryum（5 种）、丝瓜藓属 Pohlia（5 种）、匐灯藓属 Plagiomnium（8 种）、绢藓属 Entodon（7 种）、小金发藓属 Pogonatum（6 种）。

4.3.2　苔藓植物地理成分分析

根据苔藓植物种的现代地理分布资料，参照吴征镒等（2003a，2003b）和王荷生（1992）关于中国种子植物科属的分类界定的观点，将桃源洞苔藓植物种的分布划分为以下 14 个分布区类型。

（1）世界分布

桃源洞为世界分布类型的苔藓植物有 16 种，隶属于 12 科 15 属。藓类主要有泥炭藓 Sphagnum palustre、卷叶凤尾藓 Fissidens cristatus、卷叶湿地藓 Hyophila involuta、葫芦藓 Funaria hygrometrica、真藓 Bryum argenteum、刺叶桧藓 Pyrrhobryum spiniforme、金发藓 Polytrichum commune 等；苔类有叉苔 Metzgeria furcata、石地钱 Reboulia hemisphaerica、毛地钱 Dumortiera hirsuta。由于这些苔藓广泛分布，不能反映桃源洞苔藓植物的区系特征，在后面的比较中，该区系类型未计入百分比。

（2）泛热带分布

桃源洞共有泛热带分布类型的苔藓植物 14 种。藓类包括节茎曲柄藓 Campylopus umbellatus、东亚泽藓 Philonotis turneriana、扭叶藓 Trachypus bicolor、尖叶油藓 Hookeria acutifolia、羊角藓 Herpetineuron toccoae、鳞叶藓 Taxiphyllum taxirameum 等；苔类有异叶裂萼苔 Chiloscyphus profundus、小鞭鳞苔 Mastigolejeunea auriculata、圆叶疣鳞苔 Cololejeunea minutissima 等。

（3）热带亚洲和热带美洲间断分布

桃源洞该类型共有 6 种，主要为网孔凤尾藓 Fissidens areolatus、东亚砂藓 Racomitrium japonicum、短月藓 Brachymenium nepalense、疣齿丝瓜藓 Pohlia flexuosa、大羽藓 Thuidium cymbifolium、钝头鳞叶藓 Taxiphyllum subarcuatum。在桃源洞尚未发现属于该分布类型的苔类植物。

（4）旧世界热带分布

桃源洞该分布类型共有 8 种。藓类有爪哇白发藓 Leucobryum javense、毛枝藓 Pilotrichopsis dentata、

刀叶树平藓 *Homaliodendron scalpellifolium*、短肋雉尾藓 *Cyathophorella hookeriana*、灰羽藓 *Thuidium pristocalyx* 等；苔类有齿边广萼苔 *Chandonanthus hirtellus*。

（5）热带亚洲至热带大洋洲分布

桃源洞共有该分布类型的苔藓植物 10 种，隶属于 7 科 8 属。藓类有具喙匐灯藓 *Plagiomnium rhynchophorum*、小扭叶藓 *Trachypus humilis*、小扭叶藓细叶变种 *Trachypus humilis* var. *tenerrimus*、反叶粗蔓藓 *Meteoriopsis reclinata*、钝叶黄藓 *Distichophyllum mittenii*、鞭枝藓 *Isocladiella surcularis*；苔类有双齿护蒴苔 *Calypogeia tosana*、双齿异萼苔 *Heteroscyphus coalitus*、四齿异萼苔 *Heteroscyphus argutus*、楔瓣地钱东亚亚种 *Marchantia emarginata* subsp. *tosana*。

（6）热带亚洲至热带非洲分布

桃源洞共有 5 种该分布类型的苔藓植物。藓类有暖地大叶藓 *Rhodobryum giganteum*、阔边大叶藓 *Rhodobryum laxelimbatum*、橙色锦藓 *Sematophyllum phoeniceum*、裂帽藓 *Warburgiella cupressinoides*；苔类有全缘广萼苔 *Chandonanthus birmensis*。

（7）热带亚洲分布

该类型的苔藓植物在桃源洞的分布相对较多，共有 37 种，隶属于 18 科 27 属。其中藓类主要有钩叶青毛藓 *Dicranodontium uncinatum*、桧叶白发藓 *Leucobryum juniperoides*、二形凤尾藓 *Fissidens geminiflorus*、日本网藓 *Syrrhopodon japonicus*、大叶匐灯藓 *Plagiomnium succulentum*、大桧藓 *Pyrrhobryum dozyanum*、脆叶金毛藓 *Oedicladium fragile*、鞭枝悬藓 *Barbella flagellifera*、大麻羽藓 *Claopodium assurgens*、南亚小金发藓 *Pogonatum proliferum* 等；苔类主要有糙叶拟蒴囊苔 *Saccogynidium muricellum*、大扁萼苔 *Radula sumatrana*、半月苔 *Lunularia cruciata*、东亚大角苔 *Megaceros flagellaris* 等。

（8）北温带分布

该分布类型的苔藓植物共有 32 种，是桃源洞的第二大类。其中藓类主要有曲尾藓 *Dicranum scoparium*、硬叶扭口藓 *Barbula rigidula*、纽藓 *Tortella humilis*、黄色真藓 *Bryum pallescens*、鼠尾藓 *Myuroclada maximowiczii*、梳藓 *Ctenidium molluscum* 等；苔类主要有绒苔 *Trichocolea tomentella*、指叶苔 *Lepidozia reptans*、三裂鞭苔 *Bazzania tridens*、拳叶苔 *Nowellia cuvifolia*、粗齿拟大萼苔 *Cephaloziella dentata*、弯瓣合叶苔 *Scapania parvitexta*、蛇苔 *Conocephalum conicum*、角苔 *Anthoceros punctatus* 等。

（9）东亚北美间断分布

该分布类型的苔藓植物有 12 种，包括 10 种藓类和 2 种苔类。藓类为异叶泥炭藓 *Sphagnum portoricense*、白氏藓 *Brothera leana*、阔边匐灯藓 *Plagiomnium ellipticum*、东亚孔雀藓 *Hypopterygium japonicum*、绢藓 *Entodon cladorrhizans*、长柄绢藓 *Entodon macropodus* 等；苔类包括尖瓣折叶苔 *Diplophyllum apiculatum* 和带叶苔 *Pallavicinia lyellii*。

（10）旧世界温带分布

该类型共有 5 种苔藓植物，藓类包括细叶牛毛藓 *Ditrichum pusillum*、丝瓜藓 *Pohlia elongata*、密集匐灯藓 *Plagiomnium confertidens* 和梨蒴珠藓 *Bartramia pomiformis*；苔类有粗疣合叶苔 *Scapania verrucosa*。

（11）温带亚洲分布

桃源洞共有 5 种温带亚洲分布的苔藓植物，包括大灰藓 *Hypnum plumaeforme*、卷叶曲背藓 *Oncophorus crispifolius*、平肋提灯藓 *Mnium laevinerve*、尖叶匐灯藓 *Plagiomnium acutum* 和东亚小金发藓 *Pogonatum inflexum*。

（12）地中海区、西亚至中亚分布

属于该类型的苔藓植物在桃源洞的分布最少，仅有尖叶扭口藓 *Barbula constricta* 和红蒴立碗藓 *Physcomitrium eurystomum* 两种。

（13）东亚分布

东亚分布类型是桃源洞最大的区系成分，构成了桃源洞的区系主体。根据具体的地理位置，又将该区系细化为以下三个成分。

（13.1）日本至喜马拉雅成分

桃源洞该类型有 10 种。藓类主要有垂叶凤尾藓 *Fissidens obscurus*、细叶泽藓 *Philonotis thwaitesii*、

长枝褶藓 *Okamuraea hakoniensis*、苞叶小金发藓 *Pogonatum spinulosum* 等；苔类有塔叶苔 *Schiffneria hyalina*、刺边合叶苔 *Scapania ciliata*、丛生光萼苔 *Porella caespitans* 等。

（13.2）中国至喜马拉雅分布

该类型的苔藓植物在桃源洞出现了 7 种。其中藓类有长叶提灯藓 *Mnium lycopodioides*、鞭枝疣灯藓 *Trachycystis flagellaris*、卵叶毛扭藓 *Aerobryidium aureo-nitens*、赤茎小锦藓 *Brotherella erythrocaulis*、长蒴灰藓 *Hypnum macrogynum* 等；苔类有明层羽苔 *Plagiochila hyalodermica*。

（13.3）中国至日本分布

桃源洞共有该类型的苔藓植物 39 种，隶属于 23 科 29 属。其中藓类有日本曲柄藓 *Campylopus japonicus*、裸萼凤尾藓 *Fissidens gymnogynus*、福氏蓑藓 *Macromitrium ferriei*、栅孔藓 *Palisadula chrysophylla*、粗疣藓 *Fauriella tenuis*、东亚灰藓 *Hypnum fauriei*、东亚短颈藓 *Diphyscium fulvifolium* 等；苔类有日本鞭苔 *Bazzania japonica*、牧野细指苔 *Kurzia makinona*、密叶光萼苔 *Porella densifolia*、长刺带叶苔 *Pallavicinia subciliata*、地钱 *Marchantia polymorpha* 等。

（14）中国特有

桃源洞拥有中国特有种 17 种，隶属于 13 科 15 属。其中藓类有卷叶毛口藓 *Trichostomum involutum*、长帽蓑藓 *Macromitrium tosae*、东亚黄藓 *Distichophyllum maibarae*、宝岛绢藓 *Entodon taiwanensis*、平边厚角藓 *Gammiella panchienii* 等；苔类有偏叶叶苔 *Jungermannia comata* 和柯氏合叶苔 *Scapania koponenii*。

桃源洞保护区苔藓植物中热带成分占 38%，温带成分（不含东亚成分）的比例为 27%，东亚成分占 27%，另有 8% 的中国特有种。可以看出，保护区苔藓植物热带性较强，但亦具有向温带过渡的性质。

4.4 蕨类植物

4.4.1 科、属、种的组成

根据现有标本的采集鉴定情况，结合原有植物名录进行统计，桃源洞保护区共有蕨类植物 40 科 91 属 240 种（若仅有种下等级，则按一种记）。根据科的组成大小（表 4.3），可以分为以下几个级别。

较大科（≥20 种），共有 4 科 115 种，分别为鳞毛蕨科 Dryopteridaceae（6 属 37 种）、水龙骨科 Polypodiaceae（14 属 33 种）、蹄盖蕨科 Athyriaceae（9 属 25 种）、金星蕨科 Thelypteridaceae（12 属 20 种）。4 科分别占本区内蕨类植物科、种数的 10.0% 和 47.9%。由此可见，这 4 科为本区蕨类植物区系组成中的优势科，是本地蕨类植物区系的主体成分。

中等科（10~20 种），共 3 科 32 种，即凤尾蕨科 Pteridaceae 1 属 12 种，膜蕨科 Hymenophyllaceae 4 属 10 种，铁角蕨科 Aspleniaceae 1 属 10 种。占区系总科数的 7.5%，总种数的 13.3%。

寡种科（2~10 种），共 20 科 91 种，主要有卷柏科 Selaginellaceae（8 种）、碗蕨科 Dennstaedtiaceae（6 种）、中国蕨科 Sinopteridaceae（5 种）、裸子蕨科 Hemionitidaceae（5 种）、石松科 Lycopodiaceae（5 种）等科，占总科数的 50.0%，总种数的 37.9%。

单种科共 13 科 13 种，如瓶尔小草科 Ophioglossaceae、观音座莲科 Angiopteridaceae、海金沙科 Lygodiaceae、球子蕨科 Onocleaceae、柄盖蕨科 Peranemaceae、肾蕨科 Nephrolepidaceae、槲蕨科 Drynariaceae、禾叶蕨科 Grammitidaceae、苹科 Marsileaceae、槐叶苹科 Salviniaceae、满江红科 Azollaceae 等，占总科数的 32.5%，总种数的 5.4%。

科的组成表明，蕨类植物较大的科在桃源洞蕨类植物区系组成中起着举足轻重的作用，对本植物区系的构建起主导作用，区内含有 10 种以上的科数量较少，仅有 7 科，占保护区蕨类植物总科数的 17.5%，但所含种数达到了 147 种，占本区蕨类植物总种数的 61.25%；而区内所含 10 种以下的科比较丰富，占到了本植物区系蕨类植物总科数的 82.5%，其所含种数只占本植物区系蕨类植物总种数的 38.75%，种数虽不占优势，却是区系组成多样性的重要组成部分。

表 4.3 桃源洞保护区蕨类植物科的物种组成

科名	属数 / 种数	科名	属数 / 种数
石杉科 Huperziaceae	2/4	裸子蕨科 Hemionitidaceae	1/5
石松科 Lycopodiaceae	4/5	书带蕨科 Vittariaceae	1/2
卷柏科 Selaginellaceae	1/8	蹄盖蕨科 Athyriaceae	9/25
木贼科 Equisetaceae	1/2	金星蕨科 Thelypteridaceae	12/20
阴地蕨科 Botrychiaceae	1/2	铁角蕨科 Aspleniaceae	1/10
瓶尔小草科 Ophioglossaceae	1/1	球子蕨科 Onocleaceae	1/1
观音座莲科 Angiopteridaceae	1/1	乌毛蕨科 Blechnaceae	2/4
紫萁科 Osmundaceae	1/3	柄盖蕨科 Peranemaceae	1/1
瘤足蕨科 Plagiogyriaceae	1/4	鳞毛蕨科 Dryopteridaceae	6/37
里白科 Gleicheniaceae	2/3	三叉蕨科 Aspidiaceae	1/3
海金沙科 Lygodiaceae	1/1	舌蕨科 Elaphoglossaceae	1/2
膜蕨科 Hymenophyllaceae	4/10	肾蕨科 Nephrolepidaceae	1/1
稀子蕨科 Monachosoraceae	1/2	水龙骨科 Polypodiaceae	14/33
碗蕨科 Dennstaedtiaceae	3/6	槲蕨科 Drynariaceae	1/1
鳞始蕨科 Lindsaeaceae	2/3	禾叶蕨科 Grammitidaceae	1/1
蕨科 Pteridiaceae	1/2	剑蕨科 Loxogrammaceae	1/4
凤尾蕨科 Pteridaceae	1/12	苹科 Marsileaceae	1/1
中国蕨科 Sinopteridaceae	4/5	槐叶苹科 Salviniaceae	1/1
铁线蕨科 Adiantaceae	1/2	满江红科 Azollaceae	1/1

桃源洞蕨类区系中共有蕨类植物 91 属，其中以鳞毛蕨属 *Dryopteris*（16 种）最丰富，其次是凤尾蕨属 *Pteris*（12 种）、铁角蕨属 *Asplenium*（10 种）、蹄盖蕨属 *Athyrium*（8 种）、卷柏属 *Selaginella*（8 种）和耳蕨属 *Polystichum*（8 种）；上述 6 属占总种数的 25.8%。此外，单种属共 43 属，占总属数的 47.3%，总种数的 17.9%。其余均为少种属，整体表明单种属和少种属相对较多，属种组成类型丰富。

4.4.2 属的地理成分分析

根据地理成分分析，桃源洞蕨类植物 91 属可分 11 个分布类型，现分述如下。

（1）世界分布

指几乎分布于全世界各大洲的属，或至少包括亚洲和美洲在内的四大洲范围的属。桃源洞蕨类植物中的世界分布属有 23 个，即石杉属 *Huperzia*、马尾杉属 *Phlegmariurus*、石松属 *Lycopodium*、扁枝石松属 *Diphasiastrum*、灯笼草属 *Palhinhaea*、卷柏属 *Selaginella*、木贼属 *Equisetum*、瓶尔小草属 *Ophioglossum*、膜蕨属 *Hymenophyllum*、蕨属 *Pteridium*、粉背蕨属 *Aleuritopteris*、铁线蕨属 *Adiantum*、蹄盖蕨属 *Athyrium*、铁角蕨属 *Asplenium*、狗脊蕨属 *Woodwardia*、鳞毛蕨属 *Dryopteris*、耳蕨属 *Polystichum*、舌蕨属 *Elaphoglossum*、石韦属 *Pyrrosia*、剑蕨属 *Loxogramme*、苹属 *Marsilea*、槐叶苹属 *Salvinia*、满江红属 *Azolla*，占总属数的 25.3%。

（2）泛热带分布

指分布于东西两半球热带地区的属，包括那些虽可分布至亚热带甚至温带，但其分布中心仍在热带的属，此类型保护区内有瘤足蕨属 *Plagiogyria*、里白属 *Hicriopteris*、海金沙属 *Lygodium*、蔬蕨属 *Mecodium*、瓶蕨属 *Vandenboschia*、碗蕨属 *Dennstaedtia*、鳞始蕨属 *Lindsaea*、乌蕨属 *Stenoloma*、姬蕨属 *Hypolepis*、凤尾蕨属 *Pteris*、隐囊蕨属 *Notholaena*、金粉蕨属 *Onychium*、凤丫蕨属 *Coniogramme*、书带蕨属 *Vittaria*、短肠蕨属 *Allantodia*、金星蕨属 *Parathelypteris*、假毛蕨属 *Pseudocyclosorus*、毛蕨属 *Cyclosorus*、乌毛蕨属 *Blechnum*、复叶耳蕨属 *Arachniodes*、肋毛蕨属 *Ctenitis*、肾蕨属 *Nephrolepis* 共 22

个属，占除世界广布属外总属数的 32.4%。

（3）旧世界热带分布

指分布于亚洲、非洲和大洋洲热带地区及邻近岛屿的属，个别可延伸到太平洋中部的夏威夷岛，但不到美洲大陆，该类型在桃源洞有观音座莲属 *Angiopteris*、芒萁属 *Dicranopteris*、团扇蕨属 *Gonocormus*、鳞盖蕨属 *Microlepia*、介蕨属 *Dryoathyrium* 和线蕨属 *Colysis* 共 6 属，占除世界广布属外总属数的 8.8%。

（4）热带亚洲和热带美洲分布

指间断分布于亚洲和美洲热带地区的属，桃源洞有双盖蕨属 *Diplazium* 和锯蕨属 *Micropolypodium* 2 属，占除世界广布属外总属数的 2.9%。

（5）热带亚洲至热带大洋洲分布

指分布于旧世界热带地区东侧的属，该类型在桃源洞有莱蕨属 *Callipteris* 和槲蕨属 *Drynaria* 2 属，占除世界广布属外总属数的 2.9%。

（6）热带亚洲至热带非洲分布

是指旧世界热带西翼的属，其中热带非洲包括非洲大陆热带地区及马达加斯加等热带岛屿。此类型在桃源洞有 7 属，即角蕨属 *Cornopteris*、紫柄蕨属 *Pseudophegopteris*、茯蕨属 *Leptogramma*、贯众属 *Cyrtomium*、盾蕨属 *Neolepisorus*、瓦韦属 *Lepisorus* 和星蕨属 *Microsorum*，占除世界广布属外总属数的 10.3%。

（7）亚洲热带、亚热带分布

指分布于亚洲大陆热带、亚热带地区至南太平洋岛屿，但不到大洋洲大陆的属，其北界为秦岭南坡。该类型桃源洞有藤石松属 *Lycopodiastrum*、稀子蕨属 *Monachosorum*、碎米蕨属 *Cheilosoria*、假蹄盖蕨属 *Athyriopsis*、凸轴蕨属 *Metathelypteris*、安蕨属 *Anisocampium*、针毛蕨属 *Macrothelypteris*、钩毛蕨属 *Cyclogramma*、新月蕨属 *Pronephrium*、圣蕨属 *Dictyocline*、鱼鳞蕨属 *Acrophorus*、水龙骨属 *Polypodiodes*、骨牌蕨属 *Lepidogrammitis*、假瘤蕨属 *Phymatopteris*、节肢蕨属 *Arthromeris*、抱树莲属 *Drymoglossum* 共 16 属，占除世界广布属外总数的 23.5%。

（8）北温带分布

指分布于亚洲、欧洲和北美洲温带地区的属，有些属可向南延伸到亚热带高山地带，桃源洞有 5 属为此类型，它们是阴地蕨属 *Botrychium*、紫萁属 *Osmunda*、羽节蕨属 *Gymnocarpium*、卵果蕨属 *Phegopteris*、荚果蕨属 *Matteuccia*，约占除世界广布属外总属数的 7.4%。

（9）中国—喜马拉雅分布

该类型东可达中国台湾，但不到日本，在桃源洞仅方杆蕨 *Glaphyropteridopsis* 1 属，占除世界广布属外总属数的 1.5%。

（10）中国—日本分布

间断分布于中国和日本的一些属，在桃源洞有石蕨属 *Saxiglossum*、鳞果星蕨属 *Lepidomicrosorum*、丝带蕨属 *Drymotaenium*、伏石蕨属 *Lemmaphyllum* 和毛枝蕨属 *Leptorumohra* 5 属，占除世界广布属外总属数的 7.4%。

（11）中国特有成分

桃源洞只有黔蕨属 *Phanerophlebiopsis* 1 属，集中分布于我国西南山区，向东延伸至罗霄山脉。

综上所述，桃源洞蕨类植物在属的构成上以热带至亚热带成分为主，多达 55 属，占除去世界广布属外总属数的 80.9%，充分反映出其地理位置接近我国中亚热带南缘的特性。但应该指出，在桃源洞分布的热带属中，呈现出属多种少的特点，绝大多数热带属仅有一种分布，个别热带属虽具有一定数量的种，但它们在该属中所占的比例却是很小的。由此可见，桃源洞的蕨类植物虽有不少热带属的渗入，但并非热带性的，而仍然是以亚热带种类占绝对优势。相应地，温带成分占 19.1%。

从特有成分来看，桃源洞地区尽管仅有一个中国特有属，但特有种相对较多，统计表明（表 4.4），该地区共有特有种 31 种，隶属于 16 科 26 属，占总种数的 12.9%。

表 4.4　桃源洞国家级自然保护区蕨类植物中国特有种

科	种名	科	种名
石杉科 Huperziaceae	四川石杉 Huperzia sutchueniana	金星蕨科 Thelypteridaceae	戟叶圣蕨 Dictyocline sagittifolia
石杉科 Huperziaceae	闽浙马尾杉 Phlegmariurus minchengensis	金星蕨科 Thelypteridaceae	中华金星蕨 Parathelypteris chinensis
卷柏科 Selaginellaceae	翠云草 Selaginella uncinata	鳞毛蕨科 Dryopteridaceae	刺头复叶耳蕨 Arachniodes exilis
观音座莲科 Angiopteridaceae	福建观音座莲 Angiopteris fokiensis	鳞毛蕨科 Dryopteridaceae	紫云山复叶耳蕨 Arachniodes ziyunshanensis
紫萁科 Osmundaceae	分株紫萁 Osmunda cinnamomea	鳞毛蕨科 Dryopteridaceae	两广鳞毛蕨 Dryopteris liangkwangensis
膜蕨科 Hymenophyllaceae	江西蕨 Mecodium kiangxiense	鳞毛蕨科 Dryopteridaceae	大羽黔蕨 Phanerophlebiopsis kweichowensis
膜蕨科 Hymenophyllaceae	庐山蕗蕨 Mecodium lushanense	鳞毛蕨科 Dryopteridaceae	陈氏耳蕨 Polystichum chunii
碗蕨科 Dennstaedtiaceae	中华鳞盖蕨 Microlepia sinostrigosa	三叉蕨科 Aspidiaceae	泡鳞肋毛蕨 Ctenitis mariformis
凤尾蕨科 Pteridaceae	华南凤尾蕨 Pteris austrosinica	三叉蕨科 Aspidiaceae	棕鳞肋毛蕨 Ctenitis pseudorhodolepis
中国蕨科 Sinopteridaceae	粉背蕨 Aleuritopteris pseudofarinosa	水龙骨科 Polypodiaceae	披针骨牌蕨 Lepidogrammitis diversa
中国蕨科 Sinopteridaceae	中华隐囊蕨 Notholaena chinensis	水龙骨科 Polypodiaceae	抱石莲 Lepidogrammitis drymoglossoides
铁线蕨科 Adiantaceae	粤铁线蕨 Adiantum lianxianense	水龙骨科 Polypodiaceae	庐山瓦韦 Lepisorus lewissi
裸子蕨科 Hemionitidaceae	南岳凤丫蕨 Coniogramme centrochinensis	水龙骨科 Polypodiaceae	梵净山盾蕨 Neolepisorus lancifolius
裸子蕨科 Hemionitidaceae	井冈山凤丫蕨 Coniogramme jinggangshanensis	水龙骨科 Polypodiaceae	相近石韦 Pyrrosia assimilis
书带蕨科 Vittariaceae	平肋书带蕨 Vittaria fudzinoi	水龙骨科 Polypodiaceae	庐山石韦 Pyrrosia sheareri
蹄盖蕨科 Athyriaceae	胎生蹄盖蕨 Athyrium viviparum		

4.4.3　蕨类植物的生态类型

桃源洞地形复杂，地理和气候条件优越，随着海拔和上层植被的变化，蕨类植物也呈现出不同的群落类型。

（1）山脚低坡次生林下的蕨类

主要包括海拔 400 m 以下山坡及其附近的丘陵地段，从植被的历史看，过去大都是常绿阔叶林地带，但由于人为活动频繁，森林长期遭受破坏，形成了今日的次生植被，其上层林木稀疏，林地空旷，土壤贫瘠、干燥。这一地段的蕨类植物种类较单调，大都是一些喜光耐旱的种类，如蕨 Pteridium aquilinum、芒萁、海金沙 Lygodium japonicum、垂穗石松、虎尾铁角蕨 Asplenium incisum、阔鳞鳞毛蕨 Dryopteris championii、金星蕨、渐尖毛蕨 Cyclosorus acuminatus、狗脊蕨、肾蕨 Nephrolepis auriculata、江南卷柏 Selaginella moellendorffii、扇叶铁线蕨 Adiantum flabellulatum、乌毛蕨等；在植被较好的地段还有一些喜阴种类，如边缘鳞盖蕨 Microlepia marginata、贯众、井栏边草 Pteris multifida、蜈蚣草 Pteris vittata、江南星蕨等。

（2）常绿阔叶林下的蕨类

一般分布于海拔 400~800 m 的地段，其森林保存较好，尤其沿河谷两岸，林冠重叠覆蔽，林内阳光较弱，土壤腐殖质丰富，空气湿度通常在 85.0% 以上，使许多阴生蕨类植物在此充分发育。

林下构成局部优势的种类有大、中型蕨群，如溪边凤尾蕨 Pteris excelsa、披针新月蕨 Pronephrium penangianum、狭翅铁角蕨 Asplenium wrightii、大羽黔蕨、斜方复叶耳蕨、鱼鳞蕨 Acrophorus stipellatus、凤丫蕨、华中瘤足蕨 Plagiogyria euphlebia、黑足鳞毛蕨等；另外，其附生与石生种类也极为丰富，如西南槲蕨 Drynaria fortunei、书带蕨、披针骨牌蕨、鳞果星蕨 Lepidomicrosorum buergerianum、瓦韦、石韦、舌蕨 Elaphoglossum conforme、长叶铁角蕨 Asplenium prolongatum、华东膜蕨 Hymenophyllum barbatum、

瓶蕨 *Vandenboschia auriculata*、团扇蕨 *Gonocormus minutus* 等；在林缘溪边还有大型的福建观音座莲、华南紫萁、菜蕨 *Callipteris esculenta*、方杆蕨 *Glaphyropteridopsis erubescens*、薄盖短肠蕨 *Allantodia hachijoensis*、紫柄蕨 *Pseudophegopteris pyrrhorachis* 等。

（3）常绿与落叶阔叶混交林下的蕨类

在海拔 800～1500 m，整个地带呈次生状况，在尚存较好的植被片断中，还能找到有代表性的蕨群，如林下凸轴蕨 *Metathelypteris hattorii*、黑鳞耳蕨 *Polystichum makinoi*、美丽复叶耳蕨 *Arachniodes speciosa*、阔鳞肋毛蕨 *Ctenitis maximowicziana* 等；还有发育较好的藤石松攀附于树冠上，长度可达 3～5 m；在原有植被破坏后，大量毛竹得以发展，在其竹林下也不乏蕨类植物，如姬蕨 *Hypolepis punctata*、粟柄金粉蕨 *Onychium japonicum* var. *lucidum*、中日金星蕨 *Parathelypteris nipponica*、延羽卵果蕨 *Phegopteris decursivepinnata*、戟叶圣蕨、迷人鳞毛蕨 *Dryopteris decipiens*、四回毛枝蕨 *Leptorumohra quadripinnata*、毛轴假蹄盖蕨 *Athyriopsis petersenii*、胎生蹄盖蕨等。

（4）落叶阔叶与常绿灌丛林下的蕨类

一般在海拔 1500～1844 m，该地段其林下的代表种类主要是一些喜冷湿的蕨种，如东方荚果蕨 *Matteuccia orientalis*、紫萁、阴地蕨 *Botrychium ternatum*、华东阴地蕨 *Botrychium japonicum*、心脏叶瓶尔小草 *Ophioglossum reticulatum*、东亚羽节蕨 *Gymnocarpium oyamense* 等；在其林缘和疏林地则有成片的毛轴蕨 *Pteridium revolutum*、玉柏 *Lycopodium obscurum*、扁枝石松 *Diphasiastrum complanatum* 等；另外还有一些石生和附生种类，如庐山石韦、鳞瓦韦 *Lepisorus oligolepidus*、黄瓦韦 *Lepisorus asterolepis* 等。

4.5　种　子　植　物

桃源洞保护区处于罗霄山脉中段地区，属中亚热带季风湿润气候区，受东亚季风环流影响，是我国中亚热带南部亚地带到北部亚地带的过渡区域。保护区内植被类型属于中亚热带常绿阔叶林地带，中亚热带（含华南植物区系成分的）常绿阔叶林南部亚地带，湘南山地栲类、蕈树植被区，罗霄山山地植被亚区。其中主要植被类型为中亚热带常绿阔叶林，群落建群种多为壳斗科、樟科、木兰科、山茶科、杜鹃花科物种，分布有以金缕梅科大果马蹄荷、杨梅叶蚊母树群落及木兰科金叶含笑、深山含笑群落为代表的典型中亚热带常绿阔叶林群落，同时分布有银鹊树、青钱柳、金缕梅等孑遗植物群落，显示桃源洞地区区系成分的古老特点。此外桃源洞地区山地植被垂直梯度明显，中低海拔多分布有中亚热带、北部亚地带成分，较高海拔地段还分布有大量温带植物成分。在植物分区上桃源洞地区隶属于东亚植物区，赣南—湘东丘陵亚地区（吴征镒等，2010），区内为典型的中亚热带气候，在区系成分上桃源洞保护区东亚特有植物成分较多，温带植物区系成分较明显，是我国华南、华东等多种植物区系成分的交汇区域。

据调查统计，桃源洞保护区共有种子植物 191 科 778 属 2036 种，占湖南种子植物种总数的 41.31%，其中裸子植物 6 科 12 属 14 种，分别占湖南裸子植物的 60.00%、36.36% 和 19.17%；被子植物有 185 科 766 属 2022 种，分别占湖南被子植物的 88.94%、58.86% 和 41.64%。由此看来，本区种子植物极为丰富。桃源洞保护区种子植物科属种统计如表 4.2 所示。

4.5.1　科的地理成分分析

桃源洞种子植物共有 191 科，占中国总科数（337 科）的 56.7%。根据吴征镒的世界种子植物科的分布区类型系统（吴征镒等，2003a，2003b），桃源洞种子植物科的分布区类型可划分为 12 个类型、9 个亚型（表 4.5）。

表 4.5 桃源洞种子植物科的分布区类型

分布区类型	科数	占非世界分布科数的比例 /%
1. 世界分布	38	—
2. 泛热带分布	67	43.79
2-1. 热带亚洲、大洋洲和热带美洲（南美洲或 / 和墨西哥）间断分布	3	1.96
2-2. 热带亚洲、热带非洲和热带美洲（南美洲）分布	2	1.31
3. 热带亚洲和热带美洲间断分布	5	3.27
4. 旧世界热带分布	5	3.27
4-1. 热带亚洲、非洲和大洋洲间断或星散分布	1	0.65
5. 热带亚洲至热带大洋洲分布	1	0.65
7. 热带亚洲分布（热带东南亚至印度—马来西亚、太平洋诸岛）	3	1.96
7-1. 爪哇、喜马拉雅和我国华南、西南星散	1	0.65
8. 北温带分布	27	17.65
8-4. 北温带和南温带（全温带）间断分布	10	6.54
8-5. 欧亚和南美洲温带间断分布	2	1.31
9. 东亚及北美间断分布	13	8.50
10-3. 欧亚和南非洲（有时也包括大洋洲）间断分布	1	0.65
12-3. 地中海区至温带，热带亚洲，大洋洲和南美洲间断分布	1	0.65
14. 东亚分布（东喜马拉雅—日本）	5	3.27
14-2. 中国—日本分布	1	0.65
15. 中国特有分布	5	3.27
合计	191	100

（1）世界分布

该分布区类型是指广布于世界各地而没有明显的分布中心。桃源洞保护区有本类型 38 科。含种类较多的科有禾本科 Gramineae（56 属 /91 种）、菊科 Compositae（54 属 /100 种）、蔷薇科 Rosaceae（23 属 /101 种）、百合科 Liliaceae（21 属 /37 种）、唇形科 Labiatae（21 属 /48 种）、玄参科 Scrophulariaceae（14 属 /35 种）、莎草科 Cyperaceae（12 属 /35 种）、石竹科 Caryophyllaceae（12 属 /20 种）。此外，还分布有一些水生或湿生植物的科，如浮萍科 Lemnaceae、泽泻科 Alismataceae、金鱼藻科 Ceratophyllaceae、狸藻科 Utriculariaceae 等。

（2）泛热带分布及其变型

该分布区类型在桃源洞保护区有 67 科，占非世界分布科数的 43.79%。含种类较多的科有蝶形花科 Papilionaceae（35 属 /79 种）、兰科 Orchidaceae（26 属 /47 种）、茜草科 Rubiaceae（18 属 /42 种）、荨麻科 Urticaceae（11 属 /32 种）、五加科 Araliaceae（10 属 /21 种）等。其余常见的科有樟科 Lauraceae、山茶科 Theaceae、野牡丹科 Melastomataceae、壳斗科 Fagaceae、马鞭草科 Verbenaceae、安息香科 Styracaceae、木犀科 Oleaceae、杜英科 Elaeocarpaceae、卫矛科 Celastraceae、冬青科 Aquifoliaceae、山矾科 Symplocaceae、柿科 Ebenaceae 等，均是保护区森林植被的主要组成物种。此外还有葫芦科 Cucurbitaceae、锦葵科 Malvaceae、茄科 Solanaceae、鸭跖草科 Commelinaceae、菝葜科 Smilacaceae、凤仙花科 Balsaminaceae 等草本层常见植物科。

该分布区类型有两个变型亦出现在桃源洞保护区，即：①热带亚洲、大洋洲和热带美洲（南美洲或 / 和墨西哥）间断分布，包括半边莲科 Lobeliaceae、桃金娘科 Myrtaceae、鸢尾科 Iridaceae 三个科；②热带亚洲、热带非洲和热带美洲（南美洲）分布，包括马兜铃科 Aristolochiaceae 和商陆科 Phytolaccaceae。

（3）热带亚洲和热带美洲间断分布

该分布区类型在桃源洞保护区有 5 科，占非世界分布科数的 3.27%。包括木兰科 Magnoliaceae（4 属 /17

种）、椴树科 Tiliaceae（4 属 /6 种）、省沽油科 Staphyleaceae（2 属 /2 种）、泡花树科 Meliosmaceae（1 属 /10 种）、桤叶树科 Clethraceae（1 属 /5 种）。

（4）旧世界热带分布及其变型

该分布区类型在桃源洞保护区有 5 科，占非世界分布科数的 3.27%。包括乌檀科 Naucleaceae（4 属 /6 种）、海桐花科 Pittosporaceae（1 属 /5 种）、番荔枝科 Annonaceae（1 属 /3 种）、五月茶科 Stilaginaceae（1 属 /1 种）、紫葳科 Bignoniaceae（1 属 /1 种）。

该分布区类型有 1 个变型出现在桃源洞保护区，即热带亚洲、非洲和大洋洲间断或星散分布，仅紫金牛科 Myrsinaceae（5 属 /17 种）。

（5）热带亚洲至热带大洋洲分布

该分布区类型在桃源洞保护区仅有 1 科，为天门冬科 Asparagaceae（1 属 /1 种），占非世界分布科数的 0.65%。

（6）热带亚洲至热带非洲分布

桃源洞保护区未出现本分布区类型的科。

（7）热带亚洲分布（热带东南亚至印度—马来西亚、太平洋诸岛）

该分布区类型在桃源洞保护区有 3 科，包括姜科 Zingiberaceae（3 属 /3 种）、清风藤科 Sabiaceae（1 属 /7 种）/ 交让木科 Daphniphyllaceae（1 属 /2 种），占非世界分布科数的 1.96%。

该分布区类型在桃源洞保护区内分布有 1 个变型，即爪哇、喜马拉雅和我国华南、西南星散分布，仅重阳木科 Bischofiaceae（1 属 /1 种）。

（8）北温带分布及其变型

该分布区类型在桃源洞保护区有 27 科，占非世界分布科数的 17.65%。含种类较多的科有伞形科 Umbelliferae（16 属 /28 种）、毛茛科 Ranunculaceae（10 属 /41 种）、十字花科 Cruciferae（8 属 /17 种）。其余常见科有蓼科 Polygonaceae、杜鹃花科 Ericaceae、胡桃科 Juglandaceae、桔梗科 Campanulaceae、龙胆科 Gentianaceae、忍冬科 Caprifoliaceae、山茱萸科 Cornaceae、松科 Pinaceae、远志科 Polygalaceae 等主要森林和灌草群落组成植物科。

该分布区类型有 2 个变型出现在桃源洞保护区内，即：①北温带和南温带（全温带）间断分布，共 10 科，占非世界分布科数的 6.54%。包括金缕梅科 Hamamelidaceae（8 属 /11 种）、绣球花科 Hydrangeaceae（6 属 /11 种）、虎耳草科 Saxifragaceae（4 属 /8 种）、柏科 Cupressaceae（3 属 /3 种）、柳叶菜科 Onagraceae（3 属 /10 种）、败酱科 Valerianaceae（2 属 /4 种）、桦木科 Betulaceae（2 属 /2 种）、菖蒲科 Acoraceae（1 属 /13 种）、黑三棱科 Sparganiaceae（1 属 /1 种）、接骨木科 Sambucaceae（1 属 /2 种）；②欧亚和南美洲温带间断分布，仅木通科 Lardizabalaceae（3 属 /13 种）和七叶树科 Hippocastanaceae（1 属 /1 种）。

（9）东亚及北美间断分布

桃源洞保护区有该分布区类型 13 科，占非世界分布科数的 8.50%。常见科有蓝果树科 Nyssaceae（2 属 /2 种）、三白草科 Saururaceae（2 属 /2 种）、五味子科 Schisandraceae（2 属 /8 种）、小檗科 Berberidaceae（2 属 /6 种）、八角科 Illiciaceae（1 属 /6 种）、蜡梅科 Calycanthaceae（1 属 /1 种）、杉科 Taxodiaceae（1 属 /1 种）、鼠刺科 Iteaceae（1 属 /2 种）、溲疏科 Deutziaceae（1 属 /2 种）。

（10）欧亚和南非洲（有时也包括大洋洲）间断分布

该分布区类型为旧世界温带分布的变型。桃源洞保护区仅分布该类型科 1 科，为川续断科 Dipsacaceae（1 属 /2 种），占非世界分布科数的 0.65%。

（11）温带亚洲分布

桃源洞保护区未出现本分布区类型的科。

（12）地中海区至温带，热带亚洲，大洋洲和南美洲间断分布

此类型为地中海、中亚、西亚分布类型的变型，桃源洞保护区仅分布该类型科 1 科，为黄连木科 Pistaciaceae（1 属 /1 种）。

（13）中亚分布及其变型

桃源洞保护区未出现本分布区类型的科。

（14）东亚（东喜马拉雅—日本）分布及其变型

该分布区类型在桃源洞保护区有 5 科，占非世界分布科数的 3.27%。包括猕猴桃科 Actinidiaceae（1 属 /18 种）、青荚叶科 Helwingiaceae（1 属 /3 种）、桃叶珊瑚科 Aucubaceae（1 属 /3 种）、旌节花科 Stachyuraceae（1 属 /2 种）、三尖杉科 Cephalotaxaceae（1 属 /2 种）。

该类型包括一个变型：中国—日本分布，本区仅出现南天竹科 Nandinaceae（1 属 /1 种）。

（15）中国特有分布

桃源洞保护区中国特有科共 5 科，包括伯乐树科 Bretschneideraceae（1 属 /1 种）、大血藤科 Sargentodoxaceae（1 属 /1 种）、杜仲科 Eucommiaceae（1 属 /1 种）、银杏科 Ginkgoaceae（1 属 /1 种）和瘿椒树科 Tapisciaceae（1 属 /1 种），占非世界分布科数的 3.27%。

通过分析表明，虽然在科一级水平上，诸如樟科、壳斗科、山茶科、山矾科、冬青科、蔷薇科等科的属数并不多，但是这些科的种类基本为本地植被的建群种和优势种。本地区共有种子植物 191 科，科的分布区类型可划分为 10 个类型、9 个亚型，体现出该地区在科级水平上地理成分的复杂性，与其他地区存在着广泛的联系。其中，热带性质科（分布区类型为 2～7 及其变型）共 88 科，占非世界分布科数的 57.52%；温带性质科（分布区类型为 8～15 及其变型）共 65 科，占非世界分布科数的 42.48%。热带性质科的比例明显大于温带性质科，表明在科一级水平上，以热带性质为主，但温带性质科也相当丰富。

4.5.2 属的地理成分分析

桃源洞保护区种子植物共有植物属 778 属，对其分布区类型分析见表 4.6。

表 4.6 桃源洞种子植物属的分布区类型

分布区类型	属数	占非世界分布属数的比例 /%
1. 世界分布	65	—
2. 泛热带分布	127	17.81
2-1. 热带亚洲、大洋洲和热带美洲（南美洲或 / 和墨西哥）间断分布	6	0.84
2-2. 热带亚洲、热带非洲和热带美洲（南美洲）分布	5	0.70
3. 热带亚洲和热带美洲间断分布	14	1.96
4. 旧世界热带分布	38	5.33
4-1. 热带亚洲、非洲和大洋洲间断或星散分布	12	1.68
5. 热带亚洲至热带大洋洲分布	32	4.49
5-1. 中国（西南）亚热带和新西兰间断分布	1	0.14
6. 热带亚洲至热带非洲分布	23	3.23
6-2. 热带亚洲和东非或马达加斯加间断分布	2	0.28
7. 热带亚洲分布（印度—马来西亚）	53	7.43
7-1. 爪哇、喜马拉雅和我国华南、西南星散分布	10	1.40
7-2. 热带印度至我国华南（尤其云南南部）分布	3	0.42
7-3. 缅甸、泰国至我国华南至西南分布	1	0.14
7-4. 越南（或中南半岛）至我国华南（或西南）分布	5	0.70
7-5. 菲律宾、我国海南和我国台湾间断分布	2	0.28
8. 北温带分布	104	14.59
8-4. 北温带和南温带（全温带）间断分布	28	3.93
8-5. 欧亚和南美洲温带间断分布	1	0.14

续表

分布区类型	属数	占非世界分布属数的比例 /%
9. 东亚及北美间断分布	60	8.42
9-1. 东亚和墨西哥间断分布	1	0.14
10. 旧世界温带分布	32	4.49
10-1. 地中海区、西亚和东亚间断分布	5	0.70
10-2. 地中海区和喜马拉雅间断分布	1	0.14
10-3. 欧亚和南非洲（有时也包括大洋洲）间断分布	3	0.42
11. 温带亚洲分布	8	1.12
12-3. 地中海区至温带、热带亚洲、大洋洲和南美洲间断分布	2	0.28
14. 东亚分布（东喜马拉雅—日本）	50	7.01
14（SH）. 中国—喜马拉雅分布	18	2.52
14（SJ）. 中国—日本分布	38	5.33
15. 中国特有分布	28	3.93
合计	778	100

（1）世界分布

该分布区类型指遍布于世界各地，没有特殊分布中心的属。桃源洞保护区内属于该分布区类型的共有 65 属。所含种类比较多的属有悬钩子属 Rubus（30 种）、蓼属 Polygonum（27 种）、铁线莲属 Clematis（18 种）、堇菜属 Viola（17 种）、珍珠菜属 Lysimachia（12 种）、薹草属 Carex（11 种）、金丝桃属 Hypericum（10 种）等。此分布区类型属的植物多为草本植物，如莎草属 Cyperus、车前属 Plantago、繁缕属 Stellaria、薹草属、堇菜属和老鹳草属 Geranium 等；此外还有一些湿生或水生植物属，如蓼属、浮萍属 Lemna、水苋菜属 Ammannia、酸模属 Rumex 和眼子菜属 Potamogeton 等。

（2）泛热带分布及其变型

该分布区类型指普遍分布于东、西半球热带，以及在全世界热带范围内有分布中心，并且在其他地区也有一些种类分布的热带属。桃源洞保护区内属于该分布区类型的共有 127 属，占非世界分布属的 17.81%。所含种类比较多的属有冬青属 Ilex（31 种）、山矾属 Symplocos（21 种）、薯蓣属 Dioscorea（14 种）、紫珠属 Callicarpa（14 种）、榕属 Ficus（13 种）、菝葜属 Smilax（12 种）、花椒属 Zanthoxylum（11 种）、冷水花属 Pilea（11 种）、卫矛属 Euonymus（11 种）、紫金牛属 Ardisia（10 种）等。木本属有冬青属、山矾属、榕属、安息香属 Styrax、柿属 Diospyros、杜英属 Elaeocarpus、大戟属 Euphorbia、青皮木属 Schoepfia 等。草本属主要有菝葜属、凤仙花属 Impatiens、金粟兰属 Chloranthus、母草属 Lindernia、狗尾草属 Setaria、虾脊兰属 Calanthe、天胡荽属 Hydrocotyle 等。藤本属有薯蓣属、菝葜属、南蛇藤属 Celastrus、钩藤属 Uncaria 等。

该分布区类型在保护区内分布有两个变型：①热带亚洲、大洋洲和热带美洲（南美洲或 / 和墨西哥）间断分布，包括薄柱草属 Nertera、糙叶树属 Aphananthe、兰花参属 Waklenbergia、石胡荽属 Centipeda、铜锤玉带草属 Pratia 和小二仙草属 Haloragis，共 6 属，占非世界分布属的 0.84%；②热带亚洲、热带非洲和热带美洲（南美洲）分布，包括粗叶木属 Lasianthus、桂樱属 Laurocerasus、勒竹属 Bambusa、雾水葛属 Pouzolzia 等，共 5 属，占非世界分布属的 0.70%。

桃源洞保护区泛热带分布类型及其亚型分布属总和占非世界分布属的 19.35%，在各分布区类型及其亚型分布属所占比例中位于第一，体现了该地区植物区系的泛热带性质。

（3）热带亚洲和热带美洲间断分布

该分布区类型指间断分布于热带亚洲和热带美洲的属。桃源洞保护区内属于该分布区类型的共有 14 属，占非世界分布属的 1.96%。该分布区类型在桃源洞保护区以乔木属占据优势，主要包括柃属 Eurya（13 种）、木姜子属 Litsea（11 种）、泡花树属 Meliosma（10 种）、楠木属 Phoebe（6 种）和山柳属 Clethra（5 种）等，这类属植物常为当地群落乔木层的主要组成物种。

（4）旧世界热带分布及其变型

桃源洞保护区内属于该分布区类型的共有 38 属，占非世界分布属的 5.33%。所含种类比较多的属有崖豆藤属 *Millettia*（8 种）、野桐属 *Mallotus*（7 种）、海桐花属 *Pittosporum*（5 种）等。该类型属在本区多为单种属和少种属，其中单种属有 20 属，常见的有栀子属 *Gardenia*、杜茎山属 *Maesa*、山姜属 *Alpinia*、五月茶属 *Antidesma* 等；含 2～4 种的属有 15 属，常见的有楼梯草属 *Elatostema*、八角枫属 *Alangium*、蒲桃属 *Syzygium*、玉叶金花属 *Mussaenda*、楝属 *Melia*、合欢属 *Albizia* 等。

该分布区类型在保护区内分布有 1 个变型，即热带亚洲、非洲和大洋洲间断或星散分布，包括瓜馥木属 *Fissistigma*、茜树属 *Aidia*、乌口树属 *Tarenna*、爵床属 *Rostellularia* 等 12 属，占非世界分布属的 1.68%。

（5）热带亚洲至热带大洋洲分布及其变型

该分布区类型是指旧世界热带分布区的东部，向西偶可达马达加斯加，一般不包括非洲大陆。桃源洞保护区内属于该分布区类型的共有 32 属，占非世界分布属的 4.49%。该类型属在本区只有樟属种类分布较多，共 12 种，樟属的种类在本区群落乔木层中是重要的组成物种。其余的均为单种属和少种属，其中单种属有 17 属，且多为草本和半灌木属，有野牡丹属 *Melastoma*、姜属 *Zingiber*、假耳草属 *Neanotis*、九里香属 *Murraya*、野扁豆属 *Dunbaria* 等；含 2～5 种的属有 12 属，有荛花属 *Wikstroemia*、香椿属 *Toona*、狗骨柴属 *Diplospora*、山龙眼属 *Helicia*、柘属 *Cudrania* 等。

该分布区类型在保护区内分布有 1 个变型，即中国（西南）亚热带和新西兰间断分布，仅有梁王茶属 *Nothopanax*。

（6）热带亚洲至热带非洲分布及其变型

该分布区类型是指旧世界热带分布区的西部。桃源洞保护区内属于该分布区类型的共有 23 属，占非世界分布属的 3.23%。该类型属都以单种属和少种属分布于桃源洞保护区内，其中单种属 12 属，包括大豆属 *Glycine*、飞龙掌血属 *Toddalia*、常春藤属 *Hedera*、鱼眼草属 *Dichrocephala* 等；少种属 11 属，包括香茶菜属 *Isodon*、钝果寄生属 *Taxillus*、芒属 *Miscanthus*、铁仔属 *Myrsine*、水团花属 *Adina* 等。

该分布区类型在保护区内分布有 1 个变型，即热带亚洲和东非或马达加斯加间断分布，仅有杨桐属 *Adinandra* 和紫云菜属 *Strobilanthes* 两个属。

（7）热带亚洲分布（印度—马来西亚）及其变型

该分布区类型属于旧世界热带的中心部分，分布范围包括印度、印度尼西亚、中南半岛、菲律宾、斯里兰卡等，其分布区北面可到我国西南、华南和台湾。桃源洞保护区内属于该分布区类型的共有 53 属，占非世界分布属的 7.43%。所含种类较多的属有青冈属 *Cyclobalanopsis*（12 种）、润楠属 *Machilus*（7 种）、含笑属 *Michelia*（7 种）、清风藤属 *Sabia*（7 种）、山茶属 *Camellia*（7 种）和新木姜子属 *Neolitsea*（7 种）等。其中青冈属、润楠属、含笑属、山茶属和新木姜子属的某些种类均为桃源洞保护区常绿阔叶林的优势种和常见种。该分布区类型单种属有 27 属，且大多为草本和半灌木植物属，如草珊瑚属 *Sarcandra*、淡竹叶属 *Lophatherum*、蓬莱葛属 *Gardneria*、锥花属 *Gomphostemma*、舞花姜属 *Globba* 等。这一类型中藤本植物属类型较多，常见的有清风藤属、鸡矢藤属 *Paederia*、绞股蓝属 *Gynostemma*、南五味子属 *Kadsura*、轮环藤属 *Cyclea*、称钩风属 *Diploclisia* 和细圆藤属 *Pericampylus* 等。

该分布区类型在保护区内分布有 5 个变型。①爪哇、喜马拉雅和我国华南、西南星散分布，包括木荷属 *Schima*、蕈树属 *Altingia*、马蹄荷属 *Exbucklandia*、锦香草属 *Phyllagathis* 和假糙苏属 *Paraphlomis* 等 10 属。其中木荷属的木荷 *Schima superba*、马蹄荷属的大果马蹄荷 *Exbucklandia tonkinensis* 在保护区内均有群落分布，为常绿阔叶林的主要组成物种。②热带印度至我国华南（尤其云南南部），包括大苞寄生属 *Tolypanthus*、独蒜兰属 *Pleione* 和肉穗草属 *Sarcopyramis* 等 3 属。③缅甸、泰国至我国华南至西南分布，仅有穗花杉属 *Amentotaxus* 一属，且穗花杉属的穗花杉 *Amentotaxus argotaenia* 在保护区内有大量的分布。④越南（或中南半岛）至我国华南（或西南）分布，赤杨叶属 *Alniphyllum*、福建柏属 *Fokienia*、陀螺果属 *Melliodendron*、异药花属 *Fordiophyton* 和竹根七属 *Disporopsis* 等 5 属。其中赤杨叶属的赤杨叶 *Alniphyllum fortunei* 为保护区落叶阔叶林的重要组成物种，福建柏属的福建柏为保护区内针叶林的优势种之一或为建群种。⑤菲律宾、我国海南和我国台湾间断分布，

仅包括石斑木属 *Rhaphiolepis* 和小苦荬属 *Ixeridium*。

（8）北温带分布及其变型

该分布区类型是指广泛分布于欧亚和北美洲温带地区的属。桃源洞保护区内属于该分布区类型的共有 104 属，占非世界分布属的 14.59%。所含种类较多的有荚蒾属 *Viburnum*（18 种）、杜鹃属 *Rhododendron*（17 种）、槭属 *Acer*（17 种）、忍冬属 *Lonicera*（11 种）、蒿属 *Artemisia*（10 种）、栎属 *Quercus*（9 种）等。其中该分布区类型中有多种属是保护区常绿落叶阔叶混交林的重要组成部分，如槭属、杜鹃属、栎属、樱属 *Cerasus*、鹅耳枥属 *Carpinus*、栗属 *Castanea*、水青冈属 *Fagus* 和榆属 *Ulmus* 等。该分布区类型中松属 *Pinus* 的台湾松在保护区有优势群落分布，也是针阔混交林的重要组成物种。此外，该分布区类型中草本属较为丰富，代表属有风轮菜属 *Clinopodium*、画眉草属 *Eragrostis*、委陵菜属 *Potentilla*、细辛属 *Asarum*、百合属 *Lilium*、菖蒲属 *Acorus*、鹿蹄草属 *Pyrola*、龙芽草属 *Agrimonia*、绶草属 *Spiranthes*、夏枯草属 *Prunella* 等，它们均为草本层中的主要组成物种。

该分布区类型在保护区内分布有 2 个变型。①北温带和南温带（全温带）间断分布，共 28 属，占非世界分布的 3.93%。其多为草本和灌木属，如景天属 *Sedum*、唐松草属 *Thalictrum*、巢菜属 *Vicia*、金腰属 *Chrysosplenium*、婆婆纳属 *Veronica*、枸杞属 *Lycium*、接骨木属 *Sambucus*、茜草属 *Rubia*、荨麻属 *Urtica*、獐牙菜属 *Swertia* 等。②欧亚和南美洲温带间断分布，仅看麦娘属 *Alopecurus* 1 属。

北温带分布区类型及其亚型共占非世界分布属的 18.66%，仅次于泛热带分布及其亚型所占比例，体现了本地区植物区系的温带性质。

（9）东亚及北美间断分布及其变型

该分布区类型是指间断分布于东亚和北美温带及亚热带地区的属。桃源洞保护区内属于该分布区类型的共有 60 属，占非世界分布属的 8.42%。所含种类较多的属有柯属 *Lithocarpus*（13 种）、山胡椒属 *Lindera*（11 种）、石楠属 *Photinia*（11 种）、蛇葡萄属 *Ampelopsis*（10 种）、胡枝子属 *Lespedeza*（9 种）、栲属 *Castanopsis*（9 种）、楤木属 *Aralia*（7 种）、八角属 *Illicium*（6 种）、木兰属 *Magnolia*（6 种）等。柯属、石楠属、栲属、木兰属、枫香属 *Liquidambar*、鼠刺属 *Itea*、灯台树属 *Thelycrania* 等常为该地常绿阔叶林的重要组成物种。该分布区类型在当地分布有八角属、木兰属、枫香属、金缕梅属、蓝果树属等孑遗属，体现了该地植物区系具有一定的古老性，也反映出了本地植物区系与北美植物区系存在着较为密切的关系。

该分布区类型在保护区内分布有 1 个变型：东亚和墨西哥间断分布，仅有六道木属 *Abelia*。

（10）旧世界温带分布及其变型

该分布区类型指广泛分布于欧洲、亚洲中高纬度的温带和寒带，或有个别延伸到非洲热带山地或澳大利亚的属。桃源洞保护区内属于该分布区类型的共有 32 属，占非世界分布属的 4.49%。该类型中多为单种属和少种属，且多为草本和灌木属，木本属仅有梨属 *Pyrus*、瑞香属 *Daphne*、淫羊藿属 *Epimedium* 三属。其中单种属 15 属，有菊属 *Dendranthema*、荞麦属 *Fagopyrum*、益母草属 *Leonurus*、鹅肠菜属 *Myosoton*、剪秋罗属 *Lychnis*、草木犀属 *Melilotus* 等；含 2～4 种的属共 17 属，有水芹属 *Oenanthe*、鹅观草属 *Roegneria*、石竹属 *Dianthus*、淫羊藿属、香薷属 *Elsholtzia*、瑞香属等。

该分布区类型在保护区内分布有 3 个变型：①地中海区、西亚和东亚间断分布，包括火棘属 *Pyracantha*、榉属 *Zelkova*、牛至属 *Origanum*、女贞属 *Ligustrum*、窃衣属 *Torilis*；②地中海区和喜马拉雅间断分布，仅牛皮消属 *Cynanchum*；③欧亚和南非洲（有时也包括大洋洲）间断分布，包括百脉根属 *Lotus*、绵枣儿属 *Scilla*、前胡属 *Peucedanum* 三属。

（11）温带亚洲分布

该分布区类型仅局限于亚洲温带地区的属。桃源洞保护区内属于该分布区类型的仅有 8 属，占非世界分布属的 1.12%。包括大油芒属 *Spodiopogon*、附地菜属 *Trigonotis*、孩儿参属 *Pseudostellaria*、杭子梢属 *Campylotropis*、锦鸡儿属 *Caragana*、马兰属 *Kalimeris*、女菀属 *Turczaninovia*、虎杖属 *Reynoutria*，其中仅附地菜属有 2 种，其余属均只有 1 种。

（12）地中海区至温带、热带亚洲、大洋洲和南美洲间断分布

此分布区类型为地中海区、西亚至中亚分布区的变型，桃源洞保护区内属于该分布区类型的仅有黄

连木属 *Pistacia*、牻牛儿苗属 *Erodium* 2 属，且均为单种属。

（13）中亚分布及其变型

桃源洞保护区未出现本分布区类型的属。

（14）东亚分布（东喜马拉雅—日本）及其变型

该分布区类型指从东喜马拉雅分布至日本的属。桃源洞保护区内属于该分布区类型的有 50 属，占非世界分布属的 7.01%。种类较多的属有猕猴桃属 *Actinidia*（18 种）、野木瓜属 *Stauntonia*（7 种）、毛竹属 *Phyllostachys*（6 种）、四照花属 *Dendrobenthamia*（5 种）、兔儿风属 *Ainsliaea*（5 种）。其余属均为单种属和少种属。其中单种属 23 属，包括党参属 *Codonopsis*、蕺菜属 *Houttuynia*、油点草属 *Tricyrtis*、茵芋属 *Skimmia*、南酸枣属 *Choerospondias*、栾树属 *Koelreuteria* 等；含 2~4 种属共 22 属，包括五加属 *Acanthopanax*、半蒴苣苔属 *Hemiboea*、降龙草属 *Hemiboea*、败酱属 *Patrinia*、吊钟花属 *Enkianthus*、蜡瓣花属 *Corylopsis*、青荚叶属 *Helwingia*、桃叶珊瑚属 *Aucuba*、粗榧属 *Cephalotaxus* 等。

该分布区类型在保护区内有 2 个变型。①中国—喜马拉雅分布，共 18 属，占非世界分布属的 2.52%。该分布区类型属多为草本和灌木属，主要有吊石苣苔属 *Lysionotus*、八角莲属 *Dysosma*、鸡仔木属 *Sinoadina*、囊瓣芹属 *Pternopetalum*、人字果属 *Dichocarpum*、射干属 *Belamcanda*、双蝴蝶属 *Tripterospermum*、阴行草属 *Siphonostegia* 等；木本属仅有红果树属 *Stranvaesia*；藤本属植物有冠盖藤属 *Pileostegia*、俞藤属 *Yua* 两属。②中国—日本分布，共 38 属，占非世界分布属的 5.33%。该分布区类型均为单种属和少种属。单种属有 30 属，其中木本属有白辛树属 *Pterostyrax*、刺楸属 *Kalopanax*、枫杨属 *Pterocarya*、化香树属 *Platycarya*、野鸦椿属 *Euscaphis* 等；草本及灌木属有假婆婆纳属 *Stimpsonia*、锦带花属 *Weigela*、桔梗属 *Platycodon*、龙珠属 *Tubocapsicum*、南天竹属 *Nandina*、田麻属 *Corchoropsis*、显子草属 *Phaenosperma* 等。2~3 种属共 8 属，包括半夏属 *Pinellia*、黄檗属 *Phellodendron*、木通属 *Akebia*、泡桐属 *Paulownia*、雷公藤属 *Tripterygium*、六月雪属 *Serissa*、玉簪属 *Hosta*、枳椇属 *Hovenia*。

（15）中国特有分布

桃源洞保护区内中国特有分布属共 28 属，占非世界分布属的 3.93%。如拟单性木兰属 *Parakmeria*、瘿椒树属 *Tapiscia*、大血藤属 *Sargentodoxa*、血水草属 *Eomecon*、泡果荠属 *Yinshania*、石笔木属[①] *Tutcheria*、蜡梅属 *Chimonanthus*、杜仲属 *Eucommia*、青檀属 *Pteroceltis* 等，中国特有属是分析本区区系特征的重要依据。详见本章 4.6 节的特有现象分析。

通过以上在属一级的地理成分统计与分析如下。①桃源洞保护区 778 属，可划分为 13 个分布区类型，9 个变型，显示出该地区属一级水平上地理成分与中国植物区系具有广泛的联系。②该地热带性质属（分布区类型为 2~7 及其变型）占非世界分布属数的比例为 46.83%，温带性质属（分布区类型为 8~15 及其变型）占非世界分布属数的比例为 53.17%。与科的分布区类型对比发现，热带成分降低（热带性质科所占比例为 57.52%），温带成分增加（温带性质科所占比例为 42.48%）。这是桃源洞植物区系一个非常特殊的现象，一方面，体现了桃源洞区系具有明显的中亚热带性质、中亚热带山地性质，另一方面，表明该区系受到了北亚热带区系成分、华中、西南区系成分的强烈影响。③分布区类型占比例最丰富的是：泛热带分布（138 属）、北温带分布（132 属），反映出桃源洞植物区系是处于热带和温带植物区系的过渡区域，受到北、南区系成分的强烈渗透。④桃源洞保护区有东亚北美间断分布属多达 61 属，包括八角属、木兰属、枫香属、金缕梅属、蓝果树属等孑遗属，在植被组成中亦非常丰富，充分体现了该地区植物区系具有明显的古老性，同时也反映出了本地植物区系与北美植物区系存在着较为密切的关系。

4.6　特有现象及其区系地理学意义

植物分布的特有现象是一个相对的概念，是指特定区域植物区系存在的特有成分（应俊生和张志松，1984），当一个分类群在特定区域内分布时即认为该分类群是这一地区特有的（Anderson，1994）。特有现象是植物区系研究的重要内容，对于认识一个地区植物区系的特征及其演变历程有着重要意义。下面对

[①]　石笔木属 *Tutcheria* 在 *Flora of China* 中已归入核果茶属 *Pyrenaria*，鉴于前者形态特征的差异性，在统计特有属时，暂列为一独立属，下同

桃源洞植物区系的特有现象进行讨论。

4.6.1 中国特有科

本研究将中国特有科定义为仅分布于中国境内，或其分布区域主要范围在中国但可延伸至邻近国家或地区的科（王荷生和张镱锂，1994；左家哺和傅德志，2003），因为对植物区系发生历史进行研究应按照自然地理区域开展，而不能局限于行政区域。桃源洞共有中国特有科 5 科，为银杏科、瘿椒树科、大血藤科、杜仲科、伯乐树科，它们均为单种科或寡种科，在地史时期分布区域广阔，第三纪以来伴随着气候变化及地质活动分布区逐步退缩至我国境内（周浙昆和 Momohara，2005）。

银杏科 Ginkgoaceae：单型科，仅银杏 *Ginkgo biloba* 一种，分布于我国华东、华中等地区，为著名的活化石，孑遗植物。

瘿椒树科 Tapisciaceae：本科共有 2 种，桃源洞分布有瘿椒树 *Tapiscia sinensis* 一种，在田心里至大院一带山坡上有优势群落分布。

大血藤科 Sargentodoxaceae：单型科，仅有大血藤 *Sargentodoxa cuneata* 一种，为大型落叶攀援藤本，广泛分布于我国亚热带山地，其野生种群形态变化大，叶片一般为单叶，但偶可见到叶片分裂。谱系地理学研究表明，大血藤的种群在中更新世间冰期时曾发生过广泛的种群扩张（Tian et al.，2015），现代的分布格局受到古环境的影响。

杜仲科 Eucommiaceae：单型科。杜仲 *Eucommia ulmoides* 是著名的孑遗种，第三纪时期北半球欧洲、北美等地区广泛分布，第四纪冰期来临时分布区域逐步退缩至我国境内。杜仲为重要的中药资源，桃源洞山地内偶可发现野生植株。

伯乐树科 Bretschneideraceae：仅伯乐树 *Bretschneidera sinensis* 一种，为高大落叶乔木，形态特征与无患子目中分类群亲缘关系最近，可能起源于古北大陆东部（吴征镒等，2003）。

4.6.2 中国特有属

特有属是表现该地区植物区系特征的重要因素，可以作为本区系与周边不同植物区系区别的重要标志，也是进行植物区系划分的重要依据（Takhtajan，1978）。关于中国特有属的概念，依据吴征镒（1991，2006）的划分方法，属的分布区类型为第 15 型的即为中国特有属，在此基础上依据中国自然地理区域概念，对特有属进行区分。桃源洞保护区内共有中国特有属 28 属，隶属于 24 个科（表 4.7）。

表 4.7　桃源洞种子植物区系中国特有属

序号	科名	属名	桃源洞种数	地理分布
1	银杏科 Ginkgoaceae	银杏属 *Ginkgo*	1	华东、华中
2	松科 Pinaceae	银杉属 *Cathaya*	1	华南、华中
3	杉科 Taxodiaceae	杉木属 *Cunninghamia*	1	华东、华中、华南、西南
4	木兰科 Magnoliaceae	拟单性木兰属 *Parakmeria*	1	西南、华南、华东
5	瘿椒树科 Tapisciaceae	瘿椒树属 *Tapiscia*	1	华东、华中、华南、西南
6	大血藤科 Sargentodoxaceae	大血藤属 *Sargentodoxa*	1	华东、华中、华南、西南
7	罂粟科 Papaveraceae	血水草属 *Eomecon*	1	华东、华中、西南
8	十字花科 Cruciferae	泡果荠属 *Yinshania*	2	西北、华北、华东
9	山茶科 Theaceae	石笔木属 *Tutcheria*	1	西南、华南、华东
10	蜡梅科 Calycanthaceae	蜡梅属 *Chimonanthus*	1	西南、华中、华东
11	杜仲科 Eucommiaceae	杜仲属 *Eucommia*	1	华中、华东
12	榆科 Ulmaceae	青檀属 *Pteroceltis*	1	西北、东北、华中、华东
13	芸香科 Rutaceae	枳属 *Poncirus*	1	西南、华中、华东
14	伯乐树科 Bretschneideraceae	伯乐树属 *Bretschneidera*	1	西南、华南、华中、华东

序号	科名	属名	桃源洞种数	地理分布
15	胡桃科 Juglandaceae	青钱柳属 Cyclocarya	1	华南、华中、华东
16	蓝果树科 Nyssaceae	喜树属 Camptotheca	1	华南、华中、华东
17	五加科 Araliaceae	通脱木属 Tetrapanax	1	西南、华南、华中、华东
18	茜草科 Rubiaceae	香果树属 Emmenopterys	1	华北、华东、华中、华南、西南
19	龙胆科 Gentianaceae	匙叶草属 Latouchea	1	华东、华南、西南
20	紫草科 Boraginaceae	车前紫草属 Sinojohnstonia	1	西北、西南、华中
21	紫草科 Boraginaceae	盾果草属 Thyrocarpus	1	华中、华南、华东
22	紫草科 Boraginaceae	皿果草属 Omphalotrigonotis	1	华东
23	苦苣苔科 Gesneriaceae	马铃苣苔属 Oreocharis	3	华中、华东
24	百合科 Liliaceae	丫蕊花属 Ypsilandra	1	华中、西南、华南
25	禾本科 Gramineae	慈竹属 Neosinocalamus	1	华中、西南、华南
26	禾本科 Gramineae	井冈寒竹属 Gelidocalamus	1	华东、华中
27	禾本科 Gramineae	箬竹属 Indocalamus	2	华南、华中、华东
28	兰科 Orchidaceae	独花兰属 Changnienia	1	华东、华中

桃源洞地区所分布的中国特有属以单型属及寡型属居多，如具有孑遗性质的银杉属、血水草属、杜仲属、青檀属、青钱柳属、喜树属、香果树属等，这些属大都起源历史古老，在系统进化上多较为原始，自中新世以来它们的分布区逐步退缩，并随着第三纪以来东亚季风气候的形成，分布区几经进退而形成中国特有的分布格局（Kou et al., 2016；Tian et al., 2015），表现出桃源洞的植物区系成分明显的古老性。

桃源洞地区中国特有属以木本属（19 属）居多，草本属仅有 9 属，如血水草属、皿果草属、丫蕊花属、车前紫草属、匙叶草属等。一般认为木本特有属的起源历史早于草本类群，比例较高的木本特有属体现出桃源洞区系成分发生进程的漫长与古老；而 9 种草本特有属的存在也一定程度上说明桃源洞地区的区系成分来源的复杂性。

从地理分布来看，桃源洞的特有属以华中、华东分布为主，如银杏属、井冈寒竹属、独花兰属、杜仲属、马铃苣苔属等；但同时分布于华东、华中、华南的特有属也占据一定比例，如青钱柳属、喜树属、箬竹属、皿果草属。此外，分布于华东、华南、华中、西南四大自然地理区域的中国特有属有杉木属、瘿椒树属、大血藤属、伯乐树属、通脱木属。从桃源洞地区的特有属的分布看，其与华中、华南、华东植物区系关系密切，从整体罗霄山脉的地理地质环境看，具有三大区域交汇的特点。部分特有属简介如下。

（1）血水草属

本属仅血水草一种，模式标本采自广西，分布于我国长江以南及西南地区，生长于海拔 1400～1800 m 山地。全株具红黄色汁液，叶基呈心形，花葶直立，花瓣倒卵形，柱头二裂，为罂粟科中形态特征较为原始的属。

（2）石笔木属

石笔木属主产华南、西南至华东，现代分布中心为我国华南地区。在 Flora of China 中，本属归入核果茶属 Pyrenaria，分布区扩展至印度、中南半岛、马来西亚、菲律宾、日本，为东亚植物区系的表征属。在桃源洞保护区内仅有粗毛核果茶一种，生长于常绿阔叶林中，应属于华南植物区系成分扩张至桃源洞地区。

（3）蜡梅属

蜡梅属是我国特有寡种属，3～6 种，桃源洞 1 种。日本、美国等有引种栽培。蜡梅属的系统地位古老而特殊，花被片多膜质，瘦果长圆形，化石记录可追溯至白垩纪，中新世也有化石记录（Crepet et al., 2005），本属植物观赏价值高。

（4）青檀属

榆科，单型属，为优良的材用树种，分布范围可达东北、华北及中南，青檀属为第三纪孑遗成分，渐新世地层中发现该属化石记录（Manchester et al.，2002），为典型的中国特有属。

（5）青钱柳属

胡桃科单型属，果实形状奇特，木材为环孔型，髓部片状分隔，分布于我国长江以南各省，为我国植物区系的重要表征属。

（6）香果树属

茜草科，落叶乔木，中国特有属，现有两种，以我国为分布中心，珍稀观赏植物。香果树属主要分布于我国秦岭以南，也是起源较为古老的中国特有属。

（7）皿果草属

紫草科小草本，单型属，分布于长江下游山地中，为附地菜属的近缘种，皿果草属的小坚果背面有皿状突起，此特有属可能由附地菜属分化出来。

（8）马铃苣苔属

苦苣苔科，多种属，可分布到越南及泰国北部山区，桃源洞保护区内分布有三种马铃苣苔属植物，苦苣苔科为我国植物区系重要组成成分，而马铃苣苔属以我国为分布中心，可看作中国特有属。

（9）箬竹属

禾本科，为典型的中国特有属，桃源洞有 2 种，常生于乔木下层，为灌木层的重要组成成分。

（10）独花兰属

兰科单种属，仅分布于我国亚热带地区，喜生于疏林下或山谷腐殖质丰富的土壤上，具地下假鳞茎，花葶自假鳞茎顶端发出；花单朵，较大，生于花葶顶端。

4.6.3 中国特有种

桃源洞共有中国特有种 734 种，隶属于 121 科 327 属（表 4.8）。其中包含特有种 15 种及以上的科有 11 科，即蔷薇科（41）、樟科（31）、壳斗科（27）、山茶科（25）、冬青科（19）、毛茛科（19）、蝶形花科（17）、杜鹃花科（17）、忍冬科（17）、百合科（15）、槭树科（15）。含中国特有种 10～14 种的科有 16 个，如茜草科（14）、卫矛科（14）、猕猴桃科（13）、野牡丹科（12）、木兰科（10）等。这些含有较多特有种的科中，除蝶形花科、禾本科、菊科、兰科为世界范围内广布的科之外，其他如樟科、壳斗科、山茶科、冬青科、木兰科、槭树科、杜鹃花科、毛茛科等多为主要分布于我国亚热带山地及温带性质的科，是东亚植物区系的重要组成成分，这些科所占的特有种比例较高，说明桃源洞植物区系以东亚植物区系成分占据主体地位。

表 4.8　桃源洞植物区系含中国特有种的 121 个科

科名	属/特有种	科名	属/特有种
蔷薇科 Rosaceae	15/41	禾本科 Gramineae	9/14
樟科 Lauraceae	7/31	茜草科 Rubiaceae	11/14
壳斗科 Fagaceae	6/27	卫矛科 Celastraceae	4/14
山茶科 Theaceae	8/25	唇形科 Labiatae	7/13
冬青科 Aquifoliaceae	1/19	菊科 Compositae	9/13
毛茛科 Ranunculaceae	6/19	兰科 Orchidaceae	11/13
蝶形花科 Papilionaceae	11/17	猕猴桃科 Actinidiaceae	1/13
杜鹃花科 Ericaceae	3/17	葡萄科 Vitaceae	4/13
忍冬科 Caprifoliaceae	4/17	玄参科 Scrophulariaceae	8/12
百合科 Liliaceae	11/15	野牡丹科 Melastomataceae	5/12
槭树科 Aceraceae	1/15	苦苣苔科 Gesneriaceae	5/11

续表

科名	属/特有种	科名	属/特有种
马鞭草科 Verbenaceae	3/11	莎草科 Cyperaceae	2/3
木犀科 Oleaceae	3/11	山茱萸科 Cornaceae	2/3
清风藤科 Sabiaceae	2/11	柿树科 Ebenaceae	1/3
木兰科 Magnoliaceae	2/10	菝葜科 Smilacaceae	1/2
芸香科 Rutaceae	4/10	半边莲科 Lobeliaceae	1/2
报春花科 Primulaceae	1/9	杜英科 Elaeocarpaceae	1/2
小檗科 Berberidaceae	4/9	番荔枝科 Annonaceae	1/2
安息香科 Styracaceae	4/8	胡椒科 Piperaceae	1/2
堇菜科 Violaceae	1/8	胡桃科 Juglandaceae	2/2
五加科 Araliaceae	6/8	桔梗科 Campanulaceae	1/2
大戟科 Euphorbiaceae	5/7	鹿蹄草科 Pyrolaceae	1/2
金缕梅科 Hamamelidaceae	5/7	荨麻科 Urticaceae	2/2
木通科 Lardizabalaceae	3/7	十字花科 Cruciferae	1/2
鼠李科 Rhamnaceae	3/7	八角枫科 Alangiaceae	1/1
榆科 Ulmaceae	5/7	柏科 Cupressaceae	1/1
五味子科 Schisandraceae	2/6	伯乐树科 Bretschneideraceae	1/1
绣球花科 Hydrangeaceae	4/6	大血藤科 Sargentodoxaceae	1/1
杨柳科 Salicaceae	2/6	杜仲科 Eucommiaceae	1/1
防己科 Menispermaceae	3/5	海桐花科 Pittosporaceae	1/1
凤仙花科 Balsaminaceae	1/5	槲寄生科 Viscaceae	1/1
金粟兰科 Chloranthaceae	1/5	黄连木科 Pistaciaceae	1/1
蓼科 Polygonaceae	2/5	旌节花科 Stachyuraceae	1/1
龙胆科 Gentianaceae	3/5	景天科 Crassulaceae	1/1
萝藦科 Asclepiadaceae	3/5	苦木科 Simarubaceae	1/1
马兜铃科 Aristolochiaceae	2/5	蜡梅科 Calycanthaceae	1/1
秋海棠科 Begoniaceae	1/5	蓝果树科 Nyssaceae	1/1
桑科 Moraceae	3/5	楝科 Meliaceae	1/1
山矾科 Symplocaceae	1/5	七叶树科 Hippocastanaceae	1/1
薯蓣科 Dioscoreaceae	1/5	桤叶树科 Clethraceae	1/1
松科 Pinaceae	4/5	漆树科 Anacardiaceae	1/1
苏木科 Caesalpiniaceae	3/5	千屈菜科 Lythraceae	1/1
天南星科 Araceae	2/5	茄科 Solanaceae	1/1
八角科 Illiciaceae	1/4	三尖杉科 Cephalotaxaceae	1/1
胡颓子科 Elaeagnaceae	1/4	山龙眼科 Proteaceae	1/3
葫芦科 Cucurbitaceae	3/4	杉科 Taxodiaceae	1/1
桦木科 Betulaceae	3/4	商陆科 Phytolaccaceae	1/1
黄杨科 Buxaceae	3/4	省沽油科 Staphyleaceae	1/1
伞形科 Umbelliferae	4/4	鼠刺科 Iteaceae	1/1
桑寄生科 Loranthaceae	2/4	桃金娘科 Myrtaceae	1/1
石竹科 Caryophyllaceae	3/4	桃叶珊瑚科 Aucubaceae	1/1
远志科 Polygalaceae	1/4	铁青树科 Olacaceae	1/1
越桔科 Vacciniaceae	1/4	无患子科 Sapindaceae	1/1
紫草科 Boraginaceae	4/4	梧桐科 Sterculiaceae	1/1
紫金牛科 Myrsinaceae	2/4	银杏科 Ginkgoaceae	1/1
椴树科 Tiliaceae	1/3	罂粟科 Papaveraceae	1/1
虎耳草科 Saxifragaceae	2/3	瘿椒树科 Tapisciaceae	1/1
夹竹桃科 Apocynaceae	2/3	鸢尾科 Iridaceae	1/1
金丝桃科 Hypericaceae	1/3	紫堇科 Fumariaceae	1/1
锦葵科 Malvaceae	1/3	马钱科 Loganiaceae	1/1
瑞香科 Thymelaeaceae	3/3		

在具体的特有种层面来看，桃源洞内有中国特有的裸子植物5科8属9种，包括银杏、南方铁杉、银杉、台湾松、马尾松、资源冷杉、杉木、柏木及粗榧，这些古老裸子植物揭示了桃源洞植物区系的古老残遗性（刘克旺和侯碧清，1991）。其中银杏、资源冷杉在桃源洞地区呈现出群落状分布，有着重要意义，它们均为老第三纪孑遗种，曾拥有广泛的分布区域（Liu and Basinger，2000；周浙昆和Momohara，2005），目前间断分布于我国南方亚热带山地避难所中（Wang and Ge，2005），这两者的地理分布格局具有高度的一致性，暗示着它们的现在分布格局的形成有着相近的演变进程。

除此之外，桃源洞被子植物特有种有116科319属725种，因为桃源洞处于罗霄山脉中段地区，区系特点总体上呈现出华东、华中、华南植物区系交汇的特点（廖文波等，2014），其中国特有种也有着高度复杂的分布类型。桃源洞特有种以主要分布于华南、华东、华中、西南4个地区的类群为主，分布于华北、西北、东北地区的物种则相对很少。例如，深山含笑、红毒茴 *Illicium lanceolatum*、闽楠、江南花楸 *Sorbus hemsleyi*、多花泡花树、华空木 *Stephanandra chinensis*、尖叶清风藤 *Sabia swinhoei*、中华猕猴桃 *Actinidia chinensis* 等均为华南、华东、华中广泛分布的种类。而华东、华南、西南分布模式的则有乐东拟单性木兰 *Parakmeria lotungensis*、檫木、尾叶冬青 *Ilex wilsonii*、矩叶鼠刺、灰白毛莓 *Rubus tephrodes*、小叶石楠 *Photinia parvifolia*、南五味子等。

综上可以看出，桃源洞地区中国特有种丰富，达734种；此外，桃源洞在地理位置上处于湖南省东部，属华东区系的一部分，但其特有种包含大量的华中、华南、西南区系成分，有着明显的华中区系与华南区系成分交汇，以及华东区系成分与华南区系成分交汇特点。表明桃源洞地区尤其是其所处的南北走向罗霄山脉山地，是我国东西方向及南北方向植物区系交汇的重要区域，显示着桃源洞地区所处的罗霄山脉是重要的物种迁徙通道，在南北迁徙、东西汇集演化过程中是一个重要的地理分界线。

罗霄山脉是南岭山地以北的一条南北走向的山脉，对于华南区系成分向北的迁移起着重要作用，同时罗霄山脉包括万洋山脉、诸广山脉及武功山脉等山体，区内河流峡谷众多，形成了物种的保存及分化中心，尤其是井冈山地区分化出多种特有种，如井冈山杜鹃、江西杜鹃、江西半蒴苣苔就是这一地区的典型特有种。桃源洞保护区与井冈山毗邻，共同构成了万洋山脉的主体，所以在桃源洞保护区内也分布有大量罗霄山脉特有种，如井冈柳、井冈山杜鹃、井冈寒竹、井冈山紫果槭、江西杜鹃、背绒杜鹃、粗柱杜鹃、伏毛杜鹃、江西半蒴苣苔、江西羊奶子、贯叶过路黄等均在桃源洞保护区内的考察中被发现。

其中最具代表意义的为资源冷杉，桃源洞保护区的资源冷杉群落是罗霄山脉地区资源冷杉分布面积最大、冷杉数量最多的分布区。此外，井冈柳、婺源槭为桃源洞和井冈山特有，其他多为华东区系成分。还有宁冈青冈、毛萼莓 *Rubus chroosepalus*、银叶柳 *Salix chienii*、华东山柳、杜衡 *Asarum forbesii*、庐山堇菜 *Viola stewardiana* 等也是湘东代表种。

4.7 孑遗种及其区系地理学意义

孑遗植物在极大程度上与一个区域内植物类群的演化历史有密切关联，可以较好地反映当地的植物区系地位。"孑遗"被定义为某一地质时期的生物群，在经历过地质变迁之后几乎全部灭绝，仅残留个别类群的现象（Lomolino et al.，2006）。孑遗类群的产生常与地质变迁有着密切关系，而且特殊的生态环境等也能促使孑遗种的产生，所以孑遗种又被具体划分为分类学孑遗种和生物地理学孑遗种（Habel and Assmann，2010；吴征镒等，2006）。分类学孑遗种是指系统发生较为古老的类群，经历长久的演化历史，现多表现为孤立的单种或寡种科属，如我国特有的银杏、大血藤、珙桐、伯乐树、鹅掌楸等。生物地理学孑遗种常指在地质时期广泛分布，而目前其分布区范围极为狭窄的原始生物群或类群的后裔，促成生物地理学孑遗种产生的因素是多样的，包括气候、地质地貌、土壤性质等多种生态因子，如百山祖冷杉、银杉、井冈山杜鹃、海菱草等分布区域均较为特化，这在一定程度上反映了其演化历史的特殊性和原始性。

孑遗植物类群也是植物区系研究的重要成分，其种类组成对于理解某一地区植物区系地位有重要意义，本研究对桃源洞地区孑遗种的确定参照廖文波等（2014）所确定的中国孑遗属。桃源洞保护区种子植物孑遗种138种，隶属于59科92属（见附表2），大致可以划分为分类学孑遗种75种，地理学孑遗种61种，以及典型的活化石2种，即银杏和银杉。桃源洞的地理学孑遗类群有粗榧 *Cephalotaxus sinensis*、资源冷杉、南方铁杉、穗花杉 *Amentotaxus argotaenia*、南天竹 *Nandina domestica*、广西紫荆 *Cercis chuniana*、蜡梅 *Chimonanthus praecox*、肥皂荚 *Gymnocladus chinensis*、桃叶珊瑚、草绣球、枫杨 *Pterocarya stenoptera*、檫木、蓝果树、血水草 *Eomecon chionantha*、香果树 *Emmenopterys henryi*、檀梨 *Pyrularia edulis*、野鸦椿 *Euscaphis japonica*、银钟花、紫茎 *Stewartia sinensis* 等。这些类群多在北半球范围内化石记录繁多，表明它们在地质时期曾广泛分布于欧洲、亚洲北部及北美，这些子遗属的现代分布区多呈现出间断性，如著名的东亚-北美间断类群铁杉属 *Tsuga*、桃叶珊瑚属、檫木属 *Sassafras*、紫茎属 *Stewartia*，表明这些地理学子遗类群形成多与地质事件有关，且呈现出原始性。

分类学子遗种不仅在系统进化过程中处于重要的地位，而且大都处于进化的盲枝，即现代种系不发达。桃源洞分类学子遗类群主要有福建柏、刺楸 *Kalopanax septemlobus*、伯乐树、草珊瑚、青荚叶 *Helwingia japonica*、东方古柯、山桐子 *Idesia polycarpa*、蕈树、金缕梅、枫香、天师栗 *Aesculus wilsonii*、三叶木通、桂南木莲 *Manglietia chingii*、喜树 *Camptotheca acuminata*、大血藤、三白草 *Saururus chinensis*、青檀 *Pteroceltis tatarinowii* 等。这些特有种大都隶属于单型属或寡种属，如福建柏属为单型属，其化石种曾发现有 3 种（He et al.，2012），现仅有福建柏一种；此外刺楸属、伯乐树属、喜树属也都是单型属。

桃源洞地区的子遗种以温带性分布属占据着绝对优势，并以东亚—北美间断分布及中国—日本分布最为丰富，表明桃源洞的植物区系主体源于古东亚植物区系。无患子、东方古柯、飞龙掌血、木莲、草珊瑚、肥肉草等热带性属种也在桃源洞有分布，则暗示着桃源洞地区内残存着喜热植物成分，可能是古热带植物区系向低纬度退却时所留下的残遗类群。大致统计表明，桃源洞地区种子植物子遗种也扩散至邻近地区，例如，与邻近共有的子遗种数量分别为：江西井冈山 104 种、江西庐山 80 种、江西齐云山 88 种、武夷山 104 种、台湾山脉 23 种、四川峨眉山 61 种等。

子遗属种对于探讨植物区系起源历史、物种迁移路线、物种形成机制等均具有重要意义。下面对桃源洞地区的一些代表性子遗种进行介绍。

（1）福建柏

柏木亚科福建柏属，为单种属，现主要分布于我国华东、华南、西南及越南、老挝的局部地区，在桃源洞梨树洲、九曲水、田心里等均有分布，神农飞瀑上游保存有大片成熟群落。福建柏为单种属，小枝扁平，生鳞形叶，三出羽状分枝排成平面；鳞叶交叉对生，二型，小枝下面中央之叶及两侧之叶背面有白色气孔带；果近球形，种鳞 6~8 对；种子卵形，具明显种脐，上部有两个大小不等的薄翅。其属于分类学子遗属，在美国爱达华州和中国宁海的中新世地层中均有化石发现（He et al.，2012），表明它是一个在中新世及以前时期分布区域广泛且较为繁盛的属，后来由于第三纪及第四纪环境变化等缘故，仅残余福建柏一种，具有重要的科学研究价值。

（2）穗花杉

穗花杉以其叶交叉对生，繁殖器官雄球花多数呈穗状，种子包于肉质假种皮，仅顶端尖头露出，而明显区别于其他红豆杉科植物。穗花杉属于生物地理学子遗种，该属化石记录最早可追溯至白垩纪（萧育檀，1991），起源历史较为古老，历史上曾分布于欧洲及北美等地区，现仅分布于我国。穗花杉属在我国有 3 种，以穗花杉的分布区域最为广泛，在江西、湖南、四川、湖北、西藏、广东、广西甚至甘肃等均有生长，通过近年来的科学考察，发现桃源洞九曲水地区的山谷内分布有整片的穗花杉群落，个体可达 2000 株以上，极具代表性。

（3）檫木

樟科檫木属，本属为东亚-北美间断分布区类群，世界范围内现生 3 种，北美一种，另两种生于我国。檫木叶互生聚集于枝顶，不分裂或 2~3 裂；花常雌雄异株，总状花序顶生，花少，总苞片脱落迟，苞片线形至丝状；雄花能育雄蕊 9 枚，生花被筒喉部，呈三轮排列，雌花、雄蕊退化明显；子房卵珠形，近无梗，花柱纤细，柱头盘状增大。檫木为生物地理子遗种，在白垩纪及渐新世层发现化石记录（Nie，2006；Vladimir et al.，2008），属于樟科进化地位较为原始的类群，檫木在桃源洞保护区的洪水江范围内仍有群落分布，树高可达 20 余米，在一定程度上显示了桃源洞地区的区系起源地位较为古老。

（4）大血藤

为大型落叶木质藤本，为我国半特有单型科植物。大血藤属于典型的分类学子遗属，现仅残余一种，在北美始新世，法国、日本中新世地层均有该属化石记录发现（Manchester，1999；Momohara and Saito，2001），可见大血藤属植物可能分化于白垩纪末期，而广布于古欧洲、北美等地区，经历多次的全球降温事件影响后分布区退却到我国长江以南及东南亚地区，而在桃源洞地区大血藤常作为林下藤本多有分布。

（5）南天竹

小檗科的南天竹属，为单种属，南天竹属常被列为南天竹科（Takhtajan，1978），可见其在分类系统地位上具有重要意义，南天竹属为东亚北美间断分布种，可见在演化过程中经历反复的地质变迁才形成当前的分布格局。南天竹属目前仍未有可靠的化石记录，在桃源洞的大坝里、鄙峰、田心里等地区均发现有南天竹的群落分布。

（6）大果马蹄荷

金缕梅科马蹄荷属，该属化石记录丰富，如古新世 - 美国、中国，中新世 - 美国（张志耘和路安民，1995；Manchester，1999），均有可靠大化石记录，马蹄荷属现存 4 种，我国有 3 种。大果马蹄荷现在分布区域为我国南部及西南各省的山地常绿阔叶林，越南北部少有分布，该种为海南岛山地雨林及南岭山地常绿阔叶林的代表种，具有明显的热带性成分特点及孑遗性质，在桃源洞九曲水地区沿河谷大果马蹄荷成片分布，可以推测山谷的封闭环境对孑遗类群大果马蹄荷的保存产生重要的影响。

（7）金缕梅

金缕梅属全球共有 6 种，在我国、北美及日本均有分布，地史时期金缕梅属相当繁盛，古欧亚大陆及北美洲广泛分布，如白垩纪 - 瑞典、始新世 - 中国、中新世 - 欧美地层中均有该属化石记录（张志耘和路安民，1995）。现代的金缕梅为金缕梅科里较有代表性的落叶灌木，可以推测，在反复的全球温度变化事件中（江湉等，2012），金缕梅属与其他植物类群一样获得了落叶习性，而后现生种均分布在北半球纬度稍低的山地间。考察中金缕梅在桃源洞保护区有较好群落分布，鸡公岩山顶及九曲水山谷均有零星群落分布。

（8）枫香、缺萼枫香

枫香属的化石报道较多，最早的大化石记录发现于美国怀俄明州晚白垩世（Stults and Axsmith，2011），始新世东亚、北美、海南等地层多有发现枫香属叶及果实化石（Maslova，1995；Pigg et al.，2004），之后的中新世、上新世等也发现多处化石记录，总之枫香属是一个极为典型的分类学孑遗属。在桃源洞地区枫香属有两种，低海拔地区常为枫香，在桃源洞中低海拔阔叶林中多有大树分布；而缺萼枫香分布海拔偏高，在镜花溪、神农飞瀑、江西坳等地区有小片群落。

（9）青钱柳

该种是典型的中国特有种，高大落叶乔木，奇数羽状复叶，雌性荑黄花序单独顶生；果实具短柄，小苞片及苞片围绕于果实外围呈盘状。青钱柳属产中国化石记录最早可追溯至白垩纪，同时在古新世 - 美国、始新世 - 俄罗斯地层中也均发现该属化石（金建华等，2009；Sun，2005），现生种只有青钱柳一种，为分类学孑遗属。青钱柳在我国秦岭以南山地均有分布，考察中发现桃源洞牛角垅、大枧坑有较大面积的青钱柳群落，成株可正常开花结实。

（10）东方古柯

古柯属近 200 种，但大多分布于热带及亚热带地区，我国野生分布仅有东方古柯一种。古柯属是一个热带性较强的属，暂未发现化石记录，东方古柯宜被划分为生物地理学孑遗属，为小型乔木，2～7 朵花簇生于短的总花梗上，萼片 5 枚基部合生，萼裂片长 1～1.5 mm；花瓣卵状长圆形，内面基部生 2 枚舌状体雄蕊 10 枚，基部合生呈浅杯状，花丝具乳头状毛状体；核果长圆形，具 3 条纵棱。东方古柯在桃源洞黑龙潭、梨树洲等地区均有分布。

（11）喜树

喜树属现生种仅有喜树一种，为我国所特有，属于分类学孑遗类群。喜树的头状花序近头状，苞片肉质；雄蕊 10 而不等长，花药四室；果实为矩圆形翅果，有宿存花盘，显示出独特的系统进化地位。喜树属的化石记录在日本渐新世及中新世有发现（Suzuki，1975；Tanai，1977），表明其在新近纪时期的分布纬度较现在偏高，受冰期的降温的驱动作用，分布区逐步向我国亚热带地区退却，我国主要的山脉如武夷山、九岭山、武陵山、南岭具有大片群落分布，在桃源洞的牛角垅及田心里地区也有零星分布。

（12）香果树

香果树属全球现生两种，分布于我国、泰国及缅甸，我国仅有香果树一种，在美国的始新世曾发现该属的化石记录（Manchester，1999），此外香果树的大型圆锥状花序、蒴果室间开裂等特点均表明该属起源历史悠久，现在的分布区仅局限于我国一些具有避难所性质的区域，如天目山、神农架、南岭及云贵高原等地区，是具代表性的地理学孑遗种，香果树在桃源洞地区仅有零星分布。

（13）广西紫荆

豆科紫荆属，属于地理学孑遗种，本属现有 6 种，中国、北美及欧洲的温带地区均有分布，在欧洲奥地利的中新世地层及我国上新世地层中曾发现该属的化石记录（Jiménez-Moreno et al.，2008；Skarby et al.，2009），可以推测该属的起源历史相对较晚，而分布区域与地史时期的分布区变动不大，对于分析古气候环境具有一定的研究价值。桃源洞地区分布有 3 种紫荆属植物，为广西紫荆、湖北紫荆及紫荆，其中广西紫荆在大坝里的鸡公岩地区河谷分布有群落。

（14）丫蕊花

丫蕊花为我国的特有植物，解剖学研究表明，丫蕊花的形态特征原始（郑学经等，1983），在 APG 系统中，丫蕊花被归入黑药花科。可见丫蕊花属的系统进化地位的古老性及特殊性，其为典型的分类学孑遗种，对于推测单子叶植物原始类群的分化具有重要研究价值，丫蕊花在桃源洞九曲水及梨树洲—洪水江的山谷内有零星分布，喜生于较潮湿的沟边及石壁上。

（15）中国白丝草

白丝草属为东亚特有种，隶属于百合科，也有人认为其属于 Melanthiaceae（Angiosperm Phylogeny Group，2014，2016），该属现生种分布于我国及韩国、日本，近年来于我国十万大山地区又发现一白丝草属新种（Huang et al.，2011），但白丝草属的地理分布区域均较为狭窄，属生物地理学孑遗种。白丝草属也属于单子叶植物的古老类群，中国白丝草的形态变异较大，分布于我国广西东北部、广东、湖南（宜章、炎陵）、福建、江西等的山地，种群数量均较小，在桃源洞的珠帘瀑布、九曲水、梨树洲等水热条件较充足的地区有中国白丝草的零星分布。

（16）草绣球

草绣球属间断分布于我国及日本，目前仍未有相关化石报道记录，但考虑其分布地域的特殊性及局限性，可归为地理学孑遗种（Wu et al.，2010）。草绣球为柔弱亚冠木，单叶分散互生于茎上端；不育萼片 2～3，膜质白色或粉红色；种子棕褐色，连翅长 1～1.4 mm。草绣球在桃源洞的神农飞瀑、洪水江等湿润沟谷中多有分布。

4.8　与邻近地区植物区系的比较

4.8.1　与邻近各地区的相似性比较

任何区域植物区系的形成和发展都不是孤立的，其与邻近地区都是相互联系、相互影响的。为了解桃源洞区系与华东区系、华中区系、华南区系的关系，分别选择华东地区的江西武夷山、庐山、井冈山，华中地区的四川峨眉山、湖北神农架、陕西太白山，以及华南地区的广东鼎湖山、南岭和江西齐云山，与湖南桃源洞区系进行比较，计算科属种的相似性系数（表 4.9），并讨论和评价区系关系。

表 4.9　湖南桃源洞植物区系与邻近各山地区系的比较

序号	山地名称	科	属	种	种下等级	共有科	共有属	共有种	科的相似性系数	属的相似性系数	种的相似性系数	原始文献
1	桃源洞	191	778	1864	172	—	—	—	—	—	—	本研究统计
2	井冈山	197	795	1743	101	185	685	1327	0.95	0.87	0.74	刘仁林，2014
3	庐山	191	752	1652	167	178	624	1160	0.93	0.82	0.66	刘信中和王琅，2010
4	武夷山	193	802	1848	172	179	656	1223	0.93	0.83	0.66	刘信中，2014

续表

序号	山地名称	科	属	种	种下等级	共有科	共有属	共有种	科的相似性系数	属的相似性系数	种的相似性系数	原始文献
5	齐云山	183	791	2070	176	171	639	1328	0.91	0.81	0.68	郭传友等，2003
6	南岭	216	982	2618	199	183	662	1339	0.90	0.75	0.60	邢福武，2012
7	鼎湖山	197	818	1701	81	152	468	619	0.78	0.59	0.35	中国科学院华南植物研究所鼎湖山树木园，1976
8	神农架	183	780	2050	279	166	557	875	0.89	0.72	0.45	朱兆泉，1999
9	太白山	155	632	1664	149	137	413	501	0.79	0.59	0.28	张志英和苏陕民，1984
10	峨眉山	202	865	2293	301	174	612	873	0.89	0.74	0.42	李振宇，2007

（1）科的相似性

表 4.9 表明，桃源洞区系与各山地区系科的相似性系数为 0.78～0.95，说明桃源洞区系在科一级水平上有较大的相似性，并且进一步考虑科的组成，发现它们均具有较丰富的热带性科。特别是，与东部的井冈山、武夷山，偏南的齐云山、南岭，偏北而邻近的庐山等相比，科的相似性系数均≥0.90。相应地，与地理位置偏西北的神农架、峨眉山、太白山的科相似性系数较低，部分原因是其所含温带性科比例较低。

（2）属的相似性

桃源洞与各山地区系属的相似性系数为 0.59～0.87，均大于 0.5，这体现出在属级水平东亚植物区系的统一性。各山地区系间属的相似性系数存在一定差异，其相似性系数大小依次排序为：井冈山＞武夷山＞庐山＞齐云山＞南岭＞峨眉山＞神农架＞鼎湖山＝太白山。

（3）种的相似性

桃源洞与井冈山、齐云山、庐山、武夷山、南岭等山地区系间种的相似性系数≥0.6，表明桃源洞区系与各区系是相似的，有共通的性质。这几个山地均处于华东、华东南地区，受东亚湿润季风气候及相似的古地理环境影响，因此，区系科、属、种的组成相近。

桃源洞与神农架、鼎湖山、太白山、峨眉山种的相似性系数均≤0.45，表明其具有明显不同的性质，属于不同的区系。其中，神农架与峨眉山属于华中地区，孕育着典型的温带性属，其与桃源洞间属的相似性系数分别为 0.72、0.74。根据科的历史至少在 1000 万年以上、属的历史至少在 400 万年以上这一基本发育进程（张宏达，1980，1986），说明在 400 万年以前，华东区系、华中区系具有共同发育或起源的历史；并且相似性系数高主要体现在共通的温带性属较丰富。例如，桃源洞与神农架之间共通的热带性属为 184 属，而共通的温带性属为 321 属，如青钱柳属、香果树属、山桐子属 *Idesia*、野鸦椿属、南酸枣属、枫杨属、化香树属、四照花属、桃叶珊瑚属、青荚叶属、水青冈属、七叶树属 *Aesculus*、水晶兰属 *Monotropa*、紫荆属 *Cercis*、马醉木属 *Pieris* 等；峨眉山偏南，且为独立山体，桃源洞与其共通的热带性属为 261 属，而共通的温带性属数量略多，为 294 属，如人字果属、蜡瓣花属、吊钟花属、油点草属、黄连木属、附地菜属、铁杉属、黄水枝属 *Tiarella*、腹水草属 *Veronicastrum*、冷杉属 *Abies* 等。桃源洞温带性属共 391 属（包括中国特有属），热带性属仅 332 属，可见桃源洞温带性属占明显优势，处于中亚热带中部北缘，属华东、华东南区系的核心部分。

桃源洞与太白山属的相似性系数为 0.59，数值是偏低的；两者共通种仅有 501 种，种的相似性系数最低，为 0.28；太白山位于秦岭中段，是华北、华中及横断山脉三个植物区系的交汇处，其北坡以华北区系成分为主，南坡以华中区系成分为主（张志英和苏陕民，1984），而桃源洞是属于华中区系、华东区系、华南区系的交汇处，两者差异较大。桃源洞与鼎湖山属的相似性系数亦为 0.59，种的相似性系数稍高，为 0.35，说明桃源洞与鼎湖山差异明显；后者属于典型南亚热带区系，具有明显的季风雨林性质，热带性属丰富，而桃源洞地处中亚热带中部核心区，又为罗霄山脉西坡，温带性属丰富，热带性属少且缺少较典型的热带性属，如鼎湖山不见于桃源洞的温带性属仅有 23 属，而不见于桃源洞的热带性属多达 314 属，可见两者的性质差异；不见于桃源洞的热带性属有买麻藤属 *Gnetum*、琼楠属 *Beilschmiedia*、槌果藤属 *Capparis*、天料木属 *Homalium*、苹婆属 *Sterculia*、红叶藤属 *Rourea*、水东哥属 *Saurauia*、暗罗属 *Polyalthia*、血桐属 *Macaranga*、山油柑属 *Acronychia*、脆兰属 *Acampe*、五列木属 *Pentaphylax*、铁榄属

Sinosideroxylon、隔距兰属 *Cleisostoma*、竹叶兰属 *Arundina* 等。

4.8.2 与东坡井冈山植物区系的比较

（1）相似性与共通性

桃源洞与井冈山接壤，共处于罗霄山脉东西坡，并在主脊线上接壤，自北南至南有荆竹山、江西坳、南风面、酃峰等，两者种子植物区系共通科、属、种分别为 185 科 685 属 1327 种，其中属、种的相似性系数均为最高，即分别为 0.87 和 0.74，表明两者区系性质最亲缘。在共通属中，热带属／温带属＝Tr/Tm＝331/294＝1.125，说明两者共通成分仍然以热带性属更丰富，其共通的热带属有柞木属 *Xylosma*、秋海棠属 *Begonia*、厚皮香属 *Ternstroemia*、飞龙掌血属、常春藤属、铁仔属、水团花属、毛兰属 *Eria*、石仙桃属 *Pholidota*、天麻属 *Gastrodia*、瓜馥木属、无根藤属 *Cassytha*、千金藤属 *Stephania*、山珊瑚属 *Galeola*、木姜子属、楠木属、柃属等，共通的温带属有茜草属、荚蒾属、忍冬属、接骨木属、蔷薇属 *Rosa*、山楂属 *Crataegus*、委陵菜属、绣线菊属 *Spiraea*、樱属、紫荆属、野鸦椿属、南酸枣属、枫杨属、化香树属、四照花属、伯乐树属、青钱柳属、喜树属等。这是一个特别的性质，与两者处于罗霄山脉中段核心区、均以温带性属略占优势是有差异的；究其原因，是热带成分自南岭山地沿罗霄山脉纵行北上，向山脊的两侧扩散；而温带成分在罗霄山脉两侧的西坡——桃源洞、东坡——井冈山出现分异，因而温带性共通属比例反而略低。

（2）差异性与分化

受山地和气候环境的影响，桃源洞与井冈山属、种差异明显。井冈山有 12 科 110 属 223 种不见于桃源洞，其中热带性属共 69 属，占差异属的 62.7%，如买麻藤属、粟米草属 *Mollugo*、天料木属、白饭树属 *Flueggea*、老虎刺属 *Pterolobium*、桑寄生属 *Loranthus*、观光木属 *Tsoongiodendron*、罗汉果属 *Siraitia*、茶梨属 *Anneslea*、波罗蜜属 *Artocarpus*、梨果寄生属 *Scurrula* 等；相异的温带性属有 43 属。

桃源洞有 6 科 93 属 198 种不见于井冈山，其中温带性属有 45 属，占差异属的 52.3%，如银杉属、泡果荠属、青檀属、匙叶草属、皿果草属、丫药花属 *Ypsilandra*、胡桃属 *Juglans*、山茱萸属 *Cornus*、紫草属等。上述比例说明，桃源洞区系的温带成分与井冈山的温带成分各有差异，但差异属仅为 43：45，反过来说明罗霄山脉是一个区系扩散的重要通道，东、西坡并没有造成天然屏障，仅仅是受华中区系、华东区系成分的少许影响，略有差异，大致特点为西坡气候相对寒冷，而东坡比较湿润。

4.9 植物新种和新记录种

野外考察和标本鉴定表明，本次野外考察全面修订和增补了桃源洞保护区的维管植物区系名录，其中有新种 2 种，湖南省新记录种 4 种。根据 *Flora of China* 对全部名称进行了修订。简要介绍如下。

（1）神农氏虎耳草，新种[①]，图 4.1，图版 XIV -1

Saxifraga shennongii W. B. Liao, L. Wang & J. J. Zhang, *sp. nov.*

多年生草本，高 7～29 cm。根状茎较短，无鞭匐枝。茎近无毛。基生叶，叶柄变化大，长 2～22 cm；叶片革质，近圆形，盾状着生，长 1～9.5 cm，宽 1～10.5 cm，先端钝，基部心形，边缘 5～8 浅裂，各裂片近全缘，被稀疏腺毛，腹面绿色，幼时密被腺毛，老时变稀疏，背面绿白色，无毛，有淡黄色斑点，具掌状脉直达叶缘，两面均不甚明显；叶柄被稀疏短腺毛或无毛；茎生叶披针形至狭三角形，长约 3 mm，宽约 1 mm，边缘具腺毛。聚伞花序圆锥状，长 15～35 cm，具多花，15～45 朵；花序分枝长5～10 cm，被稀疏短腺毛，每分枝 2～6 花；花梗纤细，长 1.3～2.5 cm，被稀疏短腺毛；苞片线形，长约2 mm，宽约 0.8 mm，边缘具稀疏短腺毛；花两侧对称；萼片 5，花期开展至反曲，卵状披针形，长约2.5 mm，宽约 1 mm，腹面无毛，背面和边缘具腺毛，脉不明显；花瓣白色，5 枚，其中 3 枚较小，基部具黄色斑点，三角状卵形，长 3～3.5 mm，宽 1～2 mm，先端急尖，基部圆形至心形，具爪长约 0.7 mm，

---

① 见 Phytotaxa，2018

离基三出脉；2 枚较长，不等大，阔卵状、卵状披针形，先端渐尖，基部渐狭成爪长，0.8～1 mm，边缘全缘，较大的长 18～23 mm，宽 2～4 mm，3～5 弧状脉，较小的长 6～11 mm，宽约 2 mm，3 脉；雄蕊长 2.5～5 mm，花丝棒状；花盘不明显；心皮 2，中下部合生，子房卵球形，长 3～6 mm；花柱 2，长约 1.5 mm，叉开。蒴果，长 4～7 mm，2 果瓣叉开。种子长圆柱形，长约 0.8 mm。花、果期 3～5 月。

湖南：炎陵县龙渣瑶族乡（湖南桃源洞国家级自然保护区，银杉保护小区），红星桥，生河谷溪边潮湿岩石上，海拔 532 m（标本号 LXP-09-09089，采集人：赵万义，刘忠成，张记军等，2016-04-06；存中山大学植物标本馆 SYS！）。同地，溪边岩石上，海拔 587 m（标本号：LXP-13-24769；采集人：廖文波，赵万义，刘忠成等；采集日期：2017-10-20；存中山大学植物标本馆 SYS！）。

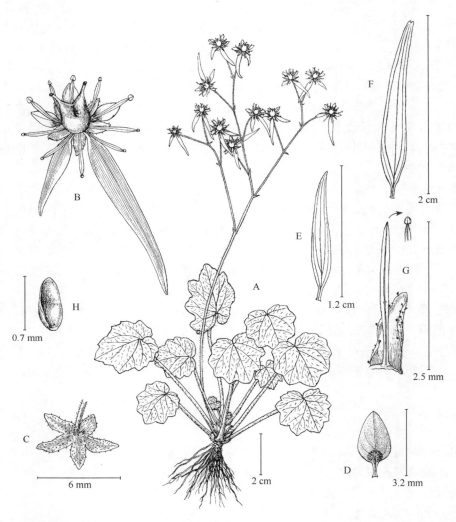

图 4.1　神农氏虎耳草 *Saxifraga shennongii* W. B. Liao, L. Wang & J. J. Zhang, *sp. nov.* 手绘图
A. 植株；B. 花；C. 花萼；D. 较短的花瓣；E, F. 较长的花瓣；G. 雄蕊和花萼；H. 种子（刘运笑绘）

（2）罗霄山虎耳草，新种，图版 XIV-2

Saxifraga luoxiaoensis W. B. Liao, L. Wang et X. J. Zhang, *sp. nov.*

多年生草本，高 12～50 cm。根状茎短，无鞭匐枝。叶全基生；叶柄长 5～18 cm，具短腺或无毛；叶片肾形，纸质，长 1.5～8.5 cm，宽 1.2～7.3 cm，基部心形，先端钝尖，边缘 7～9 浅裂，裂片有 5～7 浅齿，表面具硬糙毛，背面无毛，具红色或棕色斑点。花序圆锥状，长 12～50 cm，具 10～65 花，分枝 2～20 cm，疏被具腺毛，具 2～10 花；花梗细，长 0.6～2.1 cm，疏被腺毛。花两侧对称；花萼开展至反折，三棱状披针形，长 1.5～3 mm，宽 0.5～2 mm，表面无毛，背面和边缘疏被短腺毛，3 脉，在先端汇合。花瓣 5，白色或粉红色，大的 2 枚披针状矩圆形，先端锐尖，具 3～5 羽状脉，较大的花瓣长 0.8～2.0 cm，宽 1.3～3 mm，最大的长 1.6～2.5 cm，宽 1.3～3 mm；小的 3 枚花瓣卵形，先端锐尖，具黄色斑点，长

2.3～3.5 mm，宽 1.5～2 mm，3 脉。雄蕊 4.3～5.6 mm。子房圆锥形，下半部环绕有蜜腺；花柱分叉，长 0.8～3 mm。蒴果熟时翅状，长 5～7 mm。种子长棱柱形，向两侧弯曲，尖头长约 0.8 mm，表面具肋。花、果期 4～7 月。

湖南：炎陵县策源乡，神农峰，生疏林沟谷溪边，海拔 1673 m（标本号 LXP-13-24953，LXP-13-24990，采集人：赵万义、刘忠成、叶矾、张信坚；采集日期 2017-10-28；存中山大学植物标本馆 SYS！）。

江西：逐川县戴家埔乡，海拔 1466 m（标本号 LXP-13-16785，采集人：赵万义、丁巧玲、张信坚等；采集日期：2016-05-18；存中山大学植物标本馆 SYS！）。

本次考察，连续在桃源洞主峰附近发现 2 个虎耳草属新种，并且在进一步考察时发现，在罗霄山脉南端，邻近广东省、乳源县、大桥镇，就分布有另一相近种，大桥虎耳草 *Saxifraga daqiaoensis* F.G. Wang et F.W. Xing；并且在罗霄山脉中段主峰东、西坡的不同沟谷中，出现了上述多个种系的不同虎耳草居群，因此推测在这一地区形成了虎耳草属的一个特殊的分化区域，值得进一步深入研究。

（3）浙江冬青，湖南新记录种

浙江冬青（植物研究）*Ilex zhejiangensis* C. J. Tseng ex S. K. Chen et Y. X. Feng in Acta Phytolax. Sin. 37（2）：144.

常绿小乔木，高 2～4 m。小枝具纵棱，被柔毛或变无毛。叶片革质，卵状椭圆形，稀卵形，长 3～6 cm，宽 1.5～3 cm，先端急尖，稀钝，基部圆形或钝，边缘具疏离的 2～7 枚小刺状黑色锯齿，叶面绿色，除沿主脉密被微柔毛外，余无毛，背面绿色，无毛，主脉在叶面凹陷成沟，在背面隆起，侧脉 5～7 对，上面稍凹，背面明显凸起，细网脉在两面模糊；叶柄被微柔毛，长 4～5 mm。花序簇生于叶腋，每分枝具单花；花 4 基数。雄花：花萼 4 裂，裂片三角状卵形，具缘毛；花瓣 4，长圆形，基部合生；雄蕊 4，与花瓣等长。雌花不详。果梗长 4～8 mm，被微柔毛或变无毛，基部具小苞片 2 枚；果实近球形，长 8 mm，直径 7～8 mm，成熟时变红色，基部具盘状花萼，花萼 4 角形，裂片宽三角形，具缘毛，顶端具脐状或盘状宿存柱头；分核 4，轮廓卵形，长约 4 mm，背部宽约 3 mm，具不规则的皱纹和槽，内果皮木质。花期 4 月，果期 8～10 月。

分布浙江的杭州、天台、景宁等地区；生于山地灌木丛中或林缘。主模式标本采自浙江杭州。本次调查首次在桃源洞洪水江上游区域发现。标本号 LXP-13-24843（SYS！）。

（4）水晶兰，湖南新记录种

水晶兰 *Monotropa uniflora* Linn. Sp. Pl. 387. 1753；中国植物志 56: 214. 1990；Flora of China 14: 256-258. 2005.

多年生草本，腐生。茎直立，高 10～30 cm，全株白色，肉质，无叶绿素，干后黑褐色。叶鳞片状，狭长圆形或宽披针形，长 1.4～1.5 cm，宽 4～4.5 mm。花单朵顶生，花冠筒状钟形；花瓣 5，离生，有不整齐的齿，内侧常有密长粗毛，早落；雄蕊 10～12，花丝具粗毛，花药黄色；子房为中轴胎座，5 室。花期 4～9 月。

产山西、陕西、甘肃、青海、浙江、安徽、台湾、湖北、江西、云南、四川、贵州、西藏。俄罗斯、日本、印度、东南亚、北美也有分布。湖南省首次记录（标本号 LXP-09-08467），标本采自桃源洞国家级自然保护区梨树洲，小沙湖，多脉青冈林下。

（5）小小斑叶兰，湖南新记录种

小小斑叶兰 *Goodyera yangmeishanensis* T. P. Lin，Nat. Orch. Taiwan 2: 173-174（fig.）. 1977.

植株高约 8 cm。根状茎伸长，茎状，匍匐，具节。茎直立，带红色或红褐色，具 3～5 枚疏生的叶。叶片卵形至椭圆形，长 1.5～2.6 cm，宽 0.9～1.6 cm，绿色，上面具白色由均匀细脉连接成的网脉纹，偶尔中肋处整个呈白色，先端急尖，基部圆形，具柄，叶柄很短或长约 5 mm。花茎长约 4 cm，具 12 朵密生的花，无毛；花苞片卵状披针形，长 7.5 mm，宽 3.2 mm，先端渐尖，尾状，基部边缘具细锯齿；子房圆柱形，红色，无毛，连花梗长 5.5～6 mm；花小，红褐色，微张开，多偏向一侧；萼片背面无毛，先端钝，具 1 脉，中萼片椭圆形，凹陷，长 3.8 mm，宽 2.5 mm，红褐色，基部白色，与花瓣黏合呈兜状；侧萼片斜卵形，长 4.5 mm，宽 2.8 mm，淡红褐色，先端白色；花瓣斜菱状倒披针形，长 3 mm，宽 1 mm，白色，先端钝，前部边缘具细锯齿，具 1 脉，无毛；唇瓣肉质，伸展时长 4 mm，宽 4 mm，凹陷呈深囊状，内面具腺毛，前部边缘具不规则的细锯齿或全缘；蕊柱短。花期 8～9 月。

产我国台湾省。生于海拔约 1000 m 的林下阴湿处。模式标本采自台湾苗栗县杨梅山。摘自《台湾兰科植物彩色图鉴》（应绍舜，1977）。产桃源洞九曲水穗花杉林下。

（6）圆苞山罗花，湖南新记录种

圆苞山罗花 *Melampyrum laxum* Miq.，Ann. Mus. Bot. Lud.-Bat. 2: 122-123. 1865; Beauv. Mem. Soc. Phys. Nat. Geneve，38: 540. 1916.

植株直立，高 25～35 cm。茎多分枝，有两列多细胞柔毛。叶片卵形，长 2～4 cm，宽 0.8～1.5 cm，基部近于圆钝至宽楔形，顶端稍钝，两面被鳞片状短毛；苞叶心形至卵圆形，顶端圆钝，下部的苞叶边缘仅基部有 1～3 对粗齿，上部的苞叶边缘有多个短芒状齿。花疏生至多少密集；萼齿披针形至卵形，顶端锐尖，花期长 2～3 mm，果期长达 4 mm，脉上疏生柔毛；花冠黄白色，长 16～18 mm，筒部长为檐部的 3～4 倍，上唇内面密被须毛。蒴果卵状渐尖，稍偏斜，长约 1 cm，疏被鳞片状短毛。秋天开花。

产浙江（丽水）、福建（黄溪洲）、江西（井冈山）。日本也有。产桃源洞东坑瀑布路边林下（标本号 Dy2-1146）。湖南省新记录（凡强等，2014）。

值得注意的是，有关文献称本种花冠喉部两边为橙黄色而山罗花为白色。我们采集到 3 份标本，都未记载花冠喉部颜色，因此尚存一定疑问。Beauverd 曾经错误地记载我国湖北有这个种，那实际上指的是山罗花中产湖北的两个变种，即山罗花（原变种）*Melampyrum roseum* var. *roseum*（湖北）、钝叶山罗花 *Melampyrum roseum* var. *obtusifolium*（Bonati）D. Y. Hong（湖北兴山县、均县）（洪德元等，1998）。

除上述介绍的物种外，刚毛藤山柳 *Clematoclethra scandens*、贯叶过路黄 *Lysimachia perfoliata*、球果假沙晶兰 *Monotropastrum humile*、附片鼠尾草 *Salvia appendiculata*、轮环藤 *Cyclear acemosa*、肾萼金腰 *Chrysosplenium delavayi*、绵毛金腰、浅圆齿堇菜 *Viola schneideri*、深圆齿堇菜、亮毛堇菜 *Viola lucens*、柳叶虎刺 *Damnacanthus labordei*、樟叶泡花树 *Meliosma squamulata*、紫背天葵 *Begonia fimbristipula*、北江荛花 *Wikstroemia monnula*、琴叶榕 *Ficus pandurata*、拟大羽铁角蕨 *Asplenium sublaserpitiifolium*、曲江远志 *Polygala koi*、臭节草 *Boenninghausenia albiflora*、浙赣车前紫草 *Sinojohnstonia chekiangensis*、井冈柳 *Salix leveilleana*、婺源槭 *Acer wuyuanensis*、金腺荚蒾 *Viburnum chunii*、台湾荚蒾 *Viburnum taiwanianum*、大花鼠李 *Rhamnus grandiflora*、盾叶莓 *Rubus peltatus*、掌叶复盆子 *Rubus chingii*、圆果花楸 *Sorbus globosa*、过路惊 *Bredia quadrangularis*、鄂柃 *Eurya hupehensis*、灰色紫金牛 *Ardisia fordii*、紫薇春 *Rhododendron naamkwanensis* var. *crypionerva*、厚叶照山白 *Rhododendron Seniavinii* var. *crassifolium*、矩叶勾儿茶 *Berchemia floribunda* var. *oblangifolia*、扭子瓜 *Melothria maysorensis* 等，为桃源洞保护区新记录种。

4.10 植物区系的性质与区系区划

植物区系的性质取决于其组成和结构特点，是对一个地区的植物区系进行区划的根本依据。区域内分类群的多样性程度受到其所处地理位置的制约，但也很大程度上受到区系起源进程的影响，区系成分按照发生及演化历史可分为古老的及年轻的，按照其地理分布则分为热带性质及温带性质两种（王荷生，2000；吴征镒，2003）。桃源洞的植物区系的性质和特点可以简明地归纳为以下几方面。

第一，属种丰富。桃源洞地区共分布野生种子植物 191 科 778 属 2036 种，包括裸子植物 6 科 12 属 14 种，被子植物 185 科 776 属 2022 种。含有 20 种以上的主要优势科有蔷薇科、禾本科、樟科、蝶形花科、唇形科、兰科、冬青科、杜鹃花科等 29 科；区系的表征科主要有蔷薇科、樟科、壳斗科、冬青科、大戟科、杜鹃花科、山矾科、松科、金缕梅科等。

第二，区系组成呈现出典型亚热带性质。桃源洞植物区系地理成分中有温带属 379 属，热带属 334 属。其地带性植被为常绿阔叶林、常绿落叶阔叶混交林，主要建群种有温带性质的栎属、杜鹃属、锥栗属、枫香属、水青冈属、槭属等；热带性质的属，如润楠属、冬青属、榕属、柿属出现于桃源洞地区的河谷地带，形成残存的沟谷季风常绿阔叶林。整体上，桃源洞植物区系主要以温带属成分为主，也受热带属的强烈影响。

第三，桃源洞地区地处我国华东植物区系、华南植物区系、华中植物区系交汇的核心地带。在地理区域上桃源洞处于南岭向北延伸的罗霄山脉中段，南北走向的罗霄山脉为生物群的迁移提供良好的通道。桃源洞区域内分布有典型的华东区系成分，如台湾松、南方铁杉、金缕梅、婺源槭、宁冈青冈、牯岭勾儿茶、圆苞山罗花等。与华南地区的共通种有金毛狗、福建柏、穗花杉、金叶含笑、蚊母树、蕈树、猴头杜鹃、大果马蹄荷、少花柏拉木、广东冬青、筋藤、南岭山矾等，大果马蹄荷、穗花杉、粗毛核果茶、蚊母树等更是出现优势群落。与华中植物区系的共通种，如华榛、光皮桦、银杉、青檀、七叶树等。

第四，区系起源历史古老，复杂。桃源洞植物区系中共有中国特有属 28 属，孑遗种 138 种。28 个中国特有属中木本属占 19 属，它们具有古老的化石记录及分布区缩减历史，如青钱柳属、杉木属、杜仲属等。桃源洞所分布的 138 个孑遗种中，其发生历史也可划分为至少三类，第一类为古近纪成分，如银杉属、蓝果树属、铁杉属；第二类为东亚成分，如银杏、杜仲、青钱柳等，它们的化石记录在东亚有着丰富的记录；第三类为北热带起源，如三尖杉属、蕈树属、瘿椒树属等。其他不见化石记录的分类学孑遗种多为草本类群，它们的分布区受第四纪以来的气候波动影响较大，可能也经历了多次进退迁移。

在植物区系区划方面，Takhtajan（1978）将全球植物区系划分为 6 个区域，分别为泛北极域、古热带域、新热带域、开普域、澳大利亚域和泛南极域；桃源洞保护区属于泛北极域北方亚域华中省，区域特点是具有丰富的古老且原始的科、属，以及丰富的特有植物。吴征镒等（2006）以植物区系和植被统一发生为原则，将中国区系划分为 2 个植物区、7 个植物亚区和 23 个地区；桃源洞保护区属于泛北极植物区中国—日本植物亚区华中地区，植物区系以亚热带向热带过渡为特征，具有较丰富的物种多样性。张宏达（1980）以古植物区系、现代植物区系为基础，将中国植物区系划分为华夏植物界，与劳亚植物界、非洲植物界、澳大利亚植物界等并列；华夏植物界又划分为东亚植物区、马来西亚植物区、印度—喜马拉雅植物区；桃源洞保护区属于东亚植物区华中省。

从桃源洞保护区植物区系及植被组成看，有 12 个植被型，36 个群系，中国特有属 28 属，特有种 734 种，孑遗种 138 种，在低海拔沟谷保存有南亚热带性质的阔叶林，地处罗霄山脉中段地区，区系区划属于东亚植物区系华中地区华东南省（廖文波等，2014）。

桃源洞保护区有野生高等植物 291 科 990 属 2500 种，其中苔藓植物 60 科 121 属 224 种，蕨类植物共计 40 科 91 属 240 种，种子植物 191 科 778 属 2036 种。区系分析表明，桃源洞种子植物区系中，热带性质的科共 88 科，占非世界分布科总数的 57.52%，热带性质的属占非世界分布属总数的 46.83%，温带性质的属占 53.17%，体现了桃源洞区系具有明显的特殊性，在科的级别上，以热带性质为主，而在属的等级，以温带成分略占优势，其受到了中亚热带山地成分，以及华中、西南干冷成分的强烈影响。

桃源洞保护区有中国特有科 5 科，中国特有属 28 属，中国特有种 734 种，其中包含特有种 15 种以上的科有 11 科，如蔷薇科（41 种）、樟科（31 种）、壳斗科（27 种）、山茶科（25 种）、冬青科（19 种）、毛茛科（19 种）等。并且也是以华南、华东、华中为核心广泛分布的中国特有种的集聚地，如红毒茴、闽楠、江南花楸、多花泡花树、华空木、尖叶清风藤、中华猕猴桃等。种子植物中有孑遗种 138 种，隶属于 59 科 92 属，如广西紫荆、蜡梅、草绣球、檫木等。另有各类珍稀濒危保护植物 33 科 74 属 117 种，如华榛、铁皮石斛 *Dendrobium officinale*、细叶石斛 *Dendrobium hancockii*、瘿椒树等。

分析表明，桃源洞保护区保存有大量特有属种、珍稀濒危种或古老孑遗种等，尤其是这些区域特征种，如资源冷杉、青钱柳、金缕梅、瘿椒树、穗花杉、南方红豆杉、银钟花、福建柏等还构成了优势群落，充分表明桃源洞植物区系的古老性、孑遗性。依据张宏达（1994）的植物区系区划理论，桃源洞保护区隶属于东亚植物界华中省，是沟通华东、华中、华南的核心地带之一。

第 5 章　珍稀濒危保护植物及各类重要资源植物

5.1　国家珍稀濒危保护植物

某一地区的珍稀濒危植物的分布种类、丰度是评价一个地区物种多样性程度及建立保护区价值的最直观的评价标准。一个保护价值较高的保护区应该是物种资源和遗传资源的天然宝库，不仅要具有富集的物种资源，还应该拥有较多的珍稀物种，在自然状况下，它们彼此间组成一个平衡的、协调的生态系统。这种生态系统不但具有典型性、多样性，而且具有稀有性、珍贵性和脆弱性。在桃源洞保护区开展全面的野外调查之后，参照下列各节所列标准确定桃源洞保护区内各类珍稀濒危保护植物共有 33 科 74属 117 种（附表 1），其中裸子植物 6 科 12 属 13 种，被子植物 27 科 62 属 104 种。习性组成方面，木本共 63 种，草本 54 种。

5.1.1　《IUCN 濒危物种红色名录》收录的珍稀植物

根据《IUCN 濒危物种红色名录》（2012 版）进行统计，桃源洞保护区共有 34 种植物被列入 IUCN 红色名录，如下。

极危种（CR）4 种，即马尾松、穗花杉、台湾泡桐 *Paulownia kawakamii*、铁皮石斛。

濒危种（EN）6 种，即银杏、华榛、伯乐树、独花兰 *Changnienia amoena*、细叶石斛、细茎石斛。

易危种（VU）9 种，即黄山木兰、八角莲 *Dysosma versipellis*、瘿椒树、南岭黄檀、水青冈、长柄槭 *Acer longipes*、楤木 *Aralia chinensis*、银钟花、天麻 *Gastrodia elata*。

近危种（LR/NT）7 种，即福建柏、凹叶厚朴、厚朴、沉水樟 *Cinnamomum micranthum*、闽楠、杜仲、刺果卫矛 *Euonymus acanthocarpus*。

无危种或关注种（LR/LC）8 种，如银杉、南方铁杉、杉木、柏木 *Cupressus funebris*、粗榧、三尖杉、南方红豆杉、红椿。

①银杏：银杏科，银杏属，落叶乔木，是现存最古老的种子植物之一，被称为活化石。银杏是第四纪冰川运动后遗留下来的最古老的裸子植物，在保护区内已非常罕见。②马尾松：松科，松属，野生种分布已少见，常见于海拔 1000 m 以上的中山山地，大径级的纯林少见，多为人工林或半自然林。③华榛：胡桃子科，榛属，见于保护区内 1100 m 以上的山地中，上竹子溜地区幅子窝附近有大片群落。④伯乐树：伯乐树科，落叶乔木，稀有优良用材树。区内较为罕见，黑龙潭附近有零星分布。

5.1.2　《中国物种红色名录》收录的珍稀植物

根据《中国植物红色名录》（2004 版）进行统计，共有 79 种被列入《中国植物红色名录》，如下。

极危种（CR）2 种，即资源冷杉和铁皮石斛。

濒危种（EN）6 种，即银杏、银杉、独花兰、细叶石斛、细茎石斛、新宁新木姜子 *Neolitsea shingningensis*。

易危种（VU）39 种，如穗花杉、南方红豆杉、华榛、伯乐树、杜仲、黄山木兰、玉兰、乐东拟单性木兰、寒兰 *Cymbidium kanran*、建兰 *Cymbidium ensifolium*、独蒜兰 *Pleione bulbocodioides* 等。

近危种（NT 或 NT 近 VU）32 种，如南方铁杉、粗榧、三尖杉、瘿椒树、紫茎、香果树、台湾吻兰 *Collabium formosanum*、毛萼山珊瑚 *Galeola lindleyana*、舌唇兰 *Platanthera japonica* 等。

5.1.3 《国家重点保护野生植物名录》收录的保护植物

根据《国家重点保护野生植物名录》（1999 年版）进行统计，结果有 96 种被列入其中，如下。

国家 I 级保护野生植物 8 种，即铁皮石斛、银杏、细叶石斛、细茎石斛、伯乐树、资源冷杉、南方红豆杉、莼菜 Brasenia schreberi。

国家 II 级保护野生植物 88 种，如福建柏、银杉、厚朴、凹叶厚朴、乐东拟单性木兰、乐昌含笑 Michelia chapensis、樟 Cinnamomum camphora、闽楠、毛蕊猕猴桃 Actinidia trichogyna、中华猕猴桃、黄毛猕猴桃 Actinidia fulvicoma、七叶一枝花、毛棉杜鹃花、喜树、香果树、金荞麦 Fagopyrum dibotrys、野大豆 Glycine soja、花榈木 Ormosia henryi、蕙兰 Cymbidium faberi、绶草 Spiranthes sinensis、台湾盆距兰 Gastrochilus formosanus、大花斑叶兰 Goodyera biflora、长唇羊耳蒜 Liparis pauliana、泽泻虾脊兰 Calanthe alismaefolia、反瓣虾脊兰 Calanthe reflexa 等。

5.1.4 《濒危野生动植物种国际贸易公约》收录的植物

根据《濒危野生动植物种国际贸易公约》（CITES）进行统计，结果桃源洞保护区被列入附录 II 的保护植物有 43 种，即：南方红豆杉、台湾吻兰、镰翅羊耳蒜 Liparis bootanensis、无柱兰 Amitostigma gracile、铁皮石斛、毛萼山珊瑚、天麻、大花斑叶兰、多叶斑叶兰 Goodyera foliosa、斑叶兰、十字兰 Habenaria schindleri、扇脉杓兰 Cypripedium japonicum、见血青 Liparis nervosa、细叶石仙桃 Pholidota cantonensis、密花舌唇兰 Platanthera hologlottis、小舌唇兰 Platanthera minor、独蒜兰、苞舌兰 Spathoglottis pubescens、绶草、鹅毛玉凤花 Habenaria dentata、银兰 Cephalanthera erecta、带叶兰 Taeniophyllum glandulosum、金线兰、白及 Bletilla striata、广东石豆兰 Bulbophyllum kwangtungense、齿瓣石豆兰 Bulbophyllum levinei、虾脊兰、细茎石斛、金兰 Cephalanthera falcata、独花兰、杜鹃兰 Cremastra appendiculata、建兰、蕙兰、多花兰 Cymbidium floribundum、春兰、寒兰、钩距虾脊兰 Calanthe graciliflora 等。

上述分析表明，桃源洞保护区各类珍稀濒危重点保护植物非常丰富，其中包括兰科植物 47 种，而瘿椒树、南方红豆杉、穗花杉、银杉、福建柏、资源冷杉、铁杉等常在局部地区形成优势群落，分布于保护区内各区域，成为重要的保护和保育对象。

5.1.5 珍稀濒危重点保护植物代表种

在考察期间发现，桃源洞保护区内多数种类已得到了有效保护，生态环境有了良好改善，群落动态正在顺向演替，但同时令人担忧的是，部分珍稀植物也正面临着严峻处境，数量在逐步减少，人为破坏行为尚未杜绝。由于经济利益的驱使，保护区内居民种植大量毛竹，不断侵占资源冷杉的原始生境，鄱峰地区还有居民开展养殖活动，这些都不利于珍稀濒危植物的保护，同时伯乐树、厚朴、南方红豆杉、肉桂、天麻、黄连、竹节人参、黄精等珍贵药用植物或观赏植物，由于不法分子盗挖，生存状况堪忧，现将部分珍稀濒危植物的价值和生存状况简介于下。

5.1.5.1 国家重点保护野生植物

（1）银杉 Cathaya argyrophylla

银杉为我国著名的单种属植物，隶属于松科银杉属，于 1958 年由我国著名的植物分类学家陈焕镛和匡可任合作发表。银杉为我国著名的植物活化石之一，第三纪时期曾广布于北半球欧亚大陆，德国、波兰、苏联等地均发现其化石记录。银杉为常绿乔木，球果生于叶腋处，初直立，后呈下垂状，苞鳞短而不露出；叶与枝节间上端呈簇生，其下为疏散排列；叶条状扁平，上面中脉凹下，自然状态下看上去整株树呈银色。作为我国稀有古老孑遗植物，银杉现仅分布于湖南城步与新宁交界的沙角洞和桂东八面山尚存的小面积银杉混交林；广西越城岭及大瑶山地区亦产。在桃源洞保护区，龙渣乡龙凤村毛鸡仙有小片银杉群落分布于海拔 780~1714 m，生于山顶较陡峭的山崖，共 170 余株，胸径 10 cm 以上 29 株，其中最大胸径 50 cm，树高 19.5 m，与南方铁杉、甜槠、银木荷等混生。银杉具有重要的保护意义，应严禁人类活动干扰其自然生长，应设法安排专职人员对其进行保护。

（2）资源冷杉（大院冷杉）*Abies beshanzuensis* var. *ziyuanensis*

松科冷杉属植物，濒危古老植物，桃源洞地区的资源冷杉最初由刘起衔（1988）发现并命名为大院冷杉，后经研究发现，大院冷杉与以资源县为模式产地的资源冷杉（傅国立等，1980）为同种，现在认为将它们作为百山祖冷杉的变种处理较为合适。资源冷杉为常绿乔木，叶沿小枝呈不规则两列状，叶先端凹缺，下面具两条白色气孔带；球果圆柱状，10~11 cm 长，直立于小枝顶；种子倒三角形椭圆状，长约 1 cm，种翅淡紫黑灰色，长可达 3 cm。资源冷杉为桃源洞保护区的重点保护植物，目前桃源洞的资源冷杉是其分布的东界，且其生长状况及分布面积情况也均较好。保护区内的大院香菇棚、和平坳、老棚下、绵羊坳、鸡麻杰等地均有分布，海拔 1400 m 左右，桃源洞保护区鸡麻杰及和平坳的资源冷杉群落保护较好，整体群落演替状况良好，各年龄结构均居一定数量，尤其是小苗的生长状态良好，表明目前的自然条件对于资源冷杉种子萌发是较为良好的，然而应注意到部分群落中毛竹侵入对资源冷杉幼树生长的影响，可以采取人为改良群落结构等措施，为资源冷杉小苗提供一定的生态位，以利于资源冷杉种群的恢复。

（3）福建柏 *Fokienia hodginsii*

柏科，常绿乔木。据陈嵘《中国树木分类学》介绍，"本种最初为一英国船长发现于福建永福县"，故名福建柏，是我国稀有古生植物和优良用材树种。宜章莽山、江永、道县、桂东有分布；本区桃源洞后山海拔 1270 m 以上有混交林，主要伴生树种有甜槠、金叶含笑、银木荷、紫薇春和台湾松。据 500 m² 样地调查，有福建柏 31 株，平均胸径 15.4 cm，最大一株胸径 35.6 cm，平均树高 8.6 m，最高的 15 m，Ⅰ~Ⅴ级立木都有，天然更新良好。

（4）伯乐树 *Bretschneidera sinensis*

伯乐树为单型科，仅分布于我国及越南北部地区，属高大落叶乔木，奇数羽状复叶，具小叶 7~15 枚；大型总状花序，长可达 35 cm，花梗及萼片外被棕色短柔毛；花瓣阔匙形，约 2 cm 长，内面具红色纵条纹；果瓣橙红色，果柄 2.5~3.5 cm；种子椭圆球形，长约 1.8 cm。伯乐树不仅为稀有的优良用材树，而且其观赏价值较高，目前园林推广应用广泛，所以其自然生长的种子常被收集进行育苗工作，而自然状态下的种群难以继续繁育。桃源洞保护区内分布稀少，在黑潭存有 2 株，幼苗稀少，种群自然更替状态差，应加强保护工作，严防盗伐，需进一步开展人工繁育以恢复伯乐树的野生种群。

（5）香果树 *Emmenopterys henryi*

茜草科香果树属高大落叶乔木，我国仅有一种，为国家Ⅱ级保护野生植物。各地山区散生，常有大树。香果树的叶片阔卵形，长达 14 cm，叶下面苍白；圆锥花序顶生，花萼裂片变态呈叶状，匙状卵形或广椭圆形，长、宽可达 6 cm，白色、淡红色或淡黄色；花冠漏斗状，2~3 cm 长，被黄白色绒毛；蒴果长圆状卵形或近纺锤形，长 3~5 cm；种子多数小而有阔翅。香果树具有极高的观赏价值及科学研究价值，在桃源洞地区香果树分布星散，海拔 600 m 以上山坡偶有分布，大树稀少，需要加强保护其幼苗及幼树的生长。

（6）杜仲 *Eucommia ulmoides*

杜仲隶属于杜仲科，为单型科，落叶乔木，稀有种（野生）。杜仲的花雌雄异株，花先于叶开放，雄花无花被，药隔突出，花粉囊细长，无退化雌蕊；雌花单生；翅果扁平，长椭圆形，3~3.5 cm 长；坚果子房柄与果梗相接时具关节；种子扁平线形。杜仲是一种重要的中药资源，树皮作药材为强壮药，对治疗腰膝痛、风湿及习惯性流产有较好功效；此外杜仲科为我国特有的单种科植物，其系统进化地位相当特殊，具有较高的科学研究价值。在保护区内，杜仲多生长在海拔 500 m 左右的低山区域，在靠近村落的地方多有栽培。

（7）穗花杉 *Amentotaxus argotaenia*

红豆杉科，常绿灌木或小乔木，渐危种。莽山、城步、桂东、新宁、绥宁都有散生分布；本区牛角坳海拔 1400 m 沟槽地散生，有树高 15 m、胸径 19 cm 的乔木，树龄在 200 年以上，极为珍贵。

（8）南方铁杉 *Tsuga chinensis*

南方铁杉为松科铁杉属常绿大乔木，高可达 40 m。南方铁杉为铁杉的变种，以叶片背面具粉白色气孔带、球果中部种鳞呈圆楔形或近方形而与原种区别。材质优良，为珍贵的用材树种，在我国浙江、安徽武夷山、广西、湘西、湘南中山山地多有分布；桃源洞地区海拔 1200 m 以上牛屎坪、坪上、梨树洲中洲、梨树洲小沙湖均有混交林，树龄多在 100 年以上，树高可达 35 m，平均胸径 38 cm，群落中南方铁杉的更新状态良好，具有突出的保护价值。

（9）凹叶厚朴 *Magnolia officinalis* subsp. *biloba*

属于木兰科落叶乔木，凹叶厚朴以叶片顶端凹陷而显著区别于厚朴。野生状态下的凹叶厚朴由于遭到人类的砍伐而难以见到，属于渐危种。据记载，桃源洞保护区内牛角垅地区于 20 世纪 60 年代曾分布有大片野生凹叶厚朴（侯碧清，1993），后因发掘其树皮具药用价值，当地群众将凹叶厚朴的大树砍伐殆尽，现在桃源洞地区的阔叶林中偶尔发现有野生幼树的分布。同时保护区人民也在村落旁（和平坳、大院、九曲水）栽培了较多的凹叶厚朴，以供采收作药用。

（10）华榛（山白果）*Corylus chinensis*

胡榛子科落叶大乔木，渐危种。华榛的枝条灰褐色，密被长柔毛和刺状腺毛。叶基部心形，两侧基部对称，边缘具不规则钝锯齿；果实 2～6 枚簇生呈头状，长 2～6 cm；果苞管状，上部收缩，外面具纵肋，上部深裂具 3～5 枚镰状披针形裂片。桃源洞帽子窝海拔 1150 m 处分布有大片华榛混交林，以华榛为建群种，是现存较好的华榛林，具有重要的保护价值。

（11）瘿椒树（银鹊树）*Tapiscia sinensis*

本种为单种科，隶属于瘿椒树科，为高大的落叶乔木，系统进化关系与省沽油科较为接近，为稀有的古老植物类群。为奇数羽状复叶，小叶两面无毛或仅背面叶腋被毛；雄花与两性花异株，雄花序长达 25 cm，两性花约 10 cm 长，花小、黄色；花萼钟状；子房一室，花柱长于雄蕊；核果近球形。瘿椒树为速生用材树种，在桃源洞地区多有散生，如海拔 700 m 以上狮子岩、田心里尚分布有大片成熟群落，考察中田心里的瘿椒树群落自然更替状况良好。

（12）银钟花 *Halesia macgregorii*

银钟花为我国特有植物，隶属于安息香科，落叶乔木，树皮光滑，花白色，2～7 簇生于次年生小枝叶腋，开花时下垂呈钟状，直径约 1.5 cm；核果长椭圆形或倒卵形，长 2.5～4 cm，具四翅，成熟时褐红色。银钟花的分布区域广泛，我国广西、广东、福建、江西、贵州、浙江、湖南等处山地均有分布；桃源洞地区的银钟花数量较少，常生于海拔 800 m 以上区域，如黄茅奇山脊、九曲水山顶台湾松林中有散生，在神农飞瀑下游有银钟花群落，沿河谷呈带状零星分布。

（13）闽楠（香楠）*Phoebe bournei*

樟科，常绿乔木，渐危种，是名贵的用材树。湖南省内各地有分布，砍伐严重，资源枯竭，危及生存。本区稀少，仅见老庵里幸存数株，应重点保护。

（14）青檀 *Pteroceltis tatarinowii*

榆科，落叶小乔木，稀有种。低山丘陵散生，湘西石灰岩地较多；本区小溪旁散生，量不多。

（15）天麻 *Gastrodia elata*

为兰科腐生植物，是一种名贵中药材，为国家 II 级保护野生植物。天麻的根状茎肥厚，具较密的节；茎直立，一般为橙黄色；总状花序具花 30～50 朵，花苞片长圆状披针形，萼片及花瓣合生的花被筒长 1 cm；唇瓣长圆状卵圆形，6～7 mm，边缘具不规则短流苏；蒴果倒卵形，长 1.4～1.8 cm。野生天麻植株在桃源洞的中山地带灌木林下偶有分布，由于盗挖严重，目前仅在大院、神农飞瀑、江西坳山坡上有野生植株分布，但数量不多，有待加强保护。

（16）八角莲（独脚莲）*Dysosma versipellis*

小檗科，多年生草本，渐危种，名贵中药材。林下阴湿肥沃地散生，多遭挖掘，危及生存。

5.1.5.2　省级保护植物

（1）南方红豆杉 *Taxus wallichiana* var. *mairei*

南方红豆杉为常绿乔木，因其木材呈红色、纹理结实，为稀有珍贵用材树种，在早年遭受砍伐严重，现被林业部列为一级重点保护树种。南方红豆杉的叶片呈弯斜的镰刀形而与红豆杉明显区别，此外其假种皮橙红色，包被种子，主要依靠鸟类为其进行种子传播。在分布范围上，南方红豆杉在我国华东、华中、华南等大部分区域均有群落分布，如信丰县金盆山、江西瑞昌、广东乐昌均有较好的群落及大树分布，南方红豆杉在桃源洞保护区内分布较少，仅在神农瀑布下游地区有较大片群落分布，其成株可自然结实，但调查发现林下南方红豆杉小苗较少，宜开展种苗繁育工作，促进其群落的稳定。

（2）桂南木莲 *Manglietia chingii*

桂南木莲是为纪念秦仁昌先生而命名，又称仁昌木莲，为木兰科木莲属常绿乔木。桂南木莲的叶片长倒卵圆形，芽及嫩枝被红褐色短柔毛；花蕾卵圆形，花梗细长下弯，长 4～7 cm；花被片 9～11 片，椭圆形，长 4～5 cm；雌蕊群长 1.5～2 cm，花柱长约 2 mm；聚合蓇葖果具疣状突起；种子内种皮也有突起点。桂南木莲在桃源洞海拔 500～1300 m 散生，常生于光线较充足的阳坡，大树较为稀少，偶见于梨树洲中洲及江西坳地区。

（3）乐昌含笑（南方白兰花）*Michelia chapensis*

木兰科，常绿乔木，优良用材及观赏树。主产湘南、湘西南，桑植产少量；本区散生，不见大树。本种干形端直，生长优良，应保护并广为栽植。

（4）野含笑 *Michelia skinneriana*

木兰科，常绿小乔木，稀有。花极香，供观赏。湘东南有少量分布，本区低山沟地散生，老庵里沟旁有数株。应保护母树，采种育苗人工繁殖。

（5）川桂（柴桂、山桂皮）*Cinnamomum wilsonii*

樟科，常绿小乔木，各地散生阔叶林中。树皮供药用和调味品，多遭剥割，资源日趋枯竭，危及生存，若不加强保护，不杜绝剥皮，很有绝迹的可能。应营造人工林，保护天然资源。

（6）华南桂（野桂皮）*Cinnamomum austrosinense*

樟科，常绿乔木。湘南散生；本区海拔 800 m 以下有分布。树皮为山桂皮代用品，天然资源日益减少。树干高大通直，生长快，可作用材树栽培。

（7）檫木 *Sassafras tzumu*

樟科，落叶乔木。坪上有株高约 27 m，胸径 1.5 m，树龄 150 年以上，作古树保护。

（8）尾叶紫薇 *Lagerstroemia caudata*

千屈菜科，落叶乔木，稀有种。湘西南有少量分布，本区狮子岩有数株大树。生长缓慢，不易成材，大树很珍贵，应保护；花艳丽，树皮光洁，可种植庭园观赏。

（9）多花山竹子 *Garcinia multiflora*

藤黄科，常绿小乔木，具多种用途的经济树种。果可食，树叶、树皮富含单宁，种子供工业用油，枝叶茂密，树形优美，庭园供观赏。湘南、湘西南有分布，通道县较多；本区低海拔沟谷常绿林下散生，应保护。

（10）瑶山梭罗（弹皮树）*Reevesia glaucophylla*

梧桐科，落叶大乔木，稀有优良用材树。本省山地少量散生；本区楠木坝常绿林中可见，稀少。丘陵地人工林生长较好，可用于造林。

（11）东方古柯 *Erythroxylum sinensis*

古柯科，落叶灌木，单属科。湘南各地有少量分布；本区林中罕见，注意保护。

（12）紫荆 *Cercis chinensis*

苏木科，落叶乔木，稀有用材和观赏树。湘西少量散生；本区桃源洞后山和狮子岩有大树，很珍贵，应加强保护。花紫红色，簇生老枝，先花后叶，很优美，可引种庭园。

（13）马鞍树 *Maackia hupehensis*

蝶形花科，落叶乔木。我省马鞍树属仅产本种，湘中和湘东稀有。本区仅于牛角垅有少数几株，应注意保护。

（14）木荚红豆 *Ormosia xylocarpa*

蝶形花科，常绿乔木，树干通直，心材红色，珍贵用材树。分布稀少，湘南、湘西南少量散生；本区低山沟谷地常绿阔叶林中生长旺盛。应保护母树，采种育苗，繁殖栽培。

（15）软荚红豆 *Ormosia semicastrata*

蝶形花科，常绿乔木。心材红色，珍贵用材树。分布甚少，湖南南部稀有；本区楠木坝罕见，有单株立木，应保护。

（16）大果马蹄荷（白克木、合掌木）*Exbucklandia tonkinensis*

金缕梅科，常绿乔木，珍贵用材树。湘南常绿阔叶林重要树种，长期受到砍伐，资源所剩无几；本区青石岗低山地有散生，应重视保护并可育苗造林。

（17）蕈树（阿丁枫）*Altingia chinensis*

金缕梅科，常绿大乔木，珍贵用材树。湘南、湘西南常绿阔叶林重要树种，干形端直，材质坚重，大树多被砍伐，资源日益稀少；本区低山有少量分布，生长旺盛。应重视保护和营造人工林。

（18）宿柱三角咪（多毛板凳果）*Pachysandra axillaris*

黄杨科，常绿小灌木，湖南稀少种。桑植八大公山林下偶见；本区西坑有分布。

（19）赤皮青冈（湖南石槠）*Cyclobalanopsis gilva*

壳斗科，常绿大乔木，珍贵用材树。湘南、湘西低海拔散生，常有大树、古树；本区老庵里有大树，应注意保护和育苗繁殖。

（20）宁冈青冈 *Cyclobalanopsis ningangensis*

壳斗科，常绿乔木，稀有用材树。湘赣特有，主产湘东，湘西南（通道）也有；本区海拔 1000 m 以下散生，应保护大树和生态环境，行天然更新可望成林。

（21）鹿角锥 *Castanopsis lamontii*

壳斗科，常绿乔木。本种是华南成分在湖南分布的北缘。湘南、湘西南低山地散生；本区海拔 500 m 以下偶见，很珍贵。

（22）毛红椿 *Toona ciliata*

楝科，落叶乔木，稀有名贵速生用材树。湘西沟谷地散生，资源稀少；本区狮子岩阔叶林中散生，生长得很好。保护母树并采种育苗，可广为营造人工林。

（23）少叶黄杞 *Engelhardtia fenzlii*

胡桃科，常绿乔木，稀有种。湘南低山地散生；本区海拔 600～800 m 常绿林中有分布，资源稀少，应加强保护。

（24）青钱柳 *Cyclocarya paliurus*

胡桃科，落叶乔木，果实呈铜钱状，甚得人们喜爱。桃源洞海拔 1000 m 以下沟边谷地常有分布，大枧坑野生植株较多，且多为大树，树高达 25 m 以上。青钱柳果形奇特，枝叶繁茂，极有可观赏性。

（25）珠子七（竹节人参、白三七）*Panax pseudoginseng* var. *japonicus*

五加科，多年生草本，贵重中药材。根茎有止血、滋补等功效。多遭挖掘，资源稀少，应杜绝挖掘。

（26）短萼黄连 *Coptis chinensis* var. *brevisepala*

毛茛科，多年生草本，名贵中药材。根茎有清热泻火、解毒消肿特效。野生资源稀少，可适当人工种植。于九曲水地区的中高海拔山谷均有分布，并在 800 多米处的河谷山坡上形成较大片的群落，在考察过程中发现有盗挖情况的存在。

（27）六角莲（山荷叶）*Dysosma pleiantha*

小檗科，多年生草本，属于名贵的中药材。六角莲根茎可供药用，为治疗毒蛇咬伤、跌打损伤及解毒、治肿毒的特效中药，喜于林下阴湿地散生，野生植株稀少。

（28）绞股蓝 *Gynostemma pentaphyllum*

葫芦科绞股蓝属，又称五叶神，名贵中药材。植株提取人参皂苷含量与人参近等，有防癌、镇痛、滋补、抗衰老等作用，为降血压类较好的中药材。桃源洞海拔 400～1000 m 谷地、林缘及积石缝隙中多有野生，资源较丰富，保护区内居民常采集制作茶原料，可适当禁止挖掘，推广人工繁殖栽培。此外保护区内还分布于有光叶绞股蓝，具有相似的药效。

（29）华重楼 *Paris polyphylla* var. *chinensis*

百合科重楼属，多年生草本，花萼叶状，小叶轮生常为 7 片，故称七叶一枝花，为贵重中药材。根茎有治疗蛇虫咬伤、清热解毒、消肿止痛的功效，是毒蛇咬伤类药物的重要原料。目前七叶一枝花在桃源洞保护区内珠帘瀑布、鸡公岩、江西坳等地多处可见，但野生种群不大，需要加以重视、保护。

5.2 各类重要资源植物

桃源洞保护区资源植物繁多，根据对其材用、药用、观赏、能源、食用、生态植物等资源属性的统计，结果如下。

5.2.1 材用树种

桃源洞地区的材用树种有131种，隶属于41科66属，在植物群落中占优势的以松科（马尾松、台湾松、南方铁杉）、杉科（杉木）、柏科（福建柏）、樟科（樟、红楠、闽楠、紫楠、黑壳楠、薄叶润楠、刨花润楠、华润楠）、壳斗科（苦槠、甜槠、栲、青冈、东南石栎）、木兰科（乐昌含笑、桂南木莲）、山茶科（木荷、银木荷、粗毛核果茶）、禾本科（毛竹）为主。最常用的材用树种为杉木及台湾松，而毛竹是这一地区经济产业的支柱，在中低海拔地区次生林及人工林中多有分布。

此外，可作材用的树种还有樟科（华南桂、黄樟、毛豹皮樟、宜昌润楠、檫木、绒毛润楠、湘楠、山苍子、红脉山胡椒）、瘿椒树科（瘿椒树）、鼠刺科（矩叶鼠刺）、千屈菜科（尾叶紫薇）、山龙眼科（小果山龙眼）、大风子科（山桐子、柞木）、山茶科（油茶、厚叶红淡比、厚皮香、尖萼厚皮香）、金丝桃科（多花山竹子）、椴树科（白毛椴、粉椴、椴树）、杜英科（中华杜英、褐毛杜英、日本杜英、山杜英、猴欢喜）、大戟科（白背叶、野桐、东南野桐、粗糠柴、山乌桕、乌桕、木油桐）、蔷薇科（钟花樱桃、尾叶樱桃、腺叶桂樱、大叶桂樱、湖北海棠、檴木、椤木石楠、桃叶石楠、豆梨）、含羞草科（合欢）、苏木科（广西紫荆、湖北紫荆）、蝶形花科（木荚红豆、花榈木）、金缕梅科（蕈树、蜡瓣花、杨梅叶蚊母树、大果马蹄荷、缺萼枫香、枫香、水丝梨）、桦木科（江南桤木）、榛科（雷公鹅耳枥、湖北鹅耳枥）、壳斗科（锥栗、钩锥、多脉青冈、短尾柯、美叶柯）、榆科（紫弹朴、朴树、青檀、榔榆、榉树）、桑科（柘树）、冬青科（齿叶冬青、台湾冬青、榕叶冬青、冬青、铁冬青）、交让木科（交让木）、苦木科（臭椿）、楝科（红椿、香椿）、无患子科（无患子、天师栗）、槭树科（青榨槭、五裂槭、中华槭、岭南槭）、清风藤科（异色泡花树、粘毛泡花树、垂枝泡花树）、漆树科（南酸枣、黄连木）、胡桃科（黄杞、化香树）、山茱萸科（灯台树、尖叶四照花、梾木）、蓝果树科（喜树、蓝果树）、杜鹃花科（猴头杜鹃、毛棉杜鹃花）、柿科（罗浮柿、延平柿）、安息香科（银钟花、小叶白辛树、野茉莉、栓叶安息香）、木犀科（苦枥木、白蜡树、木犀）等，其他保护裸子植物如柏科（柏木）、三尖杉科（三尖杉）、红豆杉科（南方红豆杉、穗花杉）都是优良的材用树种。

杉木：杉科杉属，杉木是我国目前最重要的材用树种之一，它生长速度快，生态适应性强，在一般的中山山地均可生长。

福建柏：柏科福建柏属，福建柏成株木材优良，历来为我国福建、江西、江苏等地传统的材用树种，目前福建柏已被列为国家Ⅱ级保护植物，应多开展福建柏人工种群的繁育工作以便合理地利用这一树种。

樟：樟科樟属，是一种传统的优良材用树种，木质结构坚硬，自然环境下的樟成株已不多见，桃源洞地区的居民村落旁边的风水林中偶有古樟生长。

银木荷：山茶科木荷属，木材纹理细致，材质重而干后不易变形，是制造农具、家具及建造屋舍的优良用材，在桃源洞地区的次生林中多有分布，洪水江地区的针阔混交林中有较多银木荷大树。此外与银木荷同属的木荷叶片呈厚革质，可阻绝树冠火，为优良的防火线树种，可适当在桃源洞地区推广。

枫香：金缕梅科枫香属，大型的落叶乔木，树干通直，材质坚硬，为优良的木制品材料，枫香常散生在中海拔山地的阔叶林中，密集的群落在桃源洞保护区内较少见。

毛竹：禾本科刚竹属，高可达20余米，生长速度快，毛竹可用于生产编制品及凉席等，具有重要的经济价值，也是桃源洞保护区内人工种植范围最大的经济植物。

苦槠、甜槠、东南石栎等：这些树种均属于壳斗科，在人工食用真菌的栽培过程中，常以这些树种作为基木，为菇类及木耳等食用真菌提供养料。

5.2.2 药用植物

桃源洞相传为神农采药、教化先民农耕之处，药用植物资源丰富，较为著名的药用植物有贯众、黄连、鸡血藤、草珊瑚、天麻、玉竹、何首乌、凹叶厚朴、杜仲、八角莲、葛、金银花、夏枯草、虎杖、仙鹤草、绞股蓝等。根据其药效的不同可分为以下类别。

（1）清热解毒的中草药

此类中草药包括蛇苔、榕叶冬青、地苍、粉防己、轮环藤、蔓茎堇菜、长萼堇菜、紫花地丁、马齿苋、蚤缀、火炭母、红蓼、杠板归、土牛膝、酢浆草、青葙、扁担杆、牛耳枫、蛇莓、假地豆、糯米团、乌蔹莓、水团花、胜红蓟、野菊、白英、通泉草、马鞭草、半边莲、杏香兔儿风、南天竹、八角莲、粗糠柴、紫背天葵、油桐花等。

蛇苔：蛇苔科，生于湿润林下土地或岩石上。全草可入药，味辛、甘，性微寒，有消肿止痛、清热解毒的功效，常用于治疗肿痛、疔疮及蛇虫咬伤等。

榕叶冬青：冬青科冬青属，常绿乔木，以根部切片入药，味甘、苦，凉性。具清热解毒、活血止痛的功效，可治湿热黄疸、胁痛、跌打肿痛。

紫背天葵：秋海棠科紫背天葵属，叶背明显紫色，喜生湿润石壁上。全草入药，味甘，微酸，性凉。具清热解毒、润肺止咳、生津止渴之功效，治外感高热、中暑发烧、肺热咳嗽、伤风声嘶、痈肿疮毒等症。

粗糠柴：大戟科野桐属，灌木状，叶明显三出脉，有毒植物，其果实和叶背的红色粉末状小点有毒。以果实表面的绒毛及根入药，根可清热利湿。用于急、慢性痢疾，咽喉肿痛，果实上的腺体粉末可杀线虫等寄生虫。

火炭母：蓼科蓼属。为一种重要的中药，地上植株可入药，清热解毒，利湿消滞，凉血止痒，可去皮肤风热、流注、骨节痈肿疼痛。

杠板归：蓼科蓼属，叶盾状三角形，茎具纵棱，沿棱疏生倒刺。全草可入药，味酸性凉，清热解毒，利尿消肿，具抗菌消炎的功效。用于水肿、黄疸、疟疾、湿疹等症。

乌蔹莓：葡萄科乌蔹莓属，叶鸟足状，花盘橘红色。全草可入药，具有清热解毒、活血化瘀、利尿消肿的功能，可用于治疗咽喉肿痛、毒蛇咬伤、痢疾、尿血、跌打损伤等。

野菊：菊科菊属，为重要的中药材，多年生草本，花序类球形，舌状花一轮。以花未全开放者入药最好，气辛、味苦、性微寒。药材中有白菊醇、白菊酮等成分，具疏散风热、消肿、清热解毒的功效，可用于无名肿痛、天泡湿疮、宫颈炎及呼吸道炎症等。

白英：茄科茄属，草质藤本，全株被具节长柔毛，叶多为琴形。全草可入药，具有清热利湿、解毒消肿、抗癌等功效，可用于治疗癌症、感冒发热、胆囊炎、子宫糜烂、慢性支气管炎等症。

（2）安定神智、治疗心神不宁的中药材

此类中药材包括东亚小金发藓、山合欢、江南越桔、灯芯草、何首乌、柏子仁、石菖蒲、山麦冬等。

东亚小金发藓：金发藓科，生于潮湿林下碎石及树干上，我国广布。夏秋采收全株入药，性微寒，有镇静安神、散瘀、消肿止血的功效，主治心悸怔忪、跌打损伤、失眠多梦等。

山合欢：含羞草科合欢属，落叶乔木，二回羽状复叶。干燥的头状花序及树皮可入药，有平神疏郁、理气活络、活血安神的功效，可用于心神不宁、咽喉肿痛、忧郁失眠、筋骨损伤等病症。

何首乌：蓼科蓼属，草质藤本，是重要的中药材。块根黑褐色可入药，味苦甘涩，性微凉，无毒。具安神、养血滋阴、活络、解毒等功效，主治血虚头晕目眩、心悸失眠、须发早白、遗精、肠燥便秘、痔疮等症。

石菖蒲：天南星科菖蒲属，叶片二列状，肉穗花序，喜生水边石上。根茎可入药，具化湿开胃、醒神益智、活血理气的功效。可治癫痫、痰迷心窍、中暑腹痛、感冒、健忘等症。

山麦冬：百合科山麦冬属。以块根入药，味甘微苦、性寒，具养阴生精、润肺清心的功效，可用于心烦失眠、肠燥便秘等症。

（3）抗菌消炎的中药材

此类中药材较多，如蕨类植物铺地蜈蚣、兖州卷柏、翠云草、芒萁、扇叶铁线蕨、蜈蚣草、毛轴铁角蕨、乌毛蕨、狗脊蕨、镰羽贯众、抱树莲、伏石蕨；种子植物瓜馥木、山胡椒、繁缕、大血藤、虎杖、草珊瑚、青牛胆、阔叶猕猴桃、红背山麻杆、日本五月茶、山乌桕、白花悬钩子、构树、广寄生、盐肤木、罗浮柿、硃砂根、大青、马鞭草、血见愁、玉叶金花、密毛乌口树、花叶开唇兰、珍珠茅等。

翠云草：卷柏科卷柏属，喜生于阴湿处的多年生草本。全株可入药，味甘，性凉，有清热利湿、止血、消炎等功效，可用于治疗急性黄疸肝炎、胆囊炎、肠炎、风湿关节痛；外敷可治疗烫烧伤、跌打损伤及外伤出血等。

蜈蚣草：凤尾蕨科凤尾蕨属，喜阴生。性平，味苦，无毒，祛风除湿，舒筋活络、治疥疮。

狗脊蕨：乌毛蕨科狗脊属，喜生于酸性土壤，对水热条件要求不高。根状茎作药用，有小毒，可治疗流行性乙脑、流行性感冒、子宫出血、钩虫及蛔虫病。

山胡椒：樟科山胡椒属，喜生于山坡林缘阳光充足处。果实、叶片及树根均可作药用，性温，有祛风活络、解毒消肿的作用，可用于风湿麻木、筋骨疼痛、虚寒胃痛、肾炎水肿、扁桃体炎等症。

虎杖：蓼科蓼属，多年生半灌木，幼枝上多有紫色斑纹。是一种常用的中药，茎叶可作药用，味酸苦，性凉；有清热解毒、通便利湿、抗菌消炎的功效；可用于治疗肝炎、肠炎、咽喉炎、支气管炎等各种炎症，外敷可治烧伤、跌打损伤、毒蛇咬伤等。

构树：桑科构属，叶形多变异，为村前村后常见的小乔木、灌木。全株可作药用，叶片可利尿消肿，割伤树皮所得白色浆液可外擦治疗神经性皮炎。

广寄生：桑寄生科桑寄生属，又名桑寄生，寄生于乔木上。全株均能作药材，味苦，性平；可祛风湿、养血安胎；用于治疗高血压、腰膝酸痛及风湿性关节炎等。

硃砂根：紫金牛科紫金牛属，生于林下或灌木丛的矮小灌木。树根及叶可作药用，味苦；有解毒消肿、祛风的功效；用于治疗呼吸道感染、扁桃体炎、风湿性关节炎、淋巴结炎、腰腿疼、跌打损伤等。

玉叶金花：茜草科玉叶金花属，木质藤本，具大型不育花萼。藤及根可作药用，味甘，性凉；可解毒、清热解暑；常用于治疗中暑、支气管炎、扁桃体炎、肠炎、毒蛇咬伤等。

（4）祛除寒湿、治疗风湿麻痹的药材

此类药材有楤木、棘茎楤木、八角枫、树参、马尾松、威灵仙、枫香、络石、及己、箭叶淫羊藿、青灰叶下珠、南蛇藤、苍耳等。

楤木：五加科楤木属，枝叶上密生小刺，喜生于路旁灌丛。根皮及茎皮作药用；可祛风除湿、活血化瘀、利尿消肿；用于治疗肝炎、肾炎水肿、糖尿病、风湿关节痛、跌打损伤等。

树参：五加科树参属，又称半枫荷，为我国华南地区较常用的药材。根及树皮可作药用，味甘、性温；可祛风湿、通经络、壮筋骨；用于治疗风湿骨痛、扭伤、小儿麻痹后遗症、月经不调等。

威灵仙：毛茛科铁线莲属，多年生藤本，常生于路旁。根及茎药用，性温；有活血通络、祛风除湿的效果；常用于治疗风寒、四肢麻木、跌打损伤、扁桃体炎、传染性黄疸肝炎等；叶片入药可治疗咽喉炎及急性扁桃体炎。

苍耳：菊科苍耳属，喜生于村边路旁，果实上具钩刺。果实作药用为苍耳子，味苦，性温；可消炎镇痛、祛风散热；常用作治疗头痛感冒、慢性鼻窦炎、风湿性关节炎、疟疾的药材；此外苍耳的植株作药用可治疗子宫出血、皮肤湿疹等。

（5）有强壮身体功效的中草药

此类中药材可增强身体系统机能、提升免疫功能，进而预防疾病，延缓衰老。包括藤石松、狗脊蕨、黄樟、何首乌、土荆芥、土牛膝、矩叶鼠刺、藤黄檀、鸡血藤、薜荔、树参、江南越桔、酸藤子、墨旱莲、韩信草、土茯苓、薏苡等。

藤石松：石松科藤石松属，大型藤本，常攀援于灌木丛上。全草可作药用，味甘，性温；有舒筋活血、祛除风湿的效果；可治疗关节痛、跌打损伤及月经不调等。

土牛膝：苋科牛膝属，又名倒钩草，叶倒卵形。全株药用，味苦，性凉；有清热解毒、通经利尿的效果；可用于感冒发热、疟疾、风湿性关节炎等。

鸡血藤：蝶形花科鸡血藤属，主要为山鸡血藤、昆明鸡血藤等，大型木质藤本。根及藤的切片可入药，味甘，性温；通经活络，补血；常用于治疗贫血、风湿痹痛、腰腿酸痛及四肢麻木等。

薜荔：桑科榕属，又称凉粉果，木质藤本。果实及不育幼枝可入药，果实味甘，性平；具补肾固精、催乳、活血的效果；用于乳汁不通、遗精阳痿等症，不育幼枝有治疗风湿骨痛、跌打损伤等的疗效。

韩信草：唇形科黄芩属，小草本。全草可入药，味辛，性平；具有清热解毒、活血散瘀的功效；可治疗肠炎痢疾、跌打损伤等症。

薏苡：禾本科薏苡属。根及块状茎可入药，味甘，性微寒；有利湿、杀虫、止咳等功效；根可治疗麻疹及强壮筋骨。

（6）跌打损伤类中草药

此类中草药包括石松、华南紫萁、单叶新月蕨、香叶树、豺皮樟、阴香、凤仙花、中华猕猴桃、赤楠、田基黄、中华杜英、光叶山矾、白檀、石斑木、鹅不食草、华紫珠、韩信草、画眉草等。

石松：石松科石松属，喜生于酸性土。全株均可入药，味甘味苦；可舒筋活络、祛风除湿；主治风湿筋骨疼痛、扭伤肿痛及急性肝炎等。

华南紫萁：紫萁科紫萁属。茎切片可入药，能预防麻疹及流行性乙型脑炎；治疗流行性感冒、蛔虫病，强壮筋骨。

赤楠：桃金娘科蒲桃属，小灌木，喜生于灌丛中。枝叶可入药；能清热解毒、利尿平喘；可治疗浮肿、哮喘、烧伤烫伤等症。

石斑木：蔷薇科石斑木属，又称春花。树根及叶可作药用，味苦，性寒；有解毒活血、消肿的功效；可治疗跌打损伤、骨髓炎、关节炎等。

华紫珠：马鞭草科紫珠属，喜生于阳处的灌木。叶片及根的切片可入药，味苦涩、辛辣，性平；止血散瘀，祛风除湿；用于治疗创伤出血、吐血及跌打损伤、风湿痹痛等。

（7）治蛇毒、蛇伤的中草药

包括深绿卷柏、佛甲草、马齿苋、羊角拗、鸡矢藤、豆腐柴、半边莲、下田菊、杠板归、箭叶蓼、香附子等。

深绿卷柏：卷柏科卷柏属，生于山地林下潮湿处，枝扁平深绿色。全草入药，可清热解毒，止血抗癌；用于治疗癌症、肺炎、急性扁桃体炎、蛇虫咬伤等。

豆腐柴：马鞭草科豆腐柴属，小灌木。根及叶可入药，味苦涩，性寒；有消肿止痛、清热解毒的功效；用于治疗痢疾、阑尾炎、烧伤烫伤及毒蛇咬伤等。

半边莲：半边莲科半边莲属，小草本。全草入药，味辛，味苦，性平；可利尿除湿，消肿，清热解毒；常用于治疗毒蛇咬伤、肝硬化腹水、肾炎水肿、扁桃体炎等，外用可治跌打损伤。

香附子：莎草科莎草属，喜生于溪边路旁。块根可入药，味苦，性平；理气疏肝，调经；用于治疗胃胀腹痛、痛经、毒蛇咬伤等。

（8）消化食积的中药材

主要用于治疗饮食积滞、消化不良，常见的有鸡矢藤、革命菜、白栎、山楂、杨梅。

鸡矢藤：属于茜草科鸡矢藤属，为我国南方人民常用的草药，整株具臭味。全株均可作药用，味微苦，性平；有消食化积、祛风利湿的效果；常用于治疗风湿骨痛、跌打损伤、胃肠绞痛、消化不良、支气管炎等。

山楂：蔷薇科山楂属小灌木，是一种著名的促消化药材。

杨梅：杨梅科杨梅属，著名的水果，常栽培在村落旁。果实及根皮均可入药；果实入药有生津止渴的效果，常用于治疗口干、食欲不振等；而根皮入药可治跌打损伤、痢疾、烧烫伤等。

（9）泻下通便的中药材

包括毛果巴豆、郁李等，其中巴豆属植物多有引起腹泻的药效，毛果巴豆为小灌木，根及种仁有毒，可引起强烈的呕吐、腹泻等症状，入药时应慎重；郁李的种子是一种良好的润肠通便、下气利水的药材，常用于治疗肠燥便秘、脚气、大肠气滞等病症。

（10）芳香化湿、祛风散寒类中药材

这一类中药材多为温性偏燥，主要用于健运脾胃、化湿，桃源洞地区较常见的这类药材有石菖蒲及姜科的草豆蔻、山姜、舞花姜等，此外樟科的香料植物肉桂、阴香、山橿等也是较好的药用植物。姜科植物及樟科多为温性药材，这一特点可为开发新的药用植物提供线索。

5.2.3　观赏植物

观赏植物是自然生态景观最重要的组成部分，艳丽的花朵及青翠的树木常给人以平静、舒心的美感，能极大地缓解人们的压力、疲劳感。桃源洞保护区内的地貌景观加之观赏植物的点缀，造就了这一地区美丽的风景，以下归纳了桃源洞的观赏植物资源，并选择代表性观赏植物予以介绍。

（1）观赏乔木

乔木类型的观赏植物常给人以震撼的感觉，如南方铁杉及福建柏等大树，高度可达 30 m，枝叶繁茂，常生于山崖陡坡地带，视觉冲击力极强。广西紫荆、银钟花、赤杨叶、猴头杜鹃、云锦杜鹃、乐昌含笑、美丽马醉木、四照花及八角枫等，多为总状花序，在开花季节花色绚丽多彩，与繁茂的枝叶交相辉映，共同构成了自然景色。槭属及枫香属等落叶类乔木，以及杜英属日本杜英、褐毛杜英等，不仅树形美观，而且在秋冬季节叶片变黄或呈红色，落叶随风飘落，极具美感。桃源洞主要的观赏乔木有南方铁杉、资源冷杉、穗花杉、南方红豆杉、福建柏、三尖杉、台湾松、马尾松、樟、薄叶润楠、红楠、鸭公树、红果山胡椒、铁冬青、台湾冬青、冬青、褐毛杜英、猴欢喜、日本杜英、交让木、中华槭、岭南槭、青榨槭、枫香、椤木石楠、广西紫荆、湘楠、厚叶红淡比、尖萼厚皮香、粗毛核果茶、深山含笑、金叶含笑、乐昌含笑、野含笑、桂南木莲、化香树、猴头杜鹃、云锦杜鹃、美丽马醉木、雷公鹅耳枥、木荷、银木荷、赤杨叶、银钟花、八角枫、黄杞、银雀树、伯乐树、凹叶厚朴、蕈树、杨梅叶蚊母树、蜡瓣花、大果马蹄荷、樟叶泡花树、尖叶四照花、紫荆等。

南方铁杉：松科铁杉属。植株高大，枝叶平展，小叶片下具白色气孔带。南方铁杉常生于河谷地带的山坡上，为群落乔木层建群种，树干笔直，枝叶伸展呈不同造型，极具观赏性。

台湾松：松科松属。台湾松一般生于较高海拔地带，在桃源洞地区 1000～1700 m 山峰上多有生长，而以九曲水地区山地内的台湾松长势最好。台湾松多生于峭壁旁，遒劲有力的树枝与山峰营造出各异的景观。

金叶含笑：木兰科含笑属，金叶含笑也多生于较高海拔地带，叶片大型革质，下面密被金色柔毛，枝叶繁茂，富有生机，在春夏时节金叶含笑花蕾开放，且花可散发出香味。

猴头杜鹃：杜鹃花科杜鹃属，桃源洞的中海拔沟谷地带多生猴头杜鹃，树干曲折、棕红色，叶厚革质，下面被锈褐色毛，花于 4～5 月开放，花苞呈猴头状，极其美观，花冠粉红色，内面具紫红色斑纹，有较高的观赏价值。

美丽马醉木：杜鹃花科马醉木属，为高大乔木，叶片卵状披针形，簇生于小枝上，为一种较好的观叶植物，美丽马醉木于 4～5 月开花，为较大型的复总状花序，小花白色，花冠钟形，极为美观。

广西紫荆：蝶形花科紫荆属，为小型乔木，花朵一般早于叶开放。小花簇状，粉红色，花开放后逐渐生出幼叶，富含生机，为一种优良的园林树种。

黄杞：胡桃科黄杞属，大型乔木，羽状复叶枝叶茂密，树形美观，适宜于栽培进行观赏，黄杞于 9～10 月生出具翅果实，果实掉落时旋转飞落，极具美感。

大果马蹄荷：金缕梅科马蹄荷属，常绿中型乔木，叶片较大，略盾状着生，为观叶植物，喜生于较湿润的河谷地带。

尖叶四照花：山茱萸科四照花属，为常绿乔木，属具有观赏性的观花及观果植物，它的萼片特化呈花瓣状，白色至淡黄色，开放时花朵绽放于枝顶，极具观赏性，此外尖叶四照花的果实成熟时圆球形，红色，也具有很好的观赏价值。

（2）观赏灌木

桃源洞的观赏灌木有杜鹃、背绒杜鹃、马银花、满山红、吊钟花、结香、海金子、少花柏拉木、过路惊、牛耳枫、美丽新木姜子、大叶新木姜子、山苍子、茵芋、倒卵叶珊瑚、密毛乌口树、水团花、栀子、北江荛花、细轴荛花、凹叶冬青、牡荆、金腺荚蒾、粉花绣线菊、中华绣线菊、小叶石楠、豆腐柴、华紫珠、白檀、猫儿刺、波叶红果树、锈毛钝果寄生、华东小檗、南天竹、阔叶十大功劳、井冈寒竹、檵木、金缕梅、尖连蕊茶、茶、油茶、细枝柃、格药柃、厚皮香、硃砂根、山血丹、圆锥绣球、中华绣球等。

杜鹃：杜鹃花科杜鹃属，俗名映山红，是我国著名的观花植物，在历史上有很多吟咏杜鹃的诗句。杜鹃对生境的要求不高，山坡灌丛、溪流旁均可生长，花冠红色，与细瘦的枝叶搭配起来有很高的可观赏性。

背绒杜鹃：杜鹃花科杜鹃属，多生于光线充足的山坡灌丛，叶片窄卵形，下面密被锈色绒毛，花朵开放时粉红色，花冠相对于映山红较小，而呈现出独特的气质，适宜于造设盆景。

茵芋：芸香科茵芋属，为小型常绿灌木，叶片厚纸质，卵圆形，是待开发的观叶植物，茵芋的花序总状，花较小，淡红色。

凹叶冬青：冬青科冬青属，为小型灌木，喜生于溪流旁岩石缝隙中。叶片密集，较小而革质，顶端凹下，枝干弯曲多变，野生的凹叶冬青造型奇异，具有极高的观赏性。

北江荛花：瑞香科荛花属，小型灌木，枝叶细弱，花 4～5 月开放，小花粉红色长管状，总体看上去北江荛花与乔木等观赏植物气质迥异。

猫儿刺：冬青科冬青属，猫儿刺喜生于较高海拔的灌丛坡地，在桃源洞鄱峰山坡上分布有大量的猫儿刺群落。猫儿刺整株伞状常绿，枝叶繁茂，叶片革质，边缘具硬刺，叶形奇特，可观赏性高；果实成熟时圆球形、红色，点缀于叶片之间，极为美观。

波叶红果树：蔷薇科红果树属，为常绿灌木，秋冬季节波叶红果树的叶片常变为红色，总状的果序结大量的橙红色果实，极为美观。波叶红果树在桃源洞的中高海拔地区多有分布，如梨树洲中洲河谷及鄱峰附近均有群落。

南天竹：小檗科南天竹属，是一种园林应用较广的观赏植物，南天竹的叶片大型羽状，秋冬时节叶片呈红色。此外南天竹总状花序有大量的白色小花，是一种很好的观花赏叶的灌木。

井冈寒竹：禾本科寒竹属，分布的海拔一般较高，在桃源洞鄱峰山顶以井冈寒竹占据绝对优势。井冈寒竹高 2～3.5 m，常因分蘖而大片分布，适合于作绿篱及山坡造景。

金缕梅：金缕梅科金缕梅属，落叶灌木或小乔木，低海拔河谷及高海拔疏林均可生长。金缕梅常呈丛生状，叶片纸质，被黄褐色柔毛，开花时花瓣呈缕状金黄色，极为美观，为一种有待开发的观赏植物。桃源洞的九曲水地区多有金缕梅分布。

硃砂根：紫金牛科紫金牛属，小型灌木，叶边缘具浅圆齿，果实成熟时深红色，常被栽培作盆景。

（3）观赏藤本植物

桃源洞的观赏藤本植物有藤石松、海金沙、中华猕猴桃、毛花猕猴桃、阔叶猕猴桃、菲岛猕猴桃、京梨猕猴桃、金樱子、白花悬钩子、红腺悬钩子、玉叶金花、大叶白纸扇、网脉酸藤子、牛奶菜、藤黄檀、象鼻藤、三叶木通、野木瓜、金银花、大花忍冬、鲫鱼胆、青牛胆、广东蛇葡萄、异叶蛇葡萄、鄂西清风藤、白背清风藤、中华清风藤、胡颓子、清香藤等。

中华猕猴桃：猕猴桃科猕猴桃属，大型落叶木质藤本，叶片阔卵形至近圆形，花白色，具香味，直径达 3.5 cm，果实黄褐色椭圆形至近球形，中华猕猴桃的叶片、花朵及果实均具有很高的可观赏性，且可攀附于乔灌木上层生长，适宜于园林景观设计，是重要的观赏性藤本植物。

金樱子：蔷薇科蔷薇属，叶具小叶 3～5 片，常绿，花白色大型，果实倒卵形，成熟时橙红色，生态适应性强，适宜于造设绿篱。

牛奶菜：萝藦科牛奶菜属，常绿藤本，叶卵状心形，长 8～13 cm；伞形聚伞花序具花 10～20 朵，花冠白色至淡黄色，可观赏其叶及花，桃源洞溯溪、黑龙潭等地多有分布。

象鼻藤：蝶形花科黄檀属，又名含羞草叶黄檀，大型藤状灌木，枝条弯曲状，叶片羽状，具多数小叶片，圆锥花序长达 5 cm，花冠白色至淡黄色，象鼻藤常生于河谷地带，与岩石、流水构成独特景观。

野木瓜：木通科野木瓜属，掌状复叶有小叶 5～7 片，小叶革质，长圆状披针形，长 6～9 cm，宽

2~4 cm，上面深绿色，有光泽，3~4 朵组成伞房花序式的总状花序，萼片外面淡黄色或乳白色。

大花忍冬：忍冬科忍冬属，半常绿藤本；幼枝、叶柄和总花梗均被开展金黄色长糙毛，小枝红褐色或紫红褐色，叶卵状矩圆形至长圆状披针形，长 5~10 cm，花具香味，常于小枝稍密集成多节的伞房状花序，花冠白色，后变黄色，长 4~7 cm，极具观赏价值。

广东蛇葡萄：葡萄科蛇葡萄属，大型木质藤本，二回羽状复叶，小枝上部着生有一回羽状复叶，叶型多变，上面光亮，为观叶藤本植物，果实近球形，成熟时红色，喜生于山谷、路旁阳处及灌丛。

鄂西清风藤：清风藤科清风藤属，为钟花清风藤的亚种，本亚种的花深紫色，花梗长 1~1.5 cm，花瓣长 5~6 cm，果时不增大、不宿存而早落；花盘肿胀，高长于宽，基部最宽，边缘环状。

清香藤：木犀科素馨属，大型攀援灌木，高 10~15 m。小枝圆柱形，稀具棱，叶革质对生，三出复叶，叶片上面绿色，光亮；复聚伞花序常排列为圆锥状，有花多朵，花冠白色，花冠管纤细，长 1.7~3.5 cm，在桃源洞地区的山坡灌木林中有分布。

（4）观赏草本植物

包括多种观叶及观花植物，如福建观音座莲、阴地蕨、华南紫萁、紫萁、狭翅铁角蕨、倒挂铁角蕨、书带蕨、单叶新月蕨、盾蕨、线蕨、断线蕨、贯众、庐山石韦、相似石韦、攀援星蕨、石蕨、抱树莲、山酢浆草、血水草、开口箭、紫花马铃苣苔、石上莲、蚂蝗七、华南淫羊藿、三枝九叶草、广西过路黄、贯叶过路黄、通泉草、大叶金腰、肾萼金腰、毛绵金腰、尾花细辛、五岭细辛、马蓝、野菊、五岭龙胆、双蝴蝶、毛白前、萝藦、琉璃草、浙赣车前紫草、草绣球、黄金凤、白接骨、四子马蓝、红花石蒜、萱草等。

福建观音座莲：观音座莲科观音座莲属，大型蕨类植物，叶全部基生，二回羽状复叶长可达 1.8 m，喜生于山谷湿润处，为观叶植物。

阴地蕨：阴地蕨科，小型蕨类，高约 20 cm，叶片阔三角形，三回羽状分裂，孢子叶穗状、具长柄，孢子叶屹立而营养叶开展，造型奇异，为湿生观赏植物，同时阴地蕨也是一种珍稀药用植物。

庐山石韦：水龙骨科石韦属，喜生于石上，叶厚革质，孢子囊群呈不规则的点状排列于叶背，幼时被星状毛覆盖，成熟时孢子囊开裂而呈砖红色，具较高的可观赏价值，庐山石韦能耐受干旱环境，适宜于园林造景。

蚂蝗七：苦苣苔科唇柱苣苔属，多年生草本，喜生于林中岩石上，叶均基生，略肉质，两侧不对称，卵形近圆形，聚伞花序梗长 6~28 cm，花冠淡紫色或紫色，长 4~6 cm，内面上唇紫斑处有 2 纵条毛，蒴果长 6~8 cm，属湿生观赏植物。

大叶金腰：虎耳草科金腰属，叶互生具长柄，阔卵形至近圆形，腹面和边缘疏生褐色柔毛。多歧聚伞花序长 3~4.5 cm，苞叶卵形至阔卵形，长 0.6~2 cm，为良好的观叶植物，桃源洞 1000 m 以上阴湿处常有分布。

尾花细辛：马兜铃科细辛属，喜生于阴湿疏林下，全株被散生柔毛，叶片三角状卵形或卵状心形，基部耳状或心形，长 4~10 cm，花被绿色，被紫红色圆点状短毛丛，花被裂片喉部稍缢缩，先端骤窄成细长尾尖，尾长可达 1.5 cm，外面被白色柔毛，具较高可观赏性，同时尾花细辛也是一种中药材原料。

野菊：菊科菊属，多年生草本，有地匍匐茎。叶羽状半裂或分裂不明显，而边缘有浅锯齿，伞房状花序分枝生于茎顶端，头状花序直径 1.5~2.5 cm，舌状花黄色，长 10~13 mm，在山地岩壁及山坡均可生长，为园艺植物品种的优良种质资源。

毛白前：萝藦科鹅绒藤属，柔弱缠绕藤本，叶对生，卵状心形至卵状长圆形，长 2~4 cm，两面均被黄色短柔毛，伞形聚伞花序腋生，花直径 1 cm，花冠紫红色，裂片长圆形，生长于海拔 200~700 m 的山坡及灌木丛中，桃源洞保护区的甲水地区有分布，野外观察其花、叶均具有较高观赏性。

琉璃草：紫草科琉璃草属，喜生于向阳山坡，茎多数条丛生，叶长圆形或长圆状披针形，长 12~20 cm，花序分枝钝角叉状分开，果期延长呈总状，花冠蓝色漏斗状，长 3.5~4.5 mm，极为美观。

黄金凤：凤仙花科凤仙花属，高 30~60 cm。茎细弱少分枝，叶密集于分枝的上部，卵状披针形或椭圆状披针形，边缘具浅圆齿，花 5~8 朵排成总状花序，花黄色，喜生于水旁及沟谷，观赏价值高。

白接骨：爵床科白接骨属，草本高可达 1 m，茎呈四棱形，叶卵形至椭圆状矩圆形，长 5~20 cm，总状花序或基部有分枝，长 6~12 cm，花冠淡紫红色，漏斗状，花冠筒细长，喜生于阴湿的腐殖土，桃源洞地区沟谷常绿阔叶林中常有分布。

　　萱草：百合科萱草属，又名黄花菜，喜生于溪边，桃源洞的村边路旁常有栽培，叶片条状，花大，橙黄色，具观赏性，萱草未开放的花可食用。

　　（5）兰科植物

　　桃源洞保护区内兰科植物丰富，如春兰、建兰、花叶开唇兰、斑叶兰、小小斑叶兰、台湾吻兰、小叶鸢尾兰、钩距虾脊兰、带唇兰、石豆兰、流苏贝母兰等。

　　建兰：兰科兰属，我国著名的观赏植物，具卵球形假鳞茎，包藏于叶基之内，叶带形、具光泽，长 30～60 cm，前部边缘有时有细齿，花葶从假鳞茎基部生出，长 20～35 cm，总状花序具 3～9 朵花，花有香气，浅黄绿色而具紫斑，花瓣狭椭圆形或狭卵状椭圆形，长 1.5～2.4 cm，花期通常为 6～10 月，又被称为秋兰。

　　花叶开唇兰：兰科开唇兰属，又称金线兰，植株高 8～18 cm，茎直立圆柱形，叶片卵圆形或卵形，长 1.3～3.5 cm，宽 0.8～3 cm，上面暗紫色或黑紫色，具金红色带有绢丝光泽的美丽网脉，总状花序具 2～6 朵花，花白色或淡红色，金线兰在阳光下光彩照人，极为美观，本种在保护区内林下多有分布。

　　流苏贝母兰：兰科贝母兰属，附生植物，根状茎较细长匍匐，花葶从已长成的假鳞茎顶端发出，长 5～10 cm，具 1～2 朵花，花淡黄色或近白色，侧裂片及中裂片边缘具流苏，桃源洞地区流苏贝母兰资源较为少见。

　　小叶鸢尾兰：兰科鸢尾兰属，喜附生于树上，小叶肉质二列状排列，花序穗状顶生，小花近无柄、红色，极为美观，本种花期为 6～8 月，在桃源洞江西坳、神农瀑布地区有分布。

　　钩距虾脊兰：兰科虾脊兰属，假鳞茎短，具 3～4 枚鞘和 3～4 枚叶，叶在花期尚未完全展开，椭圆形或椭圆状披针形，长达 33 cm，总状花序长达 32 cm，疏生多数花，萼片和花瓣在背面褐色，内面淡黄色，距圆筒形，长 10～13 mm，常钩曲。钩距虾脊兰在桃源洞保护区内分布广泛，九曲水、鸡公岩、珠帘瀑布等地区均有大片群落，是一种具较大开发潜力的观赏植物。

5.2.4　能源植物

　　能源植物一般指种子富含油脂类的植物资源，包括传统的油脂植物资源乌桕、油茶、楝木、灯台树等，此外有山乌桕、白木乌桕、白檀、樟、紫楠、黑壳楠、山苍子、山胡椒、红果山胡椒、大叶新木姜子、檫木、南酸枣、木蜡树、野漆树、黄连木、盐肤木、交让木、油桐、木油桐、枫杨、化香树、苍耳等。除此之外，一些植物体中富含纤维素，也是重要的能源植物，如五节芒、狼尾草、斑茅等，年产生物量大、对生长环境要求不高，如若深入开发纤维素转化技术，这些植物势必成为重要的能源植物。

　　乌桕：大戟科乌桕属，是典型的南方油料树种，出油率高，开发利用历史悠久，对土壤适应性较强，低山丘陵黏质红壤及山地红黄壤都能生长，能耐受一定干旱，我国江西省有较大规模的乌桕种植。

　　油茶：山茶科山茶属，油茶为我国传统的四大高含油树种，已有很好的栽培种植基础。油茶对生境要求不高，一般富含有机质的酸性红壤或黄壤均能良好生长。我国长江以南油茶栽培历史悠久，种植技术成熟，是一种经济价值很高的能源树种。

　　白檀：山矾科山矾属，小灌木。果实结实量大，成熟时蓝色，种仁含油量高，有作为能源植物开发的潜力。白檀喜生于中高海拔的山顶地带，常作为建群种大片分布。

　　大叶新木姜子：樟科新木姜子属，常绿小乔木，果实椭圆形或球形，直径 1.2～1.8 cm，种子结实量大。大叶新木姜子种子含油率高，且植物一般 4～7 m，种子容易采收，是一种较好的能源植物。

　　黄连木：漆树科黄连木属，落叶乔木，种子所产油脂可用于提取脂肪酸、润滑油及肥皂等，油脂的碳链长度为 C_{17}～C_{20}，与普通柴油成分相似，具有良好的开发前景（侯新村等，2010）。

　　油桐：大戟科油桐属，是广泛产于我国南方地区的传统油料作物，为高 4～8 m 的小乔木，植株结果量丰富，且对土壤、水、热等生态条件适应性强，是一种优良的油料树种。油桐主要用于生产干性油漆桐油，我国目前是世界上最大的桐油生产国，深入研究桐油转化技术，是将油桐作为能源植物进行开发的重要手段。

　　斑茅：禾本科甘蔗属，多年生高大丛生草本。秆粗壮，高 2～4（～6）m，嫩叶可供牛马的饲料；秆可编席和造纸。斑茅是甘蔗属中茎秆不具甜味的种类，其分蘖力强、高大丛生、抗旱性强，是一种生物质产量极高的能源植物。

5.2.5 食用植物

野菜植物资源：鱼腥草、败酱、豆腐柴、薜荔、蕨、紫萁、马齿苋、木槿、萱草、薄荷、芫荽、香薷、紫苏、革命菜、蔓赤车、野百合、荠菜、香椿。

果树植物资源：板栗、甜槠、罗浮柿、君迁子、野木瓜、三叶木通、麻梨、豆梨、杨梅、多花山竹子、华东野核桃、桑树、滇白珠树、江南越桔，以及猕猴桃属的中华猕猴桃、京梨猕猴桃、绵毛猕猴桃、异色猕猴桃，胡颓子属的胡颓子、蔓胡颓子、江西羊奶子，悬钩子属的盾叶悬钩子、锈毛莓、深裂悬钩子、常绿悬钩子等。

鱼腥草：三白草科蕺菜属，幼嫩的根状茎及叶子可食用，我国南方地区常见的食用蔬菜。

败酱：败酱科败酱属，生于山坡林下，味微苦，幼叶可食用，能清热解毒，可作食疗植物。

木槿：锦葵科木槿属，灌木，木槿的花可食用，口感良好，含肥皂草苷、异牡荆素等有效成分，为降低胆固醇的优良食材。

萱草：百合科萱草属，为我国传统的食用植物，幼花可食用，称黄花菜或忘忧草。

革命菜：菊科野茼蒿属，为野茼蒿属的幼嫩茎叶，革命年代常被采集来供人们充饥。革命菜的繁殖快，喜生于空地、土坡等，口感清香嫩滑，有安心气、养脾胃、消痰、利肠胃的功效。

薄荷：唇形科薄荷属，本种不仅为中药材，其幼苗也为我国长江以南春节期间常见的鲜菜，清爽可口，适宜于做火锅及凉拌食用。

君迁子：柿树科柿属，又名黑枣、软枣，在左思的《三都赋》中就有对其的记载，果实富含维生素 C 及矿物质，8～9 月成熟时黄色。

多花山竹子：藤黄科藤黄属，又名木柱子，果实大而卵圆形，长达 5 cm，常冬季成熟，成熟时黄色，口感甘甜，本种也可作染料资源。

中华猕猴桃：猕猴桃科猕猴桃属，据《中国植物志》记载，本种为猕猴桃属果实最大的一种，经济生产价值也最高，其商品名称为奇异果，水果市场多有销售，应注意对其种质资源的保护。

江西羊奶子：胡颓子科胡颓子属，半常绿灌木，果实长椭圆形，长 1 cm 左右，成熟时橙黄色，口味酸甜可口。

锈毛莓：蔷薇科悬钩子属，攀援灌木，果实近球形、深红色，味道甜，略酸，不同的种群果实味道略不同，是一种具有潜力的野生水果。悬钩子属的其他种类果实也都可以食用。

第6章 大型真菌

桃源洞保护区独特的气候条件及丰富的植物资源，为大型真菌提供了良好的生存条件，形成了真菌种质资源的天然宝库。然而，由于各种原因，过去对这一地区的大型真菌资源调查的记录几乎空白。自2013年开始，对湖南桃源洞国家级自然保护区梨树洲、神农谷景区及鸡公岩等地进行了较为深入的大型真菌专项调查，采用在不同的季节通过进行野外资源考察采集所需研究标本，照相并记录新鲜大型真菌担子果形态和生境的调查方法。调查的结果显示，桃源洞保护区内有不少保护良好、适合大型真菌生长繁衍的原始生态环境，大型真菌具有丰富的物种多样性，并具有相当多的珍稀种类，但这些珍稀种类往往只分布于保护区内的小范围地区，反映出适合这些珍稀物种的生存空间已相当狭小，适合的生态环境已十分脆弱，保护区内宝贵的真菌种质资源及其生态环境急需进一步加强保护。

6.1 大型真菌资源

本次对桃源洞保护区大型真菌资源的调查，共收集鉴定了98种，结果发现包含有大量重要的食用菌、药用菌及有毒真菌等野生资源。归纳起来大致有：食用菌25种，药用菌39种（部分种类药食同源），毒菌12种。

（1）食用菌

一些常见的食用菌，如皱木耳、毛木耳、香菇等在桃源洞地区分布较多，此外还有羊肚菌、多汁乳菇、硫磺菌，以及蜜环菌等一些名贵野生食用菌的分布（表6.1）。

表6.1 桃源洞食用菌种类列表

编号	拉丁名	中文名	编号	拉丁名	中文名
1	*Aleuria aurantia* (Pers.) Fuckel	橙黄网孢盘菌	14	*Lentinula edodes* (Berk.) Pegler	香菇
2	*Armillaria mellea* (Vahl) P. Kumm.	蜜环菌	15	*Lentinus squarrosulus* Mont.	翘鳞香菇
3	*Armillariella tabescens* (Scop.) Singer	假蜜环菌	16	*Lycoperdon perlatum* Pers.	网纹马勃
4	*Auricularia delicata* (Mont. ex Fr.) Henn.	皱木耳	17	*Lycoperdon pyriforme* Schaeff.	梨形马勃
5	*Auricularia polytricha* (Mont.) Sacc.	毛木耳	18	*Lycoperdon umbrinum* Pers.	赭褐马勃
6	*Cortinarius salor* Fr.	荷叶丝膜菌	19	*Morchella esculenta* (L.) Pers.	羊肚菌
7	*Fistulina hepatica* (Schaeff.) With.	牛排菌	20	*Mycena galericulata* (Scop.) Gray	盔盖小菇
8	*Laccaria amethystea* (Bull.) Murrill	紫蜡蘑	21	*Mycena leptocephala* (Pers.) Gillet	铅灰色小菇
9	*Laccaria bicolor* (Maire) P.D. Orton	双色蜡蘑	22	*Phaeolepiota aurea* (Matt.) Maire	金盖鳞伞
10	*Laccaria laccata* (Scop.) Cooke	漆蜡蘑	23	*Schizophyllum commune* Fr.	裂褶菌
11	*Lactarius volemus* Fr.	多汁乳菇	24	*Tremella aurantialba* Bandoni & M. Zang	黄白银耳
12	*Laetiporus sulphureus* (Bull.) Murrill	硫磺菌	25	*Tremella foliacea* Pers.	茶褐银耳
13	*Lentinellus ursinus* (Fr.) Kuhner	北方小香菇			

（2）药用菌

药用菌，如云芝、朱红密孔菌、裂褶菌、红缘拟层孔菌、树舌灵芝、粗毛栓菌，在该地区都有分布（表6.2）。

（3）毒菌

毒菌的种类包括栎裸脚伞、松林小牛肝菌、橙黄褐韧伞、黄盖小脆柄菇、绵毛丝盖伞等（表6.3）。

表 6.2　桃源洞药用菌种类列表

编号	拉丁名	中文名	编号	拉丁名	中文名
1	*Armillaria mellea* (Vahl) P. Kumm.	蜜环菌	21	*Marasmiellus ramealis* (Bull.) Singer	枝干微皮伞
2	*Armillariella tabescens* (Scop.) Singer	假蜜环菌	22	*Morchella esculenta* (L.) Pers.	羊肚菌
3	*Auricularia delicata* (Mont.ex Fr.) Henn.	皱木耳	23	*Mycena galericulata* (Scop.) Gray	盔盖小菇
4	*Auricularia polytricha* (Mont.) Sacc.	毛木耳	24	*Mycena pura* (Pers.) P. Kumm.	洁小菇
5	*Cortinarius salor* Fr.	荷叶丝膜菌	25	*Oudemansiella mucida* (Schrad.) Höhn.	粘小奥德蘑
6	*Fistulina hepatica* (Schaeff.) With.	牛排菌	26	*Oudemansiella radicata* (Relhan) Singer	长根奥德蘑
7	*Fomitopsis pinicola* (Sw.) P. Karst.	红缘拟层孔菌	27	*Phaeolepiota aurea* (Matt.) Maire	金黄鳞伞
8	*Gloeophyllum sepiarium* (Wulfen) P. Karst.	篱边粘褶孔菌	28	*Polyporus arcularius* (Batsch) Fr.	漏斗多孔菌
9	*Gloeophyllum subferrugineum* (Berk.) Bondartsev & Singer	亚锈粘褶菌	29	*Polyporus elegans* Fr.	黄多孔菌
10	*Ganoderma applanatum* (Pers.) Pat.	树舌灵芝	30	*Polyporus squamosus* (Huds.) Fr.	宽鳞大孔菌
11	*Ganoderma gibbosum* (Blume & T. Nees) Pat.	有柄树舌	31	*Pycnoporus cinnabarinus* (Jacq.) P. Karst.	朱红密孔菌
12	*Laccaria amethystea* (Bull.) Murrill	紫蜡蘑	32	*Schizophyllum commune* Fr.	裂褶菌
13	*Laccaria laccata* (Scop.) Cooke	漆蜡蘑	33	*Stereum hirsutum* (Willd.) Pers.	毛韧革菌
14	*Lactarius volemus* Fr.	多汁乳菇	34	*Suillus luteus* (L.) Roussel	褐黄粘盖牛肝菌
15	*Laetiporus sulphureus* (Bull.) Murrill	硫磺菌	35	*Trametes hirsuta* (Wulflen) Lloyd	粗毛栓菌
16	*Lentinula edodes* (Berk.) Pegler	香菇	36	*Trametes versicolor* (L.) Lloyd	云芝
17	*Lenzites betulina* (L.) Fr.	桦革裥菌、桦褶孔菌	37	*Tremella aurantialba* Bandoni & M. Zang	黄白银耳
18	*Lycoperdon perlatum* Pers.	网纹马勃	38	*Tremella foliacea* Pers.	茶褐银耳
19	*Lycoperdon pyriforme* Schaeff.	梨形马勃	39	*Trichaptum biforme* (Fr.) Ryvarden	囊孔附毛菌
20	*Lycoperdon umbrinum* Pers.	赭褐马勃			

表 6.3　桃源洞毒菌种类列表

编号	拉丁名	中文名	编号	拉丁名	中文名
1	*Boletinus pinetorum* (W.F. Chiu) Teng	松林小牛肝菌	7	*Hypholoma capnoides* (Fr.) P. Kumm.	橙黄褐韧伞
2	*Cortinarius salor* Fr.	荷叶丝膜菌	8	*Hypholoma lateritium* (Schaeff.) P. Kumm.	砖红垂幕菇
3	*Galerina vittiformis* (Fr.) Singer	沟条盔孢菌	9	*Inocybe lanuginosa* (Bull.) P. Kumm.	绵毛丝盖伞
4	*Galiella javanica* (Rehm) Nannf. & Korf	爪哇盖尔盘菌	10	*Mycena pura* (Pers.) P. Kumm.	洁小菇
5	*Gymnopus dryophilus* (Bull.) Murrill	栎裸脚伞	11	*Psathyrella candolleana* (Fr.) Maire	黄盖小脆柄菇
6	*Gymnopus peronatus* (Bolton) Antonín, Halling & Noordel.	靴状裸脚伞	12	*Tylopilus virens* (W. F. Chiu) Hongo	绿盖粉孢牛肝菌

6.2　重要代表种描述

（1）蜜环菌 *Armillaria mellea*（Vahl）P. Kumm.

子实体一般中等大。菌盖直径 4～14 cm，淡土黄色、蜂蜜色至浅黄褐色。成熟时棕褐色，中部常常着生平伏或直立的小鳞片，成熟后小鳞片脱落至近光滑，边缘具条纹。菌肉白色。菌褶直生，白色或稍带肉粉色，成熟后常出现暗褐色斑点。菌环白色，生柄的上部，幼时常呈双层，松软，后期带奶油色。菌柄中生，圆柱形，稍弯曲，同菌盖色，纤维质，内部松软变至空心，基部稍膨大，表面或具纵纹。孢子近椭圆形，7～9 μm×6～7 μm，非淀粉质。

夏秋季在很多种针叶或阔叶树树干基部、根部或倒木上丛生；可食用；国内分布较广泛。

（2）皱木耳 *Auricularia delicata*（Mont. ex Fr.）Henn.

子实体一般较小，胶质，耳形或圆盘形，无柄，着生于腐木上，宽 1～7 cm，厚 2 mm 左右。子实层具明显皱纹或皱褶并形成网格，淡红褐色，或具白色粉末，非子实层表面稍皱，红褐色或暗棕褐色。孢子无色，透明，光滑，近圆筒形或腊肠状，弯曲，10～13 μm×5～6 μm。

食用菌；在我国分布比较广泛。

（3）牛排菌 *Fistulina hepatica*（Schaeff.）With.

子实体中等大。肉质，有柄，软而多汁，半圆形，钥匙形或舌形，暗红色至红褐色。菌盖黏，有辐射状条纹及短毛，宽9～10 cm。菌内厚，剖开可见条纹。子实层生菌管内。菌管各自可分离，无共同管壁，密集排列在菌肉下面。管口土黄色，后变为褐色。孢子卵圆形，光滑，4.5～6 μm×3～4 μm。

夏秋季生板栗树桩上及其他阔叶树腐木上；可食用；国内华南、华中及西南等地区都有分布。

（4）红缘拟层孔菌 *Fomitopsis pinicola*（Sw.）P. Karst.

担子果多年生，无柄，木质。菌盖半圆形，扁半球形至马蹄形或平展至反卷，有时平伏，4～14 cm×6～25 cm，厚2.5～8 cm。表面幼时白色，后来具一层红褐色，锈黄色或紫黑色似漆样光泽，有或无同心环沟；边缘薄或较厚，常钝，初期近白色，渐变为浅黄色至赤栗色，下侧无子实层。菌肉近白色，乳黄色至淡黄褐色，厚0.5～3 cm，有环纹，遇 KOH 溶液变褐色至深褐色。菌管与菌肉同色，长3～5 cm，管壁厚，分层不明显，有时有薄层菌肉相间。孔面乳白色或乳黄色；管口略圆形，3～5 个/mm。担孢子近圆柱形到椭圆形，透明、平滑，5.5～7.5 μm×3.5～4 μm。

生于松、云杉、铁及落叶松立木和腐木上；全国分布广泛。

（5）树舌灵芝 *Ganoderma applanatum*（Pers.）Pat.

子实体中等至大型或特大型。无柄或近乎无柄。菌盖半圆形，扁半球形或近圆形，直径5～15 cm，有时可达几十厘米，木栓质，灰白色或灰褐色，具有环状棱纹和辐射状皱纹，边缘薄，往往内卷。菌管表面初白色，渐变得污黄色或暗褐色，伤变棕褐色，4～6孔/mm；菌管层逐年增加，（每年在前一年的菌管层上都添加一个新菌管层），菌管层组织褐色，每层厚4～12 mm。孢子近椭圆形或卵圆形，8～12 μm×6.5～8 μm，具平截。

生于杨、桦、柳、栎等阔叶树的枯立木、倒木和伐桩上，是重要的木腐菌之一，会导致木材木质部形成白色腐朽；可药用；国内分布广泛。

（6）有柄树舌 *Ganoderma gibbosum*（Blume & T. Nees）Pat.

担子果有柄，木栓质到木质。菌盖半圆形或近扇形，4～10 cm×5～9 cm，厚达2 cm，上表面锈褐色、污黄褐色或土黄色，具较稠密的同心环带，皮壳较薄，有时用手指即可压碎，有时有龟裂，无光泽；边缘圆钝，完整；菌肉呈深褐色或深棕褐色，厚0.5～1 cm；菌管深褐色，长0.5～1 cm；孔面污白色或褐色；管口近圆形，每毫米4～5个。菌柄短而粗，侧生，长4～8 cm，粗1～3 cm，基部更粗，与菌盖同色。担孢子卵圆形，有时顶端平截，双层壁，外壁无色透明，平滑，内壁有小刺，淡褐色，6.9～8.7 μm×5～5.2 μm。

木腐菌；可药用；国内东北、华北、华中、华东及华南和西南地区都有分布。

（7）鲑贝耙齿菌 *Irpex consors* Berk.

担子果一年生，无柄，木栓质到革质。菌盖半圆形或不规则形，覆瓦状排列，1～2 cm×1～5 cm，厚0.2～0.6 cm，表面近光滑，常呈粉黄色或橘红色，后褪为近白色，基部浅橙色，靠边缘处肉色，具同心环棱并有放射状不清楚的丝光条纹；边缘薄而锐，内卷，呈波浪状。菌肉白色或浅肉色，厚0.5～1.5 mm。菌管与菌肉同色，长0.2～0.5 cm。孔面与菌管同色；管口多裂为齿状，每毫米1～3个。孢子椭圆形，透明、光滑，5～6.5 μm×3～3.5 μm。

木腐菌；西南、华南及华中地区有分布。

（8）双色蜡蘑 *Laccaria bicolor*（Maire）P. D. Orton

菌盖直径2～4.5 cm，初扁半球形，后期稍平展，中部平或稍下凹，边缘内卷，浅赭色或暗粉褐色，干燥时色变浅，表面平滑或稍粗糙，边缘有条纹。菌肉污白色或浅粉褐色。无明显气味。菌褶浅紫色至暗色，干后色变浅，直生至稍延生，等长，厚，宽，边沿稍呈波状。菌柄细长，柱形，常扭曲，同盖色，具长的条纹和纤毛，长6～15 cm，粗0.3～1 cm，带浅紫色，基部稍粗且有淡紫色绒毛，内部松软至变空心。孢子近卵圆形，7～10 μm×6～7.8 μm。

地生；可食用；国内分布广泛。

（9）纤细乳菇 *Lactarius gracilis* Hongo

子实体较小。菌盖宽 0.7~1 cm，初扁半球形，后平展，中部稍下凹，暗土黄褐色或暗褐色，无环带，不黏，边缘薄，附生聚在一起的辐射状丛毛。菌肉色浅。乳汁白色，气味弱，味道柔和。菌褶近白色或较菌盖颜色浅，密，直生至稍延生，不等长。菌柄长 3~4.3 cm×0.1~0.3 cm，近圆柱状，光洁无毛，中空，比菌盖色略深。孢子无色，近球形至宽椭圆形，有小刺和棱纹，6.5~7.5 μm×6~7 μm。

西南、东北及华南地区有分布。

（10）硫磺菌 *Laetiporus sulphureus*（Bull.）Murrill

又名硫磺多孔菌、硫色多孔菌。子实体初期瘤状，菌盖往往呈覆瓦状排列，肉质，多汁，干后轻而脆。菌盖范围较大，宽 8~30 cm，厚 1~2 cm，表面硫磺色至鲜橙色，附生细绒毛或无，具皱纹，无环带，边缘薄而锐，波浪状至裂瓣状。菌肉白色或浅黄色，管孔初近白色，后变硫磺色，干后褪色，孔口多边形，平均每毫米 3~4 孔。孢子卵形，近球形，光滑，无色，4.5~7 μm×4~5 μm。

此菌的重要特征是子实体覆瓦状排列，硫磺色。幼时可食用，味道较好，也可药用。国内分布较广泛。

（11）香菇 *Lentinula edodes*（Berk.）Pegler

子实体中等大至稍大。菌盖直径 5~12 cm，有时可达 20 cm，幼时半球形，后呈扁平至稍扁平，表面浅褐色、深褐色至深肉桂色，中部往往有深色鳞片，而边缘常有污白色毛状或絮状鳞片。菌肉白色，稍厚或厚，细密，具香味。幼时边缘内卷，有白色或黄白色的绒毛，成熟后消失。菌盖下面有菌幕，后破裂，形成不完整的菌环。老熟后盖缘反卷，开裂。菌褶白色，密，弯生，不等长。菌柄常偏生，白色，弯曲，长 3~8 cm，粗 0.5~1.5 cm，菌环以下有纤毛状鳞片，纤维质，内部实心。菌环易消失，白色。孢子光滑，无色，椭圆形至卵圆形，4.5~7 μm×3~4 μm。

著名食用菌；国内主要的栽培食用菌之一。

（12）羊肚菌 *Morchella esculenta*（L.）Pers.

子实体近球形、卵形至椭圆形，高 4~10 cm，宽 3~6 cm，顶端钝圆或钝，表面似羊肚状褶皱，近乎凹坑状，凹陷不定形至近圆形，宽 0.4~1.2 cm，类蛋壳色至淡黄褐色，棱纹色较浅，或不规则交叉。柄近圆柱形，近白色至棕褐色，中空，上部平滑，基部膨大并有不规则的浅凹槽，长 5~7 cm，粗约为菌盖的 2/3，质脆易碎。子囊圆筒形，220~300 μm×16~20 μm，每个子囊内含 8 个孢子，呈单行排列。孢子长椭圆形，17~22 μm×8~11 μm。

美味食用菌；由于它的菌盖表面凹凸不平，状如羊肚，故名羊肚菌；羊肚菌为珍稀的食、药两用真菌，被收录在李时珍的《本草纲目》中。华北、西北、东北等北方地区分布较多。

（13）长根奥德蘑 *Oudemansiella radicata*（Relhan）Singer

子实体中等至稍大。菌盖宽 2.5~11.5 cm，半球形至渐平展，中部凸起或似脐状并有深色辐射状条纹，浅褐色或深褐色至暗褐色，光滑、湿润、黏。菌肉白色，薄。菌褶白色，弯生，较宽，稍密，不等长。菌柄近柱状，长 5~18 cm，粗 0.3~1 cm，浅褐色，近光滑，有纵条纹，往往扭转，表皮脆骨质，内部纤维质且松软，基部稍膨大且延生成假根。孢子无色，光滑，卵圆形至宽圆形，13~18 μm×10~15 μm。

夏秋季在阔叶林中地上单生或群生，其假根着生在地下腐木上；本种现被认为是一个复合类群，而非单一的分类单元；华北到华南都有分布。

（14）漏斗多孔菌 *Polyporus arcularius*（Batsch）Fr.

子实体一般较小。菌盖直径 1.5~8.5 cm，扁平，中部脐状，后期边缘平展或翘起，似漏斗，薄，褐色、黄褐色至深褐色，有深色鳞片，无环带，边缘有长毛，新鲜时韧肉质，柔软，干后变硬且边缘内卷。菌肉薄厚不及 1 cm，白色或污白色。菌管白色，延生，长 1~4 cm，干时呈草黄色，管口近长方圆形，辐射状排列，直径 1~3 cm。柄中生，同盖色，往往有深色鳞片。长 2~8 cm，粗 0.1~0.5 cm，圆柱形，基部有污白色粗绒毛。孢子无色，长椭圆形，平滑，6.5~9 μm×2~3 μm。

木腐菌；东北到华南均有分布；幼时可食用，一般在香菇和木耳等栽培中被视为"杂菌"，价值不高。

（15）纺锤爪鬼笔 *Pseudocolus fusiformis*（E. Fisch.）Lloyd

子实体初期近球状，成熟后具柄，柄上着生 3~4 爪，并在顶端交接在一起呈纺锤状。成熟子实体高 3~6 cm，粗 1~2.5 cm，菌柄白色或污白色，皱，中空，具菌托或菌托残留不明显；纺锤状的结构淡橙黄色至亮黄色，靠近上部交联区域常附着能散发出恶臭的深绿色至墨绿色的黏液。孢子囊中一般 6~8 个子囊孢子。孢子呈椭圆形或卵圆形，光滑，半透明至透明，4.5~5.5 μm×2~2.5 μm。

华中、华南及西南地区有分布。

（16）朱红密孔菌 *Pycnoporus cinnabarinus*（Jacq.）P. Karst.

子实体群生。菌盖直径 3~10 cm，厚 0.3~0.7 cm，近半圆形至扇形，扁平，表面鲜艳的朱红色，风吹雨打后褪成淡红色至白色，光滑，无毛，环纹不明显，表皮组织没分化。菌肉木栓质至革质，有比菌盖表面色浅的环纹。菌盖下面深红色，菌管长 0.1~0.2 cm，孔口很细，6~8 个 / mm。孢子长椭圆形，无色，光滑，4~5 μm×2~2.5 μm。

木材白色腐朽菌；药用菌；全国分布广泛。

（17）裂褶菌 *Schizophyllum commune* Fr.

裂褶菌子实体小型。菌盖直径 0.6~4.2 cm，白色至灰白色，上有绒毛或粗毛，扇形或肾形，具多数裂瓣，菌肉薄，白色，菌褶窄，从基部辐射而出，白色或灰白色，有时淡紫色，沿边缘纵裂而反卷，柄短或无。孢子圆柱形至腊肠形，无色，光滑，5~7 μm×2~2.5 μm。

木材腐朽菌；食药兼用菌，一般被认为是木耳及香菇椴木栽培的杂菌；全国分布广泛。

（18）褐黄粘盖牛肝菌 *Suillus luteus*（L.）Roussel

子实体中等。扁半球形或凸形至扁平，淡褐色、黄褐色、红褐色或深肉桂色，光滑，很黏。菌肉淡白色或稍黄，厚或较薄，伤后不变色。菌管米黄色或芥黄色，直生或稍下延，或在柄周围有凹陷。管口角形，每毫米 2~3 个，有腺点。柄长 3~8 cm，粗 1~2.5 cm，近柱形或在基部稍膨大，黄色或淡褐色，有散生小腺点，顶端有网纹，菌环在柄之上部，薄，膜质，初黄白色，后呈褐色。孢子近纺锤形，平滑带黄色，7~10 μm×3~3.5 μm。

可食用；东北、华北、华南地区都有分布。

（19）云芝 *Trametes versicolor*（L.）Lloyd 子实体一年生。革质至半纤维质，侧生无柄，常覆瓦状叠生，生于伐桩断面上或倒木上的子实体常围成莲座状。菌盖半圆形至贝壳形，1~6 cm×1~10 cm，厚 0.1~0.3 cm；盖面幼时白色，渐变为深色，有密生的细绒毛，长短不等，呈灰、白、褐、蓝、紫、黑等多种颜色，并构成云纹状的同心环纹；盖缘薄而锐，波状，完整，淡色。管口面初期白色，渐变为黄褐色、赤褐色至淡灰黑色；管口圆形至多角形，3~5 个 /mm，后期开裂，菌管单层，白色，长 1~2 mm。菌肉白色，纤维质，干后纤维质至近革质。孢子圆筒状，稍弯曲，平滑，无色，2~5 μm×1~2 μm。

木腐菌；可药用；国内分布广泛。

（20）黄白银耳 *Tremella aurantialba* Bandoni & M. Zang

子实体中等至较大，呈脑状或瓣裂状，基部着生于木上，大小差异较大，长 8~15 cm，宽 7~11 cm。新鲜时金黄色或橙黄色，干后坚硬，浸泡后可复原。菌丝有锁状连合。担子圆形至卵圆形，纵裂为四，上担子长达 125 μm，下担子宽约 10 μm。孢子近圆形，椭圆形，3~5 μm×2~3 μm。分生孢子梗瓶状，分生孢子圆形或椭圆形，3~5 μm×2~3 μm。

食药兼用菌；华中、西南、华南都有分布。

6.3　大型真菌多样性名录

6.3.1　子囊菌门 Ascomycota

（1）地锤菌科 Cudoniaceae

　　1）*Spathularia flavida* Pers. 黄地匙菌

（2）炭团菌科 Hypoxylaceae

　　2）*Daldinia concentrica*（Bolton）Ces. & De Not. 炭球菌

（3）羊肚菌科 Morchellaceae

　　3）*Morchella esculenta*（L.）Pers. 羊肚菌

（4）火丝菌科 Pyronemataceae

    4）*Aleuria aurantia*（Pers.）Fuckel 橙黄网孢盘菌

（5）肉杯菌科 Sarcoscyphaceae

    5）*Microstoma floccosum*（Schwein.）Raitv. 白毛肉杯菌

（6）肉盘菌科 Sarcosomataceae

    6）*Trichaleurina celebica*（Henn.）M. Carbone, Agnello & P. Alvarado 大胶陀盘菌（大胶鼓）

    7）*Trichaleurina tenuispora* M. Carbone, Yei Z. Wang & C.L. Huang 窄孢胶陀盘菌

（7）炭角菌科 Xylariaceae

    8）*Xylaria longipes* Nitschke 长柄炭角菌

6.3.2　担子菌门 Basidiomycota

（8）蘑菇科 Agaricaceae

    9）*Lycoperdon pyriforme* Schaeff. 梨形马勃

    10）*Lycoperdon perlatum* Pers. 网纹马勃

    11）*Lycoperdon umbrinum* Pers. 赭褐马勃

    12）*Nidula niveotomentosa*（Henn.）Lloyd 白绒红蛋巢菌

    13）*Phaeolepiota aurea*（Matt.）Maire 金盖鳞伞

（9）木耳科 Auriculariaceae

    14）*Auricularia polytricha*（Mont.）Sau 毛木耳

    15）*Auricularia delicata*（Mont. ex Fr.）Henn. 皱木耳

（10）耳匙菌科 Auriscalpiaceae

    16）*Lentinellus ursinus*（Fr.）Kühner 北方小香菇

（11）牛肝菌科 Boletaceae

    17）*Tylopilus virens*（W. F. Chiu）Hongo 绿盖粉孢牛肝菌

（12）丝膜菌科 Cortinariaceae

    18）*Cortinarius salor* Fr. 荷叶丝膜菌

（13）花耳科 Dacrymycetaceae

    19）*Calocera cornea*（Batsch）Fr. 胶角耳

（14）牛排菌科 Fistulinaceae

    20）*Fistulina hepatica*（Schaeff.）With. 牛排菌

（15）拟层孔菌科 Fomitopsidaceae

    21）*Fomitopsis pinicola*（Sw.）P. Karst. 松生拟层孔菌（红缘拟层孔菌）

    22）*Laetiporus sulphureus*（Bull.）Murrill 硫磺菌

    23）*Postia caesia*（Schrad.）P. Karst. 蓝灰干酪菌

（16）灵芝科 Ganodermataceae

    24）*Ganoderma applanatum*（Pers.）Pat. 树舌灵芝

    25）*Ganoderma australe*（Fr.）Pat. 南方灵芝

    26）*Ganoderma gibbosum*（Blume & T. Nees）Pat. 有柄树舌

（17）粘褶孔菌科 Gloeophyllaceae

    27）*Gloeophyllum sepiarium*（Wulfen）P. Karst. 篱边粘褶孔菌

    28）*Gloeophyllum striatum*（Swartz）Murill 条纹粘褶孔菌

    29）*Gloeophyllum subferrugineum*（Berk.）Bondartsev & Singer 亚锈粘褶菌

（18）铆钉科 Gomphidiaceae

    30）*Gomphidius glutinosus*（Schaeff.）Fr. 胶黏铆钉菇

（19）轴腹菌科 Hydnangiaceae

　　31）*Laccaria amethystea*（Bull.）Murrill 紫晶蜡蘑

　　32）*Laccaria bicolor*（Maire）P.D. Orton 双色蜡蘑

　　33）*Laccaria laccata*（Scop.）Cooke 漆蜡蘑

（20）蜡伞科 Hygrophoraceae

　　34）*Hygrocybe acutoconica*（Clem.）Singer 尖锥湿伞

　　35）*Hygrocybe laeta*（Pers.）P. Kumm. 条纹湿伞

　　36）*Hygrocybe* cf. *miniata*（Fr.）P. Kumm. 小红湿伞参照种

　　37）*Hygrocybe purpureofolia*（H.E. Bigelow）Courtec. 紫褶湿伞

　　38）*Hypholoma capnoides*（Fr.）P. Kumm. 橙黄褐韧伞

　　39）*Hypholoma lateritium*（Schaeff.）P. Kumm. 砖红垂幕菇

（21）锈革菌科 Hymenochaetaceae

　　40）*Coltricia perennis*（L.）Murrill 钹孔菌

　　41）*Inonotus radiatus*（Sowerby）P. Karst. 辐射状针孔菌

　　42）*Pseudochaete lamellata*（Y.C. Dai & Niemelä）S.H. He & Y.C. Dai 纵褶环褶孔菌

（22）层腹菌科 Hymenogastraceae

　　43）*Galerina vittiformis*（Fr.）Singer 沟条盔孢菌

（23）丝盖伞科 Inocybaceae

　　44）*Crepidotus fulvotomentosus*（Peck）Peck 黄茸锈耳

　　45）*Crepidotus mollis*（Schaeff.）Staude 软靴耳

　　46）*Inocybe lanuginosa*（Bull.）P. Kumm. 绵毛丝盖伞

（24）小皮伞科 Marasmiaceae

　　47）*Marasmiellus nigripes*（Fr.）Singer 黑柄微皮伞

　　48）*Marasmiellus ramealis*（Bull.）Singer 枝干微皮伞

（25）皱孔菌科 Meruliaceae

　　49）*Irpex consors* Berk. 鲑贝耙齿菌

（26）小菇科 Mycenaceae

　　50）*Mycena galericulata*（Scop.）Gray 盔盖小菇

　　51）*Mycena leptocephala*（Pers.）Gillet 铅灰色小菇

　　52）*Mycena pura*（Pers.）P. Kumm. 洁小菇

　　53）*Mycena rorida*（Fr.）Quél. 黏柄小菇

（27）脐菇科 Omphalotaceae

　　54）*Gymnopus peronatus*（Bolton）Antonín, Halling & Noordel. 靴状裸脚伞

　　55）*Lentinula edodes*（Berk.）Pegler 香菇

　　56）*Lentinus squarrosulus* Mont. 翘鳞香菇

　　57）*Micromphale foetidum*（Fries）Singer 臭小盖伞

（28）鬼笔科 Phallaceae

　　58）*Pseudocolus fusiformis*（E. Fisch.）Lloyd 纺锤爪鬼笔

（29）泡头菌科 Physalacriaceae

　　59）*Armillaria mellea*（Vahl）P. Kumm. 蜜环菌

　　60）*Armillariella tabescens*（Scop.）Singer 假蜜环菌

　　61）*Cyptotrama asprata*（Berk.）Redhead & Ginns 金黄鳞盖伞

　　62）*Oudemansiella mucida*（Schrad.）Höhn. 粘小奥德蘑

　　63）*Oudemansiella radicata*（Relhan）Singer 长根奥德蘑

　　64）*Oudemansiella submucida* Corner 亚粘小奥德蘑

（30）光柄菇科 Pluteaceae

    65）*Pluteus aurantiorugosus*（Trog）Sacc. 橘红光柄菇

    66）*Pluteus plautus*（Weinm.）Gillet 粉褐光柄菇

（31）多孔菌科 Polyporaceae

    67）*Daedaleopsis sinensis*（Lloyd）Y.C. Dai 中国拟迷孔菌

    68）*Favolus alveolarius*（Bosc）Fr. 棱孔菌

    69）*Favolus mollis* Lloyd 光盖棱孔菌（光盖大孔菌）

    70）*Favolus tenuiculus* P. Beauv. 略薄菱孔菌

    71）*Lenzites betulina*（L.）Fr. 桦革裥菌（桦褶孔菌）

    72）*Lenzites platyphylla* Lév. 宽褶革裥菌

    73）*Microporus xanthopus*（Fr.）Kuntze 盏芝小孔菌

    74）*Polyporus alveolaris*（DC.）Bondartsev & Singer 大孔多孔菌

    75）*Polyporus arcularius*（Batsch）Fr. 漏斗多孔菌

    76）*Polyporus badius* Jungh. 褐多孔菌

    77）*Polyporus brumalis*（Pers.）Fr. 冬生多孔菌

    78）*Polyporus elegans* Fr. 黄多孔菌

    79）*Polyporus squamosus*（Huds.）Fr. 宽鳞大孔菌

    80）*Pycnoporus cinnabarinus*（Jacq.）P. Karst. 朱红密孔菌

    81）*Trametes hirsuta*（Wulflen）Lloyd 粗毛栓菌

    82）*Trametes trogii* Berk. 毛栓菌

    83）*Trametes versicolor*（L.）Lloyd 云芝

（32）小脆柄菇科 Psathyrellaceae

    84）*Coprinellus disseminatus*（Pers.）J.E. Lange 小假鬼伞

    85）*Psathyrella candolleana*（Fr.）Maire 黄盖小脆柄菇

    86）*Psathyrella piluliformis*（Bull.）P.D. Orton 丸形小脆柄菇

（33）红菇科 Russulaceae

    87）*Lactarius gracilis* Hongo 纤细乳菇

（34）裂褶科 Schizophyllaceae

    88）*Schizophyllum commune* Fr. 裂褶菌

（35）韧革菌科 Stereaceae

    89）*Stereum hirsutum*（Willd.）Pers. 毛韧革菌

    90）*Xylobolus illudens*（Berk.）Boidin 紫灰大韧革菌

（36）乳牛肝菌科 Suillaceae

    91）*Boletinus pinetorum*（W.F. Chiu）Teng 松林小牛肝菌

    92）*Suillus luteus*（L.）Roussel 褐黄粘盖牛肝菌

（37）银耳科 Tremellaceae

    93）*Tremella aurantialba* Bandoni & M. Zang 金耳

    94）*Tremella foliacea* Pers. 茶褐银耳

（38）科级地位未定类群 Incertae sedis

    95）*Panaeolus cyanescens* Sacc. 变蓝斑褶伞

    96）*Trichaptum biforme*（Fr.）Ryvarden 囊孔附毛菌

    97）*Trichaptum brastagii*（Corner）T. Hatt. 伯氏附毛菌

    98）*Trichaptum durum*（Jungh.）Corner 硬附毛菌

第 7 章 动 物 区 系

动物是生态系统中重要的组成部分，对于整个生态系统的物质循环和能量传递及维持生态系统的稳定性都起到了至关重要的作用。因此，准确了解一个地区的动物种类及区系构成对于解析当地的生态系统是十分关键的。

截至 2013 年 7 月，对桃源洞保护区内的大院（含牛石坪）、甲水、神农谷（森林公园）、梨树洲和深坑等地进行了陆生脊椎动物资源调查。调查采用样线法，其中，两栖爬行动物样线溯溪设定，鸟类和哺乳动物样线沿区内道路设定，并且哺乳动物调查参考了桃源洞保护区红外夜拍相机的资料。

动物物种及分布主要依据《中国动物志》（两栖纲中卷、下卷）（费梁等，2009a，b），《中国动物志》（第二卷　蜥蜴亚目、第三卷　蛇亚目）、《中国蛇类》（上、下册）（赵尔宓，2006）、《中国鸟类分类和分布名录》（郑光美，2011），并参考《中国鸟类野外手册》（马敬能等，2000）、《中国哺乳动物彩色图鉴》（潘清华等，2007）、《中国兽类彩色图鉴》（杨奇森等，2007）和《中国物种红色名录》（汪松和解焱，2004）进行分类调查统计。

7.1　陆生脊椎动物区系

本次调查共记录陆生脊椎动物 350 种，隶属于 4 纲 28 目 90 科。其中，两栖纲 2 目 8 科 34 种，爬行纲 2 目 14 科 53 种，鸟纲 16 目 49 科 214 种，哺乳纲 8 目 19 科 49 种（表 7.1）。

在本次调查中，采集并发表了 3 个两栖动物新种（Zhao et al.，2014；Wang et al.，2014），分别是采集于神农谷的珀普短腿蟾 *Brachytarsophrys popei*、采集于牛石坪的林氏角蟾 *Megophrys lini* 和采集于梨树洲的陈氏角蟾 *Megophrys cheni*；2 个湖南省新记录种，分别是采集于神农谷的井冈角蟾 *Megophrys jinggangensis* 和采集于梨树洲的井冈脊蛇 *Achalinus jinggangensis*。

同时，桃源洞保护区处于候鸟的迁徙区域，是多种热带动物的分布区和栖息地，对于保证和维持罗霄山脉遗传多样性、物种多样性、生态系统多样性都具有十分重要的作用。

表 7.1　桃源洞保护区陆生脊椎动物区系组成

纲	目	科	种
两栖纲	2	8	34
爬行纲	2	14	53
鸟纲	16	49	214
哺乳纲	8	19	49
合计	28	90	350

从物种组成上来看，桃源洞保护区的动物区系有以下两个特点。

首先，动物种类多，组成复杂，包括多种珍稀保护动物，保护价值较高。保护区内的黄腹角雉、白颈长尾雉为国家 I 级重点保护野生动物；另外还有 39 种国家 II 级重点保护野生动物，包括两栖类虎纹蛙、鸳鸯、白鹇、勺鸡、红腹锦鸡、褐翅鸦鹃、小鸦鹃、仙八色鸫及隼形目全部、鸮形目全部共计 28 种鸟类，穿山甲、青鼬、大灵猫、小灵猫、金猫、獐、水鹿等 10 种哺乳动物；共有留鸟 124 种，占保护区记录鸟类总种数的 57.9%。

其次，动物区系具有典型性和过渡性。哺乳纲的獐、鸟纲的黄腹角雉都是华中区系的特有种；青鼬、环颈雉等又属古北界向东洋界渗透的居留类型；饰纹姬蛙、大头平胸龟、画眉、苏门羚、豪猪、竹鼠等为东洋界华中区东部丘陵平原亚区典型的动物。同时保护区处于候鸟迁徙路线上，所以构成了保护区内动物种类的复杂和多样性。两栖和爬行类中，有众多物种属于华中和华南区系成分。从整体上来看，保护区内的动物区系成分比较复杂，有明显的华中地区和华南地区的过渡特征。

7.2 动物物种及其分布特点

对桃源洞保护区动物物种数分别进行统计（表 7.2），结果发现：大院（含牛石坪）和神农谷（森林公园）物种多样性最丰富，梨树洲的物种组成最具特点，包括新种陈氏角蟾和极危物种井冈脊蛇，以及很多高海拔特有鸟类。

表 7.2 桃源洞保护区不同区域的动物物种的组成

	大院（含牛石坪）	神农谷（森林公园）	甲水	梨树洲	深坑
两栖纲	25	25	24	19	25
爬行纲	18	23	10	9	21
鸟纲	87	93	75	77	85
哺乳纲	49	49	—	—	—
合计	179	190	109	105	131

由于各区域完成的调查强度不同，各区域物种多样性出现较大差异。相信随着各区域调查的深入，包括梨树洲等高海拔区域的物种多样性将会大幅提升。

7.2.1 哺乳类

经过多次的调查统计，桃源洞保护区现有哺乳动物 49 种，隶属于 8 目 19 科。其中有啮齿目动物 4 科 11 种、食肉目 4 科 12 种、偶蹄目 3 科 6 种、翼手目 3 科 13 种、灵长目 1 科 1 种、鼩形目 2 科 4 种。在哺乳动物的种群结构中，翼手类、食肉类和啮齿类为优势种群，分别占总种数的 26.5%、24.5% 和 22.4%，其次为偶蹄类，占 12.2%。

保护区的哺乳动物属于东洋界种类的有 31 种，所占比例为 63.2%；古北界种类有 11 种，所占比例为 22.40%。从动物区系上看，东洋界物种占主导地位，其区系特点与湖南八面山自然保护区相似。

保护区在动物地理区划上属于东洋界华中区东部丘陵平原亚区，苏门羚、豪猪、竹鼠等均为该区系的代表物种。保护区的哺乳动物区系既反映了华中区的区系特征，又有较强的过渡性，几个区系共有的物种占了较大的部分。

保护区内哺乳动物的群落主要分布在江西坳、横泥山、梨树洲一带，主要的植被类型为落叶阔叶林、落叶常绿阔叶混交林、针阔混交林、常绿阔叶林、常绿针叶林、山地灌草丛等。区域特点主要为四周山地环绕、地表水及地下水丰富、具有许多小块分布的山地泥炭沼泽草地，为动物提供了丰富的食物来源和适宜的生活环境。保护区内常见哺乳动物主要有野猪、水鹿、黄鼬及竹鼠，多分布于水、草丰富的沟谷、台地。

7.2.2 鸟类

桃源洞有鸟类 214 种，隶属于 16 目 49 科，其中雀形目 27 科 136 种、隼形目 2 科 14 种、鸻形目 3 科 11 种、鹳形目 1 科 8 种、鸡形目 1 科 7 种、鸮形目 2 科 7 种、鹃形目 1 科 7 种、䴙䴘目 2 科 7 种。

雀形目是桃源洞鸟类物种多样性最高的类群，科所占的比例达到了 55.1%，种所占的比例达到了 63.6%。

桃源洞保护区是我国亚热带典型的常绿阔叶林带地区，保护区内的鸟类都为森林型鸟类，具有亚热带森林鸟类的特征。从居留类型上看，留鸟占该区鸟类总数量的 57.9%，夏候鸟占 12.17%。另外，该区的食虫鸟类有 110 多种，占到了全部鸟类的 51.0% 以上，在森林生态系统中具有重要的作用，它们的食物通常为农业害虫，如象甲、金龟子、天牛、蝼蛄、蝉、蝗虫等。保护区内食虫鸟类数量多、分布广，在一定程度上反映了保护区植物的多样性和丰富度。

7.2.3 爬行类

桃源洞保护区内爬行类动物共有 53 种，隶属于 2 目 14 科。东洋界爬行动物有 51 种，所占比例为 96.2%；古北界爬行动物有 1 种，所占比例为 1.9%；广布界有 1 种，所占比例为 1.9%。由此可以看出保护区内爬行类动物以东洋界为主。

从物种的区系来看，保护区的爬行动物具有较显著的华南区系成分渗透现象。桃源洞属罗霄山脉中段，气候条件受到中亚热带季风的强烈影响，该地区华中、华南共有成分较多，具有明显的华中区与华南区过渡地区的特征，与该区动物地理分区属东洋界华中区的区系特征有差异。例如，保护区内华中、华南共有成分有平胸龟、中国石龙子、蓝尾石龙子、黄链蛇、乌游蛇、银环蛇、竹叶青、滑鼠蛇等 23 种，约占爬行动物总数的 43.4%；华中种类 15 种，约占爬行动物总数的 28.3%；华南种类 5 种，约占爬行动物总数的 9.4%。

种类丰富的爬行动物在物种多样性保护、维持生态系统稳定性上发挥着重要的作用。

7.2.4 两栖类

桃源洞保护区有两栖类动物 34 种，隶属于 2 目 8 科，其中东洋界种类占明显优势，有 32 种，占该保护区两栖类总种数的 94.1%，另外还有 2 种为东洋界与古北界所共有。在 32 种东洋界种类中，分布于华中区的有 18 种，12 种为华中区与华南区共有物种，1 种为华南区物种，2 种为华中区与西南区共有物种，由此可以看出，桃源洞保护区两栖类动物区系及其动物地理区划与东洋界华中区相一致。

7.3 珍稀濒危动物

7.3.1 珍稀濒危哺乳动物

桃源洞保护区中，国家Ⅱ级保护野生动物有藏酋猴、穿山甲、斑林狸、大灵猫、小灵猫、青鼬、金猫、獐、水鹿和中华鬣羚等 10 种，其中藏酋猴的数量可观，估计数量有 300～400 只，同时还有数量较多的水鹿。

7.3.2 珍稀濒危鸟类

桃源洞保护区中有国家保护鸟类 30 种，其中国家Ⅰ级保护野生动物 2 种，为黄腹角雉和白颈长尾雉；国家Ⅱ级保护野生动物有 28 种，分别为白鹇、勺鸡、红腹锦鸡、草鸮、长耳鸮、短耳鸮、褐翅鸦鹃、黑冠鹃隼、松雀鹰、鵟、斑头鸺鹠、黑翅鸢等；另外，有 9 种被列入《濒危野生动植物种国家贸易公约》附录Ⅱ，分别是黑冠鹃隼、黑翅鸢、松雀鹰、鵟、黄腹角雉、草鸮、长耳鸮、短耳鸮及斑头鸺鹠。

7.3.3 珍稀濒危两栖及爬行类

桃源洞保护区中有众多的珍稀濒危两栖、爬行类动物，其中虎纹蛙为国家Ⅱ级保护野生动物，属于省级保护动物的有 56 种。

7.3.4 动物新种及新记录

在本次调查中，发表了 3 个两栖动物新种，即珀普短腿蟾、林氏角蟾和陈氏角蟾；以及 2 个湖南省新记录种，即井冈角蟾和井冈脊蛇。

（1）珀普短腿蟾 *Brachytarsophrys popei* Zhao, Yang, Chen, Chen and Wang, 2014 新种（图版 V-4）

识别特征：一种相对小型的短腿蟾，雌性头体长 86.2 mm，雄性 70.7～83.5 mm。头大，极度平扁，宽是长的 1.2 倍，近于头体长的 1/2。吻棱不发达。鼓膜隐蔽。犁骨齿在两列发达凸起的犁骨棱上；犁骨棱长，远超内鼻孔后缘水平线，彼此间距约为犁骨棱长的 1.5 倍。舌深缺刻。后肢跟部不相遇；胫跗关节前伸达口角处。胫骨短，仅为头体长的 36%～43%。脚趾蹼发达，雄性可至各趾的 1/3～3/4，雌性 1/4～1/2；各趾均有缘膜，雄性缘膜非常宽，雌性稍逊。各指基部有不甚清晰的关节下瘤。上眼睑具疣粒，其中之一扩大成为浅黄色钝圆锥状发达角。雄性第 1 指和第 2 指基部背面有细密小黑色婚刺。雄性单声囊。雌性在输卵管内成熟卵浅黄色。蝌蚪腹部有 1 条白色横纹，体侧各有 2 条纵走白色纹。

生境与习性：栖息于山溪溪流，周围是亚热带常绿阔叶林。海拔 900～1300 m。它们多被发现于山溪石下。7～9 月能听到短促响亮的重复叫声，每个鸣段包含 12～17 个音符，音符间隔约为 0.41 s。繁殖季节大多在 7～9 月。

分布：罗霄山脉中段和南岭。模式产地为江西井冈山、湖南桃源洞保护区和广东南岭自然保护区。

种群状况：分布区常见种。

（2）林氏角蟾 *Megophrys lini*（Wang and Yang, 2014）新种（图版 V-6）

识别特征：小型角蟾，成年雄性头体长 34.1～39.7 mm，雌性 37.0～39.9 mm。头长几等于头宽。没有犁骨齿，舌端不具缺刻。鼓膜清晰，中等大小。后肢较长，跟部重叠，胫跗关节前伸达眼前角。指序 II≤I<IV<III。趾指侧缘膜宽，仅在趾基部扩大成为蹼。趾指基部关节下瘤清晰。背皮肤光滑，有小颗粒，通常在背上有几条弯曲的弱皮肤棱，体侧有几个疣粒。腹表面平滑。上眼睑边缘有一个小角状突。颞褶窄细，浅色。背面浅棕色或橄榄色，有镶有浅色边缘的深色三角形眶间斑和 X 形背斑。雄性第一指背中部有微小的黑色婚刺，单个咽下声囊。雌蛙输卵管内卵为纯黄色。

生境与习性：栖息于山间急流，周围为潮湿的亚热带常绿阔叶林，海拔 1100～1620 m。繁殖季节可能在 9 月之后。

分布：中国特有种。中国湘赣交界的罗霄山脉中段，包括江西井冈山自然保护区、遂川南风面自然保护区和湖南桃源洞保护区。模式产地：井冈山的八面山（北纬 26°34′37.97″，东经 114°06′6.43″；1369 m）。正模标本：SYS a001420。

种群状况：区域性常见种。

（3）陈氏角蟾 *Megophrys cheni*（Wang and Liu, 2014）新种（图版 V-7）

识别特征：小型角蟾，成年雌蛙头体长 31.8～34.1 mm，雄蛙 26.2～29.5 mm。头长几等于头宽。没有犁骨齿。舌端具缺刻。鼓膜清晰或不清晰，通常鼓膜上部隐藏在颞褶之下。后肢长，跟部重叠较多，胫跗关节前伸达鼻孔至吻端区域。指序 I<II<IV<III。趾指缘膜宽，趾基部有不发达的蹼。每趾基部关节下瘤清晰。背面和体侧皮肤光滑有疣粒，通常形成两个背侧疣粒行，彼此平行，在背部两个背侧疣粒行之间形成一个 X 形弱脊。在胫部大疣粒横向排列成 4～5 行。上眼睑边缘有一个小角状突。颞褶肿胀，浅色。腹面光滑。背面红棕色或橄榄棕色，背部有深色网状斑纹，四肢背面有深色横斑纹。雄性有单个咽下声囊。

生境与习性：栖息在海拔 1200～1530 m 的山间沼泽，周围是亚热带常绿阔叶林。

分布：中国特有种。分布于中国湘赣边界的罗霄山脉中段，包括井冈山和桃源洞保护区。模式产地：井冈山的荆竹山（北纬 26°29′45.95″，东经 114°04′45.66″；1210 m）。正模标本：SYS a001873。

种群状况：区域常见种。

（4）井冈角蟾 *Megophrys jinggangensis*（Wang, 2012）新记录种（图版 V-5）

识别特征：小型角蟾，成年雌性头体长 38.4～41.6 mm，雄性 35.1～36.7 mm。头长几等于头宽。鼓膜大，约为眼径的 80%。有犁骨齿。舌端有缺刻。指序 II<I<IV<III。趾指侧缘膜小。趾基部有厚的肉质蹼。背有疣粒和两个肿胀的背侧皮肤褶。体侧有分散的脓包状大疣粒。上眼睑上有几个大疣粒，其中之一成为非常发达的角状突，位于上眼睑边缘。背浅棕色，4 条纵行的深棕色宽纹彼此平行。两眼间有一个暗棕色三角形斑。四肢和趾指背面浅棕色，有暗棕色横纹。腹表面发灰，有黑色和棕色斑点。雄性有单个咽下声囊。

生境与习性：栖息于山间水势较缓的溪流，四周有亚热带常绿阔叶林，海拔 700～850 m。繁殖季节推测在 9 月之前。

分布：中国特有种。中国湘赣交界的罗霄山脉中段和北段。模式产地：江西井冈山。正模标本：SYS a001430。

种群状况：区域常见种。

（5）井冈脊蛇 *Achalinus jinggangensis*（Zong and Ma，1983）新记录种（图版 V-25）

识别特征：体细长。头长椭圆形，与颈部区分不显著；吻鳞三角形，背视可见其上缘。无颊鳞，前额鳞转入颊区，入眶。无眶前鳞和眶后鳞。颞鳞 2（1）＋2＋3（4）；2 个前颞鳞入眶；三级颞鳞上枚最大，左右两侧三级颞鳞在顶鳞后被 1～2 枚小鳞分隔。上唇鳞 6 枚，第 4、第 5 枚入眶，第 6 枚最大。下唇鳞 6 枚。颔片 2 对，其后为腹鳞。背鳞 23 行，起棱，仅外侧行平滑而且扩大。腹鳞雄性 156 枚，雌性 164 枚；肛鳞完整不对分；尾下鳞单行，雄性 64 枚，雌性 51 枚。体背棕黑色，有金属光泽。腹面黑色，鳞缘色淡。

生境与习性：栖息于井冈山海拔 550～1600 m 山区森林和村落。夜行性，穴居，食虫，卵生动物。

分布：罗霄山脉中段万洋山脉特有种。见于湖南桃源洞保护区及井冈山茨坪、大井、荆竹山等地。

种群状况：目前仅发现 11 只个体，IUCN 和中国物种红色名录将其列为极危（CR）等级物种。

第8章 昆虫区系

昆虫是动物界种类最多、数量最大的动物类群，对于森林生态系统的组成和维持稳定性具有重要的作用。因此，正确地看待和评价昆虫的作用，对于生态系统的保护也具有十分重要的意义。桃源洞保护区在气候上属于亚热带湿润山地气候类型，该地气候温暖，雨量充沛，植被丰富，种类繁多，因此昆虫的种类也十分丰富。通过标准地调查及线路踏查相结合的方法对桃源洞地区的昆虫进行调查。

8.1 野外考察

（1）考察时间

昆虫多样性科学考察从 2010 年 10 月到 2011 年 10 月，2013 年 8 月到 2014 年 10 月，共进行 8 次野外采集，共获得大约 2.5 万号标本，拍摄昆虫生态照片近 800 张。

（2）考察方法

野外考察以调查昆虫种类为目的，在考察区域内进行大面积的昆虫采集。主要方法如下。

1）扫网法　日间用捕虫网采集各种环境下所见到的陆生昆虫，包括膜翅目、鳞翅目的蝶类和部分蛾类、双翅目、陆生鞘翅目、陆生半翅目、直翅目、同翅目、螳螂目、蝎螂目、脉翅目、蜻蜓目、竹节虫目、广翅目、毛翅目等。

2）捞网法　用水网捞取生活在水中的昆虫，包括水生的半翅目、水生鞘翅目、蜉蝣目（幼虫）、蚊类幼虫等水生昆虫。蚊类等幼虫须以活体带回实验室饲养至成虫。

3）灯诱法　根据有些类群的昆虫具有趋光的习性，用高功率的汞灯进行诱捕。采集鳞翅目蛾类、部分鞘翅目、双翅目、直翅目、广翅目、脉翅目等。

4）水体漂浮法　对粪生和其他腐生性昆虫采取水体漂浮法进行快速采集，即将粪便、腐烂物直接放入盛有水的容器中，昆虫即漂浮在水面，采集快速而方便。

5）树皮剥离法　对生活在树皮下、木材内的昆虫，通过剥离树皮或剖开被钻蛀的木材进行采集。

6）翻石木法　石块和倒木下面潮湿而且隐蔽、安全，是很多种昆虫喜欢栖息的地方，通过将石块和倒木翻转，捕获藏在下面的昆虫。

7）枯枝落叶收集　枯枝落叶既保持了地表的湿度，为昆虫提供了隐蔽场所，同时也因为腐烂而为昆虫提供了丰富的营养。因此，枯枝落叶下有丰富的昆虫，尤其是体型较小的昆虫。将潮湿处的枯枝落叶装入布袋中，在平整干净的地方展开仔细寻找。

8）集虫器采集法　将富含落叶和有机质的潮湿土壤用布袋带回驻地或实验室，放入集虫器（漏斗状的容器中，在容器下方的开口处接上装有乙醇的三角瓶或塑料袋）中。在容器的上方放上 40 W 白炽灯泡通电，土壤逐渐受热后，其中的昆虫逐渐向下移动，最终跌入下方的乙醇中。收集乙醇中的昆虫，制作标本。

8.2 昆虫区系特点

目前已鉴定出桃源洞保护区有昆虫 21 目 149 科 852 属 1268 种。因时间较短，部分采集标本尚未进行科学鉴定。

8.2.1 昆虫区系组成

表 8.1 是桃源洞保护区昆虫成分表，从中可知，鳞翅目和鞘翅目分别占 285 属 399 种和 232 属 376

种，两目占桃源洞已知昆虫属、种的 60% 左右，在整个桃源洞昆虫区系中占主导地位，这与世界上和我国已知昆虫的区系结构相一致。桃源洞中超过 50 种以上的类群有鳞翅目、鞘翅目、半翅目、双翅目、膜翅目和直翅目共 6 目，其中前 5 目也恰好是世界已知昆虫纲中种类最多的五大目，这五大目的种类在世界上占已知昆虫种类的超过 80%。桃源洞这五大目总计 1047 种，占已知昆虫种类的 83.3%，与世界上已知昆虫的占比相吻合。

表 8.1　桃源洞保护区昆虫区系组成

目	科	属	种	种百分比 /%	目	科	属	种	种百分比 /%
弹尾目	1	1	2	0.16	半翅目	23	89	112	8.83
衣鱼目	1	1	1	0.08	缨翅目	2	6	9	0.71
蜉蝣目	6	15	28	2.21	鞘翅目	44	232	376	30.12
蜻蜓目	5	13	14	1.1	广翅目	1	2	2	0.16
等翅目	1	1	1	0.08	脉翅目	4	8	10	0.79
䗛螂目	3	6	8	0.63	毛翅目	7	11	13	1.02
螳螂目	2	4	4	0.32	鳞翅目	36	285	399	31.86
直翅目	21	55	66	5.21	双翅目	15	59	90	7.1
革翅目	2	5	5	0.39	膜翅目	8	42	70	5.52
襀翅目	4	6	9	0.71	蜘蛛目	1	1	1	0.08
同翅目	7	25	37	2.9	总计	194	867	1268	

8.2.2　昆虫区系成分

桃源洞位于井冈山西侧，与井冈山相连，昆虫区系成分也与井冈山基本一致，区系成分既有东洋种和广布种，也分布有一定比例的古北种（表 8.2）。显然桃源洞昆虫是以东洋成分为主，广布种次之，但也有一定比例的古北种。

表 8.2　桃源洞保护区昆虫区系主要类群组成

类群	古北种	东洋种	广布种	类群	古北种	东洋种	广布种
蜻蜓目	0	8	2	鞘翅目	63	248	56
直翅目	8	34	14	鳞翅目	19	294	86
同翅目	8	18	11	双翅目	9	64	17
半翅目	27	54	31	膜翅目	8	48	14

（1）古北种

桃源洞古北种的代表种类有：北京油葫芦 *Teleogryllus mitratus*、松寒蝉 *Meimuna opalifera*、黑尾大叶蝉 *Tettigoniella ferruginea*、全蝽 *Homalogonia obtusa*、紫蓝曼蝽 *Menida violacea*、蠋蝽 *Arma custos*、日本细胫步甲 *Agonum japonicum*、中国虎甲 *Cicindela chinensis*、异色瓢虫 *Harmonia axyridis*、斑肩负泥虫 *Lilioceris scapularis*、绿豹蛱蝶 *Argynnis paphia*、栗六点天蛾 *Marumba cristata*、舞毒蛾黑瘤姬蜂 *Coccygomimus disparis*。

（2）东洋种

东洋种是桃源洞昆虫区系的主体，代表种类有：白尾灰蜻 *Orthetrum albistylum*、黄缘拟截尾蠊 *Hemithyrsocera lateralis*、僧帽佛蝗 *Phlaeoba infumata*、山稻蝗 *Oxya agavisa*、黄树蟋 *Oecanthus rufescens*、小稻蝗 *Oxya intricata*、黄脊阮蝗 *Rammeacris kiangsu*、东方凸额蝗 *Traulia orientalis*、斑翅草螽 *Conocephalus maculatus*、稻沫蝉 *Callitettix versicolor*、台湾乳白蚁 *Coptotermes formosanus*、宽缘伊蝽 *Aenaria pinchii*、梭蝽 *Megarrhamphus hastatus*、平尾梭蝽 *Megarrhamphus truncatus*、稻黑蝽 *Scotinophara lurida*、小点同缘蝽 *Homoeocerus marginellus*、九香虫 *Coridius chinensis*、三刻真龙虱 *Cybister tripunctatus*、黑截突水龙虱 *Canthydrus nitidulus*、圆鞘隐盾豉甲 *Dineutus mellyi*、伏背豉甲 *Orectochilus* sp.、日本刺鞘牙甲 *Berosus japonicus*、双线牙甲 *Hydrophilus bilineatus*、双色陆牙甲 *Sphaeridium discolor*、小弥牙甲 *Paracymus atomus*、双斑长跗萤叶甲 *Monolepta hieroglyphica*、致倦库蚊 *Culex pipiens quinquefasciatus*、白纹伊蚊 *Aedes albopictus*、蛛形杵蚊 *Tripteroides aranoides*、木兰青凤蝶 *Graphium doson*、玉斑凤蝶 *Papilio helenus*、升天剑凤蝶 *Pazala euroa*、蓝点紫斑蝶 *Euploea midamus*、箭环蝶 *Stichophthalma howqua*、暮眼蝶 *Melanitis leda*、蒙链荫眼蝶 *Neope muirheadii*、苎麻珍蝶 *Acraea issoria*、樗蚕 *Philosamia cynthia*、马尾松毛虫 *Dendrolimus punctatus*、松毛虫黑点瘤姬蜂 *Xanthopimpla pedator*、台湾马蜂 *Polistes fromosanus*、齿彩带蜂 *Nomia punctulata*、竹木蜂 *Xylocopa nasalis* 等。

（3）广布种

广布种分布于两个或两个以上动物地理分布区，其中仅分布于古北区和东洋区的为古北 - 东洋种；分布于东洋区和其他动物地理区而在古北区无分布或分布于两个以上动物分布区的为其他广布种。桃源洞广布种的代表种类有：黄蜻 *Pantala flavescens*、德国小蠊 *Blattella germanica*、疣蝗 *Trilophidia annulata*、碧蛾蜡蝉 *Geisha distinctissima*、菜蝽 *Eurydema dominulus*、稻绿蝽 *Nezara viridula*、蓝蝽 *Zicrona caerulea*、齿缘龙虱 *Eretes sticticus*、小雀斑龙虱 *Rhantus suturalis*、路氏刺鞘牙甲 *Berosus lewisius*、尖突牙甲 *Hydrophilus acuminatus*、红脊胸牙甲 *Sternolophus rufipes*、龟纹瓢虫 *Propylea japonica*、华广虻 *Tabanus amaenus*、长尾管蚜蝇 *Eristalis tenax*、黑带蚜蝇 *Episyrphus balteatus*、家蝇 *Musca domestica*、东方溜蝇 *Lispe orientalis*、菜粉蝶 *Pieris rapae*、豆天蛾 *Clanis bilineata*、豆荚野螟 *Maruca testulalis*、白毛长腹土蜂 *Campsomeris annulata*。

8.2.3　与井冈山昆虫区系的比较

桃源洞有着和井冈山相似的昆虫区系组成（贾凤龙等，2014），但在桃源洞没有发现有国家Ⅰ级保护物种及国际濒危物种金斑喙凤蝶 *Teinopalpus aureus*，Ⅱ级保护动物仅发现阳彩臂金龟 *Cheirotonus jansoni* 一种。国际濒危动物仅采到阳彩臂金龟（易危，VU）和金裳凤蝶指名亚种 *Troides aeacus aeacus*（近危，NT）。不论是国家保护动物还是国际濒危动物，桃源洞都没有井冈山多，一方面可能是由采集时间和采集环境所致，另一方面可能是由于桃源洞面积远较井冈山面积小。

在特有种方面，桃源洞也体现出了和井冈山相似的特点。例如，在井冈山发现的新种中，如蒲氏安牙甲 *Anacaena pui*、汉森梭腹牙甲 *Cercyon hanseni*、凹陷口牙甲 *Coelostoma bifida*、费氏乌牙甲 *Oocyclus fikaceki*、耶氏佐淘甲 *Satonius jaechi*、庞氏佐淘甲 *Satonius pangae*（=*Satonius jinggangshanensis*）都在桃源洞被发现。

8.2.4　昆虫区系的生态特点

（1）属种多度

以桃源洞鳞翅目、鞘翅目、半翅目中的优势科为例讨论。

鳞翅目属的多度次序为：尺蛾科（44）＞夜蛾科（32）＞蛱蝶科（19）＞天蛾科（17）＞舟蛾科（16）＝螟蛾科（16）＝钩蛾科（16）。种的多度次序为：尺蛾科（52）＞夜蛾科（38）＞苔蛾科（37）＞蛱蝶科（28）＞天蛾科（23）＞舟蛾科（20）＝钩蛾科（20）。属的多度和种的多度基本上是一致的，只是在种的多度方面苔蛾科较多。

鞘翅目属的多度次序为：天牛（33）＞叶甲科（22）＞牙甲科（22）＞龙虱科（15）＞象甲科（13）＞瓢虫科（11）。如果将广义的金龟子和叶甲类都作为同一科（新的分类系统），则叶甲科（47）＞天牛科（33）＞牙甲科（22）＞金龟子科（21）＞龙虱科（15）＞象甲科（13）＞瓢虫科（11）。种的多度次序为：牙甲科（48）＞天牛科（40）＞龙虱科（33）＞叶甲科（32）＞肖叶甲科（22）＞铁甲科（17）＞负泥虫科（16）＞象甲科（15）＝瓢虫科（15）。如果将广义的叶甲类和金龟子类分别作为一个科考虑，则种的多度次序则为：叶甲科（88）＞牙甲科（48）＞金龟子科（41）＞天牛科（40）＞龙虱科（33）＞象甲科（15）＝瓢虫科（15）。不论是从属的多度还是种的多度上看，叶甲类、天牛科、金龟子类、牙甲科、龙虱科都处于优势地位。象甲科是甲虫中一个十分庞大的类群，但鉴定十分困难。目前尚未鉴定的标本中，象甲科比例很高，因此鞘翅目的属、种多度排序中，象甲科的地位是不可靠的。

半翅目属的多度次序为：蝽科（26）＞缘蝽科（10）＞猎蝽科（8）＞龟蝽科（6）。种的多度次序为：蝽科（28）＞缘蝽科（16）＞龟蝽科（11）＞猎蝽科（10）。

从以上的多度分析上可以看出，桃源洞昆虫结构与我国大部分保护状况较好的地区昆虫组成是一致的。

（2）水生昆虫丰富

桃源洞水生昆虫（包括幼虫水生、成虫陆生者）超过 130 种，超过该地区已知昆虫的 10%。这一比例是我国地方昆虫区系中比例最高的。其中蜉蝣目 15 属 28 种、襀翅目 6 属 9 种、毛翅目 11 属 13 种，这三目昆虫幼虫生活在清澈的河水中，成虫为陆生，对水质要求极高，是监测河流水质的可靠的指示物种，能采到如此多的种类说明桃源洞河流保护得很好。

（3）地表和土壤昆虫种类较少

地表昆虫主要是原尾目、衣鱼目、石蛃目、等翅目、革翅目、缨翅目、鞘翅目（步甲科、隐翅甲类、伪步甲类等）和膜翅目（蚂蚁）。地表和土壤有机物及落叶越丰富、多样性越高，地表（土壤）昆虫越丰富。桃源洞保护区中的竹林比例很高，导致地表落叶多样性很低，土壤中有机质相对丰富度不高，因此地表和土壤昆虫的种类较少。

（4）朽木昆虫数量较多

在核心区，还存在相当数量的生活于朽木之中的昆虫，如短独角仙、双叉犀金龟及铠甲科的昆虫等，这些昆虫的存在证明了核心区的林地尚未遭到人类的破坏，同时这些昆虫都属于典型的亚热带类群，与当地的亚热带植被保持高度的一致。

（5）昆虫的垂直地带分布

昆虫在地带上的垂直分布可能是由随着海拔的变化而产生的温度变化、降水量变化及生态条件变化引起的。在常绿阔叶原始次生林中，庞大的树冠层中常常会有各种蜂类、蝶类、蝉类及叶甲等昆虫咀嚼、潜食树叶、嫩枝及初芽；树干上会有天牛、甲虫等蛀干害虫；在灌草丛会有蜘蛛、蝇类活动频繁；地下则可能会有蚂蚁、蝼蛄等小昆虫出没。另外，昆虫分布的地带性还与生境及食物选择有关。

第9章 自然遗迹

9.1 桃源洞自然遗迹形成条件与过程

桃源洞保护区位于湖南省炎陵县的东北隅、罗霄山脉中段西坡。地貌类型为褶皱断块的中山地貌。地貌形态包括朝西北倾斜的山窝态势、阶段状递降的多层地形和交错镶嵌的沟壑谷地等类型。以罗霄山脉下属的万洋山脉为主体，海拔1000 m以上的山峰有103座，山体呈南北走向，地势由东南向西北倾斜，东南地势高耸，但地形开阔，属高山台地；西北地势较低，但山峦重叠，地势险峻，沟谷纵横。区内最高峰——神农峰，海拔2115.2 m，为湖南省第一高峰，最低海拔420 m，相对高差约1700 m。

桃源洞保护区主要为奥陶系、第四系地层。保护区北部出露有奥陶系地层，为一套浅海相连续沉积。由砂岩、板岩及炭质板岩等组成。保护区内第四系不发育地层与下伏地层呈不整合接触，零星分布于河谷及山坡，保护区内第四系地层仅发育有上更新统和全新统散堆积物。桃源洞位于新华夏系第Ⅱ巨型隆起带和第Ⅱ沉降带过渡区，影响较大的地质构造运动有加里东运动、印度运动和燕山运动，喜山运动也对其有明显影响，地质构造比较复杂。本区隆起为第Ⅱ隆起带西缘。构造类型有南北向构造和华夏系构造。本构造断裂切截了加里东期、燕山早期岩体，表明印支期、燕山期本构造继续活动是桃源洞自然遗迹形成的重要地质历史条件。

桃源洞在大地构造上隶属华南褶皱系加里东褶皱带部分。早古生代仍为地槽区，连续接受自震旦系至部分下志留统的沉积，其岩性主要为由浅变质砂岩、砂纸泥岩、碳质板岩和硅质岩等组成，厚度大于800 m，总的基底构造层组合比较简单。晚古生代沉积中泥盆统与下石炭统的砂岩、砾岩和灰岩，两者呈整合接触，但与下伏早古生代地层呈不整合接触。沉积盖层不甚发育，仅见于县境西部，基本属地台型沉积，县境的东半部，几乎全为火成岩所覆盖。桃源洞全部处在这一花岗岩隆起区北段的西北部位。早古生代晚期的志留纪时，受强烈的加里东构造运动的影响，早古生代地层全面褶皱回返，并形成了一系列北北东向断裂（尤其在隆起的边缘部位），从而结束了地槽的发展史。与此同时，较大规模的花岗岩活动亦联翩而来，于是形成了万洋山花岗岩体。

万洋山呈北东向纵贯湘赣边境，发源于山地的溪河，统属放射状水系格局，反映了隆起带对溪河流向的控制作用。桃源洞保护区处在山地北段分水岭以下的西北坡，溪河亦属整个山地放射状水系的一部分，不过还具有其本身的特点：一是干支流纵横呈锐角相交，支流中有的略呈南北向或东西向，而该流域形势和总体流向是朝西北，同时受总的倾斜方向所控制；二是由甲水桥循楠木溪至分水岭之间，各上源支流溪沟呈左右分叉散布状，而至甲水桥，众流收敛归一。以上二者综合表明了保护区为一朝北西倾斜而岭谷组合复杂的山窝洞壑地貌。万洋山隆起的总背景上，自高而低呈现梯级递降的多层地形。多级剥夷面从其梯度层次的有序性，显示山地在古新构造运动中，继承间歇式抬升的迹象；即稳定期遭受剥夷形成山顶面，活动期遭受切割形成山坡面，递进的结果而造成阶梯起伏的形态。总之，桃源洞山地的多层性，构成多重遮幕式的层峦叠嶂，益发增添山地广袤多重的特色。万洋山岩体除了边缘受资兴—鄱县大断裂、汝城桂东大断裂延伸的控制影响，沿西坑经牛角垄、焦石一线亦为断裂带，加上岩体棋盘状节理甚为发育，流水循构造裂隙长期侵蚀搬运，造成许多负向地貌。

桃源洞地质发展史及大地构造特点为，其地槽发展阶段延续较长，地台阶段开始较迟，但岩浆活动强烈。保护区的地貌发育与整个万洋山古陆的形成发展历程关系密切，历史悠久。伴随早古生代晚期加里东运动的岩浆活动，在湘东南形成了巨型的万洋山花岗岩基。

从早石炭世延及早二叠世，湘东南构造发展进入和缓期，地壳仍以大面积升降运动为主，遂在平缓的构造凹陷中，接受了陆源碎屑及碳酸盐岩沉积；而此期作为构造隆起的万洋山古陆与凹陷区相对照，已较为突出于海湾及潟湖之滨。进入中生代，全境受到发生于三叠纪的印支褶皱运动影响，基本结束了海相沉积的历史；此期万洋山古陆仍相继和缓抬升。到侏罗纪时期，开始引发以板块运动为特征的早期燕山运动，是继印支运动以来更为强烈的一次运动；资兴——酃县大断裂，以及与其平行呈北北东向的几组断裂带，斜贯万洋山岩体，岩浆活动亦沿袭复活的断裂入侵，使之形成复式岩体，随着古陆抬升，整个万洋山山体轮廓至此基本塑造定型。

白垩纪至新生代早第三纪，地壳运动又处于相对稳定阶段，其时气候转为干热，地表遭受风化剥蚀；万洋山残坡积层发育，亦成为陆源碎屑输送之地，故山体有所蚀低。从第三纪末至第四纪以来，受喜山运动的波及，湘赣边境呈差别升降，沿袭燕山期所形成的断裂凹陷与隆起带之间，逐渐拉大地势高差。此期万洋山亦伴随着间歇式抬升之势，复因东亚季风环流影响，气候渐温暖湿润，导致河川发育，具有较大水力坡度沿岩体节理裂隙的侵蚀切割，加上块体运动的交互作用，从而塑造出现今山体的面貌。总之，万洋山是肇基和承继于早期花岗岩侵入体所形成的古陆态势，历经沧桑演进，至中生代基本成型，经新生代以来的地貌回春期，遂成今日桃源洞地区地势高峻磅礴、岭谷交错起伏的特有形态组合。

9.2　自然遗迹类型与分布

桃源洞山高林密，峡谷幽深，茂林修竹，古木参天，飞泉瀑布，流水潺潺，云海奇景，变幻莫测，且有珍禽异兽出没其中，自然风景极其丰富优美。桃源洞和井冈山国家风景名胜区同属罗霄山脉的一部分，自然风景资源极为丰富，加之人为活动少，自然景观基本上很少受到破坏，是中亚热带少见的自然遗迹，其主要由山体、水体、森林等自然要素组成。

9.2.1　自然遗迹的类型

桃源洞保护区内最高峰海拔为 2115.2 m，最低处为 420 m。相对高差达 1695 m。一般高差都在 500 m 以上，海拔超过 1000 m 的峰有 18 座，因此山势极为雄伟。整个桃源洞群峰漫舞，谷岭交错，且多为茂密的森林所覆盖，远望罗霄山脉，峰峦重叠，延绵起伏，空间层次异常丰富。只要到达海拔 1000 m 以上，通常可见 7~8 个层次，最多可达 10 层以上，轮廓优美的山体，构成了整个桃源洞自然遗迹的骨架。

多姿的水流则给桃源洞以生命和活力。发源于桃源洞的 100 多条溪流山泉，沿纵横交错的沟谷四处奔出，在各种不同地形环境的约束之下，水流时而激越狂奔，时而平静娇羞；或从宽阔的河床缓缓流过，或由石隙中夺腔而出，在空间上对比变化丰富，节奏明显，构成了多姿的水景，并以此构成了桃源洞自然遗迹的主脉。

森林是构成自然遗迹必不可缺的重要因素。在桃源洞国家森林公园里至今仍保持着成片的原始次生林及其森林环境，这里人迹罕至，古木参天，珍藏着许多当今世界上稀有的树种和飞禽走兽，是一个难得的天然动植物博物园。这里可供观赏的植物相当丰富，观花、观叶、观果随意选择，再看古木大树，或枝干遒劲、挺拔，或浓荫遮地，时时点缀于溪边、路旁。而植物的四季季相变化则更具有独特的魅力。春天，这里有大片的杜鹃、白兰、樱桃等，绚丽多姿，五彩缤纷，更有众多的山花野卉，充分地展现着春天的活力。而夏季则遍山碧绿，山风过处，泛波掀浪，松涛阵阵，顿觉清凉异常。秋天更是一年中最有魅力的时刻，红叶、红果、黄叶、黄果使山林披上了彩服，淡抹浓妆，艳丽异常。冬天是银色的世界，玉树琼花，苍松挺拔，又是另一番景象。林中，百鸟婉转啼鸣，最逗人的是那调皮的猴子，在树上蹿来跳去，更增加了不少乐趣。山林中，野果繁多，为野生动物的繁殖栖息提供了良好的条件。

9.2.2　自然遗迹的分布

桃源洞不仅自然景观丰富，而且山水结合得很好，与植物环境也相得益彰，加上云海茫茫，更有众多的人文资源点缀其中，形成了其神秘、野趣、奇险、恬静的风景特色。桃源洞国家森林公园内景点繁多，且分布很有规模。除极少数景点外，绝大多数均沿几条溪流分布。这几条溪流分别为桃花溪及其支流镜花溪、孟华溪（暂名）、清溪洞及其支流太平溪（暂名），还有公园东北边缘青石冈的九曲水。经过全面考查，我们在桃源洞已发现了各类景点十余处，而可供观赏的景观、景物则不胜枚举，这里限于篇幅，只选择其主要景点介绍如下。

（1）桃花溪景区

由东坑下来的镜花溪和由西坑下来的孟华溪到田心里汇合，注入桃花溪，然后桃花溪蜿蜒曲折，依山而流，穿行于绝壁深洞之中，由公园北流出。

沿溪流，该景区的景点分布依次为：大枧坑、小枧坑、龙母生双子、铁索桥、一线天、藏兵崖、黑龙潭、一线瀑、竹影泉声、英灵墓群、石板滩、狮子岩、龙潭天河、田心里、镜花溪、东坑瀑布，在西坑孟华溪线上还有龟寿石等景点。

大枧坑、小枧坑位于甲水桥西边，两小溪同桃花溪交汇处。站在甲水桥头往西看，两边峡谷幽深，林木苍翠，溪沟蜿蜒出没于其中，四季湍流不息，枯树枝干横卧溪中，有时还可见到黄腹角雉飞来飞去，在这里巨石、流泉、植被与周围山势组合极佳，是桃花溪景区的序景。两岸植被密布，巨树横斜于河滩之上，游人至此，自然歇息。听水声，闻鸟鸣，品怪石，看滩景，是一种最美的享受。

狮子岩是桃源洞内知名度最大的山岩，位于龙潭天河的西岸边，犹如一头匍匐在山巅昂头东望的雄狮，在当地有"狮岩东望，龙潭北流"的说法。狮头是数百丈高的巨岩，前爪扑伸处有一小山，林木茂密，好似一个大绣球；头后两驼峰稍凸起，一道山脊如狮尾向上高扬，形成"雄狮滚绣球"胜状。狮子岩还是一个绝好的观景点。从北面悬崖登上狮岩，四望可见莽莽苍苍的原始次生林，还可遥望东坑瀑布的潇洒风姿。纵观整个桃花溪景区，开发条件极为优越，整个景区空间秩序合理，动静结合完美，气势对比强烈，且主要景点均沿溪流分布，实在是不可多得的优秀景区。

（2）清溪洞景区

从甲水桥到下焦石 3 km 的清溪洞，潭瀑相连，两岸山岩交错，径路曲折萦回，两岸绝壁对峙，峡谷高深莫测，使你不得不感叹大自然的鬼斧神工。桃源洞国家森林公园中最漂亮的珠帘瀑布就位于这个景区里。另由平坑下来的太平溪蜿蜒曲折而下，在桃源洞村北约 1 km 处汇入清溪洞。太平溪两岸古木参天，是桃源洞的一个重要景区。

清溪洞景区和桃花溪景区紧密相连，是桃花溪景区的重要补充，且又在与井冈山景区的连接线上，景区以原始、古朴、奇险为主要特点，是开发桃源洞特色旅游的一个很好的选择。

（3）九曲水景区

九曲水在桃源洞国家森林公园东北边缘与井冈山八面山哨口交界处，这里群峰林列，林木繁盛，九曲水在群峰中穿来绕去，蜿蜒而出，因其曲折多姿，故名"九曲水"。顺水可深入群峰之中，环境十分清幽。尤其是其溪水有时突然好似消失不见，更为其增加不少神秘感。

九曲水景区在桃源洞的地理位置偏远，这是极为不利的地方，但是由于和井冈山及炎陵县十都等地的方便联系，其仍具有较好的交通优势。同时由于其植被茂密，环境幽静，加上暗河的神秘性，因此也有一定的旅游开发价值，并且是进行动植物资源考察的好去处。

（4）横泥山景区

横泥山在桃源洞管理局西南 2.5 km 处，这里以为数不多的大峭壁和罕见的高原草甸为特色。由管理局西南沿山脊而上，沿途分布着 4 处大峭壁，高度约为 60 m，峭壁上往往有一线瀑布滑过，也具有较高观赏价值，且沿山脊一带植被极好，加之视野开阔，可远眺东坑瀑布雄姿，是一个很好的登山游乐区。

9.3　自然遗迹的价值意义

桃源洞保护区完备自然遗迹的独特价值，其特色、价值、意义如下。

（1）中国东部中亚热带地区湘赣丘陵的代表性区域

常绿阔叶林是东亚特有植被类型，在中国拥有的面积最大，类型最多。桃源洞保护区是中国亚热带常绿阔叶林区域东部中亚热带地带湘赣丘陵区常绿阔叶林保存面积最大、保护较好的典型地区，苦槠 *Castanopsis sclerophylla* 林和青冈林是其代表性类型。由于其位置偏南，逐渐向南岭山地区过渡，因此在南亚热带地区普遍分布的一些类型，如南岭栲林、罗浮锥林、角刺栲 *Castanopsis armata* 林、大果马蹄荷林、薹树林、船板茶 *Hartia sinensis* 林和观光木 *Tsoongiodendron odoratum* 林等在此也可见到小片分布；沟谷林下还有在南亚热带和北热带地区广泛分布的高大蕨类，如福建观音座莲、金毛狗 *Cibotium barometz*、乌毛蕨和小黑桫椤 *Gymnosphaera metteniana* 等的出现，构成复杂多样的常绿阔叶林类型。水青冈属植物在欧美各地大多见于温带地区，而在中国温带地区没有其分布，主要见于亚热带地区海拔 1000~1200 m 以上山地，常与常绿阔叶树混生，构成独特的山地常绿、落叶阔叶混交林，成为紧接常绿阔叶林带以上的山地常绿、落叶阔叶混交林带的代表类型。井冈山保护区这类森林分布较广、面积较大、保护较好，水青冈、光叶水青冈 *Fagus lucida* 与多脉青冈 *Cyclobalanopsis multiervis*、云山青冈 *Cyclobalanopsis sessilifolia*、包石柯 *Lithocarpus cleistocarpus*、多穗柯 *Lithocarpus polystachya* 和银木荷等混生，构成多种多样的山地常绿、落叶阔叶混交林类型。

（2）生物种类较多，受威胁物种也多

桃源洞保护区面积虽不算很大，但栖居其中的生物种类十分丰富，维管植物 2276 种，苔藓植物 224 种，陆地脊椎动物 350 种，昆虫 1268 种，这在东部亚热带地区各个山系的保护区中并不多见。大量物种集中在保护区范围内，保护区外残存有限，显然，不少种类已陷入生存危机。初步监测已发现 200 种植物处于受威胁状态，大多数动物也是这种状况。这样众多受威胁物种的栖息地，一方面要加强保护，为它们维护适宜的生存条件；另一方面要通过迁地保护和生产发展的办法，扩大其分布范围，逐步使其摆脱受威胁的处境，特别是和周边社区合作搞好过渡区的生态发展规划来解决这个问题，银杏和水杉就是最明显的例子，对于许多残遗植物，必须这样做才能更好地挽救它们。这里曾是华南虎一个重要栖息地，现在已难以找到，一方面要继续加强监测看是否还有残存，为其创造适宜的生存条件；另一方面要通过利用半饲养的办法，逐渐使其能回归自然；最好能结合生态教育和生态旅游的研究项目来开展，如豹、云豹、金猫、水鹿、毛冠鹿、四川短尾猴、鬣羚、黄腹角雉、白颈长尾雉、白鹇和鸳鸯等也可以这样做。

（3）中生代遗留下来的裸子植物残遗种类分布较多

这里保存的裸子植物残遗种类不少，如南方红豆杉、白豆杉 *Pseudotaxus chienii*、穗花杉、粗榧、三尖杉、竹柏 *Podocarpus nagi*、罗汉松 *Podocarpus macrophyllus*、福建柏、南方铁杉和资源冷杉常可零星出现，有些还有小片的分布，大大加大了植被类型的复杂性。特别值得指出的是，资源冷杉的存在使本区的神秘性大大增加，意料之外的种类竟然出现了，其中必有特殊的原因需要深入研究，做出科学的说明。

（4）种子植物特有化程度高

应俊生和张玉龙 1994 年的研究表明，在中国特有的种子植物 199 个属中，湖南有 30 属，桃源洞保护区有 23 属，分别占全国和湖南的 11.6% 和 76.7%。从蕨类到乔木大树、竹类应有尽有，包括果树、材用、观赏和城镇绿化等不同类别；动物方面有特有种井冈脊蛇，说明了这里生境的优越性和独特性。毫无疑问，这样的种类大多数量很少，生存处于受威胁状态，需要倍加关注，采取各种有效措施，扩大其分布范围。

（5）具有许多独特的杜鹃花种类

我国西部亚热带横断山脉地区杜鹃种类多，分布广。在东部亚热带山地杜鹃也有类似情况，20 世纪 50 年代在广西龙胜县地处南岭山地的花坪保护区就发现了许多杜鹃新种，每当开花季节，连片的花海吸引了广大游人的关注。桃源洞保护区的情况也是如此，目前已知杜鹃有 17 种，其中 5 种是发现不久、特有的新种，花色有红、白、紫、紫红、粉红、金黄和红棕等色彩，异常美丽。显然，多种多样的杜鹃广泛的分布既与所在地温湿气候、酸性土壤生境密切相关，也说明那里自第三纪以来就没有直接受到大陆冰川的侵袭，一直处于比较稳定的温暖湿润气候环境下，使这些古老的种类得以保存和发展。以上这些说明桃源洞保护区的确是一个具有世界价值的生物多样性丰富的区域和众多受威胁物种的栖息地，应该争取被列为世界自然遗产地，以期按照其要求进行科学管理，使之能不断发展，为当地人民造福，为世界自然保护事业做出贡献。

（6）丰富的地质历史和独特的地貌特征

桃源洞罕见的第三纪活化石森林，展现了地质、植被、生物协同演化的古避难所景观。神农峰崖壁高耸，山峰、峰丛、峰柱、溶洞、瀑布、云海星罗棋布；湘洲流域、河西垄流域、大井—龙潭流域，山高林密、河谷深切、悬崖沟壑、古木参天、山花烂漫，蕴藏着特别丰富的针叶树、阔叶树、孑遗植物等构成的混交林群落，亚洲东部地区典型的季风雨林群落，在结构上、过程上，犹如鬼斧神工的绝妙诗书画卷，演绎着褶皱山体与岩石、水文、气象、植被的奇妙结合，体现了地质与生物协同演化的过程——堪称一叶"诺亚方舟"。其为亚洲东部华南古陆褶皱地质构造山地与第三纪活化石森林博物园保存地的罕见范例，犹如古生物避难所景观再现。

（7）古老的植物区系，孑遗植物的避难所

桃源洞残存有纬度分布最南的孑遗植物——资源冷杉群落，充分说明了桃源洞在古植物地理变迁中的重要地位。研究表明，在湖南、江西交界的沅江距今4000万～8000万年的第三纪沉积物中，发现有冷杉花粉。这说明井冈山地区现今的森林植被，基本上是第三纪森林的延续和发展。冷杉属在北半球有三个分布中心，即南欧中心、北美中心和东亚中心，这三个地区发现的冷杉属化石也特别丰富。但各地区的冷杉属植物常呈孤立、孑遗状况。冷杉属是北半球暗针叶林的优势种和建群种，常出现在高纬度地区至低纬度的亚高山至高山地带，分布海拔为2000～4000 m。从化石和孢粉分析来看，冷杉属最早化石记录是在西伯利亚白垩纪地层被发现的，最早花粉记录在西哈萨克斯坦晚侏罗地层被发现。冷杉属可能在晚白垩纪形成于北半球具有亚热带和暖温带气候的中纬度地区（西伯利亚），后在中高纬度地区广泛散布（Florin，1963；向巧萍，2001）。在欧洲北部第四纪更新世冰川期大陆冰盖形成时，冷杉属在向南退却的过程中难于找到"避难所"而大部灭绝。相应地，井冈山地区分布有海拔最低的资源冷杉，突显了桃源洞地区是一个重要孑遗种的避难所。

第一，桃源洞植物区系中，含有许多古老的、原始裸子植物和被子植物，如银杏科银杏、松科资源冷杉（大院冷杉）、红豆杉科南方红豆杉、大血藤科大血藤、伯乐树科伯乐树、胡桃科青钱柳等，它们都来自于第三纪的残遗种。还有厚朴、桦树、香果树、闽楠、杜仲等IUCN及国家珍稀濒危重点保护植物。第二，以温带成分占绝对优势。桃源洞种子植物区系热带属245属，占非世界属总数（664属）的36.90%，温带属419属，占非世界属总数的63.10%，其中有中国特有属28属。分析表明，桃源洞植物区系含有明显优势的温带成分，是罗霄山脉中段一个非常重要的组成部分，突显着井冈山片区的重要性。第三，桃源洞位于罗霄山脉中段，受华中、华东、华南的交互影响，特别是桃源洞位于西坡，受华中成分、黔桂成分的强烈影响，含有非常丰富的温带属。

中国特有种以资源冷杉最为典型，在桃源洞地区面积最大，数量最多，桃源洞是该种的主要分布区，与东部浙江产百山祖冷杉为近缘种。在地理位置上本区接近华东，因此许多中国特有种往往同我国东部共有，如台湾松是东部的重要树种，在湖南主要分布于湘东，在本区中山地带有较大面积混交林。在自然界长期演化过程中，桃源洞植物区系的发生与发展逐渐形成了自己的独特风貌，繁衍了许多特有植物种类，这是本区系区别于邻近不同植物区系的重要标志，也是植物区系划分的可靠依据。

第10章 旅游资源

10.1 桃源洞自然旅游资源

生态景观、自然景观资源是指自然界中的自然风光，其最能吸引人们的注意，特别是好的生态环境和自然景观是良好的旅游观赏资源，是在一定的空间位置、特定自然条件和历史演变阶段形成的。桃源洞保护区的自然景观资源主要由地质、地貌、植被等组成。

10.1.1 地貌景观

（1）山体景观

桃源洞保护区位于炎陵县东北隅，处在万洋山北段分水岭下的西北坡，山脊呈北东向纵贯整个湘赣边境，连绵有众多山峰，其中主峰神农峰海拔 2115.2 m。整个桃源洞群峰漫舞，谷岭交错，远望罗霄山脉，峰峦层叠，空间层次异常丰富。只要到达海拔 1000 m 以上，通常有 7～8 个层次。轮廓优美的山体，构成了桃源洞景观的风景骨架。

独特的地貌构造造就了其"险、奇、秀、美"的特点，在高地势差和山脉走向的控制下，形成了蜿蜒曲折、急骤跌宕的地貌景观，如遇雾雨天气，云雾自山间生成，在半山缭绕，如梦如幻，更胜名山大川。

（2）沟谷

万洋山岩体边缘受到资兴—酃县大断裂、汝城桂东大断裂延伸的控制影响，沿西坑经牛角垄、焦石沿线亦为断裂带，加上岩体棋盘状节理甚为发育，河道落差较大，流水长期侵蚀搬运，造成了众多复杂的山窝沟谷地貌。

星罗棋布的溪流和河谷，似整个桃源洞景观的血管经脉，使得在磅礴的山岩下，更有清秀或是激昂的流露。漫步山间，清澈潺潺的小溪让人感到心灵的愉悦和甜美，激荡狂躁的湍流让人获得鼓舞和激励，又有清泉作为点缀，给人惊喜。

10.1.2 气象景观

桃源洞具有十分宜人的小气候，是供人们避暑、休养的良好场所。气象因素其本身就是一种风景资源，日出长虹、雪景、雾凇，还有晨雾、山岚、暮霭等都具有极高的观赏价值。同时，气象因素在构成景观中也占有重要的位置，古人云：山无云则不秀。桃源洞全年平均有雾日达 170 多天，云海缥缈、气象万千是其一大特色。每当雾起时，云腾烟涌，如奔马，似银绸，弥漫往复，时而化为云瀑，直泻谷底，时而化为云流，抱搂峰腰，云层中峰峦沉浮，风光奇美。

桃源洞还有一个奇特的现象：由于山高，沿山脊的两边在同时具有两种不同的天气，有时往往山这边大雾迷漫，阴雨绵绵，而山那边却艳阳高照，形成"东边日出西边雨"的神奇景象。

10.2 人文旅游资源

桃源洞虽然人迹罕至，保持着其原始的风貌，但勤劳勇敢的劳动人民和无畏的老一辈无产阶级革命家还是在这里留下了他们劳动、生活和革命的足迹。

（1）革命遗址

桃源洞是井冈山革命根据地的重要组成部分，是著名的革命老区。当年毛泽东同志率领工农红军就是经由现属桃源洞国家森林公园的青石冈，通过八面山哨口到达井冈山的，沿途留下了大量的传说和历史遗迹。

据考证，桃源洞是当时酃县县委、县政府的所在地，当年苏区的银行、兵工厂、被服厂、红军医院就在桃源洞。现已发掘出当年银行的钞票和红军枪支等一系列文物。

当年工农红军经由这里转战井冈山时，有无数的先烈长眠在这群山绿树之中，现在坟茔仍在，而景象迥异，墓地现为枯枝落叶所覆盖，急待修整，以供人们缅怀先烈们的丰功伟绩。

（2）宗教建筑

在桃源洞保护区，一共有三处宗教建筑，即七姑仙、古老仙和龙王庙，这些寺庙的规模都很小，造型简朴，但周围环境却极佳，周围保存着不少古木大树，树龄都在百年以上。

这些宗教建筑虽然简陋，但具有很高的历史价值，为了解当地的民俗民情提供了丰富的资料。

（3）风土人情

桃源洞的居民，大多都在近代由江西、广东等地迁徙而来，他们相处和睦，但至今仍保持着各自传统的文化习俗。

在这里最为突出的是客家的文化。客家人本源于黄河流域，他们的风俗习惯和建筑形式都有着独特的风格。客家人好客，他们用糯米做成一些造型很漂亮的糕点，用来招待客人，即使素不相识，他们也称之为"上客"。

桃源洞的客家人，往往是单家独户，用低矮的围墙相隔。房屋多为土楼住宅，夯土技术令人叫绝。这种土楼以夯土墙为承重墙，一般高两层，土墙很厚，土内掺少量石灰，并配以不同粒径的砂、石屑、小卵石等，拌和夯筑，而关键在于含水量适中，遂能坚硬如石，有的甚至用糯米浆拌和，即使经历二三百年风雨，犹自屹立如新。

同时，为了适应居住环境的改变，客家人也吸取了不少当地优良形式，如不少土楼就建有眺楼，构造与湘西吊脚楼的眺楼相似。另外，由于客家人源于北方，因此还保留着不少北方四合院建筑的痕迹，甚至有的房屋还保留着垂花门这一典型的北方建筑形式。

山里人无论干什么都充分地利用了地方材料和地方结构，竹可以做屋瓦，可以做水管、做水车、做栅栏，树皮也可做屋顶，显得野趣、有个性。

勤劳智慧的山里人，他们在建造自己家园的过程中，自觉或不自觉地创造了大量朴素的艺术作品，在桃源洞令人印象最为深刻的是形态各异的桥，单是木桥，竟然有十来种不同的形式：独木桥，有圆木的，有木板的，还有半圆木的；有的与竹混合使用；有的甚至做了栏杆；而用木材做桥墩，那形式更是不胜枚举……到了这里，仿佛是参观木桥大汇展，风格各异，美不胜收。

10.3　景观资源特色

桃源洞不仅自然景观丰富，而且山水结合得很好，与植物环境也相得益彰，加上云海茫茫，更有众多的人文资源点缀其中，形成了神秘、野趣、奇险、恬静的风景特色。

（1）神秘的环境效果

桃源洞山高林密，峡谷幽深，景物密集多变，溪流纵横交错，水之出入神秘莫测，往往水湾急转，又是一番景象，常有山穷水尽之感。由于山势高峻，日照时数短，加之溪边森林植被丰富、密集，光影多变，而"鸟鸣山更幽"则更加强了对神秘环境气氛的渲染。

在茫茫云海中，重叠起伏的山峦更加显得变幻莫测，似海浪中漂浮的仙山琼阁，更平添无限的神秘感。

（2）古朴原始的野趣

由于人烟稀少，桃源洞国家森林公园内的原始次生林及其环境极少被破坏，一切都保持着古朴原始的风味，满山的野花野果，春华秋实，花开花落，林木季相更迭，仪态万千，林下落叶枯枝，藤蔓缠绕。飞禽走兽出没其中，这一切都为天然的，不饰雕琢。

山里的人更是民风淳朴，吱呀转动的水车，凌空飞架的独木桥，仿佛都在诉说着桃源洞古老的历史。

（3）奇险的深涧峡谷

桃源洞的山坡度大，多深涧峡谷。有多处裸岩，石纹旖旎，斜皱有致，直如斧劈，千姿百态。山间小径则往往一边岩石突兀，一边绝壁深涧，洞流咆哮奔腾，白浪飞溅，其声如雷。俯瞰令人头晕目眩，而那颤颤悠悠凌空架于深涧之上的独木桥，则更是奇险无比，趣味无穷。

（4）恬静的田园村庄

桃源洞山地之中有许多小盆地，风水极佳，分布着多处自然村落。这些村庄布局自然，均因山就势、背山面水、错落有致，房屋建筑形式小巧，建筑选材朴实，与整个环境极为协调。而小桥流水，枯藤老树，更有鸡鸣狗吠，炊烟袅袅，一切恬静、和谐，俨然陶渊明笔下的桃源胜境。

10.4　重点景区介绍

桃源洞国家森林公园内景点繁多，且分布很有规模。除极少数景点外，绝大多数均沿几条溪流分布。这几条溪流分别为桃花溪及其支流镜花溪、孟华溪（暂名）、清溪洞及其支流太平溪（暂名），还有公园东北边缘青石冈的九曲水。经过全面考查，我们在桃源洞已发现了各类景点十余处，而可供观赏的景观、景物则不胜枚举，这里限于篇幅，只选择其主要景点介绍如下。

（1）桃花溪景区

桃花溪景区由流水串联着幽幽的碧潭和多姿的滩景，溪中无数崩塌岩块和卵石或隐或现，流水终年不断，岸边分布着处处田园村落，仿佛一幅美丽的山水画长卷。尤其是从狮子岩到管理局这一段，全长约 2.5 km，两边峡谷对峙，绝壁幽深，两岸树木葱郁，枯枝倒悬，藤蔓缠绕；空间变化丰富，纵然一石相隔，不过三米五米，也难见其形，集神秘、原始、奇险于一体，是桃源洞自然景色最精华的部分。

沿溪流，该景区的景点分布依次为：大枧坑、小枧坑、龙母生双子、铁索桥、一线天、藏兵崖、黑龙潭、一线瀑、竹影泉声、英灵墓群、石板滩、狮子岩、龙潭天河、田心里、镜花溪、东坑瀑布，在西坑孟华溪线上还有龟寿石等景点。

龙母生双子是位于桃花溪边的一组植物景观。在桃花溪一水潭边，斜卧着一古钩栗树，主干胸径 2.10 m，高 19 m，树干虬曲苍劲，由其根部又蘖生出两棵树，枝干浑圆笔直，与老树干形成强烈的对比，当地人称为"龙母生双子"。紧挨着这组树两边还有两棵古树，树龄都在百年以上，它们根干互相缠绕，枝结连理，不分你我，又好像和和睦睦的大家庭，树冠蓬大，浓荫压地，树边还遗留着房屋的遗址，看起来这几棵树也是特意保留的风水树。树荫下的河床沙滩，是进入桃花溪主景区的良好休整场所。

铁索桥距桃源洞管理局宾馆 500 m。桃源洞管理局原来就在铁索桥边，桥面现已损坏，只剩下几根铁链。桥长约 20 m，桃花溪水自桥下流过。

桃源洞管理局宾馆为民居式建筑，粉墙青瓦，造型别致，依山面水。云雾迷漫之时，山峦重林飘浮不定，若有若无，如到蓬莱仙境，这里交通方便，是进入桃花溪的中继点。

一线天、黑龙潭从宾馆出发，逆流而上沿溪取道，东避西匿，忽有巨石一劈为二，正好能使一人通过。抬头仰望，仅见一线蓝天，是为"一线天"。再行不多远，便到了汪汪一碧的黑龙潭，窄窄的河道在此突然宽旷，黑龙潭约有 50 m 方圆，水深莫测，上游溪水在几块巨石处跌落，珠花四溅，相传八仙中的铁拐李得知洞庭龙君的小儿子在此修炼，于是在"一线天"指石为路来此访友。黑龙潭上游的石板上有两个石凹坑，相传是铁拐李留下的一大一小两个脚印。到了这里，便可窥见桃花溪景色之一斑。但该景点的最佳观景方向在现有游路的对岸，如能在刚过"一线天"时就将游路引至对岸，则给人的印象将更强烈。

伴随着竹影泉声，沿溪继续前行，地势稍稍开阔，溪流也如歌似曲，溪边层层竹林，小径曲折，竹影婆娑，环境十分幽静。这是进入桃花溪景区胜景前的片刻宁静，为进入奇险无比的龙潭天河提供了强烈的对比因子。

石板滩是上游龙潭天河与下游竹影泉声两处景点的转折点，上游急湍咆哮的洞流到这里后变得平静如歌。石板滩是桃花溪最漂亮的石滩景，这里几块光洁的大岩石倾入溪中，有的陡峭光滑不可攀，有的宽如平台宜坐。两岸山势陡峭，山峦雄峻，特别是左边一绝壁，高七八十米，十分壮观。

两岸植被密布，巨树横斜于河滩之上，游人至此，自然歇息。听水声，闻鸟鸣，品怪石，看滩景，是一种最美的享受。

龙潭天河是一段长达七八百米的极为壮观奇险的急洞流，是桃花溪，也是整个桃源洞中最迷人的地段。

上游镜花溪和孟华溪的水流在田心里汇合后，水量激增，河道也变得宽阔；而到这里后突然被两岸绝壁挤成一线天水，滔滔的河水变成一把鬼头大刀，划破魔鬼的肚皮破腔而出，势如奔腾的野马，劲不停蹄，一往直前。两岸绝壁对峙，飞泉倾注，触目惊心。小道在洞底沿水盘旋。

峡谷高处，生长着许多茂密的高大乔木，枝交叶接，遮天蔽日。更有那洞底巨石横卧，突兀嶙峋。狂奔的洞水为石所阻，咆哮如雷，水花四溅，如白蛟翻滚，声势逼人。这种景观，不仅在湖南，就是在全国也是极为罕见的。

狮子岩是桃源洞内知名度最大的山岩，位于龙潭天河的西岸边，犹如一头匍匐在山巅昂头东望的雄狮，在当地有"狮岩东望，龙潭北流"的说法。狮头是数百丈高的巨岩，前爪扑伸处有一小山，林木茂密，好似一个大绣球；头后两驼峰稍凸起，一道山脊如狮尾向上高扬，形成"雄狮滚绣球"胜状。

从石板滩方向，在山路古道间回望狮子岩，还清晰可见一"猴首"嵌在岩间，目光忧郁地望着遥远的北方。使人联想起孙悟空大闹天宫后被压在山岩下等待唐僧的情形。

狮子岩还是一个绝好的观景点。从北面悬崖登上狮岩，四望可见莽莽苍苍的原始次生林，还可遥望东坑瀑布的潇洒风姿。

田心里是镜花溪与孟华溪交汇处的一个群山环抱的小盆地，从桥头翻过一处小土丘，眼前豁然开朗，几座粉墙青瓦的房屋依山傍水，屋旁粗壮苍劲的风水树，浓密的树林掩映着小桥，流水把整个村落衬托在山光水色之中，环境恬静而优美。村中茅篱竹笆，鸡犬互答，有如陶渊明笔下的世外桃源。

镜花溪是田心里东面至东坑瀑布之溪流，由于溪流清澈见底，溪边山花烂漫，故名"镜花溪"。镜花溪滩地开阔，卵石遍布，两岸林木繁茂，峰峦绵延，蕨藓遍布，山花相映，有一种特别幽静和原始古朴的情趣。

东坑瀑布位于田心里东 2.5 km 处，落差达 170 m。一般情况下，流量在 10 m³/s 以上，成三叠下泻，如白练高悬。大雨之后，怒涛倾注，轰雷喷雪，一级撞击一级，极尽变幻之势。水量小的时候，一线瀑布飘飘忽忽，如轻纱薄绢，别有一种悠扬缥缈的美感。瀑布顶上还有一座石拱桥，建造年代已无从可考，造型极为古朴凝重，与东坑瀑布的潇洒风姿形成鲜明的对比。周围群峰苍翠，季相变化丰富，空间组合及环境极佳，有很强的吸引力，但由于东坑瀑布落差极大，且呈三叠下落，因此近观无法窥其全貌，要观赏其整体的绰约风姿，最好还是在其对面横泥山的半山腰处。因此在那里可建一风景台，以方便游客尽情欣赏大自然的杰作。

纵观整个桃花溪景区，开发条件极为优越，整个景区空间秩序合理，动静结合完美，气势对比强烈，且主要景点均沿溪流分布，实在是不可多得的优秀景区。

（2）清溪涧景区

该景区的景点分布依次为：甲水桥头、珠帘瀑布、猴跳峡、桃源洞村、古老仙、牛角垅、平坑枫林、平坑瀑布群、三面回音处、七姑仙。

珠帘瀑布从甲水桥头沿清溪涧上行约 400 m，一巨石挡住视线，绕过巨石，顿闻水声如雷，眼前突见一瀑布从高约 410 m 的悬崖峭壁上飞流跌下，水珠四溅，迷雾蒙蒙。流量约 3 m³/s，且在瀑布后半空的悬崖上有一洞壑，神秘莫测，瀑流成帘，掩住洞口，酷似《西游记》中花果山的水帘洞，故名珠帘，更令人称奇的是水雾迷漫，漫天飞珠，在阳光照耀下，闪现出一道五彩绚丽的彩虹，经久不散，景观十分美丽。

整个景点的空间序列十分完整，从序景开始一直到高潮，每一段都十分迷人，引人前行。瀑布姿态优美，风姿潇洒，周围环境协调，且在整个桃源洞中地理位置很好，开发条件十分完备。

不足之处是该瀑布处为一绝路，游人到此后便要回转，这对整个景区的游线安排及游人疏散均十分不利，建议在做道路交通规划时充分考虑这个问题。另外还有一点需要指出的是，瀑布前有一铁索桥，由于距瀑布太近，使该景点的观赏效果受到很大影响，建议对该景点进行单独的细致规划设计，以达到最好的观赏效果。

猴跳峡从珠帘瀑布溯溪而上，约 800 m 处，河道突然变得狭窄，两岸峰峦对峙，上临深壑，绝壁陡峭，飞泉倾注，触目惊心。两岸峡谷高处，生长着许多茂密的高大乔木，枝交桠接，遮天蔽日，伸向对岸的树枝形成天桥，活泼调皮的猴子东来西往，匆匆过峡，如履平地，站在东边绝壁半山腰的公路上向峡谷底看去,泉石相激,白浪翻滚,振聋发聩。该景点奇险无比,须加强安全保护措施。并注意对该处自然环境的保护,以使该处的野生猴能长期居住于此,增加游人的兴趣。

桃源洞村位于管理局东北 2 km 处,是一自然村落,是前往平坑瀑布的必经之地,由村南可至古老仙,翻过山即可至田心里,是整个风景区的一个重要的中转点。村庄坐落在海拔 850 m 高的云雾山中,地形较为宽敞,环境幽雅恬静,四周峰峦叠聚,流泉淙淙;村前屋后山花飘香,绿影婆娑;村庄依山傍水,顺河流走向展开,河上的木桥别致多样,房屋多为土木结构,选材朴实。当地盛产楠竹,于是当地居民便将大楠竹锯成一尺五寸(50 cm)长,劈为两半,正反相扣,作屋瓦使用。由于这里属高山平原,空气湿度大,阳光照射时间短,竹瓦不至于开裂漏水,因而成为一种风趣独特的民居形式,具有很高的观赏价值。房前屋后均植树,尤其是那高大的风水树,更显出村庄的古老。粗壮苍劲的风水古木,浓绿茂密的树林,掩映着小桥流水,把整个村落衬托在山光树影之中,组成了一幅美丽的画面,仿佛恬淡的仙境。

古老仙在桃源洞村南 3 km 处。传说在很久以前,一位姓古的老人曾医治好了一个久卧不起的病人,于是桃源洞的人便建了"大老仙庙"祀奉,历代相传,香火旺盛,旧建筑在"文化大革命"中被毁,近来当地群众又自发将其恢复。庙现仍供有康熙年间的残钟、石碑和石灯笼。寺庙坐落在海拔 1100 m 的山腰上,终年云雾缭绕,登临此处,既可远眺群山,又能俯瞰深涧,是一个很好的观景点。

牛角垅由桃源洞村北约 1 km 处的桥头沿太平溪而上约 2 km,就来到一处山地小盆地中,在这里分布着数户农舍,竹篱石墙围绕,十分恬静。这里古木成群,风水树老干新芽,须根裸露,更奇的是有两棵树龄均在 300 年以上的朴树结为连理,几条老藤缠于其上,仿佛在诉说着这个村落古老的历史。在这里可以远远望见湘赣省界,由此经平坑瀑布越过省界,便是井冈山了。在和井冈山风景区的联系中,这将是一个重要的中继点。

平坑枫林由牛角垅往北去,尽是崎岖山路,沿途树木茂密,原始古朴。约走 1 km 后,可见一大片枫香林,在此还可远远望见平坑瀑布群的绰约风姿。

平坑瀑布群由枫香林再前行几百米,便来到了平坑瀑布的下边。平坑瀑布从光洁的石崖凌空而下,形成九叠,故名"九叠瀑"。瀑布水帘晶莹碧亮,若雨后放晴,银帘映日,生七色彩虹,则更有一番风味。由于平坑瀑布隐藏较深,加之周围均是参天古树,因此只有靠近她,沿险峻的小路,循溪而行,方能窥其真面目。九级瀑布各有特色,形态各异。据当地老人讲,在平坑瀑布附近一带,有一处地方发出声音,有三面均可回声,即三面回音处。但本次调查没有发现这个地方,且其回音是同时听到,抑或先后听到,还需更进一步调查。

七姑仙由平坑瀑布下拨开层层灌木,向东南行约 500 m,在一个两条小溪交汇处,有一个小小的庙宇,里面供奉的是一尊叫"七姑"的女神仙,但不知始于何年月。此地环境清幽,背山面水,风水绝佳。庙宇规模很小,只有三四平方米,毛石垒造,庙门做得很别致,系用一竹片弯曲后形成的一种自然曲线沿竹片垒石而成,显得十分朴实自然。环小庙呈半圆,植有 7 棵枫香,均有 200 年以上树龄,据传是刚建此庙时栽植的,其中有两棵巨大的枫香,兀立庙宇两旁,形成一道约 2 m 宽的树"门"。树上藤蔓缠绕,人一进入此地,便觉清幽怡人。

清溪涧景区还和桃花溪景区紧密相连,是桃花溪景区的重要补充,且又在与井冈山景区的连线上,景区以原始、古朴、奇险为主要特点,是开发桃源洞特色旅游的一个很好的选择。

(3)九曲水景区

龙王庙从水口村出发,逆九曲水而行约 500 m,在两溪流交汇处,有一极小的龙王庙。庙屋相当简陋,仅用几棵树枝搭架,再挂上几块红布而成。据当地居民解释说,这庙里供奉的龙王既管水又管山,可保佑当地居民不受山洪之害,上山不出危险。这里有奇特的文化现象,有必要进一步进行详细的调查研究。

据当地居民讲,在九曲水上游,有一处瀑布,高四五十米,水流很急,由上面出水口出来后就散成了一片水珠,当地人很形象地称之为"吊米上仓"。

在九曲水一支流上的一个两级瀑布,第一级下落时还是水,第二级下落后就散成一片水雾,因此看不清下边到底有多深。

　　暗河九曲水景区内有两条暗河，一处在九曲水上，另一处在其支流上，均是河床里的水突然不见，消失于地面以下，过了二三十米即又突然出现。这是一个很有吸引力的景点，给该景区增添了几分神秘感。

　　九曲水景区在桃源洞的地理位置偏远，这是极为不利的地方，但是由于和井冈山及炎陵县十都镇等地的方便联系，其仍具有较好的交通优势。同时由于其植被茂密，环境幽静，加上暗河的神秘性，因此也有一定的旅游开发价值，并且是进行动植物资源考察的好去处。

　　（4）横泥山景区

　　最有特色的就是横泥山上那几千亩草甸了，在崇山峻岭中，这一片大草原显得特别珍贵。且各种花灌木、杜鹃、圆锥绣球均沿着草原边缘生长，山花烂漫，更是艳丽万分。在这些花灌木丛中，生长着大量的红嘴相思鸟和画眉等，鸟语花香，再加上南方罕见的大草原，徜徉其中，是一种全新的感受。

　　纵观桃源洞的景点景区，我们可看出其风景资源特色突出，景点分布相当合理，空间节奏好，动静结合恰当，开发条件优越，确实是一颗美在深闺的明珠。应该在保护的前提下，尽快对其进行开发。

第 11 章　社会经济状况

11.1　保护区社会经济状况

11.1.1　地理区位及人口组成

桃源洞保护区位于湖南东部炎陵县，地处湘赣边界的罗霄山脉中段，东连江西井冈山，南接湖南八面山，西连十都镇、策源乡，北抵江西宁岗县武功山，是湘江、赣江两大水系的分水岭和发源地。总面积 23 786 hm²，其中核心区面积 8857.6 hm²。森林覆盖率 95% 以上，是湖南植物资源丰富和风景优美的林区。

保护区现有人口 1539 人，其中少数民族 33 人，农村人口 654 人，占总人口的 42.5%，人口密度为 6.5 人/km²。

11.1.2　交通

保护区所在炎陵县交通便利，公路交通发达，其中衡炎高速公路、106 国道贯穿全境，拥有公路通车里程 886 km。其中：106 国道 88.6 km，省道 2 条 32.8 km，县道 8 条 200.8 km，乡道 12 条 153.6 km，专用公路一条 10.2 km。还有村道 36 km，公路密度为每百平方公里 33.4 km，每万人口 3.0 km。未来两年内炎陵县将与周边 7 个中心城市形成 2.5 h 的交通圈，成为湘东南区域交通枢纽。

11.1.3　社区发展

保护区曾在 1997 年借助国际小额资助项目开展过社区共管活动，自然保护与社区发展收到一定效果，经过历年社区共管活动，在能源保护、保护意识教育、保护基金、野生动物危害管理、社区技能培训与提高等方面取得显著成效，探索出具有特色的社区共管模式。社区技能培训活动扩大了村民增收途径。且创建社区滚动发展基金运行模式，不仅使农村经济持续发展，还减少了自然资源过度利用，资金不断壮大，充分调动了示范村的村民积极性，保证了保护基金项目活动正常进行。通过不断开展社区共管活动，构建起与周边县乡村、相邻保护区的护林防火及反盗猎联防体系，形成互通信息无盲区、社区宣传不定时、联合执法必到位的联防工作局面，社区共管持续性得到有力保障。

11.2　周边社会经济状况

桃源洞保护区位于湖南炎陵县，炎陵县在发展以炎帝文化为特征的生态旅游产业的同时，把重点产业发展与招商引资紧密结合起来，进一步推动产业发展壮大、产业结构优化升级和经济发展方式转变。炎陵县工业从单一的铁合金和林木资源粗加工迅速发展，形成以新材料、竹木精深加工、纺织等产业多元支撑的工业格局。

2013 年以来，炎陵县坚持深入打好旅游升温、园区攻坚、城镇提质、交通加速"四大战役"，取得卓越成效，地区生产总值保持高位运行，至 2017 年全县生产总值（GDP）65.7 亿元；规模工业保持快速增长，实现规模工业增加值 22.7 亿元；固定资产投资强劲增长，全县固定资产投资 114.2 亿元；消费市场活跃，全县社会消费品零售总额 22.5 亿元；公共财政预算收入稳步增长，全县公共财政预算收入 10.7 亿元。

11.3　产　业　结　构

桃源洞保护区原有收入结构以农业和加工业收入为主，占整体收入的79.2%。国家实施生态公益林等生态工程以来，为保护生态环境，对林业采伐的控制进一步加强，这对保护区内居民特别是林业工人的经济收入产生一定影响，因此为了更好地保护当地环境，提高当地居民的生活水平，这就需要对经济发展模式进行改革，进行产业结构的调整与优化，将原有的采伐区内山林资源的单一资源消耗型经济模式转变成利用森林资源的生态旅游优势，以实现生态效益、经济效益和社会效益的共同发展，实现可持续发展的经营模式。

旅游服务业在快速、有效增加群众收入，吸收富余劳动力资源方面有巨大优势。随着生态公益林的实施，许多依靠采伐当地山林资源为生的农民失去收入来源，旅游服务业给他们提供了新的就业机会，据推算，旅游业每增加一位直接就业人员，可间接增加5名就业人员。同时，旅游服务业关联性强，可带动其他相关产业发展，从而更加有力地带动保护区全盘经济发展。

11.4　保护区土地资源与利用

桃源洞保护区面积23 786 hm^2，占炎陵县土地总面积的11.7%，功能区划在广泛调研和充分分析的基础上，结合该区的地形地貌、森林植被分布情况、保护对象的分布状况及自然、社会经济条件等，采取以自然区划为主的区划法，其中核心区8857.6 hm^2，缓冲区6369 hm^2，实验区7615 hm^2，保护区内活立木蓄积161.47万 m^3，森林覆盖率98.75%。

第12章　自然保护区管理

12.1　基　础　设　施

桃源洞国家级自然保护区现有及拟建设的基础设施如下：①保护区管理局，有办公楼一栋，建设标准遵照国家级自然保护区的管理规定；②管理站、监测点、哨卡；③管理局、站、点、卡的供水、供电、通信、网络接收等基础设施，以达到必要的生活居住、工作条件；④设置开发巡逻道、维护更新保护区界碑和指示牌等。

12.2　机　构　设　置

管理机构名称为炎陵县桃源洞自然保护区管理局，为全额拨款副处级事业单位，保护区管理局与神农谷国家森林公园实行一班人员两块牌子的管理模式。机构隶属、上级主管部门所有制形式按国家事业单位的有关规定。神农谷国家森林公园未定编制。

2012年10月底单位总人数63人。其中政府性基金安排经费人员28人，其中在岗19人。非税收入安排经费人员35人，其中在岗职工7人，临时工14人（导游人员、安保人员、保洁人员），待岗职工12人。

12.3　保　护　管　理

保护区在以下几个方面进行保护管理等工作。

1）根据《中华人民共和国森林法》《中华人民共和国自然保护区条例》等国家法律法规规定，保护区域内的野生动植物资源，负责区域内的森林防火工作，完善区域内的基础设施，提升自然保护区的保护能力。

2）负责保护区内生态公益林管理工作，协助调处山林纠纷，及时发放生态公益林补助资金，维护林农利益。

3）经营管理森林公园，继续做好景点开发、游道建设、设施维修、宣传促销、旅游服务等工作，提升神农谷国家森林公园知名度。

4）管理桃源洞山庄各项工作。

12.4　科　学　研　究

（1）本地自然资源调查研究

在已进行的综合科学考察的基础上，组织相关的科研人员，继续对生物资源、土地资源、水资源、景观资源等开展全面的调查研究，特别是查清珍稀濒危动植物的分布与状况，并对其进行跟踪调查与监测。

（2）保护区内森林生态系统的综合观测

根据保护区的植被类型及分布特点，拟规划在区内设立永久样地，进行常年综合性观测。通过定位检测所得数据，分析亚热带常绿阔叶林生态系统的结构与功能，以便掌握其群落的生产力和生物量、物质循环与能量流动、森林生态系统与生态环境的关系及森林生态系统的动态演替等。

（3）区内重要资源植物的综合利用研究

根据保护区自然资源的特点，拟几类重点资源植物，包括药用植物，如紫背天葵、乌蔹莓、野菊、广寄生、硃砂根、山楂、中华猕猴桃、野木瓜等，从资源开发、规划种植、产品质量、综合利用等方面着手。

（4）自然保护区生态旅游的可持续发展研究

重点针对物种多样性的价值，进行景区、景点布置和规划，如神农谷景区，以常绿阔叶林、沟谷生境、中亚热带特征种为主导，设计路线引导；大院景区，以资源冷杉、南方铁杉为代表，一方面展示生物种的孑遗价值，另一方面开展育苗哺育研究，展示珍稀濒危种的繁育技术。此外，梨树洲、九曲水，分别代表着罗霄山西坡典型植被，以及低地南亚热带侵入群落类型，受到季风气候的影响等。上述三类群落，在种类组成、群落结构、物种多样性方面都展现不同的特征，在管理上、旅游生态保护上应开展相应的调整。

第 13 章　自然保护区评价

13.1　保护管理历史沿革

炎陵县原名酃县，因县内有我们中华民族炎黄子孙的始祖之一炎帝的陵寝——炎帝陵，故此改名。古属荆地，汉代属衡阳郡茶陵县，隶属于酃县（县治位于衡阳市珠晖区）史称"衡阳茶乡之尾"，宋朝嘉定四年（公元 1211 年），将茶陵的康乐、霞阳、常平三乡划出，设立酃县。1949 年 10 月 29 日成立酃县人民政府，隶属于衡阳专区。1952 年 11 月改隶湘南行署（行署驻衡阳市）。1954 年 7 月撤销湘南行署，酃县改隶郴县专署。1955 年 1 月，安仁县云秋、草坪、大鹏乡计 39.19 km² 划入酃县。1958 年 12 月中共湖南省委决定，撤销酃县建制，并入茶陵县，随茶陵隶属湘潭专署（1959 年 3 月，国务院第八十六次全体会议予以通过）。1961 年 6 月按原境恢复酃县建制，仍隶属湘潭专署。1983 年 7 月改属株洲市。1994 年 4 月 5 日经国务院批复正式改名为炎陵县。

湖南炎陵县桃源洞自然保护区是湖南省建立最早的省级自然保护区之一。自 1982 年经省人民政府湘政发〔1982〕29 号文件批准成立以来，区内的森林和野生动植物一直受到严格的保护和管理，基本上实现了保护"保存较完好，区系成分复杂，华南、华东、华中区系交汇的原始森林，中国分布东缘的资源冷杉（大院冷杉）、银杉、大型猫科动物、林麝、兰科植物等珍稀濒危物种资源"的建区宗旨。桃源洞自然保护区，于 1984 年 6 月 8 日正式组建酃县桃源洞自然保护区管理所，1988 年组织综合科学考察，历时 5 年完成区内各项本底资源及各项工作考察工作。2002 年 7 月经国务院国办发〔2002〕34 号文批准，晋升为国家级自然保护区。1989 年 8 月 3 日，县委、县政府决定将管理所升为管理局（副科级），归县林业局领导，业务直属省林业厅领导。1990 年 10 月 28 日，县委、人大、政府、政协及省、市、林业部门决定：将保护区内国营炎陵县皮坑林场改为国营炎陵县桃源洞林场，将国营炎陵县青石林场的 2300 亩国有林划归国营炎陵县桃源洞林场所有。炎陵县桃源洞自然保护区管理局与国营炎陵县桃源洞林场两块牌子、一套人马，归炎陵县林业局，业务纳入省、市行业管理。并决定成立炎陵县人民政府桃源洞保护委员会，由一名副县长任主任，有关部门和单位担任副主任和成员。2003 年 10 月 9 日，经上级部门批准，保护区管理所更名为"湖南桃源洞国家级自然保护区管理局"，升格为正科级事业单位，内设综合股、森保股、旅游开发中心，下辖桃源洞林场与桃源洞山庄。

13.2　保护区范围及功能区划评价

湖南桃源洞国家级自然保护区位于湖南东南部炎陵县的东北隅，东与江西井冈山国家级自然保护区毗邻，是湖南东南边陲毗邻井冈山的一处较大的自然保护区，属湘江水系洣水支流沔水的上游部分，处在湘赣边境万洋山北段之西北坡。其地理坐标大致为北纬 26°18′00″～26°35′30″，东经 113°56′30″～114°06′20″。南与湖南炎陵县下村乡相连，西与炎陵县的十都镇、策源乡相接，北抵江西武功山。保护区南北长 32.25 km，东西宽 13.50 km，保护区面积 23 786 hm²，占炎陵县土地总面积的 11.7%，属森林生态系统类型自然保护区。

保护区原功能区区划只分为核心区和实验区，经过十多年的发展，保护区的集体林权性质与资源保护的矛盾使保护区与周边社区矛盾较为突出，有必要根据《中华人民共和国自然保护区条例》及保护对象和国家级保护物种的分布，以及保护区存在的威胁和限制因素，合理进行功能区划。保护区现有的三区面积分别为核心区 8857.6 hm²，缓冲区 6369 hm²，实验区 7615 hm²，保护区内活立木蓄积 161.47 万 m³，森林覆盖率达 98.75%。核心区内具有各类丰富的植物群落，尤其是中亚热带特有的原始森林植被，保存有多类珍稀濒危植物的群落，以季风常绿阔叶林为主，在海拔达 800 m 以上有针阔叶混交林，如资源冷杉、南方铁杉群落等。缓冲区范围较广，有些是区内百姓生产活动出没的边界区域，受到人为干扰程度较大，保护区内的生态环境已经受到一定程度的破坏，植被以正在演替前期和中期的次生常绿阔叶林和人工林为主，因此，科学利用和规划保护区的缓冲区，可以较大程度地保护核心区免受外界干扰，同时也可保证缓冲区植被发育的正向演替。缓冲区以次生马尾松林和毛竹林群落为主。实验区常在缓冲区的外围区域，可以从事科学实验、教学实习、参观考察、旅游及开展珍稀濒危野生动植物驯化、繁殖等活动。实验区受人为干扰程度非常严重，很多都是推动保护区的人工种植的经济林，林外还有一些村庄的风水林。桃源洞保护区的实验区面积较大，约占保护范围的45.7%，如此大的实验区，可以作为后续旅游发展规划的重点区域。

13.3 主要保护对象动态变化评价

保护区内的主要保护对象为黄腹角雉、大灵猫、小灵猫、青鼬、资源冷杉（大院冷杉）、银杉、南方红豆杉、伯乐树、兰科植物等国家重点保护、珍稀濒危、特有动植物物种资源及其生物多样性，中亚热带湿润地区原始常绿阔叶林森林生态系统。

保护区内分布的高等植物共有291科990属2500种，其中种子植物191科778属2036种，为湖南植物资源最丰富的地区之一。根据《中国珍稀濒危保护植物名录》（1987年）和1999年8月4日国务院批准的《国家重点保护野生植物名录》（第一批），保护区共有国家重点保护野生植物74种，其中国家Ⅰ级保护野生植物6种，包括：资源冷杉、银杏、银杉、南方红豆杉、伯乐树、莼菜；国家Ⅱ级保护野生植物68种，包括：福建柏、樟、闽楠、花榈木、厚朴、凹叶厚朴、毛红椿、红椿、喜树、香果树、川黄檗 *Phellodendron chinense*、榉树 *Zelkova serrata*、南方铁杉、穗花杉、黄连、八角莲、杜仲、华榛、青檀、瘿椒树、银钟花、野大豆、金荞麦等，此外，还包括45种兰科植物，尤其是孑遗植物资源冷杉（大院冷杉），它是以保护区当地地名命名的树种，属于极度濒危物种，分布在保护区的香菇棚等地，而最近调查（2013年）发现，这些珍稀特有植物物种在保护区内保护完好，受人为干扰程度较小，生长状况良好。

本次调查共记录陆生脊椎动物350种，隶属于4纲28目90科。其中，两栖纲2目8科34种、爬行纲2目14科53种、鸟纲16目48科214种、哺乳纲8目20科49种。桃源洞区内动物多为东洋界华中区东部丘陵平原亚区动物区系的代表种，动物种的组成显示出华中区系成分的典型性，其陆栖脊椎动物成分中，东洋界种占77.4%，古北界种占16%，广布种占6.6%，东洋界种占绝对优势，亦有向华南动物区系过渡的特点。同时经系统调查表明，本区的动物种类中属国家Ⅰ级保护野生动物的有3种，包括：云豹 *Neofelis nebulosa*、金钱豹 *Panthera pardus*、黄腹角雉 *Tragopan caboti*；国家Ⅱ级保护野生动物25种，包括：短尾猴 *Macaca thibetana*、穿山甲 *Manis pentadactyla*、水獭 *Lutra lutra*、大灵猫 *Biverra zibetha*、青鼬 *Martes flavigula*、小灵猫 *Viverricula indica*、金猫 *Felis temmincki*、豺 *Cuon alpinus*、獐 *Hydropotes inermis*、水鹿 *Cervus unicolor*、苏门羚 *Capricornis sumatraensis*、凤头鹃隼 *Auiceda leuphotes*、鸢 *Milvus korshun*、松雀鹰 *Accipiter virgatus*、白鹇 *Lophura nyctemera*、勺鸡 *Pucrasia macrolopha*、红腹锦鸡 *Chrgsolophus pictus*、褐翅鸦鹃 *Centropus sinensis* 等。其中有19种野生动物被列入《濒危野生动植物种国际保护贸易公约》，其中附录Ⅰ有8种，包括水獭、金猫、云豹、金钱豹、华南虎、苏门羚、黄腹角雉、大鲵 *Andrias davidianus*；附录Ⅱ有11种，包括穿山甲、豺、豹猫 *Felis bengalenis*、凤头鹃隼、鸢、松雀鹰等。

13.4 管理有效性评价

保护区管理局经过10多年努力，严格执行和实施国家有关自然保护区管理制度，通过标桩定界、定期巡护、设卡检查、封山禁猎等措施，对野生动植物及生境进行保护。

（1）机构能力

保护区管理局由综合办公室、科技科、林政资源科、社区科及5个管理站组成，人员15人，另聘护林员15人。有越野车2辆、摩托车15辆。

（2）界线管理

目前，仅在保护区边界埋设了200棵界桩，核心区未标界。

（3）巡护管理

保护区在编制保护区巡护计划的基础上，经过野外勘测设计，对 3 个片区的 12 条巡护路线进行了完善，修整巡护路线 10 条，总长 32 km。绘制了保护区巡护路线图，编制了巡护路线小地名走向说明书。并与周边区的 6 个自然村开展了参与式自然资源监测（PRM）的试点工作，取得了良好的效果。

（4）科研监测

桃源洞保护区管理局组织人员，对大院保护片区的资源冷杉的生境进行了详细调查，并编制完成了"湖南炎陵县资源冷杉生境调查报告"。自 2010 年 10 月起，中山大学围绕井冈山及其周围地区山地开展了井冈山地区生物多样性及其自然遗产提名地的科学考察项目，桃源洞保护区属于项目考察区之一。

（5）宣传与教育

通过与国外合作森林保护与社区发展项目（FCCDP）的实施，修建了永久宣传牌 16 块和半永久宣传牌 130 块，散发宣传材料 21 500 份，受教育的公众约 25 000 人。举办了由群众骨干 120 人参加的参与式意识教育网络讨论会和 1 期针对社区骨干开展的环境保护意识教育培训会。保护区通过 FCCDP 项目的实施，提高了科学研究与对外合作水平。

从以上可以看出，桃源洞保护区目前处于整体保护效果较好的状态。

13.5　社会效益评价

（1）提供科学研究与科普教育基地

桃源洞保护区有着得天独厚的自然地理条件、区位优势、丰富的生物多样性、典型的亚热带常绿阔叶林生态系统、多样的自然景观和人文历史景观，是进行科学研究、科普教育及教育实习的理想基地。

（2）有助于促进保护区及周边地区经济的发展

随着保护区建设的实施，将带动保护区及周边地区经济的发展，区内及周边地区的居民生活水平将逐年稳步提高，从而稳定了安居乐业的局面，增进了人与大自然的和谐。在增强自身经济实力的同时，相关产业有望得到发展，又可为当地剩余劳动力提供就业机会。

（3）提高全民环保意识，促进精神文明建设

保护区内拥有丰富的生物资源和自然人文景观资源，不但能满足人们向往、回归大自然的愿望，还是对人们进行自然保护、环境保护宣传教育和科普教育的理想场所。保护区的一草一木、一山一水及所有的保护设施，都是对公众进行环保教育的很好材料和课堂，有利于促进身心健康和精神文明建设，有利于激发人们热爱大自然的感情。

（4）是生态旅游的胜地

桃源洞保护区的地理位置优越，自然旅游资源丰富，生态环境优美，是开展生态旅游的胜地，也是人们回归自然的良好去处。

13.6　生态效益评价

森林在维护生态平衡和国土安全中处于其他任何生态系统都无可替代的主体地位。森林能提高大气质量。它能有效地减缓温室效应。作为地球上生态系统的主要氧源，森林生态系统可减少氧层的耗损、净化空气。通过降低风速、吸附飘尘，减少了细菌的载体，从而使大气中细菌数量减少。森林有调节温度的功能，还可有效保护生物多样性，防止水土流失，能有效遏止沙漠化，防止地力衰退，缓解水资源危机，促进水分循环和影响大气环流，还能增加降水，能消除噪声污染。如此多的生态功能将产生巨大的生态效益。

（1）涵养水源、保持水土

森林具有水土保持的作用，森林植被可拦截降水，降低其对地表的冲蚀，减少地表径流。有关资料显示，同强度降水时，每公顷荒地土壤流失量 75.6 t，而林地仅 0.05 t，流失的每吨土壤中含氮、磷、钾等营养元素相当于 20 kg 化肥。同时森林植被类型不同，其涵养水域的效能亦不一样，阔叶林的蓄水能力

最大，平均蓄水为 1773.7 m³/（hm²·年）。桃源洞森林植被以常绿阔叶林为主体，具有极强的蓄水能力。

森林对降水具有再分配作用，并且林地的枯枝落叶层和腐殖质层具有强大的的蓄水功能。资料表明，每公顷林地每年持水量达 2000 m³。通过植被恢复和发展规划的实施将进一步充分发挥自然保护区涵水保土、改善水质的生态效益。

保护区内水资源丰富，保护这些水源涵养林对保证周边乡民的供水有着重要的意义。

（2）净化空气和水质，调节气温

据测定，高郁闭度的森林，每年每公顷可释放氧气 2.025 t，吸收二氧化碳 2.805 t，吸尘 9.75 t。茂密的森林对净化空气的作用十分显著，据此计算，保护区每年仅森林释放氧气的价值就高达 7000 多万元。保护区内的林地对地下径流的过滤和离子交换功能起到了水质净化的效果。

保护区内的大片森林对于调节气温也有着十分显著的作用，森林庞大起伏的树冠，拦阻了太阳辐射带来的光和热，有 20%～25% 的热量被反射回空中，约 35% 的热量被树冠吸收，树木本身旺盛的蒸腾作用也消耗了大量的热能，所以森林环境可以改变局部地区的小气候，据测定，在骄阳似火的夏天，有林荫的地方要比空旷地气温低 3～5℃。

（3）保护森林生态系统，保护生物多样性

保护生物多样性，是人类为了发展和生存的最佳选择。桃源洞保护区具有分布于我国中南部的独特的华东南季风常绿阔叶林，该地带既具有中亚热带独特的季风常绿阔叶林地带，又具有北部温带半湿润常绿阔叶林地带，是连接南北动植物区系的衔接地带，在科学研究上具有重要价值，具有极其丰富多样的生态系统，是天然的物种资源宝库，更包含有多种珍稀濒危野生动植物。通过自然保护和科研规划的实施，将扩大种群数量、增加植物群落结构的多样性，使生态系统更为完整，通过绝对而有效的保护使生态系统的生态过程处于自然状态。

（4）保健疗养效益

桃源洞保护区内森林环境优美，空气清新，含氧量高，细菌含量低，灰尘少，噪音低，空气中负离子含量高，且该地由于人烟稀少，原始森林及其环境极少被破坏，一切都保持着古朴原始的风味，满山的野花野果、奇花异木尽收眼底。原始神秘的神农谷是越野、登山、溯溪、露营、烧烤等户外游戏活动和体育活动的理想场所，在这里能够满足人们返璞归真的渴求，更有利于人们的身心健康，为休闲旅游、野外探险、避暑疗养的胜地。

13.7　经济效益评价

（1）可再生资源的直接经济效益

保护区内野生食用植物、药用植物及其他资源植物种类繁多，蕴藏量大。通过保护区的建设和总体规划的实施，将使可再生资源得到更好的发展和更加科学合理的利用，结合退耕还林，开展多种经营，种植柚木、草果、石榴、重楼、石斛、花椒、山地蔬菜等经济作物，每年经济效益可增加数百万元，从而实现可再生资源的直接经济效益。同时，通过各种配套基础设施的建设，可促进林业及相关产业的发展，间接增加经济效益，直接经济效益将得到进一步提高。

（2）生态旅游效益

保护区具有优美的自然环境和丰富的景观资源，是开展生态旅游的极佳场所。在保护区实施生态旅游项目后，将带动餐饮、运输、住宿、娱乐、商业等第三产业的发展，增加社区群众的经济收入。保护区内可以通过推行一些高层次的专项旅游项目，进一步提高保护区的生态旅游经济效益。

13.8　保护区综合价值评价

13.8.1　自然属性

桃源洞保护区位于罗霄山脉中段万洋山支系北段西北方向，保护区及周边地区生物多样性丰富，是周边社区生态安全的屏障和经济发展的物质资源，是湘江水系生态安全体系建设中的重要环节。桃源洞保护区内的中山湿性常绿阔叶林处于自然状态，人为干扰极少，保护区内无居民，森林外貌整齐，结构复杂，动态稳定。实验区因当地村民开荒，局部受到破坏；核心区基本保持自然状态，区内无居民分布。因此保护区具有良好的自然性。

（1）生态群落的典型性

雨量是季风常绿阔叶林发育的重要因素，桃源洞保护区地理位置离印度洋近，降水量充沛，因而生境湿润，有利于季风常绿阔叶林的发育。保护区内森林外貌整齐，结构复杂，动态稳定，保存着众多的动植物和微生物的遗传材料。保护区植被划分为季雨林、常绿阔叶林等 8 个植被型，其中山季风常绿阔叶林具有很好的典型性。保护区优越的环境条件孕育了一些富有特色的森林群落类型，如中山季风常绿阔叶林中的水青树、领春木、青冈林和宜昌润楠。这些森林类型的发现不仅丰富了湖南植被的内容，而且在森林群落学研究方面具有较大的科学价值。

（2）生境的脆弱性

湖南各地随着社会经济的持续发展，人民的生活水平都有较大的提高，但桃源洞保护区周边地区的人们生活仍较为贫困，从山地植被中索取生活物资的要求日益增高。同时，由于热带作物的大面积开发和种植，保护区周边环境遭受极大的破坏，众多的动物被迫退缩到面积狭窄的中山山地上部的保护区中，并形成空间上的高度重叠，成了由人为因素形成的动物避难所。而中山湿性常绿阔叶林的一些特殊生境、典型群落和珍稀物种对环境的改变和干扰的敏感程度较高，一旦遭受破坏就很难恢复，势必对主要保护对象产生威胁，甚至会造成部分物种的消失。保护区的建立使脆弱的生物多样性得到抢救性保护。

（3）丰富的生物区系

保护区特殊的地理位置、独特的生态自然环境所造成的多样性生境，使这里具有丰富的植物资源。海拔 600～1500 m 包含着从热带到温带的各种完整的森林生态系统的垂直带谱。保护区分布有 5 个植被型，12 个植被亚型，36 个群系，40 个群落，有植物 289 科 989 属 2489 种。保护区的野生动物也较为丰富。

13.8.2　经济和社会价值

桃源洞保护区建设项目实施后，充分发挥着净化空气、涵养水源、防止水土流失、减少自然灾害等多种功能。保护区的建设使区内及周边地区的土壤侵蚀降到最低限度，水土流失基本得到控制，森林涵养水源能力不断增强。野生动植物的生存环境不断改善，生物多样性得到保护和恢复。周边地区的水环境退化、土地石漠化、生物多样性丧失等一系列生态退化问题将从根本上得到遏制，原有的"人地冲突的模式"将被"人与自然和谐共处的协调关系"所取代。

桃源洞不仅动植物资源丰富，风景旅游资源也有很多，该保护区景观资源丰富，规划的甲水、田心里、九曲水、平坑、横泥山、桃花溪等六大景区，有一级景点 6 个、二级景点 12 个、三级景点 28 个。整个桃源洞群峰漫舞，谷岭交错，且多为茂密的原始森林所覆盖，远望罗霄山脉，峰峦重叠，延绵起伏，空间层次异常丰富。保护区内山高林密，峡谷幽深，景物密集多变，由于游客入内后长时间身在茫茫云海之中，更有飞禽走兽出没于保护区中，让其更加显得变幻莫测，平添几分神秘感。

桃源洞保护区的建设，生态效益巨大，社会效益显著，并能促进区域经济发展，对湘江和赣江流域生态环境实现良性循环将产生举足轻重的影响。对连接南北动植物区系起着重要作用，在科学研究上具有重要价值，是实现流域山川秀美和经济繁荣的重要保障。

保护区自成立以来，先后接待各级领导、科学家和游客十余万人次，尤其是批准成立为国家级自然保护区后，各项基础设施建设不断完善，桃源洞保护区逐渐成为科学研究和旅游的重要场所。同时在各级党委和政府的重视和支持下，保护区管理局在保护、建设、管理方面做了大量工作，现总体建设初具规模，逐步形成了多功能、多效益的新格局。

为促进桃源洞保护区科学、平稳、有序的可持续发展，特提出如下几点建议：①加强保护区的科学管理，对保护区进行更合理、更详尽的功能分区，不同功能区采取不同的管理策略，不同的活动严格限制在不同的功能区；②在人员配置上增加各个专业的人才，不仅限于林业专业，改进设备、设施，吸引人才；③进行合理的资源开发，使保护区成为以保护为主，保护、科研、教学、经营、旅游相结合的具有多功能作用的保护区；④完善自然保护区的法规，严格处理违法乱纪、损害国家利益、对自然保护区造成不良影响的违法行为；⑤搞好社团关系，带动地方经济，尽可能地减少附近居民对保护区的不利影响；⑥加大宣传力度，提高公众的保护意识。

参 考 文 献

蔡波，王跃招，陈跃英，等. 2015. 中国爬行纲动物分类厘定［J］. 生物多样性，23（3）：365-382.

曹展波，林洪，罗坤水，等. 2014. 江西金盆山林区米槠生长过程与幼林生长效应［J］. 江西林业科技，（5）：7-9.

陈宝明，林真光，李贞，等. 2012. 中国井冈山生态系统多样性［J］. 生态学报，32（20）：6326-6333.

陈发菊，赵志刚，梁宏伟，等. 2007. 银鹊树胚性愈伤组织继代培养过程中的细胞染色体数目变异［J］. 西北植物学报，27（8）：
    1600-1604.

陈璟. 2010. 莽山自然保护区南方铁杉种群物种多样性和稳定性研究［J］. 中国农学通报，26（12）：81-85.

陈灵芝，孙航，郭柯. 2015. 中国植物区系及植被地理［M］. 北京：科学出版社：413-438.

陈玉凯，杨琦，莫燕妮，等. 2014. 海南岛霸王岭国家重点保护植物的生态位研究［J］. 植物生态学报，38（6）：576-584.

迟胜南. 2013. 湖南桃源洞自然保护区植物多样性研究及其功能区划评价［D］. 中山大学硕士学位论文.

党海山，张燕君，张克荣，等. 2009. 秦岭巴山冷杉 *Abies fargesii* 种群结构与动态［J］. 生态学杂志，（8）：1456-1461.

杜道林，刘玉成，刘川华. 1994. 茂兰喀斯特山地南方铁杉种群结构和动态初探［J］. 西南师范大学学报（自然科学版），19（2）：
    169-174.

凡强，赵万义，施诗，等. 2014. 江西省种子植物区系新资料［J］. 亚热带植物科学，43（1）：29-32.

方炎明，章忠正，王文军. 1996. 浙江龙王山和九龙山鹅掌楸群落研究［J］. 浙江农林大学学报，13（3）：286-292.

费梁，胡淑琴，叶昌媛，等. 2009a. 中国动物志两栖纲（中卷）［M］. 北京：科学出版社.

费梁，胡淑琴，叶昌媛，等. 2009b. 中国动物志两栖纲（下卷）［M］. 北京：科学出版社.

封磊，洪伟，吴承祯，等. 2003. 珍稀濒危植物南方铁杉种群动态研究［J］. 武汉植物学研究，21（5）：401-405.

封磊，洪伟，吴承祯，等. 2008. 南方铁杉种群结构动态与空间分布格局［J］. 福建林学院学报，28（2）：110-114.

冯建孟，张钊，南仁永. 2012. 云南地区种子植物区系过渡性地理分布格局的群落尺度分析［J］. 生态环境学报，21（1）：1-6.

冯祥麟，胡刚，刘正华. 2011. 贵阳高坡南方铁杉群落特征及种群动态调查研究［J］. 贵州林业科技，39（2）：26-29.

傅国立，吕庸浚，莫新礼. 1980. 冷杉属植物在广西与湖南首次发现［J］. 植物分类学报，18（2）：205-210.

傅立国，金鉴明. 1992. 中国植物红皮书——稀有濒危植物（第一册）［M］. 北京：科学出版社：1-736.

广东植物志编委会. 1987-2013. 广东植物志（1-11卷）［M］. 广州：广东科技出版社.

郭传友，刘登义，方炎明. 2003. 安徽齐云山区种子植物区系的研究［J］. 广西植物，23（2）：102-106.

郭连金，洪森荣，夏华炎. 2006. 武夷山自然保护区濒危植物南方铁杉种群数量动态分析［J］. 上饶师范学院学报，26（6）：
    74-78.

郭微，景慧娟，凡强，等. 2013. 江西井冈山穗花杉群落及其物种多样性研究［J］. 黑龙江农业科学，（7）：71-76.

国家林业局. 农业部令（第4号）. 1999. 国家重点保护野生植物名录（第一批）. http://www.forestry.gov.cn/portal/main/s/3094/
    minglu1.htm［2018-05-12］.

何飞，郑庆衍，刘克旺. 2001. 江西宜丰县官山穗花杉群落特征初步研究［J］. 中南林业科技大学学报，21（1）：74-77.

何建源，卞羽，吴焰玉，等. 2009. 南方铁杉林林隙自然干扰规律［J］. 西南林学院学报，29（6）：7-10.

何建源，卞羽，吴焰玉，等. 2010a. 不同坡向濒危植物南方铁杉的分布格局［J］. 中国农学通报，26（13）：122-125.

何建源，荣海，吴焰玉，等. 2010b. 武夷山南方铁杉群落乔木层种间联结研究［J］. 福建林学院学报，30（2）：169-173.

贺金生，陈伟烈. 1997. 陆地植物群落物种多样性的梯度变化特征［J］. 生态学报，17（1）：91-99.

贺利中，龙相斌，王小峰，等. 2009. 七溪岭自然保护区珍稀濒危植物——穗花杉群落结构特征及物种多样性研究［J］. 林业实
    用技术，（7）：59-61.

贺良光，覃树玉，全平. 2002. 桃源洞自然保护区中山针叶林研究［J］. 中南林业调查规划，21（2）：58-60.

侯碧清. 1993. 湖南酃县桃源洞自然资源综合考察报告［M］. 长沙：国防科技大学出版社：1-68.

侯新村，牟洪香，菅永忠. 2010. 能源植物黄连木油脂及其脂肪酸含量的地理变化规律［J］. 生态环境学报，19（12）：2773-2777.

侯学煜. 1960. 中国的植被［M］. 北京：人民教育出版社.

湖南植物志编委会. 2000. 湖南植物志 [M]. 长沙: 湖南科学技术出版社.

黄建辉, 高贤明, 马克平, 等. 1997. 地带性森林群落物种多样性的比较研究 [J]. 生态学报, 17 (6): 611-618.

黄康有, 廖文波, 金建华, 等. 2007. 海南岛吊罗山植物群落特征和物种多样性分析 [J]. 生态环境, 16 (3): 900-905.

黄宪刚, 谢强. 2000. 猫儿山南方铁杉种群结构和动态的初步研究 [J]. 广西师范大学学报 (自然科学版), 18 (2): 86-90.

江洪. 1992. 云杉种群生态学研究 [M]. 北京: 中国林业出版社.

江湉, 贾建忠, 邓丽君, 等. 2012. 古近纪重大气候事件及其生物影响 [J]. 地质科技情报, 31 (3): 31-38.

江西植物志编委会. 2004. 江西植物志 [M]. 北京: 中国科学技术出版社.

蒋雪琴, 刘艳红, 赵本元. 2009. 湖北神农架地区巴山冷杉 *Abies fargesii* 种群结构特征与空间分布格局 [J]. 生态学报, 29 (5): 2211-2218.

蒋忠信. 1990. 中国自然带分布的地带性规律 [J]. 地理科学, 10 (2): 114-124.

金建华, Kodrul T M, 廖文波. 2009. "圆盘青钱柳 *Cyclocarya scutellata* Guo" 论评 [J]. 中山大学学报 (自然科学版), 48 (2): 149-150.

景慧娟, 凡强, 王蕾, 等. 2014. 江西井冈山地区沟谷季雨林及其超地带性特征 [J]. 生态学报, 34 (21): 6265-6276.

康华钦, 刘文哲. 2008. 瘿椒树大小孢子发生及雌雄配子体发育解剖学研究 [J]. 西北植物学报, 28 (5): 868-875.

康用权, 彭春良, 廖菊阳, 等. 2010. 湖南杜鹃花资源及其开发利用 [J]. 中南林业科技大学学报, 30 (8): 57-63.

旷柏根, 夏江林, 赵成, 等. 2012. 南岳衡山种子植物区系中单 (寡) 种属特征分析——南岳衡山植物区系研究 (三) [J]. 湖南林业科技, 39 (4): 10-15.

黎明, 卫红, 苏金乐, 等. 2002. 银鹊树营养器官的解剖观察 [J]. 河南农业大学学报, 36 (3): 237-242.

李博, 杨持, 林鹏, 等. 2000. 生态学 [M]. 北京: 高等教育出版社.

李宏庆, 田怀珍. 2010. 华东种子植物检索手册 [M]. 上海: 华东师范大学出版社.

李建春. 2005. 广东省连南县板洞省级自然保护区常绿阔叶林主要群落特征 [J]. 广东林业科技, 21 (1): 39-43.

李林, 魏识广, 黄忠良, 等. 2012. 猫儿山两种孑遗植物的更新状况和空间分布格局分析 [J]. 植物生态学报, 36 (2): 144-150.

李先琨, 苏宗明, 向悟生, 等. 2002. 濒危植物元宝山冷杉种群结构与分布格局 [J]. 生态学报, 22 (12): 2246-2253.

李晓铁. 1992. 猫儿山林区南方铁杉生长调查初报 [J]. 广西林业科技, 21 (1): 24-26.

李晓铁, 玉伟朝, 罗远周, 等. 2008. 南方铁杉扦插繁殖技术 [J]. 林业实用技术, 6: 21-22.

李意德, 黄全. 1986. 对海南岛热带山地雨林植物群落取样面积问题的探讨 [J]. 热带林业科技, (3): 23-29.

李振宇. 2007. 峨眉山植物 [M]. 北京: 北京科学技术出版社.

李智选, 李广民, 岳志宗. 1989. 珍稀植物——银鹊树茎、叶解剖学特点的研究 [J]. 西北大学学报, 19 (3): 43-47.

廖成章, 洪伟, 吴承祯, 等. 2003. 福建中亚热带常绿阔叶林物种多样性的空间格局 [J]. 广西植物, 23 (6): 517-522.

廖进平, 黄帮文, 刘菊莲, 等. 2010. 风雪灾害对濒危植物银鹊树种群结构的影响 [J]. 浙江林业科技, 30 (1): 74-78.

廖文波, 王英永, 李贞, 等. 2014. 中国井冈山地区生物多样性综合科学考察 [M]. 北京: 科学出版社: 1-581.

刘春生, 刘鹏, 张志祥, 等. 2008. 九龙山南方铁杉群落物种多样性及乔木种间联结性 [J]. 生态环境, 17 (4): 1533-1540.

刘洪杰. 1999. 黑石顶自然保护区的自然地理背景及土壤类型与分布 [J]. 华南师范大学学报 (自然科学版), (1): 87-91.

刘经伦, 李洪潮, 朱丽娟, 等. 2011. 植物区系研究进展 [J]. 云南师范大学学报, 31 (3): 3-7.

刘克旺, 侯碧清. 1991. 湖南桃源洞自然保护区植物区系初步研究 [J]. 武汉植物学研究, 9 (1): 53-60.

刘品辉. 1987. 东京白克木林的初步研究 [J]. 江西林业科技, (1): 9-10.

刘起衔. 1988. 湖南产新植物 [J]. 植物研究, 8 (3): 85-91.

刘仁林. 2014. 南岭北坡: 赣南地区种子植物多样性编目和野生果树资源 [M]. 北京: 中国科学技术出版社.

刘仁林, 曾斌, 宋墩福, 等. 2000. 井冈山天然大果马蹄荷种群的动态变化 [J]. 植物资源与环境学报, 9 (1): 35-38.

刘万德, 臧润国, 丁易. 2009. 海南岛霸王岭两种典型热带季雨林群落特征 [J]. 生态学报, 29 (7): 3465-3476.

刘文哲, 康华钦, 郑宏春, 等. 2008. 瘿椒树超长有性生殖周期的观察 [J]. 植物分类学报, 46 (2): 175-182.

刘信中, 王琅. 2010. 江西省庐山自然保护区生物多样性考察与研究 [M]. 北京: 科学出版社.

刘艳红, 赵惠勋. 2000. 干扰与物种多样性维持理论研究进展 [J]. 北京林业大学学报, 22 (4): 101-105.

刘燕华, 刘招辉, 张启伟, 等. 2011. 湖南炎陵县大院濒危植物资源冷杉种群结构研究 [J]. 广西师范大学学报, 29 (2): 88-93.

刘媖心. 1995. 试论我国沙漠地区植物区系的发生与形成 [J]. 植物分类学报, 33 (2): 131-143.

刘智慧. 1990. 四川省缙云山栲树种群结构和动态的初步研究 [J]. 植物生态学与地植物学学报, 14 (2): 120-128.

陆树刚. 2004. 中国蕨类植物区系 [A] // 中国科学院中国植物志编辑委员会. 中国植物志 (第一卷) [M]. 北京: 科学出版社.

罗金旺. 2011a. 福建光泽南方铁杉天然林的生长规律与生物量 [J]. 福建林学院学报，31（2）：156-160.

罗金旺. 2011b. 福建光泽天然林中南方铁杉的种内与种间竞争 [J]. 林业科技开发，25（4）：71-74.

缪绅裕，王厚麟，陈桂珠，等. 2009. 粤北六地森林群落的比较研究 [J]. 武汉植物学研究，27（1）：62-69.

倪健，宋永昌. 1997. 中国亚热带常绿阔叶林优势种及常见种分布与气候的相关分析 [J]. 植物生态学报，21（2）：115-129.

彭少麟，陈章和. 1983. 广东亚热带森林群落物种多样性 [J]. 生态科学，（2）：99-104.

彭少麟，王伯荪. 1983. 鼎湖山森林群落分析 Ⅰ. 物种多样性 [J]. 生态科学，（1）：11-17.

祁红艳，金志农，杨清培，等. 2014. 江西武夷山南方铁杉生长规律及更新困难的原因解释 [J]. 江西农业大学学报，36（1）：137-143.

钱崇澍，吴征镒，陈昌笃. 1956. 中国植被的类型 [J]. 地理学报，22（1）：39-91.

钱晓鸣，黄耀坚，张艳辉，等. 2007. 武夷山自然保护区南方铁杉外生菌根生物多样性 [J]. 福建农林大学学报（自然科学版），36（2）：180-185.

秦仁昌. 1978. 中国蕨类植物科属的系统排列和历史来源 [J]. 植物分类学报，16（3）：1-19; 16（4）：16-37.

任青山，杨小林，崔国发，等. 2007. 西藏色季拉山林线冷杉种群结构与动态 [J]. 生态学报，27（7）：2669-2677.

宋永昌. 2011. 对中国植被分类系统的认知和建议 [J]. 植物生态学报，35（8）：822-892.

孙儒泳，李博，诸葛阳，等. 1993. 普通生态学 [M]. 北京：高等教育出版社：136-139.

陶金川，宗世贤，杨志斌. 1990. 银鹊树的地理分布与引种 [J]. 南京林业大学学报（自然科学版），14（2）：34-40.

汪松，解焱. 2004. 中国物种红色名录（第一卷）[M]. 北京：高等教育出版社：300-309.

王斌，杨校生. 2009. 4 种典型地带性植被生物量与物种多样性比较 [J]. 福建林学院学报，29（4）：345-350.

王伯荪. 1987. 植物群落学 [M]. 北京：高等教育出版社.

王伯荪，余世孝，彭少麟，等. 1996. 植物群落学实验手册 [M]. 广州：广东高等教育出版社：1-105.

王大来. 2010. 莽山南方铁杉种群格局分布格局研究 [J]. 中国农学通报，26（1）：74-77.

王荷生. 1992. 植物区系地理 [M]. 北京：科学出版社：1-180.

王荷生. 2000. 中国植物区系的性质和各成分间的关系 [J]. 云南植物研究，22（2）：119-126.

王荷生，张镱锂. 1994. 中国种子植物特有科属的分布型 [J]. 地理学报，（5）：403-417.

王济昌. 2008. 现代科学技术知识词典 [M]. 北京：中国科学技术出版社：1-1481.

王梅峋. 1988. 江西亚热带常绿阔叶林的生态学特征 [J]. 生态学报，（3）：247-255.

王献溥，李俊清，李信贤. 2001. 广西酸性土地区季节性雨林的分类研究 [J]. 植物研究，21（4）：481-503.

王兴华. 1987. 关于群落的相似系数 [J]. 杭州大学学报，14（3）：259-264.

吴九玲，钱晓鸣，刘燕. 2001. 南方铁杉外生菌根的扫描电镜观察 [J]. 厦门大学学报（自然科学版），40（6）：1337-1341.

吴立宏，杨得坡. 2002. 中国现代植物区系（地理）学的学派形成和展望 [J]. 广西植物，22（1）：75-80.

吴强. 1986. 井冈山的东京白克木群落 [J]. 南昌大学学报：理科版，10（1）：57-62.

吴征镒. 1965. 中国植物区系的热带亲缘 [J]. 科学通报，（1）：25-33.

吴征镒. 1991. 中国种子植物属的分布区类型 [J]. 云南植物研究，（增刊 Ⅳ）：1-139，141-178.

吴征镒. 2003. 《世界种子植物科的分布区类型系统》的修订 [J]. 云南植物研究，25（5）：535-538.

吴征镒，路安民，汤彦承，等. 2003a. 中国被子植物科属综论 [M]. 北京：科学出版社：1-1210.

吴征镒，孙航，周浙昆，等. 2010. 中国种子植物区系地理 [M]. 北京：科学出版社：1-376.

吴征镒，周浙昆，李德铢，等. 2003b. 世界种子植物科的分布区类型系统 [J]. 植物分类与资源学报，25（3）：245-257.

吴征镒，周浙昆，孙航，等. 2006. 种子植物分布区类型及其起源与分化 [M]. 昆明：云南科技出版社：1-531.

伍铭凯，杨汉远，吴智涛. 2007. 雷公山姊妹岩大果马蹄荷群落初步研究 [J]. 贵州林业科技，35（1）：15-19.

向巧萍. 2001. 中国的几种珍稀濒危冷杉属植物及其地理分布成因的探讨 [J]. 广西植物，21（2）：113-117.

向巧萍，于永福. 1999. 中国冷杉属的保护植物 [J]. 植物杂志，（5）：1.

肖学菊，康华魁. 1991. 关于大院冷杉的考查报告 [J]. 湖南林业科技，18（2）：38-40.

萧育檀. 1991. 湖南针叶林的区系特征及地理分布 [J]. 中南林业科技大学学报，（2）：111-119.

谢琼中. 2011. 南方铁杉群落物种多样性及乔木优势种生态位初步研究 [J]. 天津农业科学，17（2）：133-136.

谢旺生. 2012. 福建光泽南方铁杉群落植物组成与多样性分析 [J]. 福建林业科技，39（3）：8-14.

谢正生，古炎坤，陈北光，等. 1998. 南岭国家级自然保护区森林群落物种多样性分析 [J]. 华南农业大学学报，19（3）：61-66.

邢福武. 2012. 南岭植物物种多样性编目 [M]. 武汉：华中科技大学出版社.

严岳鸿, 张宪春, 马克平. 2013. 中国蕨类植物多样性与地理分布 [M]. 北京: 科学出版社.

杨凤翔, 王顺庆, 徐海根, 等. 1991. 生存分析理论及其在研究生命表中的应用 [J]. 生态学报, 11 (2): 153-158.

叶华谷, 陈邦余. 2005. 乐昌植物志 [M]. 广州: 世界图书出版社.

叶岳, 姜玉霞, 黄巧珍, 等. 2013. 黑石顶自然保护区秋冬季节乔木林下土壤动物群落结构 [J]. 肇庆学院学报, 34 (5): 37-42.

应俊生, 张志松. 1984. 中国植物区系中的特有现象—特有属的研究 [J]. 植物分类学报, 22 (4): 259-268.

应绍舜. 1977. 台湾兰科植物彩色图鉴 [M]. 台北: 台湾大学森林系: 1-565.

余小平, 李新. 1991. 植物群落的相似系数分类法与模糊聚类分类的比较 [J]. 重庆师范大学学报 (自然科学版), 8 (4): 81-87.

喻勋林, 薛生国. 1999. 湖南都庞岭自然保护区植物区系的研究 [J]. 中南林学院学报, 19 (1): 29-34.

曾宪锋. 1998. 中国植物区系地理学研究的回顾和展望 [J]. 生物学通报, 33 (6): 2-4.

张博, 景丹龙, 李晓玲, 等. 2011. 珍稀濒危植物银鹊树体细胞胚胎时期同工酶分析 [J]. 广西植物, 31 (4): 526-530.

张宏达. 1962. 广东植物区系的特点 [J]. 中山大学学报 (自然科学版), (1): 1-34.

张宏达. 1973. 中国金缕梅科植物订正 [J]. 中山大学学报 (自然科学版), (1): 54-71.

张宏达. 1980. 华夏植物区系的起源与发展 [J]. 中山大学学报 (自然科学版), (1): 89-98.

张宏达. 1986. 大陆漂移与有花植物区系的发展 [J]. 中山大学学报 (自然科学版), (3): 1-11.

张宏达. 1993. 亚洲热带 - 亚热带植物区系与植被的整体性 (英文) [J]. 中山大学学报 (自然科学版), 32 (3): 55-66.

张宏达. 1994a. 地球植物区系分区提纲 [J]. 中山大学学报 (自然科学版), 33 (3): 73-80.

张宏达. 1994b. 再论华夏植物区系的起源 [J]. 中山大学学报 (自然科学版), 33 (2): 1-9.

张宏达. 1995. 植物区系学 [C] //《张宏达文集》编辑组. 张宏达文集 [M]. 广州: 中山大学出版社: 1-768.

张宏达, 黄云晖, 缪汝槐, 等. 2004. 种子植物系统学 [M]. 北京: 科学出版社: 81-86.

张金屯. 2004. 数量生态学 [M]. 北京: 科学出版社.

张强, 郭传友, 张兴旺, 等. 2015. 基于光合作用和抗氧化机制的南方铁杉和褐叶青冈越冬策略研究 [J]. 植物研究, 35 (2): 200-207.

张荣祖. 1999. 中国动物地理 [M]. 北京: 科学出版社.

张勇, 李鹏, 李彩霞, 等. 2003. 甘肃河西地区盐生植物区系研究 [J]. 西北植物学报, 23 (1): 115-119.

张玉荣, 罗菊春, 桂小杰. 2004. 濒危植物资源冷杉的种群保育研究 [J]. 湖南林业科技, 31 (6): 26-29.

张志祥. 2009. 九龙山自然保护区珍稀濒危植物南方铁杉种群生态学研究 [D]. 浙江师范大学硕士学位论文.

张志祥. 2011. 珍稀濒危植物南方铁杉研究进展 [J]. 生物学教学, 36 (6): 3-5.

张志祥, 刘鹏, 蔡妙珍, 等. 2008a. 九龙山珍稀濒危植物南方铁杉种群数量动态 [J]. 植物生态学报, 32 (5): 1146-1156.

张志祥, 刘鹏, 刘春生, 等. 2008b. 浙江九龙山南方铁杉 (Tsuga tchekiangensis) 群落结构及优势种群更新类型 [J]. 生态学报, 28 (9): 4547-4558.

张志祥, 刘鹏, 刘春生, 等. 2009. 珍稀濒危植物南方铁杉种群结构与空间分布格局研究 [J]. 浙江林业科技, 29 (1): 7-14.

张志祥, 刘鹏, 徐根娣, 等. 2010. 不同群落类型下南方铁杉金属元素含量差异及其与土壤养分因子的关系 [J]. 植物生态学报, 34 (5): 505-516.

张志英, 苏陕民. 1984. 太白山植物区系的特征 [J]. 西北植物学报, (1): 24-30.

张志耘, 路安民. 1995. 金缕梅科: 地理分布、化石历史和起源 [J]. 植物分类学报, (4): 313-319.

赵尔宓. 2006. 中国蛇类 (上下) [M]. 合肥: 安徽科学技术出版社: 1-372, 1-279.

赵峰. 2011. 莽山南方铁杉群落种间关系研究 [J]. 中国农学通报, 27 (31): 68-72.

赵继锋, 张运明, 颜立红. 2010. 桃源洞自然保护区观赏植物多样性及其主要种类观赏效果评价 [J]. 湖南林业科技, 37 (2): 12-15.

赵一. 2010. 植被分类系统与方法综述 [J]. 河北林果研究, 25 (2): 152-156.

郑光美. 1995. 中国鸟类分类与分布名录. 2 版 [M]. 北京: 科学出版社.

郑万钧, 傅立国. 1978. 中国植物志 [M]. 北京: 科学出版社: 313-398.

郑学经, 何治德, 刘明英, 等. 1983. 丫蕊花 (Ypsilandra thibetica Fr.) 营养器官形态解剖及气孔复合体发育的初步观察 [J]. 四川大学学报 (自然科学版), (2): 92-98, 111-112.

中国科学院华南植物研究所鼎湖山树木园. 1978. 鼎湖山植物手册 [M]. 广州: 中国科学院华南植物研究所.

中国科学院中国植物志编委会. 1959-2004. 中国植物志 (1-81 卷) [M]. 北京: 科学出版社.

中国植被编辑委员会. 1980. 中国植被 [M]. 北京: 科学出版社.

中华人民共和国濒危物种进出口管理办公室. 2017. 濒危野生动植物国际贸易公约（附录 I，II，III）［OL］. http://www.forestry. gov.cn/portal/main/s/445/content-32552.html［2008-05-31］.

周先叶，李鸣光，王伯荪. 1997. 广东黑石顶森林群落黄果厚壳桂（*Cryptocarya concinna*）幼苗的年龄结构和高度结构［J］. 热带亚热带植物学报，5（1）：39-44.

周佑勋，段小平. 2008. 银鹊树种子休眠和萌发特性的研究［J］. 北京林业大学学报，30（1）：64-66.

周浙昆，Momohara A. 2005. 一些东亚特有种子植物的化石历史及其植物地理学意义［J］. 云南植物研究，27（5）：449-470.

朱彪，陈安平，刘增力，等. 2004. 南岭东西段植物群落物种组成及其树种多样性垂直格局的比较［J］. 生物多样性，12（1）：53-62.

朱晓艳，陈月华. 2005. 井冈山杜鹃花资源初探及应用前景［J］. 江西园艺，（4）：23-25.

朱兆泉. 1999. 神农架自然保护区科学考察集［M］. 北京：中国林业出版社.

宗世贤，杨志斌，陶金川. 1985. 银鹊树生态特性的研究［J］. 植物生态学报，9（3）：192-201.

邹滨，曾繁助，叶育石. 2013. 乐昌植物［M］. 武汉：华中科技大学出版社：1-748.

左家哺，傅德志. 2003. 植物区系学中特有现象的研究进展（II）——中国植物区系、研究方法与任务［J］. 湖南环境生物职业技术学院学报，9（2）：93-106.

Anderson S. 1994. Area and endemism [J]. Quarterly Review of Biology, 69: 451-471.

Angiosperm Phylogeny Group. 2014. An update of the Angiosperm Phylogeny Group classification for the orders and families of flowering plants: APG III [J]. Botanical Journal of the Linnean Society, 161 (2): 105-121.

Angiosperm Phylogeny Group. 2016. An update of the Angiosperm Phylogeny Group classification for the orders and families of flowering plants: APG IV [J]. Botanical Journal of the Linnean Society, 181 (1): 1-20.

Brown R W. 1939. Fossil leaves, fruits, and seeds of Cercidiphyllum [J]. Journal of Paleontology, 13 (5): 485-499.

Brown R W. 1946. Alterations in some fossil and living floras [J]. Journal of the Washington Academy of Sciences, 36 (10): 344-355.

Brown R W. 1962. Paleocene floras of the Rocky Mountains and Great Plains. United States Geological Survey Professional Paper 375 [M]. Washington, D. C. : United States Government Printing Office.

Crepet W L, Nixon K C, Gandolfo M A. 2005. An extinct calycanthoid taxon, *Jerseyanthus calycanthoides*, from the Late Cretaceous of New Jersey [J]. American Journal of Botany, 92 (9): 1475-1485.

Farjon A. 2001. World checklist and bibliography of conifers. 2nd ed [M]. London: Kew publishing.

Florin R. 1963. The distribution of conifer and taxad genera in time and space [J]. Acta Horti Berg, 20: 122-311.

Habel J, Assmann T. 2010. Relict species: phylogeography and conservation biology [M]. New York: Springer Verlag.

He W L, Sun B N, Liu Y S. 2012. *Fokienia shengxianensis* sp. nov. (Cupressaceae) from the Late Miocene of Eastern China and its paleoecological implications [J]. Review of palaeobotany and palynology, 176-177: 23-34.

Huang Y F, Jiang R H, Nong S X, et al. 2011. *Chionographis shiwandashanensis* sp. nov. (Melanthiaceae) from Southern Gaungxi, China [J]. Nordic Journal of Botany, 29 (5): 605-607.

IUCN. 2012. IUCN Red List of Threatened Species [DB/OL]. http: //www. iucnredlist. org/ [2018-05-16].

Jiménez-Moreno G, Fauquette S, Suc J P. 2008. Vegetation, climate and palaeoaltitude reconstructions of the Eastern Alps during the Miocene based on pollen records from Austria, Central Europe [J]. Journal of Biogeography, 35: 1638-1649.

Kou Y X, Cheng S M, Tian S, et al. 2016. The antiquity of *Cyclocarya paliurus* (Juglandaceae) provides new insights into the evolution of relict plants in subtropical China since the Late Early Miocene [J]. Journal of Biogeography, 43: 351-360.

Li N, Fu L K. 1997. Notes on gymnosperms I. Taxonomic treatments of some Chinese conifers [J]. Novon, 7 (3): 261-264.

Li Y L, Jin M J, Zhao J, et al. 2014. Description of two new species of the genus *Megophrys* Günther, 1864 (Amphibia: Anura: Megophryidae) from Heishiding Nature Reserve, Fengkai, Guangdong, China, based on molecular and morphological data [J]. Zootaxa, 3795 (4): 449-471.

Liu Y S, Basinger J F. 2000. Fossil *Cathaya* (Pinaceae) pollen from the Canadian high arctic [J]. International Journal of Plant Sciences, 161 (5): 829-847.

Macginitie H D. 1941. A Middle Eocene flora from the central Sierra Nevada [J]. Publications of the Carnegie Institution, Washington, 584: 1-178.

MacGinitie H D. 1953. Fossil plants of the Florissant beds, Colorado [J]. Carnegie Inst. of Washington, Contributions to Paleontology Publ, 599: 1-198.

Manchester S R, Akhmetiev M A, Kodrul T M. 2002. Leaves and fruits of *Celtis aspera* (Newberry) comb. nov. (Celtidaceae) from the Paleocene of North America and Eastern Asia [J]. International Journal of Plant Sciences, 163 (5): 725-736.

Manchester S R. 1999. Biogeographical relationships of North American tertiary floras [J]. Annals of the Missouri Botanical Garden, 86 (2): 472-522.

Maslova N P. 1995. *Liquidambar* L. from the cenozoic Eastern Asia [J]. Paleontological Journal, 29 (1A): 145-158.

Momohara A, Saito T. 2001. Change of paleovegetation caused by topographic change in and around a sedimentary basin of the Upper Miocene Tokiguchi Porcelain Clay Formatoin, Central Japan [J]. Geoscience Rept Shimane Univ, 20: 49-58.

Nie Z, Wen J, Sun H, et al. 2007. Phylogeny and biogeography of *Sassafras* (Lauraceae) disjunct between Eastern Asia and Eastern North America [J]. Plant Systematics and Evolution, 267 (1): 191-203.

Pigg K B, Ickertbond S M, Wen J. 2004. Anatomically preserved *Liquidambar* (Altingiaceae) from the middle Miocene of Yakima Canyon, Washington state, USA, and its biogeographic implications [J]. American Journal of Botany, 91 (3): 499-509.

Raunkiaer C. 1934. The life forms plants and statistical plant geography [M]. Oxford: Clarendon Press: 631-633.

Renner S S, Lomolino M V, Riddle B R, et al. 2006. Biogeography. 3rd ed [J]. Systematic Biology, (1): 150.

Skarby A, Morbelli M A, Rowley J R. 2009. Structure of the pollen exine of *Rhoiptelea chiliantha*. Taiwania, 54 (2): 101-112.

Stults D Z, Axsmith B J. 2011. First macrofossil record of *Begonia* (Begoniaceae) [J]. American Journal of Botany, 98 (1): 150.

Sun T X, Ablaev A G, Wang Y F, et al. 2005. *Cyclocarya* cf. *paliurus* (Batal.) Iljinskaja (Juglandaceae) from the Hunchun formation (Eocene), Jilin Province, China [J]. Journal of Integrative Plant Biology, 47 (11): 1281-1287.

Suzuki M. 1975. Two new species of nyssaceous fossil woods from the Palaeogene of Japan [J]. J Jap Bot, 59: 228-238.

Takhtajan A. 1978. The floristic regions of the world [M]. Leningrad: Academy of Sciences of the U. S. S. R.

Tanai T. 1977. Fossil leaves of the Nyssaceae from the Miocene of Japan. Journal of the Faculty of Science, Hokkaido University [J]. Series 4, Geology and mineralogy, 17 (3): 505-516.

Tian S, Lei S Q, Hu W, et al. 2015. Repeated range expansions and inter-postglacial recolonization routes of *Sargentodoxa cuneata* (Oliv.) Rehd. et Wils. (Lardizabalaceae) in subtropical China revealed by chloroplast phylogeography [J]. Molecular Phylogentics and Evolution, 85: 238-246.

Vladimir B, Emanuel P, Adriana P. 2008. The fossil macroflora of the Vulche Pole Molasse formation (SE Bulqaria) [J]. Phytologia Balcanica, 14 (2): 173-184.

Wang H W, Ge S. 2006. Phylogeography of the endangered *Cathaya argyrophylla* (Pinaceae) inferred from sequence variation of mitochondrial and nuclear DNA [J]. Molecular ecology, 15: 4109-4122.

Wang Y Y, Zhang T D, Zhao J, et al. 2012. Description of a new species of the genus *Xenophrys* Günther, 1864 (Amphibia: Anura: Megophryidae) from Mount Jinggang, China, based on molecular and morphological data [J]. Zootaxa, 3546: 53-67.

Wang Y Y, Zhao J, Yang J H, et al. 2014. Morphology, molecular genetics, and bioacoustics support two new sympatric xenophrys toads (Amphibia: Anura: Megophryidae) in Southeast China [J]. PLoS ONE, 9 (4): e93075.

Wretten S. 1980. Field and laboratory exercises in ecology [M]. London: Edward Arnad Publishers Limited.

Wulff E V, Brissenden E. 1943. An introduction to historical plant geography [J]. Nature, 152 (3861): 490.

Zhao J, Yang J H, Chen G L, et al. 2014. Description of a new species of the genus *Brachytarsophrys* Tian and Hu, 1983 (Amphibia: Anura: Megophryidae) from Southern China based on molecular and morphological data [J]. Asian Herpetological Research, 5 (3): 150-160.

附表1 湖南桃源洞国家级自然保护区珍稀濒危保护植物名录

序号	科	种	IUCN红色名录	CITES 附录I、附录II	中国红色名录	国家重点保护野生植物
1	银杏科 Ginkgoaceae	银杏 *Ginkgo biloba*	EN		EN	I
2	松科 Pinaceae	资源冷杉 *Abies beshanzuensis* var. *ziyuanensis*			CR	I
3	松科 Pinaceae	银杉 *Cathaya argyrophylla*	LR/CD		EN	II
4	松科 Pinaceae	马尾松 *Pinus massoniana*	CR			
5	松科 Pinaceae	南方铁杉 *Tsuga chinensis*	LR/LC		NT 近 VU	
6	杉科 Taxodiaceae	杉木 *Cunninghamia lanceolata*	LR/LC			
7	柏科 Cupressaceae	柏木 *Cupressus funebris*	LR/LC		VU	
8	柏科 Cupressaceae	福建柏 *Fokienia hodginsii*	LR/NT		VU	II
9	柏科 Cupressaceae	圆柏 *Sabina chinensis*			LC	
10	三尖杉科 Cephalotaxaceae	粗榧 *Cephalotaxus sinensis*	LR/LC		NT 近 VU	
11	三尖杉科 Cephalotaxaceae	三尖杉 *Cephalotaxus fortunei*	LR/LC		NT 近 VU	
12	红豆杉科 Taxaceae	穗花杉 *Amentotaxus argotaenia*	CR		VU	
13	红豆杉科 Taxaceae	南方红豆杉 *Taxus wallichiana* var. *mairei*	LR/LC	II	VU	I
14	木兰科 Magnoliaceae	凹叶厚朴 *Magnolia officinalis* subsp. *biloba*	LR/NT		VU	II
15	木兰科 Magnoliaceae	厚朴 *Magnolia officinalis*	LR/NT		VU	II
16	木兰科 Magnoliaceae	玉兰 *Magnolia denudata*			VU	II
17	木兰科 Magnoliaceae	黄山木兰 *Magnolia cylindrica*	VU		VU	
18	木兰科 Magnoliaceae	乐昌含笑 *Michelia chapensis*				II
19	木兰科 Magnoliaceae	乐东拟单性木兰 *Parakmeria lotungensis*			VU	II
20	樟科 Lauraceae	樟 *Cinnamomum camphora*				II
21	樟科 Lauraceae	沉水樟 *Cinnamomum micranthum*	LR/NT		VU	
22	樟科 Lauraceae	新宁新木姜子 *Neolitsea shingningensis*			EN	II
23	樟科 Lauraceae	闽楠 *Phoebe bournei*	LR/NT		VU	II
24	毛茛科 Ranunculaceae	黄连 *Coptis chinensis*			VU	II
25	毛茛科 Ranunculaceae	短萼黄连 *Coptis chinensis* var. *brevisepala*				II
26	莼菜科 Cabombaceae	莼菜 *Brasenia schreberi*				I
27	足叶草科 Podophyllaceae	八角莲 *Dysosma versipellis*	VU		VU	II
28	瘿椒树科 Tapisciaceae	瘿椒树 *Tapiscia sinensis*	VU		NT	
29	蓼科 Polygonaceae	金荞麦 *Fagopyrum dibotrys*				II
30	山茶科 Theaceae	茶 *Camellia sinensis*			VU	II
31	山茶科 Theaceae	紫茎 *Stewartia sinensis*			NT	
32	猕猴桃科 Actinidiaceae	毛蕊猕猴桃 *Actinidia trichogyna*				II
33	猕猴桃科 Actinidiaceae	中华猕猴桃 *Actinidia chinensis*				II
34	猕猴桃科 Actinidiaceae	安息香猕猴桃 *Actinidia styracifolia*				II

续表

序号	科	种	IUCN红色名录	CITES附录Ⅰ、附录Ⅱ	中国红色名录	国家重点保护野生植物
35	猕猴桃科 Actinidiaceae	黑蕊猕猴桃 *Actinidia melanandra*				Ⅱ
36	猕猴桃科 Actinidiaceae	黄毛猕猴桃 *Actinidia fulvicoma*				Ⅱ
37	猕猴桃科 Actinidiaceae	金花猕猴桃 *Actinidia chrysantha*				Ⅱ
38	猕猴桃科 Actinidiaceae	阔叶猕猴桃 *Actinidia latifolia*				Ⅱ
39	猕猴桃科 Actinidiaceae	毛花猕猴桃 *Actinidia eriantha*				Ⅱ
40	猕猴桃科 Actinidiaceae	美丽猕猴桃 *Actinidia melliana*				Ⅱ
41	猕猴桃科 Actinidiaceae	小叶猕猴桃 *Actinidia lanceolata*				Ⅱ
42	猕猴桃科 Actinidiaceae	硬齿猕猴桃 *Actinidia callosa*				Ⅱ
43	蔷薇科 Rosaceae	台湾林檎 *Malus doumeri*			VU	Ⅱ
44	蝶形花科 Papilionaceae	南岭黄檀 *Dalbergia balansae*	VU			
45	蝶形花科 Papilionaceae	野大豆 *Glycine soja*				Ⅱ
46	蝶形花科 Papilionaceae	花榈木 *Ormosia henryi*			VU	Ⅱ
47	杜仲科 Eucommiaceae	杜仲 *Eucommia ulmoides*	LR/NT		VU	
48	榛科 Carpinaceae	华榛 *Corylus chinensis*	EN		VU	
49	壳斗科 Fagaceae	水青冈 *Fagus longipetiolata*	VU			
50	榆科 Ulmaceae	青檀 *Pteroceltis tatarinowii*			NT	Ⅱ
51	榆科 Ulmaceae	大叶榉树 *Zelkova schneideriana*				Ⅱ
52	卫矛科 Celastraceae	刺果卫矛 *Euonymus acanthocarpus*	LR/NT			
53	芸香科 Rutaceae	川黄檗 *Phellodendron chinense*				Ⅱ
54	楝科 Meliaceae	红椿 *Toona ciliata*	LR/LC		VU	Ⅱ
55	楝科 Meliaceae	毛红椿 *Toona ciliata* var. *pubescens*				Ⅱ
56	伯乐树科 Bretschneideraceae	伯乐树 *Bretschneidera sinensis*	EN		VU	Ⅰ
57	槭树科 Aceraceae	紫果槭 *Acer cordatum*			NT	Ⅱ
58	槭树科 Aceraceae	革叶槭 *Acer coriaceifolium*			NT 近 VU	Ⅱ
59	槭树科 Aceraceae	三峡槭 *Acer wilsonii*			NT 近 VU	Ⅱ
60	槭树科 Aceraceae	秀丽槭 *Acer elegantulum*			NT 近 VU	Ⅱ
61	槭树科 Aceraceae	长柄槭 *Acer longipes*	VU		VU	
62	蓝果树科 Nyssaceae	喜树 *Camptotheca acuminata*				Ⅱ
63	五加科 Araliaceae	楤木 *Aralia chinensis*	VU			
64	杜鹃花科 Ericaceae	美丽马醉木 *Pieris formosa*			VU	Ⅱ
65	杜鹃花科 Ericaceae	毛棉杜鹃花 *Rhododendron moulmainense*			LC	Ⅱ
66	杜鹃花科 Ericaceae	井冈山杜鹃 *Rhododendron jinggangshanicum*			VU	
67	安息香科 Styracaceae	银钟花 *Halesia macgregorii*	VU		VU	
68	茜草科 Rubiaceae	香果树 *Emmenopterys henryi*			NT	Ⅱ
69	玄参科 Scrophulariaceae	台湾泡桐 *Paulownia kawakamii*	CR			
70	延龄草科 Trilliaceae	七叶一枝花 *Paris polyphylla*				Ⅱ
71	兰科 Orchidaceae	无柱兰 *Amitostigma gracile*		Ⅱ	NT 近 VU	Ⅱ
72	兰科 Orchidaceae	金线兰 *Anoectochilus roxburghii*		Ⅱ	NT 近 VU	Ⅱ
73	兰科 Orchidaceae	浙江金线兰 *Anoectochilus zhejiangensis*				Ⅱ
74	兰科 Orchidaceae	白及 *Bletilla striata*		Ⅱ	VU	Ⅱ
75	兰科 Orchidaceae	广东石豆兰 *Bulbophyllum kwangtungense*		Ⅱ	NT 近 VU	
76	兰科 Orchidaceae	齿瓣石豆兰 *Bulbophyllum levinei*		Ⅱ	VU	
77	兰科 Orchidaceae	钩距虾脊兰 *Calanthe graciliflora*		Ⅱ	VU	Ⅱ

续表

序号	科	种	IUCN 红色名录	CITES 附录 I、附录 II	中国红色名录	国家重点保护野生植物
78	兰科 Orchidaceae	虾脊兰 Calanthe discolor		II	VU	II
79	兰科 Orchidaceae	剑叶虾脊兰 Calanthe davidii		II	NT	II
80	兰科 Orchidaceae	泽泻虾脊兰 Calanthe alismaefolia		II	NT	II
81	兰科 Orchidaceae	反瓣虾脊兰 Calanthe reflexa		II		II
82	兰科 Orchidaceae	金兰 Cephalanthe rafalcata		II	NT 近 VU	II
83	兰科 Orchidaceae	银兰 Cephalanthe raerecta		II	NT 近 VU	II
84	兰科 Orchidaceae	独花兰 Changnienia amoena	EN	II	EN	II
85	兰科 Orchidaceae	台湾吻兰 Collabium formosanum		II	NT 近 VU	II
86	兰科 Orchidaceae	杜鹃兰 Cremastra appendiculata		II	NT 近 VU	II
87	兰科 Orchidaceae	春兰 Cymbidium goeringii		II	VU	II
88	兰科 Orchidaceae	多花兰 Cymbidium floribundum		II	VU	II
89	兰科 Orchidaceae	寒兰 Cymbidium kanran		II	VU	II
90	兰科 Orchidaceae	蕙兰 Cymbidium faberi		II	VU	II
91	兰科 Orchidaceae	建兰 Cymbidium ensifolium		II	VU	II
92	兰科 Orchidaceae	扇脉杓兰 Cypripedium japonicum		II	VU	II
93	兰科 Orchidaceae	铁皮石斛 Dendrobium officinale	CR	II	CR	I
94	兰科 Orchidaceae	细茎石斛 Dendrobium moniliforme	EN	II	EN	I
95	兰科 Orchidaceae	细叶石斛 Dendrobium hancockii	EN	II	EN	I
96	兰科 Orchidaceae	马齿毛兰 Eria szetschuanica				II
97	兰科 Orchidaceae	毛萼山珊瑚 Galeola lindleyana		II	NT 近 VU	II
98	兰科 Orchidaceae	台湾盆距兰 Gastrochilus formosanus		II	NT	II
99	兰科 Orchidaceae	黄松盆距兰 Gastrochilus japonicus				II
100	兰科 Orchidaceae	天麻 Gastrodia elata	VU	II	VU	II
101	兰科 Orchidaceae	多叶斑叶兰 Goodyera foliosa		II	NT 近 VU	II
102	兰科 Orchidaceae	斑叶兰 Goodyera schlechtendaliana		II		II
103	兰科 Orchidaceae	大花斑叶兰 Goodyera biflora		II	NT	II
104	兰科 Orchidaceae	鹅毛玉凤花 Habenaria dentata		II	NT 近 VU	II
105	兰科 Orchidaceae	十字兰 Habenaria schindleri		II	NT 近 VU	II
106	兰科 Orchidaceae	见血青 Liparis nervosa		II	NT 近 VU	II
107	兰科 Orchidaceae	镰翅羊耳蒜 Liparis bootanensis		II	NT 近 VU	II
108	兰科 Orchidaceae	长唇羊耳蒜 Liparis pauliana		II	VU	II
109	兰科 Orchidaceae	细叶石仙桃 Pholidota cantonensis		II	NT 近 VU	II
110	兰科 Orchidaceae	密花舌唇兰 Platanthera hologlottis		II	NT 近 VU	II
111	兰科 Orchidaceae	舌唇兰 Platanthera japonica		II	NT 近 VU	II
112	兰科 Orchidaceae	小舌唇兰 Platanthera minor		II	NT 近 VU	II
113	兰科 Orchidaceae	独蒜兰 Pleione bulbocodioides		II	VU	II
114	兰科 Orchidaceae	苞舌兰 Spathoglottis pubescens		II	VU	II
115	兰科 Orchidaceae	绶草 Spiranthes sinensis		II		II
116	兰科 Orchidaceae	带叶兰 Taeniophyllum glandulosum		II	VU	II
117	兰科 Orchidaceae	带唇兰 Tainia dunnii				II

附表 2 湖南桃源洞国家级自然保护区种子植物孑遗种名录

序号	科	种	孑遗种类型	习性	属的分布区类型	化石产地及地质时期	在其他邻近山地的分布					
							江西井冈山	江西庐山	江西齐云山	武夷山	台湾山脉	四川峨眉山
1	银杏科 Ginkgoaceae	银杏 Ginkgo biloba	L_F	W	15	早、晚二叠世 - 法国；侏罗世 - 俄罗斯、英国、中国等（Florin, 1949, 1936）	1	1		1		1
2	松科 Pinaceae	资源冷杉 Abies beshanzuensis var. ziyuanensis	G_R	W	8	三叠世 - 匈牙利（Dobruskina, 1994）；西伯利亚 - 晚白垩世（Kremp, 1967）						
3	松科 Pinaceae	南方铁杉 Tsuga chinensis	G_R	W	9	白垩纪 - 波兰；始新世 - 北美、欧洲、中国（Macko, 1963; Manum, 1962; Axelrod, 1966）			1			1
4	松科 Pinaceae	银杉 Cathaya argyrophylla	L_F	W	15	白垩纪 - 北美、东亚（Tschudy, 1970; Takahashi, 1988）						
5	杉科 Taxodiaceae	杉木 Cunninghamia lanceolata	G_R	W	15	白垩纪 - 北半球（Stockey, 2005）	1		1	1		
6	柏科 Cupressaceae	福建柏 Fokienia hodginsii	T_R	W	7-4	中新世 - 美国爱达荷州（Charles, 1975）	1		1	1		
7	三尖杉科 Cephalotaxaceae	三尖杉 Cephalotaxus fortunei	G_R	W	14	白垩纪 - 莫斯科；中新世 - 北半球（Krassilov, 1967; Mai, 1987）；中新世 - 美国、日本（周浙昆等, 2005; Krassilov, 1967）	1		1			1
8	三尖杉科 Cephalotaxaceae	粗榧 Cephalotaxus sinensis	G_R	W	14	白垩纪 - 莫斯科；中新世 - 北半球（Krassilov, 1967; Mai, 1987）；中新世 - 美国、日本（周浙昆等, 2005; Krassilov, 1967）	1		1	1		
9	红豆杉科 Taxaceae	穗花杉 Amentotaxus argotaenia	G_R	W	7-3	白垩纪 - 北美西部、欧洲（萧育檀, 1991）	1			1		
10	红豆杉科 Taxaceae	南方红豆杉 Taxus wallichiana var. mairei	G_R	W	8	白垩纪 - 内蒙古、更新世 - 美国（Charles, 1972; 邓胜徽, 1991）	1			1	1	
11	木兰科 Magnoliaceae	黄山木兰 Magnolia cylindrica	T_R	W	9	侏罗纪 - 中国；白垩纪 - 美国、中国；古新世 - 美国（张光富, 2001; Wilfrid, 2007）				1		
12	木兰科 Magnoliaceae	玉兰 Magnolia denudata	T_R	W	9	侏罗纪 - 中国；白垩纪 - 美国、中国；古新世 - 美国（张光富, 2001; Wilfrid, 2007）	1	1		1		
13	木兰科 Magnoliaceae	凹叶厚朴 Magnolia officinalis subsp. biloba	T_R	W	9	侏罗纪 - 中国；白垩纪 - 美国、中国；古新世 - 美国（张光富, 2001; Wilfrid, 2007）	1			1		
14	木兰科 Magnoliaceae	厚朴 Magnolia officinalis	T_R	W	9	侏罗纪 - 中国；白垩纪 - 美国、中国；古新世 - 美国（张光富, 2001; Wilfrid, 2007）	1			1		

序号	科	种	孑遗种类型	习性	属的分布区类型	化石产地及地质时期	在其他邻近山地的分布					
							江西井冈山	江西庐山	江西齐云山	武夷山	台湾山脉	四川峨眉山
15	木兰科 Magnoliaceae	天女木兰 *Magnolia sieboldii*	T_R	W	9	侏罗纪 - 中国; 白垩纪 - 美国, 中国; 古新世 - 美国 (张光富, 2001; Wilfrid, 2007)				1		
16	木兰科 Magnoliaceae	武当木兰 *Magnolia sprengeri*	T_R	W	9	侏罗纪 - 中国; 白垩纪 - 美国, 中国; 古新世 - 美国 (张光富, 2001; Wilfrid, 2007)						
17	木兰科 Magnoliaceae	桂南木莲 *Manglietia chingii*	T_R	W	7	渐新世 - 欧洲 (Jan, 1981); 中新世 - 澳大利亚 (Johana, 2001)	1		1			
18	木兰科 Magnoliaceae	木莲 *Manglietia fordiana*	T_R	W	7	渐新世 - 欧洲 (Jan, 1981); 中新世 - 澳大利亚 (Johana, 2001)	1	1	1	1		
19	木兰科 Magnoliaceae	乳源木莲 *Manglietia yuyuanensis*	T_R	W	7	渐新世 - 欧洲 (Jan, 1981); 中新世 - 澳大利亚 (Johana, 2001)	1		1	1		
20	八角科 Illiciaceae	短柱八角 *Illicium brevistylum*	T_R	W	9	始新世, 中新世, 渐新世 - 德国, 渐新世 - 美国 (Mai, 1970; Reid & Reid, 1915; Wolfe, 1977)						
21	八角科 Illiciaceae	红茴香 *Illicium henryi*	T_R	W	9	始新世, 中新世, 渐新世 - 德国, 渐新世 - 美国 (Mai, 1970; Reid & Reid, 1915; Wolfe, 1977)			1	1		
22	八角科 Illiciaceae	假地枫皮 *Illicium jiadifengpi*	T_R	W	9	始新世, 中新世, 渐新世 - 德国, 渐新世 - 美国 (Mai, 1970; Reid & Reid, 1915; Wolfe, 1977)						
23	八角科 Illiciaceae	红毒茴 *Illicium lanceolatum*	T_R	W	9	始新世, 中新世, 渐新世 - 德国, 渐新世 - 美国 (Mai, 1970; Reid & Reid, 1915; Wolfe, 1977)	1	1		1		
24	八角科 Illiciaceae	大八角 *Illicium majus*	T_R	W	9	始新世, 中新世, 渐新世 - 德国, 渐新世 - 美国 (Mai, 1970; Reid & Reid, 1915; Wolfe, 1977)						1
25	八角科 Illiciaceae	八角 *Illicium verum*	T_R	W	9	始新世, 中新世, 渐新世 - 德国, 渐新世 - 美国 (Mai, 1970; Reid & Reid, 1915; Wolfe, 1977)						1
26	五味子科 Schisandraceae	二色五味子 *Schisandra bicolor*	T_R	W	9	目前为止尚未发现化石			1			
27	五味子科 Schisandraceae	金山五味子 *Schisandra glaucescens*	T_R	W	9	目前为止尚未发现化石						

续表

序号	科	种	子遗种类型	习性	属的分布区类型	化石产地及地质时期	在其他邻近山地的分布					
							江西井冈山	江西庐山	江西齐云山	武夷山	台湾山脉	四川峨眉山
28	五味子科 Schisandraceae	翼梗五味子 *Schisandra henryi*	T_R	W	9	目前为止尚未发现化石	1	1	1	1		1
29	五味子科 Schisandraceae	铁箍散 *Schisandra propinqua* var. *sinensis*	T_R	W	9	目前为止尚未发现化石			1	1		1
30	五味子科 Schisandraceae	华中五味子 *Schisandra sphenanthera*	T_R	W	9	目前为止尚未发现化石	1	1				1
31	樟科 Lauraceae	檫木 *Sassafras tzumu*	G_R	W	9	白垩纪 - 南极、渐新世 - 美国（Nie, 2006; Vladimir, 2008）	1	1	1	1		1
32	毛茛科 Ranunculaceae	天葵 *Semiaquilegia adoxoides*	T_R	H	14(SJ)	目前为止尚未发现化石	1		1	1		1
33	莼菜科 Cabombaceae	莼菜 *Brasenia schreberi*	G_R	H	1	目前为止尚未发现化石	1		1		1	
34	南天竹科 Nandinaceae	南天竹 *Nandina domestica*	G_R	W	14(SJ)	目前为止尚未发现化石	1		1	1		1
35	足叶草科 Podophyllaceae	八角莲 *Dysosma versipellis*	G_R	H	14(SH)	目前为止尚未发现化石	1		1	1		1
36	癭椒树科 Tapisciaceae	癭椒树 *Tapiscia sinensis*	G_R	W	15	始新世 - 欧洲、美国；中新世 - 中国（周浙昆 等, 2005; Mai, 1980; Manchester, 1988）	1			1		
37	木通科 Lardizabalaceae	木通 *Akebia quinata*	T_R	W	14(SJ)	目前为止尚未发现化石	1		1	1		1
38	木通科 Lardizabalaceae	白木通 *Akebia trifoliata* subsp. *australis*	T_R	W	14(SJ)	目前为止尚未发现化石	1			1		1
39	木通科 Lardizabalaceae	三叶木通 *Akebia trifoliata*	T_R	W	14(SJ)	目前为止尚未发现化石	1		1	1		
40	大血藤科 Sargentodoxaceae	大血藤 *Sargentodoxa cuneata*	T_R	W	15	始新世 - 美国；中新世 - 法国。日本（Manchester, 1999; Momohara & Saito, 2001）	1	1		1		
41	防己科 Menispermaceae	蝙蝠葛 *Menispermum dauricum*	T_R	H	9	目前为止尚未发现化石	1		1	1		1
42	防己科 Menispermaceae	风龙 *Sinomenium acutum*	T_R	W	14(SJ)	中新世 - 德国，加拿大（Liu & Jacques, 2010）	1	1	1	1	1	1
43	三白草科 Saururaceae	三白草 *Saururus chinensis*	T_R	H	9	目前为止尚未发现化石	1	1	1	1	1	1

续表

序号	科	种	孑遗种类型	习性	属的分布区类型	化石产地及地质时期	在其他邻近山地的分布					
							江西井冈山	江西庐山	江西齐云山	武夷山	台湾山脉	四川峨眉山
44	金粟兰科 Chloranthaceae	草珊瑚 Sarcandra glabra	T_R	H	7	目前为止尚未发现化石	1	1		1	1	1
45	罂粟科 Papaveraceae	荷青花 Hylomecon japonica	G_R	H	14(SJ)	目前为止尚未发现化石		1				1
46	罂粟科 Papaveraceae	血水草 Eomecon chionantha	G_R	H	15	全新世（Shen, 2006）				1		
47	扯根菜科 Penthoraceae	扯根菜 Penthorum chinense	T_R	H	9	目前为止尚未发现化石	1	1		1		
48	绣球花科 Hydrangeaceae	草绣球 Cardiandra moellendorffii	G_R	H	14(SJ)	目前为止尚未发现化石	1	1		1		
49	刺篱木科 Flacourtiaceae	山桐子 Idesia polycarpa	T_R	W	14(SJ)	中新世-北美（Boucher et al., 2003）	1				1	
50	山茶科 Theaceae	天目紫茎 Stewartia gemmata	G_R	W	9	始新世、中新世-日本（Paul, 1989; Suzuki, 1989）		1		1		
51	山茶科 Theaceae	紫茎 Stewartia sinensis	G_R	W	9	始新世、欧洲、中新世-日本（Paul, 1989; Suzuki, 1989）	1	1		1		1
52	野牡丹科 Melastomataceae	异药花 Fordiophyton faberi	G_R	H	7-4	目前为止尚未发现化石	1			1		
53	野牡丹科 Melastomataceae	肥肉草 Fordiophyton fordii	G_R	H	7-4	目前为止尚未发现化石		1		1		
54	野牡丹科 Melastomataceae	毛柄肥肉草 Fordiophyton fordii var. pilosum	G_R	H	7-4	目前为止尚未发现化石	1			1		
55	梧桐科 Sterculiaceae	梧桐 Firmiana platanifolia	T_R	W	6	始新世-中国（Tao, 2000)		1				
56	古柯科 Erythroxylaceae	东方古柯 Erythroxylum sinensis	T_R	W	2	目前为止尚未发现化石	1					
57	重阳木科 Bischofiaceae	重阳木 Bischofia polycarpa	T_R	W	7-1	始新世-中国 (Feng et al., 2012)	1		1			
58	蔷薇科 Rosaceae	毛叶木瓜 Chaenomeles cathayensis	G_R	W	14	目前为止尚未发现化石		1				1
59	蜡梅科 Calycanthaceae	蜡梅 Chimonanthus praecox	G_R	W	15	白垩纪-北美、中新世-卢萨蒂亚（Mai, 2002; Crepet et al., 2005）	1					

续表

序号	科	种	子遗种类型	习性	属的分布区类型	化石产地及地质时期	在其他邻近山地的分布					
							江西井冈山	江西庐山	江西齐云山	武夷山	台湾山脉	四川峨眉山
60	苏木科 Caesalpiniaceae	肥皂荚 *Gymnocladus chinensis*	G_R	W	9	白垩纪-加拿大；始新世-欧洲、加拿大（Gray & Sohma, 1964; Krutzsch, 1989）	1		1	1		
61	苏木科 Caesalpiniaceae	紫荆 *Cercis chinensis*	G_R	W	8	中新世-澳大利亚；上新世-中国（Jiménez-Moreno et al., 2008; Skarby et al., 2009）	1					1
62	苏木科 Caesalpiniaceae	广西紫荆 *Cercis chuniana*	G_R	W	8	中新世-澳大利亚；上新世-中国（Jiménez-Moreno et al., 2008; Skarby et al., 2009）	1		1			
63	苏木科 Caesalpiniaceae	湖北紫荆 *Cercis glabra*	G_R	W	8	中新世-澳大利亚；上新世-中国（Jiménez-Moreno et al., 2008; Skarby et al., 2009）	1					
64	蝶形花科 Papilionaceae	翅荚香槐 *Cladrastis platycarpa*	G_R	W	9	渐新世-美国；中新世-日本、美国（Lavin et al., 2005; Herendeen & Dilcher, 1990）	1		1			
65	蝶形花科 Papilionaceae	香槐 *Cladrastis wilsonii*	G_R	W	9	渐新世-美国；中新世-日本、美国（Lavin et al., 2005; Herendeen & Dilcher, 1990）	1	1				
66	蝶形花科 Papilionaceae	紫藤 *Wisteria sinensis*	G_R	W	9	中新世-日本、格鲁吉亚、俄罗斯、中国（Zhang & Wang, 2010; Tao, 2000）	1	1				
67	旌节花科 Stachyuraceae	中国旌节花 *Stachyurus chinensis*	G_R	W	14	上新世-德国（Mai, 2007）	1	1	1			1
68	旌节花科 Stachyuraceae	西域旌节花 *Stachyurus himalaicus*	G_R	W	14	上新世-德国（Mai, 2007）	1	1	1		1	
69	金缕梅科 Hamamelidaceae	缺萼枫香 *Liquidambar acalycina*	T_R	W	9	白垩纪-美国、中国；渐新世-北半球（张志耘等, 1995; David, 1970）	1	1		1	1	
70	金缕梅科 Hamamelidaceae	枫香 *Liquidambar formosana*	T_R	W	9	白垩纪-美国、中国；渐新世-北半球（张志耘等, 1995; David, 1970）	1	1		1	1	1
71	金缕梅科 Hamamelidaceae	檵木 *Loropetalum chinense*	T_R	W	14	第三纪（Wheeler, 2006; Carla, 1996）	1	1		1		
72	金缕梅科 Hamamelidaceae	金缕梅 *Hamamelis mollis*	T_R	W	9	白垩纪-瑞典；始新世-中国；中新世-欧美（张志耘等, 1995）	1	1		1		1
73	金缕梅科 Hamamelidaceae	瑞木 *Corylopsis multiflora*	T_R	W	14	古新世-北美（Wolf, 1977）	1	1			1	

续表

序号	科	种	孑遗种类型	习性	属的分布区类型	化石产地及地质时期	江西井冈山	江西庐山	江西齐云山	武夷山	台湾山脉	四川峨眉山
74	金缕梅科 Hamamelidaceae	蜡瓣花 Corylopsis sinensis	T_R	W	14	古新世-北美（Wolf, 1977）	1	1	1	1		
75	金缕梅科 Hamamelidaceae	秃蜡瓣花 Corylopsis sinensis var. calvescens	T_R	W	14	古新世-北美（Wolf, 1977）		1	1	1		
76	金缕梅科 Hamamelidaceae	大果马蹄荷 Exbucklandia tonkinensis	T_R	W	7-1	古新世-美国，中国；中新世-美国（张志耘等, 1995; Manchester, 1999; Lakhanpal, 1958; Brown, 1946; Wu, 2009）	1		1			
77	金缕梅科 Hamamelidaceae	水丝梨 Sycopsis sinensis	T_R	W	7	目前为止尚未发现化石	1				1	
78	金缕梅科 Hamamelidaceae	杨梅叶蚊母树 Distylium myricoides	T_R	W	7	始新世-日本，加拿大（Zhang et al., 1995）	1	1	1			
79	金缕梅科 Hamamelidaceae	蕈树 Altingia chinensis	T_R	W	7-1	目前为止尚未发现化石	1		1			
80	杜仲科 Eucommiaceae	杜仲 Eucommia ulmoides	T_R	W	15	古新世-中国；始新世-日本；上新世-北半球（周浙昆等, 2005）	1	1				1
81	黄杨科 Buxaceae	板凳果 Pachysandra axillaris	G_R	H	9	始新世-加拿大；中新世-中国（Tao, 2000; Manchester, 2000）					1	
82	壳斗科 Fagaceae	米心水青冈 Fagus engleriana	T_R	W	8	目前为止尚未发现化石			1			1
83	壳斗科 Fagaceae	水青冈 Fagus longipetiolata	T_R	W	8	目前为止尚未发现化石		1	1			
84	壳斗科 Fagaceae	光叶水青冈 Fagus lucida	T_R	W	8	目前为止尚未发现化石		1	1			
85	榆科 Ulmaceae	大叶榉树 Zelkova schneideriana	T_R	W	10-1	始新世-中国，加拿大（Tao, 2000; Denk & Grimm, 2005）	1	1				
86	榆科 Ulmaceae	榉树 Zelkova serrata	T_R	W	10-1	始新世-中国，加拿大（Tao, 2000; Denk & Grimm, 2005）	1	1			1	
87	榆科 Ulmaceae	青檀 Pteroceltis tatarinowii	T_R	W	15	渐新世-加拿大（Manchester et al., 2002）		1	1			
88	榆科 Ulmaceae	兴山榆 Ulmus bergmanniana	T_R	W	8	古新世-欧洲，亚洲（Denk, 2005）			1	1		
89	榆科 Ulmaceae	多脉榆 Ulmus castaneifolia	T_R	W	8	古新世-欧洲，亚洲（Denk, 2005）			1			

续表

序号	科	种	子遗种类型	习性	属的分布区类型	化石产地及地质时期	江西井冈山	江西庐山	江西齐云山	武夷山	台湾山脉	四川峨眉山
90	榆科 Ulmaceae	榔榆 *Ulmus parvifolia*	T_R	W	8	古新世 - 欧洲，亚洲（Denk, 2005）	1		1	1	1	1
91	檀香科 Santalaceae	檀梨 *Pyrularia edulis*	G_R	W	9	目前为止尚未发现化石	1		1	1	1	
92	鼠李科 Rhamnaceae	枳椇 *Hovenia acerba*	G_R	W	14(SJ)	渐新世 - 日本；中新世 - 中国（Suzuki, 1982; Tao, 2000)	1	1	1	1	1	1
93	鼠李科 Rhamnaceae	毛果枳椇 *Hovenia trichocarpa*	G_R	W	14(SJ)	渐新世 - 日本；中新世 - 中国（Suzuki, 1982; Tao, 2000)	1	1	1			
94	芸香科 Rutaceae	臭常山 *Orixa japonica*	G_R	W	14(SJ)	目前为止尚未发现化石	1	1	1			
95	芸香科 Rutaceae	飞龙掌血 *Toddalia asiatica*	G_R	W	6	渐新世 - 德国，北美（Gregor, 1989）	1		1	1	1	1
96	芸香科 Rutaceae	黄檗 *Phellodendron amurense*	G_R	W	14(SJ)	渐新世 - 英格兰（Gregor, 1989）		1	1	1	1	
97	芸香科 Rutaceae	川黄檗 *Phellodendron chinense*	G_R	W	14(SJ)	渐新世 - 英格兰（Gregor, 1989）	1		1			1
98	芸香科 Rutaceae	秃叶黄檗 *Phellodendron chinense* var. *glabriusculum*	G_R	W	14(SJ)	渐新世 - 英格兰（Gregor, 1989）	1	1	1			1
99	芸香科 Rutaceae	茵芋 *Skimmia reevesiana*	G_R	W	14	中新世 - 欧洲（Appelhans et al., 2012）	1		1	1	1	1
100	苦木科 Simarubaceae	苦树 *Picrasma quassioides*	G_R	W	3	目前为止尚未发现化石	1	1	1	1	1	1
101	无患子科 Sapindaceae	无患子 *Sapindus mukorossi*	G_R	W	3	渐新世 - 保加利亚（Bozukov et al., 2008)	1	1	1	1	1	1
102	七叶树科 Hippocastanaceae	天师栗 *Aesculus wilsonii*	T_R	W	8	古新世 - 美国（Manchester, 2001）	1					1
103	伯乐树科 Bretschneideraceae	伯乐树 *Bretschneidera sinensis*	T_R	W	15	中新世 - 奥地利，上新世 - 中国渤海（Gonzalo, 2008；Annie, 2009)	1	1	1	1	1	1
104	省沽油科 Staphyleaceae	野鸦椿 *Euscaphis japonica*	G_R	W	14(SJ)	中新世 - 日本（Tiffney, 1979）	1	1	1	1	1	1
105	胡桃科 Juglandaceae	枫杨 *Pterocarya stenoptera*	G_R	W	14(SJ)	古新世 - 北美（Manchester, 1991）	1	1	1	1	1	1
106	胡桃科 Juglandaceae	化香树 *Platycarya strobilacea*	T_R	W	14(SJ)	始新世 - 美国，英国；渐新世 - 法国，美国（Manchester, 1999, 1987; Wing & Hickey, 1984）	1	1	1	1	1	1
107	胡桃科 Juglandaceae	青钱柳 *Cyclocarya paliurus*	T_R	W	15	白垩纪 - 中国；古新世 - 美国，始新世 - 俄罗斯（金建华, 2009；Sun, 2005)	1	1	1	1	1	1

续表

序号	科	种	孑遗种类型	习性	属的分布区类型	化石产地及地质时期	江西井冈山	江西庐山	江西齐云山	武夷山	台湾山脉	四川峨眉山
108	桃叶珊瑚科 Aucubaceae	桃叶珊瑚 Aucuba chinensis	G_R	W	14	目前为止尚未发现化石	1		1	1		
109	桃叶珊瑚科 Aucubaceae	倒披针叶珊瑚 Aucuba himalaica	G_R	W	14	目前为止尚未发现化石			1	1		1
110	桃叶珊瑚科 Aucubaceae	倒心叶珊瑚 Aucuba obcordata	G_R	W	14	目前为止尚未发现化石						
111	青荚叶科 Helwingiaceae	西域青荚叶 Helwingia himalaica	T_R	H	14	目前为止尚未发现化石						1
112	青荚叶科 Helwingiaceae	白粉青荚叶 Helwingia japonica	T_R	H	14	目前为止尚未发现化石						1
113	青荚叶科 Helwingiaceae	青荚叶 Helwingia japonica	T_R	H	14	目前为止尚未发现化石	1	1				1
114	蓝果树科 Nyssaceae	蓝果树 Nyssa sinensis	G_R	W	9	古新世 - 北半球，始新世 - 美国（赵良成，2002；Dilcher, 1967；Wen, 1993）	1	1	1			
115	蓝果树科 Nyssaceae	喜树 Camptotheca acuminata	T_R	W	15	渐新世 - 日本，中新世 - 日本（Suzuki, 1975；Tanai, 1977）	1	1	1			
116	五加科 Araliaceae	刺楸 Kalopanax septemlobus	T_R	W	14(SJ)	中新世 - 中国（Tao, 2000）	1	1	1			
117	五加科 Araliaceae	大叶三七 Panax pseudoginseng	T_R	H	9	目前为止尚未发现化石	1	1	1			
118	五加科 Araliaceae	通脱木 Tetrapanax papyrifer	G_R	W	15	渐新世 - 美国（Jose, 2009）	1	1	1		1	
119	杜鹃花科 Ericaceae	灯笼树 Enkianthus chinensis	T_R	W	14	白垩纪 - 加拿大（Keller et al., 1996）	1	1	1			
120	杜鹃花科 Ericaceae	吊钟花 Enkianthus quinqueflorus	T_R	W	14	白垩纪 - 加拿大（Keller et al., 1996）	1	1	1			
121	杜鹃花科 Ericaceae	齿缘吊钟花 Enkianthus serrulatus	T_R	W	14	白垩纪 - 加拿大（Keller et al., 1996）	1	1	1			1
122	杜鹃花科 Ericaceae	毛果珍珠花 Lyonia ovalifolia var. hebecarpa	T_R	W	9	目前为止尚未发现化石	1	1		1		
123	杜鹃花科 Ericaceae	狭叶珍珠花 Lyonia ovalifolia var. lanceolata	T_R	W	9	目前为止尚未发现化石	1	1	1	1		1

在其他邻近山地的分布

续表

序号	科	种	子遗种类型	习性	属的分布区类型	化石产地及地质时期	在其他邻近山地的分布					
							江西井冈山	江西庐山	江西齐云山	武夷山	台湾山脉	四川峨眉山眉山
124	杜鹃花科 Ericaceae	小果珍珠花 Lyonia ovalifolia var. elliptica	T_R	W	9	目前为止尚未发现化石	1	1	1	1		
125	杜鹃花科 Ericaceae	珍珠花 Lyonia ovalifolia	T_R	W	9	目前为止尚未发现化石	1	1	1		1	1
126	安息香科 Styracaceae	小叶白辛树 Pterostyrax corymbosus	G_R	W	14(SJ)	渐新世 - 德国，更新世 - 日本 (Steven, 2009)	1	1	1	1	1	1
127	安息香科 Styracaceae	赤杨叶 Alniphyllum fortunei	G_R	W	7-4	始新世 - 中国 (Tao, 2000)	1	1	1	1		
128	安息香科 Styracaceae	陀螺果 Melliodendron xylocarpum	G_R	W	7-4	上新世 - 日本 (Milki, 1968); (Tanai, 1972)	1	1	1			1
129	安息香科 Styracaceae	银钟花 Halesia macgregorii	G_R	W	9	渐新世 - 德国，中新世 - 美国，第三纪 - 欧洲 (Mai, 1998; Graham, 1995; Peter, 2000)	1	1	1	1		
130	茜草科 Rubiaceae	香果树 Emmenopterys henryi	G_R	W	15	始新世 - 美国 (Manchester, 1999, 1994b)	1	1	1			1
131	忍冬科 Caprifoliaceae	日本锦带花 Weigela japonica	T_R	W	14(SJ)	目前为止尚未发现化石	1	1	1			
132	透骨草科 Phrymataceae	透骨草 Phryma leptostachya	G_R	H	9	目前为止尚未发现化石	1	1		1		1
133	鸭跖草科 Commelinaceae	竹叶吉祥草 Spatholirion longifolium	G_R	H	14(SH)	目前为止尚未发现化石	1			1		
134	百合科 Liliaceae	绵枣儿 Scilla scilloides	G_R	H	10-3	目前为止尚未发现化石	1	1	1			
135	百合科 Liliaceae	万寿竹 Disporum cantoniense	G_R	H	9	目前为止尚未发现化石	1		1			
136	百合科 Liliaceae	宝铎草 Disporum sessile	G_R	H	9	目前为止尚未发现化石	1	1		1		
137	百合科 Liliaceae	Y蕊花 Ypsilandra thibetica	G_R	H	15	目前为止尚未发现化石	1	1	1			
138	棕榈科 Palmae	棕榈 Trachycarpus fortunei	T_R	W	14	中新世 - 亚洲 (Taguchi, 2002)	1	1	1	1		1
合计							104	80	88	104	23	61

注：①T_R，分类学子遗种；G_R，地理学子遗种；L_F，活化石。②生态习性：W，木本；H，草本。③属的分布区类型，见吴征镒，1991，1993，2006。④桃源洞种子植物子遗种138种在邻近地区的分布分别为：江西井冈山104种，江西庐山80种，江西齐云山88种，武夷山104种，台湾山脉23种，四川峨眉山61种。本表参考廖文波等 (2014)

附表 3 湖南桃源洞国家级自然保护区苔藓植物编目

摘要：根据野外考察、标本采集和鉴定，编录成湖南桃源洞国家级自然保护区苔藓植物名录。统计表明，桃源洞地区苔藓植物共有 60 科 121 属 220 种 1 亚种 3 变种，其中苔纲 23 科 31 属 45 种 1 变种，角苔纲 1 科 3 属 3 种，藓类 36 科 87 属 172 种 1 亚种 2 变种。苔类植物科按《中国苔藓志》（第 9～10 卷）排列，角苔类植物按高谦和赖明洲主编的《中国苔藓植物图鉴》排列，藓类植物科按《中国苔藓志》（第 1～8 卷）的系统排列，科内的属种按学名字母顺序排列。

序号	科	属	种	采集号
1	绒苔科 Trichocoleaceae	绒苔属 Trichocolea Dumort.	绒苔 Trichocolea tomentella（Ehrh.）Dum.	lxsm-2-2-20424
2	指叶苔科 Lepidoziaceae	鞭苔属 Bazzania S. Gray	白边鞭苔 Bazzania oshimensis（Steph.）Horik.	lxsm-2-200167
3	指叶苔科 Lepidoziaceae	鞭苔属 Bazzania S. Gray	日本鞭苔 Bazzania japonica（S. Lac.）Lindb.	lxsm-2-200068
4	指叶苔科 Lepidoziaceae	鞭苔属 Bazzania S.Gray	三裂鞭苔 Bazzania tridens（R., Bl. et Nees）Trev.	lxsm-2-2-20526
5	指叶苔科 Lepidoziaceae	细指苔属 Kurzia V. Martens	牧野细指苔 Kurzia makinona（Steph.）Grolle	lxsm-2-2-20373
6	指叶苔科 Lepidoziaceae	指叶苔属 Lepidozia Dumort.	东亚指叶苔 Lepidozia fauriana Steph.	lxsm-2-2-20475
7	指叶苔科 Lepidoziaceae	指叶苔属 Lepidozia Dumort.	指叶苔 Lepidozia reptans（L.）Dum.	lxsm-2-2-20420
8	护蒴苔科 Calypogeiaceae	护蒴苔属 Calypogeia Raddi	双齿护蒴苔 Calypogeia tosana（Steph.）Steph.	lxsm-2-2-20537
9	大萼苔科 Cephaloziaceae	大萼苔属 Cephalozia Dum.	月瓣大萼苔 Cephalozia lunulifolia（Dum.）Dum.	lxsm-2-2-20485
10	大萼苔科 Cephaloziaceae	拳叶苔属 Nowellia Mitt.	拳叶苔 Nowellia curvifolia（Dicks.）Mitt.	lxsm-2-200250
11	大萼苔科 Cephaloziaceae	塔叶苔属 Schiffneria Steph.	塔叶苔 Schiffneria hyalina Steph.	lxsm-2-2-20397
12	拟大萼苔科 Cephaloziellaceae	拟大萼苔属 Cephaloziella（Spruce.）Schiffn.	粗齿拟大萼苔 Cephaloziella dentata（Raddi.）Mig.	lxsm-2-200146
13	叶苔科 Jungermanniaceae	叶苔属 Jungermannia L.	偏叶叶苔 Jungermannia comata Nees	lxsm-2-200125
14	裂叶苔科 Lophoziaceae	广萼苔属 Chandonanthus Mitt.	全缘广萼苔 Chandonanthus birmensis Steph.	lxsm-2-2-20915
15	裂叶苔科 Lophoziaceae	广萼苔属 Chandonanthus Mitt.	齿边广萼苔 Chandonanthus hirtellus（Web.）Mitt.	lxsm-2-200070
16	合叶苔科 Scapaniaceae	折叶苔属 Diplophyllum Dumort.	尖瓣折叶苔 Diplophyllum apiculatum（Evans）Steph.	lxsm-2-2-20712
17	合叶苔科 Scapaniaceae	合叶苔属 Scapania Dumort.	刺边合叶苔 Scapania ciliata S. Lac.	lxsm-2-200036

续表

序号	科	属	种	采集号
18	合叶苔科 Scapaniaceae	合叶苔属 *Scapania* Dumort.	柯氏合叶苔 *Scapania koponenii* Potemkin	lxsm-2-200071
19	合叶苔科 Scapaniaceae	合叶苔属 *Scapania* Dumort.	弯瓣合叶苔 *Scapania parvitexta* Steph.	lxsm-2-200140
20	合叶苔科 Scapaniaceae	合叶苔属 *Scapania* Dumort.	斯氏合叶苔 *Scapania stephanii* K. Muell.	lxsm-2-200036
21	合叶苔科 Scapaniaceae	合叶苔属 *Scapania* Dumort.	粗疣合叶苔 *Scapania verrucosa* Heeg.	lxsm-2-200037
22	地萼苔科 Geocalycaceae	裂萼苔属 *Chiloscyphus* Corda	异叶裂萼苔 *Chiloscyphus profundus*（Nees）Engel et Schust.	lxsm-2-200108
23	地萼苔科 Geocalycaceae	异萼苔属 *Heteroscyphus* Schiffn.	四齿异萼苔 *Heteroscyphus argutus*（Reinw., Bl. et Nees）Schiffn.	lxsm-2-2-20403
24	地萼苔科 Geocalycaceae	异萼苔属 *Heteroscyphus* Schiffn.	双齿异萼苔 *Heteroscyphus coalitus*（Hook.）Schiffn.	lxsm-2-200159
25	地萼苔科 Geocalycaceae	拟蒴囊苔属 *Saccogynidium* Grolle	糙叶拟蒴囊苔 *Saccogynidium muricellum*（De Not.）Grolle	lxsm-2-2-20464
26	羽苔科 Plagiochilaceae	羽苔属 *Plagiochila* Dumort	明层羽苔 *Plagiochila hyalodermica* Grolle et M. L. So	lxsm-2-200107
27	扁萼苔科 Radulaceae	扁萼苔属 *Radula* Dumort.	大扁萼苔 *Radula sumatrana* Steph.	lxsm-2-200124
28	光萼苔科 Porellaceae	光萼苔属 *Porella* L.	丛生光萼苔 *Porella caespitans*（Steph.）Hatt.	lxsm-2-200027
29	光萼苔科 Porellaceae	光萼苔属 *Porella* L.	密叶光萼苔 *Porella densifolia*（Steph.）Hatt.	lxsm-2-200059
30	细鳞苔科 Lejeuneaceae	疣鳞苔属 *Cololejeunea*（Spruce）Schiffn.	圆叶疣鳞苔 *Cololejeunea minutissima*（Smith.）Schiffn.	lxsm-2-200253
31	细鳞苔科 Lejeuneaceae	鞭鳞苔属 *Mastigolejeunea*（Spruce）Schiffn	小鞭鳞苔 *Mastigolejeunea auriculata*（Wils.）Schiffn.	lxsm-2-200096
32	溪苔科 Pelliaceae	溪苔属 *Pellia* Raddi	花叶溪苔 *Pellia endiviiefolia*（Dicks.）Dum.	lxsm-2-200133
33	溪苔科 Pelliaceae	溪苔属 *Pellia* Raddi	溪苔 *Pellia epiphylla*（L.）Corda	lxsm-2-200172
34	南溪苔科 Makinoaceae	南溪苔属 *Makinoa* Miyake	南溪苔 *Makinoa crispata*（Steph.）Miyake	lxsm-2-200217
35	带叶苔科 Pallaviciniaceae	带叶苔属 *Pallavicinia* Gray.	带叶苔 *Pallavicinia lyellii*（Hook.）Carruth.	lxsm-2-200130
36	带叶苔科 Pallaviciniaceae	带叶苔属 *Pallavicinia* Gray.	长刺带叶苔 *Pallavicinia subciliata*（Aust.）Steph.	lxsm-2-200112
37	绿片苔科 Aneuraceae	绿片苔属 *Riccardia* Gray	宽片叶苔 *Riccardia barbiflora*（Stephani）Piippo	lxsm-2-200109
38	叉苔科 Metzgeriaceae	叉苔属 *Metageria* Raddi	叉苔 *Metzgeria furcata*（L.）Dum.	lxsm-2-200025
39	半月苔科 Lunulariaceae	半月苔属 *Lunularia* Adans.	半月苔 *Lunularia cruciata*（L.）Dum. ex Lindb.	lxsm-2-200100
40	魏氏苔科 Wiesnerellaceae	毛地钱属 *Dumortiera* Nee	毛地钱 *Dumortiera hirsuta*（Sw.）Nees	lxsm-2-200225
41	蛇苔科 Conocephalaceae	蛇苔属 *Conocephalum* Hill	蛇苔 *Conocephalum conicum*（L.）Dum.	lxsm-2-200110
42	瘤冠苔科（石地钱科）Aytoniaceae	石地钱属 *Reboulia* Raddi	石地钱 *Reboulia hemisphaerica*（L.）Raddi	lxsm-2-200029
43	地钱科 Marchantiaceae	地钱属 *Marchantia* L.	楔瓣地钱东亚亚种 *Marchantia emarginata* Reinw. subsp. *tosana*（Steph.）Bischl.	lxsm-2-200131
44	地钱科 Marchantiaceae	地钱属 *Marchantia* L.	粗裂地钱 *Marchantia paleacea* Betrol.	lxsm-2-200237

续表

序号	科	属	种	采集号
45	地钱科 Marchantiaceae	地钱属 Marchantia L.	粗裂地钱风兜变种 Marchantia paleacea Betrol. var. diptera (Mont.) Hatt.	lxsm-2-200135
46	地钱科 Marchantiaceae	地钱属 Marchantia L.	地钱 Marchantia polymorpha L.	lxsm-2-2-20524
47	角苔科 Anthocerotaceae	角苔属 Anthoceros L.	角苔 Anthoceros punctatus L.	lxsm-2-2-20907
48	角苔科 Anthocerotaceae	大角苔属 Megaceros D. Campb.	东亚大角苔 Megaceros flagellaris (Mitt.) Steph.	lxsm-2-2-20676
49	角苔科 Anthocerotaceae	褐角苔属 Folioceros D.C. Bharadw.	褐角苔 Folioceros fuciformis (Mont.) D.C.Bharadw.	lxsm-2-200030
50	泥炭藓科 Sphagnaceae	泥炭藓属 Sphagnum L.	拟尖叶泥炭藓 Sphagnum acutifolioides Warnst.	lxsm-2-200145
51	泥炭藓科 Sphagnaceae	泥炭藓属 Sphagnum L.	多纹泥炭藓 Sphagnum multifibrosum Li et Zang	lxsm-2-2-20437
52	泥炭藓科 Sphagnaceae	泥炭藓属 Sphagnum L.	泥炭藓 Sphagnum palustre L.	lxsm-2-2-20348
53	泥炭藓科 Sphagnaceae	泥炭藓属 Sphagnum L.	异叶泥炭藓 Sphagnum portoricense Hampe	lxsm-2-2-200178
54	无轴藓科 Archidiaceae	无轴藓属 Archidium Brid.	多态无轴藓 Archidium ohioense Schimp. ex Müll. Hal.	lxsm-2-200181
55	牛毛藓科 Ditrichaceae	牛毛藓属 Ditrichum Hampe	短齿牛毛藓 Ditrichum brevidens Nog.	lxsm-2-200252
56	牛毛藓科 Ditrichaceae	牛毛藓属 Ditrichum Hampe	黄牛毛藓 Ditrichum pallidum (Hedw.) Hamp.	lxsm-2-200238
57	牛毛藓科 Ditrichaceae	牛毛藓属 Ditrichum Hampe	细叶牛毛藓 Ditrichum pusillum (Hedw.) Hamp.	lxsm-2-200141
58	牛毛藓科 Ditrichaceae	荷包藓属 Garckea C. Muell.	荷包藓 Garckea phascoides (Hook.) Müll. Hal.	lxsm-2-200152
59	牛毛藓科 Ditrichaceae	毛齿藓属 Trichodon Schimp.	云南毛齿藓 Trichodon muricatus Herzog	lxsm-2-200195
60	曲尾藓科 Dicranaceae	白叶藓属 Brothera C. Muell.	白氏藓（白叶藓）Brothera leana (Sull.) C. Muell.	lxsm-2-2-20360
61	曲尾藓科 Dicranaceae	曲柄藓属 Campylopus Brid.	尾尖曲柄藓 Campylopus caudatus (C. Muell.) Mont.	lxsm-2-200054
62	曲尾藓科 Dicranaceae	曲柄藓属 Campylopus Brid.	曲柄藓 Campylopus flexosus (Hedw.) Brid.	lxsm-2-200182
63	曲尾藓科 Dicranaceae	曲柄藓属 Campylopus Brid.	卷叶曲柄藓 Campylopus involutus (C. Muell.) Broth.	lxsm-2-2-20391
64	曲尾藓科 Dicranaceae	曲柄藓属 Campylopus Brid.	日本曲柄藓 Campylopus japonicum Broth.	lxsm-2-200177
65	曲尾藓科 Dicranaceae	曲柄藓属 Campylopus Brid.	狭叶曲柄藓 Campylopus subulatus Schimp. ex Milde	lxsm-2-2-20349
66	曲尾藓科 Dicranaceae	曲柄藓属 Campylopus Brid.	节茎曲柄藓 Campylopus umbellatus (Arnoth.) Par.	lxsm-2-200126
67	曲尾藓科 Dicranaceae	青毛藓属 Dicranodontium B.S.G.	长叶青毛藓 Dicranodontium attenuatum (Mitt.) Wils.	lxsm-2-2-20581
68	曲尾藓科 Dicranaceae	青毛藓属 Dicranodontium B.S.G.	钩叶青毛藓 Dicranodontium uncinatum (Harv.) Jaeg.	lxsm-2-2-20385

续表

序号	科	属	种	采集号
69	曲尾藓科 Dicranaceae	曲尾藓属 *Dicranum* Hedw.	日本曲尾藓 *Dicranum japonicum* Mitt.	lxsm-2-200245
70	曲尾藓科 Dicranaceae	曲尾藓属 *Dicranum* Hedw.	无褶曲尾藓 *Dicranum leiodontium* Cardot	lxsm-2-2-20553
71	曲尾藓科 Dicranaceae	曲尾藓属 *Dicranum* Hedw.	东亚曲尾藓 *Dicranum nipponense* Besch.	lxsm-2-200138
72	曲尾藓科 Dicranaceae	曲尾藓属 *Dicranum* Hedw.	曲尾藓 *Dicranum scoparium* Hedw.	lxsm-2-200143
73	曲尾藓科 Dicranaceae	曲尾藓属 *Dicranum* Hedw.	拟网孔曲尾藓 *Dicranum subporodictyon*（Broth.）C. Gao & T. Cao	lxsm-2-2-20685
74	曲尾藓科 Dicranaceae	曲背藓属 *Oncophorus* Brid.	卷叶曲背藓 *Oncophorus crispifolius*（Mitt.）Lindb.	lxsm-2-200207
75	曲尾藓科 Dicranaceae	拟白发藓属 *Paraleucobryum*（Limpr.）Loesk.	长叶拟白发藓 *Paraleucobryum longifolium*（Ehrh. ex Hedw.）Loesk.	lxsm-2-200173
76	曲尾藓科 Dicranaceae	长蒴藓属 *Trematodon* Michx.	长蒴藓 *Trematodon longicollis* Michx.	lxsm-2-200002
77	白发藓科 Leucobryaceae	白发藓属 *Leucobryum* Hamp.	狭叶白发藓 *Leucobryum bowringii* Mitt.	lxsm-2-2-20504
78	白发藓科 Leucobryaceae	白发藓属 *Leucobryum* Hamp.	绿色白发藓 *Leucobryum chlorophylosum* C. Muell.	lxsm-2-200189
79	白发藓科 Leucobryaceae	白发藓属 *Leucobryum* Hamp.	爪哇白发藓 *Leucobryum javense*（Brid.）Mitt.	lxsm-2-200228
80	白发藓科 Leucobryaceae	白发藓属 *Leucobryum* Hamp.	桧叶白发藓 *Leucobryum juniperoides*（Brid.）C. Muell.	lxsm-2-200066
81	白发藓科 Leucobryaceae	白发藓属 *Leucobryum* Hamp.	南亚白发藓 *Leucobryum neilgherrense* C. Muell.	lxsm-2-2-20482
82	白发藓科 Leucobryaceae	白发藓属 *Leucobryum* Hamp.	疣叶白发藓 *Leucobryum scabrum* Lac.	lxsm-2-200118
83	白发藓科 Leucobryaceae	白发藓属 *Leucobryum* Hamp.	糙叶白发藓 *Leucobryum scaberulum* Card.	lxsm-2-2-20543
84	凤尾藓科 Fissidentaceae	凤尾藓属 *Fissidens* Hedw.	网孔凤尾藓 *Fissidens areolatus* Griff.	lxsm-2-2-20395
85	凤尾藓科 Fissidentaceae	凤尾藓属 *Fissidens* Hedw.	卷叶凤尾藓 *Fissidens cristatus* Wils ex Mitt.	lxsm-2-200093
86	凤尾藓科 Fissidentaceae	凤尾藓属 *Fissidens* Hedw.	二形凤尾藓 *Fissidens geminiflorus* Doz. et Molk.	lxsm-2-200114
87	凤尾藓科 Fissidentaceae	凤尾藓属 *Fissidens* Hedw.	裸萼凤尾藓 *Fissidens gymnogynus* Besch.	lxsm-2-200123
88	凤尾藓科 Fissidentaceae	凤尾藓属 *Fissidens* Hedw.	垂叶凤尾藓 *Fissidens obscurus* Mitt.	lxsm-2-2-20386
89	花叶藓科 Calymperaceae	网藓属 *Syrrhopodon* Schweagr.	日本网藓 *Syrrhopodon japonicus*（Besch.）Broth.	lxsm-2-200055
90	丛藓科 Pottiaceae	扭口藓属 *Barbula* Hedw.	尖叶扭口藓 *Barbula constricta* Mitt.	lxsm-2-2-20518
91	丛藓科 Pottiaceae	扭口藓属 *Barbula* Hedw.	硬叶扭口藓 *Barbula rigidula*（Hedw.）Mitt.	lxsm-2-200121
92	丛藓科 Pottiaceae	扭口藓属 *Barbula* Hedw.	扭口藓 *Barbula unguiculata* Hedw.	lxsm-2-200084
93	丛藓科 Pottiaceae	湿地藓属 *Hyophila* Brid.	卷叶湿地藓 *Hyophila involuta*（Hook.）Jaeg.	lxsm-2-200120
94	丛藓科 Pottiaceae	纽藓属 *Tortella*（Lindb.）Limpr.	（丛叶）纽藓 *Tortella humilis*（Hedw.）Jenn.	lxsm-2-2-20951
95	丛藓科 Pottiaceae	毛口藓属 *Trichostomum* Bruch	卷叶毛口藓 *Trichostomum involutum* Sull.	lxsm-2-2-20614

序号	科	属	种	采集号
96	紫萼藓科 Grimmiaceae	砂藓属 *Racomitrium* Brid.	东亚砂藓 *Racomitrium japonicum* Dozy et Molk.	lxsm-2-200020
97	葫芦藓科 Funnariaceae	葫芦藓属 *Funaria* Hedw.	葫芦藓 *Funaria hygrometrica* Hedw.	lxsm-2-200001
98	葫芦藓科 Funnariaceae	立碗藓属 *Physcomitrium*（Brid.）Fürnr.	红蒴立碗藓 *Physcomitrium eurystomum* Sendtn.	lxsm-2-2-21022
99	葫芦藓科 Funnariaceae	立碗藓属 *Physcomitrium*（Brid.）Fürnr.	黄边立碗藓 *Physcomitrium limbatum* Brott. et Paris	lxsm-2-2-21016
100	真藓科 Bryaceae	短月藓属 *Brachymenium* Schweagr.	短月藓 *Brachymenium nepalense* Hook.	lxsm-2-200048
101	真藓科 Bryaceae	真藓属 *Bryum* Dill.	真藓 *Bryum argenteum* Hedw.	lxsm-2-200122
102	真藓科 Bryaceae	真藓属 *Bryum* Dill.	细叶真藓 *Bryum capillare* Hedw.	lxsm-2-2-20699
103	真藓科 Bryaceae	真藓属 *Bryum* Dill.	黄色真藓 *Bryum pallescens* Schleich. ex Schwaegr.	lxsm-2-200074
104	真藓科 Bryaceae	真藓属 *Bryum* Dill.	拟大叶真藓 *Bryum salakense* Cardot	lxsm-2-2-20931
105	真藓科 Bryaceae	真藓属 *Bryum* Dill.	垂蒴真藓 *Bryum uliginosum*（Brid.）Bruch & Schimp.	lxsm-2-2-21163
106	真藓科 Bryaceae	丝瓜藓属 *Pohlia* Hedw.	丝瓜藓 *Pohlia elongata* Hedw.	lxsm-2-200148
107	真藓科 Bryaceae	丝瓜藓属 *Pohlia* Hedw.	疣齿丝瓜藓 *Pohlia flexuosa* Hook.	lxsm-2-200220
108	真藓科 Bryaceae	丝瓜藓属 *Pohlia* Hedw.	拟长蒴丝瓜藓 *Pohlia longicolla*（Hedw.）Lindb.	lxsm-2-200184A
109	真藓科 Bryaceae	丝瓜藓属 *Pohlia* Hedw.	卵蒴丝瓜藓 *Pohlia proligera*（Kindb.）Lindb. Ex Arn.	lxsm-2-2-20344
110	真藓科 Bryaceae	丝瓜藓属 *Pohlia* Hedw.	大坪丝瓜藓 *Pohlia tapintzensis*（Besch.）Redf. & B.C. Tan	lxsm-2-200206
111	真藓科 Bryaceae	大叶藓属 *Rhodobryum* Schimp.	暖地大叶藓 *Rhodobryum giganteum*（Schwaegr.）Par.	lxsm-2-200117
112	真藓科 Bryaceae	大叶藓属 *Rhodobryum* Schimp.	阔边大叶藓 *Rhodobryum laxelimbatum*（Ochi）Iwats. et T. Kop.	lxsm-2-200294
113	提灯藓科 Mniaceae	提灯藓属 *Mnium* Hedw.	提灯藓 *Mnium hornum* Hedw.	lxsm-2-2-20362
114	提灯藓科 Mniaceae	提灯藓属 *Mnium* Hedw.	平肋提灯藓 *Mnium laevinerve* Card.	lxsm-2-2-20881
115	提灯藓科 Mniaceae	提灯藓属 *Mnium* Hedw.	长叶提灯藓 *Mnium lycopodioides* Schwaegr.	lxsm-2-200095
116	提灯藓科 Mniaceae	匐灯藓属 *Plagiomnium* T.Kop.	尖叶匐灯藓 *Plagiomnium acutum*（Lindb.）T. Kop.	lxsm-2-200031
117	提灯藓科 Mniaceae	匐灯藓属 *Plagiomnium* T.Kop.	密集匐灯藓 *Plagiomnium confertidens*（Lindb. & Arnell）T.J. Kop.	lxsm-2-200018
118	提灯藓科 Mniaceae	匐灯藓属 *Plagiomnium* T.Kop.	阔边匐灯藓 *Plagiomnium ellipticum*（Brid.）T. Kop.	lxsm-2-200160
119	提灯藓科 Mniaceae	匐灯藓属 *Plagiomnium* T.Kop.	全缘匐灯藓 *Plagiomnium integrum*（Bosch et S. Lac.）T. Kop.	lxsm-2-2-20996
120	提灯藓科 Mniaceae	匐灯藓属 *Plagiomnium* T.Kop.	侧枝匐灯藓 *Plagiomnium maximoviczii*（Lindb.）T. Kop.	lxsm-2-200088
121	提灯藓科 Mniaceae	匐灯藓属 *Plagiomnium* T.Kop.	具喙匐灯藓 *Plagiomnium rhynchophorum*（Harv.）T. Kop.	lxsm-2-200046
122	提灯藓科 Mniaceae	匐灯藓属 *Plagiomnium* T.Kop.	大叶匐灯藓 *Plagiomnium succulentum*（Mitt.）T. Kop.	lxsm-2-2-20646
123	提灯藓科 Mniaceae	匐灯藓属 *Plagiomnium* T.Kop.	瘤柄匐灯藓 *Plagiomnium venustum*（Mitt.）T. Kop.	lxsm-2-200105
124	提灯藓科 Mniaceae	疣灯藓属 *Trachycystis* Lindb.	鞭枝疣灯藓 *Trachycystis flagellaris*（Sull. et Lesq.）Lindb.	lxsm-2-200128
125	提灯藓科 Mniaceae	疣灯藓属 *Trachycystis* Lindb.	疣灯藓 *Trachycystis microphylla*（Dozy & Molk.）Lindb.	lxsm-2-200049
126	桧藓科 Rhizogoniaceae	桧藓属 *Pyrrhobryum* Mitt.	大桧藓 *Pyrrhobryum dozyanum*（S. Lac.）Mar.	lxsm-2-200111
127	桧藓科 Rhizogoniaceae	桧藓属 *Pyrrhobryum* Mitt.	阔叶桧藓 *Pyrrhobryum latifolium*（Bosch et Sande Lac.）Mitt.	lxsm-2-200246

序号	科	属	种	采集号
128	桧藓科 Rhizogoniaceae	桧藓属 *Pyrrhobryum* Mitt.	刺叶桧藓 *Pyrrhobryum spiniforme*（Hedw.）Mitt.	lxsm-2-2-20478
129	珠藓科 Bartramiaceae	珠藓属 *Bartramia* Hedw.	梨蒴珠藓 *Bartramia pomiformis* Hedw.	lxsm-2-200190
130	珠藓科 Bartramiaceae	泽藓属 *Philonotis* Brid.	垂蒴泽藓 *Philonotis cernua*（Wils.）Griffin & Buck	lxsm-2-200200
131	珠藓科 Bartramiaceae	泽藓属 *Philonotis* Brid.	细叶泽藓 *Philonotis thwaitesii* Mitt.	lxsm-2-200041
132	珠藓科 Bartramiaceae	泽藓属 *Philonotis* Brid.	东亚泽藓 *Philonotis turneriana*（Schwaegr.）Mitt.	lxsm-2-200134
133	木灵藓科 Orthotrichaceae	蓑衰藓属 *Macromitrium* Brid.	福氏蓑衰藓 *Macromitrium ferriei* Card. et Thér	lxsm-2-2-20434
134	木灵藓科 Orthotrichaceae	蓑衰藓属 *Macromitrium* Brid.	缺齿蓑藓 *Macromitrium gymnostomum* Sull. et Lesq.	lxsm-2-200092
135	木灵藓科 Orthotrichaceae	蓑衰藓属 *Macromitrium* Brid.	长帽蓑藓 *Macromitrium tosae* Besch.	lxsm-2-200126
136	虎尾藓科 Hedwigiaceae	虎尾藓属 *Hedwigia* P. Beauv.	虎尾藓 *Hedwigia ciliata*（Hedw.）P. Beauv.	lxsm-2-200016
137	隐蒴藓科 Cryphaeaceae	毛枝藓属 *Pilotrichopsis* Besch.	毛枝藓 *Pilotrichopsis dentata*（Mitt.）Besch.	lxsm-2-200057
138	扭叶藓科 Trachypodaceae	拟木毛藓属 *Pseudospidentopsis*（Broth.）Fleisch.	拟木毛藓 *Pseudospiridentopsis horrida*（Card.）Fleisch.	lxsm-2-2-20596
139	扭叶藓科 Trachypodaceae	扭叶藓属 *Trachypus* Reinw. et Hornsch.	扭叶藓 *Trachypus bicolor* Reinw. et Hornsch.	lxsm-2-200099
140	扭叶藓科 Trachypodaceae	扭叶藓属 *Trachypus* Reinw. et Hornsch.	小扭叶藓细叶变种 *Trachypus humilis* Lindb. var. *tenerrimus*（Herz.）Zant.	lxsm-2-200012
141	扭叶藓科 Trachypodaceae	扭叶藓属 *Trachypus* Reinw. et Hornsch.	小扭叶藓 *Trachypus humilis* Lindb.	lxsm-2-200091
142	金毛藓科 Myuriaceae	金毛藓属 *Oedicladium* Mitt.	脆叶金毛藓 *Oedicladium fragile* Card.	lxsm-2-2-22383
143	金毛藓科 Myuriaceae	栅孔藓属 *Palisadula* Toyama	栅孔藓 *Palisadula chrysophylla*（Card.）Toy.	lxsm-2-200051
144	蕨藓科 Pterobryaceae	耳平藓属 *Calyptothecium* Mitt.	耳平藓 *Calyptothecium urvilleanum*（Broth.）Broth.	lxsm-2-2-200103
145	蕨藓科 Pterobryaceae	拟金毛藓属 *Eumyurium* Nog.	拟金毛藓 *Eumyurium sinicum*（Mitt.）Nog.	lxsm-2-2-20576
146	蕨藓科 Pterobryaceae	瓢叶藓属 *Symphysodontella* Fleisch.	扭尖瓢叶藓 *Symphysodontella tortifolia* Dix.	lxsm-2-2-20672
147	蔓藓科 Meteoriaceae	毛扭藓属 *Aerobryidium* Fleisch. ex Broth.	卵叶毛扭藓 *Aerobryidium aureo-nitens*（Schwaegr.）Broth.	lxsm-2-2-20817
148	蔓藓科 Meteoriaceae	灰气藓属 *Aerobryopsis* Fleisch.	扭叶灰气藓 *Aerobryopsis parisii*（Card.）Broth.	lxsm-2-200083
149	蔓藓科 Meteoriaceae	气藓属 *Aerobryum* Dozy et Molk	气藓 *Aerobryum speciosum* Dozy et Molk.	lxsm-2-2-20470
150	蔓藓科 Meteoriaceae	悬藓属 *Barbella* Fleisch. ex Broth.	鞭枝悬藓 *Barbella flagellifera*（card.）Nog.	lxsm-2-2-20437
151	蔓藓科 Meteoriaceae	悬藓属 *Barbella* Fleisch. ex Broth.	尖叶悬藓 *Barbella spiculata*（Mitt.）Broth.	lxsm-2-2-20544
152	蔓藓科 Meteoriaceae	悬藓属 *Barbella* Fleisch. ex Broth.	斯氏悬藓 *Barbella stevensii*（Ren. et Card.）Fleisch.	lxsm-2-2-21103
153	蔓藓科 Meteoriaceae	无肋藓属 *Dicladiella* Buck	无肋藓 *Dicladiella trichophora*（Mont.）Redfearn et Tan	lxsm-2-2-20679
154	蔓藓科 Meteoriaceae	粗蔓藓属 *Meteoriopsis* Fleisch. ex Broth	反叶粗蔓藓 *Meteoriopsis reclinata*（C. Muell.）Fleisch.	lxsm-2-2-20428
155	蔓藓科 Meteoriaceae	新丝藓属 *Neodicladiella*（Nog.）Buck	新丝藓 *Neodicladiella pendula*（Sull.）Buck	lxsm-2-200224
156	蔓藓科 Meteoriaceae	假悬藓属 *Pseudobarbella* Nog.	短尖假悬藓 *Pseudobarbella attenuata*（Thwaites et Mitt.）Nog.	lxsm-2-2-20354
157	蔓藓科 Meteoriaceae	假悬藓属 *Pseudobarbella* Nog.	假悬藓 *Pseudobarbella levieri*（Ren. et Card.）Nog.	lxsm-2-2-20472
158	蔓藓科 Meteoriaceae	细带藓属 *Trachycladiella*（Fleisch.）Menzel	散生细带藓 *Trachycladiella sparsa*（Mitt.）Menzel	lxsm-2-200165

续表

序号	科	属	种	采集号
159	平藓科 Neckeraceae	树平藓属 *Homaliodendron* Fleisch.	小树平藓 *Homaliodendron exiguum*（Bosch et Lac.）Fleisch.	lxsm-2-200082
160	平藓科 Neckeraceae	树平藓属 *Homaliodendron* Fleisch.	刀叶树平藓 *Homaliodendron scalpellifolium*（Mitt.）Fleisch.	lxsm-2-2-20394
161	平藓科 Neckeraceae	平藓属 *Neckera* Hedw.	矮平藓 *Neckera humulis* Mitt.	lxsm-2-2-20662
162	平藓科 Neckeraceae	平藓属 *Neckera* Hedw.	平藓 *Neckera pennata* Hedw.	lxsm-2-2-21083
163	油藓科 Hookeriaceae	黄藓属 *Distichophyllum* Dozy et Molk.	东亚黄藓 *Distichophyllum maibarae* Besch.	lxsm-2-2-20815
164	油藓科 Hookeriaceae	黄藓属 *Distichophyllum* Dozy et Molk.	钝叶黄藓 *Distichophyllum mittenii* Bosch et Lac.	lxsm-2-2-20469
165	油藓科 Hookeriaceae	油藓属 *Hookeria* J. Sm.	尖叶油藓 *Hookeria acutifolia* Hook. et Grev.	lxsm-2-200223
166	孔雀藓科 Hypopterygiaceae	雉尾藓属 *Cyathophorella*（Broth.）Fleisch.	短肋雉尾藓 *Cyathophorella hookeriana*（Griff.）Fleisch.	lxsm-2-200064
167	孔雀藓科 Hypopterygiaceae	孔雀藓属 *Hypopterygium* Brid.	东亚孔雀藓 *Hypopterygium japonicum* Mitt.	lxsm-2-200078
168	鳞藓科 Theliaceae	粗疣藓属 *Fauriella* Besch.	粗疣藓 *Fauriella tenuis*（Mitt.）Card.	lxsm-2-200063
169	薄罗藓科 Leskeaceae	褶藓属 *Okamuraea* Broth.	长枝褶藓 *Okamuraea hakoniensis*（Mitt.）Broth.	lxsm-2-200022
170	牛舌藓科 Anomodontaceae	多枝藓属 *Haplohymenium* Doz. et Molk.	暗绿多枝藓 *Haplohymenium triste*（Ces.）Kindb.	lxsm-2-2-20457
171	牛舌藓科 Anomodontaceae	羊角藓属 *Herpetineuron*（C. Muell.）Card.	羊角藓 *Herpetineuron toccoae*（Sull. et Lesq.）Card.	lxsm-2-200010
172	羽藓科 Thuidiaceae	麻羽藓属 *Claopodium*（Lesq. et Jam.）Ren. et Card.	大麻羽藓 *Claopodium assurgens*（Sull. et Lesq.）Card.	lxsm-2-2-21011
173	羽藓科 Thuidiaceae	细羽藓属 *Cyrto-hypnum* Hampe	密枝细羽藓 *Cyrto-hypnum tamariscellum*（C. Muell.）Buck et Crum	lxsm-2-200061
174	羽藓科 Thuidiaceae	小羽藓属 *Haplocladium*（C.Muell.）C.Muell.	狭叶小羽藓 *Haplocladium angustifolium*（Hampe et C. Muell.）Broth.	lxsm-2-200216
175	羽藓科 Thuidiaceae	羽藓属 *Thuidiium* B.S.G.	大羽藓 *Thuidium cymbifolium*（Dozy et Molk.）Dozy et Molk	lxsm-2-200007
176	羽藓科 Thuidiaceae	羽藓属 *Thuidiium* B.S.G.	拟灰羽藓 *Thuidium glaucinoides* Broth.	lxsm-2-2-20512
177	羽藓科 Thuidiaceae	羽藓属 *Thuidiium* B.S.G.	短肋羽藓 *Thuidium kanedae* Sak.	lxsm-2-200004
178	羽藓科 Thuidiaceae	羽藓属 *Thuidiium* B.S.G.	灰羽藓 *Thuidium pristocalyx*（C. Muell.）Jaeg.	lxsm-2-200166
179	青藓科 Brachytheciaceae	青藓属 *Brachythecium* B.S.G.	柔叶青藓 *Brachythecium moriense* Besch.	lxsm-2-200192
180	青藓科 Brachytheciaceae	青藓属 *Brachythecium* B.S.G.	羽枝青藓 *Brachythecium plumosum*（Hedw.）Schimp.	lxsm-2-200243
181	青藓科 Brachytheciaceae	青藓属 *Brachythecium* B.S.G.	亚灰白青藓 *Brachythecium subalbicans* De Not.	lxsm-2-200204
182	青藓科 Brachytheciaceae	美喙藓属 *Eurhynchium* B.S.G.	尖叶美喙藓 *Eurhynchium eustegium*（Besch.）Dix.	lxsm-2-200065
183	青藓科 Brachytheciaceae	鼠尾藓属 *Myuroclada* Besch.	鼠尾藓 *Myuroclada maximowiczii*（Borshch.）Steere et Schof.	lxsm-2-200175
184	青藓科 Brachytheciaceae	长喙藓属 *Rhynchostegium*（B. S. G.）Limpr.	匍枝长喙藓 *Rhynchostegium serpenticaule*（C. Muell.）Broth.	lxsm-2-2-20723
185	绢藓科 Entodontaceae	绢藓属 *Entodon* C. Muell.	绢藓 *Entodon cladorrhizans*（Hedw.）C. Muell.	lxsm-2-200158

续表

序号	科	属	种	采集号
186	绢藓科 Entodontaceae	绢藓属 *Entodon* C. Muell.	贡山绢藓 *Entodon kungshanensis* R. L. Hu	lxsm-2-2-20416
187	绢藓科 Entodontaceae	绢藓属 *Entodon* C. Muell.	长柄绢藓 *Entodon macropodus*（Hedw.）C. Muell.	lxsm-2-200017
188	绢藓科 Entodontaceae	绢藓属 *Entodon* C. Muell.	亚美绢藓 *Entodon sullivantii*（C. Muell.）Lindb.	lxsm-2-2-20663
189	绢藓科 Entodontaceae	绢藓属 *Entodon* C. Muell.	宝岛绢藓 *Entodon taiwanensis* Wang et Lin	lxsm-2-200255
190	绢藓科 Entodontaceae	绢藓属 *Entodon* C. Muell.	绿叶绢藓 *Entodon viridulus* Card.	lxsm-2-200086
191	绢藓科 Entodontaceae	绢藓属 *Entodon* C. Muell.	云南绢藓 *Entodon yunnanensis* Thér.	lxsm-2-200014
192	棉藓科 Plagiotheciaceae	棉藓属 *Plagiothecium* B. S. G.	直叶棉藓短尖变种 *Plagiothecium euryphyllum*（Card. Et Thér.）Iwats. var. *brevirameum*（Card.）Iwats.	lxsm-2-2-20448
193	棉藓科 Plagiotheciaceae	棉藓属 *Plagiothecium* B. S. G.	直叶棉藓 *Plagiothecium euryphyllum*（Card. et Thér.）Iwats	lxsm-2-200258
194	锦藓科 Sematophyllaceae	小锦藓属 *Brotherella* Loesk.ex Fleisch.	曲叶小锦藓 *Brotherella curvirostris*（Schwägr.）Fleisch.	lxsm-2-200219
195	锦藓科 Sematophyllaceae	小锦藓属 *Brotherella* Loesk. ex Fleisch.	赤茎小锦藓 *Brotherella erythrocaulis*（Mitt.）Fleisch.	lxsm-2-2-20488
196	锦藓科 Sematophyllaceae	小锦藓属 *Brotherella* Loesk. ex Fleisch.	东亚小锦藓 *Brotherella fauriei*（Besch. ex Card.）Broth.	lxsm-2-200069
197	锦藓科 Sematophyllaceae	小锦藓属 *Brotherella* Loesk.ex Fleisch.	南方小锦藓 *Brotherella henonii*（Duby）Fleisch.	lxsm-2-200215
198	锦藓科 Sematophyllaceae	厚角藓属 *Gammiella* Broth.	平边厚角藓 *Gammiella panchienii* Tan et Jia	lxsm-2-200242
199	锦藓科 Sematophyllaceae	鞭枝藓属 *Isocladiella* Dix.	鞭枝藓 *Isocladiella surcularis*（Dix.）Tan et Mohamed	lxsm-2-2-20891
200	锦藓科 Sematophyllaceae	锦藓属 *Sematophyllum* Mitt.	橙色锦藓 *Sematophyllum phoeniceum*（C. Muell.）Fleisch.	lxsm-2-2-20392
201	锦藓科 Sematophyllaceae	锦藓属 *Sematophyllum* Mitt.	羽叶锦藓 *Sematophyllum subpinnatum*（Brid.）E. Britton	lxsm-2-2-20621
202	锦藓科 Sematophyllaceae	裂帽藓属 *Warburgiella* C. Muell. et Broth.	裂帽藓 *Warburgiella cupressinoides* C. Muell. ex Broth.	lxsm-2-200163
203	锦藓科 Sematophyllaceae	刺枝藓属 *Wijkia* Crum.	弯叶刺枝藓 *Wijkia deflexifolia*（Mitt. ex Ren. & Card.）Crum	lxsm-2-200247
204	灰藓科 Hypnaceae	梳藓属 *Ctenidium*（Schimp.）Mitt.	毛叶梳藓 *Ctenidium capillifolium*（Mitt.）Broth.	lxsm-2-200161
205	灰藓科 Hypnaceae	梳藓属 *Ctenidium*（Schimp.）Mitt.	弯叶梳藓 *Ctenidium lychnites*（Mitt.）Broth.	lxsm-2-2-20414
206	灰藓科 Hypnaceae	梳藓属 *Ctenidium*（Schimp.）Mitt.	梳藓 *Ctenidium molluscum*（Hedw.）Mitt.	lxsm-2-2-20345
207	灰藓科 Hypnaceae	梳藓属 *Ctenidium*（Schimp.）Mitt.	羽枝梳藓 *Ctenidium pinnatum*（Broth. et Par.）Broth.	lxsm-2-200232
208	灰藓科 Hypnaceae	灰藓属 *Hypnum* Hedw.	东亚灰藓 *Hypnum fauriei* Card.	lxsm-2-200248
209	灰藓科 Hypnaceae	灰藓属 *Hypnum* Hedw.	长蒴灰藓 *Hypnum macrogynum* Besch.	lxsm-2-2-20468
210	灰藓科 Hypnaceae	灰藓属 *Hypnum* Hedw.	南亚灰藓 *Hypnum oldhamii*（Mitt.）Jaeg.	lxsm-2-200003
211	灰藓科 Hypnaceae	灰藓属 *Hypnum* Hedw.	大灰藓 *Hypnum plumaeformae* Wils.	lxsm-2-200129
212	灰藓科 Hypnaceae	鳞叶藓属 *Taxiphyllum* Fleisch.	鳞叶藓 *Taxiphyllum taxirameum*（Mitt.）Fleisch.	lxsm-2-200024
213	灰藓科 Hypnaceae	拟鳞叶藓属 *Pseudotaxiphyllum* Iwats.	东亚拟鳞叶藓 *Pseudotaxiphyllum pohliaecarpum*（Sull. et Lesq.）Iwats.	lxsm-2-200146

序号	科	属	种	采集号
214	塔藓科 Hylocomiaceae	新船叶藓属 *Neodolichomitra* Nog.	新船叶藓 *Neodolichomitra yunnanensis*（Besch.）T. Kop.	lxsm-2-2-20382
215	塔藓科 Hylocomiaceae	拟垂枝藓属 *Rhytidiadelphus*（Lindb. ex Limpr.）Warnst	疣拟垂枝藓 *Rhytidiadelphus triquetrus*（Hedw.）Warnst.	lxsm-2-2-20664
216	短颈藓科 Diphysciaceae	短颈藓属 *Diphyscium* Mohr.	东亚短颈藓 *Diphyscium fulvifolium* Mitt.	lxsm-2-200155
217	金发藓科 Polytrichaceae	小金发藓属 *Pogonatum* P. Beauv.	扭叶小金发藓 *Pogonatum contortum*（Menzies ex Brid.）Lesq.	lxsm-2-2-20584
218	金发藓科 Polytrichaceae	小金发藓属 *Pogonatum* P. Beauv.	刺边小金发藓 *Pogonatum cirratum*（Sw.）Brid.	lxsm-2-200229
219	金发藓科 Polytrichaceae	小金发藓属 *Pogonatum* P. Beauv.	刺边小金发藓褐色亚种 *Pogonatum cirratum*（Sw.）Brid. subsp. *fuscatum*（Mitt.）Hyvoenen	lxsm-2-200168
220	金发藓科 Polytrichaceae	小金发藓属 *Pogonatum* P. Beauv.	东亚小金发藓 *Pogonatum inflexum*（Lindb.）Lac.	lxsm-2-200194
221	金发藓科 Polytrichaceae	小金发藓属 *Pogonatum* P. Beauv.	南亚小金发藓 *Pogonatum proliferum*（Griff.）Mitt.	lxsm-2-200211
222	金发藓科 Polytrichaceae	小金发藓属 *Pogonatum* P. Beauv.	苞叶小金发藓 *Pogonatum spinulosum* Mitt.	lxsm-2-2-20563
223	金发藓科 Polytrichaceae	拟金发藓属 *Polytrichastrum* G.Sm.	台湾拟金发藓 *Polytrichastrum formosum*（Hedw.）G. Sm.	lxsm-2-200072
224	金发藓科 Polytrichaceae	金发藓属 *Polytrichum* Hedw.	金发藓 *Polytrichum commune* Hedw.	lxsm-2-200187

附表4 湖南桃源洞国家级自然保护区蕨类植物编目

摘要：根据野外考察及现有标本的采集鉴定情况，结合原有植物名录进行统计，结果表明桃源洞保护区共有蕨类植物38科90属229种（若仅有种下等级，则其一按种记）。包括中国特有属1属，特有种31种，桃源洞地区新记录27种。名录中科与属按秦仁昌系统（秦仁昌，1978）进行排序。

科序	种（中国特有种、桃源洞新记录及／或标本号）	科序	种（中国特有种、桃源洞新记录及／或标本号）

2 石杉科 Huperziaceae

金发石杉 *Huperzia quasipolytrichoides*（Hay.）Ching

蛇足石杉 *Huperzia serrata*（Thunb. ex Murray）Trev. LXP-09-07313

四川石杉 *Huperzia sutchueniana*（Hert.）Ching　中国特有种

闽浙马尾杉 *Phlegmariurus minchengensis*（Ching）L. B. Zhang　中国特有种　LXP-09-07662

3 石松科 Lycopodiaceae

扁枝石松 *Diphasiastrum complanatum*（L.）Holub

藤石松 *Lycopodiastrum casuarinoides*（Spring）Holub ex Dixit LXP-09-07139

石松 *Lycopodium japonicum* Thunb. ex Murray　LXP-13-4388

笔直石松 *Lycopodium verticale*　桃源洞新记录 LXP-13-4443

玉柏 *Lycopodium obscurum* L.

垂穗石松 *Palhinhaea cernua*（L.）Vasc. et Franco LXP-09-6003

4 卷柏科 Selaginellaceae

薄叶卷柏 *Selaginella delicatula*（Desv.）Alston　LXP-09-07199

深绿卷柏 *Selaginella doederieinii* Hieron.　LXP-09-07911

兖州卷柏 *Selaginella involvens*（Sw.）Spring　LXP-09-23

细叶卷柏 *Selaginella labordei* Heron. ex Christ

江南卷柏 *Selaginella moellendorffii* Hieron.　LXP-09-07590

伏地卷柏 *Selaginella nipponica* Franch. et Sav.　桃源洞新记录 LXP-09-07103

卷柏 *Selaginella tamariscina*（P. Beauv.）Spring

翠云草 *Selaginella uncinata*（Desv.）Spring　中国特有种

6 木贼科 Equisetaceae

节节草 *Equisetum ramosissimum* Desf.　LXP-09-07346

笔管草 *Equisetum ramosissimum* Desf. subsp. *debile*（Roxb. ex Vauch.）Hauke　LXP-09-6001

8 阴地蕨科 Botrychiaceae

华东阴地蕨 *Botrychium japonicum*（Prantl）Underw.

阴地蕨 *Botrychium ternatum*（Thunb.）Sw.

9 瓶尔小草科 Ophioglossaceae

心脏叶瓶尔小草 *Ophioglossum reticulatum* Linn.

11 观音座莲科 Angiopteridaceae

福建观音座莲 *Angiopteris fokiensis* Hieron.　中国特有种

13 紫萁科 Osmundaceae

分株紫萁 *Osmunda cinnamomea* Linn. var. *fokiense* Cop.　中国特有种

紫萁 *Osmunda japonica* Thunb.　LXP-09-07530

华南紫萁 *Osmunda vachellii* Hook.　LXP-09-07584

14 瘤足蕨科 Plagiogyriaceae

镰叶瘤足蕨 *Plagiogyria distinctissima* Ching

华中瘤足蕨 *Plagiogyria euphlebia* Mett.　LXP-09-477

华东瘤足蕨 *Plagiogyria japonica* Nakai　LXP-09-6051

岭南瘤足蕨 *Plagiogyria subadnata* Ching

15 里白科 Gleicheniaceae

芒萁 *Dicranopteris dichotoma*（Houtt.）Nakaike

里白 *Hicriopteris glaucum*（Thunb. ex Houtt.）Nakai

光里白 *Hicriopteris laevissimum*（Christ）Nakai　桃源洞新记录 LXP-09-07303

17 海金沙科 Lygodiaceae

海金沙 *Lygodium japonicum*（Thunb.）Sw.

18 膜蕨科 Hymenophyllaceae

团扇蕨 *Gonocormus minutus*（Bl.）v. d. B.

华东膜蕨 *Hymenophyllum barbatum*（v. d. B.）HK et Bak. LXP-09-07587

蕗蕨 *Mecodium badium*（Hook. et Grev.）Cop.　LXP-09-6161

江西蕨 *Mecodium kiangxiense* Ching.　中国特有种

庐山蕗蕨 *Mecodium lushanense* Ching et Chiu　中国特有种

小果蕗蕨 *Mecodium microsorum*（v. d. B.）Ching

瓶蕨 *Vandenboschia auriculata*（Bl.）Cop.　LXP-09-07353

管苞瓶蕨 *Vandenboschia birmanica*（Bedd.）Ching

漏斗瓶蕨 *Vandenboschia naseana*（Christ）Ching

华东瓶蕨 *Vandenboschia orientalis*（C. Chr.）Ching

科序	种（中国特有种、桃源洞新记录及 / 或标本号）
21	稀子蕨科 **Monachosoraceae**
	华中稀子蕨 *Monachosorum flagellare* var. *nipponicum*（Makino）Tagawa
	稀子蕨 *Monachosorum henryi* Christ LXP-09-6571
22	碗蕨科 **Dennstaedtiaceae**
	细毛碗蕨 *Dennstaedtia pilosella*（HK.）Ching LXP-09-07355
	碗蕨 *Dennstaedtia scabra*（Wall.）Moore
	光叶碗蕨 *Dennstaedtia scabra*（Wall.）Moore var. *glabrescens*（Ching）C. Chr.
	姬蕨 *Hypolepis punctata*（Thunb.）Mett. LXP-09-62
	华南鳞盖蕨 *Microlepia hancei* Prantl 桃源洞新记录 LXP-09-00633
	边缘鳞盖蕨 *Microlepia marginata*（Houtt.）C. Chr. LXP-13-3022
	中华鳞盖蕨 *Microlepia sinostrigosa* Ching 中国特有种
23	鳞始蕨科 **Lindsaeaceae**
	陵齿蕨 *Lindsaea cultrata*（Willd.）Sw. 桃源洞新记录 LXP-09-07645
	团叶陵齿蕨 *Lindsaea orbiculata*（Lam.）Mett.
	乌蕨 *Stenoloma chusanum* Ching LXP-09-07188
26	蕨科 **Pteridiaceae**
	蕨 *Pteridium aquilinum*（L.）Kuhn var. *latiusuculum*（Desv.）Dhieh LXP-09-07458
	毛轴蕨 *Pteridium revolutum*（Bl.）Nakai
27	凤尾蕨科 **Pteridaceae**
	华南凤尾蕨 *Pteris austrosinica*（Ching）Ching 中国特有种
	凤尾蕨 *Pteris cretica* L. var. *nervosa*（Thunb.）Ching et S. H. Wu LXP-09-07125
	刺齿半边旗 *Pteris dispar* Kze.
	溪边凤尾蕨 *Pteris excelsa* Gaud. LXP-09-07180
	傅氏凤尾蕨 *Pteris fauriei* Hieron. LXP-13-3021
	全缘凤尾蕨 *Pteris insignis* Mett. ex Kuhn
	平羽凤尾蕨 *Pteris kiuschiuensis* Hieron.
	两广凤尾蕨 *Pteris maclurei* Ching
	井栏边草 *Pteris multifida* Poir. LXP-09-07086
	斜羽凤尾蕨 *Pteris oshimensis* Hieron. 桃源洞新记录 LXP-09-6274
	栗柄凤尾蕨 *Pteris plumbea* Christ 桃源洞新记录 LXP-09-6278
	蜈蚣草 *Pteris vittata* L. LXP-09-07093
30	中国蕨科 **Sinopteridaceae**
	银粉背蕨 *Aleuritopteris argentea*（Gmel.）Fee
	粉背蕨 *Aleuritopteris pseudofarinosa* Ching et S. K. Wu 中国特有种
	毛轴碎米蕨 *Cheilosoria chusana*（Hook.）Ching et Shing
	中华隐囊蕨 *Notholaena chinensis* Bak. 中国特有种
	野雉尾金粉蕨 *Onychium japonicum*（Thunb.）Kze. LXP-09-10136；LXP-13-5331
	栗柄金粉蕨 *Onychium japonicum*（Thunb.）Kze. var. *lucidum*（Don）Christ LXP-09-07187

科序	种（中国特有种、桃源洞新记录及 / 或标本号）
31	铁线蕨科 **Adiantaceae**
	扇叶铁线蕨 *Adiantum flabellulatum* L.
	粤铁线蕨 *Adiantum lianxianense* Ching et Y. X. Lin 中国特有种
33	裸子蕨科 **Hemionitidaceae**
	南岳凤丫蕨 *Coniogramme centrochinensis* Ching 中国特有种
	峨眉凤丫蕨 *Coniogramme emeiensis* Ching et Shing 桃源洞新记录 LXP-13-5320
	普通凤丫蕨 *Coniogramme intermedia* Hieron
	凤丫蕨 *Coniogramme japonica*（Thunb.）Diels LXP-09-00628
	井冈山凤丫蕨 *Coniogramme jinggangshanensis* Ching et Shing 中国特有种
35	书带蕨科 **Vittariaceae**
	书带蕨 *Vittaria flexuosa* Fee LXP-09-6133
	平肋书带蕨 *Vittaria fudzinoi* Makino 中国特有种
36	蹄盖蕨科 **Athyriaceae**
	毛柄短肠蕨 *Allantodia dilatata*（Bl.）Ching 桃源洞新记录 LXP-09-07926
	薄盖短肠蕨 *Allantodia hachijoensis*（Nakai）Ching
	江南短肠蕨 *Allantodia metteniana*（Miq.）Ching
	假耳羽短肠蕨 *Allantodia okudairai*（Makino）Ching
	鳞柄短肠蕨 *Allantodia squamigera*（Mett.）Ching
	耳羽短肠蕨 *Allantodia wichurae*（Mett.）Ching
	华东安蕨 *Anisocampium sheareri*（Bak.）Ching
	假蹄盖蕨 *Athyriopsis japonica*（Thunb.）Ching
	昆明假蹄盖蕨 *Athyriopsis longipes* Ching
	毛轴短羽假蹄盖蕨 *Athyriopsis petersenii* var. *corena*（Bak.）Ching
	毛轴假蹄盖蕨 *Athyriopsis petersenii*（Kunze）Ching
	长江蹄盖蕨 *Athyrium iseanum* Rosenst.
	日本蹄盖蕨 *Athyrium niponicum*（Mett.）Hance
	光蹄盖蕨 *Athyrium otophorum*（Miq.）Koidz.
	软刺蹄盖蕨 *Athyrium strigillosum*（Moore ex Lowe）Moore ex Salom
	尖头蹄盖蕨 *Athyrium vidalii*（Franch. et Sav.）Nakai
	胎生蹄盖蕨 *Athyrium viviparum* Christ 中国特有种
	华中蹄盖蕨 *Athyrium wardii*（Hook.）Makino
	禾秆蹄盖蕨 *Athyrium yokoscense*（Franch. et Sav.）Christ
	菜蕨 *Callipteris esculenta*（Retz.）J. Sm. ex Moore et Houlst.
	角蕨 *Cornopteris decurrentialata*（Hook.）Nakai
	厚叶双盖蕨 *Diplazium crassiusculum* Ching 桃源洞新记录 LXP-09-07598
	单叶双盖蕨 *Diplazium subsinuatum*（Wall. ex Hook. et Grev.）Tagawa LXP-13-5460
	介蕨 *Dryoathyrium boryanum*（Willd.）Ching
	华中介蕨 *Dryoathyrium okuboanum*（Makino）Ching
	东亚羽节蕨 *Gymnocarpium oyamense*（Bak.）Ching
38	金星蕨科 **Thelypteridaceae**
	小叶钩毛蕨 *Cyclogramma flexilis*（Christ）Tagawa

科序	种（中国特有种、桃源洞新记录及/或标本号）

渐尖毛蕨 *Cyclosorus acuminatus*（Houtt.）Nakai

华南毛蕨 *Cyclosorus parasiticus*（L.）Farwell.

戟叶圣蕨 *Dictyocline sagittifolia* Ching　中国特有种　LXP-09-00741

方秆蕨 *Glaphyropteridopsis erubescens*（Hook.）Ching

峨眉茯蕨 *Leptogramma scallanii*（Christ）Ching

针毛蕨 *Macrothelypteris oligophlebia*（Bak.）Ching

普通针毛蕨 *Macrothelypteris torresiana*（Gaud.）Ching　桃源洞新记录　LXP-09-408

翠绿针毛蕨 *Macrothelypteris viridifrons*（Tagawa）Ching

林下凸轴蕨 *Metathelypteris hattorii*（H. Ito）Ching

疏羽凸轴蕨 *Metathelypteris laxa*（Franch. et Sav.）Ching

中华金星蕨 *Parathelypteris chinensis* Ching ex Shing　中国特有种

金星蕨 *Parathelypteris glanduligera*（Kze.）Ching

中日金星蕨 *Parathelypteris nipponica*（Franch. et Sav.）Ching

延羽卵果蕨 *Phegopteris decursivepinnata*（van Hall）Fee　LXP-09-07356

披针新月蕨 *Pronephrium penangianum*（Hook.）Holtt.　LXP-13-3036

镰片假毛蕨 *Pseudocyclosorus falcilobus*（Hook.）Ching　LXP-09-00608

普通假毛蕨 *Pseudocyclosorus subochthodes*（Ching）Ching　桃源洞新记录　LXP-09-07966

耳状紫柄蕨 *Pseudophegopteris aurita*（Hook.）Ching

紫柄蕨 *Pseudophegopteris pyrrhorachis*（Kunze）Ching

39　铁角蕨科 Aspleniaceae

华南铁角蕨 *Asplenium austrochinense* Ching

虎尾铁角蕨 *Asplenium incisum* Thunb.

胎生铁角蕨 *Asplenium indicum* Sledge

棕鳞铁角蕨 *Asplenium indicum* Sledge var. *yoshinagae*（Makino）Ching et S. H. Wu　桃源洞新记录　LXP-09-06436

倒挂铁角蕨 *Asplenium normale* Don　LXP-09-6546

长叶铁角蕨 *Asplenium prolongatum* Hook.

华中铁角蕨 *Asplenium sarelii* Hook.

铁角蕨 *Asplenium trichomanes* L.　LXP-13-3019

三翅铁角蕨 *Asplenium tripteropus* Nakai

半边铁角蕨 *Asplenium unilaterale* Lam.

狭翅铁角蕨 *Asplenium wrightii* Eaton ex Hook.　LXP-13-5327

41　球子蕨科 Onocleaceae

东方荚果蕨 *Matteuccia orientalis*（Hook.）Trev.　LXP-09-07244

42　乌毛蕨科 Blechnaceae

乌毛蕨 *Blechnum orientale* L.

狗脊 *Woodwardia japonica*（L. f.）Sm.　LXP-09-48

珠芽狗脊 *Woodwardia prolifera* Hook. et Arn.　LXP-09-275

顶芽狗脊 *Woodwardia unigemmata*（Makino）Nakai　LXP-13-3062

科序	种（中国特有种、桃源洞新记录及/或标本号）

44　柄盖蕨科 Peranemaceae

鱼鳞蕨 *Acrophorus stipellatus*（Wall.）Moore

45　鳞毛蕨科 Dryopteridaceae

刺头复叶耳蕨 *Arachniodes exilis*（Hance）Ching　中国特有种

斜方复叶耳蕨 *Arachniodes rhomboidea*（Wall. ex Mett.）Ching　LXP-13-3252

华西复叶耳蕨 *Arachniodes simulans*（Ching）Ching

美丽复叶耳蕨 *Arachniodes speciosa*（D. Don）Ching

紫云山复叶耳蕨 *Arachniodes ziyunshanensis* Y. T. Hsieh　中国特有种

镰羽贯众 *Cyrtomium balansae*（Christ）C. Chr.　LXP-09-07920

刺齿贯众 *Cyrtomium caryotideum*（Wall. ex HK. et Grev.）Presl　桃源洞新记录　LXP-13-5321

披针贯众 *Cyrtomium devexiscapulae*（Koidz.）Ching

贯众 *Cyrtomium fortunei* J. Sm.　LXP-13-3003

大叶贯众 *Cyrtomium macrophyllum*（Makino）Tagawa

斜方贯众 *Cyrtomium trapezoideum* Ching et Shing　桃源洞新记录　LXP-09-394

暗鳞鳞毛蕨 *Dryopteris atrata*（Kunze）Ching

阔鳞鳞毛蕨 *Dryopteris championii*（Benth.）C. Chr.　LXP-13-3395

迷人鳞毛蕨 *Dryopteris decipiens*（Hook.）O. Ktze.

红盖鳞毛蕨 *Dryopteris erythrosora*（Eaton）O. Ktze.

黑足鳞毛蕨 *Dryopteris fuscipes* C. Chr.

齿头鳞毛蕨 *Dryopteris labordei*（Christ）C. Chr.

两广鳞毛蕨 *Dryopteris liangkwangensis* Ching　中国特有种

倒鳞鳞毛蕨 *Dryopteris reflexosquamata* Hayata　桃源洞新记录　LXP-09-239

川西鳞毛蕨 *Dryopteris rosthornii*（Diels）C. Chr.

无盖鳞毛蕨 *Dryopteris scottii*（Bedd.）Ching ex C. Chr.

两色鳞毛蕨 *Dryopteris setosa*（Thunb.）Akasawa

奇羽鳞毛蕨 *Dryopteris sieboldii*（van Houtte ex Mett.）O. Ktze

稀羽鳞毛蕨 *Dryopteris sparsa*（Buch.-Ham. ex D. Dun）O. Ktze.

华南鳞毛蕨 *Dryopteris tenuicula* Matthew et Christ

变异鳞毛蕨 *Dryopteris varia*（L.）O. Ktze.

大羽鳞毛蕨 *Dryopteris wallichiana*（Spreng.）Hylander

四回毛枝蕨 *Leptorumohra quadripinnata*（Hayata）H. Ito

大羽黔蕨 *Phanerophlebiopsis kweichowensis* Ching　中国特有种

陈氏耳蕨 *Polystichum chunii* Ching　中国特有种

对生耳蕨 *Polystichum deltodon*（Bak.）Diels

小戟叶耳蕨 *Polystichum hancockii*（Hance）Diels

长鳞耳蕨 *Polystichum longipaleatum* Christ

黑鳞耳蕨 *Polystichum makinoi*（Tagawa）Tagawa　LXP-09-16

假黑鳞耳蕨 *Polystichum pseudomakinoi* Tagawa

戟叶耳蕨 *Polystichum tripteron*（Kunze）Presl　桃源洞新记录　LXP-13-4125

对马耳蕨 *Polystichum tsussimense*（Hook.）J. Sm.

续表

科序	种（中国特有种、桃源洞新记录及／或标本号）	科序	种（中国特有种、桃源洞新记录及／或标本号）
46	**三叉蕨科 Aspidiaceae**		表面星蕨 *Microsorum superficiale*（Blume）Ching LXP-09-6252
	泡鳞肋毛蕨 *Ctenitis mariformis*（Ros.）Ching　中国特有种		剑叶盾蕨 *Neolepisorus ensatus*（Thunb.）Ching
	阔鳞肋毛蕨 *Ctenitis maximowicziana*（Miq.）Ching		梵净山盾蕨 *Neolepisorus lancifolius* Ching et Shing　中国特有种　桃源洞新记录　LXP-13-4087
	棕鳞肋毛蕨 *Ctenitis pseudorhodolepis* Ching et C. H. Wang 中国特有种		盾蕨 *Neolepisorus ovatus*（Bedd.）Ching LXP-09-07340
49	**舌蕨科 Elaphoglossaceae**		截基盾蕨 *Neolepisorus truncatus* Ching et P. S. Wang
	舌蕨 *Elaphoglossum conforme*（Sw.）Schott　桃源洞新记录 LXP-09-07588		大果假瘤蕨 *Phymatopteris griffithiana*（Hook.）Pic. Serm. 桃源洞新记录　LXP-09-6022
	华南舌蕨 *Elaphoglossum yoshinagae*（Yatabe）Makino		金鸡脚假瘤蕨 *Phymatopteris hastata*（Thunb.）Pic. Serm. LXP-09-00665
50	**肾蕨科 Nephrolepidaceae**		喙叶假瘤蕨 *Phymatopteris rhynchophylla*（Hook.）Pic. Serm. 桃源洞新记录　LXP-09-07311
	肾蕨 *Nephrolepis auriculata*（L.）Trimen		友水龙骨 *Polypodiodes amoena*（Wall. ex Mett.）Ching　桃源洞新记录　LXP-13-4066
56	**水龙骨科 Polypodiaceae**		日本水龙骨 *Polypodiodes niponica*（Mett.）Ching LXP-09-6573
	节肢蕨 *Arthromeris lehmanni*（Mett.）Ching　桃源洞新记录 LXP-09-101		相近石韦 *Pyrrosia assimilis*（Baker）Ching　中国特有种　桃源洞新记录　LXP-09-10037
	龙头节肢蕨 *Arthromeris lungtauensis* Ching　LXP-09-10060		光石韦 *Pyrrosia calvata*（Baker）Ching　桃源洞新记录 LXP-09-07607
	线蕨 *Colysis elliptica*（Thunb.）Ching		石韦 *Pyrrosia lingua*（Thunb.）Farwell　LXP-09-07083
	曲边线蕨 *Colysis elliptica*（Thunb.）Ching var. *flexiloba*（Christ）L. Shi et X. C. Zhang		有柄石韦 *Pyrrosia petiolosa*（Christ）Ching　桃源洞新记录 LXP-09-6142
	宽羽线蕨 *Colysis elliptica*（Thunb.）Ching var. *pothifolia* Ching　桃源洞新记录　LXP-09-395		庐山石韦 *Pyrrosia sheareri*（Baker）Ching　中国特有种
	抱树莲 *Drymoglossum piloselloides*（L.）C. Presl　桃源洞新记录　LXP-09-446		相似石韦 *Pyrrosia similis* Ching
	丝带蕨 *Drymotaenium miyoshianum* Makino　桃源洞新记录 LXP-09-07324		石蕨 *Saxiglossum angustissimum*（Gies.）Ching　桃源洞新记录　LXP-09-10030
	伏石蕨 *Lemmaphyllum microphyllum* C. Presl　桃源洞新记录 LXP-09-00712	**57**	**槲蕨科 Drynariaceae**
	披针骨牌蕨 *Lepidogrammitis diversa*（Rosenst.）Ching　中国特有种　桃源洞新记录　LXP-09-10029		西南槲蕨 *Drynaria fortunei*（Kze.）J. Sm.
	抱石莲 *Lepidogrammitis drymoglossoides*（Baker）Ching 中国特有种　桃源洞新记录　LXP-09-07611	**59**	**禾叶蕨科 Grammitidaceae**
	骨牌蕨 *Lepidogrammitis rostrata*（Bedd.）Ching　桃源洞新记录　LXP-09-6056		锡金锯蕨 *Micropolypodium sikkimensis*（Hieron.）X. C. Zhang
	鳞果星蕨 *Lepidomicrosorum buergerianum*（Miq.）Ching et Shing	**60**	**剑蕨科 Loxogrammaceae**
	黄瓦韦 *Lepisorus asterolepis*（Baker）Ching　LXP-09-103		中华剑蕨 *Loxogramme chinensis* Ching
	庐山瓦韦 *Lepisorus lewisii*（Baker）Ching　中国特有种　桃源洞新记录　LXP-09-07664		褐柄剑蕨 *Loxogramme duclouxdi* Christ
	粤瓦韦 *Lepisorus obscurevenulosus*（Hayata）Ching LXP-09-6014		匙叶剑蕨 *Loxogramme grammitoides*（Baker）C. Chr.
	鳞瓦韦 *Lepisorus oligolepidus*（Baker）Ching		柳叶剑蕨 *Loxogramme salicifolia*（Makino）Makino
	瓦韦 *Lepisorus thunbergianus*（Kaulf.）Ching　LXP-13-4033	**61**	**苹科 Marsileaceae**
	江南星蕨 *Microsorum fortunei*（T. Moore）Ching LXP-13-3006		苹 *Marsilea quadrifolia* L.
		62	**槐叶苹科 Salviniaceae**
			槐叶苹 *Salvinia natans*（L.）All.
		63	**满江红科 Azollaceae**
			满江红 *Azolla imbricata*（Roxb.）Nakai

附表 5　湖南桃源洞国家级自然保护区种子植物编目

摘要：根据野外考察、标本采集和鉴定，并参考过往的考察报告，以及《中国植物志》和 *Flora of China* 等相关文献，编录为本名录。统计表明，桃源洞地区野生种子植物共 191 科 778 属 2036 种，其中裸子植物 6 科 12 属 14 种；被子植物 185 科 766 属 2022 种。裸子植物按《中国植物志》系统（第七卷）（郑万钧和傅立国，1978）、被子植物按哈钦松系统（1926～1934 年）排序，并根据吴征镒（2006）的科属概念等文献进行适当调整。* 表示栽培种。

裸子植物	裸子植物
2　银杏科 Ginkgoaceae	水杉 *Metasequoia glyptostroboides* Hu et Cheng　中国特有种
银杏 *Ginkgo biloba* Linn.　LXP-13-4255	**6　柏科 Cupressaceae**
4　松科 Pinaceae	柏木 *Cupressus funebris* Endl.　中国特有种
资源冷杉 *Abies beshanzuensis* var. *ziyuanensis*（L.K.Fu et S.L.Mo）L.K.Fu et Nan Li　中国特有种　LXP-13-4533	福建柏 *Fokienia hodginsii*（Dunn）Henry et Thomas　LXP-09-6065
银杉 *Cathaya argyrophylla* Chun et Kuang　中国特有种 LXP-09-07308	侧柏 * *Platycladus orientalis*（Linn.）Franco
湿地松 * *Pinus elliottii* Engelm.	圆柏 *Sabina chinensis*（Linn.）Ant.
马尾松 *Pinus massoniana* Lamb.　中国特有种　LXP-09-07433	**7　罗汉松科 Podocarpaceae**
台湾松 *Pinus taiwanensis* Hayata　中国特有种　LXP-09-6107	罗汉松 * *Podocarpus macrophyllus*（Thunb.）D. Don
金钱松 * *Pseudolarix amabilis*（Nelson）Rehd.　中国特有种	**8　三尖杉科 Cephalotaxaceae**
雪松 * *Schnabelia deodara*（Roxb.）G. Don	三尖杉 *Cephalotaxus fortunei* Hook. f.　LXP-09-07630
铁杉 *Tsuga chinensis*（Franch.）Pritz.　中国特有种 LXP-09-07290	粗榧 *Cephalotaxus sinensis*（Rehd. et Wils.）Li　中国特有种 桃源洞新记录 DY3-1186
5　杉科 Taxodiaceae	**9　红豆杉科 Taxaceae**
柳杉 * *Cryptomeria fortunei* Hooibrenk ex Otto et Dietr.	穗花杉 *Amentotaxus argotaenia*（Hance）Pilger　LXP-09-6579；LXP-13-4282
杉木 *Cunninghamia lanceolata*（Lamb.）Hook.　中国特有种 LXP-09-313	南方红豆杉 *Taxus wallichiana* Zucc. var. *mairei*（Lemee et Levl.）L.K.Fu et Nan Li　LXP-09-07302

被子植物	被子植物
1　木兰科 Magnoliaceae	武当木兰 *Magnolia sprengeri* Pampan.　中国特有种　桃源洞新记录　LXP-09-10088
黄山木兰 *Magnolia cylindrica* Wils.　中国特有种　桃源洞新记录　LXP-09-07276	桂南木莲 *Manglietia chingii* Dandy　LXP-09-6032
玉兰 *Magnolia denudata* Desr.　中国特有种　LXP-09-211	木莲 *Manglietia fordiana* Oliv.　LXP-09-07301
荷花玉兰 * *Magnolia grandiflora* Linn.	乳源木莲 *Manglietia yuyuanensis* Law　中国特有种　桃源洞新记录　LXP-09-07079
厚朴 *Magnolia officinalis* Rehd. et Wils.　中国特有种	乐昌含笑 *Michelia chapensis* Dandy　TYD1-1301
凹叶厚朴 *Magnolia officinalis* Rehd. et Wils. subsp. *biloba*（Rehd. et Wils.）Law　中国特有种　LXP-13-3142	紫花含笑 *Michelia crassipes* Law　中国特有种
天女木兰 *Magnolia sieboldii* K. Koch　桃源洞新记录 DY1-1167；LXP-09-328	含笑花 *Michelia figo*（Lour.）Spreng.　桃源洞新记录 LXP-13-4122

被子植物	被子植物
金叶含笑 *Michelia foveolata* Merr. ex Dandy　LXP-09-07304	大叶桂 *Cinnamomum iners* Reinw. ex Bl.　桃源洞新记录　LXP-13-3375
灰毛含笑 *Michelia foveolata* Merr. ex Dandy var. *cinerascens* Law et Y. F. Wu　桃源洞新记录　LXP-13-5400	野黄桂 *Cinnamomum jensenianum* Hand.-Mazz.　中国特有种　桃源洞新记录　LXP-09-6015
深山含笑 *Michelia maudiae* Dunn　中国特有种　LXP-09-6186	沉水樟 *Cinnamomum micranthum*（Hay.）Hay　桃源洞新记录　LXP-09-07146
阔瓣含笑 * *Michelia platypetala* Hand.-Mazz.　中国特有种	少花桂 *Cinnamomum pauciflorum* Nees　LXP-09-07184
野含笑 *Michelia skinneriana* Dunn　中国特有种　LXP-09-138	黄樟 *Cinnamomum porrectum*（Roxb.）Kosterm.　LXP-13-3227
乐东拟单性木兰 *Parakmeria lotungensis*（Chun et C. Tsoong）Law　中国特有种　桃源洞新记录　LXP-09-07280	香桂 *Cinnamomum subavenium* Miq.　LXP-09-97
1.1　八角科 Illiciaceae	川桂 *Cinnamomum wilsonii* Gamble　中国特有种　LXP-09-07035
短柱八角 *Illicium brevistylum* A. C. Smith　中国特有种　桃源洞新记录　LXP-09-6552	乌药 *Lindera aggregata*（Sims）Kosterm　LXP-09-07534
红茴香 *Illicium henryi* Diels　中国特有种　桃源洞新记录　LXP-13-5548	狭叶山胡椒 *Lindera angustifolia* Cheng
假地枫皮 *Illicium jiadifengpi* B. N. Chang 中国特有种　桃源洞新记录　DY1-1156	香叶树 *Lindera communis* Hemsl.
红毒茴 *Illicium lanceolatum* A. C. Smith　中国特有种　LXP-13-4049	红果山胡椒 *Lindera erythrocarpa* Makino　LXP-09-07120
大八角 *Illicium majus* Hook. f. et Thoms.　桃源洞新记录　LXP-09-00701	绿叶甘橿 *Lindera fruticosa* Hemsl.
八角 *Illicium verum* Hook. f.　桃源洞新记录　LXP-09-07376	山胡椒 *Lindera glauca*（Sieb. et Zucc.）Bl　LXP-09-07009
1.2　五味子科 Schisandraceae	黑壳楠 *Lindera megaphylla* Hemsl.　中国特有种　LXP-09-07182；LXP-09-6251
黑老虎 *Kadsura coccinea*（Lem.）A. C. Smith　LXP-09-10031	毛黑壳楠 *Lindera megaphylla* Hemsl. form. *trichodada*（Rehd.）Cheng　LXP-09-6295
异形南五味子 *Kadsura heteroclita*（Roxb.）Craib　桃源洞新记录　LXP-13-4348	绒毛山胡椒 *Lindera nacusua*（D. Don）Merr.　桃源洞新记录　LXP-09-6577
南五味子 *Kadsura longipedunculata* Finet et Gagnep.　中国特有种　LXP-13-3004	香粉叶 *Lindera pulcherrima*（Wall.）Benth. var. *attenuata* Allen　中国特有种　LXP-09-07391
二色五味子 *Schisandra bicolor* Cheng　中国特有种　桃源洞新记录　LXP-09-07436	山橿 *Lindera reflexa* Hemsl.　中国特有种　LXP-09-07028
金山五味子 *Schisandra glaucescens* Diels　中国特有种	毛豹皮樟 *Litsea coreana* Levl. var. *lanuginosa*（Migo）Yang et P. H. Huang　中国特有种
翼梗五味子 *Schisandra henryi* Clarke.　中国特有种　LXP-09-07222	山鸡椒 *Litsea cubeba*（Lour.）Pers.
铁箍散 *Schisandra propinqua*（Wall.）Baill. var. *sinensis* Oliv.　中国特有种	黄丹木姜子 *Litsea elongata*（Wall. ex Nees）Benth. et Hook. f.　LXP-09-6567
华中五味子 *Schisandra sphenanthera* Rehd. et Wils.　中国特有种　LXP-13-5280	石木姜子 *Litsea elongata*（Wall. ex Nees）Benth. et Hook. f. var. *faberi*（Hemsl.）Yang et P. H. Huang　中国特有种　LXP-09-07204
8　番荔枝科 Annonaceae	近轮叶木姜子 *Litsea elongata*（Wall. ex Nees）Benth. et Hook. f. var. *subverticillata*（Yang）Yang et P. H. Huang
尖叶瓜馥木 *Fissistigma acuminatissimum* Merr.	清香木姜子 *Litsea euosma* W. W. Sm.
瓜馥木 *Fissistigma oldhamii*（Hemsl.）Merr.　中国特有种　桃源洞新记录　LXP-09-10169	毛叶木姜子 *Litsea mollis* Hemsl.　中国特有种
香港瓜馥木 *Fissistigma uonicum*（Dunn）Merr.　中国特有种	木姜子 *Litsea pungens* Hemsl.　中国特有种　桃源洞新记录　LXP-09-565
11　樟科 Lauraceae	豺皮樟 *Litsea rotundifolia* Hemsl. var. *oblongifolia*（Nees）Allen
毛黄肉楠 *Actinodaphne pilosa*（Lour.）Merr.　桃源洞新记录　LXP-09-10102	栓皮木姜子 *Litsea suberosa* Yang et P. H. Huang　中国特有种　桃源洞新记录　LXP-09-6081
无根藤 *Cassytha filiformis* Linn.	钝叶木姜子 *Litsea veitchiana* Gamble　中国特有种
毛桂 *Cinnamomum appelianum* Schewe　中国特有种　LXP-09-07265	基脉润楠 *Machilus decursinervis* Chun
华南桂 *Cinnamomum austrosinense* H. T. Chang　中国特有种　LXP-09-07205	宜昌润楠 *Machilus ichangensis* Rehd. et Wils.　中国特有种　LXP-09-27
猴樟 *Cinnamomum bodinieri* Levl.　中国特有种	薄叶润楠 *Machilus leptophylla* Hand.-Mazz.　中国特有种　桃源洞新记录　LXP-09-6163
樟 *Cinnamomum camphora*（Linn.）Presl	
肉桂 *Cinnamomum cassia* Presl　桃源洞新记录　LXP-13-4367	

被子植物	被子植物
木姜润楠 *Machilus litseifolia* S. Lee　中国特有种	扬子铁线莲 *Clematis ganpniniana*（Levl. et Vant.）Tamura
刨花润楠 *Machilus pauhoi* Kanehira　中国特有种 LXP-09-00686	单叶铁线莲 *Clematis henryi* Oliv.　中国特有种　LXP-09-6283
凤凰润楠 *Machilus phoenicis* Dunn　中国特有种　桃源洞新记录　LXP-09-07046	毛蕊铁线莲 *Clematis lasiandra* Maxim.
润楠 *Machilus pingii* Cheng ex Yang　中国特有种　桃源洞新记录　LXP-13-3123	锈毛铁线莲 *Clematis leschenaultiana* DC.
红楠 *Machilus thunbergii* Sieb. et Zucc.　LXP-09-6184	毛柱铁线莲 *Clematis meyeniana* Walp.　DY1-1105
绒毛润楠 *Machilus velutina* Champ. ex Benth.	绣球藤 *Clematis montana* Buch.-Ham. ex DC.　LXP-09-6070
新木姜子 *Neolitsea aurata*（Hay.）Koidz.　LXP-09-6091	裂叶铁线莲 *Clematis parviloba* Gardn. et Champ.　中国特有种　桃源洞新记录　LXP-13-3382
云和新木姜子 *Neolitsea aurata*（Hay.）Koidz. var. *paraciculata*（Nakai）Yang et P. H. Huang　中国特有种　LXP-09-07162	曲柄铁线莲 *Clematis repens* Finet et Gagn.　中国特有种
锈叶新木姜子 *Neolitsea cambodiana* Lec.	柱果铁线莲 *Clematis uncinata* Champ.
簇叶新木姜子 *Neolitsea confertifolia*（Hemsl.）Merr.　中国特有种	尾叶铁线莲 *Clematis urophylla* Franch.　中国特有种 LXP-09-6213
大叶新木姜子 *Neolitsea levinei* Merr.　中国特有种 LXP-09-07545	小齿铁线莲 *Clematis urophylla* Franch. var. *obtusiuscula* Schneid.　中国特有种　桃源洞新记录
美丽新木姜子 *Neolitsea pulchella*（Meissn.）Merr.　中国特有种　桃源洞新记录　LXP-09-07201	黄连 *Coptis chinensis* Franch.　中国特有种
新宁新木姜子 *Neolitsea shingningensis* Yang et P. H. Huang　中国特有种　LXP-09-07291	短萼黄连 *Coptis chinensis* Franch. var. *brevisepala* W. T. Wang et Hsiao　中国特有种　桃源洞新记录　LXP-13-5649
闽楠 *Phoebe bournei*（Hemsl.）Yang　中国特有种	还亮草 *Delphinium anthriscifolium* Hance
竹叶楠 *Phoebe faberi*（Hemsl.）Chun　中国特有种　桃源洞新记录　LXP-09-158	蕨叶人字果 *Dichocarpum dalzielii*（Drumm. et Hutch.）W. T. Wang et Hsiao　中国特有种　LXP-13-5467
湘楠 *Phoebe hunanensis* Hand.-Mazz.　中国特有种 LXP-13-5779	禺毛茛 *Ranunculus cantoniensis* DC.　LXP-13-3112
白楠 *Phoebe neurantha*（Hemsl.）Gamble 中国特有种　桃源洞新记录　LXP-13-3083	茴茴蒜 *Ranunculus chinensis* Bunge
光枝楠 *Phoebe neuranthoides* S. Lee et F. N. Wei　中国特有种　桃源洞新记录　LXP-13-3201	毛茛 *Ranunculus japonicus* Thunb.
紫楠 *Phoebe sheareri*（Hemsl.）Gamble	石龙芮 *Ranunculus sceleratus* L.
檫木 *Sassafras tzumu*（Hemsl.）Hemsl.　中国特有种　DY1-1060	扬子毛茛 *Ranunculus sieboldii* Miq.
15　毛茛科 Ranunculaceae	猫爪草 *Ranunculus ternatus* Thunb.
乌头 *Aconitum carmichaeli* Debx.	天葵 *Semiaquilegia adoxoides*（DC.）Makino
狭盔高乌头 *Aconitum sinomontanum* Nakai var. *angustius* W. T. Wang　中国特有种	尖叶唐松草 *Thalictrum acutifolium*（Hand.-Mazz.）Boivin　中国特有种　LXP-13-5641
鹅掌草 *Anemone flaccida* Fr. Schmidt	大叶唐松草 *Thalictrum faberi* Ulbr.　中国特有种 LXP-09-00672
打破碗花花 *Anemone hupehensis* Lem.　中国特有种	华东唐松草 *Thalictrum fortunei* S. Moore　中国特有种　桃源洞新记录　LXP-13-5363
秋牡丹 *Anemone hupehensis* Lem. var. *japonica*（Thunb.）Bowles et Stearn　中国特有种	长喙唐松草 *Thalictrum macrorhynchum* Franch.　中国特有种　桃源洞新记录　LXP-09-6511
升麻 *Cimicifuga foetida* L.　桃源洞新记录　LXP-13-4336	东亚唐松草 *Thalictrum minus* L. var. *hypoleucum*（Sieb. et Zucc.）Miq.
女萎 *Clematis apiifolia* DC.　桃源洞新记录 DY2-1251	阴地唐松草 *Thalictrum umbricola* Ulbr.　中国特有种
钝齿铁线莲 *Clematis apiifolia* DC. var. *obtusidentata* Rehd. et Wils.　中国特有种　LXP-09-572;DY1-1176	**17　金鱼藻科 Ceratophyllaceae**
粗齿铁线莲 *Clematis argentilucida*（Levl. et Vant.）W. T. Wang	金鱼藻 *Ceratophyllum demersum* L.
小木通 *Clematis armandii* Franch.　DY2-1204	**18　睡莲科 Nymphaeaceae**
威灵仙 *Clematis chinensis* Osbeck	中华萍蓬草 *Nuphar sinensis* Hand.-Mazz.　桃源洞新记录 LXP-09-282
山木通 *Clematis finetiana* Levl. et Vaniot　中国特有种 LXP-13-4044；LXP-09-07501	**18.1　莼菜科 Cabombaceae**
	莼菜 *Brasenia schreberi* J. F. Gmel.
	18.2　莲科 Nelumbonaceae
铁线莲 *Clematis florida* Thunb.　中国特有种	莲* *Nelumbo nucifera* Gaertn.
	19　小檗科 Berberidaceae
	华东小檗 *Berberis chingii* Cheng　中国特有种　LXP-09-6090

被子植物	被子植物

豪猪刺 *Berberis julianae* Schneid.　中国特有种　LXP-09-6028

假豪猪刺 *Berberis soulieana* Schneid.　中国特有种　桃源洞新记录 LXP-09-07364

庐山小檗 *Berberis virgetorum* Schneid.　中国特有种

阔叶十大功劳 *Mahonia bealei* (Fort.) Carr.　中国特有种 LXP-09-6088

十大功劳 *Mahonia fortunei* (Lindl.) Fedde　中国特有种

19.2　南天竹科 Nandinaceae

南天竹 *Nandina domestica* Thunb.　LXP-13-4014

19.3　足叶草科 Podophyllaceae

八角莲 *Dysosma versipellis* (Hance) M. Cheng ex Ying　中国特有种 LXP-13-3304

淫羊藿 *Epimedium brevicornu* Maxim.　中国特有种

湖南淫羊藿 *Epimedium hunanense* (Hand.-Mazz.) Hand.-Mazz.　中国特有种　LXP-09-07319

三枝九叶草 *Epimedium sagittatum* (Sieb. et Zucc.) Maxim.　桃源洞新记录　LXP-09-6323

20.3　瘿椒树科 Tapisciaceae

瘿椒树 *Tapiscia sinensis* Oliv.　中国特有种　LXP-09-07242

21　木通科 Lardizabalaceae

木通 *Akebia quinata* (Houtt.) Decne.

三叶木通 *Akebia trifoliata* (Thunb.) Koidz.　LXP-09-07011

白木通 *Akebia trifoliata* (Thunb.) Koidz. subsp. *australis* (Diels) T. Shimizu　中国特有种

鹰爪枫 *Holboellia coriacea* Diels　中国特有种　LXP-09-6347

牛姆瓜 *Holboellia grandiflora* Reaub.

八月瓜 *Holboellia latifolia* Wall.

黄蜡果 *Stauntonia brachyanthera* Hand.-Mazz.　中国特有种　桃源洞新记录　LXP-09-6350

野木瓜 *Stauntonia chinensis* DC.　中国特有种　LXP-09-07025

显脉野木瓜 *Stauntonia conspicua* R. H. Chang　中国特有种　桃源洞新记录　LXP-13-4118

牛藤果 *Stauntonia elliptica* Hemsl.　桃源洞新记录　LXP-09-450

钝药野木瓜 *Stauntonia leucantha* Diels ex Y. C. Wu　中国特有种

倒卵叶野木瓜 *Stauntonia obovata* Hemsl.　中国特有种　桃源洞新记录　LXP-09-07021

五指那藤 *Stauntonia obovatifoliola* Hayata subsp. *intermedia* (C. Y. Wu) T. Chen　桃源洞新记录　LXP-09-6554

21.1　大血藤科 Sargentodoxaceae

大血藤 *Sargentodoxa cuneata* (Oliv.) Rehd. et Wils.　中国特有种　LXP-09-07457

23　防己科 Menispermaceae

木防己 *Cocculus orbiculatus* (Linn.) DC.

粉叶轮环藤 *Cyclea hypoglauca* (Schauer) Diels

轮环藤 *Cyclea racemosa* Oliv.　中国特有种　LXP-09-07361

秤钩风 *Diploclisia affinis* (Oliv.) Diels　中国特有种 LXP-09-07065

蝙蝠葛 *Menispermum dauricum* DC.

细圆藤 *Pericampylus glaucus* (Lam.) Merr.　桃源洞新记录 LXP-09-07907

风龙 *Sinomenium acutum* (Thunb.) Rehd. et Wils. LXP-09-07260

金线吊乌龟 *Stephania cepharantha* Hayata　中国特有种 LXP-09-548

江南地不容 *Stephania excentrica* Lo　中国特有种　桃源洞新记录　LXP-09-00625

千金藤 *Stephania japonica* (Thunb.) Miers

粉防己 *Stephania tetrandra* S. Moore　中国特有种 LXP-13-4484

青牛胆 *Tinospora sagittata* (Oliv.) Gagnep.　LXP-13-5456

24　马兜铃科 Aristolochiaceae

马兜铃 *Aristolochia debilis* Sieb. et Zucc.

寻骨风 *Aristolochia mollissima* Hance　中国特有种

管花马兜铃 *Aristolochia tubiflora* Dunn　中国特有种 LXP-09-07074

尾花细辛 *Asarum caudigerum* Hance　LXP-09-07271

小叶马蹄香 *Asarum ichangense* C. Y. Cheng et C. S. Yang　中国特有种

祁阳细辛 *Asarum magnificum* Tsiang ex C. Y. Cheng et C. S. Yang　中国特有种

五岭细辛 *Asarum wulingense* C. F. Liang　中国特有种 LXP-09-07272

28　胡椒科 Piperaceae

竹叶胡椒 *Piper bambusafolium* Tseng　中国特有种　桃源洞新记录　LXP-09-6344

山蒟 *Piper hancei* Maxim.　中国特有种　LXP-09-10013

石南藤 *Piper wallichii* (Miq.) Hand.-Mazz.

29　三白草科 Saururaceae

蕺菜 *Houttuynia cordata* Thunb　DY1-1103

三白草 *Saururus chinensis* (Lour.) Baill.　LXP-13-3264

30　金粟兰科 Chloranthaceae

丝穗金粟兰 *Chloranthus fortunei* (A. Gray) Solms-Laub.　中国特有种

宽叶金粟兰 *Chloranthus henryi* Hemsl.　中国特有种 TYD2-1343

湖北金粟兰 *Chloranthus henryi* Hemsl. var. *hupehensis* (Pamp.) K. F. Wu　中国特有种

多穗金粟兰 *Chloranthus multistachys* Pei　中国特有种　桃源洞新记录 TYD2-1384

及已 *Chloranthus serratus* (Thunb.) Roem et Schult

华南金粟兰 *Chloranthus sessilifolius* K. F. Wu var. *austro-sinensis* K. F. Wu　中国特有种　桃源洞新记录　LXP-09-00626

草珊瑚 *Sarcandra glabra* (Thunb.) Nakai　LXP-09-00714

32　紫堇科 Fumariaceae

北越紫堇 *Corydalis balansae* Prain

夏天无 *Corydalis decumbens* (Thunb.) Pers.　LXP-13-5304；LXP-09-6515

紫堇 *Corydalis edulis* Maxim.　中国特有种

被子植物	被子植物

蛇果黄堇 *Corydalis ophiocarpa* Hook. f. et Thoms 桃源洞新记录 LXP-09-6326

黄堇 *Corydalis pallida* (Thunb.) Pers.

小花黄堇 *Corydalis racemosa* (Thunb.) Pers. LXP-13-5328

地锦苗 *Corydalis sheareri* S. Moore LXP-13-5324；LXP-09-6504

32.1 罂粟科 Papaveraceae

血水草 *Eomecon chionantha* Hance 中国特有种 LXP-09-6505

荷青花 *Hylomecon japonica* (Thunb.) Prantl

博落回 *Macleaya cordata* (Willd.) R. Br. LXP-09-07010

36 醉蝶花科 Cleomaceae

白花菜 *Cleome gynandra* L.

黄花草 *Cleome viscosa* L.

39 十字花科 Cruciferae

鼠耳芥 *Arabidopsis thaliana* (L.) Heynh.

芥蓝 * *Brassica alboglabra* L. H. Bailey

青菜 * *Brassica chinensis* L.

大头菜 * *Brassica juncea* (L.) Czern. et Coss. var. *megarrhiza* Tsen et Lee

甘蓝 * *Brassica oleracea* L.

荠 *Capsella bursapastoris* (L.) Medic.

弯曲碎米荠 *Cardamine flexuosa* With

碎米荠 *Cardamine hirsuta* L. LXP-13-5519

弹裂碎米荠 *Cardamine impatiens* L.

水田碎米荠 *Cardamine lyrata* Bge.

华中碎米荠 *Cardamine urbaniana* O. E. Schulz

堇叶碎米荠 *Cardamine violifolia* O. E. Schulz 桃源洞新记录 LXP-09-00624

翅柄岩荠 *Cochlearia alatipes* Hand.-Mazz.

北美独行菜 *Lepidium virginicum* L.

萝卜 * *Raphanus sativus* L.

广州蔊菜 *Rorippa cantoniensis* (Lour.) Ohwi

无瓣蔊菜 *Rorippa dubia* (Pers.) Hara LXP-13-3017

蔊菜 *Rorippa indica* (L.) Hiern. LXP-09-07173

沼生蔊菜 *Rorippa islandica* (Oed.) Borb. LXP-09-299

菥蓂 *Thlaspi arvense* L.

湖南阴山荠 *Yinshania hunanensis* (Y.H.Zhang) Al-Shehbaz et al. 中国特有种

双牌阴山荠 *Yinshania rupicola* Subsp. *shuangpaiensis* (Z. Y. Li) Al-Shehbaz et al. 中国特有种

40 堇菜科 Violaceae

戟叶堇菜 *Viola betonicifolia* J. E. Smith LXP-13-3008

球果堇菜 *Viola collina* Bess. 桃源洞新记录 LXP-09-6156

心叶堇菜 *Viola concordifolia* C. J. Wang 中国特有种 桃源洞新记录 LXP-13-4331

深圆齿堇菜 *Viola davidii* Franch. 中国特有种 桃源洞新记录 LXP-09-07066；LXP-09-07328

七星莲 *Viola diffusa* Ging. LXP-13-5587；LXP-09-6210

紫花堇菜 *Viola grypoceras* A. Gray LXP-09-07218

光叶堇菜 *Viola hossei* W. Beck. 桃源洞新记录 LXP-09-526

日本球果堇菜 *Viola hondoensis* W. Becker & H. Boissieu 桃源洞新记录

长萼堇菜 *Viola inconspicua* Blume LXP-09-07456

江西堇菜 *Viola kiangsiensis* W. Beck. 中国特有种 LXP-13-4575

亮毛堇菜 *Viola lucens* W. Beck. 中国特有种 桃源洞新记录 LXP-09-07062

犁头叶堇菜 *Viola magnifica* C. J. Wang et X. D. Wang 中国特有种 桃源洞新记录 LXP-09-07267

堇 *Viola moupinensis* Franch. 桃源洞新记录 LXP-09-6569

紫花地丁 *Viola philippica* Cav.

柔毛堇菜 *Viola principis* H. de Boiss. 中国特有种

庐山堇菜 *Viola stewardiana* W. Beck. 中国特有种 LXP-09-07193

三角叶堇菜 *Viola triangulifolia* W. Beck. 中国特有种

堇菜 *Viola verecunda* A. Gray DY1-1046

42 远志科 Polygalaceae

尾叶远志 *Polygala caudata* Rehd. et Wils. 中国特有种

黄花倒水莲 *Polygala fallax* Hemsl. 中国特有种 LXP-09-07043

狭叶香港远志 *Polygala hongkongensis* Hemsl. var. *stenophylla* (Hay.) Migo 中国特有种 桃源洞新记录 LXP-09-07107

瓜子金 *Polygala japonica* Houtt. 桃源洞新记录 LXP-09-07279

曲江远志 *Polygala koi* Merr. 中国特有种 桃源洞新记录 LXP-09-07306

西伯利亚远志 *Polygala sibirica* Linn.

小扁豆 *Polygala tatarinowii* Regel

齿果草 *Salomonia cantoniensis* Lour.

45 景天科 Crassulaceae

东南景天 *Sedum alfredii* Hance

大苞景天 *Sedum amplibracteatum* K. T. Fu 桃源洞新记录 LXP-09-07352

珠芽景天 *Sedum bulbiferum* Makino 桃源洞新记录 LXP-09-07537

凹叶景天 *Sedum emarginatum* Migo 中国特有种 TYD1-1253

日本景天 *Sedum japonicum* Sieb. ex Miq.

佛甲草 *Sedum lineare* Thunb. LXP-09-00719

垂盆草 *Sedum sarmentosum* Bunge LXP-09-00607

细小景天 *Sedum subtile* Miq. 桃源洞新记录 LXP-09-6542

石莲 *Sinocrassula indica* (Decne.) Berger

47 虎耳草科 Saxifragaceae

落新妇 *Astilbe chinensis* (Maxim.) Franch. et Savat.

大落新妇 *Astilbe grandis* Stapf ex Wils.

肾萼金腰 *Chrysosplenium delavayi* Franch. 桃源洞新记录 LXP-09-6162

日本金腰 *Chrysosplenium japonicum* (Maxim.) Makino 桃源洞新记录 LXP-09-6048

续表

被子植物	被子植物
绵毛金腰 *Chrysosplenium lanuginosum* Hook. f. et Thoms. 桃源洞新记录 DY1-1032	鹅肠菜 *Myosoton aquaticum*（L.）Moench
大叶金腰 *Chrysosplenium macrophyllum* Oliv.　中国特有种 LXP-13-5538	孩儿参 *Pseudostellaria heterophylla*（Miq.）Pax
罗霄山虎耳草 *Saxifraga luoxiaoensis* W. B. Liao, L. Wang et X. J. Zhang, sp. nov. 神农峰　LXP-13-24953	漆姑草 *Sagina japonica*（Sw.）Ohwi　LXP-13-3034
神农虎耳草 *Saxifraga shennongii* W. B. Liao, L. Wang & J. J. Zhang, sp. nov. 瑶族乡　LXP-09-09089	女娄菜 *Silene aprica* Turcz. ex Fisch. et Mey.
虎耳草 *Saxifraga stolonifera* Curt.　LXP-09-6114	鹤草 *Silene fortunei* Vis.　中国特有种
黄水枝 *Tiarella polyphylla* D. Don　LXP-09-6119	中国繁缕 *Stellaria chinensis* Regel　中国特有种　桃源洞新记录　LXP-09-6121
47.2　鼠刺科 Iteaceae	繁缕 *Stellaria media*（L.）Cyr.　LXP-13-3463
鼠刺 *Itea chinensis* Hook. et Arn.　桃源洞新记录　LXP-13-3094	雀舌草 *Stellaria uliginosa* Murr.
矩叶鼠刺 *Itea oblonga* Hand.-Mazz.　中国特有种 LXP-09-6063	箐姑草 *Stellaria vestita* Kurz　LXP-09-6206；LXP-09-07975
47.4　扯根菜科 Penthoraceae	巫山繁缕 *Stellaria wushanensis* Williams　中国特有种　桃源洞新记录　LXP-09-10119
扯根菜 *Penthorum chinense* Pursh	麦蓝菜 *Vaccaria segetalis*（Neck.）Garcke
47.5　绣球花科 Hydrangeaceae	**56　马齿苋科 Portulacaceae**
草绣球 *Cardiandra moellendorffii*（Hance）Migo LXP-09-00734	马齿苋 *Portulaca oleracea* L.
常山 *Dichroa febrifuga* Lour.　TYD2-1351	土人参 * *Talinum paniculatum*（Jacq.）Gaertn.　LXP-13-3293
中国绣球 *Hydrangea chinensis* Maxim.　LXP-13-4455	**57　蓼科 Polygonaceae**
白皮绣球 *Hydrangea kwangsiensis* Hu var. *hedyotidea*（Chun） C. M. Hu　中国特有种	金线草 *Antenoron filiforme*（Thunb.）Rob. et Vaut. LXP-13-3056
圆锥绣球 *Hydrangea paniculata* Sieb.　LXP-13-4162	短毛金线草 *Antenoron neofiliforme*（Nakai）Hara　中国特有种　桃源洞新记录
柳叶绣球 *Hydrangea stenophylla* Merr. et Chen　中国特有种 桃源洞新记录　LXP-09-6044	金荞麦 *Fagopyrum dibotrys*（D. Don）Hara　LXP-09-07237
蜡莲绣球 *Hydrangea strigosa* Rehd.　中国特有种　桃源洞新记录　LXP-09-07275	荞麦 * *Fagopyrum esculentum* Moench
白耳菜 *Parnassia foliosa* Hook. f. et Thoms.	何首乌 *Fallopia multiflora*（Thunb.）Harald.
鸡肫草 *Parnassia wightiana* Wall. ex Wight et Arn.	两栖蓼 *Polygonum amphibium* L.
绢毛山梅花 *Philadelphus sericanthus* Koehne　中国特有种	萹蓄 *Polygonum aviculare* L.
星毛冠盖藤 *Pileostegia tomentella* Hand.-Mazz.　中国特有种	毛蓼 *Polygonum barbatum* L.
冠盖藤 *Pileostegia viburnoides* Hook. f. et Thoms. LXP-09-07345	头花蓼 *Polygonum capitatum* Buch.-Ham. ex D. Don　桃源洞新记录 DY2-1026
钻地风 *Schizophragma integrifolium* Oliv.　中国特有种	火炭母 *Polygonum chinense* L.
47.7　溲疏科 Deutziaceae	窄叶火炭母 *Polygonum chinense* L. var. *paradoxum*（Levl.）A. J. Li　桃源洞新记录　LXP-13-3262
长江溲疏 *Deutzia schneideriana* Rehd.　中国特有种	蓼子草 *Polygonum criopolitanum* Hance　中国特有种
四川溲疏 *Deutzia setchuenensis* Franch.　中国特有种　桃源洞新记录　LXP-09-10090	大箭叶蓼 *Polygonum darrisii* Levl.　中国特有种
48　茅膏菜科 Droseraceae	稀花蓼 *Polygonum dissitiflorum* Hemsl　LXP-09-6102
光萼茅膏菜 *Drosera peltata* Smith var. *glabrata* Y. Z. Ruan	水蓼 *Polygonum hydropiper* L.　LXP-09-6124
53　石竹科 Caryophyllaceae	蚕茧草 *Polygonum japonicum* Meisn.
无心菜 *Arenaria serpyllifolia* L.　中国特有种	愉悦蓼 *Polygonum jucundum* Meisn.　中国特有种 LXP-13-3067
簇生卷耳 *Cerastium fontanum* Baumg. subsp. *triviale*（Link） Jalas	酸模叶蓼 *Polygonum lapathifolium* L.
球序卷耳 *Cerastium glomeratum* Thuill.	长鬃蓼 *Polygonum longisetum* De Br.
狗筋蔓 *Cucubalus baccifer* L.	小蓼花 *Polygonum muricatum* Meisn.
石竹 *Dianthus chinensis* L.	尼泊尔蓼 *Polygonum nepalense* Meisn.　LXP-09-07224
长萼瞿麦 *Dianthus longicalyx* Miq.	红蓼 *Polygonum orientale* L.
瞿麦 *Dianthus superbus* L.	杠板归 *Polygonum perfoliatum* L.　LXP-13-3466
荷莲豆草 *Drymaria diandra* Bl.　桃源洞新记录　LXP-09-10121	习见蓼 *Polygonum plebeium* R. Br.
剪春罗 *Lychnis coronata* Thunb.	丛枝蓼 *Polygonum posumbu* Buch.-Ham. ex D. Don　LXP-13-3113
	羽叶蓼 *Polygonum runcinatum* Buch.-Ham. ex D. Don
	赤胫散 *Polygonum runcinatum* Buch.-Ham. ex D. Don var. *sinense* Hemsl.　中国特有种

续表

被子植物	被子植物
刺蓼 *Polygonum senticosum*（Meisn.）Franch. et Sav. LXP-13-3229	天竺葵 *Pelargonium hortorum* Bailey
箭叶蓼 *Polygonum sieboldii* Meisn. DY3-1037	**69 酢浆草科 Oxalidaceae**
支柱蓼 *Polygonum suffultum* Maxim. 桃源洞新记录 LXP-13-3028	山酢浆草 *Oxalis acetosella* L. subsp. *Griffithii*（Edgew. et HK. f.）Hara TYD2-1304
戟叶蓼 *Polygonum thunbergii* Sieb. LXP-13-3350	酢浆草 *Oxalis corniculata* L. LXP-09-6093
香蓼 *Polygonum viscosum* Buch.-Ham. ex D. Don	**71 凤仙花科 Balsaminaceae**
虎杖 *Reynoutria japonica* Houtt. 桃源洞新记录 LXP-13-4337	凤仙花 *Impatiens balsamina* L.
酸模 *Rumex acetosa* L.	睫毛萼凤仙花 *Impatiens blepharosepala* Pritz. ex Diels 中国特有种 LXP-13-3101
皱叶酸模 *Rumex crispus* L.	华凤仙 *Impatiens chinensis* L.
羊蹄 *Rumex japonicus* Houtt.	鸭跖草状凤仙花 *Impatiens commellinoides* Hand.-Mazz. 中国特有种 LXP-13-4476
59 商陆科 Phytolaccaceae	牯岭凤仙花 *Impatiens davidi* Franch. 中国特有种 LXP-09-00687
商陆 *Phytolacca acinosa* Roxb. TYD2-1432	井冈山凤仙花 *Impatiens jinggangensis* Y. L. Chen 中国特有种 桃源洞新记录 DY1-1112
垂序商陆 *Phytolacca americana* L. LXP-13-3272	水金凤 *Impatiens nolitangere* L.
日本商陆 *Phytolacca japonica* Makino 桃源洞新记录 LXP-09-07571	黄金凤 *Impatiens siculifer* Hook. f. 中国特有种 LXP-09-07186
多雄蕊商陆 *Phytolacca polyandra* Batalin 中国特有种	**72 千屈菜科 Lythraceae**
61 藜科 Chenopodiaceae	水苋菜 *Ammannia baccifera* Linn.
厚皮菜 *Beta vulgaris* L. var. *cicla* L.	多花水苋 *Ammannia multiflora* Roxb.
藜 *Chenopodium album* L.	尾叶紫薇 *Lagerstroemia caudata* Chun et How ex S. Lee et L. Lan 中国特有种
土荆芥 *Chenopodium ambrosioides* L.	紫薇 *Lagerstroemia indica* Linn.
地肤 *Kochia scoparia*（L.）Schrad.	千屈菜 *Lythrum salicaria* Linn. 桃源洞新记录 LXP-13-3478
菠菜 *Spinacia oleracea* L.	节节菜 *Rotala indica*（Willd.）Koehne
63 苋科 Amaranthaceae	圆叶节节菜 *Rotala rotundifolia*（Buch.-Ham. ex Roxb.）Koehne
土牛膝 *Achyranthes aspera* L.	**75 安石榴科 Punicaceae**
牛膝 *Achyranthes bidentata* Blume LXP-09-357	石榴 *Punica granatum* Linn.
柳叶牛膝 *Achyranthes longifolia*（Makino）Makino LXP-09-07233	**77 柳叶菜科 Onagraceae**
喜旱莲子草 *Alternanthera philoxeroides*（Mart.）Griseb.	露珠草 *Circaea cordata* Royle 桃源洞新记录 LXP-09-18
莲子草 *Alternanthera sessilis*（L.）DC.	谷蓼 *Circaea erubescens* Franch. et Sav. DY1-1173
绿穗苋 *Amaranthus hybridus* L.	南方露珠草 *Circaea mollis* S. et Z. LXP-13-4008
凹头苋 *Amaranthus lividus* L.	匍匐露珠草 *Circaea repens* Wallich ex Asch. et Magnus 桃源洞新记录 LXP-13-4211
繁穗苋 *Amaranthus paniculatus* L.	光滑柳叶菜 *Epilobium amurense* Hausskn. subsp. *cephalostigma*（Hausskn.）C. J. Chen
刺苋 *Amaranthus spinosus* L.	短叶柳叶菜 *Epilobium brevifolium* D. Don 桃源洞新记录 LXP-13-5646
苋 *Amaranthus tricolor* L.	柳叶菜 *Epilobium hirsutum* L.
青葙 *Celosia argentea* L.	长籽柳叶菜 *Epilobium pyrricholophum* Franch. et Savat. LXP-13-4574
鸡冠花 *Celosia cristata* L.	假柳叶菜 *Ludwigia epilobioides* Maxim.
64 落葵科 Basellaceae	丁香蓼 *Ludwigia prostrata* Roxb. LXP-13-4527
落葵 *Basella alba* L.	**78 二仙草科 Haloragaceae**
66 蒺藜科 Zygophyllaceae	小二仙草 *Haloragis micrantha*（Thunb.）R. Br. LXP-09-07451
蒺藜 *Tribulus terrester* L.	狐尾藻 *Myriophyllum verticillatum* L.
67 牛儿苗科 Geraniaceae	
牻牛儿苗 *Erodium stephanianum* Willd.	
野老鹳草 *Geranium carolinianum* L.	
尼泊尔老鹳草 *Geranium nepalense* Sweet DY2-1190	
鼠掌老鹳草 *Geranium sibiricum* L.	
老鹳草 *Geranium wilfordii* Maxim. 桃源洞新记录 LXP-09-00682	

续表

被子植物	被子植物

被子植物

79　水马齿科 Callitrichaceae

沼生水马齿 *Callitriche palustris* L.

81　瑞香科 Thymelaeaceae

芫花 *Daphne genkwa* Sieb. et Zucc.

毛瑞香 *Daphne kiusiana* var. *atrocaulis*（Rehd.）F. Maekawa　中国特有种　LXP-09-10012

结香 *Edgeworthia chrysantha* Lindl.　中国特有种

了哥王 *Wikstroemia indica*（L.）C. A. Mey.

北江荛花 *Wikstroemia monnula* Hance　中国特有种　桃源洞新记录　LXP-09-07030

细轴荛花 *Wikstroemia nutans* Champ. ex Benth.

白花荛花 *Wikstroemia trichotoma*（Thunb.）Makino

83　紫茉莉科 Nyctaginaceae

紫茉莉 * *Mirabilis jalapa* L.　LXP-09-311

84　山龙眼科 Proteaceae

小果山龙眼 *Helicia cochinchinensis* Lour.

网脉山龙眼 *Helicia reticulata* W. T. Wang　中国特有种　桃源洞新记录　LXP-09-6036

88　海桐花科 Pittosporaceae

光叶海桐 *Pittosporum glabratum* Lindl.

狭叶海桐 *Pittosporum glabratum* Lindl. var. *nerifolium* Rehd. et Wils.

海金子 *Pittosporum illicioides* Makino　LXP-09-00692

少花海桐 *Pittosporum pauciflorum* Hook. et Arn.　桃源洞新记录　LXP-13-4478

尖萼海桐 *Pittosporum subulisepalum* Hu et Wang　中国特有种　桃源洞新记录　LXP-09-07961

海桐 * *Pittosporum tobira*（Thunb.）Ait.

93　刺篱木科 Flacourtiaceae

山桐子 *Idesia polycarpa* Maxim.　LXP-09-163

柞木 *Xylosma congesta*（Lour.）Merr.　桃源洞新记录　LXP-09-07577

103　葫芦科 Cucurbitaceae

盒子草 *Actinostemma tenerum* Griff.　LXP-09-412

冬瓜 * *Benincasa hispida*（Thunb.）Cogn.

黄瓜 * *Cucumis sativus* Linn.

南瓜 * *Cucurbita moschata*（Duch. ex Lam.）Duch. ex Poiret

光叶绞股蓝 *Gynostemma laxum*（Wall.）Cogn.　桃源洞新记录　LXP-09-406

绞股蓝 *Gynostemma pentaphyllum*（Thunb.）Makino　LXP-09-07191

毛果绞股蓝 *Gynostemma pentaphyllum*（Thunb.）Makino var. *dasycarpum* C. Y. Wu ex C. Y. Wu et S. K. Chen　桃源洞新记录　LXP-13-4301

雪胆 *Hemsleya chinensis* Cogn. ex Forbes et Hemsl.　中国特有种

葫芦 * *Lagenaria siceraria*（Molina）Standl.

广东丝瓜 * *Luffa acutangula*（Linn.）Roem.

丝瓜 * *Luffa cylindrica*（Linn.）Roem.

苦瓜 * *Momordica charantia* Linn.

木鳖子 *Momordica cochinchinensis*（Lour.）Spreng.

茅瓜 *Solena amplexicaulis*（Lam.）Gandhi　桃源洞新记录　LXP-09-459

赤瓟 *Thladiantha dubia* Bunge　桃源洞新记录　LXP-13-4366

长叶赤瓟 *Thladiantha longifolia* Cogn. ex Oliv.　中国特有种　桃源洞新记录　DY2-1098

南赤瓟 *Thladiantha nudiflora* Hemsl. ex Forbes et Hemsl.　DY2-1255；LXP-09-10052

王瓜 *Trichosanthes cucumeroides*（Ser.）Maxim.　LXP-13-3177

栝楼 *Trichosanthes kirilowii* Maxim.　LXP-09-210

长萼栝楼 *Trichosanthes laceribractea* Hayata　中国特有种　桃源洞新记录　LXP-09-07037

全缘栝楼 *Trichosanthes ovigera* Bl.　桃源洞新记录　TYD2-1356

中华栝楼 *Trichosanthes rosthornii* Harms　中国特有种　桃源洞新记录　DY1-1042

马㼏儿 *Zehneria indica*（Lour.）Keraudren　桃源洞新记录　LXP-13-3071

104　秋海棠科 Begoniaceae

美丽秋海棠 *Begonia algaia* L. B. Smith et D. C. Wasshausen　中国特有种　桃源洞新记录　LXP-09-06376

周裂秋海棠 *Begonia circumlobata* Hance　中国特有种

秋海棠 *Begonia grandis* Dry　中国特有种

中华秋海棠 *Begonia grandis* Dry subsp. *sinensis*（A. DC.）Irmsch.　中国特有种

裂叶秋海棠 *Begonia palmata* D. Don

掌裂叶秋海棠 *Begonia pedatifida* Levl.　中国特有种　桃源洞新记录　LXP-09-184

108　山茶科 Theaceae

尖叶川杨桐 *Adinandra bockiana* Pritzel ex Diels var. *acutifolia*（Hand.-Mazz.）Kobuski　中国特有种

杨桐 *Adinandra millettii*（Hook. et Arn.）Benth. et Hook. f. ex Hance　中国特有种　LXP-09-07554

心叶毛蕊茶 *Camellia cordifolia*（Metc.）Nakai　中国特有种

贵州连蕊茶 *Camellia costei* Levl.　中国特有种　桃源洞新记录　LXP-09-07137

尖连蕊茶 *Camellia cuspidata* Wright　中国特有种　桃源洞新记录

柃叶连蕊茶 *Camellia euryoides* Lindl.　中国特有种　桃源洞新记录　LXP-09-07635

油茶 *Camellia oleifera* Abel.　LXP-09-07013

川萼连蕊茶 *Camellia rosthorniana* Hand.-Mazz.　中国特有种

茶 *Camellia sinensis*（L.）O. Ktze.　LXP-09-07567；LXP-09-00691

红淡比 *Cleyera japonica* Thunb.　LXP-09-00764

厚叶红淡比 *Cleyera pachyphylla* Chun ex H. T. Chang　中国特有种　LXP-09-6021

尖萼毛柃 *Eurya acutisepala* Hu et L. K. Ling　中国特有种　LXP-09-6062

翅柃 *Eurya alata* Kobuski　中国特有种　LXP-13-3031

微毛柃 *Eurya hebeclados* Ling　中国特有种　LXP-09-6112

被子植物	被子植物
细枝柃 *Eurya loquaiana* Dunn　中国特有种　LXP-09-100	黄毛猕猴桃 *Actinidia fulvicoma* Hance　中国特有种　LXP-09-07320
格药柃 *Eurya muricata* Dunn　中国特有种　LXP-09-6004	绵毛猕猴桃 *Actinidia fulvicoma* Hance var. *lanata*（Hemsl.）C. F. Liang　桃源洞新记录　LXP-09-07225
毛枝格药柃 *Eurya muricata* Dunn var. *huiana*（Kobuski）L. K. Ling　中国特有种	小叶猕猴桃 *Actinidia lanceolata* Dunn　中国特有种　LXP-09-07073
细齿叶柃 *Eurya nitida* Korthals	阔叶猕猴桃 *Actinidia latifolia*（Gardn. et Champ.）Merr.
黄背叶柃 *Eurya nitida* Korthals var. *aurescens*（Rehd. et Wils.）Kobuski	黑蕊猕猴桃 *Actinidia melanandra* Franch.　中国特有种
窄基红褐柃 *Eurya rubiginosa* H. T. Chang var. *attenuata* H. T. Chang　中国特有种　桃源洞新记录　LXP-09-07384	美丽猕猴桃 *Actinidia melliana* Hand.-Mazz.　中国特有种
岩柃 *Eurya saxicola* H. T. Chang　中国特有种　桃源洞新记录　LXP-09-07643	安息香猕猴桃 *Actinidia styracifolia* C. F. Liang　中国特有种　桃源洞新记录　LXP-09-07388
半齿柃 *Eurya semiserrata* H. T. Chang　中国特有种　桃源洞新记录　LXP-09-6033	毛蕊猕猴桃 *Actinidia trichogyna* Franch.　中国特有种
四角柃 *Eurya tetragonoclada* Merr. et Chun　中国特有种　LXP-09-07257	对萼猕猴桃 *Actinidia valvata* Dunn 中国特有种
单耳柃 *Eurya weissiae* Chun　中国特有种　LXP-09-07634	**118　桃金娘科 Myrtaceae**
银木荷 *Schima argentea* Pritz.　中国特有种　LXP-13-4593	赤楠 *Syzygium buxifolium* Hook. et Arn.　LXP-09-07287
木荷 *Schima superba* Gardn. et Champ.	轮叶蒲桃 *Syzygium grijsii*（Hance）Merr. et Perry　中国特有种　桃源洞新记录　LXP-09-139
天目紫茎 *Stewartia gemmata* Chien et Cheng　中国特有种　桃源洞新记录　LXP-09-00729	**120　野牡丹科 Melastomataceae**
紫茎 *Stewartia sinensis* Rehd. et Wils　中国特有种　桃源洞新记录　LXP-13-5629	线萼金花树 *Blastus apricus*（Hand.-Mazz.）H. L. Li　中国特有种　LXP-09-06472
厚皮香 *Ternstroemia gymnanthera*（Wight et Arn.）Beddome　LXP-09-07042	柏拉木 *Blastus cochinchinensis* Lour.
厚叶厚皮香 *Ternstroemia kwangtungensis* Merr.	金花树 *Blastus dunnianus* Levl.　中国特有种　桃源洞新记录　LXP-09-07055
尖萼厚皮香 *Ternstroemia luteoflora* L. K. Ling　中国特有种　LXP-09-00755	腺毛金花树 *Blastus dunnianus* Levl. var. *glandulosetosus* C. Chen　中国特有种　桃源洞新记录　LXP-13-3248
亮叶厚皮香 *Ternstroemia nitida* Merr.　中国特有种	留行草 *Blastus ernae* Hand.-Mazz.　中国特有种　桃源洞新记录　LXP-09-07941
粗毛核果茶 *Pyrenaria hirta*（Hand.-Mazz.）H. Keng　中国特有种	少花柏拉木 *Blastus pauciflorus*（Benth.）Guillaum.　中国特有种　桃源洞新记录　LXP-09-00731
112　猕猴桃科 Actinidiaceae	过路惊 *Bredia quadrangularis* Cogn.　中国特有种　LXP-13-3308
刚毛藤山柳 *Clematoclethra scandens* Maxim.　桃源洞新记录　DY1-1176	鸭脚茶 *Bredia sinensis*（Diels）H. L. Li　中国特有种
紫果猕猴桃 *Actinidia arguta*（Sieb. et Zucc.）Planch. ex Miq. var. *purpurea*（Rehd.）C. F. Liang　桃源洞新记录 DY1-1158	异药花 *Fordiophyton faberi* Stapf　中国特有种
硬齿猕猴桃 *Actinidia callosa* Lindl.　桃源洞新记录　LXP-09-07432	肥肉草 *Fordiophyton fordii*（Oliv.）Krass.　中国特有种　桃源洞新记录　LXP-09-07483
尖叶猕猴桃 *Actinidia callosa* Lindl. var. *acuminata* C. F. Liang　桃源洞新记录　LXP-09-07052	毛柄肥肉草 *Fordiophyton fordii*（Oliv.）Krass. var. *pilosum* C. Chen　桃源洞新记录　LXP-13-3078
异色猕猴桃 *Actinidia callosa* Lindl. var. *discolor* C. F. Liang　中国特有种　LXP-09-07970	地菍 *Melastoma dodecandrum* Lour.　DY2-1078
京梨猕猴桃 *Actinidia callosa* Lindl. var. *henryi* Maxim.　中国特有种	金锦香 *Osbeckia chinensis* Linn.
中华猕猴桃 *Actinidia chinensis* Planch.　中国特有种　DY2-1144	朝天罐 *Osbeckia opipara* C. Y. Wu et C. Chen
硬毛猕猴桃 *Actinidia chinensis* Planch. var. *hispida* C. F. Liang　中国特有种	锦香草 *Phyllagathis cavaleriei*（Levl. et Van.）Guillaum.　中国特有种　LXP-09-07155
金花猕猴桃 *Actinidia chrysantha* C. F. Liang　中国特有种　桃源洞新记录　LXP-13-4326	肉穗草 *Sarcopyramis bodinieri* Levl. et Vaniot　中国特有种　桃源洞新记录　LXP-09-07171
毛花猕猴桃 *Actinidia eriantha* Benth.　中国特有种　DY1-1062；LXP-09-07510	楮头红 *Sarcopyramis nepalensis* Wall.　中国特有种　桃源洞新记录 DY2-1012
	126　藤黄科 Guttiferae
	木竹子 *Garcinia multiflora* Champ. ex Benth.
	黄海棠 *Hypericum ascyron* L.
	赶山鞭 *Hypericum attenuatum* Choisy　LXP-13-3331

续表

被子植物	被子植物

挺茎遍地金 *Hypericum elodeoides* Choisy　LXP-13-3182

小连翘 *Hypericum erectum* Thunb. ex Murray　LXP-13-4477

扬子小连翘 *Hypericum faberi* R. Keller　中国特有种　桃源洞新记录　LXP-09-6120

地耳草 *Hypericum japonicum* Thunb. ex Murray　LXP-13-3134

金丝桃 *Hypericum monogynum* L.　中国特有种　LXP-13-5650

贯叶连翘 *Hypericum perforatum* L.　桃源洞新记录　LXP-13-4427

元宝草 *Hypericum sampsonii* Hance　TYD2-1397

密腺小连翘 *Hypericum seniavinii* Maxim.　中国特有种　桃源洞新记录　LXP-09-07087

128　椴树科 Tiliaceae

田麻 *Corchoropsis tomentosa*（Thunb.）Makino　LXP-09-07115；LXP-13-4564

扁担杆 *Grewia biloba* G. Don

白毛椴 *Tilia endochrysea* Hand.-Mazz.　中国特有种

粉椴 *Tilia oliveri* Szyszyl.　中国特有种

椴树 *Tilia tuan* Szyszyl.　中国特有种　LXP-09-07482

毛刺蒴麻 *Triumfetta cana* Bl.　桃源洞新记录　LXP-13-3151

128.1　杜英科 Elaeocarpaceae

中华杜英 *Elaeocarpus chinensis*（Gardn. et Champ.）Hook. f.　LXP-09-6188

褐毛杜英 *Elaeocarpus duclouxii* Gagn.　中国特有种　LXP-09-07080

秃瓣杜英 *Elaeocarpus glabripetalus* Merr.　中国特有种

日本杜英 *Elaeocarpus japonicus* Sieb. et Zucc.　LXP-09-07056

山杜英 *Elaeocarpus sylvestis*（Lour.）Poir.

猴欢喜 *Sloanea sinensis*（Hance）Hemsl.　LXP-09-6294

130　梧桐科 Sterculiaceae

梧桐* *Firmiana simplex*（L.）W. Wight　LXP-09-06367

马松子 *Melochia corchorifolia* Linn.

瑶山梭罗 *Reevesia glaucophylla* Hsue　中国特有种

132　锦葵科 Malvaceae

黄蜀葵 *Abelmoschus manihot*（L.）Medik.

苘麻 *Abutilon theophrasti* Medik.

陆地棉* *Gossypium hirsutum* Linn.

木芙蓉 *Hibiscus mutabilis* Linn.　中国特有种

庐山芙蓉 *Hibiscus paramutabilis* Bailey var. *paramutabilis*　桃源洞新记录　DY2-1281

华木槿 *Hibiscus sinosyriacus* Bailey　中国特有种

木槿 *Hibiscus syriacus* Linn.　中国特有种

冬葵* *Malva crispa* Linn.

野葵 *Malva verticillata* Linn.　桃源洞新记录　LXP-13-3414

白背黄花稔 *Sida rhombifolia* Linn.

地桃花 *Urena lobata* Linn.

135.1　古柯科 Erythroxylaceae

东方古柯 *Erythroxylum sinense* C. Y. Wu　LXP-09-07336

136　大戟科 Euphorbiaceae

铁苋菜 *Acalypha australis* L.

湖南山麻杆 *Alchornea hunanensis* H. S. Kiu　中国特有种

红背山麻杆 *Alchornea trewioides*（Benth.）Muell. -Arg.

毛果巴豆 *Croton lachnocarpus* Benth.　中国特有种

乳浆大戟 *Euphorbia esula* Linn.

泽漆 *Euphorbia helioscopia* Linn.

湖北大戟 *Euphorbia hylonoma* Hand.-Mazz.

钩腺大戟 *Euphorbia sieboldiana* Morr. et Decne

算盘子 *Glochidion puberum*（Linn.）Hutch.　中国特有种　LXP-09-07973

里白算盘子 *Glochidion triandrum*（Blanco）C. B. Rob.　桃源洞新记录　LXP-09-07512

湖北算盘子 *Glochidion wilsonii* Hutch.　中国特有种　LXP-09-00732

白背叶 *Mallotus apelta*（Lour.）Muell.-Arg.　DY2-1137

毛桐 *Mallotus barbatus*（Wall.）Muell.-Arg.

野桐 *Mallotus japonicus*（Thunb.）Muell.-Arg. var. *floccosus* S. M. Hwang　中国特有种　DY1-1071

绒毛野桐 *Mallotus japonicus*（Thunb.）Muell.-Arg. var. *oreophilus* S. M. Hwang　桃源洞新记录　LXP-13-4079

东南野桐 *Mallotus lianus* Croiz.　中国特有种　LXP-09-07136

粗糠柴 *Mallotus philippensis*（Lam.）Muell.-Arg.　LXP-13-4085

石岩枫 *Mallotus repandus*（Willd.）Muell.-Arg.

落萼叶下珠 *Phyllanthus flexuosus*（Sieb. et Zucc.）Muell.-Arg.

青灰叶下珠 *Phyllanthus glaucus* Wall. ex Muell.-Arg.　LXP-09-07122

叶下珠 *Phyllanthus urinaria* Linn.　LXP-09-298

蜜甘草 *Phyllanthus ussuriensis* Rupr. et Maxim.

黄珠子草 *Phyllanthus virgatus* Forst. f.　LXP-13-3140

蓖麻* *Ricinus communis* L.

山乌桕 *Sapium discolor*（Champ. ex Benth.）Muell.-Arg.　LXP-13-3178

白木乌桕 *Sapium japonicum*（Sieb. et Zucc.）Pax et Hoffm.　LXP-09-577

乌桕 *Sapium sebiferum*（Linn.）Roxb.

油桐 *Vernicia fordii*（Hemsl.）Airy Shaw　LXP-09-164

木油桐 *Vernicia montana* Lour.

136.1　五月茶科 Stilaginaceae

日本五月茶 *Antidesma japonicum* Sieb. et Zucc.　LXP-13-4294

重阳木 *Bischofia polycarpa*（Levl.）Airy Shaw　中国特有种

143　蔷薇科 Rosaceae

小花龙芽草 *Agrimonia nipponica* Koidz. var. *occidentalis* Skalicky　桃源洞新记录　DY2-1271

龙芽草 *Agrimonia pilosa* Ldb.　LXP-09-07250

桃* *Amygdalus persica* L.　LXP-13-3192

杏* *Armeniaca vulgaris* Lam.

钟花樱桃 *Cerasus campanulata*（Maxim.）Yu et Li　LXP-09-07216

微毛樱桃 *Cerasus clarofolia*（Schneid.）Yu et Li　中国特有种　LXP-13-5671

被子植物	被子植物
尾叶樱桃 *Cerasus dielsiana*（Schneid.）Yu et Li 中国特有种 LXP-09-6561	小叶石楠 *Photinia parvifolia*（Pritz.）Schneid. 中国特有种 LXP-09-07441；LXP-13-3084
迎春樱桃 *Cerasus discoidea* Yu et Li 中国特有种 桃源洞新记录 LXP-13-5275	桃叶石楠 *Photinia prunifolia*（Hook. et Arn.）Lindl. LXP-09-6182
多毛樱桃 *Cerasus polytricha*（Koehne）Yu et Li 中国特有种 桃源洞新记录 LXP-13-4425	绒毛石楠 *Photinia schneideriana* Rehd. et Wils. 中国特有种 LXP-09-07054；LXP-13-5345
樱桃 *Cerasus pseudocerasus*（Lindl.）G. Don 中国特有种 LXP-09-216	石楠 *Photinia serrulata* Lindl. LXP-09-07610
山樱花 *Cerasus serrulata*（Lindl.）G. Don ex London 桃源洞新记录 LXP-09-07954	毛叶石楠无毛变种 *Photinia villosa*（Thunb.）DC. var. *sinica* Rehd. et Wils. 桃源洞新记录 TYD1-1302
毛叶木瓜 *Chaenomeles cathayensis* Schneid. 中国特有种 LXP-09-312	蛇莓委陵菜 *Potentilla centigrana* Maxim. 桃源洞新记录 LXP-09-525
野山楂 *Crataegus cuneata* Sieb. et Zucc. LXP-09-07435	委陵菜 *Potentilla chinensis* Ser.
蛇莓 *Duchesnea indica*（Andr.）Focke LXP-09-175	翻白草 *Potentilla discolor* Bge.
枇杷 * *Eriobotrya japonica*（Thunb.）Lindl.	三叶委陵菜 *Potentilla freyniana* Bornm LXP-09-6152
柔毛路边青 *Geum japonicum* Thunb. var. *chinense* F. Bolle 中国特有种 DY1-1096	蛇含委陵菜 *Potentilla kleiniana* Wight et Arn. LXP-09-07156
棣棠花 *Kerria japonica*（L.）DC.	樱桃李 * *Prunus cerasifera* Ehrhar
腺叶桂樱 *Laurocerasus phaeosticta*（Hance）Schneid. LXP-09-07442	李 * *Prunus salicina* Lindl.
刺叶桂樱 *Laurocerasus spinulosa*（Sieb. et Zucc.）Schneid. LXP-09-10109	全缘火棘 *Pyracantha atalantioides*（Hance）Stapf 中国特有种
钝齿尖叶桂樱 *Laurocerasus undulata*（D. Don）Roem. form. *microbotrys*（Koehne）Yu et Lu 桃源洞新记录 LXP-09-07058	火棘 *Pyracantha fortuneana*（Maxim.）Li 中国特有种
大叶桂樱 *Laurocerasus zippeliana*（Miq.）Yu et Lu	杜梨 *Pyrus betulaefolia* Bge.
花红 *Malus asiatica* Nakai 桃源洞新记录 LXP-09-6562	豆梨 *Pyrus calleryana* Dcne. LXP-09-07149
台湾林檎 *Malus doumeri*（Bois）Chev.	沙梨 * *Pyrus pyrifolia*（Burm. f.）Nakai LXP-09-343
湖北海棠 *Malus hupehensis*（Pamp.）Rehd. 中国特有种 LXP-13-3309	麻梨 *Pyrus serrulata* Rehd. 中国特有种 桃源洞新记录 LXP-13-4323
苹果 * *Malus pumila* Mill.	石斑木 *Rhaphiolepis indica*（L.）Lindl. LXP-09-07932
三叶海棠 *Malus sieboldii*（Regel）Rehd. LXP-13-3311	小果蔷薇 *Rosa cymosa* Tratt. LXP-09-40
毛叶绣线梅 *Neillia ribesioides* Rehd. 中国特有种 桃源洞新记录 LXP-09-07949	软条七蔷薇 *Rosa henryi* Bouleng. 中国特有种
中华绣线梅 *Neillia sinensis* Oliv. 中国特有种	金樱子 *Rosa laevigata* Michx.
橉木 *Padus buergeriana*（Miq.）Yu et Ku LXP-09-07475	野蔷薇 *Rosa multiflora* Thunb.
灰叶稠李 *Padus grayana*（Maxim.）Schneid.	粉团蔷薇 *Rosa multiflora* Thunb. var. *cathayensis* Rehd. et Wils. 中国特有种 桃源洞新记录 DY2-1110 LXP-09-6340
粗梗稠李 *Padus napaulensis*（Ser.）Schneid.	腺毛莓 *Rubus adenophorus* Rolfe 中国特有种 桃源洞新记录 LXP-09-07181
细齿稠李 *Padus obtusata*（Koehne）Yu et Ku 中国特有种 桃源洞新记录 LXP-09-265	粗叶悬钩子 *Rubus alceaefolius* Poir. LXP-09-07018
绢毛稠李 *Padus wilsonii* Schneid. 中国特有种 LXP-13-3358	周毛悬钩子 *Rubus amphidasys* Focke ex Diels 中国特有种
中华石楠 *Photinia beauverdiana* Schneid. DY1-1143	寒莓 *Rubus buergeri* Miq. LXP-13-4005
中华石楠厚叶变种 *Photinia beauverdiana* Schneid. var. *notabilis*（Schneid.）Rehd. et Wils.	尾叶悬钩子 *Rubus caudifolius* Wuzhi 中国特有种 桃源洞新记录 LXP-09-6040
贵州石楠 *Photinia bodinieri* Levl. 桃源洞新记录 LXP-09-6064	掌叶复盆子 *Rubus chingii* Hu LXP-09-07099
椤木石楠 *Photinia davidsoniae* Rehd. et Wils. LXP-13-3312	毛萼莓 *Rubus chroosepalus* Focke LXP-09-07106
光叶石楠 *Photinia glabra*（Thunb.）Maxim. LXP-09-6076；LXP-09-07445	小柱悬钩子 *Rubus columellaris* Tutcher 桃源洞新记录 LXP-09-10054
褐毛石楠 *Photinia hirsuta* Hand.-Mazz. 中国特有种 LXP-09-07640	山莓 *Rubus corchorifolius* L. f.
	插田泡 *Rubus coreanus* Miq.
	中南悬钩子 *Rubus grayanus* Maxim. 桃源洞新记录 LXP-13-5572
	陷脉悬钩子 *Rubus impressinervius* Metc. 中国特有种 桃源洞新记录 DY1-1120
	白叶莓 *Rubus innominatus* S. Moore 中国特有种 LXP-13-5644

被子植物	被子植物

被子植物

无腺白叶莓 *Rubus innominatus* S. Moore var. *kuntzeanus* (Hemsl.) Bailey　中国特有种　LXP-09-07511

灰毛泡 *Rubus irenaeus* Focke　中国特有种　LXP-09-07425

高粱泡 *Rubus lambertianus* Ser.　LXP-09-39

棠叶悬钩子 *Rubus malifolius* Focke　中国特有种

太平莓 *Rubus pacificus* Hance　中国特有种

茅莓 *Rubus parvifolius* L.　LXP-09-07542

黄泡 *Rubus pectinellus* Maxim.　桃源洞新记录　LXP-09-07209

盾叶莓 *Rubus peltatus* Maxim.　LXP-09-6057

锈毛莓 *Rubus reflexus* Ker.　中国特有种　LXP-09-07064

空心泡 *Rubus rosaefolius* Smith　桃源洞新记录　LXP-13-5711

常绿悬钩子 *Rubus sempervirens* Yü et Lu　中国特有种　桃源洞新记录　TYD2-1323

红腺悬钩子 *Rubus sumatranus* Miq.　DY3-1102

木莓 *Rubus swinhoei* Hance　LXP-09-10049

灰白毛莓 *Rubus tephrodes* Hance　中国特有种　LXP-09-07581

三花悬钩子 *Rubus trianthus* Focke

东南悬钩子 *Rubus tsangorum* Hand.-Mazz.　中国特有种　桃源洞新记录　LXP-09-6054

黄脉莓 *Rubus xanthoneurus* Focke　桃源洞新记录　LXP-09-07151

地榆 *Sanguisorba officinalis* L.

水榆花楸 *Sorbus alnifolia* (Sieb. et Zucc.) K. Koch

美脉花楸 *Sorbus caloneura* (Stapf) Rehd.　中国特有种

石灰花楸 *Sorbus folgneri* (Schneid.) Rehd.　中国特有种　LXP-13-5590；LXP-09-07316

江南花楸 *Sorbus hemsleyi* (Schneid.) Rehd.　中国特有种　LXP-09-10095；LXP-09-07519

毛序花楸 *Sorbus keissleri* (Schneid.) Rehd.　中国特有种　LXP-09-6115

中华绣线菊 *Spiraea chinensis* Maxim.　中国特有种

疏毛绣线菊 *Spiraea hirsuta* (Hemsl.) Schneid.　中国特有种　桃源洞新记录　LXP-13-5491

粉花绣线菊渐尖叶变种 *Spiraea japonica* L. f. var. *acuminata* Franch.　LXP-09-6029

粉花绣线菊光叶变种 *Spiraea japonica* L. f. var. *fortunei* (Planchon) Rehd.　LXP-13-4375

华空木 *Stephanandra chinensis* Hance　中国特有种

毛萼红果树 *Stranvaesia amphidoxa* Schneid.　中国特有种

红果树 *Stranvaesia davidiana* Dcne.　桃源洞新记录　LXP-09-6172

红果树波叶变种 *Stranvaesia davidiana* Dcne. var. *undulata* (Dcne.) Rehd. et Wils.　LXP-09-6024

145　蜡梅科 Calycanthaceae

蜡梅 *Chimonanthus praecox* (L.) Link　中国特有种

146.1　含羞草科 Mimosaceae

合欢 *Albizia julibrissin* Durazz.　LXP-09-07626

山槐 *Albizia kalkora* (Roxb.) Prain　LXP-09-07147

龙须藤 *Bauhinia championii* (Benth.) Benth.

粉叶羊蹄甲 *Bauhinia glauca* (Wall. ex Benth.) Benth.　LXP-09-07113

华南云实 *Caesalpinia crista* Linn.

云实 *Caesalpinia decapetala* (Roth) Alston　LXP-09-07096

含羞草决明 * *Cassia mimosoides* Linn.

望江南 * *Cassia occidentalis* Linn.

槐叶决明 * *Cassia sophera* Linn.

决明 * *Cassia tora* Linn.

紫荆 *Cercis chinensis* Bunge　中国特有种

广西紫荆 *Cercis chuniana* Metc.　中国特有种　LXP-13-5512

湖北紫荆 *Cercis glabra* Pampan.　中国特有种

皂荚 *Gleditsia sinensis* Lam.　中国特有种

肥皂荚 *Gymnocladus chinensis* Baill.　中国特有种

任豆 * *Zenia insignis* Chun

146.3　蝶形花科 Papilionaceae

合萌 *Aeschynomene indica* Linn.　LXP-09-296

两型豆 *Amphicarpaea edgeworthii* Benth.　LXP-09-276

肉色土圞儿 *Apios carnea* (Wall.) Benth. ex Baker　桃源洞新记录　LXP-09-07158

土圞儿 *Apios fortunei* Maxim.

落花生 * *Arachis hypogaea* Linn.

紫云英 *Astragalus sinicus* Linn.　LXP-13-5557

杭子梢 *Campylotropis macrocarpa* (Bge.) Rehd.

刀豆 * *Canavalia gladiata* (Jacq.) DC.

锦鸡儿 *Caragana sinica* (Buc'hoz) Rehd.

翅荚香槐 *Cladrastis platycarpa* (Maxim.) Makino

香槐 *Cladrastis wilsonii* Takeda　中国特有种

响铃豆 *Crotalaria albida* Heyne ex Roth

假地蓝 *Crotalaria ferruginea* Grah. ex Benth.

农吉利 *Crotalaria sessiliflora* Linn.

南岭黄檀 *Dalbergia balansae* Prain

大金刚藤 *Dalbergia dyeriana* Prain ex Harms　中国特有种　LXP-09-00597

藤黄檀 *Dalbergia hancei* Benth.　中国特有种　LXP-09-07556

黄檀 *Dalbergia hupeana* Hance　中国特有种　LXP-09-07024

象鼻藤 *Dalbergia mimosoides* Franch.　中国特有种

中南鱼藤 *Derris fordii* Oliv.　中国特有种

小槐花 *Desmodium caudatum* (Thunb.) DC.　LXP-13-3107

假地豆 *Desmodium heterocarpon* (L.) DC.

小叶三点金 *Desmodium microphyllum* (Thunb.) DC.

饿蚂蝗 *Desmodium multiflorum* DC.

长柄山蚂蝗 *Desmodium podocarpum* DC.　桃源洞新记录　LXP-13-4356

宽卵叶山蚂蝗 *Desmodium podooarpum* Ohashi subsp. *fallax* Ohashi　桃源洞新记录　LXP-13-3058

硬毛山黑豆 *Dumasia hirsuta* Craib　中国特有种　桃源洞新记录　LXP-09-00616

野扁豆 *Dunbaria villosa* (Thunb.) Makino

被子植物	被子植物
管萼山豆根 *Euchresta tubulosa* Dunn　中国特有种　桃源洞新记录　LXP-09-07606	花榈木 *Ormosia henryi* Prain　中国特有种　LXP-09-00635
大豆 * *Glycine max*（Linn.）Merr.　中国特有种	苍叶红豆 *Ormosia semicastrata* Hance form. *pallida* How
野大豆 *Glycine soja* Sieb. et Z.　LXP-13-4489	木荚红豆 *Ormosia xylocarpa* Chun ex L. Chen　中国特有种　LXP-09-07552
圆菱叶山蚂蝗 *Hylodesma podocarpum*（DC.）H. Ohashi et R.R.Mill.	豆薯 * *Pachyrhizus erosus*（Linn.）Urb.
宽卵叶长柄山蚂蝗 *Hylodesma podocarpum*（DC.）Yang et Huang var. *fallax*（Schindl.）Yang et Huang	菜豆 * *Phaseolus vulgaris* Linn.
尖叶长柄山蚂蝗 *Hylodesma podocarpum*（DC.）Yang et Huang var. *oxyphyllum*（DC.）Yang et Huang	豌豆 * *Pisum sativum* Linn.
宜昌木蓝 *Indigofera decora* Lindl. var. *ichangensis*（Craib）Y. Y. Fang et C. Z. Zheng　中国特有种	疏花长柄山蚂蝗 *Podocarpium laxum*（DC.）Yang et Huang　桃源洞新记录　LXP-09-06384
密果木蓝 *Indigofera densifructa* Y. Y. Fang et C. Z. Zheng　中国特有种　桃源洞新记录　LXP-09-07169	葛 *Pueraria lobata*（Willd.）Ohwi　LXP-13-4558
黑叶木蓝 *Indigofera nigrescens* Kurz	葛麻姆 *Pueraria lobata*（Willd.）Ohwi var. *montana*（Lour.）Vaniot der Maesen　桃源洞新记录　LXP-09-6342
马棘 *Indigofera pseudotinctoria* Matsum.	粉葛 *Pueraria lobata*（Willd.）Ohwi var. *thomsonii*（Benth.）Vaniot der Maesen　桃源洞新记录　LXP-09-07110
长萼鸡眼草 *Kummerowia stipulacea*（Maxim.）Makino　桃源洞新记录　DY3-1129	鹿藿 *Rhynchosia volubilis* Lour.
鸡眼草 *Kummerowia striata*（Thunb.）Schindl.　LXP-13-3120	刺槐 * *Robinia pseudoacacia* Linn.
扁豆 * *Lablab purpureus*（Linn.）Sweet Hort	田菁 *Sesbania cannabina*（Retz.）Poir.
山黧豆 *Lathyrus quinquenervius*（Miq.）Litv.	苦参 *Sophora flavescens* Alt.
胡枝子 *Lespedeza bicolor* Turcz.　桃源洞新记录　LXP-09-07935	槐 *Sophora japonica* Linn.
绿叶胡枝子 *Lespedeza buergeri* Miq.	红车轴草 *Trifolium pratense* Linn.
中华胡枝子 *Lespedeza chinensis* G. Don　中国特有种	广布野豌豆 *Vicia cracca* Linn.
截叶铁扫帚 *Lespedeza cuneata* G. Don　LXP-13-3242	蚕豆 * *Vicia faba* Linn.
大叶胡枝子 *Lespedeza davidii* Franch.　中国特有种　LXP-09-6193	小巢菜 *Vicia hirsuta*（Linn.）S. F. Gray
多花胡枝子 *Lespedeza floribunda* Bunge	牯岭野豌豆 *Vicia kulingiana* Bailey　中国特有种
铁马鞭 *Lespedeza pilosa*（Thunb.）Sieb. et Zucc.　LXP-13-3322	救荒野豌豆 *Vicia sativa* Linn.
绒毛胡枝子 *Lespedeza tomentosa*（Thunb.）Sieb. ex Maxim.	四籽野豌豆 *Vicia tetrasperma*（Linn.）Schreber
细梗胡枝子 *Lespedeza virgata*（Thunb.）DC.　桃源洞新记录　LXP-13-3323	赤豆 * *Vigna angularis*（Willd.）Ohwi et Ohashi
百脉根 *Lotus corniculatus* Linn.	贼小豆 *Vigna minima*（Roxb.）Ohwi et Ohashi
马鞍树 *Maackia hupehensis* Takeda　中国特有种	豇豆 * *Vigna unguiculata*（Linn.）Walp.
天蓝苜蓿 * *Medicago lupulina* Linn.	短豇豆 * *Vigna unguiculata*（Linn.）Walp. subsp. *cylindrica*（Linn.）Verdc.
紫苜蓿 * *Medicago sativa* Linn.	长豇豆 * *Vigna unguiculata*（Linn.）Walp. subsp. *sesquipedalis*（Linn.）Verdc.
草木犀 *Melilotus officinalis*（Linn.）Pall.	野豇豆 *Vigna vexillata*（Linn.）Rich.
密花崖豆藤 *Millettia congestiflora* T. Chen　中国特有种	紫藤 *Wisteria sinensis*（Sims）Sweet
香花崖豆藤 *Millettia dielsiana* Harms　LXP-09-07219	**150　旌节花科 Stachyuraceae**
异果崖豆藤 *Millettia dielsiana* Harms var. *heterocarpa*（Chun ex T. Chen）Z. Wei　桃源洞新记录　LXP-09-10170	中国旌节花 *Stachyurus chinensis* Franch.　中国特有种　LXP-13-4146
宽序崖豆藤 *Millettia eurybotrya* Drake　桃源洞新记录　LXP-13-4251	西域旌节花 *Stachyurus himalaicus* Hook. f. et Thoms ex Benth.　LXP-09-07228
亮叶崖豆藤 *Millettia nitida* Benth.　桃源洞新记录　LXP-09-454	**151　金缕梅科 Hamamelidaceae**
厚果崖豆藤 *Millettia pachycarpa* Benth.	蕈树 *Altingia chinensis*（Champ.）Oliver ex Hance　LXP-09-07100
网络崖豆藤 *Millettia reticulata* Benth.　LXP-09-448	瑞木 *Corylopsis multiflora* Hance　中国特有种　LXP-09-00650
美丽崖豆藤 *Millettia speciosa* Champ.	蜡瓣花 *Corylopsis sinensis* Hemsl.　中国特有种　LXP-09-6555
常春油麻藤 *Mucuna sempervirens* Hemsl.	秃蜡瓣花 *Corylopsis sinensis* Hemsl. var. *calvescens* Rehd. et Wils.　中国特有种
	杨梅叶蚊母树 *Distylium myricoides* Hemsl.　中国特有种　LXP-09-00618

续表

被子植物	被子植物
大果马蹄荷 *Exbucklandia tonkinensis*（Lec.）Steenis LXP-09-07174	甜槠 *Castanopsis eyrei*（Champ.）Tutch. 中国特有种 LXP-09-29
金缕梅 *Hamamelis mollis* Oliv. 中国特有种 LXP-13-5601	罗浮锥 *Castanopsis faberi* Hance
缺萼枫香 *Liquidambar acalycina* Chang 中国特有种 DY1-1047	红栲 *Castanopsis fargesii* Franch. 中国特有种 LXP-09-07230
枫香 *Liquidambar formosana* Hance LXP-09-6157	黧蒴锥 *Castanopsis fissa*（Champ. ex Benth.）Rehd. et Wils. LXP-13-3052
檵木 *Loropetalum chinense*（R. Br.）Oliver LXP-13-5305	秀丽锥 *Castanopsis jucunda* Hance
红花檵木 *Loropetalum chinense*（R. Br.）Oliver var. *rubrum* Yieh	鹿角锥 *Castanopsis lamontii* Hance
水丝梨 *Sycopsis sinensis* Oliver 中国特有种 LXP-09-141	苦槠 *Castanopsis sclerophylla*（Lindl.）Schott. 中国特有种 LXP-09-6181
152 杜仲科 Eucommiaceae	钩锥 *Castanopsis tibetana* Hance 中国特有种 LXP-09-07172；LXP-09-135
杜仲 *Eucommia ulmoides* Oliver 中国特有种 DY1-1117	竹叶青冈 *Cyclobalanopsis bambusaefolia*（Hance）Chun ex Y. C. Hsu et H. W. Jen 桃源洞新记录 LXP-13-5764
154 黄杨科 Buxaceae	福建青冈 *Cyclobalanopsis chungii*（Metc.）Y. C. Hsu et H. W. Jen ex Q. F. Zheng 中国特有种
大叶黄杨 *Buxus megistophylla* Levl. 中国特有种	碟斗青冈 *Cyclobalanopsis disciformis*（Chun et Tsiang）Y. C. Hsu et H. W. Jen 中国特有种 桃源洞新记录 LXP-09-06402
黄杨 *Buxus sinica*（Rehd. et Wils.）M. Cheng 中国特有种	赤皮青冈 *Cyclobalanopsis gilva*（Blume）Oerst.
板凳果 *Pachysandra axillaris* Franch. 中国特有种 LXP-09-10113	青冈 *Cyclobalanopsis glauca*（Thunb.）Oerst. TYD2-1426
野扇花 *Sarcococca ruscifolia* Stapf 中国特有种	细叶青冈 *Cyclobalanopsis gracilis*（Rehd. et Wils.）Cheng et T. Hong 中国特有种 LXP-09-07221
155 悬铃木科 Platanaceae	大叶青冈 *Cyclobalanopsis jenseniana*（Hand.-Mazz.）Cheng et T. Hong 中国特有种 LXP-09-07331
法国梧桐 *Platanus orientalis* Linn.	多脉青冈 *Cyclobalanopsis multinervis* Cheng et T. Hong 中国特有种 LXP-09-07418
156 杨柳科 Salicaceae	小叶青冈 *Cyclobalanopsis myrsinaefolia*（Blume）Oerst. LXP-09-07085
响叶杨 *Populus adenopoda* Maxim. 中国特有种	宁冈青冈 *Cyclobalanopsis ningangensis* Cheng et Y. C. Hsu 中国特有种 LXP-09-00632
垂柳 *Salix babylonica* L.	云山青冈 *Cyclobalanopsis sessilifolia*（Blume）Schott. LXP-09-07434；LXP-09-07294
黄花柳 *Salix caprea* L. 桃源洞新记录 LXP-09-467	褐叶青冈 *Cyclobalanopsis stewardiana*（A. Camus）Y. C. Hsu et H. W. Jen 中国特有种 桃源洞新记录 LXP-13-5366
银叶柳 *Salix chienii* Cheng 中国特有种 LXP-09-07349	米心水青冈 *Fagus engleriana* Seem. 中国特有种 桃源洞新记录 LXP-09-07282
旱柳 *Salix matsudana* Koidz. 中国特有种	水青冈 *Fagus longipetiolata* Seem. TYD2-1306
粤柳 *Salix mesnyi* Hance 中国特有种 桃源洞新记录 LXP-13-4207	光叶水青冈 *Fagus lucida* Rehd. et Wils. 中国特有种 桃源洞新记录 LXP-13-3381
红皮柳 *Salix sinopurpurea* C. Wang et Ch. Y. Yang 中国特有种 桃源洞新记录 LXP-09-07005	短尾柯 *Lithocarpus brevicaudatus*（Skan）Hay. 中国特有种
紫柳 *Salix wilsonii* Seemen 中国特有种 桃源洞新记录 LXP-13-3267	美叶柯 *Lithocarpus calophyllus* Chun 中国特有种 LXP-09-07522；LXP-09-07422；LXP-13-3087
159 杨梅科 Myricaceae	包果柯 *Lithocarpus cleistocarpus*（Seem.）Rehd. et Wils. 中国特有种
杨梅 *Myrica rubra*（Lour.）S. et Zucc. LXP-09-07014	烟斗柯 *Lithocarpus corneus*（Lour.）Rehd. 桃源洞新记录 LXP-13-3470
161 桦木科 Betulaceae	柯 *Lithocarpus glaber*（Thunb.）Nakai LXP-13-3384
江南桤木 *Alnus trabeculosa* Hand.-Mazz.	硬壳柯 *Lithocarpus hancei*（Benth.）Rehd. 中国特有种
亮叶桦 *Betula luminifera* H. Winkl. 中国特有种 LXP-09-07286	港柯 *Lithocarpus harlandii*（Hance）Rehd. 中国特有种 桃源洞新记录 LXP-09-6095
161.1 榛科 Carpinaceae	灰柯 *Lithocarpus henryi*（Seem.）Rehd. et Wils. 中国特有种
湖北鹅耳枥 *Carpinus hupeana* Hu 中国特有种	
多脉鹅耳枥 *Carpinus polyneura* Franch. 中国特有种 桃源洞新记录 DY2-1156	
雷公鹅耳枥 *Carpinus viminea* Wall. DY3-1124	
华榛 *Corylus chinensis* Franch. 中国特有种	
163 壳斗科 Fagaceae	
锥栗 *Castanea henryi*（Skan）Rehd. et Wils. 中国特有种 LXP-09-07036	
栗 *Castanea mollissima* Bl. LXP-13-4353	
茅栗 *Castanea seguinii* Dode 中国特有种 LXP-09-07431	
米槠 *Castanopsis carlesii*（Hemsl.）Hay. 中国特有种	

被子植物	被子植物
木姜叶柯 *Lithocarpus litseifolius*（Hance）Chun	台湾榕 *Ficus formosana* Maxim.
榄叶柯 *Lithocarpus oleaefolius* A. Camus	异叶榕 *Ficus heteromorpha* Hemsl.　LXP-09-6582
圆锥柯 *Lithocarpus paniculatus* Hand.-Mazz.　中国特有种　LXP-09-07047	琴叶榕 *Ficus pandurata* Hance
多穗石栎 *Lithocarpus polystachyus*（DC.）Rehd　桃源洞新记录　LXP-09-6108	全缘琴叶榕 *Ficus pandurata* Hance var. *holophylla* Migo　桃源洞新记录　LXP-13-3277
滑皮柯 *Lithocarpus skanianus*（Dunn）Rehd.　中国特有种	薜荔 *Ficus pumila* Linn.
麻栎 *Quercus acutissima* Carruth.	珍珠莲 *Ficus sarmentosa* Buch.-Ham. ex J. E. Sm. var. *henryi*（King ex Oliv.）Corner　中国特有种　桃源洞新记录　LXP-09-00685
槲栎 *Quercus aliena* Bl.	
小叶栎 *Quercus chenii* Nakai　中国特有种	爬藤榕 *Ficus sarmentosa* Buch.-Ham. ex J. E. Sm. var. *impressa*（Champ.）Corner　中国特有种　LXP-09-07050
巴东栎 *Quercus engleriana* Seem.　中国特有种　桃源洞新记录　LXP-09-07518	
白栎 *Quercus fabri* Hance　中国特有种　LXP-13-3319	尾尖爬藤榕 *Ficus sarmentosa* Buch.-Ham. ex J. E. Sm. var. *lacrymans*（Levl. et Vant.）Corner　LXP-09-07258
乌冈栎 *Quercus phillyraeoides* A. Gray　LXP-09-07108	
枹栎 *Quercus serrata* Thunb.	白背爬藤榕 *Ficus sarmentosa* Buch.-Ham. ex J. E. Sm. var. *nipponica*（Fr. et Sav.）Corner　LXP-09-07467
短柄枹栎 *Quercus serrata* Thunb. var. *brevipetiolata*（A. DC.）Nakai　桃源洞新记录　LXP-09-07484	
	岩木瓜 *Ficus tsiangii* Merr. ex Corner　中国特有种
栓皮栎 *Quercus variabilis* Bl.	变叶榕 *Ficus variolosa* Lindl. ex Benth.　LXP-13-4239
165 榆科 Ulmaceae	桑 *Morus alba* Linn.　中国特有种　LXP-09-07253
糙叶树 *Aphananthe aspera*（Thunb.）Planch.	鸡桑 *Morus australis* Poir.　LXP-09-437
紫弹树 *Celtis biondii* Pamp.　LXP-09-10139	华桑 *Morus cathayana* Hemsl.
黑弹树 *Celtis bungeana* Bl.	蒙桑 *Morus mongolica* Schneid.
珊瑚朴 *Celtis julianae* Schneid.　中国特有种	**167.1 大麻科 Cannabaceae**
朴树 *Celtis sinensis* Pers.	葎草 *Humulus scandens*（Lour.）Merr.
西川朴 *Celtis vandervoetiana* Schneid.　中国特有种　桃源洞新记录　LXP-09-464	**169 荨麻科 Urticaceae**
青檀 *Pteroceltis tatarinowii* Maxim.　中国特有种　LXP-09-07263	序叶苎麻 *Boehmeria clidemicides* var. *diffusa*（Wedd.）Hand.-Mazz.　LXP-09-00668
光叶山黄麻 *Trema cannabina* Lour.　LXP-13-3180	大叶苎麻 *Boehmeria longispica* Steud.
山油麻 *Trema cannabina* Lour. var. *dielsiana*（Hand.-Mazz.）C. J. Chen　中国特有种　LXP-13-4017	糙叶水苎麻 *Boehmeria macrophylla* Hornem. var. *scabrella*（Roxb.）Long　桃源洞新记录　LXP-13-3240
兴山榆 *Ulmus bergmanniana* Schneid.　中国特有种	苎麻 *Boehmeria nivea*（L.）Gaudich.
多脉榆 *Ulmus castaneifolia* Hemsl.　中国特有种	小赤麻 *Boehmeria spicata*（Thunb.）Thunb.　LXP-09-07252
榔榆 *Ulmus parvifolia* Jacq.　LXP-09-07564	悬铃叶苎麻 *Boehmeria tricuspis*（Hance）Makino　LXP-13-3280
大叶榉树 *Zelkova schneideriana* Hand.-Mazz.　中国特有种	
榉树 *Zelkova serrata*（Thunb.）Makino	微柱麻 *Chamabainia cuspidata* Wight
167 桑科 Moraceae	骤尖楼梯草 *Elatostema cuspidatum* Wight　桃源洞新记录　LXP-09-00611
藤构 *Broussonetia kaempferi* Sieb. var. *australis* Suzuki　中国特有种	锐齿楼梯草 *Elatostema cyrtandrifolium*（Zoll. et Mor.）Miq.　桃源洞新记录　LXP-13-3039
楮 *Broussonetia kazinoki* Sieb.　LXP-09-07070	楼梯草 *Elatostema involucratum* Franch. et sav.　LXP-09-07160
构树 *Broussonetia papyifera*（Linn.）L'Hert. ex Vent.	庐山楼梯草 *Elatostema stewardii* Merr.　中国特有种
构棘 *Cudrania cochinchinensis*（Lour.）Kudo et Masam.　LXP-13-3294	糯米团 *Gonostegia hirta*（Bl.）Miq.　DY2-1123
拓树 *Cudrania tricuspidata*（Carr.）Bur. ex Lavallee　LXP-09-31	珠芽艾麻 *Laportea bulbifera*（Sieb. et Zucc.）Wedd.
水蛇麻 *Fatoua villosa*（Thunb.）Nakai	花点草 *Nanocnide japonica* Bl.　LXP-09-6549
石榕树 *Ficus abelii* Miq.　LXP-13-4432	毛花点草 *Nanocnide lobata* Wedd.
无花果 * *Ficus carica* Linn.	紫麻 *Oreocnide frutescens*（Thunb.）Miq.　TYD2-1433
天仙果 *Ficus erecta* Thunb. var. *beecheyana*（Hook. et Arn.）King　LXP-09-07189	短叶赤车 *Pellionia brevifolia* Benth.　桃源洞新记录　LXP-09-433
	赤车 *Pellionia radicans*（Sieb. et Zucc.）Wedd.　LXP-09-6047
	蔓赤车 *Pellionia scabra* Benth.

被子植物	被子植物
湿生冷水花 *Pilea aquarum* Dunn 桃源洞新记录 LXP-09-10125	华南冬青 *Ilex sterrophylla* Merr. et Chen
波缘冷水花 *Pilea cavaleriei* Levl.	香冬青 *Ilex suaveolens*(Levl.)Loes. 中国特有种 LXP-13-4097；LXP-09-6204
山冷水花 *Pilea japonica*(Maxim.)Hand.-Mazz. LXP-09-00596	四川冬青 *Ilex szechwanensis* Loes. 中国特有种 LXP-09-07373
念珠冷水花 *Pilea monilifera* Hand.-Mazz. 中国特有种	三花冬青 *Ilex triflora* Bl.
冷水花 *Pilea notata* C. H. Wright LXP-09-07165	紫果冬青 *Ilex tsoii* Merr. et Chen 中国特有种
矮冷水花 *Pilea peploides*(Gaudich.)Hook. et Arn.	绿冬青 *Ilex viridis* Champ. ex Benth. 中国特有种
齿叶矮冷水花 *Pilea peploides*(Gaudich.)Hook. et Arn. var. *major* Wedd. 桃源洞新记录 LXP-09-10138	尾叶冬青 *Ilex wilsonii* Loes. 中国特有种
透茎冷水花 *Pilea pumila*(L.)A. Gray, Man. Bot. North. LXP-09-06403	炎陵冬青 *Ilex yanlingensis* C. J. Qi et Q. Z. Lin
镰叶冷水花 *Pilea semisessilis* Hand.-Mazz. 桃源洞新记录 LXP-09-00658	浙江冬青 *Ilex zhejiangensis* C. J. Tseng ex S. K. Chen et Y. X. Feng 湖南新记录 LXP-13-24843
粗齿冷水花 *Pilea sinofasciata* C. J. Chen 桃源洞新记录 LXP-09-07164	**173 卫矛科 Celastraceae**
三角形冷水花 *Pilea swinglei* Merr. 桃源洞新记录 LXP-09-06368	苦皮藤 *Celastrus angulatus* Maxim. 中国特有种
雾水葛 *Pouzolzia zeylanica*(L.)Benn.	大芽南蛇藤 *Celastrus gemmatus* Loes. 中国特有种 LXP-13-3376
荨麻 *Urtica fissa* E. Pritz. 桃源洞新记录 LXP-09-07163	薄叶南蛇藤 *Celastrus hypoleucoides* P. L. Chiu 中国特有种
171 冬青科 Aquifoliaceae	窄叶南蛇藤 *Celastrus oblanceifolius* Wang et Tsoong 中国特有种 桃源洞新记录 LXP-09-07438
满树星 *Ilex aculeolata* Nakai 中国特有种 LXP-13-3291	南蛇藤 *Celastrus orbiculatus* Thunb. LXP-13-3435
凹叶冬青 *Ilex championii* Loes. 中国特有种 桃源洞新记录 LXP-09-07202	短梗南蛇藤 *Celastrus rosthornianus* Loes. 中国特有种
冬青 *Ilex chinensis* Sims LXP-09-06493	显柱南蛇藤 *Celastrus stylosus* Wall.
枸骨 *Ilex cornuta* Lindl. et Paxt.	毛脉显柱南蛇藤 *Celastrus stylosus* Wall. var. *puberulus*(Hsu)C. Y. Cheng et T. C. Kao 中国特有种 桃源洞新记录 DY2-1129
齿叶冬青 *Ilex crenata* Thunb.	刺果卫矛 *Euonymus acanthocarpus* Franch.
显脉冬青 *Ilex editicostata* Hu et Tang 中国特有种	软刺卫矛 *Euonymus aculeatus* Hemsl. 中国特有种
厚叶冬青 *Ilex elmerrilliana* S. Y. Hu 中国特有种	卫矛 *Euonymus alatus*(Thunb.)Sieb.
硬叶冬青 *Ilex ficifolia* C. J. Tseng ex S. K. Chen et Y. X. Feng 中国特有种 LXP-09-07200	百齿卫矛 *Euonymus centidens* Levl. 中国特有种 桃源洞新记录 LXP-09-07407
榕叶冬青 *Ilex ficoidea* Hemsl. LXP-09-6566	裂果卫矛 *Euonymus dielsianus* Loes. 中国特有种
台湾冬青 *Ilex formosana* Maxim. LXP-09-6158；LXP-13-4055	鸦椿卫矛 *Euonymus euscaphis* Hand.-Mazz. 中国特有种 LXP-09-483
青茶香 *Ilex hanceana* Maxim. 中国特有种	扶芳藤 *Euonymus fortunei*(Turcz.)Hand.-Mazz. TYD1-1291
皱柄冬青 *Ilex kengii* S. Y. Hu 中国特有种	西南卫矛 *Euonymus hamiltonianus* Wall. ex Roxb.
广东冬青 *Ilex kwangtungensis* Merr. 中国特有种 LXP-09-00743	冬青卫矛* *Euonymus japonicus* Thunb. LXP-13-4507
木姜冬青 *Ilex litseaefolia* Hu et Tang 中国特有种	疏花卫矛 *Euonymus laxiflorus* Champ. ex Benth.
矮冬青 *Ilex lohfauensis* Merr. 中国特有种	大果卫矛 *Euonymus myrianthus* Hemsl. 中国特有种 LXP-09-6050
大果冬青 *Ilex macrocarpa* Oliv. 中国特有种	中华卫矛 *Euonymus nitidus* Benth.
大柄冬青 *Ilex macropoda* Miq.	福建假卫矛 *Microtropis fokienensis* Dunn 中国特有种
黑叶冬青 *Ilex melanophylla* H. T. Chang 中国特有种 桃源洞新记录 LXP-09-07131	密花假卫矛 *Microtropis gracilipes* Merr. et Metc. 中国特有种 桃源洞新记录 LXP-09-6190
小果冬青 *Ilex micrococca* Maxim. LXP-09-07057	昆明山海棠 *Tripterygium hypoglaucum*(Levl.)Hutch 中国特有种 DY2-1067
具柄冬青 *Ilex pedunculosa* Miq. 桃源洞新记录 LXP-09-6177	雷公藤 *Tripterygium wilfordii* Hook. f. LXP-09-07513
猫儿刺 *Ilex pernyi* Franch. 中国特有种 LXP-09-6149	**182 铁青树科 Olacaceae**
毛冬青 *Ilex pubescens* Hook. et Arn. 中国特有种 LXP-09-07945	华南青皮木 *Schoepfia chinensis* Gardn. et Champ. 中国特有种 桃源洞新记录 LXP-09-07059
铁冬青 *Ilex rotunda* Thunb. LXP-09-07372	青皮木 *Schoepfia jasminodora* Sieb. et Zucc.

被子植物	被子植物

185 桑寄生科 Loranthaceae

锈毛钝果寄生 *Taxillus levinei*（Merr.）H. S. Kiu　中国特有种　桃源洞新记录　LXP-09-6096

毛叶钝果寄生 *Taxillus nigrans*（Hance）Danser　中国特有种

桑寄生 *Taxillus sutchuenensis*（Lecomte）Danser　中国特有种

大苞寄生 *Tolypanthus maclurei*（Merr.）Danser　中国特有种　桃源洞新记录　LXP-09-07612

185.1 槲寄生科 Viscaceae

槲寄生 *Viscum coloratum*（Kom.）Nakai

棱枝槲寄生 *Viscum diospyrosicolum* Hayata　中国特有种

186 檀香科 Santalaceae

檀梨 *Pyrularia edulis*（Wall.）A. DC.

百蕊草 *Thesium chinense* Turcz.

186.1 交让木科 Daphniphyllaceae

交让木 *Daphniphyllum macropodum* Miq.　DY1-1082

虎皮楠 *Daphniphyllum oldhami*（Hemsl.）Rosenth.　LXP-09-07154

189 蛇菰科 Balanophoraceae

疏花蛇菰 *Balanophora laxiflora* Hemsl.

190 鼠李科 Rhamnaceae

多花勾儿茶 *Berchemia floribunda*（Wall.）Brongn.

大叶勾儿茶 *Berchemia huana* Rehd.　中国特有种　LXP-09-07377

牯岭勾儿茶 *Berchemia kulingensis* Schneid.　中国特有种

枳椇 *Hovenia acerba* Lindl.

毛果枳椇 *Hovenia trichocarpa* Chun et Tsiang　LXP-09-07277

山绿柴 *Rhamnus brachypoda* C. Y. Wu ex Y. L. Chen　中国特有种　LXP-13-3347

长叶冻绿 *Rhamnus crenata* Sieb. et Zucc.　LXP-09-07051

圆叶鼠李 *Rhamnus globosa* Bunge　中国特有种

薄叶鼠李 *Rhamnus leptophylla* Schneid.　中国特有种

尼泊尔鼠李 *Rhamnus napalansis*（Wall.）Laws.　LXP-09-07601

冻绿 *Rhamnus utilis* Decne.

钩刺雀梅藤 *Sageretia hamosa*（Wall.）Brongn.　桃源洞新记录　LXP-09-00629

皱叶雀梅藤 *Sageretia rugosa* Hance　中国特有种

尾叶雀梅藤 *Sageretia subcandata* Schneid.　中国特有种

雀梅藤 *Sageretia thea*（Osbeck）Johnst.

枣 *Ziziphus jujuba* Mill.

191 胡颓子科 Elaeagnaceae

巴东胡颓子 *Elaeagnus difficilis* Serv.　中国特有种　桃源洞新记录　LXP-09-6035

蔓胡颓子 *Elaeagnus glabra* Thunb.　LXP-09-6031

宜昌胡颓子 *Elaeagnus henryi* Warb.　中国特有种　LXP-09-07157

披针叶胡颓子 *Elaeagnus lanceolata* Warb.　中国特有种

银果牛奶子 *Elaeagnus magna* Rehd.　中国特有种

木半夏 *Elaeagnus multiflora* Thunb.

胡颓子 *Elaeagnus pungens* Thunb.

牛奶子 *Elaeagnus umbellata* Thunb.

193 葡萄科 Vitaceae

广东蛇葡萄 *Ampelopsis cantoniensis*（Hook. et Arn.）Planch.　LXP-09-07101

羽叶蛇葡萄 *Ampelopsis chaffanjoni*（Levl. et Vant.）Rehd.　中国特有种　LXP-09-471

三裂蛇葡萄 *Ampelopsis delavayana* Planch.　中国特有种　LXP-13-4363

显齿蛇葡萄 *Ampelopsis grossedentata*（Hand.-Mazz.）W. T. Wang　中国特有种

异叶蛇葡萄 *Ampelopsis heterophylla*（Thunb.）Sieb. et Zucc.　LXP-09-10163

光叶蛇葡萄 *Ampelopsis heterophylla*（Thunb.）Sieb. et Zucc. var. *hancei* Planch.　LXP-09-07495

牯岭蛇葡萄 *Ampelopsis heterophylla*（Thunb.）Sieb. et Zucc. var. *kulingensis*（Rehd.）C. L. Li　中国特有种　LXP-09-07141

锈毛蛇葡萄 *Ampelopsis heterophylla*（Thunb.）Sieb. et Zucc. var. *vestita* Rehd.

白蔹 *Ampelopsis japonica*（Thunb.）Makino　中国特有种

毛枝蛇葡萄 *Ampelopsis rubifolia*（Wall.）Planch.　桃源洞新记录　LXP-09-07183

脱毛乌蔹莓 *Cayratia albifolia* C. L. Li var. *glabra*（Gagn.）C. L. Li　中国特有种

乌蔹莓 *Cayratia japonica*（Thunb.）Gagnep.　LXP-09-07088

尖叶乌蔹莓 *Cayratia japonica*（Thunb.）Gagnep. var. *pseudotrifolia*（W. T. Wang）C. L. Li　中国特有种　LXP-13-4304

三叶乌蔹莓 *Cayratia trifolia*（L.）Domin　桃源洞新记录　LXP-13-3400

异叶地锦 *Parthenocissus dalzielii* Gagnep.　中国特有种　LXP-09-07044

绿叶地锦 *Parthenocissus laetevirens* Rehd.　中国特有种　LXP-09-07105

三叶地锦 *Parthenocissus semicordata*（Wall. ex Roxb.）Planch.　桃源洞新记录　LXP-09-10059

地锦 *Parthenocissus tricuspidata*（S. et Z.）Planch.　LXP-09-07142

三叶崖爬藤 *Tetrastigma hemsleyanum* Diels et Gilg　LXP-09-6341

小果葡萄 *Vitis balanseana* Planch.　桃源洞新记录　LXP-09-07084

蘡薁 *Vitis bryoniaefolia* Bge.　中国特有种

东南葡萄 *Vitis chunganensis* Hu　中国特有种　LXP-09-07016

刺葡萄 *Vitis davidii*（Roman. du Caill.）Foex　中国特有种

葛藟葡萄 *Vitis flexuosa* Thunb.

毛葡萄 *Vitis heyneana* Roem. et Schult.　LXP-09-07104

秋葡萄 *Vitis romanetii* Roman. du Caill. ex Planch.　中国特有种　桃源洞新记录　LXP-09-07575

葡萄 *Vitis vinifera* L.

俞藤 *Yua thomsonii*（Laws.）C. L. Li　LXP-09-07138

被子植物	被子植物

194　芸香科 Rutaceae

臭节草 *Boenninghausenia albiflora*（Hook.）Reichb.　LXP-09-6321；LXP-13-3263

酸橙* *Citrus aurantium* L.

柚* *Citrus maxima*（Burm.）Merr.

柑橘* *Citrus reticulata* Blanco　LXP-09-07602

甜橙* *Citrus sinensis*（L.）Osb.

臭辣吴萸 *Euodia fargesii* Dode　中国特有种

吴茱萸 *Euodia rutaecarpa*（Juss.）Benth.　LXP-13-3333

金橘* *Fortunella margarita*（Lour.）Swingle　中国特有种

千里香 *Murraya paniculata*（L.）Jack.

臭常山 *Orixa japonica* Thunb.

黄檗 *Phellodendron amurense* Rupr.　桃源洞新记录　DY1-1155

川黄檗 *Phellodendron chinense* Schneid.　中国特有种

秃叶黄檗 *Phellodendron chinense* Schneid. var. *glabriusculum* Schneid.　中国特有种　桃源洞新记录　LXP-09-06410

枳 *Poncirus trifoliata*（L.）Raf.　中国特有种　LXP-13-3284

茵芋 *Skimmia reevesiana* Fort.　LXP-09-6016

飞龙掌血 *Toddalia asiatica*（L.）Lam.　LXP-09-07566

椿叶花椒 *Zanthoxylum ailanthoides* Sieb. et Zucc.　中国特有种

竹叶花椒 *Zanthoxylum armatum* DC.　DY2-1233

岭南花椒 *Zanthoxylum austrosinense* Huang　中国特有种　LXP-09-07089

刺壳花椒 *Zanthoxylum echinocarpum* Hemsl.　中国特有种

朵花椒 *Zanthoxylum molle* Rehd.　中国特有种

大叶臭花椒 *Zanthoxylum myriacanthum* Wall. ex Hook. f.　LXP-09-200

两面针 *Zanthoxylum nitidum*（Roxb.）DC.　桃源洞新记录　LXP-13-4596；LXP-09-6285

花椒簕 *Zanthoxylum scandens* Bl.　桃源洞新记录　TYD2-1368

青花椒 *Zanthoxylum schinifolium* Sieb. et Zucc.

野花椒 *Zanthoxylum simulans* Hance　中国特有种

梗花椒 *Zanthoxylum stipitatum* Huang　中国特有种

195　苦木科 Simarubaceae

臭椿 *Ailanthus altissima*（Mill.）Swingle　中国特有种　LXP-09-07198

苦树 *Picrasma quassioides*（D. Don）Benn.

197　楝科 Meliaceae

楝 *Melia azedarach* Linn.

红椿 *Toona ciliata* Roem.　LXP-09-07476

毛红椿 *Toona ciliata* Roem. var. *pubescens*（Franch.）Hand.-Mazz.　中国特有种　桃源洞新记录　LXP-09-07572

香椿 *Toona sinensis*（A. Juss.）Roem.

198　无患子科 Sapindaceae

复羽叶栾树 *Koelreuteria bipinnata* Franch.　中国特有种

无患子 *Sapindus mukorossi* Gaertn.

198.1　七叶树科 Hippocastanaceae

天师栗 *Aesculus wilsonii* Rehd.　中国特有种

198.2　伯乐树科 Bretschneideraceae

伯乐树 *Bretschneidera sinensis* Hemsl.　中国特有种

200　槭树科 Aceraceae

紫果槭 *Acer cordatum* Pax　中国特有种　LXP-09-06358

革叶槭 *Acer coriaceifolium* Levl.　中国特有种　桃源洞新记录　LXP-09-171

青榨槭 *Acer davidii* Franch.　中国特有种　LXP-09-6534

秀丽槭 *Acer elegantulum* Fang et P. L. Chiu　中国特有种　桃源洞新记录　LXP-09-10099

罗浮槭 *Acer fabri* Hance　中国特有种　LXP-09-6564

红果罗浮槭 *Acer fabri* Hance var. *rubrocarpum* Metc.　桃源洞新记录　LXP-09-07190

苦茶槭 *Acer ginnala* Maxim. subsp. *theiferum*（Fang）Fang　中国特有种　桃源洞新记录　LXP-13-5551

建始槭 *Acer henryi* Pax　中国特有种

长柄槭 *Acer longipes* Franch. ex Rehd.　中国特有种　桃源洞新记录　LXP-09-188

亮叶槭 *Acer lucidum* Metc.　中国特有种　桃源洞新记录　LXP-09-6352

湖南槭 *Acer nayongense* Fang var. *hunanense*（Fang et W. K. Hu）Fang et W. K. Hu　中国特有种

五裂槭 *Acer oliverianum* Pax　中国特有种　LXP-09-07159

广东毛脉槭 *Acer pubinerve* Rehd. var. *kwangtungense*（Chun）Fang　中国特有种

中华槭 *Acer sinense* Pax　中国特有种　LXP-13-3439

深裂中华槭 *Acer sinense* Pax var. *longilobum* Fang　桃源洞新记录　LXP-13-4409

岭南槭 *Acer tutcheri* Duthie　中国特有种　LXP-09-07285

三峡槭 *Acer wilsonii* Rehder　中国特有种

201　泡花树科 Meliosmaceae

泡花树 *Meliosma cuneifolia* Franch.　中国特有种　桃源洞新记录　LXP-13-4457

垂枝泡花树 *Meliosma flexuosa* Pamp.　中国特有种　LXP-13-5547

香皮树 *Meliosma fordii* Hemsl.　桃源洞新记录　LXP-09-07622

异色泡花树 *Meliosma myriantha* Sieb. et Zucc. var. *discolor* Dunn　中国特有种　LXP-13-4086

柔毛泡花树 *Meliosma myriantha* Sieb. et Zucc. var. *pilosa*（Lecomte）Law　中国特有种

红柴枝 *Meliosma oldhamii* Maxim.　LXP-09-00588

有腺泡花树 *Meliosma oldhamii* Maxim. var. *glandulifera* Cufod.　中国特有种

腋毛泡花树 *Meliosma rhoifolia* Maxim. var. *barbulata*（Cufod.）Law　中国特有种　桃源洞新记录　LXP-09-07004

毡毛泡花树 *Meliosma rigida* Sieb. et Zucc. var. *pannosa*（Hand.-Mazz.）Law　中国特有种

樟叶泡花树 *Meliosma squamulata* Hance　桃源洞新记录　LXP-09-6585

201.3　清风藤科 Sabiaceae

钟花清风藤 *Sabia campanulata* Wall. ex Roxb.　桃源洞新记录　LXP-13-4361

被子植物	被子植物
鄂西清风藤 *Sabia campanulata* Wall. ex Roxb. subsp. *ritchieae* (Rehd. et Wils.) Y. F. Wu　中国特有种	灯台树 *Thelycrania controversum* (Hemsl.) Pojark.
灰背清风藤 *Sabia discolor* Dunn　中国特有种	**209.1　桃叶珊瑚科 Aucubaceae**
簇花清风藤 *Sabia fasciculata* Lecomte ex L. Chen　桃源洞新记录　LXP-09-07223	桃叶珊瑚 *Aucuba chinensis* Benth.　桃源洞新记录 LXP-09-6089
清风藤 *Sabia japonica* Maxim.　LXP-13-3249	倒披针叶珊瑚 *Aucuba himalaica* Hook. f. et Thoms. var. *oblanceolata* Fang et Soong
四川清风藤 *Sabia schumanniana* Diels　中国特有种	倒心叶珊瑚 *Aucuba obcordata* (Rehder) Fu ex W. K. Hu et Soong　中国特有种　桃源洞新记录　LXP-09-07924
尖叶清风藤 *Sabia swinhoei* Hemsl. ex Forb. et Hemsl.　中国特有种	西域青荚叶 *Helwingia himalaica* Hook. f. et Thoms. ex C. B. Clarke
204　省沽油科 Staphyleaceae	青荚叶 *Helwingia japonica* (Thunb.) Dietr.　LXP-09-255
野鸦椿 *Euscaphis japonica* (Thunb.) Dippel　DY1-1048	白粉青荚叶 *Helwingia japonica* (Thunb.) Dietr var. *hypoleuca* Hemsl. ex Rehd.
锐尖山香圆 *Turpinia arguta* (Lindl.) Seem.　中国特有种　LXP-13-3090	**210　八角枫科 Alangiaceae**
205　漆树科 Anacardiaceae	八角枫 *Alangium chinense* (Lour.) Harms　LXP-09-00706
南酸枣 *Choerospondias axillaris* (Roxb.) Burtt et Hill.	小花八角枫 *Alangium faberi* Oliv.　中国特有种
盐肤木 *Rhus chinensis* Mill.	毛八角枫 *Alangium kurzii* Craib　DY2-1241
白背麸杨 *Rhus hypoleuca* Champ. ex Benth.　中国特有种	瓜木 *Alangium plataaifoliam* (Sieb. et Zucc.) Harms LXP-09-124
野漆 *Toxicodendron succedaneum* (L.) O. Kuntze　LXP-09-07532	**211　蓝果树科 Nyssaceae**
木蜡树 *Toxicodendron sylvestre* (Sieb. et Zucc.) O. Kuntze	喜树 *Camptotheca acuminata* Decne.　中国特有种
毛漆树 *Toxicodendron trichocarpum* (Miq.) O. Kuntze　LXP-09-6165	蓝果树 *Nyssa sinensis* Oliv.　LXP-09-07405
漆 *Toxicodendron vernicifluum* (Stokes) F. A. Barkl.	**212　五加科 Araliaceae**
205.3　黄连木科 Pistaciaceae	吴茱萸五加 *Acanthopanax evodiaefolius* Franch. var. *evodiaefolius*
黄连木 *Pistacia chinensis* Bunge　中国特有种	五加 *Acanthopanax gracilistylus* W. W. Smith　LXP-13-3313
207　胡桃科 Juglandaceae	藤五加 *Acanthopanax leucorrhizus* (Oliv.) Harms　中国特有种
青钱柳 *Cyclocarya paliurus* (Batal.) Iljinsk.　中国特有种　LXP-13-4009	白簕 *Acanthopanax trifoliatus* (Linn.) Merr.
少叶黄杞 *Engelhardia fenzlii* Merr.　中国特有种　LXP-09-07613	楤木 *Aralia chinensis* Linn.　桃源洞新记录 DY3-1045
黄杞 *Engelhardia roxburghiana* Wall.	东北土当归 *Aralia continentalis* Kitagawa　桃源洞新记录　LXP-13-3455
野核桃 *Juglans cathayensis* Dode　桃源洞新记录　LXP-09-07167	食用土当归 *Aralia cordata* Thunb.　中国特有种　LXP-09-07254
胡桃楸 *Juglans mandshurica* Maxim.　LXP-13-3300	头序楤木 *Aralia dasyphylla* Miq.
胡桃 * *Juglans regia* L.　LXP-13-3100	棘茎楤木 *Aralia echinocaulis* Hand.-Mazz.　中国特有种　LXP-09-07097
化香树 *Platycarya strobilacea* Sieb. et Zucc.	辽东楤木 *Aralia elata* (Miq.) Seem.
枫杨 *Pterocarya stenoptera* C. DC.　LXP-09-07243	长刺楤木 *Aralia spinifolia* Merr.　中国特有种
209　山茱萸科 Cornaceae	树参 *Dendropanax dentiger* (Harms) Merr.　LXP-09-482
山茱萸 *Cornus officinalis* Sieb. et Zucc.　桃源洞新记录　LXP-09-07241	变叶树参 *Dendropanax proteus* (Champ.) Benth.　中国特有种　LXP-09-6170
尖叶四照花 *Dendrobenthamia angustata* (Chun) Fang　中国特有种　TYD2-1411	常春藤 *Hedera nepalensis* K. Koch var. *sinensis* (Tobl.) Rehd.　LXP-09-6551
头状四照花 *Dendrobenthamia capitata* (Wall.) Hutch.　桃源洞新记录　LXP-13-4061	刺楸 *Kalopanax septemlobus* (Thunb.) Koidz.
香港四照花 *Dendrobenthamia hongkongensis* (Hemsl.) Hutch.	短梗大参 *Macropanax rosthornii* (Harms) C. Y. Wu ex Hoo　中国特有种
四照花 *Dendrobenthamia japonica* (DC.) Fang var. *chinensis* (Osborn.) Fang　中国特有种	异叶梁王茶 *Nothopanax davidii* (Franch.) Harms ex Diels
黑毛四照花 *Dendrobenthamia melanotricha* (Pojark.) Fang　桃源洞新记录　LXP-13-15481	大叶三七 *Panax pseudoginseng* Wall. var. *japonicus* (C. A. Mey.) Hoo et Tseng
梾木 *Swida macrophpla* (Wall.) Soják	穗序鹅掌柴 *Schefflera delavayi* (Franch.) Harms ex Diels.　LXP-09-6218
毛梾 *Swida walteri* (Wanger.) Sojak　中国特有种	

被子植物	被子植物

被子植物（左栏）

星毛鸭脚木 *Schefflera minutistellata* Merr. ex Li　中国特有种　LXP-09-07144

通脱木 *Tetrapanax papyrifer*（Hook.）K. Koch　中国特有种

213　伞形科 Umbelliferae

紫花前胡 *Angelica decursiva*（Miq.）Franch. et Sav.

峨参 *Anthriscus sylvestris*（L.）Hoffm.　桃源洞新记录　LXP-09-6117

旱芹 *Apium graveolens* L.

细叶旱芹 *Apium leptophyllum*（Pers.）F. Muell.

竹叶柴胡 *Bupleurum marginatum* Wall. ex DC.

蛇床 *Cnidium monnieri*（L.）Cuss.

芫荽 *Coriandrum sativum* L.

鸭儿芹 *Cryptotaenia japonica* Hassk.　LXP-09-07236

深裂鸭儿芹 *Cryptotaenia japonica* Hassk. form. *dissecta*（Yabe）Hara　桃源洞新记录 DY2-1260

野胡萝卜 *Daucus carota* L.

胡萝卜 *Daucus carota* L. var. *sativa* Hoffm.

茴香 *Foeniculum vulgare* Mill.

红马蹄草 *Hydrocotyle nepalensis* Hk.　LXP-09-07126

天胡荽 *Hydrocotyle sibthorpioides* Lam.

破铜钱 *Hydrocotyle sibthorpioides* Lam. var. *batrachium*（Hance）Hand.-Mazz. ex Shan

藁本 *Ligusticum sinense* Oliv.　中国特有种

细叶水芹 *Oenanthe dielsii* de Boiss. var. *stenophylla* de Boiss.　桃源洞新记录　LXP-13-3421

水芹 *Oenanthe javanica*（Bl.）DC.　LXP-13-3126

线叶水芹 *Oenanthe linearis* Wall. ex DC.　桃源洞新记录　LXP-13-3228

卵叶水芹 *Oenanthe rosthornii* Diels　桃源洞新记录　LXP-13-3456

香根芹 *Osmorhiza aristata*（Thunb.）Makino et Yabe

隔山香 *Ostericum citrodorum*（Hance）Yuan et Shan　中国特有种

山芹 *Ostericum sieboldii*（Miq.）Nakai　桃源洞新记录　LXP-09-00649

前胡 *Peucedanum praeruptorum* Dunn　中国特有种　桃源洞新记录　LXP-09-07540

异叶茴芹 *Pimpinella diversifolia* DC.

裸茎囊瓣芹 *Pternopetalum nudicaule*（de Boiss.）Hand.-Mazz.　桃源洞新记录　LXP-09-6517

膜蕨囊瓣芹 *Pternopetalum trichomanifolium*（Franch.）Hand.-Mazz.　中国特有种　桃源洞新记录　LXP-09-07273

五匹青 *Pternopetalum vulgare*（Dunn）Hand.-Mazz.　桃源洞新记录　LXP-09-00747

变豆菜 *Sanicula chinensis* Bunge

薄片变豆菜 *Sanicula lamelligera* Hance

直刺变豆菜 *Sanicula orthacantha* S. Moore　LXP-13-5468

小窃衣 *Torilis japonica*（Houtt.）DC.　LXP-09-07348

窃衣 *Torilis scabra*（Thunb.）DC.

213.1　芫荽科 Hydrocotylaceae

积雪草 *Centella asiatica*（L.）Urban　LXP-13-3132

被子植物（右栏）

214　桤叶树科 Clethraceae

短穗桤叶树 *Clethra brachystachya* Fang et L. C. Hu　桃源洞新记录　LXP-09-07632

贵定桤叶树 *Clethra cavaleriei* Levl.　LXP-13-4350

云南桤叶树 *Clethra delavayi* Franch.　桃源洞新记录　LXP-09-00745；LXP-09-07289

贵州桤叶树 *Clethra kaipoensis* Levl.　中国特有种　LXP-09-07465

紫花桤叶树 *Clethra purpurea* Fang et L. C. Hu

215　杜鹃花科 Ericaceae

灯笼树 *Enkianthus chinensis* Franch.　中国特有种　DY3-1180

吊钟花 *Enkianthus quinqueflorus* Lour.　LXP-13-4281

齿缘吊钟花 *Enkianthus serrulatus*（Wils.）Schneid.　中国特有种　LXP-09-6563

滇白珠 *Gaultheria leucocarpa* Bl var. *crenulata*（Kurz）T. Z. Hsu　LXP-09-6055

白珠树 *Gaultheria leucocarpa* Bl var. *cumingiana*（Vidal）T. Z. Hsu　桃源洞新记录 DY2-1109

珍珠花 *Lyonia ovalifolia*（Wall.）Drude　桃源洞新记录　LXP-09-6045

小果珍珠花 *Lyonia ovalifolia*（Wall.）Drude var. *elliptica*　LXP-09-6185

毛果珍珠花 *Lyonia ovalifolia*（Wall.）Drude var. *hebecarpa*（Franch. ex Forb. et Hemsl.）Chun　中国特有种　桃源洞新记录　LXP-09-07006

狭叶珍珠花 *Lyonia ovalifolia*（Wall.）Drude var. *lanceolata*（Wall.）Hand.-Mazz.　DY3-1139

美丽马醉木 *Pieris formosa*（Wall.）D. Don　LXP-09-6141

耳叶杜鹃 *Rhododendron auriculatum* Hemsl.　中国特有种　桃源洞新记录　LXP-09-6196

腺萼马银花 *Rhododendron bachii* Levl.　中国特有种　LXP-09-07936

刺毛杜鹃 *Rhododendron championae* Hook.　中国特有种　桃源洞新记录　LXP-09-07061

云锦杜鹃 *Rhododendron fortunei* Lindl.　中国特有种　LXP-09-6131

光枝杜鹃 *Rhododendron haofui* Chun et Fang　中国特有种　桃源洞新记录 DY1-1106

背绒杜鹃 *Rhododendron hypoblematosum* Tam　中国特有种　桃源洞新记录　LXP-13-5574

井冈山杜鹃 *Rhododendron jinggangshanicum* Tam　中国特有种　桃源洞新记录　LXP-09-6038

鹿角杜鹃 *Rhododendron latoucheae* Franch.　LXP-09-6147

岭南杜鹃 *Rhododendron mariae* Hance　中国特有种

满山红 *Rhododendron mariesii* Hemsl. et Wils.　中国特有种　LXP-09-07022

羊踯躅 *Rhododendron molle*（Blume）G. Don　中国特有种

毛棉杜鹃花 *Rhododendron moulmainense* Hook. f.

马银花 *Rhododendron ovatum*（Lindl.）Planch. ex Maxim.　中国特有种　LXP-09-6146

被子植物	被子植物
毛果杜鹃 *Rhododendron seniavinii* Maxim.　中国特有种	平叶酸藤子 *Embelia undulata*（Wall.）Mez
猴头杜鹃 *Rhododendron simiarum* Hance　中国特有种 LXP-09-6565	密齿酸藤子 *Embelia vestita* Roxb.　LXP-09-06465
映山红 *Rhododendron simsii* Planch.	杜茎山 *Maesa japonica*（Thunb.）Moritzi.　中国特有种　桃 源洞新记录　LXP-09-07663
长蕊杜鹃 *Rhododendron stamineum* Franch.　中国特有种 LXP-09-07995	针齿铁仔 *Myrsine semiserrata* Wall.　桃源洞新记录 LXP-09-07631
215.1 鹿蹄草科 Pyrolaceae	光叶铁仔 *Myrsine stolonifera*（Koidz.）Walker　LXP-09-07315
鹿蹄草 *Pyrola calliantha* H. Andr.　中国特有种　LXP-13-4521	密花树 *Rapanea neriifolia*（Sieb. et Zucc.）Mez　LXP-13-4070
普通鹿蹄草 *Pyrola decorata* H. Andr.　LXP-09-6329	**224 安息香科 Styracaceae**
长叶鹿蹄草 *Pyrola elegantula* H. Andr. var. *elegantula* 中国特有种	赤杨叶 *Alniphyllum fortunei*（Hemsl.）Makino　中国特有种 LXP-13-4165
南烛 *Vaccinium bracteatum* Thunb.　LXP-09-6178	银钟花 *Halesia macgregorii* Chun　中国特有种　LXP-09-07633
短尾越桔 *Vaccinium carlesii* Dunn　中国特有种　LXP-09-6209	陀螺果 *Melliodendron xylocarpum* Hand.-Mazz.　中国特有种 桃源洞新记录　LXP-09-07596
黄背越桔 *Vaccinium iteophyllum* Hance　中国特有种	小叶白辛树 *Pterostyrax corymbosus* Sieb. et Zucc.　LXP-13-5543
扁枝越桔 *Vaccinium japonicum* Miq. var. *sinicum*（Nakai） Rehd.　中国特有种　LXP-09-07314	赛山梅 *Styrax confusus* Hemsl.　中国特有种
江南越桔 *Vaccinium mandarinorum* Diels　中国特有种 LXP-09-07325	垂珠花 *Styrax dasyanthus* Perk.　中国特有种　桃源洞新记录 DY2-1040
215.5 水晶兰科 Monotropaceae	白花龙 *Styrax faberi* Perk.　中国特有种　LXP-13-4347
水晶兰 *Monotropa uniflora* Linn.　湖南新记录 LXP-09-08467	台湾安息香 *Styrax formosanus* Matsum.　中国特有种　桃源 洞新记录　LXP-09-07443
球果假沙晶兰 *Montropastrum humile*（D. Don）H. Hara 桃源洞新记录　LXP-09-06578	野茉莉 *Styrax japonicus* Sieb. et Zucc.　LXP-09-10077
221 柿科 Ebenaceae	芬芳安息香 *Styrax odoratissima* Champ.　中国特有种　桃源 洞新记录
粉叶柿 *Diospyros glaucifolia* Metc.	栓叶安息香 *Styrax suberifolius* Hook. et Arn.
短柄粉叶柿 *Diospyros glaucifolia* Metc. var. *brevipes* S. Lee 桃源洞新记录　DY1-1147	越南安息香 *Styrax tonkinensis*（Pierre）Craib ex Hartw. LXP-09-07053
柿 * *Diospyros kaki* Thunb.　LXP-09-07357	**225 山矾科 Symplocaceae**
野柿 *Diospyros kaki* Thunb. var. *silvestris* Makino　中国特有种	腺叶山矾 *Symplocos adenophylla* Wall.　LXP-09-6258
君迁子 *Diospyros lotus* L.　LXP-09-07076	腺柄山矾 *Symplocos adenopus* Hance　中国特有种　桃源洞 新记录　LXP-09-07416
罗浮柿 *Diospyros morrisiana* Hance　LXP-09-06471	薄叶山矾 *Symplocos anomala* Brand　LXP-09-366
油柿 *Diospyros oleifera* Cheng　中国特有种　桃源洞新记录 LXP-09-07177	总状山矾 *Symplocos botryantha* Franch.　桃源洞新记录 DY1-1101
延平柿 *Diospyros tsangii* Merr.　中国特有种　LXP-09-07477	白檀 *Symplocos chinensis*（Lour.）Druce　中国特有种 LXP-13-3184
223 紫金牛科 Myrsinaceae	越南山矾 *Symplocos cochinchinensis*（Lour.）S. Moore　桃源 洞新记录　LXP-09-07591
少年红 *Ardisia alyxiaefolia* Tsiang ex C. Chen　中国特有种 桃源洞新记录　LXP-09-6588	南岭山矾 *Symplocos confusa* Brand　LXP-09-07657
九管血 *Ardisia brevicaulis* Diels　中国特有种　LXP-09-00742	美山矾 *Symplocos decora* Hance　中国特有种
小紫金牛 *Ardisia chinensis* Benth.　桃源洞新记录 LXP-09-6255	羊舌树 *Symplocos glauca*（Thunb.）Koidz.　桃源洞新记录 LXP-09-6069
硃砂根 *Ardisia crenata* Sims　LXP-09-06391	毛山矾 *Symplocos groffii* Merr.　LXP-09-07300
红凉伞 *Ardisia crenata* Sims var. *bicolor*（Walker）C. Y. Wu et C. Chen　LXP-09-379	海桐山矾 *Symplocos heishanensis* Hayata　中国特有种
百两金 *Ardisia crispa*（Thunb.）A. DC.　LXP-09-07247	光叶山矾 *Symplocos lancifolia* Sieb. et Zucc.　LXP-09-6020； LXP-13-5361
月月红 *Ardisia faberi* Hemsl.　中国特有种	黄牛奶树 *Symplocos laurina*（Retz.）Wall.　LXP-09-07370
大罗伞树 *Ardisia hanceana* Mez	光亮叶山矾 *Symplocos lucida*（Thunb. ex Murray）Siebold & Zucc.　LXP-09-07069
紫金牛 *Ardisia japonica*（Thunb）Blume　LXP-09-07332	潮州山矾 *Symplocos mollifolia* Dunn　桃源洞新记录 LXP-09-07077
虎舌红 *Ardisia mamillata* Hance　LXP-09-07599	
网脉酸藤子 *Embelia rudis* Hand.-Mazz.　桃源洞新记录 LXP-09-07562	

被子植物	被子植物
白檀 *Symplocos paniculata*（Thunb.）Miq.　LXP-13-3427	紫花络石 *Trachelospermum axillare* Hook. f.　中国特有种　LXP-09-07569
叶萼山矾 *Symplocos phyllocalyx* Clarke　桃源洞新记录　LXP-13-3200	乳儿绳 *Trachelospermum cathayanum* Schneid.
多花山矾 *Symplocos ramosissima* Wall. ex G. Don	锈毛络石 *Trachelospermum dunnii*（Levl.）Levl.
四川山矾 *Symplocos setchuensis* Brand　中国特有种　LXP-09-07489；LXP-09-07386	络石 *Trachelospermum jasminoides*（Lindl.）Lem.　LXP-09-92
老鼠矢 *Symplocos stellaris* Brand　LXP-09-6568	**231　萝藦科 Asclepiadaceae**
山矾 *Symplocos sumuntia* Buch.-Ham. ex D. Don　LXP-09-07383	合掌消 *Cynanchum amplexicaule*（Sieb. et Zucc.）Hemsl.
228　马钱科 Loganiaceae	白薇 *Cynanchum atratum* Bunge
蓬莱葛 *Gardneria multiflora* Makino　LXP-09-07550	牛皮消 *Cynanchum auriculatum* Royle ex Wight　LXP-13-3076
228.1　醉鱼草科 Buddlejaceae	白前 *Cynanchum glaucescens*（Decne.）Hand.-Mazz.　中国特有种
大叶醉鱼草 *Buddleja davidii* Franch.	毛白前 *Cynanchum mooreanum* Hemsl.　中国特有种　桃源洞新记录　LXP-09-10160
醉鱼草 *Buddleja lindleyana* Fortune　中国特有种　LXP-13-4006	徐长卿 *Cynanchum paniculatum*（Bunge）Kitagawa
229　木犀科 Oleaceae	柳叶白前 *Cynanchum stauntonii*（Decne.）Schltr. ex Levl.　中国特有种
白蜡树 *Fraxinus chinensis* Roxb.	隔山消 *Cynanchum wilfordii*（Maxim.）Hemsl.　LXP-13-3339
苦枥木 *Fraxinus insularis* Hemsl.　LXP-09-07090	牛奶菜 *Marsdenia sinensis* Hemsl.　中国特有种　LXP-09-00713
清香藤 *Jasminum lanceolarium* Roxb.　LXP-13-3219	华萝藦 *Metaplexis hemsleyana* Oliv.　中国特有种
迎春花 *Jasminum nudiflorum* Lindl.　中国特有种	七层楼 *Tylophora floribunda* Miq.
华素馨 *Jasminum sinense* Hemsl.　中国特有种	娃儿藤 *Tylophora ovata*（Lindl.）Hook. ex Steud.
台湾女贞 *Ligustrum amamianum* Koidz.　桃源洞新记录　LXP-09-457	**232　茜草科 Rubiaceae**
华女贞 *Ligustrum lianum* Hsu　中国特有种	香楠 *Aidia canthioides*（Champ. ex Benth.）Masam.
女贞 *Ligustrum lucidum* Ait.　中国特有种　LXP-09-6019	茜树 *Aidia cochinchinensis* Lour.　桃源洞新记录　LXP-09-00761
蜡子树 *Ligustrum molliculum* Hance　中国特有种　LXP-09-320	流苏子 *Coptosapelta diffusa*（Champ. ex Benth.）Van Steenis　LXP-13-3091
小叶女贞 *Ligustrum quihoui* Carr.　中国特有种	短刺虎刺 *Damnacanthus giganteus*（Mak.）Nakai　LXP-09-06364
粗壮女贞 *Ligustrum robustum*（Roxb.）Blume　中国特有种　桃源洞新记录　LXP-09-10051	虎刺 *Damnacanthus indicus* Gaertn. f.
小蜡 *Ligustrum sinense* Lour.　LXP-09-07444	柳叶虎刺 *Damnacanthus labordei*（Levl.）Lo　桃源洞新记录　LXP-09-6018
光萼小蜡 *Ligustrum sinense* Lour var. *myrianthum*（Diels）Hofk.　中国特有种　LXP-13-3060	狗骨柴 *Diplospora dubia*（Lindl.）Masam.　LXP-09-274
宁波木犀 *Osmanthus cooperi* Hemsl.　中国特有种　桃源洞新记录　LXP-13-5350	毛狗骨柴 *Diplospora fruticosa* Hemsl.　LXP-09-00634
木犀 *Osmanthus fragrans*（Thunb.）Lour.　中国特有种　LXP-09-6129	香果树 *Emmenopterys henryi* Oliv.　中国特有种
厚边木犀 *Osmanthus marginatus*（Champ. ex Benth.）Hemsl.	原拉拉藤 *Galium aparine* Linn.
长叶木犀 *Osmanthus marginatus*（Champ. ex Benth.）Hemsl. var. *longissimus*（H. T. Chang）R. L. Lu　中国特有种	六叶葎 *Galium asperuloides* Edgew. subsp. *hoffmeisteri*（Klotzsch）Hara
厚叶木犀 *Osmanthus marginatus*（Champ. ex Benth.）Hemsl. var. *pachyphyllus*（H. T. Chang）R. L. Lu　桃源洞新记录　LXP-13-3256	四叶葎 *Galium bungei* Steud.
野桂花 *Osmanthus yunnanensis*（Franch.）P. S. Green　中国特有种　桃源洞新记录　LXP-09-07399	小叶猪殃殃 *Galium trifidum* Linn.
230　夹竹桃科 Apocynaceae	栀子 *Gardenia jasminoides* Ellis　LXP-13-15477
筋藤 *Alyxia levinei* Merr.　中国特有种　桃源洞新记录　LXP-09-07563	金毛耳草 *Hedyotis chrysotricha*（Palib.）Merr.　LXP-09-06398
链珠藤 *Alyxia sinensis* Champ. ex Benth.　中国特有种　LXP-13-4283	白花蛇舌草 *Hedyotis diffusa* Willd.　LXP-13-4193
鳝藤 *Anodendron affine*（Hook. et Arn.）Druce	粗毛耳草 *Hedyotis mellii* Tutch.　中国特有种　LXP-09-07041
欧洲夹竹桃 *Nerium oleander* Linn.	长节耳草 *Hedyotis uncinella* Hook. et Arn.
	广东粗叶木 *Lasianthus curtisii* King et Gamble　桃源洞新记录　LXP-13-4274
	日本粗叶木 *Lasianthus japonicus* Miq.　LXP-09-00717
	榄绿粗叶木 *Lasianthus japonicus* Miq. var. *lancilimbus*（Merr.）Lo　中国特有种

被子植物	被子植物
曲毛日本粗叶木 *Lasianthus japonicus* Miq. var. *satsumensis*（Matsum）Mikiao LXP-13-3213	大花忍冬 *Lonicera macrantha*（D. Don）Spreng. 桃源洞新记录 LXP-09-07381
鸡眼藤 *Morinda parvifolia* Bartl. ex DC. 桃源洞新记录 LXP-09-07548	灰毡毛忍冬 *Lonicera macranthoides* Hand.-Mazz. 中国特有种 LXP-09-6349
羊角藤 *Morinda umbellata* L. subsp. *obovata* Y. Z. Ruan 中国特有种 LXP-13-4073	云雾忍冬 *Lonicera nubium*（Hand.-Mazz.）Hand.-Mazz. 中国特有种 桃源洞新记录 LXP-09-07135
鹩花 *Mussaenda esquirolii* Levl. 中国特有种 LXP-09-07075	短柄忍冬 *Lonicera pampaninii* Levl. 桃源洞新记录 LXP-09-10161
粗毛玉叶金花 *Mussaenda hirsutula* Miq. 中国特有种	皱叶忍冬 *Lonicera rhytidophylla* Hand.-Mazz. 中国特有种 桃源洞新记录 LXP-09-00762
光萼新耳草 *Neanotis hirsuta*（Linn. f.）Lewis LXP-09-00613	细毡毛忍冬 *Lonicera similis* Hemsl. 桃源洞新记录 LXP-09-6061
薄柱草 *Nertera sinensis* Hemsl. 中国特有种 桃源洞新记录 LXP-09-07600	短序荚蒾 *Viburnum brachybotryum* Hemsl. 中国特有种 桃源洞新记录 LXP-13-5498
广州蛇根草 *Ophiorrhiza cantoniensis* Hance 中国特有种 桃源洞新记录 LXP-09-07268	漾濞荚蒾 *Viburnum chingii* Hsu
中华蛇根草 *Ophiorrhiza chinensis* Lo 中国特有种 桃源洞新记录 LXP-09-6287	金腺荚蒾 *Viburnum chunii* Hsu 中国特有种 桃源洞新记录 LXP-13-4130
日本蛇根草 *Ophiorrhiza japonica* Bl. LXP-09-07124	水红木 *Viburnum cylindricum* Buch.-Ham. ex D. Don LXP-09-07246
白毛鸡矢藤 *Paederia pertomentosa* Merr. ex Li 中国特有种 桃源洞新记录 DY1-1050	粤赣荚蒾 *Viburnum dalzielii* W. W. Smith 中国特有种 LXP-13-4339
鸡矢藤 *Paederia scandens*（Lour.）Merr. LXP-09-07048	荚蒾 *Viburnum dilatatum* Thunb.
毛鸡矢藤 *Paederia scandens*（Lour.）Merr. var. *tomentosa*（Bl.）Hand.-Mazz. 中国特有种 LXP-09-07211	宜昌荚蒾 *Viburnum erosum* Thunb. LXP-09-6580
金剑草 *Rubia alata* Roxb. 中国特有种 LXP-09-07229	直角荚蒾 *Viburnum foetidum* Wall. var. *rectangulatum*（Graebn.）Rehd. 中国特有种
东南茜草 *Rubia argyi*（Levl. et Vaniot）Hara ex L. A. Lauener et D. K. Ferguson 桃源洞新记录 LXP-09-07226	南方荚蒾 *Viburnum fordiae* Hance 中国特有种 DY3-1179
茜草 *Rubia cordifolia* Linn. 桃源洞新记录 LXP-09-128	毛枝台中荚蒾 *Viburnum formosanum* Hayata var. *pubigerum*（Hsu）Hsu 中国特有种 桃源洞新记录 LXP-09-07060
多花茜草 *Rubia wallichiana* Decne. 桃源洞新记录 DY2-1111	聚花荚蒾 *Viburnum glomeratum* Maxim. 桃源洞新记录 LXP-09-07412
六月雪 *Serissa japonica*（Thunb.）Thunb. 中国特有种 LXP-09-263	蝶花荚蒾 *Viburnum hanceanum* Maxim. 中国特有种 桃源洞新记录 LXP-13-5647
白马骨 *Serissa serissoides*（DC.）Druce 桃源洞新记录 TYD1-1242	黑果荚蒾 *Viburnum melanocarpum* Hsu 中国特有种 桃源洞新记录 LXP-09-07515
白皮乌口树 *Tarenna depauperata* Hutch.	日本珊瑚树 *Viburnum odoratissimum* Ker-Gawl. var. *awabuki*（K. Koch）Zabel ex Rumpl.
白花苦灯笼 *Tarenna mollissima*（Hook. et Arn.）Rob.	粉团 *Viburnum plicatum* Thunb.
232.1 乌檀科 Naucleaceae	常绿荚蒾 *Viburnum sempervirens* K. Koch 中国特有种 LXP-09-00677
水团花 *Adina pilulifera*（Lam.）Franch. ex Drake LXP-09-07559	茶荚蒾 *Viburnum setigerum* Hance 中国特有种 LXP-13-4420
细叶水团花 *Adina rubella* Hance	合轴荚蒾 *Viburnum sympodiale* Graebn. 中国特有种
风箱树 *Cephalanthus tetrandrus*（Roxb.）Ridsd. et Bakh. f.	壶花荚蒾 *Viburnum urceolatum* Sieb. et Zucc.
鸡仔木 *Sinoadina racemosa*（Sieb. et Zucc.）Ridsd.	日本锦带花 *Weigela japonica* Thunb.
钩藤 *Uncaria rhynchophylla*（Miq.）Miq. ex Havil. LXP-09-07148；LXP-09-00694	**233.3 接骨木科 Sambucaceae**
华钩藤 *Uncaria sinensis*（Oliv.）Havil. 中国特有种 桃源洞新记录 LXP-13-3218	接骨草 *Sambucus chinensis* Lindl. DY2-1239
233 忍冬科 Caprifoliaceae	接骨木 *Sambucus williamsii* Hance 中国特有种
糯米条 *Abelia chinensis* R. Br. 中国特有种	**235 败酱科 Valerianaceae**
淡红忍冬 *Lonicera acuminata* Wall. LXP-09-6075	少蕊败酱 *Patrinia monandra* C. B. Clarke
无毛淡红忍冬 *Lonicera acuminata* Wall. var. *depilata* Hsu et H. J. Wang 桃源洞新记录 LXP-09-6113	败酱 *Patrinia scabiosaefolia* Fisch. ex Trev. LXP-13-4577
蕊被忍冬 *Lonicera gynochlamydca* Hemsl. 中国特有种	攀倒甑 *Patrinia villosa*（Thunb.）Juss. LXP-13-4562
菰腺忍冬 *Lonicera hypoglauca* Miq. LXP-09-212	缬草 *Valeriana officinalis* Linn.
忍冬 *Lonicera japonica* Thunb. LXP-09-6008	

被子植物	被子植物
236 川续断科 Dipsacaceae	小花金挖耳 *Carpesium minum* Hemsl.　中国特有种
川续断 *Dipsacus asperoides* C. Y. Cheng et T. M. Ai	石胡荽 *Centipeda minima*（L.）A. Br. et Aschers.
日本续断 *Dipsacus japonicus* Miq.　LXP-13-3500	茼蒿 * *Chrysanthemum coronarium* L.
238 菊科 Compositae	线叶蓟 *Cirsium iineare*（Thunb.）Sch.-Bip.
和尚菜 *Adenocaulon himalaicum* Edgew.	蓟 *Cirsium japonicum* Fisch. ex DC.　LXP-09-07031
下田菊 *Adenostemma lavenia*（L.）O. Kuntze	刺儿菜 *Cirsium setosum*（Willd.）MB.
藿香蓟 *Ageratum conyzoides* L.　桃源洞新记录　LXP-13-3110	香丝草 *Conyza bonariensis*（L.）Cronq.
杏香兔儿风 *Ainsliaea fragrans* Champ.　LXP-09-07270	小蓬草 *Conyza canadensis*（L.）Cronq.　LXP-09-6000
纤枝兔儿风 *Ainsliaea gracilis* Franch.　中国特有种　DY1-1019	秋英 * *Cosmos bipinnata* Cav.　桃源洞新记录　LXP-13-3485
长穗兔儿风 *Ainsliaea henryi* Diels　中国特有种　桃源洞新记录 DY2-1016	野茼蒿 *Crassocephalum crepidioides*（Benth.）S. Moore LXP-09-13
灯台兔儿风 *Ainsliaea macroclinidioides* Hayata　中国特有种 LXP-13-3385	大丽花 * *Dahlia pinnata* Cav.
莲沱兔儿风 *Ainsliaea ramosa* Hemsl.　中国特有种　桃源洞新记录　LXP-09-07269	野菊 *Dendranthema indicum*（L.）Des Moul.　LXP-09-6242;LXP-09-07535
珠光香青 *Anaphalis margaritacea*（L.）Benth. et Hook. f. DY1-1058	菊花 * *Dendranthema morifolium*（Ramat.）Tzvel.　中国特有种
珠光香青黄褐变种 *Anaphalis margaritacea*（L.）Benth. et Hook. f. var. *cinnamomea*（DC.）Herd. ex Maxim.　桃源洞新记录　LXP-13-3492	鱼眼草 *Dichrocephala auriculata*（Thunb.）Druce LXP-09-00648
香青 *Anaphalis sinica* Hance　LXP-13-3338	东风菜 *Doellingeria scabra*（Thunb.）Nees
牛蒡 *Arctium lappa* L.	鳢肠 *Eclipta prostrata*（L.）L.　LXP-09-293
黄花蒿 *Artemisia annua* Linn.	一点红 *Emilia sonchifolia*（L.）DC.　桃源洞新记录 LXP-09-07027
奇蒿 *Artemisia anomala* S. Moore　中国特有种　DY3-1104	球菊 *Epaltes australis* Less.　桃源洞新记录　LXP-13-3296
艾 *Artemisia argyi* Levl. et Van.　LXP-09-07536	一年蓬 *Erigeron annuus*（L.）Pers.
茵陈蒿 *Artemisia capillaris* Thunb.	多须公 *Eupatorium chinense* L.
青蒿 *Artemisia carvifolia* Buch.-Ham. ex Roxb.	白头婆 *Eupatorium japonicum* Thunb.　LXP-13-4531
五月艾 *Artemisia indices* Willd.	林泽兰 *Eupatorium lindleyanum* DC.　LXP-09-07029
牡蒿 *Artemisia japonica* Thunb.	飞机草 * *Eupatorium odoratum* L.
白苞蒿 *Artemisia lactiflora* Wall. ex DC.	牛膝菊 *Galinsoga parviflora* Cav.　桃源洞新记录 LXP-09-07240
矮蒿 *Artemisia lancea* Van.	大丁草 *Gerbera anandria*（Linn.）Sch.-Bip.
魁蒿 *Artemisia princeps* Pamp	毛大丁草 *Gerbera piloselloides*（Linn.）Cass.
三脉紫菀 *Aster ageratoides* Turcz.	宽叶鼠麴草 *Gnaphalium adnatum*（Wall. ex DC.）Kitam.
三脉紫菀 - 微糙变种 *Aster ageratoides* Turcz. var. *scaberulus*（Miq.）Ling	鼠麴草 *Gnaphalium affine* D. Don　LXP-09-6073
白舌紫菀 *Aster baccharoides*（Benth.）Steetz.　中国特有种	秋鼠麴草 *Gnaphalium hypoleucum* DC.
短毛紫菀 *Aster brachytrichus* Franch.　桃源洞新记录 LXP-09-6072	细叶鼠麴草 *Gnaphalium japonicum* Thunb.
苍术 *Atractylodes Lancea*（Thunb.）DC.	匙叶鼠麴草 *Gnaphalium pensylvanicum* Willd.
婆婆针 *Bidens bipinnata* L.	菊三七 *Gynura japonica*（Thunb.）Juel.
鬼针草 *Bidens pilosa* L.	向日葵丈菊 * *Helianthus annuus* L.
台北艾纳香 *Blumea formosana* Kitam.　中国特有种 LXP-09-6292	菊芋 * *Helianthus tuberosus* L.
毛毡草 *Blumea hieracifolia*（D. Don）DC.	泥胡菜 *Hemisteptia lyrata*（Bunge）Bunge
东风草 *Blumea megacephala*（Randeria）Chang et Tseng	羊耳菊 *Inula cappa*（Buch.-Ham.）DC.
丝毛飞廉 *Carduus crispus* L.　LXP-13-3170	线叶旋覆花 *Inula linearifolia* Turcz.
天名精 *Carpesium abrotanoides* L.　LXP-09-290	细叶小苦荬 *Ixeridium gracile*（DC.）Shih
烟管头草 *Carpesium cernuum* L.　DY3-1051	中华苦荬菜 *Ixeris chinensis*（Thunb.）Nakai.　桃源洞新记录 LXP-13-3467
金挖耳 *Carpesium divaricatum* Sieb. et Zucc.　LXP-09-00749	黄瓜菜 *Ixeris denticulata*（Houtt.）Nakai
	剪刀股 *Ixeris japonica*（Burm. f.）Nakai　桃源洞新记录 LXP-13-3324
	苦荬菜 *Ixeris polycephala* Cass.

被子植物	被子植物
马兰 *Kalimeris indica*（L.）Sch.-Bip.　LXP-09-6220	泽珍珠菜 *Lysimachia candida* Lindl.
莴苣 * *Lactuca sativa* L.	过路黄 *Lysimachia christinae* Hance　中国特有种
稻槎菜 *Lapsana apogonoides* Maxim.	LXP-09-6030
齿叶橐吾 *Ligularia dentata*（A. Gray）Hara	矮桃 *Lysimachia clethroides* Duby　DY3-1021
大头橐吾 *Ligularia japonica*（Thunb.）Less.　桃源洞新记录	临时救 *Lysimachia congestiflora* Hemsl.　LXP-09-07032
LXP-13-3443	红根草 *Lysimachia fortunei* Maxim.　中国特有种
三裂假福王草 *Paraprenanthes multiformis* Shih　中国特有种	LXP-13-3183
桃源洞新记录 DY2-1083	黑腺珍珠菜 *Lysimachia heterogenea* Klatt　中国特有种
节毛假福王草 *Paraprenanthes pilipes*（Migo）Shih　桃源洞	巴山过路黄 *Lysimachia hypericoides* Hemsl.　中国特有种
新记录 DY1-1049	落地梅 *Lysimachia paridiformis* Franch.　中国特有种
假福王草 *Paraprenanthes sororia*（Miq.）Shih　LXP-09-6087	小叶珍珠菜 *Lysimachia parvifolia* Franch.　中国特有种
蜂斗菜 *Petasites japonicus*（Sieb. et Zucc.）Maxim.	巴东过路黄 *Lysimachia patungensis* Hand.-Mazz.　中国特有
毛连菜 *Picris hieracioides* L.	种　桃源洞新记录　LXP-09-07326
福王草 *Prenanthes tatarinowii* Maxim.　LXP-09-07049	贯叶过路黄 *Lysimachia perfoliata* Hand.-Mazz.　中国特有种
高大翅果菊 *Pterocypsella elata*（Hemsl.）Shih	桃源洞新记录　LXP-13-5273
翅果菊 *Pterocypsella indica*（L.）Shih	假婆婆纳 *Stimpsonia chamedryoides* Wright ex A. Gray
秋分草 *Rhynchospermum verticillatum* Reinw.	**242　车前科 Plantaginaceae**
三角叶风毛菊 *Saussurea deltoidea*（DC.）Sch.-Bip.	车前 *Plantago asiatica* L.　LXP-09-6104
风毛菊 *Saussurea japonica*（Thunb.）DC.	平车前 *Plantago depressa* Willd.
千里光 *Senecio scandens* Buch.-Ham. ex D. Don　LXP-09-6336	大车前 *Plantago major* L.　LXP-13-3010
豨莶 *Sigesbeckia orientalis* L.	**243　桔梗科 Campanulaceae**
腺梗豨莶 *Sigesbeckia pubescens* Makino	杏叶沙参 *Adenophora hunanensis* Nannf.　中国特有种
九华蒲儿根 *Sinosenecio jiuhuashanicus* C. Jeffrey et Y. L.	中华沙参 *Adenophora sinensis* A. DC.　中国特有种　桃源洞
Chen　中国特有种　桃源洞新记录　LXP-13-5609	新记录　LXP-13-3434
蒲儿根 *Sinosenecio oldhamianus*（Maxim.）B. Nord.	沙参 *Adenophora stricta* Miq.
LXP-09-07347	轮叶沙参 *Adenophora tetraphylla*（Thunb.）Fisch.
一枝黄花 *Solidago decurrens* Lour.　中国特有种　LXP-09-6122	金钱豹 *Campanumoea javanica* Bl.
苦苣菜 *Sonchus oleraceus* L.	长叶轮钟草 *Campanumoea lancifolia*（Roxb.）Merr.
蒲公英 *Taraxacum mongolicum* Hand.-Mazz.　中国特有种	羊乳 *Codonopsis lanceolata*（Sieb. et Zucc.）Trautv.
女菀 *Turczaninovia fastigiata*（Fisch.）DC.	LXP-13-3257
夜香牛 *Vernonia cinerea*（L.）Less.	桔梗 *Platycodon grandiflorus*（Jacq.）A. DC.
苍耳 *Xanthium sibiricum* Patrin ex Widder　LXP-13-3285	蓝花参 *Wahlenbergia marginata*（Thunb.）A. DC.
黄鹌菜 *Youngia japonica*（L.）DC.　LXP-13-3023	**243.1　半边莲科 Lobeliaceae**
239　龙胆科 Gentianaceae	半边莲 *Lobelia chinensis* Lour.
五岭龙胆 *Gentiana davidii* Franch.　中国特有种　LXP-09-07307	江南山梗菜 *Lobelia davidii* Franch.　中国特有种　LXP-09-6151
华南龙胆 *Gentiana loureirii*（G. Don）Griseb.	线萼山梗菜 *Lobelia melliana* E. Wimm.　中国特有种　桃源
条叶龙胆 *Gentiana manshurica* Kitag.　中国特有种	洞新记录　LXP-13-3059
匙叶草 *Latouchea fokiensis* Franch.　中国特有种　桃源洞新	山梗菜 *Lobelia sessilifolia* Lamb.　桃源洞新记录 DY2-1130
记录　LXP-09-07400	铜锤玉带草 *Pratia nummularia*（Lam.）A. Br. et Aschers.
獐牙菜 *Swertia bimaculata*（Sieb. et Zucc.）Hook. f. et Thoms.	DY3-1066
ex C. B. Clarke　LXP-09-07245	**249　紫草科 Boraginaceae**
双蝴蝶 *Tripterospermum chinense*（Migo）H. Smith　中国特	柔弱斑种草 *Bothriospermum tenellum*（Hornem.）Fisch. et Mey.
有种　LXP-09-07305	小花琉璃草 *Cynoglossum lanceolatum* Forssk.　LXP-09-10082
细茎双蝴蝶 *Tripterospermum filicaule*（Hemsl.）H. Smith	琉璃草 *Cynoglossum zeylanicum*（Vahl）Thunb.　DY3-1089
中国特有种　桃源洞新记录　LXP-09-6201	紫草 *Lithospermum erythrorhizon* Sieb. et Zucc.
240　报春花科 Primulaceae	皿果草 *Omphalotrigonotis cupulifera*（Johnst.）W. T. Wang
点地梅 *Androsace umbellata*（Lour.）Merr.	中国特有种
广西过路黄 *Lysimachia alfredii* Hance　中国特有种　桃源洞	浙赣车前紫草 *Sinojohnstonia chekiangensis*（Migo）W. T.
新记录　LXP-13-5278	Wang ex Z. Y. Zhang　中国特有种　桃源洞新记录
	LXP-09-6266；LXP-09-6502

续表

被子植物	被子植物
盾果草 *Thyrocarpus sampsonii* Hance 　中国特有种	金灯藤 *Cuscuta japonica* Choisy
硬毛附地菜 *Trigonotis laxa* Johnst. var. *hirsuta* W. T. Wang	**252 玄参科 Scrophulariaceae**
中国特有种　桃源洞新记录　LXP-09-00748	虻眼 *Dopatrium junceum*（Roxb.）Buch.-Ham. ex Benth
附地菜 *Trigonotis peduncularis*（Trev.）Benth. ex Baker et Moore	石龙尾 *Limnophila sessiliflora*（Vahl）Blume
249.3 厚壳树科 Ehretiaceae	长蒴母草 *Lindernia anagallis*（Burm. f.）Pennell　桃源洞新记录　LXP-09-6009
长花厚壳树 *Ehretia longiflora* Champ. ex Benth.	狭叶母草 *Lindernia angustifolia*（Benth.）Wettst.
粗糠树 *Ehretia macrophylla* Wall.	泥花草 *Lindernia antipoda*（L.）Alston
厚壳树 *Ehretia thyrsiflora*（Sieb. et Zucc.）Nakai	母草 *Lindernia crustacea*（L.）F. Muell
250 茄科 Solanaceae	宽叶母草 *Lindernia nummularifolia*（D. Don）Wettst.　桃源洞新记录　LXP-13-4504
辣椒 * *Capsicum annuum* L.	陌上菜 *Lindernia procumbens*（Krock.）Philcox
曼陀罗 * *Datura stramonium* L.	早落通泉草 *Mazus caducifer* Hance　中国特有种　桃源洞新记录　LXP-13-5516
红丝线 *Lycianthes biflora*（Lour.）Bitter	通泉草 *Mazus japonicus*（Thunb.）O. Kuntze
单花红丝线 *Lycianthes lysimachioides*（Wall.）Bitter	匍茎通泉草 *Mazus miquelii* Makino　LXP-09-07143
心叶单花红丝线 *Lycianthes lysimachioides*（Wall.）Bitter var. *cordifolia* C. Y. Wu et S. C. Huang　桃源洞新记录　LXP-09-180	林地通泉草 *Mazus saltuarius* Hand.-Mazz.　中国特有种
中华红丝线 *Lycianthes lysimachioides*（Wall.）Bitter var. *sinensis* Bitter　中国特有种　桃源洞新记录　LXP-09-00605	圆苞山罗花 *Melampyrum laxum* Mip.　桃源洞新记录　DY2-1146
枸杞 *Lycium chinense* Mill.	山罗花 *Melampyrum roseum* Maxim.
番茄 * *Lycopersicon esculentum* Mill.	尼泊尔沟酸浆 *Mimulus tenellus* Bunge var. *nepalensis*（Benth.）Tsoong
烟草 * *Nicotiana tabacum* L.	南方泡桐 *Paulownia australis* Gong Tong
挂金灯 *Physalis alkekengi* L. var. *francheti*（Mast.）Makino	白花泡桐 *Paulownia fortunei*（Seem.）Hemsl.
苦蘵 *Physalis angulata* L.	台湾泡桐 *Paulownia kawakamii* Ito　中国特有种
小酸浆 *Physalis minima* L.	亨氏马先蒿 *Pedicularis henryi* Maxim.　中国特有种
少花龙葵 *Solanum americanum* Mill.　桃源洞新记录　LXP-09-07091	松蒿 *Phtheirospermum japonicum*（Thunb.）Kanitz
千年不烂心 *Solanum cathayanum* C. Y. Wu et S. C. Huang　桃源洞新记录　LXP-13-4495	玄参 *Scrophularia ningpoensis* Hemsl.　中国特有种　LXP-13-4394
野海茄 *Solanum japonense* Nakai	阴行草 *Siphonostegia chinensis* Benth.　LXP-13-3104
白英 *Solanum lyratum* Thunb.　LXP-09-07239	腺毛阴行草 *Siphonostegia laeta* S. Moore　中国特有种　LXP-09-07227
茄 * *Solanum melongena* L.	长叶蝴蝶草 *Torenia asiatica* L.　LXP-09-06432
龙葵 *Solanum nigrum* L.　LXP-13-4072	二花蝴蝶草 *Torenia biniflora* Chin et Hong　中国特有种　桃源洞新记录　LXP-13-4172
海桐叶白英 *Solanum pittosporifolium* Hemsl.	单色蝴蝶草 *Torenia concolor* Lindl.　桃源洞新记录　LXP-13-3046
珊瑚樱 * *Solanum pseudocapsicum* L.	紫萼蝴蝶草 *Torenia violacea*（Azaola）Pennell　LXP-13-4149
阳芋 * *Solanum tuberosum* L.	直立婆婆纳 * *Veronica arvensis* L.
龙珠 *Tubocapsicum anomalum*（Franch. et Sav.）Makino　LXP-13-3096	婆婆纳 *Veronica didyma* Tenore
251 旋花科 Convolvulaceae	华中婆婆纳 *Veronica henryi* Yamazaki　中国特有种　桃源洞新记录　LXP-09-6548
打碗花 *Calystegia hederacea* Wall. ex. Roxb.　LXP-13-3163	阿拉伯婆婆纳 *Veronica persica* Poir.
旋花 *Calystegia sepium*（Linn.）R. Br.	水苦荬 *Veronica undulata* Wall.
马蹄金 *Dichondra repens* Forst.	四方麻 *Veronicastrum caulopterum*（Hance）Yamazaki　中国特有种
蕹菜 * *Ipomoea aquatica* Forsk.	宽叶腹水草 *Veronicastrum latifolium*（Hemsl.）Yamazaki　中国特有种　桃源洞新记录　LXP-09-6254
番薯 * *Ipomoea batatas*（Linn.）Lam.	长穗腹水草 *Veronicastrum longispicatum*（Merr.）Yamazaki　中国特有种　桃源洞新记录　LXP-13-4395
牵牛 * *Pharbitis nil*（Linn.）Choisy	
飞蛾藤 *Porana racemosa* Roxb.	
251.1 菟丝子科 Cuscutaceae	
南方菟丝子 *Cuscuta australis* R. Br.	
菟丝子 *Cuscuta chinensis* Lam.　桃源洞新记录　LXP-13-4309	

被子植物

腹水草 *Veronicastrum stenostachyum*（Hemsl.）Yamazaki
中国特有种　LXP-09-00598

253　列当科 Orobanchaceae

野菰 *Aeginetia indica* L.　LXP-13-4222

254　狸藻科 Utriculariaceae

挖耳草 *Utricularia bifida* L.

圆叶挖耳草 *Utricularia striatula* J. Smith　LXP-13-4424

256　苦苣苔科 Gesneriaceae

旋蒴苣苔 *Boea hygrometrica*（Bunge）R. Br.　中国特有种

蚂蟥七 *Chirita fimbrisepala* Hand.-Mazz.　中国特有种
LXP-09-07579

羽裂唇柱苣苔 *Chirita pinnatifida*（Hand.-Mazz.）Burtt　中国
特有种　桃源洞新记录　LXP-09-00737

东南长蒴苣苔 *Didymocarpus hancei* Hemsl.　中国特有种

华南半蒴苣苔 *Hemiboea follicularis* Clarke　中国特有种

半蒴苣苔 *Hemiboea henryi* Clarke　中国特有种　LXP-13-4362

短茎半蒴苣苔 *Hemiboea subacaulis* Hand.-Mazz.　中国特有种

降龙草 *Hemiboea subcapitata* Clarke　中国特有种
LXP-09-07150

吊石苣苔 *Lysionotus pauciflorus* Maxim.　LXP-09-00700

紫花马铃苣苔 *Oreocharis argyreia* Chun ex K. Y. Pan　中国
特有种　桃源洞新记录　LXP-13-5295

长瓣马铃苣苔 *Oreocharis auricula*（S. Moore）Clarke　中国
特有种　LXP-09-07299

绢毛马铃苣苔 *Oreocharis sericea*（Levl.）Levl.　中国特有种
桃源洞新记录　LXP-09-00676

257　紫葳科 Bignoniaceae

凌霄 *Campsis granbiflora*（Thunb.）Schum.　LXP-13-3282

258　胡麻科 Pedaliaceae

芝麻 * *Sesamum indicum* L.

259　爵床科 Acanthaceae

白接骨 *Asystasiella neesiana*（Wall.）Lindau　LXP-13-3255

少花黄猄草 *Championella oligantha*（Miq.）Bremek.

圆苞金足草 *Goldfussia pentstemonoides* Nees

水蓑衣 *Hygrophila salicifolia*（Vahl）Nees

杜根藤 *Justicia quadrifaria* T. Anderson　桃源洞新记录
LXP-09-00630

九头狮子草 *Peristrophe japonica*（Thunb.）Bremek.

翅柄马蓝 *Pteracanthus alatus*（Nees）Bremek.　桃源洞新记
录　LXP-09-6092

爵床 *Rostellularia procumbens*（L.）Nees

板蓝 *Strobilanthes cusia*（Nees）Kuntze　桃源洞新记录
LXP-09-00615

263　马鞭草科 Verbenaceae

紫珠 *Callicarpa bodinieri* Levl.　LXP-09-07292

白棠子树 *Callicarpa dichotoma*（Lour.）K. Koch　LXP-09-00589

杜虹花 *Callicarpa formosana* Rolfe　桃源洞新记录
LXP-09-07111

老鸦糊 *Callicarpa giraldii* Hesse ex Rehd.　中国特有种

被子植物

毛叶老鸦糊 *Callicarpa giraldii* Hesse ex Rehd. var. *lyi*（Levl.）
C. Y. Wu　中国特有种　桃源洞新记录　LXP-09-10104

日本紫珠 *Callicarpa japonica* Thunb.

窄叶紫珠 *Callicarpa japonica* Thunb. var. *angustata* Rehd.
中国特有种

枇杷叶紫珠 *Callicarpa kochiana* Makino

广东紫珠 *Callicarpa kwangtungensis* Chun　中国特有种　桃
源洞新记录　LXP-09-07448

光叶紫珠 *Callicarpa lingii* Merr.　中国特有种　桃源洞新记
录　LXP-09-07492

长柄紫珠 *Callicarpa longipes* Dunn　中国特有种　桃源洞新
记录　LXP-09-07082

藤紫珠 *Callicarpa peii* H. T. Chang　中国特有种　桃源洞新
记录　LXP-09-07576

红紫珠 *Callicarpa rubella* Lindl.

秃红紫珠 *Callicarpa rubella* Lindl. var. *subglabra*（Pei）H. T.
Chang　中国特有种　DY2-1267

兰香草 *Caryopteris incana*（Thunb.）Miq.

臭牡丹 *Clerodendrum bungei* Steud.

灰毛大青 *Clerodendrum canescens* Wall.　桃源洞新记录
LXP-13-4219

大青 *Clerodendrum cyrtophyllum* Turcz.　LXP-09-07140

赪桐 *Clerodendrum japonicum*（Thunb.）Sweet　桃源洞新记
录　LXP-09-10134

浙江大青 *Clerodendrum kaichianum* Hsu　中国特有种　桃源
洞新记录　LXP-13-5793

江西大青 *Clerodendrum kiangsiense* Merr. ex Li　中国特有种
桃源洞新记录　DY2-1269

海通 *Clerodendrum mandarinorum* Diels　LXP-09-07121

海州常山 *Clerodendrum trichotomum* Thunb.　LXP-09-07081

黄药 *Premna cavaleriei* Levl.　中国特有种　桃源洞新记录
DY2-1141

豆腐柴 *Premna microphylla* Turcz.　LXP-13-3189

马鞭草 *Verbena officinalis* Linn.　TYD2-1409

黄荆 *Vitex negundo* Linn.

牡荆 *Vitex negundo* Linn. var. *cannabifolia*（Sieb. et Zucc.）
Hand.-Mazz.

山牡荆 *Vitex quinata*（Lour.）Wall.

263.2　透骨草科 Phrymataceae

透骨草 *Phryma leptostachya* L. subsp. *asiatica*（Hara）
Kitamura　LXP-13-3077

264　唇形科 Labiatae

藿香 * *Agastache rugosa*（Fisch. et Mey.）O. Ktze.
LXP-13-3289

金疮小草 *Ajuga decumbens* Thunb.　LXP-13-4047

紫背金盘 *Ajuga nipponensis* Makino

风轮菜 *Clinopodium chinense*（Benth.）O. Ktze.　LXP-09-00673

邻近风轮菜 *Clinopodium confine*（Hance）O. Ktze.
LXP-13-3038

细风轮菜 *Clinopodium gracile*（Benth.）Matsum.

被子植物	被子植物
灯笼草 *Clinopodium polycephalum*（Vaniot）C. Y. Wu et Hsuan 中国特有种 DY2-1029	半枝莲 *Scutellaria barbata* D. Don
匍匐风轮菜 *Clinopodium repens*（D. Don）Wall. ex Benth.	连钱黄芩 *Scutellaria guilielmi* A. Gray 桃源洞新记录 LXP-09-07646
水虎尾 *Dysophulla stellata*（Lour.）Benth.	长毛耳挖草 *Scutellaria indica* L. var. *elliptica* Sun ex G. H. Hu.
紫花香薷 *Elsholtzia argyi* Levl. LXP-13-3125	韩信草 *Scutellaria indica* Linn.
香薷 *Elsholtzia ciliata*（Thunb.）Hyland. DY3-1074	地蚕 *Stachys geobombycis* C. Y. Wu 中国特有种
小野芝麻 *Galeobdolon chinense*（Benth.）C. Y. Wu 中国特有种 DY2-1254	针筒菜 *Stachys oblongifolia* Benth. LXP-09-288
活血丹 *Glechoma longituba*（Nakai）Kupr LXP-09-6572	二齿香科苗 *Teucrium bidentatum* Hemsl. 中国特有种 桃源洞新记录 LXP-13-3332
中华锥花 *Gomphostemma chinense* Oliv. 桃源洞新记录 LXP-09-07544	庐山香科科 *Teucrium pernyi* Franch. 中国特有种 LXP-09-07130
内折香茶菜 *Isodon inflexa*（Thunb.）Hara	血见愁 *Teucrium viscidum* Bl.
大萼香茶菜 *Isodon macrocalyx*（Dunn）Hara 中国特有种	**266 水鳖科 Hydrocharitaceae**
显脉香茶菜 *Isodon nervosa*（Hemsl.）C. Y. Wu et H. W. Li 中国特有种	有尾水筛 *Blyxa echinosperma*（Clarke）Hook. f.
溪黄草 *Isodon serra*（Maxim.）Hara	水筛 *Blyxa japonica*（Miq.）Maxim.
宝盖草 *Lamium amplexicaule* Linn.	黑藻 *Hydrilla verticillata*（Linn. f.）Royle
野芝麻 *Lamium barbatum* Sieb. et Zucc.	水鳖 *Hydrocharis dubia*（Bl.）Backer
益母草 *Leonurus artemisia*（Laur.）S. Y. Hu	龙舌草 *Ottelia alismoides*（Linn.）Pers.
地笋硬毛变种 *Lycopus lucidus* Turcz. var. *hirtus* Regel	苦草 *Vallisneria natans*（Lour.）Hara
薄荷 *Mentha haplocalyx* Briq.	**267 泽泻科 Alismataceae**
石香薷 *Mosla chinensis* Maxim.	窄叶泽泻 *Alisma canaliculatum* A. Braun et Bouche.
小鱼仙草 *Mosla dianthera*（Buch.-Ham.）Maxim.	东方泽泻 *Alisma orientale*（Samuel.）Juz.
石荠苎 *Mosla scabra*（Thunb.）C. Y. Wu et H. W. Li	矮慈姑 *Sagittaria pygmaea* Miq.
罗勒 * *Ocimum basilicum* Linn.	慈姑 *Sagittaria trifolia* Linn. var. *sinensis*（Sims.）Makino LXP-13-3191
疏柔毛罗勒 *Ocimum basilicum* Linn. var. *pilosum*（Willd.）Benth. 桃源洞新记录 LXP-13-3297	剪刀草 *Sagittaria trifolia* Linn. var. *trifolia* form. *longiloba*（Turcz.）Makino
牛至 *Origanum vulgare* Linn.	**276 眼子菜科 Potamogetonaceae**
白毛假糙苏 *Paraphlomis albida* Hand.-Mazz. 中国特有种 桃源洞新记录 LXP-09-10103	菹草 *Potamogeton crispus* Linn.
假糙苏 *Paraphlomis javanica*（Bl.）Prain 桃源洞新记录 LXP-09-400	鸡冠眼子菜 *Potamogeton cristatus* Rgl. et Maack.
小叶 *Paraphlomis javanica*（Bl.）Prain var. *coronata*（Vaniot）C. Y. Wu et H. W. Li 桃源洞新记录 LXP-09-00621	眼子菜 *Potamogeton distinctus* A. Benn.
紫苏 * *Perilla frutescens*（Linn.）Britt.	小眼子菜 *Potamogeton pusillus* Linn.
野生紫苏 * *Perilla frutescens*（Linn.）Britt. var. *acuta*（Thunb.）Kudo	竹叶眼子菜 *Potamogeton wrightii* Morong
夏枯草 *Prunella vulgaris* Linn. LXP-09-07033	**279.2 角果藻科 Zannichelliaceae**
铁线鼠尾草 *Salvia adiantifolia* Stib. 中国特有种 桃源洞新记录 LXP-09-07411	角果藻 *Zannichellia palustris* Linn.
南丹参 *Salvia bowleyana* Dunn 中国特有种 LXP-13-3102	**280 鸭跖草科 Commelinaceae**
贵州鼠尾草 *Salvia cavaleriei* Levl. 中国特有种 桃源洞新记录 LXP-09-07923；LXP-13-4576	饭包草 *Commelina bengalensis* Linn.
华鼠尾草 *Salvia chinensis* Benth. 中国特有种 桃源洞新记录 LXP-09-580	鸭跖草 *Commelina communis* Linn. LXP-13-3002
鼠尾草 *Salvia japonica* Thunb. 中国特有种	水竹叶 *Murdannia triquetra*（Wall.）Bruckn.
丹参 *Salvia miltiorrhiza* Bunge	杜若 *Pollia japonica* Thunb. DY2-1274
荔枝草 *Salvia plebeia* R. Br.	竹叶吉祥草 *Spatholirion longifolium*（Gagnep.）Dunn
地埂鼠尾草 *Salvia scapiformis* Hance 桃源洞新记录 LXP-13-3057	竹叶子 *Streptolirion volubile* Edgew. LXP-13-4566
	285 谷精草科 Eriocaulaceae
	谷精草 *Eriocaulon buergerianum* Koern. LXP-13-3482
	白药谷物草 *Eriocaulon cinereum* R. Br.
	287 芭蕉科 Musaceae
	芭蕉 * *Musa basjoo* Sieb. et Zucc.
	290 姜科 Zingiberaceae
	山姜 *Alpinia japonica*（Thunb.）Miq. LXP-09-07072

被子植物	被子植物

被子植物

舞花姜 *Globba racemosa* Smith　LXP-09-00644

蘘荷 *Zingiber mioga*（Thunb.）Rosc.　LXP-13-3454

姜* *Zingiber officinale* Rosc.

291　美人蕉科 Cannaceae

美人蕉* *Canna indica* L.

293　百合科 Liliaceae

短柄粉条儿菜 *Aletris scopulorum* Dunn

粉条儿菜 *Aletris spicata*（Thunb.）Franch.　DY3-1095

蜘蛛抱蛋 *Aspidistra elatior* Blume　桃源洞新记录 LXP-09-07604

九龙盘 *Aspidistra lurida* Ker-Gawl.　中国特有种

小花蜘蛛抱蛋 *Aspidistra minutiflora* Stapf　中国特有种 桃源洞新记录 LXP-09-07127

荞麦叶大百合 *Cardiocrinum cathayanum*（Wils.）Stearn 中国特有种 LXP-09-10085

大百合 *Cardiocrinum giganteum*（Wall.）Makino　桃源洞新 记录 LXP-13-3475

中国白丝草 *Chionographis chinensis* Krause　中国特有种 桃源洞新记录 LXP-09-07402

山菅 *Dianella ensifolia*（L.）DC.

竹根七 *Disporopsis fuscopicta* Hance

深裂竹根七 *Disporopsis pernyi*（Hua）Diels　中国特有种 LXP-09-00609

万寿竹 *Disporum cantoniense*（Lour.）Merr.

宝铎草 *Disporum sessile* D. Don

黄花菜 *Hemerocallis citrina* Baroni　桃源洞新记录 LXP-09-07462

萱草 *Hemerocallis fulva*（L.）L.　DY1-1037

玉簪 *Hosta plantaginea*（Lam.）Aschers.　中国特有种 LXP-09-10087

紫萼 *Hosta ventricosa*（Salisb.）Stearn　中国特有种

野百合 *Lilium brownii* N. E. Brown ex Miellez　中国特有种 LXP-13-4334

百合 *Lilium brownii* N. E. Brown ex Miellez var. *viridulum* Baker　中国特有种 DY1-1113

卷丹 *Lilium lancifolium* Thunb.

禾叶山麦冬 *Liriope graminifolia*（L.）Baker　中国特有种

阔叶山麦冬 *Liriope platyphylla* Wang et Tang　LXP-09-6052

山麦冬 *Liriope spicata*（Thunb.）Lour.　LXP-09-07293

间型沿阶草 *Ophiopogon intermedius* D. Don

麦冬 *Ophiopogon japonicus*（L. f.）Ker-Gawl.　DY3-1149

多花黄精 *Polygonatum cyrtonema* Hua　中国特有种 LXP-09-191

长梗黄精 *Polygonatum filipes* Merr.　中国特有种

玉竹 *Polygonatum odoratum*（Mill.）Druce　LXP-09-07616

吉祥草 *Reineckea carnea*（Andr.）Kunth

万年青 *Rohdea japonica*（Thunb.）Roth

绵枣儿 *Scilla scilloides*（Lindl.）Druce

鹿药 *Smilacina japonica* A. Gray

被子植物

油点草 *Tricyrtis macropoda* Miq.　LXP-13-3236

开口箭 *Tupistra chinensis* Baker　中国特有种 LXP-13-5504

黑紫藜芦 *Veratrum japonicum*（Baker）Loes. f.

牯岭藜芦 *Veratrum schindleri* Loes. f.　中国特有种 LXP-09-382

丫蕊花 *Ypsilandra thibetica* Franch.　中国特有种 桃源洞新 记录 LXP-09-07404

293.1　葱科 Alliaceae

葱* *Allium fistulosum* L.

薤白 *Allium macrostemon* Bunge

蒜* *Allium sativum* L.

韭* *Allium tuberosum* Rottler ex Sprengle

293.2　天门冬科 Asparagaceae

天门冬 *Asparagus cochinchinensis*（Lour.）Merr

293.3　菝葜科 Smilacaceae

肖菝葜 *Heterosmilax japonica* Kunth

尖叶菝葜 *Smilax arisanensis* Hay.　LXP-09-51

菝葜 *Smilax china* L.　LXP-09-07019

小果菝葜 *Smilax davidiana* A. DC.　桃源洞新记录 LXP-13-5781

土茯苓 *Smilax glabra* Roxb.　LXP-13-5617

黑果菝葜 *Smilax glaucochina* Warb.　中国特有种 LXP-09-253

折枝菝葜 *Smilax lanceifolia* Roxb. var. *elongata* Wang et Tang 中国特有种　桃源洞新记录 LXP-09-07026

暗色菝葜 *Smilax lanceifolia* Roxb. var. *opaca* A. DC.　桃源洞 新记录 LXP-09-07546

缘脉菝葜 *Smilax nervomarginata* Hay.　桃源洞新记录 LXP-09-6171

白背牛尾菜 *Smilax nipponica* Miq.　LXP-09-07378

牛尾菜 *Smilax riparia* A. DC.　LXP-13-3222

华东菝葜 *Smilax sieboldii* Miq.　桃源洞新记录 LXP-09-6194

鞘柄菝葜 *Smilax stans* Maxim.　桃源洞新记录 LXP-09-07427

293.5　延龄草科 Trilliaceae

七叶一枝花 *Paris polyphylla* Sm.　LXP-13-5505

华重楼 *Paris polyphylla* Sm. var. *chinensis*（Franch.）Hara

狭叶重楼 *Paris polyphylla* Sm. var. *stenophyllla* Franch.

296　雨久花科 Pontederiaceae

凤眼蓝* *Eichhornia crassipes*（Mart.）Solms

雨久花 *Monochoria korsakowii* Regel et Maack

鸭舌草 *Monochoria vaginalis*（Burm. f.）Presl

302　天南星科 Araceae

磨芋 *Amorphophallus rivieri* Durieu　LXP-09-173

一把伞南星 *Arisaema erubescens*（Wall.）Schott　LXP-13-4074

天南星 *Arisaema heterophyllum* Blume　LXP-09-06366

花南星 *Arisaema lobatum* Engl.　中国特有种 LXP-13-5634

灯台莲 *Arisaema sikokianum* Franch. et Sav. var. *serratum*（Makino）Hand.-Mazt　中国特有种 LXP-13-3103

鄂西南星 *Arisaema silvestrii* Pamp.　中国特有种

续表

被子植物	被子植物

被子植物

野芋 *Colocasia antiquorum* Schott　LXP-13-4552

芋 ˙ *Colocasia esculenta*（L.）. Schott

滴水珠 *Pinellia cordata* N. E. Brown　中国特有种　LXP-09-444

虎掌 *Pinellia pedatisecta* Schott　中国特有种

半夏 *Pinellia ternata*（Thunb.）Breit.

大薸 *Pistia stratiotes* L.

302.2 菖蒲科 Acoraceae

菖蒲 *Acorus calamus* L.

金钱蒲 *Acorus gramineus* Soland.

石菖蒲 *Acorus tatarinowii* Schott　桃源洞新记录
LXP-09-07396

303 浮萍科 Lemnaceae

浮萍 *Lemna minor* L.

品藻 *Lemna trisulca* L.

紫萍 *Spirodela polyrrhiza*（L.）Schleid.

芜萍 *Wolffia arrhiza*（L.）Wimmer

304 黑三棱科 Sparganiaceae

黑三棱 *Sparganium stoloniferum*（Graebn.）Buch.-Ham. ex Juz.

306 石蒜科 Amaryllidaceae

朱顶红 ˙ *Hippeastrum rutilum*（Ker-Gawl.）Herb.

忽地笑 *Lycoris aurea*（L' Her.）Herb.　LXP-09-6325

石蒜 *Lycoris radiata*（L' Her.）Herb.

葱莲 ˙ *Zephryanthes candida*（Lindl.）Herb.

306.1 仙茅科 Hypoxidaceae

仙茅 *Curculigo orchioides* Gaertn.

小金梅草 *Hypoxis aurea* Lour.

307 鸢尾科 Iridaceae

射干 *Belamcanda chinensis*（Linn.）Redouté　LXP-13-3451

蝴蝶花 *Iris japonica* Thunb.

小花鸢尾 *Iris speculatrix* Hance　中国特有种　桃源洞新记
录　LXP-09-07668

鸢尾 *Iris tectorum* Maxim.

311 薯蓣科 Dioscoreaceae

参薯 ˙ *Dioscorea alata* L.

三叶薯蓣 *Dioscorea arachidna* Prain et Burkill　桃源洞新记
录　LXP-09-06431

大青薯 *Dioscorea benthamii* Prain et Burkill　中国特有种
桃源洞新记录　LXP-09-440

黄独 *Dioscorea bulbifera* L.

薯莨 *Dioscorea cirrhosa* Lour.　LXP-13-4225

粉背薯蓣 *Dioscorea collettii* Hook. f. var. *hypoglauca*（Palibin）
Pei et C. T. Ting　中国特有种

山薯 *Dioscorea fordii* Prain et Burkill　中国特有种　桃源洞
新记录　LXP-09-43

纤细薯蓣 *Dioscorea gracillima* Miq.

日本薯蓣 *Dioscorea japonica* Thunb.　LXP-09-07329

毛藤日本薯蓣 *Dioscorea japonica* Thunb. var. *pilifera* C. T.
Ting et M. C. Chang　桃源洞新记录　LXP-13-3187

毛芋头薯蓣 *Dioscorea kamoonensis* Kunth　LXP-13-4557

柳叶薯蓣 *Dioscorea linearicordata* Prain et Burkill　中国特有
种　桃源洞新记录　LXP-13-3070

薯蓣 *Dioscorea opposita* Thunb.　LXP-13-4190

五叶薯蓣 *Dioscorea pentaphylla* L.

山萆薢 *Dioscorea tokoro* Makino　中国特有种

314 棕榈科 Palmae

蒲葵 *Livistona chinensis*（Jacq.）R. Br.　桃源洞新记录
LXP-09-475

棕竹 *Rhapis excelsa*（Thunb.）Henry ex Rehd.　桃源洞新记录
LXP-13-3108

棕榈 *Trachycarpus fortunei*（Hook.）H. Wendl.　桃源洞新记
录　LXP-13-5575

322.2 禾本科 Gramineae

台湾剪股颖 *Agrostis canina* Linn. var. *formosana* Hack.　中国
特有种

华北剪股颖 *Agrostis clavata* Trin.

看麦娘 *Alopecurus aequalis* Sobol.

荩草 *Arthraxon hispidus*（Thunb.）Makino

溪边野古草 *Arundinella fluviatilis* Hand.-Mazz.　中国特有种

毛秆野古草 *Arundinella hirta*（Thunb.）Tanaka

刺芒野古草 *Arundinella setosa* Trin.

光稃野燕麦 *Avena fatua* Linn. var. *glabrata* Peterm.

孝顺竹 *Bambusa multiplex*（Lour.）Raeuschel ex J. A. et J. H.
Schult.

菵草 *Beckmannia syzigachne*（Steud.）Fern.

臭根子草 *Bothriochola bladhii*（Retz.）S. T. Blake

白羊草 *Bothriochola ischaemum*（Linn.）Keng

雀麦 *Bromus japonica* Thumb. ex Murr.

疏花雀麦 *Bromus remotiflorus*（Steud.）Ohwi

拂子茅 *Calamagrostis epigeios*（Linn.）Roth

细柄草 *Capillipedium parviflorum*（R. Br.）Stapf.

方竹 *Chimonobambusa quadrangularis*（Fenzi）Makino

薏苡 *Coix lacrymajobi* Linn.

橘草 *Cymbopogon goeringii*（Steud.）A. Camus

狗牙根 *Cynodon dactylon*（L.）Pers.

疏花野青茅 *Deyeuxia arundinacea*（Linn.）Beauv. var.
laxiflora（Rendle）P. C. Kuo et S. L. Lu

双花草 *Dichanthium annulatum*（Forssk.）Stapf

升马唐 *Digitaria ciliaris*（Retz.）Koel.

马唐 *Digitaria sanguinalis*（L.）Scop.

紫马唐 *Digitaria violascens* Link

稗 *Echinochloa crusgalli*（L.）Beauv.　LXP-09-267

旱稗 *Echinochloa hispidula*（Retz.）Nees

穇子 *Eleusine coracana*（L.）Gaertn.

牛筋草 *Eleusine indica*（L.）Gaertn.

大画眉草 *Eragrostis cili--anensis*（All.）Link. ex Vignclo-Lutati

知风草 *Eragrostis ferruginea*（Thunb.）Beauv.

乱草 *Eragrostis japonica*（Thunb.）Trin.

画眉草 *Eragrostis pilosa*（L.）Beauv.

被子植物	被子植物
无毛画眉草 *Eragrostis pilosa*（L.）Beauv. var. *imberbis* Franch.	法氏早熟禾 *Poa faberi* Rendle 中国特有种
假俭草 *Eremochloa ophiuroides*（Munro）Hack.	金丝草 *Pogonatherum crinitum*（Thunb.）Kunth
野黍 *Eriochloa villosa*（Thunb.）Kunth	金发草 *Pogonatherum paniceum*（Lam.）Hack. LXP-09-112
金茅 *Eulalia speciosa*（Debeaux）Kuntze	棒头草 *Polypogon fugax* Nees ex Steud.
井冈寒竹 *Gelidocalamus stellatus* Wen 中国特有种 桃源洞新记录 LXP-09-6080	长芒棒头草 *Polypogon monspeliensis*（Linn.）Desf.
黄茅 *Heteropogon contortus*（Linn.）Beauv.	纤毛鹅观草 *Roegneria ciliaris*（Trin.）Nevski
丝茅 *Imperata koenigii*（Retz.）Beauv.	鹅观草 *Roegneria kamoji* Ohwi DY3-1060
阔叶箬竹 *Indocalamus latifolius*（Keng）McClure Sunyatsenia 中国特有种 LXP-09-07410	斑茅 *Saccharum arundinaceum* Retz.
箬竹 *Indocalamus tessellatus*（Munro）Keng f. 中国特有种 桃源洞新记录 LXP-09-6192	大狗尾草 *Setaria faberii* Herrm.
柳叶箬 *Isachne globosa*（Thunb.）Kuntze	金色狗尾草 *Setaria glauca*（L.）Beauv.
有芒鸭嘴草 *Ischaemum aristatum* Linn.	粟 *Setaria italica*（L.）Beauv. var. *germanica*（Mill.）Schrad.
粗毛鸭嘴草 *Ischaemum barbatum* Retz. 桃源洞新记录 LXP-09-573	棕叶狗尾草 *Setaria palmifolia*（Koen.）Stapf
千金子 *Leptochloa chinensis*（L.）Nees	皱叶狗尾草 *Setaria plicata*（Lam.）T. Cooke
虮子草 *Leptochloa panicea*（Retz.）Ohwi	狗尾草 *Setaria viridis*（L.）Beauv. LXP-13-4526
淡竹叶 *Lophatherum gracile* Brongn. LXP-09-07392	高粱 *Sorghum bicolor*（Linn.）Moench
竹叶茅 *Microstegium nudum*（Trin.）A. Camus	大油芒 *Spodiopogon sibiricus* Trin.
柔枝莠竹 *Microstegium vimineum*（Trin.）A. Camus LXP-13-3128	鼠尾粟 *Sporobolus fertilis*（Steud.）W. D. Clayt.
五节芒 *Miscanthus floridulus*（Lab.）Warb. ex Schum. et Laut. 桃源洞新记录 LXP-09-07234	阿拉伯黄背草 *Themeda triandra* Forssk.
芒 *Miscanthus sinensis* Anderss.	菅 *Themeda villosa*（Poir.）A. Camus
乱子草 *Muhlenbergia hugelii* Trin.	三毛草 *Trisetum bifidum*（Thunb.）Ohwi
日本乱子草 *Muhlenbergia japonica* Steud.	普通小麦 *Triticum aestivum* Linn.
慈竹 *Neosinocalamus affinis*（Rendle）Keng f. 中国特有种	毛玉山竹 *Yushania basihirsuta*（McClure）Z. P. Wang et G. H. Ye 中国特有种
求米草 *Oplismenus undulatifolius*（Arduino）Beauv.	玉蜀黍 *Zea mays* Linn.
稻 *Oryza sativa* L.	菰 *Zizania latifolia*（Griseb.）Stapf
糠稷 *Panicum bisulcatum* Thunb.	**326 兰科 Orchidaceae**
圆果雀稗 *Paspalum orbiculare* Forst.	无柱兰 *Amitostigma gracile*（Bl.）Schltr. LXP-09-10065
雀稗 *Paspalum thunbergii* Kunth ex steud.	金线兰 *Anoectochilus roxburghii*（Wall.）Lindl. LXP-09-00699
狼尾草 *Pennisetum alopecuroides*（L.）Spreng. LXP-09-303	浙江金线兰 *Anoectochilus zhejiangensis* Z. Wei et Y. B. Chang 中国特有种 桃源洞新记录 LXP-13-4298
显子草 *Phaenosperma globosa* Munro ex Benth.	白及 *Bletilla striata*（Thunb. ex A. Murray）Rchb. f.
桂竹 *Phyllostachys bambusoides* Sieb. et Zucc.	广东石豆兰 *Bulbophyllum kwangtungense* Schltr. 中国特有种
淡竹 *Phyllostachys glauca* McClure 中国特有种	齿瓣石豆兰 *Bulbophyllum levinei* Schltr. 中国特有种
水竹 *Phyllostachys heteroclada* Oliver 中国特有种	泽泻虾脊兰 *Calanthe alismaefolia* Lindl. LXP-09-07583
毛竹 *Phyllostachys edulis*（Carrière）J. Houz. 中国特有种	剑叶虾脊兰 *Calanthe davidii* Franch.
篌竹 *Phyllostachys nidularia* Munro 中国特有种	虾脊兰 *Calanthe discolor* Lindl.
毛金竹 *Phyllostachys nigra*（Lodd. ex Lindl.）Munro var. *henonis*（Mitford）Stapf ex Rendle 中国特有种	钩距虾脊兰 *Calanthe graciliflora* Hayata 中国特有种 LXP-09-6527
紫竹 *Phyllostachys nigra*（Lodd. ex Lindl.）Munro. 中国特有种	反瓣虾脊兰 *Calanthe reflexa*（Kuntze）Maxim.
刚竹 *Phyllostachys sulphurea*（Carr.）A. cv. 'Viridis' 中国特有种	银兰 *Cephalanthera erecta*（Thunb. ex A. Murray）Bl.
苦竹 *Pleioblastus amarus*（Keng）Keng f. 中国特有种	金兰 *Cephalanthera falcata*（Thunb. ex A. Murray）Bl.
早熟禾 *Poa annua* L.	独花兰 *Changnienia amoena* S. S. Chien 中国特有种
	台湾吻兰 *Collabium formosanum* Hayata 桃源洞新记录 LXP-13-5462
	杜鹃兰 *Cremastra appendiculata*（D. Don）Makino
	建兰 *Cymbidium ensifolium*（L.）Sw. LXP-09-07653
	蕙兰 *Cymbidium faberi* Rolfe
	多花兰 *Cymbidium floribundum* Lindl.

被子植物	被子植物
春兰 *Cymbidium goeringii*（Rchb. f.）Rchb. f.　LXP-09-07507	野灯心草 *Juncus setchuensis* Buchen.　LXP-13-5690
寒兰 *Cymbidium kanran* Makino　LXP-13-5523	羽毛地杨梅 *Luzula plumosa* E. Mey.
扇脉杓兰 *Cypripedium japonicum* Thunb.	**331　莎草科 Cyperaceae**
细叶石斛 *Dendrobium hancockii* Rolfe　中国特有种	丝叶球柱草 *Bulbostylis densa*（Wall.）Hand.-Mazz.
细茎石斛 *Dendrobium moniliforme*（L.）Sw.　LXP-09-07654	广东薹草 *Carex adrienii* E. G. Camus　桃源洞新记录 LXP-09-07925
铁皮石斛 *Dendrobium officinale* Kimura et Migo　中国特有种	褐果薹草 *Carex brunnea* Thunb.
马齿毛兰 *Eria szetschuanica* Schltr.　中国特有种	中华薹草 *Carex chinensis* Retz.　中国特有种
毛萼山珊瑚 *Galeola lindleyana*（Hook. f. et Thoms.）Rchb. f.　LXP-09-341	十字薹草 *Carex cruciata* Wahlenb.　LXP-09-6289
台湾盆距兰 *Gastrochilus formosanus*（Hayata）Hayata　中国特有种	蕨状薹草 *Carex filicina* Nees
黄松盆距兰 *Gastrochilus japonicus*（Makino）Schltr.　桃源洞新记录　LXP-09-07655	穹隆薹草 *Carex gibba* Wahlenb.
天麻 *Gastrodia elata* Bl.	舌叶薹草 *Carex ligulata* Nees
大花斑叶兰 *Goodyera biflora*（Lindl.）Hook. f.	条穗薹草 *Carex nemostachys* Steud.
多叶斑叶兰 *Goodyera foliosa*（Lindl.）Benth.	粉被薹草 *Carex pruinosa* Boott
斑叶兰 *Goodyera schlechtendaliana* Rchb. f.	大理薹草 *Carex rubrobrunnea* C. B. Clarke var. *taliensis*（Franch.）Kukenth.　中国特有种
小小斑叶兰 *Goodyera yangmeishansis* T. P. Lin	花葶薹草 *Carex scaposa* C. B. Clare
鹅毛玉凤花 *Habenaria dentata*（Sw.）Schltr.	异型莎草 *Cyperus difformis* Linn.
十字兰 *Habenaria schindleri* Schltr.	高秆莎草 *Cyperus exaltatus* Retz.　桃源洞新记录 LXP-13-3145
镰翅羊耳蒜 *Liparis bootanensis* Griff.	碎米莎草 *Cyperus iria* Linn.
见血青 *Liparis nervosa*（Thunb. ex A. Murray）Lindl.　LXP-09-07967；LXP-13-3054	具芒碎米莎草 *Cyperus microiria* Steud.
长唇羊耳蒜 *Liparis pauliana* Hand.-Mazz.　中国特有种	毛轴莎草 *Cyperus pilosus* Vahl
细叶石仙桃 *Pholidota cantonensis* Rolfe.　中国特有种	香附子 *Cyperus rotundus* Linn.
密花舌唇兰 *Platanthera hologlottis* Maxim.	透明鳞荸荠 *Eleocharis pellucida* Presl
舌唇兰 *Platanthera japonica*（Thunb. ex A. Marray）Lindl.　桃源洞新记录　LXP-09-10076	龙师草 *Eleocharis tetraquetra* Nees
小舌唇兰 *Platanthera minor*（Miq.）Rchb. f.	牛毛毡 *Eleocharis yokoscensis*（Franch. et Savat.）Tang et Wang
独蒜兰 *Pleione bulbocodioides*（Franch.）Rolfe　中国特有种　LXP-09-6570	线叶两歧飘拂草 *Fimbristylis dichotoma*（Linn.）Vahl form. *annua*（All.）Ohwi
苞舌兰 *Spathoglottis pubescens* Lindl.	宜昌飘拂草 *Fimbristylis henryi* C. B. Clarke　中国特有种
绶草 *Spiranthes sinensis*（Pers.）Ames　LXP-09-00768；LXP-09-07134	水虱草 *Fimbristylis miliacea*（Linn.）Vahl
香港绶草 *Spiranthes hongkongensis* S.Y. Hu & Barretto　湖南省新记录　桃源洞新记录	毛芙兰草 *Fuirena ciliaris*（Linn.）Roxb.　桃源洞新记录 LXP-09-269
带叶兰 *Taeniophyllum glandulosum* Bl.	短叶水蜈蚣 *Kyllinga brevifolia* Rottb.
带唇兰 *Tainia dunnii* Rolfe　中国特有种　LXP-09-6106；LXP-13-5472	砖子苗 *Mariscus umbellatus* Vahl　LXP-09-309
327　灯心草科 Juncaceae	球穗扁莎 *Pycreus globosus*（All.）Reichb.
翅茎灯心草 *Juncus alatus* Franch. et Savat.	红鳞扁莎 *Pycreus sanguinolentus*（Vahl）Nees
星花灯心草 *Juncus diastrophanthus* Buchen.　桃源洞新记录 LXP-09-07459	刺子莞 *Rhynchospora rubra*（Lour.）Makino
灯心草 *Juncus effusus* Linn.　LXP-09-6189	萤蔺 *Scirpus juncoides* Roxb.
笄石菖 *Juncus prismatocarpus* R. Br.	百球藨草 *Scirpus rosthornii* Diels　桃源洞新记录　LXP-09-07526
	类头状花序藨草 *Scirpus subcapitatus* Thw.　LXP-09-07428
	水毛花 *Scirpus triangulatus* Roxb.
	珍珠茅 *Scleria levis* Retz.

附表6 湖南桃源洞国家级自然保护区陆生脊椎动物编目

1. 两栖类

目、科、种	区系类型	地理分布	记录片区						记录方式		
			大院	牛石坪	森林公园	梨树洲	甲水	深坑	①	②	③
一、有尾目 CAUDATA											
1. 蝾螈科 Salamandridae											
1）弓斑肥螈 *Pachytriton archospotus* Shen, Shen, and Mo	OS-C	Si				●			√	√	√
二、无尾目 ANURA											
2. 蟾蜍科 Bufonidae											
2）中华蟾蜍 *Bufo gargarizans* Cantor	PS	Eg	●	●	●	●		●	√	√	√
3. 角蟾科 Megophryidae											
3）崇安髭蟾 *Leptobrachium liui*（Pope）	OS-C	Si	●	●	●		●	●	√	√	
4）福建掌突蟾 *Leptobrachella liui*（Fei and Ye）	OS-SC	Sb	●	●	●		●	●	√	√	
5）珀普短腿蟾 *Brachytarsophrys popei* Zhao, Yang, Chen, chen and Wang	OS-WS	Sc			●		●			√	√
6）井冈角蟾 *Megophrys jinggangensis*（Wang）	OS-C	Sd			●		●	●	√		
7）林氏角蟾 *Megophrys lini*（Wang and Yang）	OS-C	Sd		●		●			√		
8）陈氏角蟾 *Megophrys cheni*（Wang and Liu）	OS-C	Sd		●			●	●	√		
4. 雨蛙科 Hylidae											
9）中国雨蛙 *Hyla chinensis* Günther	OS-C	Sd	●					●	√		
10）三港雨蛙 *Hyla sanchiangensis* Pope	OS-C	Si	●					●	√		√
5. 蛙科 Ranidae											
11）长肢林蛙 *Rana longicrus* Stejneger	OS-S	Sb	●	●	●	●	●	●	√	√	√

目、科、种	区系类型	地理分布	记录片区						记录方式		
			大院	牛石坪	森林公园	梨树洲	甲水	深坑	①	②	③
12）寒露林蛙 *Rana hanluica* Shen, Jiang and Yang	OS-C	Si	●	●	●	●	●	●	√		
13）黑斑侧褶蛙 *Pelophylax nigromaculatus*（Hallowell）	PS	Ea	●	●	●		●	●	√	√	√
14）弹琴蛙 *Nidirana adenopleura*（Boulenger）	OS-C	Sc	●	●	●	●	●	●	√	√	√
15）阔褶水蛙 *Hylarana latouchii*（Boulenger）	OS-SC	Se	●	●	●	●	●	●	√	√	√
16）沼蛙 *Hylarana guentheri*（Boulenger）	OS-SC	Sc	●	●	●		●	●	√	√	√
17）花臭蛙 *Odorrana schmackeri*（Boettger）	OS-C	Si	●	●	●		●	●	√	√	√
18）大绿臭蛙 *Odorrana graminea*（Boulenger）	OS-SC	Sc	●	●	●		●	●	√	√	√
19）竹叶臭蛙 *Odorrana versabilis*（Liu and Hu）	OS-C	Sc			●			●	√	√	√
20）宜章臭蛙 *Odorrana yizhangensis* Fei, Ye and Jiang	OS-C	Si				●			√		
21）崇安湍蛙 *Amolops chunganensis*（Pope）	OS-C	Si	●		●	●	●		√		
22）华南湍蛙 *Amolops ricketti*（Boulenger）	OS-SC	Sc	●	●	●	●	●	●	√	√	√
23）武夷湍蛙 *Amolops wuyiensis*（Liu and Hu）	OS-C	Si	●		●	●			√		
6. 叉舌蛙科 Dicroglossidae											
24）泽陆蛙 *Fejervarya multistriata*（Hallowell）	OS-SC	We	●	●	●	●	●	●	√	√	√
25）虎纹蛙 *Hoplobatrachus chinensis*（Osbeck）	OS-SC	Wc						●	√	√	√
26）福建大头蛙 *Limnonectes fujianensis* Ye and Fei	OS-C	Se	●	●	●		●	●	√	√	√
27）棘腹蛙 *Quasipaa boulengeri*（Günther）	OS-WS	Ha	●	●	●		●	●	√	√	√
28）九龙棘蛙 *Quasipaa jiulongensis*（Huang and Liu）	OS-C	Si			●		●		√		
29）棘胸蛙 *Quasipaa spinosa*（David）	OS-SC	Sc	●	●	●	●	●	●	√	√	√
7. 树蛙科 Rhacophoridae											
30）布氏泛树蛙 *Polypedates braueri*（Vogt）	OS-SC	Wd	●		●	●		●	√	√	√
31）大树蛙 *Rhacophorus dennysi* Blanford	OS-C	Sc	●						√	√	√

续表

目、科、种	区系类型	地理分布	记录片区						记录方式		
			大院	牛石坪	森林公园	梨树洲	甲水	深坑	①	②	③
8. 姬蛙科 Microhylidae											
32）粗皮姬蛙 *Microhyla butleri* Boulenger	OS-SC	Wc	●			●	●		√	√	√
33）饰纹姬蛙 *Microhyla fissipes* Boulenger	OS-SC	Wc	●	●	●		●	●	√	√	√
34）小弧斑姬蛙 *Microhyla heymonsi* Vogt	OS-SC	Wc	●	●	●	●	●	●	√	√	√
			25	20	25	19	24	25			

2. 爬行类

目、科、种	区系成分	种群状况	记录生境						记录方式		
			大院	牛石坪	森林公园	梨树洲	甲水	深坑	①	②	③
一、龟鳖目 Testudines											
1. 平胸龟科 Platysternidae											
1）平胸龟 *Platysternon megacephalum* Gray	OS-SC	R	●						√		√
2. 鳖科 Trionychidae											
2）中华鳖 *Pelodiscus sinensis*（Wiegmann）	WsS	R					●		√		
二、蜥蜴亚目 LACERTILIA											
3. 鬣蜥科 Agamidae											
3）丽棘蜥 *Acanthosaura lepidogaster*（Cuvier）	OS-S	C			●			●	√	√	√
4. 壁虎科 Gekkonidae											
4）多疣壁虎 *Gekko japonicus*（Schlegel）	OS-C	C			●				√		√
5）蹼趾壁虎 *Gekko subpalmatus*（Günther）	OS-SC	C			●				√		
5. 石龙子科 Scincidae											
6）宁波滑蜥 *Scincella modesta*（Günther）	OS-SC	C						●	√		
7）铜蜓蜥 *Sphenomorphus indicus* Gray	OS-SC	D	●		●			●	√		√
8）股鳞蜓蜥 *Sphenomorphus incognitus*（Thompson）	OS-SC	C			●			●	√		
9）蓝尾石龙子 *Plestiodon elegans*（Boulenger）	OS-SC	C						●	√		√
10）中华石龙子 *Plestiodon chinensis*（Gray）	OS-SC	C						●	√		√
6. 蜥蜴科 Lacertidae											
11）北草蜥 *Takydromus septentrionalis* Günther	OS-C	D	●		●			●	√		√
三、蛇亚目 SERPENTES											
7. 闪鳞蛇科 Xenopeltidae											
12）海南闪鳞蛇 *Xenopeltis hainanensis* Hu and Zhao	OS-S	R						●	√		

续表

目、科、种	区系成分	种群状况	记录生境						记录方式		
			大院	牛石坪	森林公园	梨树洲	甲水	深坑	①	②	③
8. 闪皮蛇科 Xenodermatidae	OS-C	R				●			√		√
13）井冈脊蛇 Achalinus jinggangensis（Zong and Ma）											
9. 游蛇科 Colubridae											
14）锈链腹链蛇 Hebius craspedogaster（Boulenger）	OS-C	R			●				√		√
15）草腹链蛇 Amphiesma stolatum（Linnaeus）	OS-S	C			●				√		√
16）绞花林蛇 Boiga kraepelini Stejneger	OS-S	C						●	√		
17）钝尾两头蛇 Calamaria septentrionalis Boulenger	OS-SC	R		●	●				√		√
18）翠青蛇 Cyclophiops major（Günther）	OS-SC	C			●			●	√		√
19）黄链蛇 Lycodon flavozonatus（Pope）	OS-SC	C	●	●			●		√		√
20）赤链蛇 Lycodon rufozonatus Cantor	PS	C	●				●		√		√
21）王锦蛇 Elaphe carinata（Günther）	OS-SC	C		●					√		√
22）玉斑锦蛇 Euprepiophis mandarinus（Cantor）	OS-C	C			●				√		√
23）黑眉锦蛇 Elaphe taeniura（Cope）	WsS	R		●					√		√
24）紫灰锦蛇 Oreocryptophis porphyraceus（Cantor）	OS-SC	C						●	√		√
25）颈棱蛇 Macropisthodon rudis Boulenger	OS-WsC	C			●			●	√		√
26）黑背白环蛇 Lycodon ruhstrati（Fischer）	OS-SC	C	●		●				√		√
27）中国小头蛇 Oligodon chinensis（Günther）	OS-SC	C			●			●	√		√
28）台湾小头蛇 Oligodon formosanus（Günther）	OS-C	R	●	●					√		
29）饰纹小头蛇 Oligodon ornatus Van Denburgh	OS-C	R						●		√	
30）挂墩后棱蛇 Opisthotropis kuatunensis Pope	OS-C	C				●			√		√
31）山溪后棱蛇 Opisthotropis latouchii（Boulenger）	OS-SC	C				●			√		√
32）崇安斜鳞蛇 Pseudoxenodon karlschmidti Pope	OS-C	R		●					√		

续表

目、科、种	区系成分	种群状况	记录生境						记录方式		
			大院	牛石坪	森林公园	梨树洲	甲水	深坑	①	②	③
33）纹尾斜鳞蛇 *Pseudoxenodon stejnegeri* Barbour	OS-C	R						●	√		√
34）大眼斜鳞蛇 *Pseudoxenodon macrops*（Blyth）	OS-C	R	●		●				√		
35）乌梢蛇 *Ptyas dhumnades*（Cantor）	OS-SC	R		●					√		√
36）滑鼠蛇 *Ptyas mucosa*（Linnaeus）	OS-SC	R		●					√		√
37）虎斑颈槽蛇 *Rhabdophis tigrinus*（Boie）	PS	R			●				√		√
38）黑头剑蛇 *Sibynophis chinensis*（Günther）	OS-SC	R						●	√		
39）赤链华游蛇 *Sinonatrix annularis*（Hallowell）	OS-SC	C				●			√		√
40）乌华游蛇 *Sinonatrix percarinata*（Boulenger）	OS-SC	C				●			√		√
41）环纹华游蛇 *Sinonatrix aequifasciata*（Barbour）	OS-SC	C				●			√		
10. 水蛇科 Homalopsidae 42）中国水蛇 *Myrrophis chinensis*（Gray）	OS-S	R						●	√		
43）铅色水蛇 *Hypsiscopus plumbea*（Boie）	OS-S	C						●	√		
11. 鳗形蛇科 Lamprophiidae 44）紫沙蛇 *Psammodynastes pulverulentus*（Boie）	OS-S	R						●	√		
12. 钝头蛇科 Pareatidae 45）台湾钝头蛇 *Pareas formosensis*（Van Denburgh）	OS-C	C			●			●	√		√
46）福建钝头蛇 *Pareas stanleyi*（Boulenger）	OS-C	R	●	●	●	●	●	●	√		
13. 眼镜蛇科 Elapidae											
47）银环蛇 *Bungarus multicinctus* Blyth	OS-SC	C			●				√	√	√
48）中国丽纹蛇 *Sinomicrurus macclellandi*（Reinhardt）	OS-C	R			●				√		√
49）舟山眼镜蛇 *Naja atra* Cantor	OS-SC	R						●	√		√
14. 蝰科 Viperidae											
50）尖吻蝮 *Deinagkistrodon acutus*（Günther）	OS-C	C	●	●	●			●	√	√	√

续表

目、科、种	区系成分	种群状况	记录生境						记录方式		
			大院	牛石坪	森林公园	梨树洲	甲水	深坑	①	②	③
51）山烙铁头 *Ovophis monticola*（Günther）	OS-SC	C		●					√		√
52）原矛头蝮 *Protobothrops mucrosquamatus*（Cantor）	OS-WsC	C	●	●	●	●	●	●	√	√	√
53）福建竹叶青 *Trimeresurus stejnegeri* Schmidt	OS-SC	D	●	●	●	●	●	●	√	√	√
			12	12	23	9	10	21			

3. 鸟类

目、科、种	居留类型	区系	记录地点					
			大院（牛石坪）	森林公园	梨树洲	甲水	深坑	青石桥大坝
一、鸊鷉目 Podicipediformes								
1. 鸊鷉科 Podicipedidae								
1）小鸊鷉 *Tachybaptus ruficollis*（Pallas）	R	WS				●		
二、鹳形目 Ciconiiformes								
2. 鹭科 Ardeidae								
2）白鹭 *Egretta garzetta*（Linnaeus）	R, WP	OS		●		●	●	
3）苍鹭 *Ardea cinerea*（Linnaeus）	WP	WS				●		
4）大白鹭 *Casmerodius albus* Linnaeus	R, WP	PS				●		
5）池鹭 *Ardeola bacchus*（Bonaparte）	R, SP	WS				●	●	
6）绿鹭 *Butorides striatus*（Linnaeus）	R	OS		●				
7）牛背鹭 *Bubulcus ibis*（Boddaert）	R, SP	WS		●		●		
8）黄苇鳽 *Ixobrychus sinensis*（Gmelin, JF）	SP	WS				●	●	
9）栗苇鳽 *Ixobrychus cinnamomeus*（Gmelin, JF）	SP	WS				●		
三、雁形目 Anseriformes								
3. 鸭科 Anatidae								
10）鸳鸯 *Aix galericulata*（Linnaeus）	WP	PS				●		
四、隼形目 Falconiformes								
4. 鹰科 Accipitridae								
11）黑冠鹃隼 *Aviceda leuphotes*（Dumont）	R, SP	OS	●	●	●	●	●	
12）凤头蜂鹰 *Pernis ptilorhynchus*（Temminck）	WP	WS		●				
13）黑翅鸢 *Elanus caeruleus*（Desfontaines）	R	OS		●				
14）蛇雕 *Spilornis cheela*（Latham）	R	OS	●	●		●	●	
15）凤头鹰 *Accipiter trivirgatus*（Temminck）	R	OS	●	●		●		

续表

目、科、种	居留类型	区系	记录地点					
			大院（牛石坪）	森林公园	梨树洲	甲水	深坑	青石桥大坝
16）赤腹鹰 *Accipiter soloensis*（Horsfield）	R	OS		●	●		●	●
17）松雀鹰 *Accipiter virgatus* Temminck	R	WS			●			
18）日本松雀鹰 *Accipiter gularis*（Temminck and Schlegel）	WP	WS	●					
19）雀鹰 *Accipiter nisus* Linnaeus	WP	PS		●				
20）普通鵟 *Buteo buteo* Temminck & Schlegel	WP	PS	●	●		●	●	●
21）林雕 *Ictinaetus malayensis*（Temminck）	R	OS	●					
22）白腹隼雕 *Hieraaetus fasciatus* Vieillot	R	OS		●				
23）鹰雕 *Spizaetus nipalensis* Hodgson	R	OS		●				
5. 隼科 Falconidae								
24）红隼 *Falco tinnunculus* Linnaeus	R, WP	WS					●	
五、鸡形目 Galliformes								
6. 雉科 Phasianidae								
25）灰胸竹鸡 *Bambusicola thoracica*（Temminck）	R	OS	●		●	●	●	●
26）黄腹角雉 *Tragopan caboti*（Gould）	R	OS		●				
27）白鹇 *Lophura nycthemera*（Linnaeus）	R	OS	●	●	●			
28）勺鸡 *Pucrasia macrolopha*（Lesson）	R	OS					●	
29）白颈长尾雉 *Syrmaticus ellioti*（Swinhoe）	R	OS		●				
30）雉鸡 *Phasianus colchicus* Linnaeus	R	WS	●					
31）红腹锦鸡 *Chrysolophus pictus* Linnaeus							●	
六、鹤形目 Gruiformes								
7. 秧鸡科 Rallidae								
32）红脚苦恶鸟 *Amaurornis akool*（Sykes）	R	OS		●		●		
33）白胸苦恶鸟 *Amaurornis phoenicurus*（Pennant）	R	WS						●
34）黑水鸡 *Gallinula chloropus*（Linnaeus）	R	WS				●		
七、鸻形目 Charadriiformes								
8. 鸻科 Charadriidae								
35）灰头麦鸡 *Vanellus cinereus*（Blyth）	SP	WS					●	
36）凤头麦鸡 *Vanellus vanellus*（Linnaeus）	WP	PS						●
37）金眶鸻 *Charadrius dubius* Scopoli	R, SP	WS				●		

续表

目、科、种	居留类型	区系	记录地点					
			大院（牛石坪）	森林公园	梨树洲	甲水	深坑	青石桥大坝
38）长嘴剑鸻 *Charadrius placidus* Gray, JE and Gray, GR	WP	PS				●		
9. 鹬科 Scolopacidae								
39）丘鹬 *Scolopax rusticola* Linnaeus	WP	PS	●					
40）扇尾沙锥 *Gallinago gallinago*（Linnaeus）	WP	PS		●				
41）林鹬 *Tringa glareola* Linnaeus	WP	PS				●		
42）青脚鹬 *Tringa nebularia*（Gunnerus）	WP	PS				●	●	●
43）白腰草鹬 *Tringa ochropus* Linnaeus	WP	PS				●	●	
44）矶鹬 *Actitis hypoleucos*（Linnaeus）	WP	PS				●		●
10. 彩鹬科 Rostratulidae								
45）彩鹬 *Rostratula benghalensis*（Linnaeus）	SP	OS					●	
八、鸽形目 Columbiformes								
11. 鸠鸽科 Columbidae								
46）山斑鸠 *Streptopelia orientalis*（Latham）	R	WS	●					
47）珠颈斑鸠 *Streptopelia chinensis*（Scopoli）	R	OS		●		●		
48）火斑鸠 *Streptopelia tranquebarica*（Hermann）	R	OS						●
九、鹃形目 Cuculiformes								
12. 杜鹃科 Cuculidae								
49）小鸦鹃 *Centropus bengalensis*（Gmelin）	R	OS		●				
50）褐翅鸦鹃 *Centropus sinensis*（Stephens）	R	OS	●			●	●	
51）噪鹃 *Eudynamys scolopacea*（Linnaeus）	SP	WS					●	
52）鹰鹃 *Hierococcyx sparverioides*（Vigors）	SP	OS	●		●			●
53）中杜鹃 *Cuculus saturatus* Blyth	SP	OS	●		●			
54）小杜鹃 *Cuculus poliocephalus* Latham	SP	WS	●		●		●	
55）四声杜鹃 *Cuculus micropterus* Gould	SP	WS		●	●			
十、鸮形目 Strigiformes								
13. 草鸮科 Tytonidae								
56）草鸮 *Tyto capensis*（Jerdon）	R	OS	●					
14. 鸱鸮科 Strigidae								
57）领角鸮 *Otus bakkamoena*（Hodgson）	R	OS					●	
58）东方角鸮 *Otus sunia*（Hodgson）	R	OS					●	
59）黄嘴角鸮 *Otus spilocephalus*（Blyth）	R	OS	●				●	●

续表

目、科、种	居留类型	区系	大院（牛石坪）	森林公园	梨树洲	甲水	深坑	青石桥大坝
60）鹰鸮 *Ninox scutulata*（Raffles）	R	OS						●
61）领鸺鹠 *Glaucidium brodiei*（Hodgson）	R	OS					●	
62）斑头鸺鹠 *Glaucidium cuculoides* Vigors	R	OS		●		●		●
十一、夜鹰目 Caprimulgiformes								
15. 夜鹰科 Caprimulgidae								
63）普通夜鹰 *Caprimulgus indicus* Temminck and Schlegel	R	WS	●					
十二、雨燕目 Apodiformes								
16. 雨燕科 Apodidae								
64）小白腰雨燕 *Apus affinis*（Hodgson）	R	OS			●			
65）白腰雨燕 *Apus pacificus*（Latham）	R	WS		●	●			
十三、佛法僧目 Coraciiformes								
17. 翠鸟科 Alcedinidae								
66）普通翠鸟 *Alcedo atthis*（Linnaeus）	R	WS				●	●	
67）蓝翡翠 *Halcyon pileata*（Boddaert）	SP	OS		●		●		
68）斑鱼狗 *Ceryle rudis*（Linnaeus）	R	OS				●		
69）冠鱼狗 *Megaceryle lugubris*（Temminck）	R	OS				●		●
18. 佛法僧科 Coraciidae						●		
70）三宝鸟 *Eurystomus orientalis*（Linnaeus）	SP	WS						
十四、戴胜目 Upupiformes								
19. 戴胜科 Upupidae								
71）戴胜 *Upupa epops* Linnaeus	WP	WS						●
十五、䴕形目 Piciformes								
20. 须䴕科 Megalaimidae								
72）大拟啄木鸟 *Megalaima virens*（Boddaert）	R	OS	●	●	●		●	●
73）黑眉拟啄木鸟 *Megalaima oorti*（Swinhoe）	R	OS		●				
21. 啄木鸟科 Picidae								
74）斑姬啄木鸟 *Picumnus innominatus* Burton	R	OS	●	●	●	●	●	●
75）大斑啄木鸟 *Dendrocopos major*（Linnaeus）	R	PS	●					●
76）星头啄木鸟 *Dendrocopos canicapillus*（Blyth）	R	OS	●	●	●			
77）灰头绿啄木鸟 *Picus canus* Gmelin, JF	R	WS			●			
78）黄嘴栗啄木鸟 *Blythipicus pyrrhotis*（Hodgson）	R	OS	●		●	●	●	●
十六、雀形目 Passeriformes								
22. 八色鸫科 Pittidae								
79）仙八色鸫 *Pitta nympha* Temminck and Schlegel	R	OS		●				

续表

目、科、种	居留类型	区系	大院（牛石坪）	森林公园	梨树洲	甲水	深坑	青石桥大坝
23. 百灵科 Alaudidae								
80）小云雀 *Alauda gulgula* Franklin	R	WS					●	
24. 燕科 Hirundinidae								
81）家燕 *Hirundo rustica* Linnaeus	SP	WS	●	●	●	●	●	●
82）金腰燕 *Hirundo daurica*（Laxmann）	SP	WS	●	●	●		●	●
83）烟腹毛脚燕 *Delichon dasypus*（Bonaparte）	R	OS					●	
25. 鹡鸰科 Motacillidae								
84）白鹡鸰 *Motacilla alba* Linnaeus	R	WS	●	●	●	●	●	●
85）灰鹡鸰 *Motacilla cinerea* Tunstall	WP	PS	●		●		●	
86）黄鹡鸰 *Motacilla flava* Gmelin, JF	P	PS						●
87）山鹡鸰 *Dendronanthus indicus*（Gmelin, JF）	R	PS	●					
88）树鹨 *Anthus hodgsoni* Richmond	WP	PS	●					
89）理氏鹨 *Anthus richardi* Vieillot	WP	PS	●				●	
90）黄腹鹨 *Anthus rubescens*（Tunstall）	WP	PS			●			
91）山鹨 *Anthus sylvanus*（Hodgson）	R	PS			●			
26. 山椒鸟科 Campephagidae								
92）暗灰鹃鵙 *Coracina melaschistos*（Hodgson）	SP	OS	●					
93）灰山椒鸟 *Pericrocotus divaricatus*（Raffles）	P	PS		●				
94）小灰山椒鸟 *Pericrocotus cantonensis* Swinhoe	SP	OS		●				
95）灰喉山椒鸟 *Pericrocotus solaris* Blyth	R	OS	●		●	●	●	●
96）赤红山椒鸟 *Pericrocotus flammeus*（Forster, JR）	R	OS	●				●	
27. 鹎科 Pycnonotidae								
97）领雀嘴鹎 *Spizixos semitorques* Swinhoe	R	OS		●	●	●		●
98）黄臀鹎 *Pycnonotus xanthorrhous* Anderson	R	OS			●			
99）白头鹎 *Pycnonotus sinensis*（Gmelin）	R	OS	●	●	●			●
100）栗背短脚鹎 *Hemixos castanonotus* Swinhoe	R	OS	●	●	●	●	●	●
101）绿翅短脚鹎 *Hypsipetes mcclellandii*（Horsfield）	R	OS		●	●	●		
102）黑短脚鹎 *Hypsipetes leucocephalus*（Gmelin）	R	OS		●		●	●	●
28. 叶鹎科 Choropseidae								
103）橙腹叶鹎 *Chloropsis hardwickii* Jardine and Selby	R	OS	●					
29. 伯劳科 Laniidae								
104）红尾伯劳 *Lanius cristatus* Linnaeus	WP	PS					●	

续表

续表

目、科、种	居留类型	区系	记录地点 大院（牛石坪）	森林公园	梨树洲	甲水	深坑	青石桥大坝
105）棕背伯劳 *Lanius schach* Linnaeus	R	OS		●		●		
30. 黄鹂科 Oriolidae								
106）黑枕黄鹂 *Oriolus chinensis* Linnaeus	P	WS		●				
31. 卷尾科 Dicruridae								
107）黑卷尾 *Dicrurus macrocercus* Vieillot	SP	WS	●					●
108）发冠卷尾 *Dicrurus hottentottus*（Linnaeus）	R	OS	●	●	●	●	●	
32. 椋鸟科 Sturnidae								
109）八哥 *Acridotheres cristatellus*（Linnaeus）	R	OS		●				
110）丝光椋鸟 *Sturnus sericeus*（Gmelin, JF）	R	WS				●		
111）灰椋鸟 *Sturnus cineraceus*（Temminck）	WP	PS				●		
33. 鸦科 Corvidae								
112）松鸦 *Garrulus glandarius*（Linnaeus）	R	WS	●		●			
113）红嘴蓝鹊 *Urocissa erythrorhyncha*（Boddaert）	R	WS	●	●	●	●	●	●
114）灰树鹊 *Dendrocitta formosae* Swinhoe	R	OS	●	●			●	●
115）大嘴乌鸦 *Corvus macrorhynchos* Wagler	R	WS	●	●	●			
116）白颈鸦 *Corvus torquatus* Lesson	R	WS						
34. 河乌科 Cinclidae								
117）褐河乌 *Cinclus pallasii* Temminck	R	OS		●		●	●	
35. 鸫科 Turdidae								
118）白喉短翅鸫 *Brachypteryx leucophrys* Temminck	R	OS	●		●			
119）蓝短翅鸫 *Brachypteryx montana* Horsfield	R	OS			●			
120）蓝歌鸲 *Luscinia cyane*（Pallas）	P	PS	●					
121）红喉歌鸲 *Luscinia calliope*（Pallas）	P	PS		●				
122）红尾歌鸲 *Luscinia sibilans* Swinhoe	P	PS	●	●				
123）北红尾鸲 *Phoenicurus auroreus*（Pallas）	WP	PS	●	●	●	●	●	●
124）红胁蓝尾鸲 *Tarsiger cyanurus*（Pallas）	WP	PS						
125）红尾水鸲 *Rhyacornis fuliginosus* Vigors	R	WS	●	●		●	●	
126）鹊鸲 *Copsychus saularis*（Linnaeus）	R	OS		●				

续表

目、科、种	居留类型	区系	记录地点					
			大院（牛石坪）	森林公园	梨树洲	甲水	深坑	青石桥大坝
127）蓝矶鸫 *Monticola solitaries*（Linnaeus）	R	PS					●	●
128）虎斑地鸫 *Zoothera dauma*（Latham）	WP	PS	●				●	
129）灰背鸫 *Turdus hortulorum* Sclater, PL	WP	PS		●				
130）斑鸫 *Turdus naumanni* Temminck	WP	PS			●			●
131）白腹鸫 *Turdus pallidus* Gmelin, JF	WP	PS	●					
132）紫啸鸫 *Myophonus caeruleus*（Scopoli）	R	OS				●	●	
133）灰背燕尾 *Enicurus schistaceus*（Hodgson）	R	OS		●			●	
134）白冠燕尾 *Enicurus leschenaulti*（Vieillot）	R	OS	●	●				●
135）小燕尾 *Enicurus scouleri* Vigors	R	OS	●	●			●	
136）黑喉石䳭 *Saxicola torquata*（Pallas）	WP	PS	●				●	
137）灰林䳭 *Saxicola ferrea* Gray, JE &Gray, GR	R	WS	●	●	●			
36．鹟科 Muscicapidae								
138）褐胸鹟 *Muscicapa muttui*（Layard, EL）	R	OS		●				
139）乌鹟 *Muscicapa sibirica* Gmelin, JF	WP	PS		●				
140）北灰鹟 *Muscicapa dauurica* Pallas	WP	PS	●	●	●	●	●	●
141）白眉姬鹟 *Ficedula zanthopygia*（Hay）	P	PS	●	●			●	
142）黄眉姬鹟 *Ficedula narcissina*（Temminck）	P	PS	●	●				
143）鸲姬鹟 *Ficedula mugimaki*（Temminck）	WP	PS		●				
144）红喉姬鹟 *Ficedula parva* Pallas	WP	PS	●		●			
145）白腹姬鹟 *Cyanoptila cyanomelana*（Temminck）	P	PS			●			
146）白喉林鹟 *Rhinomyias brunneata*（Slater）	SP	OS		●				●
147）海南蓝仙鹟 *Cyornis hainanus*（Ogilvie-Grant）	SP	OS		●				
148）小仙鹟 *Niltava macgrigoriae*（Burton）	SP	OS		●				
149）方尾鹟 *Culicicapa ceylonensis*（Swainson）	SP	OS		●				
150）铜蓝鹟 *Eumyias thalassinus*（Swainson）	SP	OS	●					
37．王鹟科 Monarchinae								
151）寿带 *Terpsiphone paradisi*（Linnaeus）	SP	WS	●					

续表

目、科、种	居留类型	区系	记录地点 大院（牛石坪）	森林公园	梨树洲	甲水	深坑	青石桥大坝
38. 扇尾莺科 Cisticolidae								
152）棕扇尾莺 *Cisticola juncidis*（Rafinesque）	R	WS				●		
153）纯色鹪莺 *Prinia inornata* Sykes	R	OS				●		
154）黄腹鹪莺 *Prinia flaviventris*（Delessert）	R	OS				●		
39. 莺科 Sylviidae								
155）高山短翅莺 *Locustella seebohmi*（Brooks, WE）	P	PS	●		●			
156）棕褐短翅莺 *Locustella luteoventris*（Hodgson）			●					
157）强脚树莺 *Cettia fortipes* Hodgson	R	OS	●		●			
158）远东树莺 *Cettia canturians*（Campbell）	WP	PS			●			
159）钝翅苇莺 *Acrocephalus concinens*（Swinhoe）	P	PS	●					
160）长尾缝叶莺 *Orthotomus sutorius*（Pennant）	R	OS				●		
161）金头缝叶莺 *Orthotomus cuculatus*（Temminck）					●			
162）褐柳莺 *Phylloscopus fuscatus*（Blyth）	WP	PS	●					
163）黄腰柳莺 *Phylloscopus proregulus*（Pallas）	WP	PS	●	●	●	●	●	●
164）黄眉柳莺 *Phylloscopus inornatus*（Blyth）	WP	PS	●	●	●	●	●	●
165）黑眉柳莺 *Phylloscopus ricketti*（Slater）	SP	OS	●		●	●		
166）双斑绿柳莺 *Phylloscopus plumbeitarsus* Swinhoe	SP	PS	●	●	●			
167）云南柳莺 *Phylloscopus yunnanensis* La Touche	SP	OS			●			
168）极北柳莺 *Phylloscopus borealis*（Blasius, JH）	P	PS		●		●	●	
169）冕柳莺 *Phylloscopus coronatus* Temminck and Schlegel	P	PS		●				
170）冠纹柳莺 *Phylloscopus reguloides* Swinhoe	SP	OS	●				●	
171）淡脚柳莺 *Phylloscopus tenellipes*	P	PS		●				
172）黄腹柳莺 *Phylloscopus affinis* Tickell	SP	OS			●			
173）棕腹柳莺 *Phylloscopus subaffinis* Ogilvie-Grant	SP	OS	●					
174）淡尾鹟莺 *Seicercus soror* Alström and Olsson	R	OS			●			
175）灰冠鹟莺 *Seicercus tephrocephalus*（Anderson）			●		●			

续表

目、科、种	居留类型	区系	记录地点					
			大院（牛石坪）	森林公园	梨树洲	甲水	深坑	青石桥大坝
176）栗头鹟莺 *Seicercus castaniceps*（Hodgson）	R	OS	●	●	●		●	
177）棕脸鹟莺 *Abroscopus albogularis*（Moore, F）	R	OS	●	●	●		●	
40．画眉科 Timaliidae								
178）黑脸噪鹛 *Garrulax perspicillatus*（Gmelin, JF）	R	OS		●				
179）黑领噪鹛 *Garrulax pectoralis*（Gould）	R	OS			●			
180）小黑领噪鹛 *Garrulax monileger*①（Hodgson）	R	OS			●			
181）画眉 *Garrulax canorus*（Linnaeus）	R	OS		●			●	
182）白颊噪鹛 *Garrulax sannio* Swinhoe	R	OS		●				
183）斑胸钩嘴鹛 *Pomatorhinus erythrocnemis* David	R	OS	●	●	●	●	●	●
184）棕颈钩嘴鹛 *Pomatorhinus ruficollis* Hodgson	R	OS	●	●	●	●	●	
185）小鳞胸鹪鹛 *Pnoepyga pusilla* Hodgson	R	OS	●	●			●	
186）丽星鹩鹛 *Spelaeornis formosus*（Walden）	R	OS		●				
187）红头穗鹛 *Stachyris ruficeps*（Blyth）	R	OS	●	●	●		●	●
188）红嘴相思鸟 *Leiothrix lutea*（Scopoli）	R	OS	●	●	●		●	●
189）褐顶雀鹛 *Alcippe brunnea* Gould	R	OS		●				
190）灰眶雀鹛 *Alcippe morrisonia*（Styan）	R	OS	●	●	●	●	●	●
191）金胸雀鹛 *Alcippe chrysotis*（Blyth）	R	OS	●					
192）栗耳凤鹛 *Yuhina castaniceps*（Moore）	R	OS		●	●	●	●	
41．鸦雀科 Paradoxornithidae								
193）灰头鸦雀 *Paradoxornis gularis*（Gray, GR）	R	OS						
194）棕头鸦雀 *Paradoxornis webbianus*（Gould）	R	OS		●	●		●	
42．长尾山雀科 Aegithalidae								
195）红头长尾山雀 *Aegithalos concinnus*（Gould）	R	OS	●	●	●	●		●
43．山雀科 Paridae								
196）远东山雀 *Parus major* Temminck & Schlegel	R	WS	●	●	●	●	●	●
197）黄颊山雀 *Parus spilonotus*（Bonaparte）	R	OS	●	●		●	●	
198）黄腹山雀 *Parus venustulus*（Swinhoe）	R	OS	●					

续表

续表

目、科、种	居留类型	区系	记录地点					
			大院（牛石坪）	森林公园	梨树洲	甲水	深坑	青石桥大坝
199）黄眉林雀 *Sylviparus modestus* Burton	R	OS		●				
44. 啄花鸟科 Dicaeidae								
200）红胸啄花鸟 *Dicaeum ignipectus*（Blyth）	R	OS					●	
45. 绣眼鸟科 Zosteropidae								
201）暗绿绣眼鸟 *Zosterops japonicus* Temminck & Schlegel	R	OS			●			
46. 麻雀科 Passeridae								
202）树麻雀 *Passer montanus*（Linnaeus）	R	WS					●	
203）山麻雀 *Passer rutilans*（Temminck）	R	OS						●
47. 梅花雀科 Estrildidae								
204）白腰文鸟 *Lonchura striata*（Linnaeus）	R	OS	●				●	
205）斑文鸟 *Lonchura punctulata*（Linnaeus）	R	OS					●	
48. 燕雀科 Fringillidae								
206）燕雀 *Fringilla montifringilla* Linnaeus	WP	PS				●	●	
207）金翅雀 *Carduelis sinica*（Linnaeus）	R	PS	●				●	
208）黑尾蜡嘴雀 *Eophona migratoria* Hartert	WP	PS						●
209）普通朱雀 *Carpodacus erythrinus*（Pallas）	/	PS			●			
49. 鹀科 Emberizidae								
210）凤头鹀 *Melophus lathami* Gray JE	SP	OS				●		
211）白眉鹀 *Emberiza tristrami* Swinhoe	WP	PS			●			
212）栗耳鹀 *Emberiza fucata* Pallas	WP	PS		●				
213）小鹀 *Emberiza pusilla* Pallas	WP	PS		●	●	●		
214）灰头鹀 *Emberiza spodocephala* Pallas	WP	PS	●	●	●	●	●	●
			87	93	77	75	85	50

4. 兽类

哺乳纲 Mammalia	区系成分	分布型	CKL	EnC	分布区域	栖息环境	i	ii	iii
一、鼩形目 SORICOMORPHA									
1. 鼩鼱科 Soricidae									
1）臭鼩 *Suncus murinus*（Linnaeus）	OS	Wd			山脚带	农田，村落	√		√
2）喜马拉雅水鼩 *Chimarrogale himalayica*（Gray）	OS	Sv			低山带	溪流	√		
3）灰麝鼩 *Crocidura attenuate* Milnep-Edwards	OS	Sd			中低山带	阔叶林	√		
2. 鼹科 Talpidae									
4）长吻鼹 *Euroscaptor longirostris*（Milnep-Edwards）	OS	Sc	√		山脚带	林缘、农田	√		√
二、翼手目 CHIROPTERA									
3. 菊头蝠科 Rhinolophidae									
5）中华菊头蝠 *Rhinolophus sinicus* Andersen	OS	Wd			低山带	山洞	√	√	√
6）大菊头蝠 *Rhinolophus luctus* Temminck	OS	Wb			低山带	山洞	√		

续表

哺乳纲 Mammalia	区系成分	分布型	CKL	EnC	分布区域	栖息环境	i	ii	iii
7）中菊头蝠 *Rhinolophus affinis* Horsfiled	OS	Wd			低山带	山洞	√		
8）菲菊头蝠 *Rhinolophus pusillus* Temminck	OS	Sc			低山带	山洞	√		
9）皮氏菊头蝠 *Rhinolophus pearsonii* Horsfield	OS	Wd			低山带	山洞	√		
10）大耳菊头蝠 *Rhinolophus macrotis* Blyth	OS	Wd			低山带	山洞	√		
4. 蹄蝠科 Hipposideridae									
11）中蹄蝠 *Hipposideros larvatus*（Horsfield）	OS	Wb			低山带	山洞	√		
12）大蹄蝠 *Hipposideros armiger*（Hodgson）	OS	Wd			低山带	山洞	√		
5. 蝙蝠科 Vespertilionidae									
13）西南鼠耳蝠 *Myotis altarium* Thomas	OS	Si	√		低山带	山洞	√		√
14）中华鼠耳蝠 *Myotis chinensis*（Tomes）	OS	U							
15）普通长翼蝠 *Miniopterus schreibersii*（Kuhl）	OS	O₃			山脚带	屋檐下	√		
16）东亚伏翼 *Pipistrellus abramus*（Temminck）	WsS	Ea			山脚带	屋檐下	√		√
17）爪哇伏翼 *Pipistrellus javanicus*（Gray）	OS	Sc			/	/			√
三、灵长目 PRIMATES									
6. 猴科 Cercopithecidae									
18）藏酋猴 *Macaca thibetana*（Milne-Edwards）	OS	Se	Ⅱ	√	中低山带	森林	√		√
四、鳞甲目 PHOLIDOTA									
7. 鲮鲤科 Manidae									
19）中国穿山甲 *Manis pentadactyla* Linnaeus	OS	Wc	Ⅱ		低山带	竹林、灌丛	√*	√	√
五、兔形目 LAGOMORPHA									
8. 兔科 Leporidae									
20）华南兔 *Lepus sinensis* Gray	OS	Sc			山脚带	灌丛、农田	√		√
六、食肉目 CARNIVORA									
9. 灵猫科 Viverridae									
21）果子狸 *Paguma larvata*（Hamiton-Smith）	OS	We			中低山带	阔叶林、混交林	√		√
22）斑灵狸 *Prionodon pardicolor* Hodgson	OS	Wc	Ⅱ		/	/		√	√
23）大灵猫 *Viverra zibetha* Linnaeus	OS	Wd	Ⅱ		中低山带	阔叶林、混交林	√		√
24）小灵猫 *Viverricula indica* Desmarest	OS	Wd	Ⅱ		中低山带	阔叶林、混交林	√		√
10. 鼬科 Mustelidae									
25）猪獾 *Arctonyx collaris* Cuvier	OS	We			/	/			√
26）鼬獾 *Melogale moschata*（Gray）	OS	Sd			中低山带	阔叶林、混交林	√		√
27）青鼬 *Martes flavigula*（Boddaert）	WsS	We	Ⅱ		/	/			√
28）黄腹鼬 *Mustela kathiah* Hodgson	OS	Sd			/	/			√
29）黄鼬 *Mustela sibirica* Pallas	PS	Uh			山脚带	村落	√		√
11. 犬科 Canidae									
30）貉 *Nyctereutes procyonoides*（Gray）	PS	Eg			中山地带	阔叶林	√		
12. 猫科 Felidae									
31）豹猫 *Prionailurus bengalensis*（Kerr）	OS	We			/	/			√
32）金猫 *Catopuma temminckii*（Vigors and Horsfield）	OS	We	Ⅱ		/	/			√

续表

哺乳纲 Mammalia	区系成分	分布型	CKL	EnC	分布区域	栖息环境	i	ii	iii
七、偶蹄目 ARTIODACTYLA									
13. 猪科 Suidae									
33）野猪 *Sus scrofa* Linnaeus	PS	Uh			中低山带	阔叶林、混交林	√	√	√
14. 鹿科 Cervidae									
34）毛冠鹿 *Elaphodus cephalophus* Milne-Edwards	OS	Sv			中低山带	阔叶林、混交林	√	√	√
35）小麂 *Muntiacus reevesi*（Ogilby）	OS	Sd	√		中低山带	阔叶林、混交林	√	√	√
36）獐 *Hydropotes inermis* Swinhoe	OS	Sf	II		中低山带	阔叶林、混交林	√		√
37）水鹿 *Rusa unicolor*（Kerr）	OS	Wd	II		中低山带	阔叶林、混交林	√	√	√
15. 牛科 Bovidae									
38）中华鬣羚 *Capricornis milneedwardsii* David	OS	We	II	√	中山带	阔叶林、混交林	√	√	√
八、啮齿目 RODENTIA									
16. 松鼠科 Sciuridae									
39）隐纹花松鼠 *Tamiops swinhoei*（Milne-Edwards）	OS	We			中低山带	阔叶林、混交林	√		√
17. 竹鼠科 Rhizomyidae									
40）中华竹鼠 *Rhizomys sinensis* Gray	OS	We			低山山脚带	竹林	√		√
18. 鼠科 Muridae									
41）小家鼠 *Mus musculus* Linnaeus	WsS	Uh			山脚带	农田、林缘	√	√	√
42）褐家鼠 *Rattus norvegicus*（Berkenhout）	WsS	Ue			山脚带	农田	√	√	√
43）黄胸鼠 *Rattus tanezumi* Temminck	OS	We			低山带	灌丛、阔叶林	√		
44）针毛鼠 *Niviventer fulvescens*（Gray）	OS	Wb			低山带	灌丛、阔叶林	√		
45）北社鼠 *Niviventer confucianus*（Milne-Edwards）	OS	Wd			低山带	灌丛、阔叶林	√		√
46）中华姬鼠 *Apodemus draco*（Barrett-Hamilton）	OS	Sd			低山带	山溪附近	√		
47）小泡巨鼠 *Leopoldamys edwardsi*（Thomas）	OS	We			低山带	灌丛、阔叶林	√		√
48）巢鼠 *Micromys minutus*（Pallas）	WsS	Uh			√	√			
19. 豪猪科 Hystricidae									
49）豪猪 *Hystrix hodgsoni* Linnaeus	OS	Wd			/	/			√

注：①区系类型。WsS. widespread species，广布种；PS. palaearctic species，古北界物种；OS. oriental species，东洋界广布物种；OS-SC. 东洋界华南区与华中区广布种；OS-S. 东洋界华南区物种；OS-C. 东洋界华中区物种；OS-WS. 东洋界西南区物种。

②地理分布类型。Sb. 南中国型（热带 - 南亚热带）；Sc. 南中国型（热带 - 中亚热带）；Sd. 南中国型（热带 - 北亚热带）；Se. 南中国型（南亚热带 - 中亚热带）；Sg. 南中国型（南亚热带）；Si. 南中国型（中亚热带）；Wb. 东洋型（热带 - 亚热带）；Wc. 东洋型（热带 - 中亚热带）；Wd. 东洋型（热带 - 北亚热带）；We. 东洋型（热带 - 温带）；Ea. 季风型（包括阿穆尔或延展到俄罗斯远东地区）；Eg. 季风型（包括乌苏里、朝鲜）；Ha. 喜马拉雅 - 横断山区型（喜马拉雅南坡）。

③生境类型。Fa. farmland，农田；Ma. march，沼泽；Vi. Village，村庄；Sh. shrubland，灌丛；Ro. roadside，山路边；Di. ditch，山路边沟渠；St. stream，山涧溪流；Fr. forest，森林。

④资源状况。D. dominant，优势种；C. common，常见种；R. rare，稀少种。

⑤记录海拔。U. unknown（不详，因记录方式或来源报告未提及）。

⑥记录方式。i. 在本次考察期间记录的物种；ii. 井冈山自然保护区标本室中存放的采集于井冈山的标本；iii. 数据来自文献。

⑦居留类型代码。R- 留鸟；S- 夏候鸟；W- 冬候鸟；P- 旅鸟。

⑧本表中区系成分及种群状况参照张荣祖（1999）

附表 7 湖南桃源洞国家级自然保护区昆虫编目

昆虫纲 INSECTA

弹尾目 COLLEMBOLLA

等节姚科 Isotomidae

库姚 1 *Coloburella* sp. 1
库姚 2 *Coloburella* sp. 2

衣鱼目 ZYGENTOMA

衣鱼科 Lepismatidae

毛栉衣鱼 *Ctenolepisma villosa*（Fabricius）

蜉蝣目 EPHEMEROPTERA

蜉蝣科 Ephemeridae

华丽蜉 *Ephemera pulcherrima* Eaton
蜉蝣 *Ephemera serica* Eaton

扁蜉科 Heptageniidae

亚非蜉 1 *Afronurus* sp. 1
亚非蜉 2 *Afronurus* sp. 2
亚非蜉 3 *Afronurus* sp. 3
高翔蜉 1 *Epeorus* sp. 1
高翔蜉 2 *Epeorus* sp. 2
高翔蜉 3 *Epeorus* sp. 3
高翔蜉 4 *Epeorus* sp. 4
桶形赞蜉 *Paegniodes cupulatus* Eaton
溪颏蜉 *Rhithrogena taurisca* Bauernfeind

四节蜉科 Baetidae

阿森蜉 1 *Acentrella* sp. 1
阿森蜉 2 *Acentrella* sp. 2
三突花翅蜉 *Baetiella trispinata* Tong & Dudgeon
四节蜉 1 *Baetis* sp. 1
四节蜉 2 *Baetis* sp. 2
四节蜉 3 *Baetis* sp. 3
四节蜉 4 *Baetis* sp. 4

东方拉蜉 *Labioabetis atrebatinus orientalis* Kluge

小蜉科 Ephemerellidae

宝加带肋蜉 *Cinctincostella boja* Allen
带肋蜉 1 *Cinctincostella* sp. 1
带肋蜉 2 *Cinctincostella* sp. 2
弯握蜉 *Drunella* sp.
小蜉 1 *Ephemerella* sp. 1
小蜉 2 *Ephemerella* sp. 2
大鳃蜉 *Torleya* sp.

细裳蜉科 Leptophlebiidae

拟细裳蜉 *Paraleptophlebia* sp.

短丝蜉科 Siphlonuridae

短丝蜉 *Siphlonurus* sp.

蜻蜓目 ODONATA

色蟌科 Calopterygidae

晕翅眉色蟌 *Matrona basilaris basilaris* Selys
烟翅绿色蟌 *Mnais mneme* Ris

蟌科 Coenagrionidae

白狭扇蟌 *Copera annulata*（Selys）

蜻科 Libellulidae

红蜻 *Crocothemis servilia* Drurty
朱红小蜻 *Nannophya pygmaea* Rambur
白尾灰蜻 *Orthetrum albistylum* Selys
狭腹灰蜻 *Orthetrum sabium sabium*（Drury）
黄蜻 *Pantala flavescens* Fabricius
六斑曲缘蜻 *Palpopleura sexmaculata* Fabricius
晓褐蜻 *Trithemis aurora*（Burmeister）

春蜓科 Gomphidae

扭尾曦春蜓 *Heliogomphus retroflexus*（Ris）
鼓角纤春蜓 *Leptogomphus divaricatus* Chao

大蜓科 Cordulegasteridae

巨圆臀大蜓 *Anotogaster sieboldii* Selys
高翔裂唇蜓 *Chloropetalia soarer* Wilson

等翅目 ISOPTERA
鼻白蚁科 Rhinotermitidae
台湾乳白蚁 *Coptotermes formosanus* Shiraki

蜚蠊目 BLATTARIA
蜚蠊科 Blattidae
丽郝氏蠊 *Hebardina concinna*（Haancock）
光蠊科 Epilampridae
金边土鳖 *Opisthoplatia orientalis*（Burmeister）
大光蠊 1 *Rhabdoblatta* sp. 1
大光蠊 2 *Rhabdoblatta* sp. 2
姬蠊科 Blattelliidae
台湾革蠊 *Sorineuchora formosana* Matsumura
广纹小蠊 *Blattella latistriga*（Walker）
德国小蠊 *Blattella germanica* Linnaeus
黄缘拟截尾蠊 *Hemithyrsocera lateralis*（Walker）

螳螂目 MANTODEA
螳科 MANTIDAE
勇斧螳 *Hierodula membranacea* Burmeister
棕污斑螳 *Statilia maculata* Thunberg
中华大刀螳 *Tenodera sinensis* Saussure
花螳科 Hymenopodidae
丽眼斑螳 *Creobroter gemmata*（Stoll）

直翅目 ORTHOPTERA
锥头蝗科 Pyrgomorphidae
短额负蝗 *Atractomorpha sinensis* I. Bolivar
斑腿蝗科 Catantopidae
黑膝胸斑蝗 *Apalacris nigrogeniculata* Bi
红褐斑腿蝗 *Catantops pinguis*（Stål）
棉蝗 *Chondracris rosea rosea*（De Geer）
斜翅蝗 *Eucoptacra praemorsa*（Stål）
越北腹露蝗 *Fruhstorferiola tonkinensis* Willemse
山稻蝗 *Oxya agavisa* Tsai
中华稻蝗 *Oxya chinensis* Thunberg
小稻蝗 *Oxya intricata*（Stål）
长翅大头蝗 *Oxyrrhepes obtusa*（De Haan）
日本黄脊蝗 *Patanga japonica*（I. Bolivar）
赤胫伪稻蝗 *Pseudoxya diminuta*（Walker）
山蹦蝗 *Sinopodisma lofaoshana* Tinkham
卡氏蹦蝗 *Sinopodisma kelloggii* Chang
长角线斑腿蝗 *Stenocatantops splendens*（Thunberg）
东方凸额蝗 *Traulia orientalis* Ramme

短角外斑腿蝗 *Xenocatantops brachycerus*（Willemse）
斑翅蝗科 Oedipodidae
花胫绿纹蝗 *Aiolopus tamulus*（Fabricius）
云斑车蝗 *Gastrimargus marmoratus*（Thunberg）
方异距蝗 *Heteropternis repondens*（Walker）
红翅踵蝗 *Pteroscirta sauteri*（Karny）
疣蝗 *Trilophidia annulata*（Thunberg）
网翅蝗科 Arcypteridae
黑翅竹蝗 *Ceracris fasciata fasciata*（Brunner-Wattenwyl）
黄脊阮蝗 *Rammeacris kiangsu*（Tsai）
剑角蝗科 Acrididae
中华剑角蝗 *Acrida cinerea* Thunberg
短翅佛蝗 *Phlaeoba angustidorsis* Bolivar
僧帽佛蝗 *Phlaeoba infumata* Brunner-Wattenwyl
扁角蚱科 Discotettigidae
南昆山扁角蚱 *Flatocerus nankunshanensis* Liang et Zheng
刺翼蚱科 Scelimenidae
大优角蚱 *Eucriotettix grandis*（Hancock）
眼优角蚱 *Eucriotettix oculatus*（Bolivar）
弯刺伴鳄蚱 *Paragavialidium curvispinum* Zheng
短翼蚱科 Metrodoridae
肩波蚱 *Bolivaritettix humeralis* Gunther
锡金波蚱 *Bolivariettix sikkinensis*（Bolivar）
波蚱 *Bolivaritettix* sp.
狭顶蚱 *Systolederus* sp.
武夷山希蚱 *Xistrella wuyishanensis* Zheng et Liang
希蚱 *Xistrella* sp.
蚱科 Tetrigidae
日本蚱 *Tetrix japonica*（Bolivar）
冠庭蚱 *Hedotettix cristitergus* Hancock
突眼蚱 *Ergatettix dorsiferus*（Walker）
拟叶螽科 Pseudophyllidae
中华翡螽 *Phyllomimus sinicus* Beier
绿背覆翅螽 *Tegra novae-hollandiae viridinotata*（Stål）
露螽科 Phaneropteridae
日本条螽 *Ducetia japonica*（Thunberg）
疹点掩耳螽 *Elimaea punctifera*（Walker）
素色似织螽 *Hexacentrus unicolor* Audinet-Serville
日本绿螽 *Holochlora japonica* Brunner von Wattenwyl
凸翅糙颈螽 *Rudicollaris convexipennis*（Caudell）
中国华绿螽 *Sinochlora sinensis* Tinkham
纺织娘科 Mecopodidae
纺织娘 *Mecopoda elongata*（Linnaeus）

螽斯科 Tettigoniidae

长须寰螽 *Atlanticus palpalis* Rehn et Hebard
中华蝈螽 *Gampsocleis sinensis*（Walker）

草螽科 Conocephalidae

长翅草螽 *Conocephalus longipennis*（De Haan）
斑翅草螽 *Conocephalus maculatus*（Le Guillou）
悦鸣草螽 *Conocephalus melas*（De Haan）

蟋蟀科 Gryllidae

花生大蟋 *Brachytrypus portentosus*（Lichtenstern）
双斑蟋 *Bryllus bimaculatus* De Geer
斑腿双针蟋 *Dianemobius fascipes* Walker
北京油葫芦 *Teleogryllus mitratus*（Burmeister）
油葫芦 *Teleogryllus testaceus*（Walker）

针蟋科 Nemobiidae

斑腿针蟋 *Dianemobius fascipes*（Walker）

蛉蟋科 Trigonidiidae

黄蛣蛉 *Metioche flavipes*（Saussure）
虎甲蛉蟋 *Trigonidium cicindeloides* Ramber

蛣蟋科 Eneopteridae

金蛣蛉 *Xenogryllus marnoratus*（Haan）

树蟋科 Oecanthidae

黄树蟋 *Oecanthus rufescens* Serville

蝼蛄科 Gryllotalpidae

东方蝼蛄 *Gryllotalpa orientalis* Burmeister

蚤蝼科 Tridactylidae

日本蚤蝼 *Xya japonica* De Haan

革翅目 DERMAPTERA

球螋科 Forficulidae

异球螋 *Allodablia scabruscula* Serville

肥螋科 Anisolabididae

简慈螋 *Eparchus simplex* Bormans
无齿乔螋 *Timomenus inermis* Borelli
缘蚣螋 *Gonolabis marginalis* Dohrn
海肥螋 *Anisolabis maritima*（Gene）

襀翅目 PLECOPTERA

襀科 Perlidae

卡襀 *Calineuria* sp.
新襀 1 *Neoperia* sp. 1
新襀 2 *Neoperia* sp. 2
新襀 3 *Neoperia* sp. 3
新襀 4 *Neoperia* sp. 4

绿襀科 Chloroperlidae

钩绿襀 *Suwallia* sp.

叉襀科 Nemouridae

倍叉襀 *Amphinemura* sp.
原叉襀 *Protonemura* sp.

扁襀科 Peltoperlidae

克扁襀 *Cryptoperia* sp.

同翅目 HOMOPTERA

蝉科 Cicadidae

黑蚱蝉 *Cryptotympana atrata*（Fabricius）
斑蝉 *Gaeana maculata*（Drury）
黑翅红蝉 *Huechys sanguinea*（De Geer）
松寒蝉 *Meimuna opalifera*（Walker）
绿草蝉 *Mogannia hebes* Walker
鸣蝉 *Oncotympana maculaticollis*（Matsumura）
震旦马蝉 *Platylomia pieli* Kato
蟪蛄 *Platypeura kaempferi* Fabricius
螗蝉 *Pomponia linearis*（Walker）

蜡蝉科 Fulgoridae

斑衣蜡蝉 *Lycorma delicatula* White

蛾蜡蝉科 Flatidae

碧蛾蜡蝉 *Geisha distinctissima*（Walker）
褐缘蛾蜡蝉 *Salurnis marginella*（Guerin）

广翅蜡蝉科 Ricaniidae

眼纹疏广蜡蝉 *Euricania ocellus*（Walker）
钩纹广翅蜡蝉 *Ricania simulans* Walker
八点广翅蜡蝉 *Ricania speculum*（Walker）
柿广翅蜡蝉 *Ricania sublimbata* Jacobi

沫蝉科 Cercopidae

四斑长头沫蝉 *Abidama contigua*（Walker）
稻沫蝉 *Callitettix versicolor*（Fabricius）
斑带丽沫蝉 *Cosmoscarta bispecularis*（White）
背斑隆沫蝉 *Cosmoscarta dorsimacula*（Walker）
红二带隆沫蝉 *Cosmoscarta egens*（Walker）
紫胸丽沫蝉 *Cosmoscarta exultans*（Walker）
东方隆沫蝉 *Cosmoscarta heros*（Fabricius）
隆沫蝉 *Cosmoscarta* sp.
金色曙沫蝉 *Eoscarta aurora* Kirkaldy

叶蝉科 Cicadellidae

黑胸条大叶蝉 *Atkinsomiella nigridorsum* Kuoh et Zhuo
黑条大叶蝉 *Atkinsoniella nigrita* Kuoh et Zhang
窗耳叶蝉 *Ledra auditura* Walker
四点叶蝉 *Macrosteles quardrimaculatus*（Matsumura）
黑尾叶蝉 *Nephotettix cincticeps*（Uhler）
白边大叶蝉 *Tettigoniella albomarginata*（Signoret）
黑尾大叶蝉 *Tettigoniella ferruginea*（Fabricius）

大青叶蝉 *Tettigoniella viridis*（Linnaeus）
角胸叶蝉 *Tituria* sp.

飞虱科 Delphacidae

褐飞虱 *Nilaparvata lugens*（Stål）
白背飞虱 *Sogatella furcifera*（Horvath）
稗飞虱 *Sogatella vibix*（Haupt）

半翅目 HEMIPTERA

负子蝽科 Belostomatidae

褐负子蝽 *Diplonychus rustius*（Fabricius）

蝎蝽科 Nepidae

壮蝎蝽 *Laccotrephes* sp.
长足螳蝎蝽 *Ranatra longipes*（Stål）

黾蝽科 Gerridae

圆臀大黾蝽 *Aquarius paludum* Fabricius
黾蝽 *Gerris* sp.
伪齿涧黾蝽 *Metrocoris lituratus*（Stål）

盾蝽科 Scutelleridae

半球盾蝽 *Hyperoncus lateritius*（Westwood）
油茶宽盾蝽 *Poecilocoris latus* Dallas
金缘宽盾蝽 *Poecilocoris lewisi*（Distant）

蝽科 Pentatomidae

宽缘伊蝽 *Aenaria pinchii* Yang
蠋蝽 *Arma custos*（Fabricius）
辉蝽 *Carbula obtusangula* Reuter
峰疣蝽 *Cazira horvathi* Breddin
绿岱蝽 *Dalpada smaragdina*（Walker）
斑须蝽 *Dolycoris baccarum*（Linnaeus）
麻皮蝽 *Erthesina fullo*（Thunberg）
菜蝽 *Eurydema dominulus*（Scopoli）
拟二星蝽 *Eysarcoris annamita*（Breddin）
二星蝽 *Eysarcoris guttiger*（Thunberg）
青蝽 *Glaucias subpunctatus*（Walker）
谷蝽 *Gonopsis affinis*（Uhler）
茶翅蝽 *Halyomorpha halys*（Stål）
全蝽 *Homalogonia obtusa*（Walker）
红玉蝽 *Hoplistodera pulchra* Yang
梭蝽 *Megarrhamphus hastatus*（Fabricius）
平尾梭蝽 *Megarrhamphus truncates* Westwood
紫蓝曼蝽 *Menida violacea* Motschulsky
大臭蝽 *Metonymia glandulosa*（Wolff）
秀蝽 *Neojurtina typica* Distant
稻绿蝽 *Nezara viridula*（Linnaeus）
稻褐蝽 *Niphe elongata*（Dallas）
益蝽 *Picromerus lewisi* Scott

珀蝽 *Plautia fimbriata*（Fabricius）
稻黑蝽 *Scotinophara lurida*（Burmeister）
丸蝽 *Spermatodes variolosa*（Walker）
点蝽碎斑型 *Tolumnia latipes* forma *contigens*（Walker）
蓝蝽 *Zicrona caerulea*（Linnaeus）

兜蝽科 Dinidoridae

九香虫 *Coridius chinensis* Dallas

荔蝽科 Tessaratomidae

硕荔蝽 *Eurostus validus* Dallas
斑缘巨荔蝽 *Eusthenes femoralis* Zia

同蝽科 Acanthosomatidae

钝肩直同蝽 *Elasmostethus scotti* Reuter
背匙同蝽 *Elasmucha dorsalis* Jakovlev
盾匙同蝽 *Elasmucha scutellata*（Distant）

龟蝽科 Plataspidae

圆头异龟蝽 *Aponsila cycloceps* Hsiao et Jen
双痣圆龟蝽 *Coptosoma biguttula* Motschulsky
达圆龟蝽 *Coptosoma davidi* Montandon
执中圆龟蝽 *Coptosoma intermedia* Yang
显著圆龟蝽 *Coptosoma notabilis* Montandon
圆龟蝽 *Coptosoma* sp.
多变圆龟蝽 *Coptosoma variegata*（Herrich et Schaeffer）
双峰豆龟蝽 *Megacopta bituminata*（Mondanton）
筛豆龟蝽 *Megacopta cribraria*（Fabricius）
坎豆龟蝽 *Megacopta lobata*（Walker）
和豆龟蝽 *Paracopta horvathi*（Montandon）

跷蝽科 Berytidae

锤胁跷蝽 *Yemma singnatus*（Hsiao）
光肩跷蝽 *Metatropis brevirostris* Hsiao

束蝽科 Colobathristidae

突束蝽 *Phaenacantha* sp.
环足突束蝽 *Phaenacantha trilineata* Horvath

长蝽科 Lygaeidae

豆突眼长蝽 *Chauliops fallax* Scott
高粱狭长蝽 *Dimorphopterus japonicus*（Hokaka）
宽大眼长蝽 *Geocoris varius*（Uhler）
东亚毛肩长蝽 *Neolethaeus dallasi*（Scott）
鼓胸长蝽 *Pachybrachius* sp.
灰褐蒴长蝽 *Pylorgus sordidus* Zheng, Zou et Hsiao

红蝽科 Pyrrhocoridae

联斑棉红蝽 *Dysdercus poecilus*（Herrich-Schaeffer）
小斑红蝽 *Physopelta cincticollis* Stål
突背斑红蝽 *Physopelta gutta*（Burmeister）
直红蝽 *Pyrrhopeplus carduelis*（Stål）

异蝽科 Urostylidae
花壮异蝽 *Urostylis luteovaria* Distant
蠊形娇异蝽 *Urostylis blattiformis* Bergroth

土蝽科 Cydnidae
侏地土蝽 *Geotomus pygmaeus*（Fabricius）
毛革土蝽 *Gromundrellus maurus*（Dallas）
青革土蝽 *Macroscytus subaeneus*（Dallas）

缘蝽科 Coreidae
瘤缘蝽 *Acanthocoris scaber*（Linnaeus）
稻棘缘蝽 *Cletus punctiger* Dallas
宽棘缘蝽 *Cletus rusticus* Stål
绿竹缘蝽 *Cloresmus pulchellus* Hsiao
广腹同缘蝽 *Homoeocerus dilatatus* Horvath
小点同缘蝽 *Homoeocerus marginellus* Herrich-Schaeffer
纹须同缘蝽 *Homoeocerus striicornis* Scott
一点同缘蝽 *Homoeocerus unipunctatus* Thunberg
瓦同缘蝽 *Homoeocerus walkerianus* Lethierry et Severin
暗黑缘蝽 *Hygia opaca* Uhler
环胫黑缘蝽 *Hygia touchei* Distant
闽曼缘蝽 *Manocoreus vulgaris* Hsiao
黑胫侏缘蝽 *Mictis fuscipes* Hsiao
刺副黛蝽 *Paradasynus spinosus* Hsiao
刺侏缘蝽 *Prionolomiopsis spinifera*（Hsiao）
拉缘蝽 *Rhamnomia dubia*（Hsiao）

蛛缘蝽科 Alydidae
异稻缘蝽 *Leptocorisa acuta*（Thunberg）
中华稻缘蝽 *Leptocorisa chinensis* Dallas
点蜂缘蝽 *Riptortus pedestris* Fabricius

姬缘蝽科 Rhopalidae
点伊缘蝽 *Rhopalus latus*（Jakovlev）
黄伊缘蝽 *Rhopalus maculatus*（Fieber）

网蝽科 Tingidae
泡桐网蝽 *Eteoneus angulatus* Drake et Maa
梨冠网蝽 *Stephanitis nashi* Esalci et Takey

扁蝽科 Aradidae
扁蝽 *Aradus* sp.
脊扁蝽 *Neuroctenus* sp.

猎蝽科 Reduviidae
环勺猎蝽 *Cosmolestes annulipes* Distant
艳红猎蝽 *Cydnocoris russatus* Stål
黑哎猎蝽 *Ectomocoris atrox* Stål
素猎蝽 *Epidaus famulus*（Stål）
长刺素猎蝽 *Epidaus longispinus* Hsiao

六刺素猎蝽 *Epidaus sexspinus* Hsiao
齿缘刺猎蝽 *Sclomina erinacea* Stål
黄足猎蝽 *Sirthenea flavipes* Stål
环斑猛猎蝽 *Sphedanolestes impressicollis* Stål
黄犀猎蝽 *Sycanus croceus* Hsiao

盲蝽科 Miridae
苜蓿盲蝽 *Adelphocoris* sp.
绿丽盲蝽 *Apolygus lucorum*（Meyer-Dür）

花蝽科 Anthocoridae
南方小花蝽 *Orius similis* Zheng

缨翅目 THYSANOPTERA

蓟马科 Thripidae
草直鬃蓟马 *Stenchaetothrips graminis*（Ananthakrishnan & Jagadish）
灵蓟马 *Thrips facetus* Palmer
黄胸蓟马 *Thrips hawaiiensis*（Morgan）
黄蓟马 *Thrips flavidulus*（Bagnall）

管蓟马科 Phlaeothripidae
海南网管蓟马 *Apelaunothrips hainanensis* Zhang&Tong
暗翅网管蓟马 *Apelaunothrips nigripennis* Okajima
沙竹管蓟马 *Bamboosiella sasa* Okajima
谷简管蓟马 *Haplothrips ganglbaueri* Schmutz
褐苔管蓟马 *Lissothrips okajimai* Mound

鞘翅目 COLEOPTERA

淘甲科 Torridincolidae
庞氏佐淘甲 *Satonius pangae* sp. nov.（暂定名）
耶氏佐淘甲 *Satonius jaechi* Hajek, Yoshitomi, Fikacek, Hayashi et Jia

步甲科 Carabidae
日本细胫步甲 *Agonum japonicum* Motschulsky
中华星步甲 *Calosoma chinense* Kirby
威步甲 *Carabus augustus* Bates
双斑青步甲 *Chlaenius bioculatus* Chaudoir
黄边青步甲 *Chlaenius circumdatus* Brulle
狭边青步甲 *Chlaenius inops* Chaudoir
双黄青步甲 *Chlaenius posticalis* Motschulsky
逗斑青步甲 *Chlaenius virgulifer* Chaudoir
小蝼步甲 *Clivina* sp.
中华婪步甲 *Harpalus sinicus* Hope
三齿婪步甲 *Harpalus tridens* Morawith
大盆步甲 *Lebia coelestis* Bates
印度细颈步甲 *Ophionea indica*（Thunberg）
广屁步甲 *Pheropsophus occipitalis*（MacLeay）

屁步甲 *Pheropsophus* sp.

虎甲科 Cicindelidae

金斑虎甲 *Cicindela aurulenta* Fabricius

中国虎甲 *Cicindela chinensis* De Geer

星斑虎甲 *Cicindela kaleea* Bates

瓶胸树栖虎甲 *Collyris bonelli* Guerin

树栖虎甲 *Collyris* sp.

梭甲科 Haliplidae

瑞氏沼梭 *Haliplus regimbarti* Zaitzev

中华水梭 *Peltodytes sinensis*（Hope）

龙虱科 Dytiscidae

浅叉端毛龙虱 *Agabus amoenus* Solsky

日本端毛龙虱 *Agabus japonicus* Sharp

蒂圆突龙虱 *Allopachria dieterlei* Wewalka

圆突龙虱 *Allopachria* sp.

斜刻龙虱 *Copelatus oblitus* Sharp

刻龙虱 *Copelatus* sp.

三刻真龙虱 *Cybister tripunctatus*（Olivier）

齿缘龙虱 *Eretes griseus*（Fabricius）

双斑龙虱 *Hydaticus bowringi* Clark

宽缝斑龙虱 *Hydaticus grammicus* Germar

毛茎斑龙虱 *Hydaticus rhantoides* Sharp

单斑龙虱 *Hydaticus vittatus*（Fabricius）

平茎异爪龙虱 *Hyphydrus detectus* Falkenstrom

双刻异爪龙虱 *Hyphydrus pulchellus* Clark

无刻短褶龙虱 *Hydroglyphus flammulatus*（Sharp）

双带短褶龙虱 *Hydroglyphus geminus*（Fabricius）

里氏短褶龙虱 *Hydroglyphus regimbarti*
　（Gschwendtner）

短斑短褶龙虱 *Hydroglyphus trassaerti*（Feng）

微毛宽突龙虱 *Hydrovatus subtilis* Sharp

普宽突龙虱 *Hydrovatus pudicus*（Clark）

神户粒龙虱 *Laccophilus kobensis* Sharp

双线粒龙虱 *Laccophilus sharpi* Regimbart

单色长突粒龙虱 *Laccophilus siamensis taiwanensis*
　Brancucci

奥点龙虱 *Leiodytes orissaensis*（Vazirani）

中华微龙虱 *Microdytes sinensis* Wewalka

微龙虱 *Microdytes* sp.

黄边宽缘龙虱 *Platambus excoffieri* Regimbart

悦宽缘龙虱 *Platambus optatus*（Sharp）

冥宽缘龙虱 *Platambus stygius*（Régimbart）

小斑短胸龙虱 *Platynectes dissimilis*（Sharp）

双短胸龙虱 *Platynectes gemellatus* Šťastný

圆雀斑龙虱 *Rhantus yessoensis* Sharp

小雀斑龙虱 *Rhantus suturalis*（Macleay）

水龙虱科 Noteridae

黑截突水龙虱 *Canthydrus nitidulus* Sharp

豉甲科 Gyrinidae

圆鞘隐盾豉甲 *Dineutus mellyi*（Régimbart）

东方豉甲 *Gyrinus orientalis* Régimbart

边毛豉甲 *Orectochilus*（*Patrus*）sp. 1

毛豉甲 *Orectochilus*（s. str.）sp.

溪泥甲 Elmidae

Grouvellinus sp.

溪泥甲 1 *Ordobrevia* sp. 1

溪泥甲 2 *Ordobrevia* sp. 2

扁泥甲科 Psephenidae

扁泥甲 *Metaeopsephus* sp.

牙甲科 Hydrophilidae

阿牙甲 1 *Agraphydrus* sp. 1

阿牙甲 2 *Agraphydrus* sp. 2

沟牙甲 *Armostus* sp.

黑褐安牙甲 *Anacaena atriflava* Jia

毛安牙甲 *Anacaena lancifera* Pu

斑安牙甲 *Anacaena maculata* Pu

蒲氏安牙甲 *Anacaena pui* Komarek

柔毛贝牙甲 *Berosus pulchellus* MacLeay

日本贝牙甲 *Berosus japonicus* Sharp

路氏贝牙甲 *Berosus lewisius* Sharp

汉森梭腹牙甲 *Cercyon hanseni* Jia, Fikacek &
　Ryndevich

脊梭腹牙甲 *Cercyon laminatus* Sharp

黑头梭腹牙甲 *Cercyon nigriceps*（Marsharm）

平行梭腹牙甲 *Cercyon quisquilius*（Linnaeus）

小脊梭腹牙甲 *Cercyon subsolanus* Balfour-Browne

梭腹牙甲 1 *Cercyon* sp. 1

梭腹牙甲 2 *Cercyon* sp. 2

梭腹牙甲 3 *Cercyon* sp. 3

凯牙甲 *Chaetarthria* sp.

呆陷口牙甲 *Coelostoma stultum*（Walker）

凹陷口牙甲 *Coelostoma bifida* Jia et Fikacek

胡氏陷口牙甲 *Coelostoma wui* Orchymont

小线牙甲 *Cryptopleurum subtile* Sharp

黄苍白牙甲 *Enochrus flavicans* Régimbart

日本苍白牙甲 *Enochrus japonicus* Sharp

富盈丽阳牙甲 *Helochares lentus* Sharp

伪条丽阳牙甲 *Helochares pallens*（MacLeay）

凹缘牙甲 *Hydrobiomorpha spinicollis*（Eschcholtz）

细点齿鞘牙甲 *Hydrocassis imperialis*（Knisch）

尖突牙甲 *Hydrophilus acuminatus*（Motschulsky）
双线牙甲 *Hydrophilus bilineatus*（MacLeay）
双显长节牙甲 *Laccobius binotatus* Orchymont
哈氏长节牙甲 *Laccobius hammondi* Gentili
伊诺长节牙甲 *Laccobius inopinus* Gentili
安徽大阿牙甲 *Megagraphydrus anhuianus* Hebauer
大阿牙甲 1 *Megagraphydrus* sp. 1
大阿牙甲 2 *Megagraphydrus* sp. 2
卵腹牙甲 *Oosternum* sp.
费氏乌牙甲 *Oocyclus fikaceki* Short et Jia
斯氏宽板牙甲 *Pachysternum stevensi* Orchymont
小弥牙甲 *Paracymus atomus* Orchymont
东方弥牙甲 *Paracymus orientalis* Orchymont
杜氏徘牙甲 *Pelthydrus dudgeoni* Schönmann
徘牙甲 *Pelthydrus* sp.
双色陆牙甲 *Sphaeridium discolor* Orchymont
五斑陆牙甲 *Sphaeridium quinquemaculatum* Fabricius
网纹陆牙甲 *Sphaeridium reticulatum* Orchymont
红脊胸牙甲 *Sternolophus rufipes*（Fabricius）

平唇须甲科 Hydraenidae
平唇须甲 *Hydraena* sp.
粤沼平唇须甲 *Limnebius kwangtungensis* Pu
沼平唇须甲 *Limnebius* sp.
奥平唇须甲 *Ochthebius* sp.

葬甲科 Silphidae
大黑葬甲 *Necrophorus concolor* Kraatz
尼负葬甲 *Necrophorus nepalensis* Hope

隐翅甲科 Staphylinidae
大隐翅甲 *Creophilus maxillosus* Linnaeus
彭中四齿隐翅虫 *Nazeris pengzhongi* Hu et Li
从超四齿隐翅虫 *Nazeris congchaoi* Hu et Li
中华脊出尾蕈甲 *Ascaphium sinense* Pic
硕出尾蕈甲 *Scaphidium grande* Gestro
毕氏出尾蕈甲 *Scaphidium biwenxuani* He, Tang & Li
蓝紫束毛隐翅虫 *Dianous cyaneovirens* Cameron
黑足毒隐翅甲 *Paederus tamulus* Fabricius
窄隐翅甲 *Stenus* sp.

挚爪泥甲科 Eulichadidae
杜氏挚爪泥甲 *Eulichas dugeoni* Jäch

萤科 Lampyridae
中华黄萤 *Luciola chinensis* Linnaeus
黄萤 *Luciola* sp.

红萤科 Lycidae
贝红萤 *Benibotarus* sp.
栲红萤 *Cautires* sp.

丽红萤 *Lycostomus* sp.
鳞红萤 *Leptotrichalus* sp.

花萤科 Cantharidae
多变狭花萤 *Stenothemus multilimbatus*（Pic）
蓝黄褐花萤 *Themus coelestis*（Gorham）

露尾甲科 Nitidulidae
四斑露尾甲 *Librodor japonicus* Motschulsky

叩甲科 Elateridae
丽叩甲 *Campsosternus auratus*（Drury）
暗足重脊叩甲 *Chiagosnius obscuripes*（Gyllenhal）
眼纹鳞斑叩甲 *Cryptalaus larvatus*（Candeze）
蔗根梳爪叩甲 *Melanotus regalis* Candéze

吉丁甲科 Buprestidae
柑橘窄吉丁甲 *Agrilus auriventris* Saunders
泡桐窄吉丁甲 *Agrilus cyaneoniger* Saunders
云南松吉丁甲 *Chalcophora yunnana* Fairmaire

芫菁科 Meloidae
豆芫菁 *Epicauta gorhami* Margeul
红头芫菁 *Epicauta ruficeps* Illiger
心胸短翅芫菁 *Meloe subcordicollis* Fairmaire
眼斑芫菁 *Mylabris cichorii* Linnaeus
大斑芫菁 *Mylabris phalerata* Pallas
斑芫菁 *Mylabris* sp.

瓢虫科 Coccinellidae
细纹裸瓢虫 *Bothrocalvia albolineata*（Gyllenhal）
七星瓢虫 *Coccinella septempunctata* Linnaeus
狭臀瓢虫 *Coccinella transversalis* Fabricius
瓜茄瓢虫 *Epilachna admirabilis* Crotch
中华食植瓢虫 *Epilachna chinensis*（Weise）
菱斑食植瓢虫 *Epilachna insignis* Gorham
梵文菌瓢虫 *Halyzia sanscrita* Mulsant
异色瓢虫 *Harmonia axyridis*（Pallas）
马铃薯瓢虫 *Henosepilachna vigintioctomaculata*（Motschulsky）
茄二十八星瓢虫 *Henosepilachna vigintioctopunctata*（Fabricius）
中国素菌瓢虫 *Illeis chinensis* Lablokoff-Khnzorian
黄斑盘瓢虫 *Lemnia saucia*（Mulsant）
六斑月瓢虫 *Menochilus sexmaculatus*（Fabricius）
龟纹瓢虫 *Propylea japonica*（Thunberg）
大红瓢虫 *Rodolia rufopilosa* Mulsant

拟步甲科 Tenebrionidae
朽木甲 *Allecula* sp.
黄朽木甲 *Cteniopinus hypocrita* Marseul
瓢舌甲 *Derispia maculipennis*（Marseul）

三色舌甲 *Derispia tricolor* Kaszab
二纹土甲 *Gonocephalum bilineatum*（Walker）
土甲 *Gonocephalum* sp.
亚刺土甲 *Gonocephalum subspinosusm*（Fairmaire）
烁甲 *Plesiophthalmus* sp.
树甲 *Strongylium* sp.

伪叶甲科 Lagriidae

角伪叶甲 *Cerogria* sp.
伪叶甲 *Lagria* sp.

蜉金龟科 Aphodiidae

雅蜉金龟 *Aphodius elegans* Allibert
蜉金龟 1 *Aphodius* sp. 1
蜉金龟 2 *Aphodius* sp. 2
蜉金龟 3 *Aphodius* sp. 3

金龟子科 Scarabaeidae

神农洁蜣螂 *Catharsius molossus* Linnaeus
中华蜣螂 *Copris sinicus* Hope
蜣螂 *Heptophylla* sp.

鳃金龟科 Melolonthidae

粉歪鳃金龟 *Cyphochilus farinosus* Waterhouse
白鳃金龟 *Cyphochilus insulanns* Moser
歪鳃金龟 *Cyphochilus* sp.
隆胸平爪鳃金龟 *Ectinohoplia auriventris* Moser
白条鳃金龟 *Granida albolineata* Motschulsky
鳃金龟 *Holotrichia* sp.
阔胫玛绢金龟 *Maladera verticalis* Fairmaire
东方玛绢金龟 *Maladera orientalis*（Motschulsky）
绢金龟 *Maladera* sp.
大云鳃金龟 *Polyphlla laticollis* Lewis
鳃金龟 *Polyphylla* sp.

丽金龟科 Rutelidae

中华喙丽金龟 *Adoretus sinicus* Burmeister
喙丽金龟 *Adoretus* sp.
墨绿异丽金龟 *Anomala antiqua* Gyllenhal
多色异丽金龟 *Anomala chamaeleon* Fairmaire
铜绿异丽金龟 *Anomala corpulenta* Motschulsky
毛边异丽金龟 *Anomala coxalis*（Bates）
皱唇异丽金龟 *Anomala rugiclypea* Lin
大绿异丽金龟 *Anomala virens* Lin
脊纹异丽金龟 *Anomala viridicostata* Nonfried
墨绿彩丽金龟 *Mimela splendens* Gyllenhal
琉璃弧丽金龟 *Popillia atrocoerulea* Bates
棉花弧丽金龟 *Popillia mutans* Newman
中华弧丽金龟 *Popillia qudriguttata* Fabricius
弧丽金龟 *Popillia* sp.

花金龟科 Cetoniidae

白星花金龟 *Protaetia brevitarsis*（Lewis）
疏纹星花金龟 *Protaetia cathaica*（Bates）
青斑花金龟 *Oxycetonia bealiae*（Gory et Percheron）
小青花金龟 *Oxycetonia jucunda* Faldermann
日铜罗花金龟 *Rhomborrhina japonica* Hope

臂金龟科 Euchiridae

阳彩臂金龟 *Cheirotonus jansoni* Jordan

犀金龟科 Dynastidae

双叉犀金龟 *Allomyrina dichotoma*（Linnaeus）
蒙瘤犀金龟 *Trichogomphus mongol* Arrow
橡胶木犀金龟 *Xylotrupes gideon* Linnaeus

拟叩甲科 Languriidae

长四拟叩甲 *Tetralanguria elongata*（Fabricius）
天目四拟叩甲 *Tetralanguria tienmuensis* Zia

锹甲科 Lucanidae

桑新锹甲 *Neolucanus saundersi* Parry
库光胫锹甲 *Odontolabis cuvera* Hope
黄褐前锹甲 *Prosopocoilus blanchardi* Parry

距甲科 Megalopodidae

丽距甲 *Poecilomorpha pretiosa* Reineck
黑斑距甲 *Temnaspis pulchra* Baly

天牛科 Cerambycidae

双斑锦天牛 *Acalolepta sublusca*（Thomson）
锦天牛 *Acalolepta* sp.
楝闪光天牛 *Aeolesthes induta*（Newman）
星天牛 *Anoplophora chinensis*（Forster）
皱绿柄天牛 *Aphrodisium gibbicolle*（White）
粒肩天牛 *Apriona germari*（Hope）
赤梗天牛 *Arhopalus unicolor*（Gahan）
黄荆眼天牛 *Astathes episcopalis* Chevrolat
黑跗眼天牛 *Bacchisa atritarsis*（Pic）
橙斑白条天牛 *Batocera davidis* Deyrolle
白斑白条天牛 *Batocera horsfieldi*（Hope）
云斑白条天牛 *Batocera lineolata*（Chevrolat）
竹绿虎天牛 *Chlorophorus annularis*（Fabricius）
弧纹绿虎天牛 *Chlorophorus miwai* Gressitt
油茶红天牛 *Erythrus blairi* Gressitt
红天牛 *Erythrus championi* White
家扁天牛 *Eurypoda antennata* Saunders
榆并脊天牛 *Glenea relicta* Pascoe
黑角瘤筒天牛 *Linda atricornis* Pic
瘤筒天牛 *Linda femorata*（Chevrolat）
栗山天牛 *Massicus raddei*（Blessig）
中华薄翅天牛 *Megopis sinica sinica*（White）

松墨天牛 *Monochamus alternatus* Hope
暗翅筒天牛 *Oberea fuscipennis*（Chevrolat）
凹尾筒天牛 *Oberea walkeri* Gahan
中华八星粉天牛 *Olenecamptus octopustulatus chinensis* Dellon et Dillon
苎麻双脊天牛 *Paraglenea fortunei*（Saunders）
云纹肖锦天牛 *Perihammus infelix*（Pascoe）
菊小筒天牛 *Phytoecia rufiventris* Gautier
黄星天牛 *Psacothea hilaris* Pascoe
坡天牛 *Pterolophia* sp.
竹紫天牛 *Purpuricenus temminckii* Guerin-Meneville
广东长尾瘦花天牛 *Pygostrangalia kwangtungensis*（Gressitt）
椎天牛 *Spondylis buprestoides*（Linnaeus）
二斑突尾天牛 *Sthenias gracilicornis*（Gressitt）
瘦花天牛 *Strangalia* sp.
粗脊天牛 *Trachylophus sinensis* Gahan
石梓蓑天牛 *Xylorhiza adusta*（Wiedemann）
灭字脊虎天牛 *Xylotrechus quadripes* Chevrolat
二斑肖墨天牛 *Xenohammus bimaculatus* Schwarzer

豆象科 Bruchidae

豆象 *Bruchus* sp.

距甲科 Megalopodidae

黑斑距甲 *Temnaspis pulchra* Baly

负泥虫科 Crioceridae

四点胸负泥虫 *Lema adamsi* Baly
齿负泥虫 *Lema coromandeliana*（Fabricius）
鸭跖草负泥虫 *Lema deversa* Baly
红胸负泥虫 *Lema fortunei* Baly
薯蓣负泥虫 *Lema infranigra* Pic
褐负泥虫 *Lema rufotestacea* Clark
合爪负泥虫 1 *Lema* sp. 1
合爪负泥虫 2 *Lema* sp. 2
皱胸负泥虫 *Lilioceris cheni* Gressitt et Kimoto
纤负泥虫 *Lilioceris egena*（Weise）
异负泥虫 *Lilioceris impressa*（Fabricius）
斑肩负泥虫 *Lilioceris scapularis*（Baly）
中华负泥虫 *Lilioceris sinica*（Heyden）
分爪负泥虫 *Lilioceris* sp.
茎甲 *Sagra femorata*（Drury）
长角水叶甲 *Sominella longicornis*（Jacoby）

肖叶甲科 Eumolpidae

黑鞘厚缘叶甲 *Aoria nigripennis* Gressitt et Kimoto
棕红厚缘叶甲 *Aoria rufotestacea* Fairmaire
齿胸肖叶甲 *Aulexis* sp.

隆基角胸叶甲 *Basilepta leechi*（Jaccoby）
黑胸角胸叶甲 *Basilepta nigripectus* Gressitt et Kimoto
基隆角胸叶甲 *Basilepta ruficollis*（Jacoby）
葡萄叶甲 *Bromius obscurus*（Linnaeus）
瘤叶甲 *Chlamisus* sp.
亮肖叶甲 *Chrysolampra splendens* Baly
中华沟臀肖叶甲 *Colaspoides chinensis* Jacoby
毛股沟臀叶甲 *Colaspoides femoralis* Lefévre
沟臀叶甲 *Colaspoides* sp.
甘薯叶甲 *Colasposoma dauricum*（Motschulsky）
黄边隐头叶甲 *Cryptocephalus limbatipennis* Jacoby
十四斑隐头肖叶甲 *Cryptocephalus tetradecaspilotus* Baly
隐头叶甲 1 *Cryptocephalus* sp. 1
隐头叶甲 2 *Cryptocephalus* sp. 2
球叶甲 *Nodina* sp.
粗刻似角胸叶甲 *Parascela cribrata*（Schaufuss）
双带方额肖叶甲 *Physauchenia bifasciata*（Jacoby）
黑额光肖叶甲 *Smaragdina nigrifrons*（Hope）
大毛肖叶甲 *Trichochrysea imperialis*（Baly）

叶甲科 Chrysomelidae

天蓝跳甲 *Altica coerulea*（Olivier）
双色长刺萤叶甲 *Atrachya bipartita*（Jacoby）
豆长刺萤叶甲 *Atrachya menetriesi*（Faldermann）
谷氏黑守瓜 *Aulacophora coomani* Laboissiere
印度黄守瓜 *Aulacophora indica*（Gmelin）
柳氏黑守瓜 *Aulacophora lewisii* Baly
端黄盔萤叶甲 *Cassena terminalis* Gressitt et Kimoto
蒿金叶甲 *Chrysolina aurichalcea*（Mannerhaim）
胡枝子克萤叶甲 *Cneorane violaceipennis* Allard
菊攸萤叶甲 *Euliroetis ornata*（Baly）
二纹柱萤叶甲 *Galerucida bifasciata* Motschulsky
十三斑角胫叶甲 *Gonioctena tredecimmaculata*（Jacoby）
黑翅哈萤叶甲 *Haplosomoides costata*（Baly）
端黑哈萤叶甲 *Haplosomoides ustulatus* Laboissiere
棕顶沟胫跳甲 *Hemipyxis moseri*（Weise）
四斑沟胫跳甲 *Hemipyxis quadrimaculata*（Jacoby）
桑黄米萤叶甲 *Mimastra cyanura*（Hope）
黄缘米萤叶甲 *Mimastra limbata* Baly
双斑长跗萤叶甲 *Monolepta hieroglyphica*（Motschulsky）
红角榕萤叶甲 *Morphosphaera cavaleriei* Laboissiere
日本榕萤叶甲 *Morphosphaera japonica*（Hornstedt）
蓝翅瓢萤叶甲 *Oides bowringii*（Baly）
宽缘瓢萤叶甲 *Oides maculatus*（Olivier）
中华拟守瓜 *Paridea sinensis* Laboissiere

枫香凹翅萤叶甲 *Paleosepharia liquidambra* Gressitt et Kimoto

山楂斑叶甲 *Paropsides soriculata* Swartz

牡荆叶甲 *Phola octodecimguttata*（Fabricius）

黄直条菜跳甲 *Phyllotreta rectilineata* Chen

黄曲条菜跳甲 *Phyllotreta striolata* Fabricius

黄色凹缘跳甲 *Podontia lutea*（Olivier）

凹毛胸萤叶甲 1 *Pyrrhalta* sp. 1

凹毛胸萤叶甲 2 *Pyrrhalta* sp. 2

铁甲科 Hispidae

山楂肋龟甲 *Alledoya vespertina*（Boheman）

双斑锯龟甲 *Basiprionota bimaculata*（Thunberg）

泡桐锯龟甲 *Basiprionota bisignata*（Boheman）

大锯龟甲 *Basiprionota chinensis*（Fabricius）

黑盘锯龟甲 *Basiprionota whitei*（Boheman）

虾钳菜日龟甲 *Cassida japana* Baly

并刺趾铁甲 *Dactylispa approximata* Gressitt

中华叉趾铁甲 *Dactylispa chinensis* Weise

趾铁甲 *Dactylispa* sp.

蓝黑准铁甲 *Rhadinosa nigrocyanea*（Motschulsky）

甘薯台龟甲 *Taiwania circumdata*（Herbst）

四枝台龟甲 *Taiwania quadriramosa*（Gressitt）

拉底台龟甲 *Taiwania rati*（Maulik）

粤北台龟甲 *Taiwania spaethiana* Gressitt

变异台龟甲 *Taiwania variabilis* Chen et Zia

苹果台龟甲 *Taiwanina versicolor*（Boheman）

台龟甲 *Taiwania* sp.

锥象科 Brenthidae

三锥象 *Baryrrynchus poweri* Roelofs

卷象科 Attelabidae

黄斑卷象 *Apoderus balteatus* Roelofs

卷象 *Apoderus* sp.

中国切象 *Euops chinensis* Voss

圆斑象 *Paroplapoderus* sp.

黑瘤卷象 *Phymatapoderus latipennis* Jekel

象甲科 Curculionidae

长足象 *Alcidodes* sp.

白带象 *Cryptoderma fortunei*（Waterhouse）

茶籽象 *Curculio chinensis* Chevrolat

淡灰瘤象 *Dermatoxenus caesicollis*（Gyllenhal）

中国癞象 *Episomus chinensis* Faust

绿鳞象 *Hypomeces squamosus* Fabricius

黄条翠象 *Lepropus flavovittatus* Pascoe

筒喙象 *Lixus* sp.

白尾象 *Mesalcidodes trifidus*（Pascoe）

柑橘斜脊象 *Platymycteropsis mandarnus* Fairmaire

一字竹象 *Otidognathus davidi* Farimaire

松瘤象 *Sipalinus gigas*（Fabricius）

柑橘灰象 *Sympiezomias citri* Chao

广西灰象 *Sympiezomias guangxiensis* Chao

灰象 *Sympiezomias* sp.

广翅目 MEGALOPTERA

齿蛉科 Corydalidae

东方巨齿蛉 *Acanthacorydalis orientalis* （McLachlan）

星鱼蛉 *Protohermes* sp.

脉翅目 NEUROPTERA

草蛉科 Chrysopidae

丽草蛉 *Chrysopa formosa* Brauer

大草蛉 *Chrysopa pallens*（Rambur）

普通草蛉 *Chrysoperla carnea*（Stephens）

中华通草蛉 *Chrysoperla sinica*（Tjeder）

意草蛉 *Italochrysa* sp.

螳蛉科 Mantispidae

汉优螳蛉 *Eumantispa harmandi*（Navás）

蚁蛉科 Myrmeleonidae

中华东蚁蛉 *Euroleon sinicus* Navas

黑斑距蚁蛉 *Distoleon nigricans*（Okamoto）

追击大蚁蛉 *Heoclisis japonica*（MacLachlan）

蝶角蛉科 Ascalaphidae

黄脊蝶角蛉 *Hybris subjacens*（Walker）

毛翅目 TRICHOPTERA

纹石蛾科 Hydrosychidae

弓石蛾 *Arctopsyche* sp.

侧枝纹石蛾 *Ceratopsyche* sp.

腺纹石蛾 *Diplectrona* sp.

锥突侧枝纹石蛾 *Hydropsyche conoidea* Li & Tian

镘形瘤突纹石蛾 *Hydropsyche ovatus* Li, Tian & Dudgeon

短距纹石蛾 *Potamyia* sp.

短石蛾科 Brachycentridae

短石蛾 *Brachycentrus* sp.

舌石蛾科 Glossosomatidae

黑舌石蛾 *Glossosoma nigrior* Banks

囊翅石蛾科 Hydrobiosidae

白條石蛾 *Apsilochorema* sp.

鳞石蛾科 Lepidostomatidae

鳞石蛾 *Lepidostoma* sp.

沼石蛾科 Limnephilidae

伪突沼石蛾 *Pseudostenophylax* sp.

原石蛾科 Rhyacophilidae

流石蛾 *Rhyacophila impar* Martynov
黑流石蛾 *Rhyacophila nigrocephala* Iwata

鳞翅目 LEPIDOPTERA

木蠹蛾科 Cossidae

咖啡豹蠹蛾 *Zeuzera coffeae* Nietner
豹蠹蛾 *Zeuzera* sp.

卷蛾科 Tortricidae

美黄卷蛾 *Archips sayonae* Kawabe
湘黄卷蛾 *Archips strojny* Razowski
栗小卷蛾 *Olethreutes castaneana*（Walsingham）

螟蛾科 Pyralidae

白杨缀叶野螟 *Botyodes asialis* Guenée
黄翅缀叶野螟 *Botyodes diniasalis*（Walker）
稻暗水螟 *Bradina admixtalis*（Walker）
圆斑黄缘禾螟 *Cirrhochrista brizoalis* Walker
稻纵卷叶野螟 *Cnaphalocrocis medinalis*（Guenée）
瓜绢野螟 *Diaphania indica*（Saunders）
刺槐荚螟 *Etiella zinckenella*（Treitschke）
棉褐环野螟 *Haritalodes derogata*（Fabricius）
豆荚野螟 *Maruca testulalis* Geyer
菜野螟 *Mesographe forficalis*（Linnaeus）
黑点网脉野螟 *Nacoleia commixta*（Butler）
斑点须野螟 *Nosophora maculalis*（Leech）
白蜡绢须野螟 *Palpita nigropunctalis*（Bremer）
泡桐卷叶野螟 *Pycnarmon cribrata*（Fabricius）
甜菜白带野螟 *Spoladea recurvalis*（Fabricius）
三色卷野螟 *Sylepta tricolor* Butler
火红环角野螟 *Syngamia floridalis* Zeller

蓑蛾科 Psychidae

茶窠蓑蛾 *Chalia minuscula* Butler
大窠蓑蛾 *Chalia variegata* Snellen

刺蛾科 Limacodidae

枣刺蛾 *Iragoides conjuncta*（Walker）
丽绿刺蛾 *Latoia lepida*（Cramer）
媚绿刺蛾 *Latoia repanda* Walker
中国绿刺蛾 *Latoia sinica* Moore
樟刺蛾 *Miresa albipuncta* Butler
桑褐刺蛾 *Setora postornata*（Hampson）
素刺蛾 *Susica pallida* Walker

环蹄刺蛾 *Trichogyia circulifera* Hering

网蛾科 Thyrididae

函烤网蛾 *Collinsa hamifera*（Moore）
点烤网蛾 *Collinsa pallida*（Butler）
橙黄后窗网蛾 *Dysodia magnifica* Whalley
白斑网蛾 *Herimba atkinsoni* Moore
褐斑赭网蛾 *Mellea atristrigulalis*（Hampson）
叉混星网蛾 *Misalina decussate formosa* Whalley
微褐网蛾 *Rhodoneura erubrescens* Warren
斜带网蛾 *Rhodoneura fasciata*（Moore）
黑线网蛾 1 *Rhodoneura* sp. 1
黑线网蛾 2 *Rhodoneura* sp. 2
大斜线网蛾 *Striglina cancellata* Christoph
斜线网蛾 *Striglina* sp.

斑蛾科 Zygaenidae

茶柄脉锦斑蛾 *Eterusia aedea* Linnaeus
窗斑蛾 *Hysteroscena melli* Hering
西藏硕斑蛾 *Piarosoma thibetana*（Oberthür）
野茶带锦斑蛾 *Pidorus glaucopis glaucopis* Drury

凤蛾科 Epicopeidae

浅翅凤蛾 *Epicopeia hainesi* Holland
榆凤蛾 *Epicopeia mencia* Moore
蚬蝶凤蛾 *Psychostrophia nymphidiaria*（Oberthur）

圆钩蛾科 Cyclidiidae

洋麻圆钩蛾 *Cyclidia substigmaria substigmaria*（Hübner）

钩蛾科 Drepanidae

半豆斑钩蛾 *Auzata semipavonaria* Walker
网卑钩蛾 *Betalbara acuminata*（Leech）
褐斑丽钩蛾 *Callidrepana patrana*（Moore）
蒲晶钩蛾 *Deroca pulla* Watson
镰茎白钩蛾 *Ditrigona cirruncata* Wilkinson
交让木钩蛾 *Hypsomadius insignis* Butler
台湾莱钩蛾 *Leucoblepsis taiwanensis* Buchsbaum & Miller
中华大窗钩蛾 *Macrauzata maxima chinensis* Inoue
灰褐迷钩蛾 *Microblepsis rectilinear* Watson
星线钩蛾 *Nordstroemia vira*（Moore）
角山钩蛾 *Oreta angularis* Watson
荚蒾山钩蛾 *Oreta eminens*（Beyk）
紫山钩蛾 *Oreta fuscopurpurea* Inoue
接骨木山钩蛾 *Oreta loochooana*（Swinhoe）
华夏山钩蛾 *Oreta pavaca sinensis* Watson
净赭钩蛾 *Paralbara spicula* Watson
福钩蛾 *Phalacra strigata* Warren
三线钩蛾 *Pseudalbara parvula*（Leech）

透窗山钩蛾 *Spectroreta hyalodisca*（Hampson）
仲黑缘钩蛾 *Tridrepana crocea*（Leech）

尺蛾科 Geometeridae

丝棉木金星尺蛾 *Abraxas suspecta* Warren
朝比暗尺蛾 *Amraica asahinai*（Inoue）
掌尺蛾 *Amraica superans*（Butler）
大造桥虫 *Ascotis selenaria* Schiffermuller et Denis
娴尺蛾 *Auaxa cesadaria* Walker
油茶尺蛾 *Biston marginata* Shiraki
油桐尺蠖 *Buzura suppressaria* Guenee
常春藤洄纹尺蛾 *Callabraxas compositata*（Guenée）
榛金星尺蛾 *Calospilos sylvata* Scopoli
绿龟尺蛾 *Celenna festivaria*（Fabricius）
四眼绿尺蛾 *Chlorodontopera discospilata*（Moore）
长纹绿尺蛾 *Comibaena argentataria*（Leech）
紫斑绿尺蛾 *Comibaena nigromacularia*（Leech）
栎绿尺蛾 *Comibaena quadrinotata*（Butler）
木撩尺蛾 *Culcula panterinaria*（Bremer et Grey）
树形尺蛾 *Erebomorpha fulguraria* Walker
碎黑黄尺蛾 *Euchristophia cumulata*（Christoph）
赭尾尺蛾 *Exurapteryx aristidaria* Oberthur
灰绿片尺蛾 *Fascellina plagiata*（Walker）
绣球枯叶尺蛾 *Gandaritis evanescens*（Butler）
何锦尺蛾 *Heterostegane hoenei*（Wehrli）
黑红熙尺蛾 *Hypochrosis baenzigeri* Inoue
霉熙尺蛾 *Hypochrosis mixticolor* Prout
玻璃尺蛾 *Krananda semihyalina* Moore
埃冠尺蛾 *Lophophelma erionoma*（Swinhoe）
辉尺蛾 *Luxiaria amasa*（Butler）
槐尺蠖 *Macaria elongaria* Leech
桑尺蛾 *Menophra atrilineata*（Walker）
白额觅尺蛾 *Mimochroa albifrons*（Moore）
女贞尺蛾 *Naxa seriaria*（Motschulsky）
紫带霞尺蛾 *Nothomiza aureolaria* Inoue
瑰尺蛾 *Osteosema* sp.
昌尾尺蛾 *Ourapteryx changi* Inoue
长尾尺蛾 *Ourapteryx clara* Butler
金星垂耳尺蛾 *Pachyodes amplificata*（Walker）
江西垂耳尺蛾 *Pachyodes erionoma kiangsiensis* Chu
德陪尺蛾 *Peratostega deletaria*（Moore）
柿星尺蛾 *Percnia giraffata*（Guenée）
粉尺蛾 *Pingasa alba brunnescens* Prout
紫白尘尺蛾 *Pseudomiza obliquaria*（Leech）
散点淡紫尺蛾 *Rhynchobapta punctilinearia* Leech
三线沙尺蛾 *Sarcinodes aequilinearia*（Walker）

槐丝尺蠖 *Semiothisa cinerearia* Bremer et Grey
金叉俭尺蛾 *Spilopera divaricata*（Moore）
焦斑叉线青尺蛾 *Tanaoctenia haliaria*（Walker）
镰绿尺蛾 *Tanaorhinus reciprocata confuciaria* Walker
灰斑钩翅绿尺蛾 *Tanaorhinus viriduluteatus* Walker
粉垂耳尺蛾 *Terpna haemataria* Herrich-Shaffer
黄蝶尺蛾 *Terpna crocoptera striolata* Butler
缺口青尺蛾 *Timandromorpha discolor*（Warren）
紫线尺蛾 *Timandra synthaca*（Prout）
烤焦尺蛾 *Zythos avellanea*（Prout）

舟蛾科 Notodontidae

半明奇尺蛾 *Allata laticostalis*（Hampson）
妙反掌舟蛾 *Antiphalera exquisitor* Schintlmeister
杨二尾舟蛾 *Cerura menciana* Moore
著蕊尾舟蛾 *Dudusa nobilis* Walker
卡齿舟蛾 *Epodonta colorata* Kobayashi, Kishida & Wang
锯齿星舟蛾 *Euhampsonia serratifera* Sugi
大涟纷舟蛾 *Fentonia macroparabolica* Nakamura
涟纷舟蛾 *Fentonia parabolica*（Matsumura）
笼异齿舟蛾 *Hexafrenum longinae* Schintlmeister
斑异齿舟蛾 *Hexafrenum maculifer* Matsumura
东润舟蛾 *Liparopsis formosana* Wileman
安新林舟蛾 *Neodrymonia anna* Schintlmeister
拳新林舟蛾 *Neodrymonia rufa*（Yang）
白葩舟蛾 *Paracerura tattakana*（Matsumura）
皮舟蛾 *Pydna testacea* Walker
竹姬舟蛾 *Saliocleta retrofusca*（de Joannis）
赛点舟蛾 *Stigmatophorina sericea*（Rothschild）
亚红胯舟蛾 *Syntypistis subgeneris*（Strand）
兴胯舟蛾 *Syntypistis synechochlora*（Kiriakoff）
窦舟蛾 *Zaranga pannosa* Moore

毒蛾科 Lymantriidae

安白毒蛾 *Arctornis anserella*（Collenette）
茶白毒蛾 *Arctornis alba* Bremer
齿白毒蛾 *Arctornis dentata*（Chao）
白毒蛾 *Arctornis l-nigrum*（Muller）
点丽毒蛾 *Calliteara angulata*（Hampson）
线丽毒蛾 *Calliteara grotei*（Moore）
雀丽毒蛾 *Calliteara melli*（Collenette）
刻丽毒蛾 *Calliteara taiwana*（Wileman）
乌桕黄毒蛾 *Euproctis bipunctapes*（Hampson）
双弓黄毒蛾 *Euproctis diploxutha* Collenette
茶黄毒蛾 *Euproctis pseudoconspersa* Strand
白斜带毒蛾 *Numenes albofascia*（Leech）
戟盗毒蛾 *Porthesia kurosawai* Inoue

豆盗毒蛾 *Porthesia piperita*（Oberthür）

灯蛾科 Arctiidae

大丽灯蛾 *Aglaomorpha histrio*（Walker）

八点灰灯蛾 *Creatonotos transiens*（Walker）

阿望灯蛾 *Lemyra alikangensis*（Strand）

粉蝶灯蛾 *Nyctemera plagifera* Walker

点浑黄灯蛾 *Rhyparioides metelkana*（Lederer）

显脉污灯蛾 *Spilarctia bisecta*（Leech）

泥污灯蛾 *Spilarctia nydia* Butler

露污灯蛾 *Spilarctia rubida*（Leech）

人纹污灯蛾 *Spilarctia subcarnea*（Walker）

拟灯蛾科 Hypsidae

楔斑拟灯蛾 *Asota paliura* Swinhoe

苔蛾科 Lithosiidae

艳苔蛾 1 *Asura* sp. 1

艳苔蛾 2 *Asura* sp. 2

栲苔蛾 *Caulocera crassicornis* Walker

黄雪苔蛾 *Cyana dohertyi*（Elwes）

优雪苔蛾 *Cyana hamata*（Walker）

雪苔蛾 1 *Cyana* sp. 1

雪苔蛾 2 *Cyana* sp. 2

雪苔蛾 3 *Cyana* sp. 3

雪苔蛾 4 *Cyana* sp. 4

耳土苔蛾 *Eilema auriflua*（Moore）

额黑土苔蛾 *Eilema conformis*（Walker）

湘土苔蛾 *Eliema hunanica*（Daniel）

土苔蛾 1 *Eilema* sp. 1

土苔蛾 2 *Eliema* sp. 2

土苔蛾 3 *Eliema* sp. 3

土苔蛾 4 *Eilema* sp. 4

灰良苔蛾 *Eugoa grisea* Butler

良苔蛾 1 *Eugoa* sp. 1

良苔蛾 2 *Eugoa* sp. 2

良苔蛾 3 *Eugoa* sp. 3

曲苔蛾 *Gampola fasciata* Moore

四点苔蛾 *Lithasia quadra*（Linnaeus）

松美苔蛾 *Militochrista defecta*（Walker）

齿美苔蛾 *Miltochrista dentifascia* Hampson

东方美苔蛾 *Militochrista orientalis* Daniel

砾美苔蛾 *Miltochrista pulchra* Butler

弯美苔蛾 *Militochrista sinuata* Fang

优美苔蛾 *Miltochrista striata*（Bremer et Grey）

之美苔蛾 *Miltochrista ziczac*（Walker）

美苔蛾 1 *Militochrista* sp. 1

美苔蛾 2 *Militochrista* sp. 2

美苔蛾 3 *Militochrista* sp. 3

四线苔蛾 *Mithuna quadriplaga* Moore

乌闪苔蛾 *Paraona staudingeri* Alpheraky

普苔蛾 1 *Prabhasa* sp. 1

圆斑苏苔蛾 *Thysanoptyx signata*（Walker）

长斑苏苔蛾 *Thysanoptyx tetragona*（Walker）

鹿蛾科 Ctenuchidae

广鹿蛾 *Amata emma*（Butler）

牧鹿蛾 *Amata pascus*（Leech）

清新鹿蛾湖南亚种 *Caeneressa diaphana hunanensis* Obraztsov

夜蛾科 Noctuidae

枯叶夜蛾 *Adris tyrannus* Guenée

桥夜蛾 *Anomis mesogona*（Walker）

修殿尾夜蛾 *Anuga supraconstricta* Yoshimoto

银纹夜蛾 *Argyrogramma agnata* Staudinger

甘蓝夜蛾 *Barathra brassicae*（Linnaeus）

白脉拟胸须夜蛾 *Bertula albovenata*（Leech）

异拟胸须夜蛾 *Bertula hisbonalis*（Walker）

黑缘伯夜蛾 *Borsippa marginata* Moore

畸夜蛾 *Borsippa quadrilineata* Walker

疖壶夜蛾 *Calyptra minuticornis*（Guenee）

银辉夜蛾 *Chrysodeixis chalcytes* Esper

南方辉夜蛾 *Chrysodeixis eriosoma*（Doubleday）

台湾银辉夜蛾 *Chrysodeixis taiwani* Dufay

曲带双纳夜蛾 *Dinumma deponens* Walker

麻翅夜蛾 *Dypterygia multistriata* Warren

白肾夜蛾 *Edessena gentiusalis* Walker

旋夜蛾 *Eligma narcissus*（Cramer）

目夜蛾 *Erebus crepuscularis*（Linnaeus）

艳叶夜蛾 *Eudocima salaminia*（Cramer）

枯艳叶夜蛾 *Eudocima tyranus*（Guenée）

甸夜蛾 *Eurogramma obliquilineata*（Leech）

斑肾朋闪夜蛾 *Hypersypnoides submarginata*（Walker）

柿梢鹰夜蛾 *Hypocala moorei* Butler

橘肖毛翅夜蛾 *Lagoptera dotata* Fabricius

黏虫 *Leucania separata* Walker

毛胫夜蛾 *Mocis undata*（Fabricius）

波秘夜蛾 *Mythimna sinuosa*（Moore）

磐眉夜蛾 *Pangrapta pannosa*（Moore）

赘巾夜蛾 *Parallelia gravata* Guenée

霉巾夜蛾 *Parallelia maturata* Walker

清波尾夜蛾 *Phalga clarirena*（Sugi）

斜纹夜蛾 *Prodenia litura*（Fabricius）

刻贫夜蛾 *Simplicia xanthoma* Prout

旋目夜蛾 *Speirama retorta*（Linnaeus）
黄踏夜蛾 *Tambana subflava*（Wileman）
肖毛翅夜蛾 *Thyas juno*（Dalmon）
掌夜蛾 *Tiracola plagiata*（Fabricius）
秦路夜蛾 *Xenotrachea tsinlinga* Draudt

虎蛾科 Agaristidae

白云修虎蛾 *Seudyra subalba* Leech
修虎蛾 *Seudyra* sp.

枯叶蛾科 Lasiocampidae

栎枯叶蛾 *Bhima eximia*（Oberthür）
马尾松毛虫 *Dendrolimus punctatus*（Walker）
思茅松毛虫 *Dendrolimus kikuchii* Matsumura
橘褐枯叶蛾 *Gastropacha pardala sinensis* Tams
油茶枯叶蛾 *Lebeda nobilis* Walker
苹毛虫 *Odonestis pruni* Linnaeus
东北栎枯叶蛾 *Paralebeda femorata*（Ménétriès）

带蛾科 Eupterotidae

宽条带蛾 *Palirisa* sp.
丝光带蛾 *Pseudojana incandesceus* Walker

蚕蛾科 Bombycidae

黄斑茶蚕蛾 *Andraca flavamaculata* Yang
赫帕钩蚕蛾 *Mustilia hepatica* Moore
齿蚕蛾 *Obertheria formosibia* Matsumura

大蚕蛾科 Saturnidae

长尾大蚕蛾 *Actias dubernardi* Oberthur
华尾大蚕蛾 *Actias sinensis* Walker
绿尾大蚕蛾 *Actias selene ningpoana* Felder
钩翅柞大蚕蛾 *Antheraea assamensis* Helfer
樟蚕 *Eriogyna pyretorum*（Westwood）
藤豹大蚕蛾 *Loepa anther* Jordan
黄豹大蚕蛾 *Leopa katinka* Westwood
豹大蚕蛾 *Leopa oberthueri* Leech
樗蚕 *Philosamia cynthia* Walker et Felder
王樗大蚕蛾 *Samia wangi* Naumann & Peigler

箩纹蛾科 Brahmaeidae

青球箩纹蛾 *Brahmaea hearseyi*（White）

天蛾科 Sphingidae

芝麻鬼脸天蛾 *Acherontia styx* Wetwood
缺角天蛾 *Acosmeryx castanea* Rothschild et Jordan
拟缺角天蛾 *Acosmeryx naga* Moore
葡萄天蛾 *Ampelophaga rubiginosa* Bremer et Grey
枫天蛾 *Cypoides chinensis*（Rothschild & Jordan）
豆天蛾 *Clanis bilineata tsingtauica* Mell
大星天蛾 *Dolbina inexacta*（Walker）
鸟嘴斜带天蛾 *Eupanacra mydon*（Walker）

甘薯天蛾 *Herse convolvuli*（Linnaeus）
长喙天蛾 *Macroglossum corythus luteata*（Butler）
湖南长喙天蛾 *Macroglossum hunanensis* Chu et Wang
栗六点天蛾 *Marumba cristata* Butler
大背天蛾 *Meganoton analis scribae*（Austaut）
栎鹰翅天蛾 *Oxyambulyx liturata*（Butler）
月天蛾 *Parum porphyria*（Butler）
丁香天蛾 *Psilogramma increta*（Walker）
霜天蛾 *Psilogramma menephron*（Cramer）
喀白肩天蛾 *Rhagastis castor*（Walker）
青白肩天蛾 *Rhagastis olivaea*（Moore）
霉斑天蛾 *Smerinthulus perverse*（Rothschild）
斜纹天蛾 *Theretra clotho clotho* Drury
芋双线天蛾 *Theretra oldenlandiae*（Fabricius）
青背斜纹天蛾 *Theretra nessus*（Drury）

凤蝶科 Papilionidae

长尾麝凤蝶 *Byasa impediens*（Rothschschild）
统帅青凤蝶 *Graphium agamemnon*（Linnaeus）
碎斑青凤蝶 *Graphium chironides*（Honrath）
宽带青凤蝶 *Graphium cloanthus*（Westwood）
木兰青凤蝶 *Graphium doson*（Felder et Felder）
青凤蝶 *Graphium sarpedon*（Linnaeus）
碧凤蝶 *Papilio bianor* Cramer
玉斑凤蝶 *Papilio helenus* Linnaeus
美凤蝶 *Papilio memnon* Linnaeus
金凤蝶 *Papilio machaon* Linnaeus
巴黎翠凤蝶 *Papilio paris* Linnaeus
玉带凤蝶 *Papilio polytes* Linnaeus
蓝凤蝶 *Papilio protenor* Cramer
柑橘凤蝶 *Papilio xuthus* Linnaeus
升天剑凤蝶 *Pazala euroa*（Leech）
金裳凤蝶 *Troides aeacus*（Felder et Felder）

粉蝶科 Pieridae

橙色豆粉蝶 *Colias fieldii chinensis* Verity
梨花迁粉蝶 *Catopsilia pyranthe*（Linnaeus）
艳妇斑粉蝶 *Delias belladonna*（Fabricius）
橙翅方粉蝶 *Dercas nina* Mell
宽边黄粉蝶 *Eurema hecabe*（Linnaeus）
北黄粉蝶 *Eurema mandarina* de l'Orza
钩粉蝶 *Gonepteryx rhamni*（Linnaeus）
东方菜粉蝶 *Pieris canidia*（Sparrman）
菜粉蝶 *Pieris rapae*（Linnaeus）

斑蝶科 Danaidae

金斑蝶 *Danaus chrysippus*（Linnaeus）
虎斑蝶 *Danaus genutia*（Cramer）

蓝点紫斑蝶 *Euploea midamus*（Linnaeus）
大透翅斑蝶 *Parantica sita*（Kollar）

环蝶科 Amathusiidae

凤眼方环蝶 *Discophora sondaica* Boisduval
箭环蝶 *Stichophthalma howqua*（Westwood）

眼蝶科 Satyridae

深山黛眼蝶 *Lethe insana* Kollar
暮眼蝶 *Melanitis leda*（Linnaeus）
平顶眉眼蝶 *Mycalesis panthaka* Fruhstorfer
裴斯眉眼蝶 *Mycalesis perseus*（Fabricius）
小眉眼蝶 *Mycalesis mineus*（Linnaeus）
僧袈眉眼蝶 *Mycalesis sangaica* Butler
蒙链荫眼蝶 *Neope muirheadi*（Felder）
古眼蝶 *Palaeonympha opalina* Butler
白斑眼蝶 *Penthema adelma*（Felder）
矍眼蝶 *Ypthima balda*（Fabricius）
东亚矍眼蝶 *Ypthima motschulskyi*（Bremer et Grey）

蛱蝶科 Nymphalidae

曲纹蜘蛛蝶 *Araschnia doris* Leech
绿豹蛱蝶 *Argynnis paphia*（Linnaeus）
斐豹蛱蝶 *Argyreus hyperbius*（Linnaeus）
新月带蛱蝶 *Athyma selenophora*（Kollar）
珠履带蛱蝶 *Athyma asura* Moore
幸福带蛱蝶 *Athyma fortuna* Leech
玉杵带蛱蝶 *Athyma jina* Moore
红锯蛱蝶 *Cethosia biblis*（Drury）
银豹蛱蝶 *Childrena childreni*（Gray）
网丝蛱蝶 *Cyrestis thyodamas* Boisduval
武铠蛱蝶 *Chitoria ulupi*（Doherty）
翠蛱蝶 *Euthalia* sp.
黑脉蛱蝶 *Hestina assimilis*（Linnaeus）
幻紫斑蛱蝶 *Hypolimnas bolina*（Linnaeus）
美眼蛱蝶 *Junonia almana*（Linnaeus）
翠蓝眼蛱蝶 *Junonia orithya*（Linnaeus）
琉璃蛱蝶 *Kaniska canace*（Linnaeus）
残锷线蛱蝶 *Limenitis sulpitia*（Cramer）
中环蛱蝶 *Neptis hylas*（Linnaeus）
弥环蛱蝶 *Neptis miah* Moore
啡环蛱蝶 *Neptis philyra* Ménétriès
断环蛱蝶 *Neptis sankara*（Kollar）
小环蛱蝶过渡亚种 *Neptis sappho intermedia* Pryer
二尾蛱蝶 *Polyura narcaea*（Hewitson）
素饰蛱蝶 *Stibochiona nicea*（Gray）
黄豹盛蛱蝶 *Symbrenthia brabira* Moore
散纹盛蛱蝶 *Symbrenthia lilaea*（Hewitson）

猫蛱蝶 *Timelaea maculata*（Bremer et Grey）

珍蝶科 Acraeidae

苎麻珍蝶 *Acraea issoria* Hübner

喙蝶科 Libytheidae

朴喙蝶大陆亚种 *Libythea celtis chinensis* Fruhstorfer

蚬蝶科 Riodinidae

蛇目褐蚬蝶 *Abisara echerius*（Stoll）
带蚬碟 *Abisara fylloides*（Moore）
波蚬蝶 *Zemeros flegyas*（Cramer）

灰蝶科 Lycaenidae

琉璃灰蝶 *Celastrina argiola*（Linnaeus）
尖翅银灰蝶 *Curetis acuta* Moore
曲纹紫灰蝶 *Chilades pandava*（Horsfield）
浓紫彩灰蝶 *Heliophorus ila*（de Nicéville）
莎菲彩灰蝶 *Heliophorus saphir* Blanchard
雅灰蝶 *Jamides bochus* Cramer
亮灰蝶 *Lampides boeticus*（Linnaeus）
黑丸灰蝶 *Pithecops corvus* Fruhstorfer
酢浆灰蝶 *Pseudozizeeria maha*（Kollar）
冷灰蝶 *Ravenna nivea*（Nire）
生灰蝶 *Sinthusa chandrana*（Moore）
豆粒银线灰蝶 *Spindasis syama*（Horsfield）
蚜灰蝶 *Taraka hamada*（Druce）
点玄灰蝶 *Tongeia filicaudis*（Pryer）
波太玄灰蝶 *Tongeia potanini*（Alphéraky）
珍贵妩灰蝶 *Udara dilecta*（Moore）

弄蝶科 Hesperiidae

白弄蝶 *Abraximorpha davidii*（Mabille）
黑锷弄蝶 *Aeromachus piceus* Leech
钩形黄斑弄蝶 *Ampittia virgata* Leech
腌翅弄蝶中华亚种 *Astictopterus jama chinensis*（Leech）
绿弄蝶 *Choaspes benjaminii*（Guérin-Méneville）
梳翅弄蝶 *Ctenoptilum vasava*（Moore）
斑星弄蝶 *Celaenorrhinus maculosus* C. & R. Felder
黑弄蝶台湾亚种 *Daimio tethys moorei*（Mabille）
曲纹稻弄蝶 *Parnara ganga* Evans
直纹稻弄蝶 *Parnara guttata*（Bemer et Grey）
中华谷弄蝶 *Pelopidas sinensis*（Mabille）
盒纹孔弄蝶 *Polytremis theca*（Evans）
曲纹黄室弄蝶 *Potanthus flavus*（Murray）
黑豹弄蝶 *Thymelicus sylvaticus*（Bremer）

双翅目 DIPTERA

蚊科 Culicidae

白纹伊蚊 *Aedes albopictus*（Skuse）

棘刺伊蚊 *Aedes elsiae*（Barraud）
乳点伊蚊 *Aedes macfarlanei* Edwards
刺扰伊蚊 *Aedes vaxans* Meigen
嗜人按蚊 *Anopheles anthropophagus* Xu et Feng
中华按蚊 *Anopheles sinensis* Wiedemann
骚扰阿蚊 *Armigeres subalbatus*（Coquillett）
褐尾库蚊 *Culex fuscanus* Wiedemann
致倦库蚊 *Culex pipiens quinquefasciatus* Say

水虻科 Stratiomyiidae
金黄突指水虻 *Pteoticus aurifer*（Walker）
黑色突指水虻 *Pteoticus tenorfer*（Walker）
丽瘦腹水虻 *Sargus metallinus* Fabricius

虻科 Tabanidae
中华斑虻 *Chrysops sinensis* Walker
华广虻 *Tabanus amaenus* Walker
江苏虻 *Tabanus kiangsuensis* Krober
广西虻 *Tabanus kwangsiensis* Liu et Wang

蜂虻科 Bombyliidae
安蜂虻 *Anthrax distigma* Wiedemann
姬蜂虻 1 *Systropus* sp. 1
姬蜂虻 2 *Systropus* sp. 2

食虫虻科 Asilidae
中华单羽食虫虻 *Cophinopoda chinensis*（Fabricius）
微芒食虫虻 *Microstylum dux*（Wiedemann）
大微芒食虫虻 *Microstylum* sp.
羽角食虫虻 *Ommatius* sp.
白毛叉径食虫虻 *Promachus albopiosus* Macquart

长足虻科 Dolichopodidae
普通金长足虻 *Chrysosoma globiferum*（Wiedemann）
寡毛长足虻 *Hercostomus* sp.

实蝇科 Tephritidae
瓜实蝇 *Bactrocera cuburbitae*（Coquillett）
橘小实蝇 *Bactrocera dorsalis*（Hendel）
寡鬃实蝇 *Bactrocera scutellatus*（Hendel）
斑翅花印实蝇 *Phaeospilodes poeciloptera*（Kertesz）

果蝇科 Drosophilidae
黑腹果蝇 *Drosophila melanogaster* Meigen

食蚜蝇科 Syrphidae
黄腹狭口蚜蝇 *Asarkina porcina*（Coquille）
斑翅蚜蝇 *Dideopsis aegrota*（Fabricius）
黑带食蚜蝇 *Episyrphus balteatus*（De Geer）
棕腿斑眼蚜蝇 *Eristalis arvorum*（Fabricius）
灰带管食蚜蝇 *Eristalis cerealis* Fabricius
长尾管蚜蝇 *Eristalis tenax*（Linnaeus）
东方墨蚜蝇 *Melanostoma orientale*（Wiedemann）

印度细腹蚜蝇 *Sphaerophoria indiana*（Bigot）
细腹蚜蝇 *Sphaerophoria* sp.

花蝇科 Anthomyiidae
横带花蝇 *Anthomyia illocata* Walker

厕蝇科 Fanniidae
胸刺厕蝇 *Fannis fuscula*（Fallen）
白纹厕蝇 *Fannia leucosticta*（Meigen）
瘤胫厕蝇 *Fannia scalaris* Fabricius

蝇科 Muscidae
铜腹重毫蝇 *Dichaetomyia bibax*（Wiedemann）
半透优毛蝇 *Eudasyphora townsend* Macquart
天目斑纹蝇 *Graphomya maculate tienmushanensis* Ôuchi
腓胫纹蝇 *Graphomya rufitibia* Stein
东方溜蝇 *Lispe orientalis* Wiedemann
天目溜蝇 *Lispe quaerens* Villeneuve
家蝇 *Musca domestica* Linnaeus
市蝇 *Musca sorbens* Wiedemann
厩腐蝇 *Muscina stabulans* Fallen
紫翠蝇 *Neomyia gavisa* Walker
蓝翠蝇 *Neomyia timorensis*（Robineau-Desvoidy）
斑趾黑蝇 *Ophyra chalcogaster* Wiedemann
厩螫蝇 *Stomoxys calcitrans*（Linnaeus）
南螫蝇 *Stomoxys sitiens* Rondani

丽蝇科 Calliphoridae
绯颜裸金蝇 *Achaetandrus rufifacies*（Meigen）
巨尾阿丽蝇 *Aldrichina grahami*（Aldrich）
盗孟蝇 *Bengalia ladro* de Meijere
变色孟蝇 *Bengalia varicolor* Fabricius
反吐丽蝇 *Calliphora vomitoria*（Linnaeus）
大头金蝇 *Chrysomyia megacephala* Fabricius
肥躯金蝇 *Chrysomyia pinguis*（Walker）
瘦叶带绿蝇 *Hemipyrellia ligurriens*（Wiedemann）
南岭绿蝇 *Lucilia bazini* Séguy
铜绿蝇 *Lucilia cuprina*（Wiedemann）
巴浦绿蝇 *Lucilia papuensis* Macqart
紫绿蝇 *Lucilia porphyrina*（Waker）
丝光绿蝇 *Lucilia sericata*（Meigen）
不显口鼻蝇 *Stomorhina obsoleta* Wiedemann

麻蝇科 Sarcophagidae
松毛虫缅麻蝇 *Burmanomyia beesoni*（Senior-White）
棕尾别麻蝇 *Boettcherisca peregrina* Bobineau-Desvoidy
黑尾黑麻蝇 *Helicophagella melanura*（Meigen）
舞毒蛾克麻蝇 *Kramerea schuetzei*（Kramer）
鸡尾细麻蝇 *Myorhina caudagalli*（Boettcher）

白头亚麻蝇 *Parasarcophaga albiceps*（Meigen）
酱亚麻蝇 *Parasarcophaga dux*（Thomson）
义乌亚麻蝇 *Parasarcophaga iwuensis*（Ho）
黄须亚麻蝇 *Parasarcophaga misera*（Walker）
野亚麻蝇 *Parasarcophaga similis*（Meade）
鸡尾细麻蝇 *Pierretia caudagalli* Boettcher
拟东方辛麻蝇 *Seniorwhitea princeps*（Wiedemann）

寄蝇科 Tachinidae

蚕饰腹寄蝇 *Blepharipa zebina*（Walker）
松毛虫狭颊寄蝇 *Carcelia rasella* Baranov
家蚕追寄蝇 *Exorista sorbillans* Wiedemann
日本异丛毛寄蝇 *Isosturmia japonica*（Mesnil）
埃及等鬃寄蝇 *Peribaea aegyptia* Villeneuve
稻苞虫赛寄蝇 *Pseudoperichaeta nigrolineata* Walker

膜翅目 HYMENOPTERA

姬蜂科 Ichneumonidae

舞毒蛾黑瘤姬蜂 *Coccygomimus disparis*（Viereck）
天蛾黑瘤姬蜂 *Coccygomimus laothoe*（Cameron）
线细颚姬蜂 *Enicospilus lineolatus*（Roman）
细颚姬蜂 *Enicospilus* sp.
松毛虫埃姬蜂 *Itoplectis alternans spectabilis* Matsumura
樗蚕黑点瘤姬蜂 *Xanthopimpla konowi* Krieger
松毛虫黑点瘤姬蜂 *Xanthopimpla pedator*（Fabricius）
广黑瘤点姬蜂 *Xanthopimpla punctata* Fabricius
螟黑点瘤姬蜂 *Xanthopimpla stemmator*（Thunberg）

茧蜂科 Braconidae

油桐尺蠖脊茧蜂 *Aleiodes buzurae* He et Chen
松毛虫脊茧蜂 *Aleiodes dendrolimi*（Matsumura）
三化螟稻田茧蜂 *Exoryza schoenobii*（Wilkinson）

小蜂科 Chalcididae

粉蝶大腿小蜂 *Brachymeria femorata*（Panzer）
广大腿小蜂 *Brachymeria lasus* Walker
大腿小蜂 *Brachymeria* sp.

土蜂科 Scoliidae

白毛长腹土蜂 *Campsomeris annulata*（Fabricius）
金毛长腹土蜂 *Campsomeris prismatica*（Smith）
钩土蜂 *Tiphia* sp.

胡蜂科 Vespidae

印度侧异胡蜂 *Parapolybia indica indica*（Saussure）
变侧异胡蜂 *Parapolybia varia varia*（Fabricius）
台湾马蜂 *Polistes formosanus* Sonan
柑马蜂 *Polistes mandarinus* Saussure
点马蜂 *Polistes stigma*（Fabricius）

带铃腹胡蜂 *Ropalidia fasciata*（Fabricius）
黄腰胡蜂 *Vespa affinis affinis*（Linnaeus）
褐胡蜂 *Vespa binghami binghami* Busson
黑盾胡蜂 *Vespa bicolor* Fabricius
金环胡蜂 *Vespa manderinia manderina* Smith
黑尾胡蜂 *Vespa tropica ducalis* Smith
墨胸胡蜂 *Vespa velutina nigrithorax* Buysson

蜾蠃科 Eumenidae

中华异喙蜾蠃 *Allorhynchium chinensis*（Saussure）
黄缘喙蜾蠃 *Anterhynchium flavomarginatum flavomarginatum*（Smith）
华丽蜾蠃 *Delta campaniforme gracile*（Saussure）
方蜾蠃 *Eumenes quadratus* Smith
丽狭腹胡蜂 *Eustenogaster nigra* Saito et Nguyen
弓费蜾蠃 *Phi flavopunctatum continentale*（Zimmeramann）
变侧异腹胡蜂 *Parapolybia varia varia*（Fabricius）
黄喙蜾蠃 *Rhynchium quinquecinctum*（Fabricius）

蜜蜂科 Apidae

绿条无垫蜂 *Amegilla zonata*（Linnaeus）
中华蜜蜂 *Apis cerana* Fabricius
意大利蜂 *Apis mellifera* Linnaeus
盾斑蜂 *Crocisa* sp.
回条蜂 *Habropoda* sp.
淡脉隧蜂 *Lasioglossum* sp.
切叶蜂 *Negachile* sp.
蓝彩带蜂 *Nomia chalybeata* Smith
彩带蜂 *Nomia* sp.
齿彩带蜂 *Nomia punctulata* Westwood
黄胸木蜂 *Xylocopa appendiculata* Smith
竹木蜂 *Xylocopa nasalis* Westwood
中华木蜂 *Xylocopa sinensis* Smith

蚁科 Formicidae

日本弓背蚁 *Camponotus japonicus* Mayr
东京弓背蚁 *Camponotus tokioensis* Ito
游举腹蚁 *Crematogaster vagula* Wheeler
日本褐蚁 *Formica japonica* Motschulsky
扁平虹臭蚁 *Iridomyrmex anceps*（Roger）
黑毛蚁 *Lasius niger*（Linnaeus）
中华小家蚁 *Monomorium chinense* Santschi
小家蚁 *Monomorium pharaonis*（Linnaeus）
光亮大齿猛蚁 *Odontomachus fulgidus* Wang
大齿猛蚁 *Odontomachus haematodus*（Linnaeus）
黄猄蚁 *Oecophylla smaragdina*（Fabricius）
敏捷厚结蚁 *Pachycondyla astuta* Smith

黄立毛蚁 *Paratrechina flavipes*（Smith）
长角立毛蚁 *Paratrechina longicornis*（Latreille）
中华大头蚁 *Pheidole sinica*（Wu et Wang）
大头蚁 *Pheidole* sp.
吉氏酸臭蚁 *Tapinoma geei* Wheeler
铺道蚁 *Tetramorium caespitum*（Linnaeus）

螯肢亚门 Chelicerata
蛛形纲 Arachnida

转蛛科 Trochanteriidae

扁蛛 *Plator* sp.

图版 I 湖南桃源洞国家级自然保护区 主要植被和植物群落

图 I-1a 南方铁杉 *Tsuga chinensis* 群落（梨树洲）

图 I-1b 南方铁杉 *Tsuga chinensis* 群落（梨树洲）

图 I -2a　穗花杉 *Amentotaxus argotaenia* 群落（九曲水）

图 I -2b　穗花杉 *Amentotaxus argotaenia* 群落（九曲水）

图 I -3a 资源冷杉 *Abies beshanzuensis* var. *ziyuanensis* ＋毛竹 *Phyllostachys edulis* 群落（大院，和平坳）

图 I -3b 资源冷杉 *Abies beshanzuensis* var. *ziyuanensis* ＋毛竹 *Phyllostachys edulis* 群落（鸡麻杰）

图 I -4a　台湾松 *Pinus taiwanensis* 群落（大坝里顶）

图 I -4b　台湾松 *Pinus taiwanensis* 群落（大坝里顶）

图 I -5a　金缕梅 *Hamamelis mollis* 群落（九曲水半山腰）

图 I -5b　金缕梅 *Hamamelis mollis* 群落（九曲水半山腰）

图 I-6　大果马蹄荷 *Exbucklandia tonkinensis* 群落（九曲水沟谷）

图 I-7　甜槠 *Castanopsis eyrei* 群落（大院至田心里）

图 I-8　瘿椒树 *Tapiscia sinensis* 群落（大院至田心里）

图Ⅰ-9　粗毛核果茶 *Pyrenaria hirta* 群落（九曲水沟谷）

图Ⅰ-10　耳叶杜鹃 *Rhododendron auriculatum* 群落（江西坳顶）

图 I -11 交让木 *Daphniphyllum macropodum* 群落（九曲水至荆竹山半山腰）

图 I -12 波叶红果树 *Stranvaesia davidiana* var. *undulata* 群落（梨树洲沟谷）

图 I -13　毛竹 *Phyllostachys edulis* 群落（桃源洞）

图 I -14　金发藓 *Polytrichum commune* 群落（中山草甸，江西坳顶）

图 I -15　五节芒 *Miscanthus floridulus* 群落（九曲水山麓）

图 I -16　云锦杜鹃 *Rhododendron fortunei* ＋中华绣球 *Hydrangea chinensis* 群落（神农峰）

图 I -17　井冈寒竹 *Gelidocalamus stellatus* 群落（神农峰）

图版 II 湖南桃源洞国家级自然保护区
维管植物多样性代表种

图 II-1 狭翅铁角蕨 *Asplenium wrightii*

图 II-2 笔直石松 *Lycopodium verticale*

图 II-3 峨眉凤丫蕨 *Coniogramme emeiensis*

图 II-4　满江红 *Azolla imbricata*

图 II-5　盾蕨 *Neolepisorus ovatus*

图 II-6　紫萁 *Osmunda japonica*

图 II-7　东方荚果蕨 *Pentarhizidium orientalis*

图 II-8　石韦 *Pyrrosia lingua*

图 II-9　阴地蕨 *Botrychium ternatum*

图 II -10a　资源冷杉 *Abies beshanzuensis* var. *ziyuanensis*　　图 II -10b　资源冷杉 *Abies beshanzuensis* var. *ziyuanensis*

图 II -11　三尖杉 *Cephalotaxus fortunei*

图Ⅱ-12a 福建柏 *Fokienia hodginsii*

图Ⅱ-12b 福建柏 *Fokienia hodginsii*

图Ⅱ-13a 南方铁杉 *Tsuga chinensis*

图Ⅱ-13b 南方铁杉 *Tsuga chinensis*

图Ⅱ-14a 穗花杉 *Amentotaxus argotaenia*

图Ⅱ-14b 穗花杉 *Amentotaxus argotaenia*

图Ⅱ-15a 银杉 *Cathaya argyrophylla*

图Ⅱ-15b 银杉 *Cathaya argyrophylla*

图 Ⅱ-16 南方红豆杉 *Taxus wallichiana* var. *mairei*

图 Ⅱ-17 银杏 *Ginkgo biloba*

图 Ⅱ-18 凹叶厚朴 *Magnolia officinalis* subsp. *biloba*

图 Ⅱ-19a 野含笑 *Michelia skinneriana*

图 Ⅱ-19b 野含笑 *Michelia skinneriana*

图Ⅱ-20 乐昌含笑 *Michelia chapensis*

图Ⅱ-21 乐东拟单性木兰 *Parakmeria lotungensis*

图Ⅱ-22a 杨梅叶蚊母树 *Distylium myricoides*

图Ⅱ-22b 杨梅叶蚊母树 *Distylium myricoides*

图Ⅱ-23 蕈树 *Altingia chinensis*

图Ⅱ-24 金缕梅 *Hamamelis mollis*

图Ⅱ-25 大果马蹄荷 *Exbucklandia tonkinensis*

图Ⅱ-26 檵木 *Loropetalum chinense*

图 II-27 日本杜英 *Elaeocarpus japonica*

图 II-28 猴欢喜 *Sloanea sinensis*

图 II-29 青榨槭 *Acer davidii*

图 II-30 罗浮槭 *Acer fabri*

图 II-31 东方古柯 *Erythroxylum sinense*

图 II-32 野柿 *Diospyros kaki* var. *silvestris*

图 II-33 甜槠 *Castanopsis eyrei*

图 II-34 乌冈栎 *Quercus phillyraeoides*

图Ⅱ-35 钩栲 *Castanopsis tibetana*

图Ⅱ-36 水青冈 *Fagus longipetiolata*

图Ⅱ-37 银钟花 *Halesia macgregorii*

图Ⅱ-38 陀螺果 *Melliodendron xylocarpum*

图Ⅱ-39 野茉莉 *Styrax japonicus*

图Ⅱ-40 赤杨叶 *Alniphyllum fortunei*

图Ⅱ-41 猴头杜鹃 *Rhododendron simiarum*

图Ⅱ-42 背绒杜鹃 *Rhododendron hypoblematosum*

图 II-43 鹿角杜鹃 *Rhododendron latoucheae*

图 II-44 美丽马醉木 *Pieris formosa*

图 II-45 马银花 *Rhododendron ovatum*

图 II-46 映山红 *Rhododendron simsii*

图 II-47 红楠 *Machilus thunbergii*

图 II-48 闽楠 *Phoebe bournei*

图 II-49 青皮木 *Schoepfia jasminodora*

图 II-50 杨梅 *Myrica rubra*

图Ⅱ-51　尖叶四照花 *Cornus elliptica*

图Ⅱ-52　瘿椒树 *Tapiscia sinensis*

图Ⅱ-53　柞木 *Xylosma congesta*

图Ⅱ-54　交让木 *Daphniphyllum macropodum*

图Ⅱ-55　吴茱萸 *Evodia rutaecarpa*

图Ⅱ-56　茵芋 *Skimmia reevesiana*

图Ⅱ-57　广西紫荆 *Cercis chuniana*

图Ⅱ-58　山豆根 *Euchresta japonica*

图 II-59 肉色土圞儿 *Apios carnea*

图 II-60 三白草 *Saururus chinensis*

图 II-61 枫杨 *Pterocarya stenoptera*

图 II-62 红果树 *Stranvaesia davidiana*

图 II-63 渐尖叶粉花绣线菊 *Spiraea japonica* var. *acuminata*

图 II-64 蜡莲绣球 *Hydrangea strigosa*

图Ⅱ-65 黄花倒水莲 Polygala fallax

图Ⅱ-66 曲江远志 Polygala koi

图Ⅱ-67 红紫珠 Callicarpa rubella

图Ⅱ-68 大青 Clerodendrum cyrtophyllum

图Ⅱ-69 宜昌荚蒾 Viburnum erosum

图Ⅱ-70 扶芳藤 Euonymus fortunei

图Ⅱ-71 大果卫矛 Euonymus myrianthus

图Ⅱ-72 鸦椿卫矛 Euonymus euscaphis

图 II -73　日本粗叶木 *Lasianthus japonicus*

图 II -74　柳叶虎刺 *Damnacanthus labordei*

图 II -75　中华蛇根草 *Ophiorrhiza chinensis*

图 II -76　矩叶鼠刺 *Itea oblonga*

图 II -77　五岭细辛 *Asarum wulingense*

图 II -78　尾花细辛 *Asarum caudigerum*

图 II -79　牯岭蛇葡萄 *Ampelopsis heterophylla* var. *kulingensis*

图 II -80　血水草 *Eomecon chionantha*

图Ⅱ-81　吊石苣苔 Lysionotus pauciflorus

图Ⅱ-82　山绿柴 Rhamnus brachypoda

图Ⅱ-83　毛药花 Bostrychanthera deflexa

图Ⅱ-84　绵毛金腰 Chrysosplenium lanuginosum

图Ⅱ-85　熊巴掌 Phyllagathis cavaleriei

图Ⅱ-86　肥肉草 Fordiophyton fordii

图 II-87 野菰 *Aeginetia indica*

图 II-88 黄水枝 *Tiarella polyphylla*

图 II-89 蕨叶人字果 *Dichocarpum dalzielii*

图 II-90 黄金凤 *Impatiens siculifer*

图 II-91 美丽秋海棠 *Begonia algaia*

图 II-92 膜蕨囊瓣芹 *Pternopetalum trichomanifolium*

图Ⅱ-93　浙赣车前紫草 *Sinojohnstonia chekiangensis*

图Ⅱ-94　圆苞山罗花 *Melampyrum laxum*

图Ⅱ-95　短萼黄连 *Coptis chinensis* var. *brevisepala*

图Ⅱ-96　短叶赤车 *Pellionia brevifolia*

图Ⅱ-97　钩距虾脊兰 *Calanthe graciliflora*

图Ⅱ-98　香港绶草 *Spiranthes hongkongensis*

图 II -99　独蒜兰 *Pleione bulbocodioides*

图 II -100　春剑 *Cymbidium goeringii* var. *longibracteatum*

图 II -101　金线兰 *Anoectochilus roxburghii*

图 II -102　泽泻虾脊兰 *Calanthe alismaefolia*

图 II -103　灯台莲 *Arisaema bockii*

图 II -104　华重楼 *Paris polyphylla* var. *chinensis*

图 II -105　野百合 *Lilium brownii*

图 II -106　阔叶山麦冬 *Liriope muscari*

图版Ⅲ 湖南桃源洞国家级自然保护区
苔藓植物多样性代表种

图Ⅲ-1 泥炭藓 *Sphagnum palustre*

图Ⅲ-2 刺边合叶苔 *Scapania ciliata*

图Ⅲ-3 金发藓 *Polytrichum commune*

图Ⅲ-4 双齿异萼苔 *Heteroscyphus coalitus*

图Ⅲ-5 塔叶苔 *Schiffneria hyalina*

图Ⅲ-6 扭尖瓢叶藓 *Symphysodontella tortifolia*

图Ⅲ-7 日本鞭苔 *Bazzania japonica*

图Ⅲ-8 三裂鞭苔 *Bazzania tridens*

图Ⅲ-9 绒苔 *Trichocolea tomentella*

图Ⅲ-10 粗裂地钱 *Marchantia paleacea*

图Ⅲ-11 角苔 *Anthoceros punctatus*

图Ⅲ-12 东亚大角苔 *Megaceros flagellaris*

图Ⅲ-13 白氏藓（白叶藓）*Brothera leana*

图Ⅲ-14 网孔凤尾藓 *Fissidens areolatus*

图Ⅲ-15 散生细带藓 *Trachycladiella sparsa*

图Ⅲ-16 东亚孔雀藓 *Hypopterygium japonicum*

图Ⅲ-17 鼠尾藓 *Myuroclada maximowiczii*

图Ⅲ-18 东亚小锦藓 *Brotherella fauriei*

图Ⅲ-19 平边厚角藓 *Gammiella panchienii*

图Ⅲ-20 南亚灰藓 *Hypnum oldhamii*

图版IV 湖南桃源洞国家级自然保护区
真菌多样性代表种

图IV-1 蜜环菌 *Armillaria mellea*

图IV-2 皱木耳 *Auricularia delicata*

图IV-3 牛排菌 *Fistulina hepatica*

图IV-4 红缘拟层孔菌 *Fomitopsis pinicola*

图IV-5 树舌灵芝 *Ganoderma applanatum*

图IV-6 有柄树舌 *Ganoderma gibbosum*

图Ⅳ-7　鲑贝耙齿菌 *Irpex consors*

图Ⅳ-8　双色蜡蘑 *Laccaria bicolor*

图Ⅳ-9　纤细乳菇 *Lactarius gracilis*

图Ⅳ-10　硫磺菌 *Laetiporus sulphureus*

图Ⅳ-11　香菇 *Lentinula edodes*

图Ⅳ-12　羊肚菌 *Morchella esculenta*

图Ⅳ-13　长根奥德蘑 *Oudemansiella radicata*

图Ⅳ-14　漏斗多孔菌 *Polyporus arcularius*

图Ⅳ-15 纺锤爪鬼笔 *Pseudocolus fusiformis*

图Ⅳ-16 朱红密孔菌 *Pycnoporus cinnabarinus*

图Ⅳ-17 裂褶菌 *Schizophyllum commune*

图Ⅳ-18 褐黄粘盖牛肝菌 *Suillus luteus*

图版 V 湖南桃源洞国家级自然保护区脊椎动物多样性代表种

图 V-1 弓斑肥螈 *Pachytriton archospotus*

图 V-2 崇安髭蟾 *Leptobrachium liui*

图 V-3 福建掌突蟾 *Leptobrachella liui*

图 V-4 珀普短腿蟾 *Brachytarsophrys popei*

图 V-5 井冈角蟾 *Megophrys jinggangensis*

图 V-6 林氏角蟾 *Megophrys lini*

图 V-7 陈氏角蟾 *Megophrys cheni*

图 V-8 中华蟾蜍 *Bufo gargarizans*

图 V-9 中国雨蛙 *Hyla chinensis*

图 V-10 长肢林蛙 *Rana longicrus*

图 V-11 黑斑侧褶蛙 *Pelophylax nigromaculatus*

图 V-12 弹琴蛙 *Nidirana adenopleura*

图 V-13 阔褶水蛙 *Hylarana latouchii*

图 V-14 花臭蛙 *Odorrana schmackeri*

图 V-15 宜章臭蛙 *Odorrana yizhangensis*

图 V-16 华南湍蛙 *Amolops ricketti*

图 V-17　大树蛙 *Rhacophorus dennysi*

图 V-18　饰纹姬蛙 *Microhyla fissipes*

图 V-19　寒露林蛙 *Rana hanluica*

图 V-20　泽陆蛙 *Fejervarya multistriata*

图 V-21　福建大头蛙 *Rana fujianensis*

图 V-22　棘腹蛙 *Quasipaa boulengeri*

图 V-23　股鳞蜓蜥 *Sphenomorphus incognitus*

图 V-24　北草蜥 *Takydromus septentrionalis*

图 V -25　井冈脊蛇 *Achalinus jinggangensis*

图 V -26　绞花林蛇 *Boiga kraepelini*

图 V -27　翠青蛇 *Cyclophiops major*

图 V -28　赤链蛇 *Lycodon rufozonatus*

图 V -29　颈棱蛇 *Macropisthodon rudis*

图 V -30　台湾钝头蛇 *Pareas formosensis*

图 V -31　山溪后棱蛇 *Opisthotropis latouchii*

图 V -32　福建竹叶青 *Trimeresurus stejnegeri*

图 V-33　尖吻蝮 *Deinagkistrodon acutus*

图 V-34　灰胸竹鸡 *Bambusicola thoracica*

图 V-35　雉鸡 *Phasianus colchicus*

图 V-36　黑冠鹃隼 *Aviceda leuphotes*

图 V-37　蛇雕 *Spilornis cheela*

图 V-38　白鹭 *Egretta garzetta*

图 V-39　红脚苦恶鸟 *Amaurornis akool*

图 V-40　斑姬啄木鸟 *Picumnus innominatus*

图 V-41 家燕 *Hirundo rustica*

图 V-42 金腰燕 *Hirundo daurica*

图 V-43 白鹡鸰 *Motacilla alba*

图 V-44 灰鹡鸰 *Motacilla cinerea*

图 V-45 橙腹叶鹎 *Chloropsis hardwickii*

图 V-46 领雀嘴鹎 *Spizixos semitorques*

图 V-47 棕背伯劳 *Lanius schach*

图 V-48 远东山雀 *Parus major*

图V-49 黄颊山雀 *Parus spilonotus*

图V-50 红头长尾山雀 *Aegithalos concinnus*

图V-51 红尾水鸲 *Rhyacornis fuliginosus*

图V-52 北红尾鸲 *Phoenicurus auroreus*

图V-53 紫啸鸫 *Myophonus caeruleus*

图V-54 褐胸鹟 *Muscicapa muttui*

图V-55 铜蓝鹟 *Eumyias thalassina*

图V-56 画眉 *Garrulax canorus*

图 V-57　红嘴相思鸟 *Leiothrix lutea*

图 V-58　红头穗鹛 *Stachyris ruficeps*

图 V-59　灰眶雀鹛 *Alcippe morrisonia*

图 V-60　棕头鸦雀 *Paradoxornis webbianus*

图 V-61　黑眉柳莺 *Phylloscopus ricketti*

图 V-62　冠纹柳莺 *Phylloscopus reguloides*

图 V-63　黄腰柳莺 *Phylloscopus proregulus*

图 V-64　黄眉柳莺 *Phylloscopus inornatus*

图 V-65　棕腹柳莺 *Phylloscopus subaffinis*

图 V-66　栗头鹟莺 *Seicercus castaniceps*

图 V-67　灰头麦鸡 *Vanellus cinereus*

图 V-68　棕脸鹟莺 *Abroscopus albogularis*

图 V-69　白腰文鸟 *Lonchura striata*

图 V-70　金翅雀 *Cardueli sinica*

图 V-71　燕雀 *Fringilla montifringilla*

图 V-72　小鹀 *Emberiza pusilla*

图 V-73　灰头鹀 *Emberiza spodocephala*

图 V-74　栗耳鹀 *Emberiza fucata*

图 V-75　藏酋猴 *Macaca thibetana*

图 V-76　鼬獾 *Melogale moschata*

图 V-77　果子狸 *Paguma larvata*

图 V-78　赤麂 *Muntiacus muntjak*

图 V-79　水鹿 *Rusa unicolo*

图 V-80　野猪 *Sus scrofa*

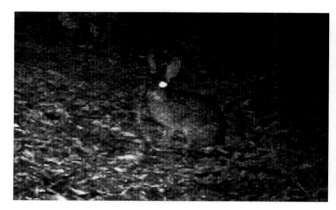

图 V-81　华南兔 *Lepus sinensis*　　　　　图 V-82　隐纹花松鼠 *Tamiops swinhoei*

图版VI 湖南桃源洞国家级自然保护区昆虫多样性代表种

图VI-1 红蜻 *Crocothemis servilia* ♀

图VI-2 晓褐蜻 *Trithemis aurora*

图VI-3 狭腹灰蜻 *Orthetrum sabium sabium*

图VI-4 白狭扇螅 *Copera annulata*

图VI-5 短额负蝗 *Atractomorpha sinensis*

图VI-6 山稻蝗 *Oxya agavisa*

图VI-7 山蹦蝗 *Sinopodisma lofaoshana*

图VI-8 疣蝗 *Trilophidia annulata*

图Ⅵ-9　短翅佛蝗 *Phlaeoba angustidorsis*

图Ⅵ-10　僧帽佛蝗 *Phlaeoba infumata*

图Ⅵ-11　肩波蚱 *Bolivaritettix humeralis*

图Ⅵ-12　虎甲蛉蟋 *Trigonidium cicindeloides*

图Ⅵ-13　东方蝼蛄 *Gryllotalpa orientalis*

图Ⅵ-14　震旦马蝉 *Platylomia pieli*

图Ⅵ-15　鸣蝉 *Oncotympana maculaticollis*

图Ⅵ-16　松寒蝉 *Meimuna opalifera*

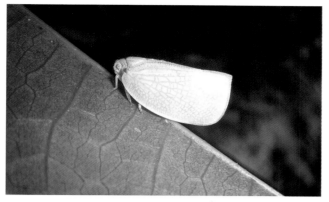

图Ⅵ-17　碧蛾蜡蝉 *Geisha distinctissima*

图Ⅵ-18　眼纹疏广蜡蝉 *Euricania ocellus*

图Ⅵ-19　紫胸丽沫蝉 *Cosmoscarta exultans*

图Ⅵ-20　斑带丽沫蝉 *Cosmoscarta bispecularis*

图Ⅵ-21　背斑隆沫蝉 *Cosmoscarta dorsimacula*

图Ⅵ-22　黑尾大叶蝉 *Tettigoniella ferruginea*

图Ⅵ-23　圆臀大鼋蝽 *Aquarius paludum*

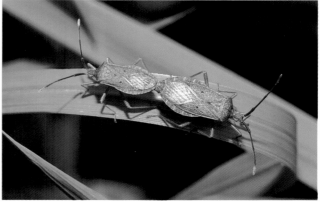

图Ⅵ-24　一点同缘蝽 *Homoeocerus unipunctatus*

图Ⅵ-25　中华稻缘蝽 *Leptocorisa chinensis*

图Ⅵ-26　九香虫 *Coriclius chinensis*

图Ⅵ-27　环斑猛猎蝽 *Sphedanolestes impressicollis*

图Ⅵ-28　大臭蝽 *Metonymia glandulosa*

图Ⅵ-29　绿岱蝽 *Dalpada smaragdina*

图Ⅵ-30　广屁步甲 *Pheropsophus occipitalis*

图Ⅵ-31　金斑虎甲 *Cicindela aurulenta*

图Ⅵ-32　星斑虎甲 *Cicindela kaleea*

图VI-33 丽叩甲 *Campsosternus auratus*

图VI-34 红头芫菁 *Epicauta ruficeps*

图VI-35 眼斑芫菁 *Mylabris cichorii*

图VI-36 大斑芫菁 *Mylabris phalerata*

图VI-37 龟纹瓢虫 *Propylea japonica*

图VI-38 黄斑盘瓢虫 *Lemnia saucia*

图VI-39 马铃薯瓢虫 *Henosepilachna vigintioctomaculata*

图VI-40 茄二十八星瓢虫 *Henosepilachna vigintioctopunctata*

图VI-41　狭臀瓢虫 *Coccinella transversalis*

图VI-42　白鳃金龟 *Cyphochilus insulanus*

图VI-43　隆胸平爪鳃金龟 *Ectinohoplia auriventris*

图VI-44　琉璃弧丽金龟 *Popillia atrocoerulea*

图VI-45　墨绿异丽金龟 *Anomala antiqua*

图VI-46　日铜罗花金龟 *Rhomborrhina japonica*

图VI-47　星天牛 *Anoplophora chinensis*

图VI-48　粒肩天牛 *Apriona germari*

图Ⅵ-49　榆并脊天牛 *Glenea relicta*

图Ⅵ-50　双斑长跗萤叶甲 *Monolepta hieroglyphica*

图Ⅵ-51　华叉趾铁甲 *Dactylispa chinensis*

图Ⅵ-52　绿尾大蚕蛾 *Actias selene ningpoana*

图Ⅵ-53　矍眼蝶 *Ypthima balda*

图Ⅵ-54　碧凤蝶 *Papilio bianor*

图版Ⅶ　湖南桃源洞国家级自然保护区功能区划图

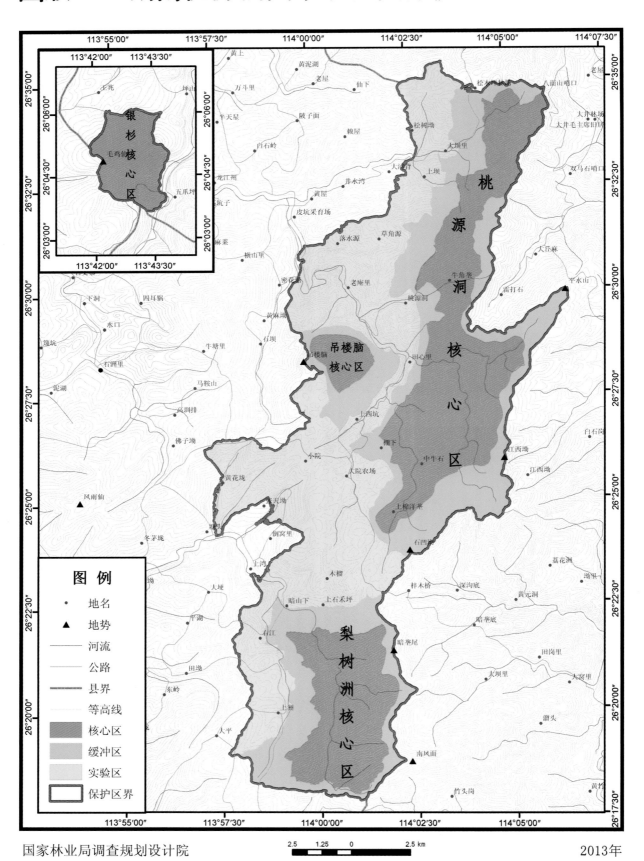

图版Ⅷ　湖南桃源洞国家级自然保护区卫星图

图版IX　湖南桃源洞国家级自然保护区南方红豆杉分布图

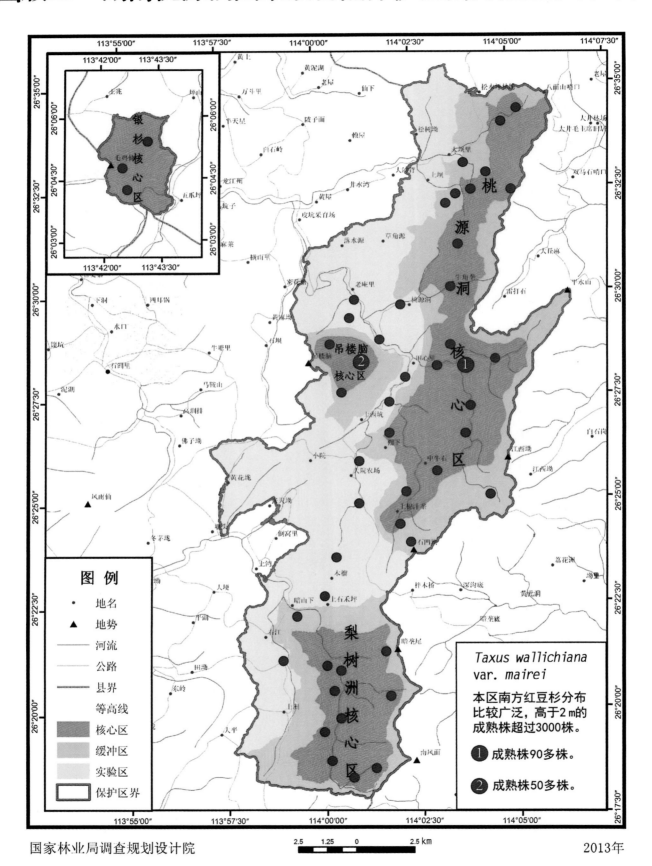

图版X 湖南桃源洞国家级自然保护区银杉分布图

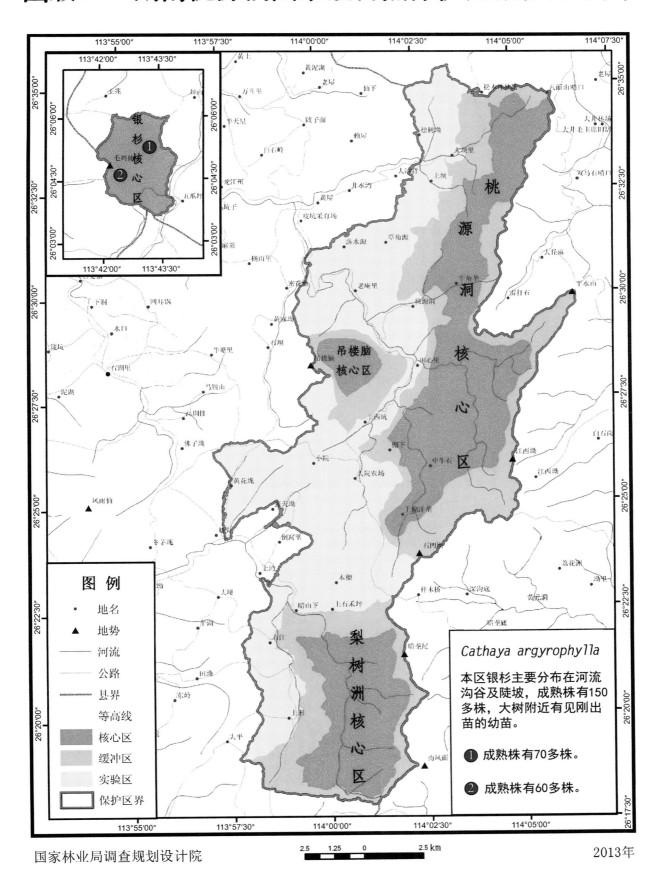

图 例

- · 地名
- ▲ 地势
- —— 河流
- —— 公路
- —— 县界
- 等高线
- 核心区
- 缓冲区
- 实验区
- □ 保护区界

Cathaya argyrophylla

本区银杉主要分布在河流沟谷及陡坡，成熟株有150多株，大树附近有见刚出苗的幼苗。

❶ 成熟株有70多株。

❷ 成熟株有60多株。

国家林业局调查规划设计院   2.5   1.25   0   2.5 km   2013年

图版XI 湖南桃源洞国家级自然保护区资源冷杉分布图

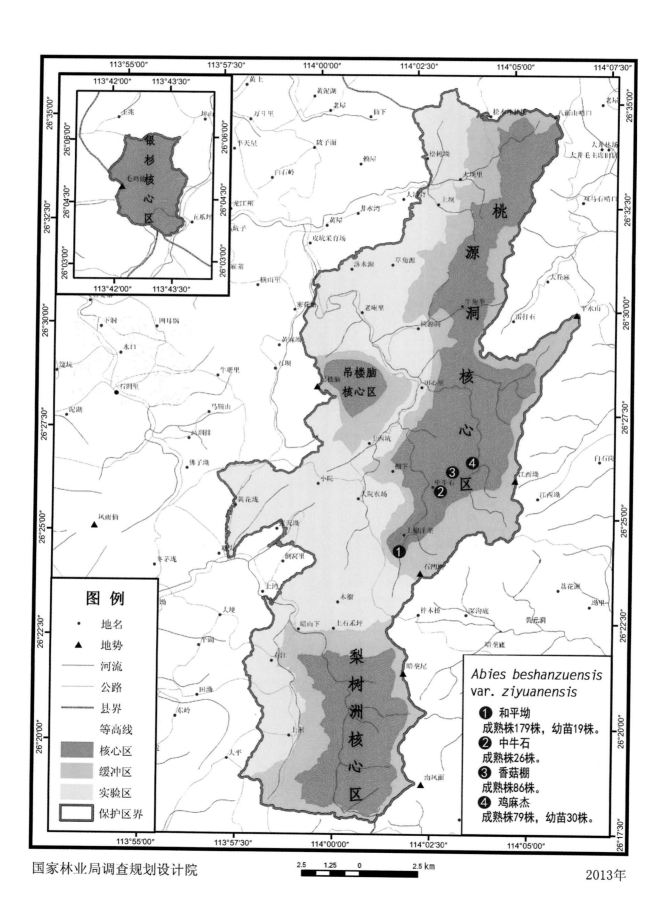

图 例

- · 地名
- ▲ 地势
- —— 河流
- —— 公路
- —— 县界
-    等高线
-    核心区
-    缓冲区
-    实验区
-    保护区界

Abies beshanzuensis var. ziyuanensis

❶ 和平坳
成熟株179株，幼苗19株。

❷ 中牛石
成熟株26株。

❸ 香菇棚
成熟株86株。

❹ 鸡麻杰
成熟株79株，幼苗30株。

图版XII　湖南桃源洞国家级自然保护区
珍稀濒危动物分布图

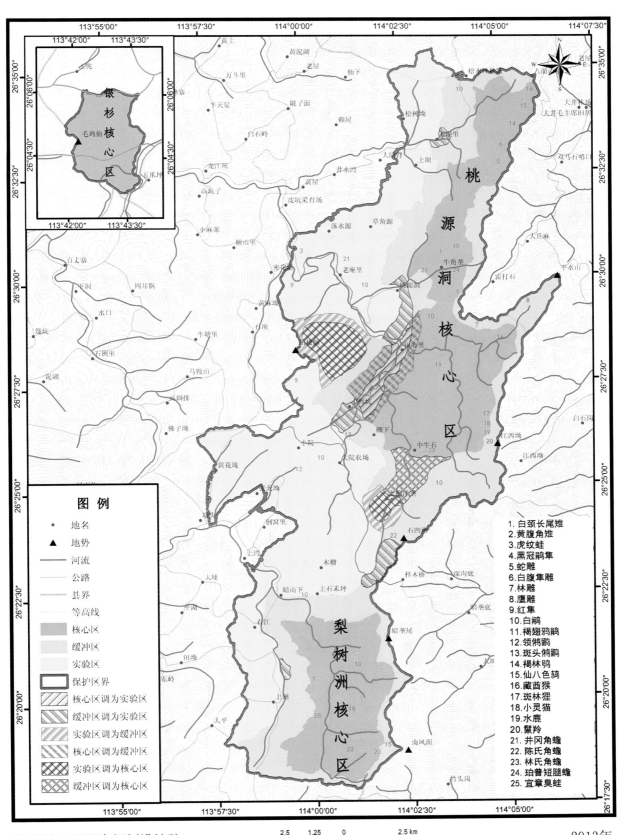

图 例

- · 地名
- ▲ 地势
- 河流
- 公路
- 县界
- 等高线
- 核心区
- 缓冲区
- 实验区
- 保护区界
- 核心区调为实验区
- 缓冲区调为实验区
- 实验区调为缓冲区
- 核心区调为缓冲区
- 实验区调为核心区
- 缓冲区调为核心区

1. 白颈长尾雉
2. 黄腹角雉
3. 虎纹蛙
4. 黑冠鹃隼
5. 蛇雕
6. 白腹隼雕
7. 林雕
8. 鹰雕
9. 红隼
10. 白鹇
11. 褐翅鸦鹃
12. 领鸺鹠
13. 斑头鸺鹠
14. 褐林鸮
15. 仙八色鸫
16. 藏酋猴
17. 斑林狸
18. 小灵猫
19. 水鹿
20. 鬣羚
21. 井冈角蟾
22. 陈氏角蟾
23. 林氏角蟾
24. 珀普短腿蟾
25. 宜章臭蛙

国家林业局调查规划设计院

2.5　1.25　0　2.5 km

2013年

图版XII 湖南桃源洞国家级自然保护区植被图

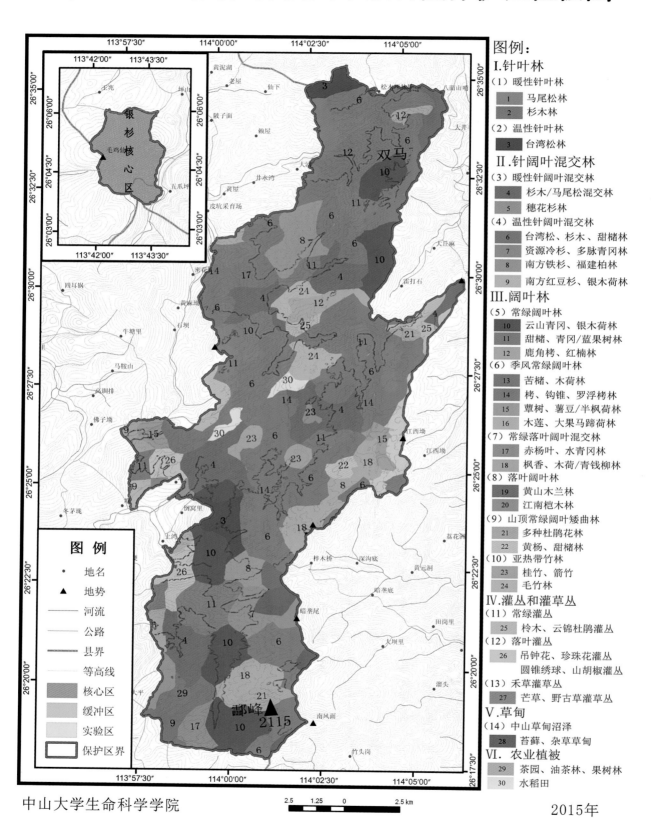

图例：

I.针叶林
（1）暖性针叶林
- 1 马尾松林
- 2 杉木林
（2）温性针叶林
- 3 台湾松林

II.针阔叶混交林
（3）暖性针阔叶混交林
- 4 杉木/马尾松混交林
- 5 穗花杉林
（4）温性针阔叶混交林
- 6 台湾松、杉木、甜槠林
- 7 资源冷杉、多脉青冈林
- 8 南方铁杉、福建柏林
- 9 南方红豆杉、银木荷林

III.阔叶林
（5）常绿阔叶林
- 10 云山青冈、银木荷林
- 11 甜槠、青冈/蓝果树林
- 12 鹿角栲、红楠林
（6）季风常绿阔叶林
- 13 苦槠、木荷林
- 14 栲、钩锥、罗浮栲林
- 15 覃树、薯豆/半枫荷林
- 16 木莲、大果马蹄荷林
（7）常绿落叶阔叶混交林
- 17 赤杨叶、水青冈林
- 18 枫香、木荷/青钱柳林
（8）落叶阔叶林
- 19 黄山木兰林
- 20 江南桤木林
（9）山顶常绿阔叶矮曲林
- 21 多种杜鹃花林
- 22 黄杨、甜槠林
（10）亚热带竹林
- 23 桂竹、箭竹
- 24 毛竹林

IV.灌丛和灌草丛
（11）常绿灌丛
- 25 柃木、云锦杜鹃灌丛
（12）落叶灌丛
- 26 吊钟花、珍珠花灌丛 圆锥绣球、山胡椒灌丛
（13）禾草灌草丛
- 27 芒草、野古草灌草丛

V.草甸
（14）中山草甸沼泽
- 28 苔藓、杂草草甸

VI.农业植被
- 29 茶园、油茶林、果树林
- 30 水稻田

图例
- · 地名
- ▲ 地势
- 河流
- 公路
- 县界
- 等高线
- 核心区
- 缓冲区
- 实验区
- 保护区界

中山大学生命科学学院

2.5 1.25 0 2.5 km

2015年

图版 XIV 湖南桃源洞国家级自然保护区植物新种

（2 种）

图XIV-1 神农氏虎耳草（*Saxifraga shennongii* W. B. Liao, L. Wang & J. J. Zhang, *sp. nov.*）植株与生境

A、B. 植株与生境；C. 叶片表面；D. 叶片背面；E. 花序；F. 萼片；G. 花和果

图XIV-2　罗霄山虎耳草（*Saxifraga luoxiaoensis* W. B. Liao, L. Wang & X. J. Zhang, *sp. nov.*）植株与生境

A. 植株和生境；B. 叶片背面；C. 叶片表面；D. 植株和花序；E. 根状茎和叶柄；F. 花；G. 花各部（示盘）；H. 果实（标本上）；I. 幼果